中国南方番茄种质资源图鉴

ZHONGGUO NANFANG FANQIE ZHONGZHIZIYUAN TUJIAN

曹振木　秦于玲　刘子记　刘维侠　申龙斌　主编

中国农业科学技术出版社

图书在版编目（CIP）数据

中国南方番茄种质资源图鉴 / 曹振木等主编.
北京：中国农业科学技术出版社，2024.11. -- ISBN 978-7-5116-6996-4

Ⅰ. S641.224-64

中国国家版本馆CIP数据核字第20248VV790号

本研究由海南省国际科技合作研发项目刚果（布）热带果蔬种质资源联合考察及鉴定评价（项目编号：GHYF2024001）；海南省重点研发计划项目海南樱桃番茄砧木资源评价及创新利用（项目编号：ZDYF2020055）；中央级公益性科研院所非营利性专项右江干热河谷特色粮经作物轮作技术集成与示范（项目编号：PZS2024016）资助。

责任编辑	李冠桥
责任校对	王　彦
责任印制	姜义伟　王思文

出 版 者	中国农业科学技术出版社
	北京市中关村南大街12号　　邮编：100081
电　　话	（010）82106632（编辑室）　（010）82106624（发行部）
	（010）82109709（读者服务部）
网　　址	https://castp.caas.cn
经 销 者	各地新华书店
印 刷 者	北京捷迅佳彩印刷有限公司
开　　本	185 mm×260 mm　1/16
印　　张	41.25
字　　数	650千字
版　　次	2024年11月第1版　2024年11月第1次印刷
定　　价	410.00元

版权所有·侵权必究

《中国南方番茄种质资源图鉴》编委会

主　编：曹振木　秦于玲　刘子记　刘维侠　申龙斌

副主编：朱　婕　朱　丹　殷晓敏　陈千付　赵朝飞
　　　　吕秋蕊　孟春阳　黄建峰　林福柏　黄小镂
　　　　张晓宁

顾　问：王家保　徐　立

编　委：（以姓氏拼音字母为序）
　　　　曹振木　陈千付　党选民　杜公福　黄建峰
　　　　黄小镂　李志英　梁荣林　林福柏　刘维侠
　　　　刘子记　吕秋蕊　孟春阳　农少将　秦于玲
　　　　申龙斌　殷晓敏　詹园凤　张晓宁　赵朝飞
　　　　朱　丹　朱　婕

PREFACE 前 言

番茄的祖先来自南美洲安第斯山脉，最初它的外观看起来毫不起眼，虽然成熟后和现在的番茄一样是鲜红色的果肉，但是个头比我们现在的番茄要小得多，直径大约只有1 cm，而且又酸又涩，很难吃。哥伦布发现美洲大陆后不久，在16世纪初西班牙人才第一次将番茄带出了南美洲，随后它们跟着西班牙殖民者的脚步，开启了环球旅行。先是到了欧洲，然后是非洲，最后到了亚洲。经过了100多年的旅行，番茄才到达中国。经过200多年的遗传改良，使得番茄的个头增加超过10倍，而且颜色、口味和形状也变得更加丰富，最终才成为我们见到的番茄家族。番茄的品种比我们想象中要丰富得多。除了市场上见到的红色的栽培番茄，育种家在自然突变的基础上还选育出了千奇百怪的番茄品种。它们的颜色、形状、大小、味道和气味都不一样。单果重量从只有几克到超过500 g；形状从圆形到梨形、鱼雷形、椭圆形等。颜色的种类也很丰富，最多的就是红色，从浅红色到深红色。还有粉色、黄色、橙色、棕色、绿色与紫色等，甚至还有多种色带条纹的番茄。

番茄种质资源是指番茄的所有遗传材料，包括野生种、栽培种、品种及其亲缘种。这些资源是番茄遗传改良的基石，具有丰富的遗传多样性，蕴藏着宝贵的抗病虫、耐逆性及高产优质等优良基因。因此，系统地收集和评价这些资源，是确保番茄品种改良和农业可持续发展的关键步骤。本书汇集了从国内外收集的630余份番茄种质资源，在广西百色对其62个遗传性状进行评价，每份资源取果实青熟期与果实老熟期照片，最终形成《中国南方番茄种质资源图鉴》。本书主要通过番茄的果实大小和颜色进行分类汇总。前三章以樱桃番茄类型为主，根据熟果颜色分为黄色、红色以及其他颜色共三类。后五章根据果实大小分为特小果、小果、中果、大果以及特大果五种类型。希望本书的出版，能够为番茄遗传育种研究提供宝贵的参考资料，促进番茄种质资源的保护和利用，推动番茄遗传育种研究的进一步发展。

番茄种质资源的收集和评价是一项长期而艰巨的任务，需要各界共同努力。在此，特别感谢所有参与本书编写的专家、学者，以及各科研机构和农业部门的大力支持与合作。正是他们的辛勤努力和无私奉献，使得本书得以顺利完成。在未来的研究中，我们应加强国内外合作，利用现代生物技术，进一步挖掘和利用番茄种质资源中的优良基因，加快番茄品种的改良进程，推动番茄产业的可持续发展。

由于编者水平有限，收集的材料还不够全面，评价也还不够深入，不妥之处在所难免，敬请读者斧正。

编 者

2024年8月

CONTENTS 目 录

第一章 黄色樱桃小果类番茄种质资源

种质编号VT516 …………………… 2
种质编号VT05 ……………………… 3
种质编号VT16 ……………………… 4
种质编号VT17 ……………………… 5
种质编号VT18 ……………………… 6
种质编号VT19 ……………………… 7
种质编号VT26 ……………………… 8
种质编号VT38 ……………………… 9
种质编号VT80 ……………………… 10
种质编号VT83 ……………………… 11
种质编号VT101 …………………… 12
种质编号VT145 …………………… 13
种质编号VT158 …………………… 14
种质编号VT199 …………………… 15
种质编号VT207 …………………… 16
种质编号VT211 …………………… 17
种质编号VT212 …………………… 18
种质编号VT213 …………………… 19
种质编号VT214 …………………… 20
种质编号VT225 …………………… 21
种质编号VT226 …………………… 22
种质编号VT228 …………………… 23
种质编号VT233 …………………… 24
种质编号VT236 …………………… 25
种质编号VT238 …………………… 26
种质编号VT240 …………………… 27
种质编号VT241 …………………… 28
种质编号VT267 …………………… 29
种质编号VT283 …………………… 30
种质编号VT292 …………………… 31
种质编号VT301 …………………… 32
种质编号VT302 …………………… 33
种质编号VT338 …………………… 34
种质编号VT339 …………………… 35
种质编号VT340 …………………… 36
种质编号VT342 …………………… 37
种质编号VT368 …………………… 38
种质编号VT369 …………………… 39
种质编号VT370 …………………… 40
种质编号VT371 …………………… 41
种质编号VT372 …………………… 42
种质编号VT373 …………………… 43
种质编号VT436 …………………… 44
种质编号VT450 …………………… 45

种质编号VT473	46	种质编号VT575	68
种质编号VT492	47	种质编号VT578	69
种质编号VT495	48	种质编号VT580	70
种质编号VT497	49	种质编号VT581	71
种质编号VT502	50	种质编号VT598	72
种质编号VT503	51	种质编号VT599	73
种质编号VT505	52	种质编号VT608	74
种质编号VT514	53	种质编号VT609	75
种质编号VT515	54	种质编号VT625	76
种质编号VT517	55	种质编号VT636	77
种质编号VT519	56	种质编号VT637	78
种质编号VT521	57	种质编号VT647	79
种质编号VT522	58	种质编号VT653	80
种质编号VT523	59	种质编号VT677	81
种质编号VT524	60	种质编号VT684	82
种质编号VT525	61	种质编号VT691	83
种质编号VT526	62	种质编号VT716	84
种质编号VT528	63	种质编号VT718	85
种质编号VT529	64	种质编号VT732	86
种质编号VT530	65	种质编号VT739	87
种质编号VT531	66	种质编号VT765	88
种质编号VT538	67		

第二章　红色樱桃小果类番茄种质资源

种质编号VT258	90	种质编号VT9	98
种质编号VT262	91	种质编号VT10	99
种质编号VT263	92	种质编号VT12	100
种质编号VT1	93	种质编号VT14	101
种质编号VT2	94	种质编号VT21	102
种质编号VT3	95	种质编号VT23	103
种质编号VT4	96	种质编号VT44	104
种质编号VT6	97	种质编号VT55	105

种质编号VT56	106	种质编号VT171	140
种质编号VT57	107	种质编号VT173	141
种质编号VT58	108	种质编号VT174	142
种质编号VT59	109	种质编号VT188	143
种质编号VT60	110	种质编号VT190	144
种质编号VT61	111	种质编号VT197	145
种质编号VT62	112	种质编号VT200	146
种质编号VT64	113	种质编号VT201	147
种质编号VT67	114	种质编号VT202	148
种质编号VT69	115	种质编号VT206	149
种质编号VT74	116	种质编号VT208	150
种质编号VT75	117	种质编号VT204	151
种质编号VT77	118	种质编号VT209	152
种质编号VT81	119	种质编号VT215	153
种质编号VT82	120	种质编号VT218	154
种质编号VT85	121	种质编号VT224	155
种质编号VT88	122	种质编号VT227	156
种质编号VT89	123	种质编号VT229	157
种质编号VT90	124	种质编号VT231	158
种质编号VT98	125	种质编号VT234	159
种质编号VT103	126	种质编号VT237	160
种质编号VT107	127	种质编号VT239	161
种质编号VT117	128	种质编号VT250	162
种质编号VT123	129	种质编号VT251	163
种质编号VT124	130	种质编号VT252	164
种质编号VT137	131	种质编号VT264	165
种质编号VT138	132	种质编号VT268	166
种质编号VT143	133	种质编号VT280	167
种质编号VT144	134	种质编号VT284	168
种质编号VT146	135	种质编号VT285	169
种质编号VT147	136	种质编号VT286	170
种质编号VT152	137	种质编号VT287	171
种质编号VT162	138	种质编号VT288	172
种质编号VT166	139	种质编号VT289	173

种质编号VT290	174	种质编号VT382	208
种质编号VT291	175	种质编号VT384	209
种质编号VT293	176	种质编号VT385	210
种质编号VT295	177	种质编号VT386	211
种质编号VT297	178	种质编号VT387	212
种质编号VT303	179	种质编号VT388	213
种质编号VT312	180	种质编号VT389	214
种质编号VT332	181	种质编号VT390	215
种质编号VT333	182	种质编号VT391	216
种质编号VT334	183	种质编号VT392	217
种质编号VT335	184	种质编号VT419	218
种质编号VT336	185	种质编号VT420	219
种质编号VT337	186	种质编号VT421	220
种质编号VT341	187	种质编号VT423	221
种质编号VT343	188	种质编号VT424	222
种质编号VT344	189	种质编号VT425	223
种质编号VT346	190	种质编号VT427	224
种质编号VT347	191	种质编号VT431	225
种质编号VT348	192	种质编号VT432	226
种质编号VT354	193	种质编号VT433	227
种质编号VT355	194	种质编号VT434	228
种质编号VT356	195	种质编号VT435	229
种质编号VT357	196	种质编号VT437	230
种质编号VT358	197	种质编号VT439	231
种质编号VT359	198	种质编号VT440	232
种质编号VT360	199	种质编号VT453	233
种质编号VT361	200	种质编号VT455	234
种质编号VT362	201	种质编号VT456	235
种质编号VT363	202	种质编号VT458	236
种质编号VT364	203	种质编号VT459	237
种质编号VT366	204	种质编号VT460	238
种质编号VT367	205	种质编号VT461	239
种质编号VT379	206	种质编号VT462	240
种质编号VT381	207	种质编号VT463	241

种质编号VT464	242	种质编号VT539	276
种质编号VT466	243	种质编号VT541	277
种质编号VT467	244	种质编号VT546	278
种质编号VT469	245	种质编号VT548	279
种质编号VT470	246	种质编号VT549	280
种质编号VT471	247	种质编号VT577	281
种质编号VT472	248	种质编号VT579	282
种质编号VT474	249	种质编号VT582	283
种质编号VT475	250	种质编号VT583	284
种质编号VT477	251	种质编号VT590	285
种质编号VT478	252	种质编号VT593	286
种质编号VT479	253	种质编号VT594	287
种质编号VT480	254	种质编号VT596	288
种质编号VT481	255	种质编号VT601	289
种质编号VT482	256	种质编号VT612	290
种质编号VT483	257	种质编号VT622	291
种质编号VT484	258	种质编号VT624	292
种质编号VT485	259	种质编号VT627	293
种质编号VT486	260	种质编号VT628	294
种质编号VT487	261	种质编号VT631	295
种质编号VT488	262	种质编号VT638	296
种质编号VT490	263	种质编号VT643	297
种质编号VT491	264	种质编号VT650	298
种质编号VT493	265	种质编号VT651	299
种质编号VT494	266	种质编号VT652	300
种质编号VT496	267	种质编号VT656	301
种质编号VT504	268	种质编号VT665	302
种质编号VT509	269	种质编号VT667	303
种质编号VT510	270	种质编号VT669	304
种质编号VT513	271	种质编号VT671	305
种质编号VT520	272	种质编号VT674	306
种质编号VT527	273	种质编号VT676	307
种质编号VT533	274	种质编号VT678	308
种质编号VT536	275	种质编号VT680	309

种质编号VT683 ······ 310
种质编号VT687 ······ 311
种质编号VT694 ······ 312
种质编号VT700 ······ 313
种质编号VT703 ······ 314
种质编号VT709 ······ 315
种质编号VT711 ······ 316
种质编号VT717 ······ 317
种质编号VT721 ······ 318

种质编号VT722 ······ 319
种质编号VT723 ······ 320
种质编号VT726 ······ 321
种质编号VT727 ······ 322
种质编号VT728 ······ 323
种质编号VT733 ······ 324
种质编号VT735 ······ 325
种质编号VT755 ······ 326
种质编号VT764 ······ 327

第三章 其他果色樱桃小果类番茄种质资源

种质编号VT345 ······ 329
种质编号VT349 ······ 330
种质编号VT350 ······ 331
种质编号VT351 ······ 332
种质编号VT352 ······ 333
种质编号VT353 ······ 334
种质编号VT532 ······ 335
种质编号VT534 ······ 336
种质编号VT632 ······ 337
种质编号VT633 ······ 338

种质编号VT639 ······ 339
种质编号VT644 ······ 340
种质编号VT654 ······ 341
种质编号VT670 ······ 342
种质编号VT704 ······ 343
种质编号VT729 ······ 344
种质编号VT730 ······ 345
种质编号VT534 ······ 346
种质编号VT714 ······ 347

第四章 特小果番茄种质资源

种质编号VT7 ······ 349
种质编号VT25 ······ 350
种质编号VT37 ······ 351
种质编号VT72 ······ 352
种质编号VT73 ······ 353
种质编号VT78 ······ 354
种质编号VT91 ······ 355

种质编号VT95 ······ 356
种质编号VT96 ······ 357
种质编号VT100 ······ 358
种质编号VT105 ······ 359
种质编号VT106 ······ 360
种质编号VT108 ······ 361
种质编号VT122 ······ 362

种质编号VT126 ……… 363
种质编号VT127 ……… 364
种质编号VT134 ……… 365
种质编号VT156 ……… 366
种质编号VT168 ……… 367
种质编号VT175 ……… 368
种质编号VT221 ……… 369
种质编号VT232 ……… 370
种质编号VT235 ……… 371
种质编号VT248 ……… 372
种质编号VT259 ……… 373
种质编号VT260 ……… 374
种质编号VT265 ……… 375
种质编号VT304 ……… 376
种质编号VT328 ……… 377
种质编号VT331 ……… 378
种质编号VT365 ……… 379
种质编号VT405 ……… 380
种质编号VT406 ……… 381
种质编号VT407 ……… 382
种质编号VT408 ……… 383
种质编号VT409 ……… 384
种质编号VT426 ……… 385
种质编号VT430 ……… 386
种质编号VT441 ……… 387
种质编号VT443 ……… 388

种质编号VT444 ……… 389
种质编号VT454 ……… 390
种质编号VT511 ……… 391
种质编号VT518 ……… 392
种质编号VT537 ……… 393
种质编号VT540 ……… 394
种质编号VT568 ……… 395
种质编号VT591 ……… 396
种质编号VT600 ……… 397
种质编号VT605 ……… 398
种质编号VT610 ……… 399
种质编号VT614 ……… 400
种质编号VT615 ……… 401
种质编号VT621 ……… 402
种质编号VT629 ……… 403
种质编号VT673 ……… 404
种质编号VT681 ……… 405
种质编号VT686 ……… 406
种质编号VT688 ……… 407
种质编号VT689 ……… 408
种质编号VT690 ……… 409
种质编号VT692 ……… 410
种质编号VT698 ……… 411
种质编号VT701 ……… 412
种质编号VT702 ……… 413
种质编号VT731 ……… 414

第五章 小果类番茄种质资源

种质编号VT13 ……… 416
种质编号VT15 ……… 417
种质编号VT20 ……… 418
种质编号VT24 ……… 419

种质编号VT34 ……… 420
种质编号VT35 ……… 421
种质编号VT42 ……… 422
种质编号VT47 ……… 423

种质编号VT53	424	种质编号VT257	458
种质编号VT76	425	种质编号VT266	459
种质编号VT79	426	种质编号VT273	460
种质编号VT92	427	种质编号VT274	461
种质编号VT93	428	种质编号VT276	462
种质编号VT94	429	种质编号VT277	463
种质编号VT99	430	种质编号VT279	464
种质编号VT109	431	种质编号VT294	465
种质编号VT110	432	种质编号VT296	466
种质编号VT129	433	种质编号VT299	467
种质编号VT131	434	种质编号VT300	468
种质编号VT136	435	种质编号VT313	469
种质编号VT139	436	种质编号VT314	470
种质编号VT140	437	种质编号VT315	471
种质编号VT141	438	种质编号VT321	472
种质编号VT142	439	种质编号VT322	473
种质编号VT153	440	种质编号VT446	474
种质编号VT172	441	种质编号VT325	475
种质编号VT177	442	种质编号VT326	476
种质编号VT178	443	种质编号VT327	477
种质编号VT179	444	种质编号VT400	478
种质编号VT183	445	种质编号VT428	479
种质编号VT216	446	种质编号VT429	480
种质编号VT217	447	种质编号VT442	481
种质编号VT219	448	种质编号VT445	482
种质编号VT230	449	种质编号VT551	483
种质编号VT242	450	种质编号VT554	484
种质编号VT243	451	种质编号VT557	485
种质编号VT245	452	种质编号VT559	486
种质编号VT249	453	种质编号VT561	487
种质编号VT253	454	种质编号VT562	488
种质编号VT254	455	种质编号VT563	489
种质编号VT255	456	种质编号VT564	490
种质编号VT256	457	种质编号VT565	491

种质编号VT569 …… 492	种质编号VT613 …… 503
种质编号VT576 …… 493	种质编号VT626 …… 504
种质编号VT584 …… 494	种质编号VT630 …… 505
种质编号VT587 …… 495	种质编号VT641 …… 506
种质编号VT588 …… 496	种质编号VT646 …… 507
种质编号VT589 …… 497	种质编号VT672 …… 508
种质编号VT592 …… 498	种质编号VT682 …… 509
种质编号VT595 …… 499	种质编号VT693 …… 510
种质编号VT597 …… 500	种质编号VT708 …… 511
种质编号VT602 …… 501	种质编号VT713 …… 512
种质编号VT606 …… 502	种质编号VT724 …… 513

第六章　中果类番茄种质资源

种质编号VT30 …… 515	种质编号VT121 …… 534
种质编号VT31 …… 516	种质编号VT128 …… 535
种质编号VT33 …… 517	种质编号VT130 …… 536
种质编号VT36 …… 518	种质编号VT132 …… 537
种质编号VT39 …… 519	种质编号VT135 …… 538
种质编号VT48 …… 520	种质编号VT149 …… 539
种质编号VT49 …… 521	种质编号VT150 …… 540
种质编号VT50 …… 522	种质编号VT170 …… 541
种质编号VT52 …… 523	种质编号VT176 …… 542
种质编号VT54 …… 524	种质编号VT184 …… 543
种质编号VT66 …… 525	种质编号VT185 …… 544
种质编号VT71 …… 526	种质编号VT186 …… 545
种质编号VT86 …… 527	种质编号VT187 …… 546
种质编号VT87 …… 528	种质编号VT198 …… 547
种质编号VT97 …… 529	种质编号VT244 …… 548
种质编号VT104 …… 530	种质编号VT246 …… 549
种质编号VT115 …… 531	种质编号VT269 …… 550
种质编号VT116 …… 532	种质编号VT271 …… 551
种质编号VT120 …… 533	种质编号VT272 …… 552

种质编号VT275 ……………………	553	种质编号VT570 ……………………	571
种质编号VT278 ……………………	554	种质编号VT573 ……………………	572
种质编号VT281 ……………………	555	种质编号VT585 ……………………	573
种质编号VT298 ……………………	556	种质编号VT604 ……………………	574
种质编号VT318 ……………………	557	种质编号VT607 ……………………	575
种质编号VT319 ……………………	558	种质编号VT616 ……………………	576
种质编号VT324 ……………………	559	种质编号VT620 ……………………	577
种质编号VT410 ……………………	560	种质编号VT645 ……………………	578
种质编号VT417 ……………………	561	种质编号VT648 ……………………	579
种质编号VT418 ……………………	562	种质编号VT649 ……………………	580
种质编号VT438 ……………………	563	种质编号VT666 ……………………	581
种质编号VT451 ……………………	564	种质编号VT675 ……………………	582
种质编号VT452 ……………………	565	种质编号VT679 ……………………	583
种质编号VT506 ……………………	566	种质编号VT705 ……………………	584
种质编号VT542 ……………………	567	种质编号VT710 ……………………	585
种质编号VT544 ……………………	568	种质编号VT715 ……………………	586
种质编号VT545 ……………………	569	种质编号VT720 ……………………	587
种质编号VT566 ……………………	570		

第七章　大果类番茄种质资源

种质编号VT543 ……………………	589	种质编号VT282 ……………………	600
种质编号VT51 ………………………	590	种质编号VT413 ……………………	601
种质编号VT70 ………………………	591	种质编号VT550 ……………………	602
种质编号VT112 ……………………	592	种质编号VT552 ……………………	603
种质编号VT114 ……………………	593	种质编号VT558 ……………………	604
种质编号VT118 ……………………	594	种质编号VT560 ……………………	605
种质编号VT119 ……………………	595	种质编号VT574 ……………………	606
种质编号VT151 ……………………	596	种质编号VT586 ……………………	607
种质编号VT182 ……………………	597	种质编号VT618 ……………………	608
种质编号VT191 ……………………	598	种质编号VT619 ……………………	609
种质编号VT247 ……………………	599	种质编号VT725 ……………………	610

第八章　特大果类番茄种质资源

种质编号VT40 …………………… 612
种质编号VT29 …………………… 613
种质编号VT41 …………………… 614
种质编号VT43 …………………… 615
种质编号VT45 …………………… 616
种质编号VT46 …………………… 617
种质编号VT111 ………………… 618
种质编号VT133 ………………… 619
种质编号VT157 ………………… 620
种质编号VT159 ………………… 621
种质编号VT164 ………………… 622
种质编号VT167 ………………… 623
种质编号VT181 ………………… 624
种质编号VT189 ………………… 625
种质编号VT270 ………………… 626
种质编号VT305 ………………… 627
种质编号VT306 ………………… 628
种质编号VT307 ………………… 629
种质编号VT308 ………………… 630
种质编号VT309 ………………… 631
种质编号VT310 ………………… 632
种质编号VT311 ………………… 633
种质编号VT329 ………………… 634
种质编号VT330 ………………… 635
种质编号VT414 ………………… 636
种质编号VT571 ………………… 637
种质编号VT572 ………………… 638
种质编号VT603 ………………… 639
种质编号VT655 ………………… 640
种质编号VT697 ………………… 641

第一章

黄色樱桃小果类番茄种质资源

本章收录单果重为0.1~30.0 g的黄色樱桃类小果番茄种质，部分果实大小分离的种质以小果重量为分类标准，果色分离的种质中分离出黄色单株的也列入其中。共收录87份种质。

种质编号VT516

序号	描述项目	描述内容	序号	描述项目	描述内容	序号	描述项目	描述内容
1	种质编号	VT516	22	花柱茸毛	无	43	胎座胶状物质颜色	黄
2	种质类型	遗传材料	23	花色	浅黄	44	果肉厚	3.4 mm
3	下胚轴颜色	紫	24	花梗离层	有	45	心室数	2个
4	生长习性	8序花封顶	25	单花序花数	9朵	46	果皮色	黄
5	株型	半蔓性	26	果柄长度	0.6 cm	47	单花序果数	8个
6	株高	2.0～2.4 m	27	成熟前果色	绿白	48	单果重	21.9 g
7	茎叶茸毛	短稀	28	成熟果色	黄	49	熟性	早100～105 d
8	叶片类型	普通叶型	29	果面棱沟	轻	50	形态一致性	连续变异
9	叶片形状	羽状复叶	30	果面茸毛	无	51	种皮颜色	灰黄
10	叶片着生状态	下垂	31	果顶形状	圆平	52	播种至开花天数	46 d
11	叶色	浅绿	32	果肩	有	53	播种至始收天数	105 d
12	叶脉色	绿	33	果肩形状	微凹	54	裂果性	不易裂
13	叶裂刻	中	34	果肩色	—	55	畸形果	无
14	叶片长	32.0 cm	35	绿果肩大小	—	56	肉质	软
15	叶片宽	27.0 cm	36	商品果纵径	36.7 mm	57	风味	酸甜
16	首花序节位	7节	37	商品果横径	32.0 mm	58	清香味	有
17	第二花序节位	10节	38	果形	高圆形	59	综合品质	中
18	花序类型	单式花序或双歧花序	39	果梗洼大小	2.2 mm	60	可溶性固形物含量	4.80%
19	簇生花	无	40	果洼木栓化大小	0.5 mm	61	田间成株耐寒性	弱
20	花柱长度	短于雄蕊	41	果实横切面形状	圆形	62	用途	鲜食或加工
21	花柱形状	单圆花柱	42	果肉色	黄			

种质编号VT05

序号	描述项目	描述内容	序号	描述项目	描述内容	序号	描述项目	描述内容
1	种质编号	VT05	22	花柱茸毛	无	43	胎座胶状物质颜色	黄
2	种质类型	遗传材料	23	花色	黄	44	果肉厚	3.4 mm
3	下胚轴颜色	紫	24	花梗离层	有	45	心室数	2个
4	生长习性	7序花封顶	25	单花序花数	数百朵	46	果皮色	黄
5	株型	半蔓性	26	果柄长度	1.2 cm	47	单花序果数	11个
6	株高	1.1~1.5 m	27	成熟前果色	浅绿	48	单果重	22.0 g
7	茎叶茸毛	短稀	28	成熟果色	黄	49	熟性	极晚≥125 d
8	叶片类型	普通叶型	29	果面棱沟	中	50	形态一致性	一致
9	叶片形状	羽状复叶	30	果面茸毛	无	51	种皮颜色	灰黄
10	叶片着生状态	水平	31	果顶形状	微凸	52	播种至开花天数	71 d
11	叶色	绿	32	果肩	无	53	播种至始收天数	138 d
12	叶脉色	绿	33	果肩形状	—	54	裂果性	不易裂
13	叶裂刻	中	34	果肩色	—	55	畸形果	无
14	叶片长	35.0 cm	35	绿果肩大小	—	56	肉质	软
15	叶片宽	32.0 cm	36	商品果纵径	40.9 mm	57	风味	甜酸
16	首花序节位	9节	37	商品果横径	33.4 mm	58	清香味	无
17	第二花序节位	15节	38	果形	梨形	59	综合品质	下
18	花序类型	多歧花序	39	果梗洼大小	1.0 mm	60	可溶性固形物含量	6.20%
19	簇生花	无	40	果洼木栓化大小	0.2 mm	61	田间成株耐寒性	弱
20	花柱长度	短于雄蕊	41	果实横切面形状	圆形	62	用途	鲜食
21	花柱形状	单圆花柱	42	果肉色	黄			

种质编号VT16

序号	描述项目	描述内容	序号	描述项目	描述内容	序号	描述项目	描述内容
1	种质编号	VT16	22	花柱茸毛	无	43	胎座胶状物质颜色	黄
2	种质类型	品系	23	花色	浅黄	44	果肉厚	4.8 mm
3	下胚轴颜色	紫	24	花梗离层	有	45	心室数	2个
4	生长习性	无限生长	25	单花序花数	7朵	46	果皮色	黄
5	株型	半蔓性	26	果柄长度	0.9 cm	47	单花序果数	5个
6	株高	2.4~2.8 m	27	成熟前果色	绿	48	单果重	28.0 g
7	茎叶茸毛	长稀	28	成熟果色	浅黄	49	熟性	中106~120 d
8	叶片类型	普通叶型	29	果面棱沟	无	50	形态一致性	连续变异
9	叶片形状	羽状复叶	30	果面茸毛	无	51	种皮颜色	灰黄
10	叶片着生状态	水平	31	果顶形状	圆平	52	播种至开花天数	54 d
11	叶色	绿	32	果肩	有	53	播种至始收天数	108 d
12	叶脉色	无色	33	果肩形状	深凹	54	裂果性	不易裂
13	叶裂刻	中	34	果肩色	—	55	畸形果	无
14	叶片长	41.0 cm	35	绿果肩大小	—	56	肉质	软
15	叶片宽	32.0 cm	36	商品果纵径	33.6 mm	57	风味	酸甜
16	首花序节位	10节	37	商品果横径	37.4 mm	58	清香味	有
17	第二花序节位	13节	38	果形	圆形	59	综合品质	中
18	花序类型	单式花序	39	果梗洼大小	3.8 mm	60	可溶性固形物含量	4.80%
19	簇生花	无	40	果洼木栓化大小	0.7 mm	61	田间成株耐寒性	中
20	花柱长度	短于雄蕊	41	果实横切面形状	圆形	62	用途	鲜食
21	花柱形状	单圆花柱	42	果肉色	黄			

种质编号VT17

序号	描述项目	描述内容	序号	描述项目	描述内容	序号	描述项目	描述内容
1	种质编号	VT17	22	花柱茸毛	无	43	胎座胶状物质颜色	黄
2	种质类型	品系	23	花色	浅黄	44	果肉厚	2.4 mm
3	下胚轴颜色	紫	24	花梗离层	有	45	心室数	2个
4	生长习性	无限生长	25	单花序花数	7朵	46	果皮色	黄
5	株型	蔓性	26	果柄长度	0.8 cm	47	单花序果数	6个
6	株高	2.4~3.0 m	27	成熟前果色	绿	48	单果重	10.0 g
7	茎叶茸毛	长稀	28	成熟果色	浅黄	49	熟性	极晚≥125 d
8	叶片类型	普通叶型	29	果面棱沟	无	50	形态一致性	一致
9	叶片形状	羽状复叶	30	果面茸毛	无	51	种皮颜色	灰黄
10	叶片着生状态	下垂	31	果顶形状	圆平	52	播种至开花天数	71 d
11	叶色	绿	32	果肩	有	53	播种至始收天数	138 d
12	叶脉色	无色	33	果肩形状	深凹	54	裂果性	不易裂
13	叶裂刻	中	34	果肩色	—	55	畸形果	无
14	叶片长	42.0 cm	35	绿果肩大小	—	56	肉质	软
15	叶片宽	30.0 cm	36	商品果纵径	24.2 mm	57	风味	甜酸
16	首花序节位	11节	37	商品果横径	26.6 mm	58	清香味	无
17	第二花序节位	14节	38	果形	圆形	59	综合品质	中
18	花序类型	单式花序	39	果梗洼大小	3.5 mm	60	可溶性固形物含量	4.20%
19	簇生花	无	40	果洼木栓化大小	1.0 mm	61	田间成株耐寒性	强
20	花柱长度	与雄蕊近等长	41	果实横切面形状	圆形	62	用途	鲜食
21	花柱形状	单圆花柱	42	果肉色	黄			

种质编号VT18

序号	描述项目	描述内容	序号	描述项目	描述内容	序号	描述项目	描述内容
1	种质编号	VT18	22	花柱茸毛	无	43	胎座胶状物质颜色	黄
2	种质类型	品系	23	花色	浅黄	44	果肉厚	1.7 mm
3	下胚轴颜色	紫	24	花梗离层	无	45	心室数	2个
4	生长习性	无限生长	25	单花序花数	10朵	46	果皮色	黄
5	株型	蔓性	26	果柄长度	0.6 cm	47	单花序果数	7个
6	株高	2.5~3.0 m	27	成熟前果色	绿	48	单果重	8.6 g
7	茎叶茸毛	短稀	28	成熟果色	浅黄	49	熟性	极晚≥125 d
8	叶片类型	薯叶型	29	果面棱沟	无	50	形态一致性	一致
9	叶片形状	羽状复叶	30	果面茸毛	无	51	种皮颜色	灰黄
10	叶片着生状态	下垂	31	果顶形状	圆平	52	播种至开花天数	71 d
11	叶色	黄绿	32	果肩	有	53	播种至始收天数	138 d
12	叶脉色	无色	33	果肩形状	微凹	54	裂果性	中
13	叶裂刻	中	34	果肩色	—	55	畸形果	少
14	叶片长	42.0 cm	35	绿果肩大小	—	56	肉质	软
15	叶片宽	33.0 cm	36	商品果纵径	23.0 mm	57	风味	酸甜
16	首花序节位	13节	37	商品果横径	25.0 mm	58	清香味	有
17	第二花序节位	16节	38	果形	圆形	59	综合品质	中
18	花序类型	单式花序	39	果梗洼大小	3.0 mm	60	可溶性固形物含量	5.00%
19	簇生花	无	40	果洼木栓化大小	0.8 mm	61	田间成株耐寒性	强
20	花柱长度	与雄蕊近等长	41	果实横切面形状	圆形	62	用途	鲜食
21	花柱形状	单圆花柱	42	果肉色	黄			

第一章 黄色樱桃小果类番茄种质资源

种质编号VT19

序号	描述项目	描述内容	序号	描述项目	描述内容	序号	描述项目	描述内容
1	种质编号	VT19	22	花柱茸毛	无	43	胎座胶状物质颜色	黄
2	种质类型	品系	23	花色	浅黄	44	果肉厚	3.8 mm
3	下胚轴颜色	紫	24	花梗离层	有	45	心室数	2个
4	生长习性	无限生长	25	单花序花数	6朵	46	果皮色	黄
5	株型	半蔓性	26	果柄长度	1.0 cm	47	单花序果数	6个
6	株高	1.7～2.0 m	27	成熟前果色	浅绿	48	单果重	26.2 g
7	茎叶茸毛	短稀	28	成熟果色	黄或橘黄	49	熟性	极晚≥125 d
8	叶片类型	薯叶型	29	果面棱沟	中	50	形态一致性	一致
9	叶片形状	羽状复叶	30	果面茸毛	无	51	种皮颜色	灰黄
10	叶片着生状态	下垂	31	果顶形状	圆平	52	播种至开花天数	71 d
11	叶色	浅绿	32	果肩	无	53	播种至始收天数	138 d
12	叶脉色	无色	33	果肩形状	—	54	裂果性	不易裂
13	叶裂刻	中	34	果肩色	—	55	畸形果	无
14	叶片长	40.0 cm	35	绿果肩大小	—	56	肉质	沙
15	叶片宽	34.0 cm	36	商品果纵径	50.5 mm	57	风味	酸甜
16	首花序节位	12节	37	商品果横径	33.7 mm	58	清香味	无
17	第二花序节位	15节	38	果形	长圆或梨形	59	综合品质	下
18	花序类型	单式花序	39	果梗洼大小	2.0 mm	60	可溶性固形物含量	5.90%
19	簇生花	无	40	果洼木栓化大小	0.8 mm	61	田间成株耐寒性	弱
20	花柱长度	短于雄蕊	41	果实横切面形状	圆形	62	用途	鲜食
21	花柱形状	单圆花柱	42	果肉色	黄			

种质编号VT26

序号	描述项目	描述内容	序号	描述项目	描述内容	序号	描述项目	描述内容
1	种质编号	VT26	22	花柱茸毛	无	43	胎座胶状物质颜色	黄
2	种质类型	遗传材料	23	花色	黄	44	果肉厚	3.7 mm
3	下胚轴颜色	紫	24	花梗离层	有	45	心室数	2个
4	生长习性	无限生长	25	单花序花数	8朵	46	果皮色	黄
5	株型	半蔓性	26	果柄长度	0.8 cm	47	单花序果数	8个
6	株高	2.5～2.8 m	27	成熟前果色	绿	48	单果重	20.34 g
7	茎叶茸毛	短稀	28	成熟果色	黄	49	熟性	中106～120 d
8	叶片类型	普通叶型	29	果面棱沟	中	50	形态一致性	不连续变异
9	叶片形状	羽状复叶	30	果面茸毛	稀	51	种皮颜色	浅黄
10	叶片着生状态	水平	31	果顶形状	圆平	52	播种至开花天数	54 d
11	叶色	绿	32	果肩	有	53	播种至始收天数	106 d
12	叶脉色	无色	33	果肩形状	深凹	54	裂果性	不易裂
13	叶裂刻	中	34	果肩色	—	55	畸形果	少
14	叶片长	39.0 cm	35	绿果肩大小	—	56	肉质	软
15	叶片宽	27.0 cm	36	商品果纵径	39.9 mm	57	风味	甜酸（淡）
16	首花序节位	11节	37	商品果横径	30.3 mm	58	清香味	无
17	第二花序节位	15节	38	果形	长圆或梨形	59	综合品质	下
18	花序类型	双歧花序	39	果梗洼大小	2.1 mm	60	可溶性固形物含量	5.10%
19	簇生花	无	40	果洼木栓化大小	1.2 mm	61	田间成株耐寒性	弱
20	花柱长度	短于雄蕊	41	果实横切面形状	圆形	62	用途	鲜食
21	花柱形状	分裂花柱	42	果肉色	黄			

种质编号VT38

序号	描述项目	描述内容	序号	描述项目	描述内容	序号	描述项目	描述内容
1	种质编号	VT38	22	花柱茸毛	无	43	胎座胶状物质颜色	黄
2	种质类型	品系	23	花色	浅黄	44	果肉厚	4.2 mm
3	下胚轴颜色	紫	24	花梗离层	有	45	心室数	2个
4	生长习性	无限生长	25	单花序花数	7朵	46	果皮色	黄
5	株型	半蔓性	26	果柄长度	0.7 cm	47	单花序果数	7个
6	株高	1.9~2.3 m	27	成熟前果色	浅绿	48	单果重	12.7 g
7	茎叶茸毛	短稀	28	成熟果色	黄	49	熟性	极晚≥125 d
8	叶片类型	普通叶型	29	果面棱沟	中	50	形态一致性	连续变异
9	叶片形状	羽状复叶	30	果面茸毛	稀	51	种皮颜色	浅黄
10	叶片着生状态	水平	31	果顶形状	圆平	52	播种至开花天数	71 d
11	叶色	绿	32	果肩	有	53	播种至始收天数	135 d
12	叶脉色	无色	33	果肩形状	深凹	54	裂果性	不易裂
13	叶裂刻	中	34	果肩色	—	55	畸形果	无
14	叶片长	36.0 cm	35	绿果肩大小	—	56	肉质	软
15	叶片宽	29.0 cm	36	商品果纵径	38.1 mm	57	风味	酸甜
16	首花序节位	10节	37	商品果横径	30.2 mm	58	清香味	有
17	第二花序节位	15节	38	果形	长圆形	59	综合品质	中
18	花序类型	单式花序	39	果梗洼大小	2.8 mm	60	可溶性固形物含量	4.90%
19	簇生花	无	40	果洼木栓化大小	1.0 mm	61	田间成株耐寒性	强
20	花柱长度	短于雄蕊	41	果实横切面形状	圆形	62	用途	鲜食
21	花柱形状	单圆花柱	42	果肉色	黄			

种质编号VT80

序号	描述项目	描述内容	序号	描述项目	描述内容	序号	描述项目	描述内容
1	种质编号	VT80	22	花柱茸毛	无	43	胎座胶状物质颜色	黄
2	种质类型	遗传材料	23	花色	浅黄	44	果肉厚	2.6 mm
3	下胚轴颜色	绿或紫	24	花梗离层	有	45	心室数	2个
4	生长习性	4序花封顶	25	单花序花数	10朵	46	果皮色	黄
5	株型	半蔓性	26	果柄长度	1.1 cm	47	单花序果数	7个
6	株高	2.4~2.8 m	27	成熟前果色	深绿	48	单果重	19.8 g
7	茎叶茸毛	短密	28	成熟果色	橘黄	49	熟性	极晚≥125 d
8	叶片类型	薯叶型	29	果面棱沟	轻	50	形态一致性	不连续变异
9	叶片形状	羽状复叶	30	果面茸毛	无	51	种皮颜色	灰黄
10	叶片着生状态	水平	31	果顶形状	圆平	52	播种至开花天数	71 d
11	叶色	绿	32	果肩	有	53	播种至始收天数	136 d
12	叶脉色	无色	33	果肩形状	深凹	54	裂果性	不易裂
13	叶裂刻	中	34	果肩色	—	55	畸形果	无
14	叶片长	38.0 cm	35	绿果肩大小	—	56	肉质	面
15	叶片宽	40.0 cm	36	商品果纵径	36.0 mm	57	风味	酸
16	首花序节位	11节	37	商品果横径	31.0 mm	58	清香味	无
17	第二花序节位	13节	38	果形	圆或高圆形	59	综合品质	中
18	花序类型	单式花序	39	果梗洼大小	2.3 mm	60	可溶性固形物含量	5.20%
19	簇生花	无	40	果洼木栓化大小	1.2 mm	61	田间成株耐寒性	强
20	花柱长度	与雄蕊近等长	41	果实横切面形状	圆形	62	用途	鲜食
21	花柱形状	单圆花柱	42	果肉色	黄			

第一章 黄色樱桃小果类番茄种质资源

种质编号VT83

序号	描述项目	描述内容	序号	描述项目	描述内容	序号	描述项目	描述内容
1	种质编号	VT83	22	花柱茸毛	无	43	胎座胶状物质颜色	黄
2	种质类型	品系	23	花色	黄	44	果肉厚	3.7 mm
3	下胚轴颜色	绿或紫	24	花梗离层	有	45	心室数	2个
4	生长习性	8序花封顶	25	单花序花数	11朵	46	果皮色	黄
5	株型	半蔓性	26	果柄长度	0.8 cm	47	单花序果数	7个
6	株高	1.2~1.5 m	27	成熟前果色	浅绿	48	单果重	16.9 g
7	茎叶茸毛	短稀	28	成熟果色	黄	49	熟性	早100~105 d
8	叶片类型	普通叶型	29	果面棱沟	轻	50	形态一致性	连续变异
9	叶片形状	羽状复叶	30	果面茸毛	无	51	种皮颜色	浅黄
10	叶片着生状态	水平	31	果顶形状	圆平	52	播种至开花天数	52 d
11	叶色	黄绿	32	果肩	有	53	播种至始收天数	105 d
12	叶脉色	无色	33	果肩形状	微凹	54	裂果性	不易裂
13	叶裂刻	中	34	果肩色	—	55	畸形果	无
14	叶片长	31.0 cm	35	绿果肩大小	—	56	肉质	面
15	叶片宽	27.0 cm	36	商品果纵径	45.4 mm	57	风味	甜酸
16	首花序节位	11节	37	商品果横径	25.5 mm	58	清香味	有
17	第二花序节位	13节	38	果形	长圆形	59	综合品质	中
18	花序类型	单式花序或双歧花序	39	果梗洼大小	1.5 mm	60	可溶性固形物含量	5.90%
19	簇生花	无	40	果洼木栓化大小	0.8 mm	61	田间成株耐寒性	弱
20	花柱长度	短于雄蕊	41	果实横切面形状	圆形	62	用途	鲜食
21	花柱形状	单圆花柱	42	果肉色	黄			

种质编号VT101

序号	描述项目	描述内容	序号	描述项目	描述内容	序号	描述项目	描述内容
1	种质编号	VT101	22	花柱茸毛	无	43	胎座胶状物质颜色	黄
2	种质类型	品系	23	花色	浅黄	44	果肉厚	1.6 mm
3	下胚轴颜色	紫	24	花梗离层	有	45	心室数	2个
4	生长习性	无限生长	25	单花序花数	近百朵	46	果皮色	黄
5	株型	蔓性	26	果柄长度	0.5 cm	47	单花序果数	数十个
6	株高	2.5~2.8 m	27	成熟前果色	绿	48	单果重	5.5 g
7	茎叶茸毛	短稀	28	成熟果色	黄	49	熟性	早100~105 d
8	叶片类型	普通叶型	29	果面棱沟	无	50	形态一致性	一致
9	叶片形状	羽状复叶	30	果面茸毛	无	51	种皮颜色	灰黄
10	叶片着生状态	下垂	31	果顶形状	圆平	52	播种至开花天数	52 d
11	叶色	浅绿	32	果肩	有	53	播种至始收天数	102 d
12	叶脉色	无色	33	果肩形状	深凹	54	裂果性	不易裂
13	叶裂刻	深	34	果肩色	—	55	畸形果	无
14	叶片长	36.0 cm	35	绿果肩大小	—	56	肉质	软
15	叶片宽	31.0 cm	36	商品果纵径	22.4 mm	57	风味	甜酸
16	首花序节位	10节	37	商品果横径	21.2 mm	58	清香味	无
17	第二花序节位	15节	38	果形	圆形	59	综合品质	下
18	花序类型	多歧花序	39	果梗洼大小	1.8 mm	60	可溶性固形物含量	4.50%
19	簇生花	无	40	果洼木栓化大小	0.3 mm	61	田间成株耐寒性	中
20	花柱长度	与雄蕊近等长	41	果实横切面形状	圆形	62	用途	鲜食
21	花柱形状	单圆花柱	42	果肉色	黄			

第一章 黄色樱桃小果类番茄种质资源

种质编号VT145

序号	描述项目	描述内容	序号	描述项目	描述内容	序号	描述项目	描述内容
1	种质编号	VT145	22	花柱茸毛	无	43	胎座胶状物质颜色	黄
2	种质类型	遗传材料	23	花色	浅黄	44	果肉厚	3.4 mm
3	下胚轴颜色	绿或紫	24	花梗离层	有	45	心室数	2个
4	生长习性	9序花封顶	25	单花序花数	12朵	46	果皮色	黄
5	株型	半蔓性	26	果柄长度	0.5 cm	47	单花序果数	11个
6	株高	1.8~2.2 m	27	成熟前果色	深绿	48	单果重	15.8 g
7	茎叶茸毛	长稀	28	成熟果色	黄	49	熟性	早100~105 d
8	叶片类型	薯叶型	29	果面棱沟	轻	50	形态一致性	不连续变异
9	叶片形状	羽状复叶	30	果面茸毛	无	51	种皮颜色	浅黄
10	叶片着生状态	水平	31	果顶形状	圆平	52	播种至开花天数	53 d
11	叶色	深绿	32	果肩	有	53	播种至始收天数	102 d
12	叶脉色	无色	33	果肩形状	微凹	54	裂果性	中
13	叶裂刻	浅	34	果肩色	—	55	畸形果	无
14	叶片长	38.0 cm	35	绿果肩大小	—	56	肉质	软
15	叶片宽	30.0 cm	36	商品果纵径	36.7 mm	57	风味	酸甜
16	首花序节位	11节	37	商品果横径	27.8 mm	58	清香味	有
17	第二花序节位	13节	38	果形	长圆形	59	综合品质	下
18	花序类型	单式花序	39	果梗洼大小	2.2 mm	60	可溶性固形物含量	5.70%
19	簇生花	无	40	果洼木栓化大小	0.5 mm	61	田间成株耐寒性	弱
20	花柱长度	与雄蕊近等长	41	果实横切面形状	圆形	62	用途	鲜食
21	花柱形状	单圆花柱	42	果肉色	黄			

种质编号VT158

序号	描述项目	描述内容	序号	描述项目	描述内容	序号	描述项目	描述内容
1	种质编号	VT158	22	花柱茸毛	无	43	胎座胶状物质颜色	黄
2	种质类型	品系	23	花色	浅黄	44	果肉厚	2.9 mm
3	下胚轴颜色	紫	24	花梗离层	有	45	心室数	3个
4	生长习性	无限生长	25	单花序花数	9朵	46	果皮色	黄
5	株型	半蔓性	26	果柄长度	0.8 cm	47	单花序果数	8个
6	株高	1.9~2.3 m	27	成熟前果色	绿	48	单果重	15.3 g
7	茎叶茸毛	短稀	28	成熟果色	黄	49	熟性	早100~105 d
8	叶片类型	普通叶型	29	果面棱沟	无	50	形态一致性	连续变异
9	叶片形状	羽状复叶	30	果面茸毛	无	51	种皮颜色	灰黄
10	叶片着生状态	水平	31	果顶形状	圆平	52	播种至开花天数	53 d
11	叶色	黄绿	32	果肩	有	53	播种至始收天数	102 d
12	叶脉色	无色	33	果肩形状	微凹	54	裂果性	中
13	叶裂刻	深	34	果肩色	—	55	畸形果	无
14	叶片长	37.0 cm	35	绿果肩大小	—	56	肉质	软
15	叶片宽	24.0 cm	36	商品果纵径	27.9 mm	57	风味	酸甜
16	首花序节位	10节	37	商品果横径	30.4 mm	58	清香味	有
17	第二花序节位	13节	38	果形	圆形	59	综合品质	中
18	花序类型	单式花序	39	果梗洼大小	3.0 mm	60	可溶性固形物含量	5.23%
19	簇生花	无	40	果洼木栓化大小	0.5 mm	61	田间成株耐寒性	中
20	花柱长度	与雄蕊近等长	41	果实横切面形状	不规则形状	62	用途	鲜食
21	花柱形状	单圆花柱	42	果肉色	黄			

种质编号VT199

序号	描述项目	描述内容	序号	描述项目	描述内容	序号	描述项目	描述内容
1	种质编号	VT199	22	花柱茸毛	无	43	胎座胶状物质颜色	黄
2	种质类型	遗传材料	23	花色	浅黄	44	果肉厚	3.7 mm
3	下胚轴颜色	紫	24	花梗离层	有	45	心室数	2个
4	生长习性	无限生长	25	单花序花数	7朵	46	果皮色	黄
5	株型	半蔓性	26	果柄长度	0.5 cm	47	单花序果数	7个
6	株高	1.9～2.2 m	27	成熟前果色	绿	48	单果重	24.3 g
7	茎叶茸毛	长稀	28	成熟果色	黄	49	熟性	极晚≥125 d
8	叶片类型	普通叶型	29	果面棱沟	中	50	形态一致性	连续变异
9	叶片形状	羽状复叶	30	果面茸毛	无	51	种皮颜色	灰黄
10	叶片着生状态	水平	31	果顶形状	圆平	52	播种至开花天数	72 d
11	叶色	深绿	32	果肩	有	53	播种至始收天数	130 d
12	叶脉色	无色	33	果肩形状	深凹	54	裂果性	不易裂
13	叶裂刻	深	34	果肩色	—	55	畸形果	无
14	叶片长	26.0 cm	35	绿果肩大小	—	56	肉质	沙
15	叶片宽	18.0 cm	36	商品果纵径	41.2 mm	57	风味	酸甜
16	首花序节位	9节	37	商品果横径	32.6 mm	58	清香味	无
17	第二花序节位	13节	38	果形	长圆或梨形	59	综合品质	下
18	花序类型	单式花序	39	果梗洼大小	2.2 mm	60	可溶性固形物含量	5.83%
19	簇生花	无	40	果洼木栓化大小	1.0 mm	61	田间成株耐寒性	弱
20	花柱长度	短于雄蕊	41	果实横切面形状	圆形	62	用途	鲜食
21	花柱形状	单圆花柱	42	果肉色	黄			

种质编号VT207

序号	描述项目	描述内容	序号	描述项目	描述内容	序号	描述项目	描述内容
1	种质编号	VT207	22	花柱茸毛	无	43	胎座胶状物质颜色	黄
2	种质类型	遗传材料	23	花色	浅黄	44	果肉厚	4.5 mm
3	下胚轴颜色	紫	24	花梗离层	有	45	心室数	2个
4	生长习性	无限生长	25	单花序花数	7朵	46	果皮色	黄
5	株型	半蔓性	26	果柄长度	0.5 cm	47	单花序果数	6个
6	株高	2.0~2.5 m	27	成熟前果色	深绿	48	单果重	17.2 g
7	茎叶茸毛	短稀	28	成熟果色	黄	49	熟性	极晚≥125 d
8	叶片类型	普通叶型	29	果面棱沟	轻	50	形态一致性	连续变异
9	叶片形状	羽状复叶	30	果面茸毛	无	51	种皮颜色	灰黄
10	叶片着生状态	水平	31	果顶形状	圆平	52	播种至开花天数	75 d
11	叶色	绿	32	果肩	有	53	播种至始收天数	138 d
12	叶脉色	无色	33	果肩形状	微凹	54	裂果性	不易裂
13	叶裂刻	深	34	果肩色	—	55	畸形果	无
14	叶片长	38.0 cm	35	绿果肩大小	—	56	肉质	软
15	叶片宽	25.0 cm	36	商品果纵径	39.7 mm	57	风味	酸甜
16	首花序节位	9节	37	商品果横径	28.3 mm	58	清香味	无
17	第二花序节位	15节	38	果形	长圆或梨形	59	综合品质	中
18	花序类型	单式花序	39	果梗洼大小	2.1 mm	60	可溶性固形物含量	4.30%
19	簇生花	无	40	果洼木栓化大小	0.5 mm	61	田间成株耐寒性	中
20	花柱长度	短于雄蕊	41	果实横切面形状	圆形	62	用途	鲜食
21	花柱形状	单圆花柱	42	果肉色	黄			

种质编号VT211

序号	描述项目	描述内容	序号	描述项目	描述内容	序号	描述项目	描述内容
1	种质编号	VT211	22	花柱茸毛	无	43	胎座胶状物质颜色	黄
2	种质类型	遗传材料	23	花色	浅黄	44	果肉厚	3.1～4.6 mm
3	下胚轴颜色	紫	24	花梗离层	有	45	心室数	2～3个
4	生长习性	无限生长	25	单花序花数	12朵	46	果皮色	黄
5	株型	半蔓性	26	果柄长度	0.6 cm	47	单花序果数	9个
6	株高	1.85～2.0 m	27	成熟前果色	浅绿	48	单果重	12.0～52.7 g
7	茎叶茸毛	短稀	28	成熟果色	黄	49	熟性	早100～105 d
8	叶片类型	普通叶型	29	果面棱沟	无	50	形态一致性	连续变异
9	叶片形状	羽状复叶	30	果面茸毛	无	51	种皮颜色	灰黄
10	叶片着生状态	水平	31	果顶形状	圆平	52	播种至开花天数	53 d
11	叶色	浅绿	32	果肩	有	53	播种至始收天数	105 d
12	叶脉色	无色	33	果肩形状	微凹	54	裂果性	不易裂
13	叶裂刻	中	34	果肩色	—	55	畸形果	无
14	叶片长	36.0 cm	35	绿果肩大小	—	56	肉质	面
15	叶片宽	25.0 cm	36	商品果纵径	28.4～44.3 mm	57	风味	甜酸
16	首花序节位	14节	37	商品果横径	26.7～45.2 mm	58	清香味	无或有
17	第二花序节位	17节	38	果形	圆或高圆形	59	综合品质	中或上
18	花序类型	单式花序	39	果梗注大小	1.5～4.5 mm	60	可溶性固形物含量	5.60%～8.50%
19	簇生花	无	40	果注木栓化大小	0.2～1.5 mm	61	田间成株耐寒性	弱
20	花柱长度	短于雄蕊	41	果实横切面形状	圆形或不规则形状	62	用途	鲜食
21	花柱形状	单圆花柱	42	果肉色	黄			

种质编号VT212

序号	描述项目	描述内容	序号	描述项目	描述内容	序号	描述项目	描述内容
1	种质编号	VT212	22	花柱茸毛	无	43	胎座胶状物质颜色	黄
2	种质类型	遗传材料	23	花色	浅黄	44	果肉厚	2.8～3.1 mm
3	下胚轴颜色	紫	24	花梗离层	有	45	心室数	2个
4	生长习性	无限生长	25	单花序花数	11朵	46	果皮色	黄
5	株型	半蔓性	26	果柄长度	0.6 cm	47	单花序果数	5个
6	株高	2.0～2.2 m	27	成熟前果色	绿白	48	单果重	11.0～16.7 g
7	茎叶茸毛	长稀	28	成熟果色	黄	49	熟性	早100～105 d
8	叶片类型	普通叶型	29	果面棱沟	无	50	形态一致性	连续变异
9	叶片形状	羽状复叶	30	果面茸毛	无	51	种皮颜色	灰黄
10	叶片着生状态	下垂	31	果顶形状	圆平	52	播种至开花天数	53 d
11	叶色	绿	32	果肩	有	53	播种至始收天数	105 d
12	叶脉色	无色	33	果肩形状	微凹	54	裂果性	不易裂
13	叶裂刻	中	34	果肩色	—	55	畸形果	无
14	叶片长	35.0 cm	35	绿果肩大小	—	56	肉质	面
15	叶片宽	24.0 cm	36	商品果纵径	25.9～30.3 mm	57	风味	甜酸
16	首花序节位	10节	37	商品果横径	27.0～29.6 mm	58	清香味	有
17	第二花序节位	14节	38	果形	圆形	59	综合品质	中或上
18	花序类型	单式花序或多歧花序	39	果梗洼大小	2.5～3.0 mm	60	可溶性固形物含量	5.33%～8.17%
19	簇生花	无	40	果洼木栓化大小	0.6～0.8 mm	61	田间成株耐寒性	弱
20	花柱长度	短于雄蕊	41	果实横切面形状	圆形	62	用途	鲜食
21	花柱形状	单圆花柱	42	果肉色	黄			

种质编号VT213

序号	描述项目	描述内容	序号	描述项目	描述内容	序号	描述项目	描述内容
1	种质编号	VT213	22	花柱茸毛	无	43	胎座胶状物质颜色	黄
2	种质类型	遗传材料	23	花色	黄	44	果肉厚	4.2 mm
3	下胚轴颜色	紫	24	花梗离层	有	45	心室数	2个
4	生长习性	无限生长	25	单花序花数	9朵	46	果皮色	黄
5	株型	半蔓性	26	果柄长度	0.8 cm	47	单花序果数	6个
6	株高	2.5～3.0 m	27	成熟前果色	绿	48	单果重	26.1 g
7	茎叶茸毛	短稀	28	成熟果色	黄	49	熟性	早100～105 d
8	叶片类型	普通叶型	29	果面棱沟	无	50	形态一致性	连续变异
9	叶片形状	羽状复叶	30	果面茸毛	无	51	种皮颜色	浅黄
10	叶片着生状态	下垂	31	果顶形状	圆平	52	播种至开花天数	53 d
11	叶色	绿	32	果肩	有	53	播种至始收天数	105 d
12	叶脉色	无色	33	果肩形状	平	54	裂果性	不易裂
13	叶裂刻	浅	34	果肩色	—	55	畸形果	无
14	叶片长	29.0 cm	35	绿果肩大小	—	56	肉质	面
15	叶片宽	20.0 cm	36	商品果纵径	36.6 mm	57	风味	甜（淡）
16	首花序节位	10节	37	商品果横径	30.4 mm	58	清香味	无
17	第二花序节位	13节	38	果形	高圆形	59	综合品质	中
18	花序类型	单式花序或多歧花序	39	果梗洼大小	3.0 mm	60	可溶性固形物含量	7.43%
19	簇生花	无	40	果洼木栓化大小	1.0 mm	61	田间成株耐寒性	中
20	花柱长度	短于雄蕊	41	果实横切面形状	圆形	62	用途	鲜食
21	花柱形状	单圆花柱	42	果肉色	黄			

种质编号VT214

序号	描述项目	描述内容	序号	描述项目	描述内容	序号	描述项目	描述内容
1	种质编号	VT214	22	花柱茸毛	无	43	胎座胶状物质颜色	黄
2	种质类型	遗传材料	23	花色	浅黄	44	果肉厚	3.8 mm
3	下胚轴颜色	紫	24	花梗离层	有	45	心室数	2个
4	生长习性	无限生长	25	单花序花数	16朵	46	果皮色	黄
5	株型	半蔓性	26	果柄长度	0.6 cm	47	单花序果数	11个
6	株高	3.0～3.2 m	27	成熟前果色	浅绿	48	单果重	16.7 g
7	茎叶茸毛	短稀	28	成熟果色	黄或橘黄	49	熟性	早100～105 d
8	叶片类型	普通叶型	29	果面棱沟	轻	50	形态一致性	不连续变异
9	叶片形状	羽状复叶	30	果面茸毛	无	51	种皮颜色	浅黄
10	叶片着生状态	下垂	31	果顶形状	圆平	52	播种至开花天数	53 d
11	叶色	绿	32	果肩	有	53	播种至始收天数	102 d
12	叶脉色	无色	33	果肩形状	平	54	裂果性	不易裂
13	叶裂刻	中	34	果肩色	—	55	畸形果	无
14	叶片长	40.0 cm	35	绿果肩大小	—	56	肉质	面
15	叶片宽	36.0 cm	36	商品果纵径	36.7～37.2 mm	57	风味	甜（淡）
16	首花序节位	9节	37	商品果横径	27.7～28.9 mm	58	清香味	有
17	第二花序节位	14节	38	果形	圆或高圆形	59	综合品质	中
18	花序类型	单式花序或多歧花序	39	果梗洼大小	1.5 mm	60	可溶性固形物含量	5.80%～6.70%
19	簇生花	无	40	果洼木栓化大小	0.6 mm	61	田间成株耐寒性	弱
20	花柱长度	短于雄蕊	41	果实横切面形状	圆形	62	用途	鲜食
21	花柱形状	单圆花柱	42	果肉色	黄			

种质编号VT225

序号	描述项目	描述内容	序号	描述项目	描述内容	序号	描述项目	描述内容
1	种质编号	VT225	22	花柱茸毛	无	43	胎座胶状物质颜色	黄
2	种质类型	品系	23	花色	浅黄	44	果肉厚	4.4 mm
3	下胚轴颜色	紫	24	花梗离层	有	45	心室数	2个
4	生长习性	无限生长	25	单花序花数	8朵	46	果皮色	黄
5	株型	半蔓性	26	果柄长度	1.0 cm	47	单花序果数	8个
6	株高	2.2～2.5 m	27	成熟前果色	绿	48	单果重	21.2 g
7	茎叶茸毛	长稀	28	成熟果色	黄	49	熟性	早100～105 d
8	叶片类型	普通叶型	29	果面棱沟	无	50	形态一致性	一致
9	叶片形状	羽状复叶	30	果面茸毛	无	51	种皮颜色	浅黄
10	叶片着生状态	下垂	31	果顶形状	圆平	52	播种至开花天数	51 d
11	叶色	绿	32	果肩	有	53	播种至始收天数	105 d
12	叶脉色	无色	33	果肩形状	微凹	54	裂果性	不易裂
13	叶裂刻	深	34	果肩色	—	55	畸形果	无
14	叶片长	46.0 cm	35	绿果肩大小	—	56	肉质	软
15	叶片宽	35.0 cm	36	商品果纵径	32.3 mm	57	风味	甜酸
16	首花序节位	7节	37	商品果横径	32.8 mm	58	清香味	有
17	第二花序节位	11节	38	果形	圆形	59	综合品质	中
18	花序类型	单式花序或多歧花序	39	果梗洼大小	3.3 mm	60	可溶性固形物含量	5.13%
19	簇生花	无	40	果洼木栓化大小	1.0 mm	61	田间成株耐寒性	中
20	花柱长度	与雄蕊近等长	41	果实横切面形状	圆形	62	用途	鲜食
21	花柱形状	单圆花柱	42	果肉色	黄			

种质编号VT226

序号	描述项目	描述内容	序号	描述项目	描述内容	序号	描述项目	描述内容
1	种质编号	VT226	22	花柱茸毛	无	43	胎座胶状物质颜色	黄
2	种质类型	遗传材料	23	花色	浅黄	44	果肉厚	2.7 mm
3	下胚轴颜色	紫	24	花梗离层	有	45	心室数	2个
4	生长习性	无限生长	25	单花序花数	10朵	46	果皮色	黄
5	株型	半蔓性	26	果柄长度	0.7 cm	47	单花序果数	9个
6	株高	2.2～2.6 m	27	成熟前果色	深绿	48	单果重	9.9 g
7	茎叶茸毛	短稀	28	成熟果色	黄	49	熟性	早100～105 d
8	叶片类型	普通叶型	29	果面棱沟	轻	50	形态一致性	连续变异
9	叶片形状	羽状复叶	30	果面茸毛	无	51	种皮颜色	灰黄
10	叶片着生状态	水平	31	果顶形状	圆平	52	播种至开花天数	53 d
11	叶色	深绿	32	果肩	有	53	播种至始收天数	105 d
12	叶脉色	无色	33	果肩形状	深凹	54	裂果性	不易裂
13	叶裂刻	中	34	果肩色	—	55	畸形果	无
14	叶片长	45.0 cm	35	绿果肩大小	—	56	肉质	软
15	叶片宽	32.0 cm	36	商品果纵径	29.9 mm	57	风味	甜酸
16	首花序节位	11节	37	商品果横径	24.7 mm	58	清香味	有
17	第二花序节位	15节	38	果形	高圆或梨形	59	综合品质	中
18	花序类型	多歧花序	39	果梗洼大小	2.4 mm	60	可溶性固形物含量	5.43%
19	簇生花	无	40	果洼木栓化大小	0.8 mm	61	田间成株耐寒性	强
20	花柱长度	与雄蕊近等长	41	果实横切面形状	圆形	62	用途	鲜食
21	花柱形状	单圆花柱	42	果肉色	黄			

种质编号VT228

序号	描述项目	描述内容	序号	描述项目	描述内容	序号	描述项目	描述内容
1	种质编号	VT228	22	花柱茸毛	无	43	胎座胶状物质颜色	黄
2	种质类型	遗传材料	23	花色	浅黄	44	果肉厚	3.8 mm
3	下胚轴颜色	紫	24	花梗离层	有	45	心室数	2个
4	生长习性	无限生长	25	单花序花数	6朵	46	果皮色	黄
5	株型	半蔓性	26	果柄长度	0.8 cm	47	单花序果数	4个
6	株高	3.0～3.3 m	27	成熟前果色	绿白	48	单果重	19.8 g
7	茎叶茸毛	短稀	28	成熟果色	黄	49	熟性	极晚≥125 d
8	叶片类型	普通叶型	29	果面棱沟	中	50	形态一致性	连续变异
9	叶片形状	二回羽状复叶	30	果面茸毛	无	51	种皮颜色	浅棕
10	叶片着生状态	水平	31	果顶形状	圆平	52	播种至开花天数	71 d
11	叶色	黄绿	32	果肩	有	53	播种至始收天数	138 d
12	叶脉色	无色	33	果肩形状	微凹	54	裂果性	不易裂
13	叶裂刻	深	34	果肩色	—	55	畸形果	无
14	叶片长	43.0 cm	35	绿果肩大小	—	56	肉质	软
15	叶片宽	32.0 cm	36	商品果纵径	38.5 mm	57	风味	甜酸
16	首花序节位	10节	37	商品果横径	31.1 mm	58	清香味	有
17	第二花序节位	13节	38	果形	长圆或梨形	59	综合品质	下
18	花序类型	单式花序或双歧花序	39	果梗洼大小	2.7 mm	60	可溶性固形物含量	4.63%
19	簇生花	无	40	果洼木栓化大小	0.3 mm	61	田间成株耐寒性	强
20	花柱长度	与雄蕊近等长	41	果实横切面形状	圆形	62	用途	鲜食
21	花柱形状	单圆花柱	42	果肉色	黄			

种质编号VT233

序号	描述项目	描述内容	序号	描述项目	描述内容	序号	描述项目	描述内容
1	种质编号	VT233	22	花柱茸毛	无	43	胎座胶状物质颜色	黄
2	种质类型	品系	23	花色	黄	44	果肉厚	1.8 mm
3	下胚轴颜色	紫	24	花梗离层	有	45	心室数	2个
4	生长习性	无限生长	25	单花序花数	10朵	46	果皮色	黄
5	株型	蔓性	26	果柄长度	0.4 cm	47	单花序果数	11个
6	株高	2.2～2.8 m	27	成熟前果色	绿	48	单果重	6.1 g
7	茎叶茸毛	长稀	28	成熟果色	黄	49	熟性	极晚≥125 d
8	叶片类型	普通叶型	29	果面棱沟	无	50	形态一致性	一致
9	叶片形状	羽状复叶	30	果面茸毛	无	51	种皮颜色	深棕
10	叶片着生状态	水平	31	果顶形状	圆平	52	播种至开花天数	77 d
11	叶色	浅绿	32	果肩	有	53	播种至始收天数	136 d
12	叶脉色	无色	33	果肩形状	平	54	裂果性	不易裂
13	叶裂刻	浅	34	果肩色	—	55	畸形果	无
14	叶片长	34.0 cm	35	绿果肩大小	—	56	肉质	软
15	叶片宽	20.0 cm	36	商品果纵径	20.0 mm	57	风味	甜酸
16	首花序节位	8节	37	商品果横径	22.2 mm	58	清香味	无
17	第二花序节位	11节	38	果形	圆形	59	综合品质	中
18	花序类型	单式花序	39	果梗洼大小	3.3 mm	60	可溶性固形物含量	7.93%
19	簇生花	无	40	果洼木栓化大小	0.5 mm	61	田间成株耐寒性	强
20	花柱长度	短于雄蕊	41	果实横切面形状	圆形	62	用途	鲜食
21	花柱形状	单圆花柱	42	果肉色	黄			

种质编号VT236

序号	描述项目	描述内容	序号	描述项目	描述内容	序号	描述项目	描述内容
1	种质编号	VT236	22	花柱茸毛	无	43	胎座胶状物质颜色	黄
2	种质类型	遗传材料	23	花色	黄	44	果肉厚	3.7 mm
3	下胚轴颜色	紫	24	花梗离层	有	45	心室数	2~3个
4	生长习性	无限生长	25	单花序花数	10~15朵	46	果皮色	黄
5	株型	半蔓性	26	果柄长度	0.8 cm	47	单花序果数	8~13个
6	株高	2.5~3.0 m	27	成熟前果色	绿白	48	单果重	15.2~17.1 g
7	茎叶茸毛	短稀	28	成熟果色	黄或红	49	熟性	早100~105 d
8	叶片类型	普通叶型	29	果面棱沟	无	50	形态一致性	不连续变异
9	叶片形状	羽状复叶	30	果面茸毛	无	51	种皮颜色	灰黄
10	叶片着生状态	水平	31	果顶形状	圆平	52	播种至开花天数	53 d
11	叶色	黄绿	32	果肩	有	53	播种至始收天数	105 d
12	叶脉色	无色	33	果肩形状	平	54	裂果性	不易裂
13	叶裂刻	深	34	果肩色	—	55	畸形果	无
14	叶片长	30.0~35.0 cm	35	绿果肩大小	—	56	肉质	面
15	叶片宽	25.0~28.0 cm	36	商品果纵径	33.9~36.6 mm	57	风味	酸甜
16	首花序节位	12节	37	商品果横径	26.8~27.2 mm	58	清香味	无或有
17	第二花序节位	15节	38	果形	高圆或长圆形	59	综合品质	中
18	花序类型	多歧花序	39	果梗洼大小	2.6~3.5 mm	60	可溶性固形物含量	6.23%~7.05%
19	簇生花	无	40	果洼木栓化大小	1.2~1.5 mm	61	田间成株耐寒性	中
20	花柱长度	短于雄蕊	41	果实横切面形状	圆形或不规则形状	62	用途	鲜食
21	花柱形状	单圆花柱	42	果肉色	黄或红			

种质编号VT238

序号	描述项目	描述内容	序号	描述项目	描述内容	序号	描述项目	描述内容
1	种质编号	VT238	22	花柱茸毛	无	43	胎座胶状物质颜色	黄
2	种质类型	遗传材料	23	花色	浅黄	44	果肉厚	3.0 mm
3	下胚轴颜色	紫	24	花梗离层	有	45	心室数	2个
4	生长习性	无限生长	25	单花序花数	11朵	46	果皮色	黄
5	株型	半蔓性	26	果柄长度	0.8 cm	47	单花序果数	8个
6	株高	2.0～2.3 m	27	成熟前果色	浅绿	48	单果重	13.7 g
7	茎叶茸毛	长稀	28	成熟果色	黄	49	熟性	早100～105 d
8	叶片类型	普通叶型	29	果面棱沟	轻	50	形态一致性	连续变异
9	叶片形状	羽状复叶	30	果面茸毛	无	51	种皮颜色	灰黄
10	叶片着生状态	水平	31	果顶形状	圆平	52	播种至开花天数	52 d
11	叶色	深绿（带紫）	32	果肩	有	53	播种至始收天数	105 d
12	叶脉色	无色	33	果肩形状	微凹	54	裂果性	中
13	叶裂刻	深	34	果肩色	—	55	畸形果	无
14	叶片长	40.0 cm	35	绿果肩大小	—	56	肉质	面
15	叶片宽	36.0 cm	36	商品果纵径	36.2 mm	57	风味	甜酸
16	首花序节位	8节	37	商品果横径	24.9 mm	58	清香味	有
17	第二花序节位	13节	38	果形	长圆形	59	综合品质	上
18	花序类型	单式花序	39	果梗洼大小	2.6 mm	60	可溶性固形物含量	9.10%
19	簇生花	无	40	果洼木栓化大小	0.7 mm	61	田间成株耐寒性	弱
20	花柱长度	与雄蕊近等长	41	果实横切面形状	圆形	62	用途	鲜食
21	花柱形状	单圆花柱	42	果肉色	黄			

种质编号VT240

序号	描述项目	描述内容	序号	描述项目	描述内容	序号	描述项目	描述内容
1	种质编号	VT240	22	花柱茸毛	无	43	胎座胶状物质颜色	黄
2	种质类型	品系	23	花色	浅黄	44	果肉厚	3.6 mm
3	下胚轴颜色	紫	24	花梗离层	有	45	心室数	2个
4	生长习性	无限生长	25	单花序花数	12朵	46	果皮色	黄
5	株型	半蔓性	26	果柄长度	1.0 cm	47	单花序果数	6个
6	株高	2.5~3.2 m	27	成熟前果色	深绿	48	单果重	25.6 g
7	茎叶茸毛	短密	28	成熟果色	黄	49	熟性	极晚≥125 d
8	叶片类型	普通叶型	29	果面棱沟	重	50	形态一致性	一致
9	叶片形状	羽状复叶	30	果面茸毛	无	51	种皮颜色	灰黄
10	叶片着生状态	水平	31	果顶形状	圆平	52	播种至开花天数	75 d
11	叶色	绿	32	果肩	有	53	播种至始收天数	132 d
12	叶脉色	无色	33	果肩形状	平	54	裂果性	不易裂
13	叶裂刻	深	34	果肩色	—	55	畸形果	少
14	叶片长	42.0 cm	35	绿果肩大小	—	56	肉质	软
15	叶片宽	40.0 cm	36	商品果纵径	49.4 mm	57	风味	甜酸
16	首花序节位	10节	37	商品果横径	30.9 mm	58	清香味	无
17	第二花序节位	13节	38	果形	梨形	59	综合品质	中
18	花序类型	单式花序或多歧花序	39	果梗洼大小	1.8 mm	60	可溶性固形物含量	6.00%
19	簇生花	无	40	果洼木栓化大小	0.3 mm	61	田间成株耐寒性	中
20	花柱长度	短于雄蕊	41	果实横切面形状	圆形	62	用途	鲜食
21	花柱形状	单圆花柱	42	果肉色	黄			

种质编号VT241

序号	描述项目	描述内容	序号	描述项目	描述内容	序号	描述项目	描述内容
1	种质编号	VT241	22	花柱茸毛	无	43	胎座胶状物质颜色	黄
2	种质类型	品系	23	花色	浅黄	44	果肉厚	3.2 mm
3	下胚轴颜色	紫	24	花梗离层	有	45	心室数	2个
4	生长习性	无限生长	25	单花序花数	8朵	46	果皮色	黄
5	株型	半蔓性	26	果柄长度	0.5 cm	47	单花序果数	5个
6	株高	2.4～2.8 m	27	成熟前果色	深绿	48	单果重	15.4 g
7	茎叶茸毛	短稀	28	成熟果色	黄	49	熟性	早100～105 d
8	叶片类型	普通叶型	29	果面棱沟	轻	50	形态一致性	一致
9	叶片形状	羽状复叶	30	果面茸毛	中	51	种皮颜色	浅棕
10	叶片着生状态	水平	31	果顶形状	圆平	52	播种至开花天数	45 d
11	叶色	浅绿	32	果肩	有	53	播种至始收天数	102 d
12	叶脉色	无色	33	果肩形状	深凹	54	裂果性	不易裂
13	叶裂刻	深	34	果肩色	—	55	畸形果	无
14	叶片长	40.0 cm	35	绿果肩大小	—	56	肉质	软
15	叶片宽	30.0 cm	36	商品果纵径	32.9 mm	57	风味	甜酸
16	首花序节位	9节	37	商品果横径	28.4 mm	58	清香味	有
17	第二花序节位	13节	38	果形	高圆形	59	综合品质	上
18	花序类型	单式花序	39	果梗注大小	3.0 mm	60	可溶性固形物含量	6.70%
19	簇生花	无	40	果注木栓化大小	0.5 mm	61	田间成株耐寒性	强
20	花柱长度	与雄蕊近等长	41	果实横切面形状	圆形	62	用途	鲜食
21	花柱形状	单圆花柱	42	果肉色	黄			

种质编号VT267

序号	描述项目	描述内容	序号	描述项目	描述内容	序号	描述项目	描述内容
1	种质编号	VT267	22	花柱茸毛	无	43	胎座胶状物质颜色	黄
2	种质类型	遗传材料	23	花色	橘黄	44	果肉厚	3.1 mm
3	下胚轴颜色	紫	24	花梗离层	有	45	心室数	2个
4	生长习性	6序花封顶	25	单花序花数	10朵	46	果皮色	黄
5	株型	半蔓性	26	果柄长度	0.6 cm	47	单花序果数	10个
6	株高	1.6～2.0 m	27	成熟前果色	绿白	48	单果重	14.1 g
7	茎叶茸毛	短稀	28	成熟果色	黄	49	熟性	极晚≥125 d
8	叶片类型	普通叶型	29	果面棱沟	无	50	形态一致性	连续变异
9	叶片形状	羽状复叶	30	果面茸毛	稀	51	种皮颜色	浅棕
10	叶片着生状态	水平	31	果顶形状	微凸	52	播种至开花天数	66 d
11	叶色	深绿（带紫）	32	果肩	有	53	播种至始收天数	129 d
12	叶脉色	无色	33	果肩形状	平	54	裂果性	不易裂
13	叶裂刻	中	34	果肩色	—	55	畸形果	无
14	叶片长	40.0 cm	35	绿果肩大小	—	56	肉质	面
15	叶片宽	40.0 cm	36	商品果纵径	37.6 mm	57	风味	甜酸
16	首花序节位	8节	37	商品果横径	23.7 mm	58	清香味	有
17	第二花序节位	10节	38	果形	长圆形	59	综合品质	上
18	花序类型	单式花序	39	果梗洼大小	2.8 mm	60	可溶性固形物含量	8.70%
19	簇生花	无	40	果洼木栓化大小	0.5 mm	61	田间成株耐寒性	强
20	花柱长度	短于雄蕊	41	果实横切面形状	圆形	62	用途	鲜食
21	花柱形状	单圆花柱	42	果肉色	黄			

种质编号VT283

序号	描述项目	描述内容	序号	描述项目	描述内容	序号	描述项目	描述内容
1	种质编号	VT283	22	花柱茸毛	无	43	胎座胶状物质颜色	黄
2	种质类型	品系	23	花色	浅黄	44	果肉厚	2.5 mm
3	下胚轴颜色	紫	24	花梗离层	有	45	心室数	2个
4	生长习性	无限生长	25	单花序花数	10朵	46	果皮色	黄
5	株型	半蔓性	26	果柄长度	0.6 cm	47	单花序果数	8个
6	株高	2.8~3.2 m	27	成熟前果色	浅绿	48	单果重	14.0 g
7	茎叶茸毛	长稀	28	成熟果色	黄	49	熟性	早100~105 d
8	叶片类型	复细叶型	29	果面棱沟	无	50	形态一致性	一致
9	叶片形状	二回羽状复叶	30	果面茸毛	稀	51	种皮颜色	灰黄
10	叶片着生状态	水平	31	果顶形状	圆平	52	播种至开花天数	42 d
11	叶色	黄绿	32	果肩	有	53	播种至始收天数	103 d
12	叶脉色	无色	33	果肩形状	微凹	54	裂果性	不易裂
13	叶裂刻	深	34	果肩色	—	55	畸形果	无
14	叶片长	40.0 cm	35	绿果肩大小	—	56	肉质	软
15	叶片宽	28.0 cm	36	商品果纵径	27.8 mm	57	风味	酸甜
16	首花序节位	6节	37	商品果横径	29.3 mm	58	清香味	有
17	第二花序节位	9节	38	果形	圆形	59	综合品质	中
18	花序类型	单式花序	39	果梗洼大小	2.2 mm	60	可溶性固形物含量	5.47%
19	簇生花	无	40	果洼木栓化大小	0.3 mm	61	田间成株耐寒性	中
20	花柱长度	短于雄蕊	41	果实横切面形状	圆形	62	用途	鲜食
21	花柱形状	单圆花柱	42	果肉色	黄			

第一章 黄色樱桃小果类番茄种质资源

种质编号VT292

序号	描述项目	描述内容	序号	描述项目	描述内容	序号	描述项目	描述内容
1	种质编号	VT292	22	花柱茸毛	无	43	胎座胶状物质颜色	黄
2	种质类型	遗传材料	23	花色	浅黄	44	果肉厚	3.0 mm
3	下胚轴颜色	紫	24	花梗离层	有	45	心室数	2个
4	生长习性	无限生长	25	单花序花数	14朵	46	果皮色	黄
5	株型	半蔓性	26	果柄长度	1 cm	47	单花序果数	9个
6	株高	2.5~3.0 m	27	成熟前果色	浅绿	48	单果重	21.1 g
7	茎叶茸毛	长稀	28	成熟果色	黄	49	熟性	极晚≥125 d
8	叶片类型	复宽叶型	29	果面棱沟	中	50	形态一致性	连续变异
9	叶片形状	二回羽状复叶	30	果面茸毛	稀	51	种皮颜色	浅棕
10	叶片着生状态	水平	31	果顶形状	圆平	52	播种至开花天数	68 d
11	叶色	绿	32	果肩	有	53	播种至始收天数	133 d
12	叶脉色	无色	33	果肩形状	平	54	裂果性	中
13	叶裂刻	深	34	果肩色	—	55	畸形果	无
14	叶片长	40.0 cm	35	绿果肩大小	—	56	肉质	软
15	叶片宽	30.0 cm	36	商品果纵径	40.1 mm	57	风味	甜酸
16	首花序节位	12节	37	商品果横径	30.0 mm	58	清香味	有
17	第二花序节位	15节	38	果形	长圆或梨形	59	综合品质	中
18	花序类型	单式花序或多歧花序	39	果梗洼大小	2.0 mm	60	可溶性固形物含量	6.23%
19	簇生花	无	40	果洼木栓化大小	0.2 mm	61	田间成株耐寒性	中
20	花柱长度	短于雄蕊	41	果实横切面形状	圆形	62	用途	鲜食
21	花柱形状	单圆花柱	42	果肉色	黄			

种质编号VT301

序号	描述项目	描述内容	序号	描述项目	描述内容	序号	描述项目	描述内容
1	种质编号	VT301	22	花柱茸毛	无	43	胎座胶状物质颜色	黄
2	种质类型	遗传材料	23	花色	黄	44	果肉厚	2.8 mm
3	下胚轴颜色	紫	24	花梗离层	有	45	心室数	2个
4	生长习性	无限生长	25	单花序花数	7朵	46	果皮色	黄
5	株型	半蔓性	26	果柄长度	0.8 cm	47	单花序果数	7个
6	株高	2.3~2.8 m	27	成熟前果色	绿白	48	单果重	18.4 g
7	茎叶茸毛	长稀	28	成熟果色	黄	49	熟性	极晚≥125 d
8	叶片类型	普通叶型	29	果面棱沟	中	50	形态一致性	连续变异
9	叶片形状	羽状复叶	30	果面茸毛	无	51	种皮颜色	灰黄
10	叶片着生状态	下垂	31	果顶形状	微凹	52	播种至开花天数	66 d
11	叶色	浅绿	32	果肩	有	53	播种至始收天数	129 d
12	叶脉色	无色	33	果肩形状	微凹	54	裂果性	不易裂
13	叶裂刻	深	34	果肩色	—	55	畸形果	无
14	叶片长	35.0 cm	35	绿果肩大小	—	56	肉质	沙
15	叶片宽	26.0 cm	36	商品果纵径	37.8 mm	57	风味	酸甜
16	首花序节位	10节	37	商品果横径	29.4 mm	58	清香味	无
17	第二花序节位	13节	38	果形	长圆或梨形	59	综合品质	中
18	花序类型	单式花序	39	果梗洼大小	1.8 mm	60	可溶性固形物含量	5.17%
19	簇生花	无	40	果洼木栓化大小	0.2 mm	61	田间成株耐寒性	弱
20	花柱长度	短于雄蕊	41	果实横切面形状	圆形	62	用途	鲜食
21	花柱形状	单圆花柱	42	果肉色	黄			

第一章 黄色樱桃小果类番茄种质资源

种质编号VT302

序号	描述项目	描述内容	序号	描述项目	描述内容	序号	描述项目	描述内容
1	种质编号	VT302	22	花柱茸毛	无	43	胎座胶状物质颜色	黄
2	种质类型	遗传材料	23	花色	黄	44	果肉厚	1.5～1.9 mm
3	下胚轴颜色	紫	24	花梗离层	有	45	心室数	2个
4	生长习性	无限生长	25	单花序花数	8朵	46	果皮色	黄
5	株型	半蔓性	26	果柄长度	0.4 cm	47	单花序果数	8个
6	株高	2.5～3.5 m	27	成熟前果色	绿白或浅绿	48	单果重	7.6～8.5 g
7	茎叶茸毛	长稀	28	成熟果色	黄或红	49	熟性	早100～105 d
8	叶片类型	复细叶型	29	果面棱沟	无	50	形态一致性	不连续变异
9	叶片形状	二回羽状复叶	30	果面茸毛	稀	51	种皮颜色	灰黄
10	叶片着生状态	下垂	31	果顶形状	圆平	52	播种至开花天数	46 d
11	叶色	绿	32	果肩	有	53	播种至始收天数	103 d
12	叶脉色	无色	33	果肩形状	微凹	54	裂果性	中
13	叶裂刻	深	34	果肩色	—	55	畸形果	无
14	叶片长	36.0 cm	35	绿果肩大小	—	56	肉质	软
15	叶片宽	22.0 cm	36	商品果纵径	22.5～23.6 mm	57	风味	酸甜
16	首花序节位	12节	37	商品果横径	24.6～24.8 mm	58	清香味	有
17	第二花序节位	14节	38	果形	圆形	59	综合品质	下
18	花序类型	单式花序	39	果梗洼大小	2.0～2.5 mm	60	可溶性固形物含量	6.15%～6.80%
19	簇生花	无	40	果洼木栓化大小	0.8 mm	61	田间成株耐寒性	中
20	花柱长度	短于雄蕊	41	果实横切面形状	圆形	62	用途	鲜食
21	花柱形状	单圆花柱	42	果肉色	黄或红			

种质编号VT338

序号	描述项目	描述内容	序号	描述项目	描述内容	序号	描述项目	描述内容
1	种质编号	VT338	22	花柱茸毛	无	43	胎座胶状物质颜色	黄
2	种质类型	品系	23	花色	黄	44	果肉厚	1.5 mm
3	下胚轴颜色	紫	24	花梗离层	有	45	心室数	2个
4	生长习性	无限生长	25	单花序花数	14朵	46	果皮色	黄
5	株型	蔓性	26	果柄长度	0.7 cm	47	单花序果数	8个
6	株高	2.8~3.3 m	27	成熟前果色	浅绿	48	单果重	6.3 g
7	茎叶茸毛	短稀	28	成熟果色	黄	49	熟性	极早≤100 d
8	叶片类型	普通叶型	29	果面棱沟	无	50	形态一致性	一致
9	叶片形状	羽状复叶	30	果面茸毛	无	51	种皮颜色	灰黄
10	叶片着生状态	水平	31	果顶形状	圆平	52	播种至开花天数	46 d
11	叶色	黄绿	32	果肩	有	53	播种至始收天数	99 d
12	叶脉色	无色	33	果肩形状	微凹	54	裂果性	不易裂
13	叶裂刻	中	34	果肩色	—	55	畸形果	无
14	叶片长	40.0 cm	35	绿果肩大小	—	56	肉质	软
15	叶片宽	29.0 cm	36	商品果纵径	19.7 mm	57	风味	甜酸
16	首花序节位	9节	37	商品果横径	23.2 mm	58	清香味	有
17	第二花序节位	12节	38	果形	圆形	59	综合品质	中
18	花序类型	单式花序或多歧花序	39	果梗洼大小	2.8 mm	60	可溶性固形物含量	7.67%
19	簇生花	无	40	果洼木栓化大小	0.6 mm	61	田间成株耐寒性	强
20	花柱长度	短于雄蕊	41	果实横切面形状	圆形	62	用途	鲜食
21	花柱形状	单圆花柱	42	果肉色	黄			

第一章 黄色樱桃小果类番茄种质资源

种质编号VT339

序号	描述项目	描述内容	序号	描述项目	描述内容	序号	描述项目	描述内容
1	种质编号	VT339	22	花柱茸毛	无	43	胎座胶状物质颜色	黄
2	种质类型	品系	23	花色	浅黄	44	果肉厚	2.0 mm
3	下胚轴颜色	紫（淡）	24	花梗离层	有	45	心室数	2个
4	生长习性	无限生长	25	单花序花数	8朵	46	果皮色	黄
5	株型	半蔓性	26	果柄长度	0.8 cm	47	单花序果数	7个
6	株高	2.5~3.0 m	27	成熟前果色	浅绿	48	单果重	15.4 g
7	茎叶茸毛	短稀	28	成熟果色	浅黄	49	熟性	早100~105 d
8	叶片类型	普通叶型	29	果面棱沟	中	50	形态一致性	连续变异
9	叶片形状	羽状复叶	30	果面茸毛	无	51	种皮颜色	浅黄
10	叶片着生状态	水平	31	果顶形状	微凹	52	播种至开花天数	46 d
11	叶色	绿	32	果肩	有	53	播种至始收天数	103 d
12	叶脉色	无色	33	果肩形状	微凹	54	裂果性	不易裂
13	叶裂刻	深	34	果肩色	—	55	畸形果	无
14	叶片长	37.0 cm	35	绿果肩大小	—	56	肉质	软
15	叶片宽	29.0 cm	36	商品果纵径	27.9 mm	57	风味	酸
16	首花序节位	10节	37	商品果横径	30.2 mm	58	清香味	有
17	第二花序节位	15节	38	果形	圆形	59	综合品质	中
18	花序类型	单式花序	39	果梗洼大小	2.8 mm	60	可溶性固形物含量	6.87%
19	簇生花	无	40	果洼木栓化大小	0.6 mm	61	田间成株耐寒性	中
20	花柱长度	短于雄蕊	41	果实横切面形状	圆形	62	用途	鲜食
21	花柱形状	单圆花柱	42	果肉色	黄			

种质编号VT340

序号	描述项目	描述内容	序号	描述项目	描述内容	序号	描述项目	描述内容
1	种质编号	VT340	22	花柱茸毛	无	43	胎座胶状物质颜色	黄
2	种质类型	品系	23	花色	黄	44	果肉厚	3.5 mm
3	下胚轴颜色	紫	24	花梗离层	有	45	心室数	2个
4	生长习性	无限生长	25	单花序花数	12朵	46	果皮色	黄
5	株型	半蔓性	26	果柄长度	0.7 cm	47	单花序果数	7个
6	株高	2.3~2.8 m	27	成熟前果色	绿白	48	单果重	19.5 g
7	茎叶茸毛	短稀	28	成熟果色	黄	49	熟性	早100~105 d
8	叶片类型	普通叶型	29	果面棱沟	无	50	形态一致性	连续变异
9	叶片形状	羽状复叶	30	果面茸毛	无	51	种皮颜色	灰黄
10	叶片着生状态	水平	31	果顶形状	圆平	52	播种至开花天数	46 d
11	叶色	黄绿	32	果肩	有	53	播种至始收天数	103 d
12	叶脉色	无色	33	果肩形状	微凹	54	裂果性	不易裂
13	叶裂刻	中	34	果肩色	—	55	畸形果	无
14	叶片长	28.0 cm	35	绿果肩大小	—	56	肉质	软
15	叶片宽	20.0 cm	36	商品果纵径	39.8 mm	57	风味	甜
16	首花序节位	12节	37	商品果横径	29.7 mm	58	清香味	有
17	第二花序节位	15节	38	果形	长圆形	59	综合品质	下
18	花序类型	单式花序	39	果梗洼大小	1.2 mm	60	可溶性固形物含量	4.93%
19	簇生花	无	40	果洼木栓化大小	0.3 mm	61	田间成株耐寒性	弱
20	花柱长度	短于雄蕊	41	果实横切面形状	圆形	62	用途	鲜食
21	花柱形状	单圆花柱	42	果肉色	黄			

第一章 黄色樱桃小果类番茄种质资源

种质编号VT342

序号	描述项目	描述内容	序号	描述项目	描述内容	序号	描述项目	描述内容
1	种质编号	VT342	22	花柱茸毛	无	43	胎座胶状物质颜色	黄
2	种质类型	遗传材料	23	花色	黄	44	果肉厚	1.6 mm
3	下胚轴颜色	紫	24	花梗离层	有	45	心室数	2个
4	生长习性	无限生长	25	单花序花数	10朵	46	果皮色	黄
5	株型	蔓性	26	果柄长度	0.5 cm	47	单花序果数	10个
6	株高	2.0～2.5 m	27	成熟前果色	深绿	48	单果重	6.2 g
7	茎叶茸毛	短稀	28	成熟果色	黄	49	熟性	早100～105 d
8	叶片类型	薯叶型	29	果面棱沟	无	50	形态一致性	不连续变异
9	叶片形状	羽状复叶	30	果面茸毛	无	51	种皮颜色	灰黄
10	叶片着生状态	水平	31	果顶形状	圆平	52	播种至开花天数	44 d
11	叶色	黄绿	32	果肩	有	53	播种至始收天数	103 d
12	叶脉色	无色	33	果肩形状	微凹	54	裂果性	不易裂
13	叶裂刻	中	34	果肩色	—	55	畸形果	无
14	叶片长	26.0 cm	35	绿果肩大小	—	56	肉质	软
15	叶片宽	20.0 cm	36	商品果纵径	20.1 mm	57	风味	酸甜
16	首花序节位	9节	37	商品果横径	22.6 mm	58	清香味	无
17	第二花序节位	12节	38	果形	圆形	59	综合品质	中
18	花序类型	单式花序	39	果梗洼大小	2.6 mm	60	可溶性固形物含量	6.53%
19	簇生花	无	40	果洼木栓化大小	0.5 mm	61	田间成株耐寒性	强
20	花柱长度	与雄蕊近等长	41	果实横切面形状	圆形	62	用途	鲜食
21	花柱形状	单圆花柱	42	果肉色	黄			

种质编号VT368

序号	描述项目	描述内容	序号	描述项目	描述内容	序号	描述项目	描述内容
1	种质编号	VT368	22	花柱茸毛	无	43	胎座胶状物质颜色	黄
2	种质类型	遗传材料	23	花色	黄	44	果肉厚	3.6 mm
3	下胚轴颜色	紫	24	花梗离层	有	45	心室数	2个
4	生长习性	无限生长	25	单花序花数	10朵	46	果皮色	黄
5	株型	半蔓性	26	果柄长度	1.2 cm	47	单花序果数	8个
6	株高	2.3～2.8 m	27	成熟前果色	浅绿	48	单果重	11.2 g
7	茎叶茸毛	短稀	28	成熟果色	黄	49	熟性	早100～105 d
8	叶片类型	复宽叶型	29	果面棱沟	轻	50	形态一致性	连续变异
9	叶片形状	二回羽状复叶	30	果面茸毛	稀	51	种皮颜色	浅棕
10	叶片着生状态	下垂	31	果顶形状	圆平	52	播种至开花天数	49 d
11	叶色	深绿	32	果肩	有	53	播种至始收天数	103 d
12	叶脉色	无色	33	果肩形状	平	54	裂果性	不易裂
13	叶裂刻	深	34	果肩色	—	55	畸形果	无
14	叶片长	40.0 cm	35	绿果肩大小	—	56	肉质	面
15	叶片宽	32.0 cm	36	商品果纵径	37.5 mm	57	风味	甜酸
16	首花序节位	8节	37	商品果横径	23.4 mm	58	清香味	有（淡）
17	第二花序节位	13节	38	果形	长圆形	59	综合品质	中
18	花序类型	单式花序或双歧花序	39	果梗洼大小	3.2 mm	60	可溶性固形物含量	6.63%
19	簇生花	无	40	果洼木栓化大小	1.5 mm	61	田间成株耐寒性	中
20	花柱长度	与雄蕊近等长	41	果实横切面形状	圆形	62	用途	鲜食
21	花柱形状	单圆花柱	42	果肉色	黄			

种质编号VT369

序号	描述项目	描述内容	序号	描述项目	描述内容	序号	描述项目	描述内容
1	种质编号	VT369	22	花柱茸毛	无	43	胎座胶状物质颜色	黄
2	种质类型	遗传材料	23	花色	黄	44	果肉厚	4.4 mm
3	下胚轴颜色	紫	24	花梗离层	有	45	心室数	2个
4	生长习性	无限生长	25	单花序花数	10朵	46	果皮色	黄
5	株型	半蔓性	26	果柄长度	1.2 cm	47	单花序果数	7个
6	株高	2.5～3.2 m	27	成熟前果色	绿	48	单果重	14.1 g
7	茎叶茸毛	短稀	28	成熟果色	黄	49	熟性	早100～105 d
8	叶片类型	普通叶型	29	果面棱沟	轻	50	形态一致性	连续变异
9	叶片形状	羽状复叶	30	果面茸毛	无	51	种皮颜色	深棕
10	叶片着生状态	水平	31	果顶形状	圆平	52	播种至开花天数	49 d
11	叶色	深绿	32	果肩	有	53	播种至始收天数	103 d
12	叶脉色	无色	33	果肩形状	微凹	54	裂果性	不易裂
13	叶裂刻	深	34	果肩色	—	55	畸形果	无
14	叶片长	42.0 cm	35	绿果肩大小	—	56	肉质	面
15	叶片宽	34.0 cm	36	商品果纵径	36.8 mm	57	风味	甜酸
16	首花序节位	7节	37	商品果横径	26.0 mm	58	清香味	有
17	第二花序节位	13节	38	果形	长圆形	59	综合品质	中
18	花序类型	单式花序或多歧花序	39	果梗洼大小	1.8 mm	60	可溶性固形物含量	6.27%
19	簇生花	无	40	果洼木栓化大小	0.3 mm	61	田间成株耐寒性	强
20	花柱长度	与雄蕊近等长	41	果实横切面形状	圆形	62	用途	鲜食
21	花柱形状	单圆花柱	42	果肉色	黄			

种质编号VT370

序号	描述项目	描述内容	序号	描述项目	描述内容	序号	描述项目	描述内容
1	种质编号	VT370	22	花柱茸毛	无	43	胎座胶状物质颜色	黄
2	种质类型	品系	23	花色	黄	44	果肉厚	4.0 mm
3	下胚轴颜色	紫	24	花梗离层	有	45	心室数	2个
4	生长习性	无限生长	25	单花序花数	13朵	46	果皮色	黄
5	株型	半蔓性	26	果柄长度	1.0 cm	47	单花序果数	6个
6	株高	2.5～3.0 m	27	成熟前果色	浅绿	48	单果重	13.1 g
7	茎叶茸毛	短稀	28	成熟果色	黄	49	熟性	极晚≥125 d
8	叶片类型	复细叶型	29	果面棱沟	轻	50	形态一致性	一致
9	叶片形状	二回羽状复叶	30	果面茸毛	无	51	种皮颜色	浅棕
10	叶片着生状态	下垂	31	果顶形状	圆平	52	播种至开花天数	72 d
11	叶色	深绿	32	果肩	有	53	播种至始收天数	129 d
12	叶脉色	无色	33	果肩形状	微凹	54	裂果性	不易裂
13	叶裂刻	深	34	果肩色	—	55	畸形果	无
14	叶片长	40.0 cm	35	绿果肩大小	—	56	肉质	面
15	叶片宽	32.0 cm	36	商品果纵径	35.1 mm	57	风味	甜酸
16	首花序节位	10节	37	商品果横径	24.8 mm	58	清香味	有
17	第二花序节位	14节	38	果形	长圆形	59	综合品质	上
18	花序类型	单式花序或多歧花序	39	果梗洼大小	2.2 mm	60	可溶性固形物含量	7.08%
19	簇生花	无	40	果洼木栓化大小	0.3 mm	61	田间成株耐寒性	强
20	花柱长度	与雄蕊近等长	41	果实横切面形状	圆形	62	用途	鲜食
21	花柱形状	单圆花柱	42	果肉色	黄			

种质编号VT371

序号	描述项目	描述内容	序号	描述项目	描述内容	序号	描述项目	描述内容
1	种质编号	VT371	22	花柱茸毛	无	43	胎座胶状物质颜色	黄
2	种质类型	品系	23	花色	黄	44	果肉厚	4.4 mm
3	下胚轴颜色	紫	24	花梗离层	有	45	心室数	2个
4	生长习性	无限生长	25	单花序花数	10朵	46	果皮色	黄
5	株型	半蔓性	26	果柄长度	1.0 cm	47	单花序果数	10个
6	株高	2.2~3.3 m	27	成熟前果色	浅绿	48	单果重	16.2 g
7	茎叶茸毛	短稀	28	成熟果色	黄	49	熟性	极晚≥125 d
8	叶片类型	普通叶型	29	果面棱沟	轻	50	形态一致性	连续变异
9	叶片形状	羽状复叶	30	果面茸毛	无	51	种皮颜色	浅棕
10	叶片着生状态	下垂	31	果顶形状	圆平	52	播种至开花天数	72 d
11	叶色	绿	32	果肩	有	53	播种至始收天数	129 d
12	叶脉色	无色	33	果肩形状	微凹	54	裂果性	不易裂
13	叶裂刻	深	34	果肩色	—	55	畸形果	无
14	叶片长	46.0 cm	35	绿果肩大小	—	56	肉质	面
15	叶片宽	35.0 cm	36	商品果纵径	39.0 mm	57	风味	甜酸
16	首花序节位	8节	37	商品果横径	26.6 mm	58	清香味	有
17	第二花序节位	13节	38	果形	长圆形	59	综合品质	中
18	花序类型	单式花序	39	果梗洼大小	2.2 mm	60	可溶性固形物含量	7.05%
19	簇生花	无	40	果洼木栓化大小	0.5 mm	61	田间成株耐寒性	中
20	花柱长度	与雄蕊近等长	41	果实横切面形状	圆形	62	用途	鲜食
21	花柱形状	单圆花柱	42	果肉色	黄			

种质编号VT372

序号	描述项目	描述内容	序号	描述项目	描述内容	序号	描述项目	描述内容
1	种质编号	VT372	22	花柱茸毛	无	43	胎座胶状物质颜色	黄
2	种质类型	遗传材料	23	花色	黄	44	果肉厚	4.8 mm
3	下胚轴颜色	紫	24	花梗离层	有	45	心室数	2个
4	生长习性	无限生长	25	单花序花数	14朵	46	果皮色	黄
5	株型	半蔓性	26	果柄长度	0.8 cm	47	单花序果数	14个
6	株高	3.0~3.5 m	27	成熟前果色	绿白	48	单果重	27.8 g
7	茎叶茸毛	短稀	28	成熟果色	黄	49	熟性	极晚≥125 d
8	叶片类型	普通叶型	29	果面棱沟	轻	50	形态一致性	连续变异
9	叶片形状	羽状复叶	30	果面茸毛	无	51	种皮颜色	灰黄
10	叶片着生状态	水平	31	果顶形状	圆平	52	播种至开花天数	72 d
11	叶色	绿	32	果肩	有	53	播种至始收天数	129 d
12	叶脉色	无色	33	果肩形状	微凹	54	裂果性	不易裂
13	叶裂刻	深	34	果肩色	—	55	畸形果	无
14	叶片长	55.0 cm	35	绿果肩大小	—	56	肉质	面
15	叶片宽	45.0 cm	36	商品果纵径	50.7 mm	57	风味	酸甜
16	首花序节位	15节	37	商品果横径	30.7 mm	58	清香味	无
17	第二花序节位	17节	38	果形	长圆形	59	综合品质	中
18	花序类型	单式花序或多歧序	39	果梗洼大小	2.2 mm	60	可溶性固形物含量	6.66%
19	簇生花	无	40	果洼木栓化大小	0.5 mm	61	田间成株耐寒性	中
20	花柱长度	短于雄蕊	41	果实横切面形状	圆形	62	用途	鲜食
21	花柱形状	单圆花柱	42	果肉色	黄			

种质编号VT373

序号	描述项目	描述内容	序号	描述项目	描述内容	序号	描述项目	描述内容
1	种质编号	VT373	22	花柱茸毛	无	43	胎座胶状物质颜色	黄
2	种质类型	品系	23	花色	黄	44	果肉厚	3.2 mm
3	下胚轴颜色	紫	24	花梗离层	有	45	心室数	2个
4	生长习性	无限生长	25	单花序花数	15朵	46	果皮色	黄
5	株型	半蔓性	26	果柄长度	1.2 cm	47	单花序果数	7个
6	株高	2.0～2.5 m	27	成熟前果色	浅绿	48	单果重	15.8 g
7	茎叶茸毛	短稀	28	成熟果色	黄	49	熟性	极晚≥125 d
8	叶片类型	普通叶型	29	果面棱沟	轻	50	形态一致性	连续变异
9	叶片形状	羽状复叶	30	果面茸毛	无	51	种皮颜色	灰黄
10	叶片着生状态	下垂	31	果顶形状	圆平	52	播种至开花天数	72 d
11	叶色	黄绿	32	果肩	有	53	播种至始收天数	129 d
12	叶脉色	无色	33	果肩形状	微凹	54	裂果性	不易裂
13	叶裂刻	深	34	果肩色	—	55	畸形果	无
14	叶片长	43.0 cm	35	绿果肩大小	—	56	肉质	面
15	叶片宽	33.0 cm	36	商品果纵径	44.9 mm	57	风味	甜酸
16	首花序节位	10节	37	商品果横径	25.1 mm	58	清香味	无
17	第二花序节位	15节	38	果形	长圆形	59	综合品质	中
18	花序类型	多歧花序	39	果梗洼大小	2.2 mm	60	可溶性固形物含量	6.83%
19	簇生花	无	40	果洼木栓化大小	0.3 mm	61	田间成株耐寒性	弱
20	花柱长度	与雄蕊近等长	41	果实横切面形状	圆形	62	用途	鲜食
21	花柱形状	单圆花柱	42	果肉色	黄			

种质编号VT436

序号	描述项目	描述内容	序号	描述项目	描述内容	序号	描述项目	描述内容
1	种质编号	VT436	22	花柱茸毛	无	43	胎座胶状物质颜色	黄
2	种质类型	品系	23	花色	黄	44	果肉厚	2.9 mm
3	下胚轴颜色	紫	24	花梗离层	有	45	心室数	4个
4	生长习性	无限生长	25	单花序花数	11朵	46	果皮色	黄
5	株型	半蔓性	26	果柄长度	1.2 cm	47	单花序果数	9个
6	株高	2.3～2.8 m	27	成熟前果色	浅绿	48	单果重	12.2 g
7	茎叶茸毛	短稀	28	成熟果色	黄	49	熟性	早100～105 d
8	叶片类型	普通叶型	29	果面棱沟	轻	50	形态一致性	连续变异
9	叶片形状	羽状复叶	30	果面茸毛	无	51	种皮颜色	浅棕
10	叶片着生状态	下垂	31	果顶形状	圆平	52	播种至开花天数	48 d
11	叶色	浅绿	32	果肩	无	53	播种至始收天数	104 d
12	叶脉色	绿	33	果肩形状	—	54	裂果性	不易裂
13	叶裂刻	深	34	果肩色	—	55	畸形果	无
14	叶片长	41.0 cm	35	绿果肩大小	—	56	肉质	面
15	叶片宽	32.0 cm	36	商品果纵径	35.7 mm	57	风味	甜酸
16	首花序节位	10节	37	商品果横径	25.0 mm	58	清香味	有
17	第二花序节位	14节	38	果形	长圆形	59	综合品质	中
18	花序类型	单式花序	39	果梗洼大小	1.8 mm	60	可溶性固形物含量	6.10%
19	簇生花	无	40	果洼木栓化大小	0.5 mm	61	田间成株耐寒性	强
20	花柱长度	短于雄蕊	41	果实横切面形状	不规则形状	62	用途	鲜食
21	花柱形状	单圆花柱	42	果肉色	黄			

种质编号VT450

序号	描述项目	描述内容	序号	描述项目	描述内容	序号	描述项目	描述内容
1	种质编号	VT450	22	花柱茸毛	无	43	胎座胶状物质颜色	黄
2	种质类型	品系	23	花色	黄	44	果肉厚	2.0 mm
3	下胚轴颜色	紫	24	花梗离层	有	45	心室数	2个
4	生长习性	无限生长	25	单花序花数	8朵	46	果皮色	黄
5	株型	蔓性	26	果柄长度	0.5 cm	47	单花序果数	7个
6	株高	1.9～2.3 m	27	成熟前果色	浅绿	48	单果重	8.1 g
7	茎叶茸毛	短稀	28	成熟果色	黄	49	熟性	早100～105 d
8	叶片类型	普通叶型	29	果面棱沟	无	50	形态一致性	一致
9	叶片形状	羽状复叶	30	果面茸毛	无	51	种皮颜色	灰黄
10	叶片着生状态	水平	31	果顶形状	圆平	52	播种至开花天数	46 d
11	叶色	深绿	32	果肩	有	53	播种至始收天数	105 d
12	叶脉色	无色	33	果肩形状	微凹	54	裂果性	不易裂
13	叶裂刻	深	34	果肩色	—	55	畸形果	无
14	叶片长	32.0 cm	35	绿果肩大小	—	56	肉质	软
15	叶片宽	21.0 cm	36	商品果纵径	23.5 mm	57	风味	酸甜
16	首花序节位	10节	37	商品果横径	23.0 mm	58	清香味	无
17	第二花序节位	16节	38	果形	圆形	59	综合品质	下
18	花序类型	单式花序	39	果梗洼大小	2.2 mm	60	可溶性固形物含量	8.10%
19	簇生花	无	40	果洼木栓化大小	0.1 mm	61	田间成株耐寒性	中
20	花柱长度	与雄蕊近等长	41	果实横切面形状	圆形	62	用途	鲜食
21	花柱形状	单圆花柱	42	果肉色	黄			

种质编号VT473

序号	描述项目	描述内容	序号	描述项目	描述内容	序号	描述项目	描述内容
1	种质编号	VT473	22	花柱茸毛	无	43	胎座胶状物质颜色	黄
2	种质类型	品系	23	花色	浅黄	44	果肉厚	3.8 mm
3	下胚轴颜色	紫	24	花梗离层	有	45	心室数	2个
4	生长习性	无限生长	25	单花序花数	9朵	46	果皮色	黄
5	株型	半蔓性	26	果柄长度	0.6 cm	47	单花序果数	9个
6	株高	1.5~1.8 m	27	成熟前果色	深绿	48	单果重	15.5 g
7	茎叶茸毛	短稀	28	成熟果色	黄	49	熟性	早100~105 d
8	叶片类型	薯叶型	29	果面棱沟	无	50	形态一致性	一致
9	叶片形状	羽状复叶	30	果面茸毛	无	51	种皮颜色	灰黄
10	叶片着生状态	水平	31	果顶形状	圆平	52	播种至开花天数	49 d
11	叶色	绿	32	果肩	有	53	播种至始收天数	105 d
12	叶脉色	无色	33	果肩形状	微凹	54	裂果性	不易裂
13	叶裂刻	中	34	果肩色	—	55	畸形果	无
14	叶片长	30.0 cm	35	绿果肩大小	—	56	肉质	软
15	叶片宽	24.0 cm	36	商品果纵径	33.0 mm	57	风味	酸甜
16	首花序节位	8节	37	商品果横径	28.7 mm	58	清香味	有（淡）
17	第二花序节位	11节	38	果形	高圆形	59	综合品质	中
18	花序类型	单式花序或多歧花序	39	果梗洼大小	2.5 mm	60	可溶性固形物含量	6.00%
19	簇生花	无	40	果洼木栓化大小	0.3 mm	61	田间成株耐寒性	中
20	花柱长度	短于雄蕊	41	果实横切面形状	圆形	62	用途	鲜食或加工
21	花柱形状	单圆花柱	42	果肉色	黄			

种质编号VT492

序号	描述项目	描述内容	序号	描述项目	描述内容	序号	描述项目	描述内容
1	种质编号	VT492	22	花柱茸毛	无	43	胎座胶状物质颜色	黄
2	种质类型	品系	23	花色	黄	44	果肉厚	3.6 mm
3	下胚轴颜色	紫	24	花梗离层	有	45	心室数	2个
4	生长习性	5序花封顶	25	单花序花数	20朵	46	果皮色	黄
5	株型	半蔓性	26	果柄长度	0.8 cm	47	单花序果数	14个
6	株高	1.2～1.5 m	27	成熟前果色	浅绿	48	单果重	18.1 g
7	茎叶茸毛	长密	28	成熟果色	黄	49	熟性	极早≤100 d
8	叶片类型	普通叶型	29	果面棱沟	轻	50	形态一致性	连续变异
9	叶片形状	羽状复叶	30	果面茸毛	无	51	种皮颜色	灰黄
10	叶片着生状态	下垂	31	果顶形状	圆平	52	播种至开花天数	42 d
11	叶色	黄绿	32	果肩	有	53	播种至始收天数	99 d
12	叶脉色	无色	33	果肩形状	平	54	裂果性	不易裂
13	叶裂刻	深	34	果肩色	—	55	畸形果	无
14	叶片长	35.0 cm	35	绿果肩大小	—	56	肉质	面
15	叶片宽	30.0 cm	36	商品果纵径	45.7 mm	57	风味	甜酸
16	首花序节位	10节	37	商品果横径	26.2 mm	58	清香味	无
17	第二花序节位	12节	38	果形	长圆形	59	综合品质	中
18	花序类型	单式花序	39	果梗洼大小	2.0 mm	60	可溶性固形物含量	5.77%
19	簇生花	无	40	果洼木栓化大小	0.2 mm	61	田间成株耐寒性	中
20	花柱长度	短于雄蕊	41	果实横切面形状	圆形	62	用途	鲜食
21	花柱形状	单圆花柱	42	果肉色	黄			

种质编号VT495

序号	描述项目	描述内容	序号	描述项目	描述内容	序号	描述项目	描述内容
1	种质编号	VT495	22	花柱茸毛	无	43	胎座胶状物质颜色	黄
2	种质类型	品系	23	花色	黄	44	果肉厚	3.7 mm
3	下胚轴颜色	紫	24	花梗离层	有	45	心室数	2~3个
4	生长习性	9序花封顶	25	单花序花数	14朵	46	果皮色	黄
5	株型	半蔓性	26	果柄长度	0.6 cm	47	单花序果数	13个
6	株高	1.7~1.9 m	27	成熟前果色	浅绿	48	单果重	15.3 g
7	茎叶茸毛	短稀	28	成熟果色	黄	49	熟性	极晚≥125 d
8	叶片类型	普通叶型	29	果面棱沟	轻	50	形态一致性	连续变异
9	叶片形状	羽状复叶	30	果面茸毛	无	51	种皮颜色	浅棕
10	叶片着生状态	下垂	31	果顶形状	圆平	52	播种至开花天数	69 d
11	叶色	浅绿	32	果肩	有	53	播种至始收天数	129 d
12	叶脉色	无色	33	果肩形状	平	54	裂果性	不易裂
13	叶裂刻	深	34	果肩色	—	55	畸形果	无
14	叶片长	38.0 cm	35	绿果肩大小	—	56	肉质	面
15	叶片宽	33.0 cm	36	商品果纵径	42.0 mm	57	风味	酸甜
16	首花序节位	12节	37	商品果横径	24.3 mm	58	清香味	有
17	第二花序节位	15节	38	果形	长圆形	59	综合品质	中
18	花序类型	多歧花序	39	果梗洼大小	2.5 mm	60	可溶性固形物含量	6.20%
19	簇生花	无	40	果洼木栓化大小	0.2 mm	61	田间成株耐寒性	中
20	花柱长度	短于雄蕊	41	果实横切面形状	圆形	62	用途	鲜食
21	花柱形状	单圆花柱	42	果肉色	黄			

种质编号VT497

序号	描述项目	描述内容	序号	描述项目	描述内容	序号	描述项目	描述内容
1	种质编号	VT497	22	花柱茸毛	无	43	胎座胶状物质颜色	黄
2	种质类型	品系	23	花色	浅黄	44	果肉厚	2.9 mm
3	下胚轴颜色	紫	24	花梗离层	有	45	心室数	2个
4	生长习性	5序花封顶	25	单花序花数	10朵	46	果皮色	黄
5	株型	半蔓性	26	果柄长度	0.7 cm	47	单花序果数	8个
6	株高	1.4～1.7 m	27	成熟前果色	浅绿	48	单果重	9.5 g
7	茎叶茸毛	短稀	28	成熟果色	黄	49	熟性	早100～105 d
8	叶片类型	薯叶型	29	果面棱沟	轻	50	形态一致性	连续变异
9	叶片形状	羽状复叶	30	果面茸毛	无	51	种皮颜色	浅棕
10	叶片着生状态	下垂	31	果顶形状	圆平	52	播种至开花天数	49 d
11	叶色	浅绿	32	果肩	有	53	播种至始收天数	105 d
12	叶脉色	无色	33	果肩形状	平	54	裂果性	不易裂
13	叶裂刻	中	34	果肩色	—	55	畸形果	无
14	叶片长	33.0 cm	35	绿果肩大小	—	56	肉质	面
15	叶片宽	24.0 cm	36	商品果纵径	35.3 mm	57	风味	甜酸
16	首花序节位	7节	37	商品果横径	21.3 mm	58	清香味	无
17	第二花序节位	10节	38	果形	长圆形	59	综合品质	中
18	花序类型	单式花序	39	果梗洼大小	1.8 mm	60	可溶性固形物含量	7.80%
19	簇生花	无	40	果洼木栓化大小	0.1 mm	61	田间成株耐寒性	弱
20	花柱长度	短于雄蕊	41	果实横切面形状	圆形	62	用途	鲜食
21	花柱形状	单圆花柱	42	果肉色	黄			

种质编号VT502

序号	描述项目	描述内容	序号	描述项目	描述内容	序号	描述项目	描述内容
1	种质编号	VT502	22	花柱茸毛	无	43	胎座胶状物质颜色	黄
2	种质类型	遗传材料	23	花色	浅黄	44	果肉厚	2.7 mm
3	下胚轴颜色	紫	24	花梗离层	有	45	心室数	3个
4	生长习性	7序花封顶	25	单花序花数	12朵	46	果皮色	黄
5	株型	半蔓性	26	果柄长度	0.9 cm	47	单花序果数	10个
6	株高	1.4~2.0 m	27	成熟前果色	绿	48	单果重	11.5 g
7	茎叶茸毛	短稀	28	成熟果色	黄	49	熟性	极早≤100 d
8	叶片类型	薯叶型	29	果面棱沟	无	50	形态一致性	连续变异
9	叶片形状	羽状复叶	30	果面茸毛	无	51	种皮颜色	浅棕
10	叶片着生状态	下垂	31	果顶形状	圆平	52	播种至开花天数	44 d
11	叶色	绿	32	果肩	有	53	播种至始收天数	99 d
12	叶脉色	无色	33	果肩形状	平	54	裂果性	不易裂
13	叶裂刻	中	34	果肩色	—	55	畸形果	无
14	叶片长	15.0 cm	35	绿果肩大小	—	56	肉质	软
15	叶片宽	49.0 cm	36	商品果纵径	39.2 mm	57	风味	甜酸
16	首花序节位	11节	37	商品果横径	22.4 mm	58	清香味	无
17	第二花序节位	13节	38	果形	长圆或梨形	59	综合品质	中
18	花序类型	单式花序或多歧花序	39	果梗洼大小	2.0 mm	60	可溶性固形物含量	7.10%
19	簇生花	无	40	果洼木栓化大小	0.4 mm	61	田间成株耐寒性	中
20	花柱长度	短于雄蕊	41	果实横切面形状	等边多边形	62	用途	鲜食
21	花柱形状	单圆花柱	42	果肉色	黄			

种质编号VT503

序号	描述项目	描述内容	序号	描述项目	描述内容	序号	描述项目	描述内容
1	种质编号	VT503	22	花柱茸毛	无	43	胎座胶状物质颜色	黄
2	种质类型	遗传材料	23	花色	黄	44	果肉厚	3.1 mm
3	下胚轴颜色	紫	24	花梗离层	有	45	心室数	2个
4	生长习性	7序花封顶	25	单花序花数	14朵	46	果皮色	黄
5	株型	半蔓性	26	果柄长度	1.0 cm	47	单花序果数	12个
6	株高	1.8～2.1 m	27	成熟前果色	浅绿	48	单果重	15.2 g
7	茎叶茸毛	短稀	28	成熟果色	黄	49	熟性	早100～105 d
8	叶片类型	薯叶型	29	果面棱沟	轻	50	形态一致性	连续变异
9	叶片形状	羽状复叶	30	果面茸毛	无	51	种皮颜色	灰黄
10	叶片着生状态	下垂	31	果顶形状	圆平	52	播种至开花天数	46 d
11	叶色	深绿	32	果肩	有	53	播种至始收天数	105 d
12	叶脉色	无色	33	果肩形状	平	54	裂果性	不易裂
13	叶裂刻	中	34	果肩色	—	55	畸形果	无
14	叶片长	36.0 cm	35	绿果肩大小	—	56	肉质	面
15	叶片宽	35.0 cm	36	商品果纵径	44.0 mm	57	风味	甜酸
16	首花序节位	9节	37	商品果横径	24.7 mm	58	清香味	有
17	第二花序节位	11节	38	果形	梨形	59	综合品质	中
18	花序类型	单式花序或多歧花序	39	果梗洼大小	2.0 mm	60	可溶性固形物含量	6.60%
19	簇生花	无	40	果洼木栓化大小	0.2 mm	61	田间成株耐寒性	中
20	花柱长度	短于雄蕊	41	果实横切面形状	圆形	62	用途	鲜食
21	花柱形状	单圆花柱	42	果肉色	黄			

种质编号VT505

序号	描述项目	描述内容	序号	描述项目	描述内容	序号	描述项目	描述内容
1	种质编号	VT505	22	花柱茸毛	无	43	胎座胶状物质颜色	黄
2	种质类型	品系	23	花色	浅黄	44	果肉厚	3.0 mm
3	下胚轴颜色	紫	24	花梗离层	有	45	心室数	3个
4	生长习性	5序花封顶	25	单花序花数	13朵	46	果皮色	黄
5	株型	半蔓性	26	果柄长度	0.7 cm	47	单花序果数	10个
6	株高	1.5~1.8 m	27	成熟前果色	浅绿	48	单果重	17.0 g
7	茎叶茸毛	长稀	28	成熟果色	黄	49	熟性	早100~105 d
8	叶片类型	薯叶型	29	果面棱沟	无	50	形态一致性	连续变异
9	叶片形状	羽状复叶	30	果面茸毛	无	51	种皮颜色	浅棕
10	叶片着生状态	下垂	31	果顶形状	圆平	52	播种至开花天数	44 d
11	叶色	绿	32	果肩	有	53	播种至始收天数	103 d
12	叶脉色	无色	33	果肩形状	平	54	裂果性	不易裂
13	叶裂刻	中	34	果肩色	—	55	畸形果	无
14	叶片长	40.0 cm	35	绿果肩大小	—	56	肉质	面
15	叶片宽	37.0 cm	36	商品果纵径	42.9 mm	57	风味	甜酸
16	首花序节位	14节	37	商品果横径	26.1 mm	58	清香味	有
17	第二花序节位	15节	38	果形	梨形	59	综合品质	中
18	花序类型	多歧花序	39	果梗洼大小	1.8 mm	60	可溶性固形物含量	6.20%
19	簇生花	无	40	果洼木栓化大小	0.3 mm	61	田间成株耐寒性	一般
20	花柱长度	短于雄蕊	41	果实横切面形状	等边多边形	62	用途	鲜食
21	花柱形状	单圆花柱	42	果肉色	黄			

种质编号VT514

序号	描述项目	描述内容	序号	描述项目	描述内容	序号	描述项目	描述内容
1	种质编号	VT514	22	花柱茸毛	无	43	胎座胶状物质颜色	黄
2	种质类型	品系	23	花色	浅黄	44	果肉厚	2.9 mm
3	下胚轴颜色	紫	24	花梗离层	有	45	心室数	2个
4	生长习性	8序花封顶	25	单花序花数	8朵	46	果皮色	黄
5	株型	半蔓性	26	果柄长度	0.5 cm	47	单花序果数	7个
6	株高	1.4~1.6 m	27	成熟前果色	绿白	48	单果重	25.8 g
7	茎叶茸毛	短稀	28	成熟果色	黄	49	熟性	早100~105 d
8	叶片类型	普通叶型	29	果面棱沟	轻	50	形态一致性	连续变异
9	叶片形状	羽状复叶	30	果面茸毛	无	51	种皮颜色	浅棕
10	叶片着生状态	水平	31	果顶形状	圆平	52	播种至开花天数	49 d
11	叶色	黄绿	32	果肩	有	53	播种至始收天数	105 d
12	叶脉色	无色	33	果肩形状	平	54	裂果性	不易裂
13	叶裂刻	中	34	果肩色	—	55	畸形果	无
14	叶片长	33.0 cm	35	绿果肩大小	—	56	肉质	沙
15	叶片宽	30.0 cm	36	商品果纵径	40.5 mm	57	风味	酸甜
16	首花序节位	8节	37	商品果横径	34.3 mm	58	清香味	有
17	第二花序节位	10节	38	果形	高圆形	59	综合品质	中
18	花序类型	单式花序	39	果梗洼大小	2.5 mm	60	可溶性固形物含量	5.00%
19	簇生花	无	40	果洼木栓化大小	1.2 mm	61	田间成株耐寒性	弱
20	花柱长度	与雄蕊近等长	41	果实横切面形状	圆形	62	用途	鲜食或加工
21	花柱形状	单圆花柱	42	果肉色	黄			

种质编号VT515

序号	描述项目	描述内容	序号	描述项目	描述内容	序号	描述项目	描述内容
1	种质编号	VT515	22	花柱茸毛	无	43	胎座胶状物质颜色	黄
2	种质类型	遗传材料	23	花色	浅黄	44	果肉厚	3.6 mm
3	下胚轴颜色	紫	24	花梗离层	有	45	心室数	2个
4	生长习性	5序花封顶	25	单花序花数	12朵	46	果皮色	黄
5	株型	半蔓性	26	果柄长度	0.6 cm	47	单花序果数	11个
6	株高	1.8～2.0 m	27	成熟前果色	绿白	48	单果重	24.0 g
7	茎叶茸毛	短稀	28	成熟果色	黄	49	熟性	早100～105 d
8	叶片类型	普通叶型	29	果面棱沟	轻	50	形态一致性	连续变异
9	叶片形状	羽状复叶	30	果面茸毛	稀	51	种皮颜色	浅棕
10	叶片着生状态	下垂	31	果顶形状	圆平	52	播种至开花天数	44 d
11	叶色	浅绿	32	果肩	有	53	播种至始收天数	103 d
12	叶脉色	无色	33	果肩形状	平	54	裂果性	不易裂
13	叶裂刻	深	34	果肩色	—	55	畸形果	无
14	叶片长	30.0 cm	35	绿果肩大小	—	56	肉质	软
15	叶片宽	26.0 cm	36	商品果纵径	41.3 mm	57	风味	酸甜
16	首花序节位	5节	37	商品果横径	34.9 mm	58	清香味	有
17	第二花序节位	6节	38	果形	高圆或长圆形	59	综合品质	中
18	花序类型	单式花序	39	果梗洼大小	2.0 mm	60	可溶性固形物含量	4.00%
19	簇生花	无	40	果洼木栓化大小	1.0 mm	61	田间成株耐寒性	中
20	花柱长度	短于雄蕊	41	果实横切面形状	圆形	62	用途	鲜食
21	花柱形状	单圆花柱	42	果肉色	黄			

种质编号VT517

序号	描述项目	描述内容	序号	描述项目	描述内容	序号	描述项目	描述内容
1	种质编号	VT517	22	花柱茸毛	无	43	胎座胶状物质颜色	黄
2	种质类型	遗传材料	23	花色	黄	44	果肉厚	4.2~5.1 mm
3	下胚轴颜色	紫	24	花梗离层	有	45	心室数	2个
4	生长习性	无限生长	25	单花序花数	8朵	46	果皮色	黄
5	株型	半蔓性	26	果柄长度	0.5 cm	47	单花序果数	5个
6	株高	1.3~3.0 m	27	成熟前果色	浅绿	48	单果重	25.5~38.1 g
7	茎叶茸毛	长稀	28	成熟果色	黄或红	49	熟性	早100~105 d
8	叶片类型	普通叶型	29	果面棱沟	轻	50	形态一致性	不连续变异
9	叶片形状	羽状复叶	30	果面茸毛	无	51	种皮颜色	浅棕
10	叶片着生状态	下垂	31	果顶形状	圆平	52	播种至开花天数	51 d
11	叶色	黄绿	32	果肩	有	53	播种至始收天数	105 d
12	叶脉色	无色	33	果肩形状	平	54	裂果性	不易裂
13	叶裂刻	中	34	果肩色	—	55	畸形果	无
14	叶片长	43.0~44.0 cm	35	绿果肩大小	—	56	肉质	软
15	叶片宽	32.0~36.0 cm	36	商品果纵径	41.0~46.5 mm	57	风味	甜酸
16	首花序节位	9~11节	37	商品果横径	30.6~39.7 mm	58	清香味	有
17	第二花序节位	14~16节	38	果形	长圆或梨形	59	综合品质	下
18	花序类型	单式花序	39	果梗洼大小	3.2 mm	60	可溶性固形物含量	4.10%~5.80%
19	簇生花	无	40	果洼木栓化大小	1.2 mm	61	田间成株耐寒性	中
20	花柱长度	短于雄蕊	41	果实横切面形状	圆形	62	用途	鲜食或加工
21	花柱形状	单圆花柱	42	果肉色	黄或红			

种质编号VT519

序号	描述项目	描述内容	序号	描述项目	描述内容	序号	描述项目	描述内容
1	种质编号	VT519	22	花柱茸毛	无	43	胎座胶状物质颜色	黄
2	种质类型	遗传材料	23	花色	浅黄	44	果肉厚	3.7 mm
3	下胚轴颜色	淡紫	24	花梗离层	有	45	心室数	2个
4	生长习性	无限生长	25	单花序花数	9朵	46	果皮色	黄
5	株型	半蔓性	26	果柄长度	0.9 cm	47	单花序果数	6个
6	株高	1.8~2.2 m	27	成熟前果色	绿	48	单果重	10.9 g
7	茎叶茸毛	短密	28	成熟果色	黄	49	熟性	早100~105 d
8	叶片类型	普通叶型	29	果面棱沟	无	50	形态一致性	连续变异
9	叶片形状	羽状复叶	30	果面茸毛	无	51	种皮颜色	灰黄
10	叶片着生状态	下垂	31	果顶形状	圆平	52	播种至开花天数	49 d
11	叶色	黄绿	32	果肩	有	53	播种至始收天数	105 d
12	叶脉色	无色	33	果肩形状	平	54	裂果性	不易裂
13	叶裂刻	中	34	果肩色	—	55	畸形果	无
14	叶片长	42.0 cm	35	绿果肩大小	—	56	肉质	面
15	叶片宽	28.0 cm	36	商品果纵径	34.2 mm	57	风味	甜酸
16	首花序节位	8节	37	商品果横径	22.9 mm	58	清香味	有(淡)
17	第二花序节位	12节	38	果形	长圆形	59	综合品质	中
18	花序类型	单式花序或多歧花序	39	果梗洼大小	2.5 mm	60	可溶性固形物含量	6.80%
19	簇生花	无	40	果洼木栓化大小	0.8 mm	61	田间成株耐寒性	强
20	花柱长度	与雄蕊近等长	41	果实横切面形状	圆形	62	用途	鲜食
21	花柱形状	单圆花柱	42	果肉色	黄			

第一章 黄色樱桃小果类番茄种质资源

种质编号VT521

序号	描述项目	描述内容	序号	描述项目	描述内容	序号	描述项目	描述内容
1	种质编号	VT521	22	花柱茸毛	无	43	胎座胶状物质颜色	黄
2	种质类型	遗传材料	23	花色	浅黄	44	果肉厚	3.2 mm
3	下胚轴颜色	紫	24	花梗离层	有	45	心室数	2个
4	生长习性	7序花封顶	25	单花序花数	17朵	46	果皮色	黄
5	株型	半蔓性	26	果柄长度	0.8 cm	47	单花序果数	12个
6	株高	1.0～1.3 m	27	成熟前果色	浅绿	48	单果重	15.4 g
7	茎叶茸毛	长稀	28	成熟果色	橘黄	49	熟性	早100～105 d
8	叶片类型	薯叶型	29	果面棱沟	轻	50	形态一致性	连续变异
9	叶片形状	羽状复叶	30	果面茸毛	无	51	种皮颜色	灰黄
10	叶片着生状态	下垂	31	果顶形状	圆平	52	播种至开花天数	46 d
11	叶色	绿	32	果肩	有	53	播种至始收天数	103 d
12	叶脉色	无色	33	果肩形状	微凹	54	裂果性	不易裂
13	叶裂刻	中	34	果肩色	—	55	畸形果	无
14	叶片长	40.0 cm	35	绿果肩大小	—	56	肉质	面
15	叶片宽	29.0 cm	36	商品果纵径	42.1 mm	57	风味	甜酸
16	首花序节位	9节	37	商品果横径	24.5 mm	58	清香味	有
17	第二花序节位	10节	38	果形	长圆形	59	综合品质	中
18	花序类型	多歧花序	39	果梗洼大小	2.5 mm	60	可溶性固形物含量	5.50%
19	簇生花	有	40	果洼木栓化大小	0.8 mm	61	田间成株耐寒性	中
20	花柱长度	短于雄蕊	41	果实横切面形状	圆形	62	用途	鲜食或加工
21	花柱形状	单圆或分裂花柱	42	果肉色	红			

种质编号VT522

序号	描述项目	描述内容	序号	描述项目	描述内容	序号	描述项目	描述内容
1	种质编号	VT522	22	花柱茸毛	无	43	胎座胶状物质颜色	黄
2	种质类型	遗传材料	23	花色	浅黄	44	果肉厚	2.4 mm
3	下胚轴颜色	紫	24	花梗离层	有	45	心室数	2个
4	生长习性	无限生长	25	单花序花数	13朵	46	果皮色	黄
5	株型	半蔓性	26	果柄长度	1.0 cm	47	单花序果数	8个
6	株高	2.3～2.8 m	27	成熟前果色	绿白	48	单果重	20.8 g
7	茎叶茸毛	长稀	28	成熟果色	黄	49	熟性	极晚≥125 d
8	叶片类型	薯叶型	29	果面棱沟	中	50	形态一致性	连续变异
9	叶片形状	羽状复叶	30	果面茸毛	无	51	种皮颜色	灰黄
10	叶片着生状态	下垂	31	果顶形状	圆平	52	播种至开花天数	68 d
11	叶色	黄绿	32	果肩	有	53	播种至始收天数	133 d
12	叶脉色	无色	33	果肩形状	平	54	裂果性	不易裂
13	叶裂刻	深	34	果肩色	—	55	畸形果	无
14	叶片长	49.0 cm	35	绿果肩大小	—	56	肉质	面
15	叶片宽	46.0 cm	36	商品果纵径	52.6 mm	57	风味	甜酸
16	首花序节位	11节	37	商品果横径	28.5 mm	58	清香味	有
17	第二花序节位	17节	38	果形	梨形	59	综合品质	中
18	花序类型	单式花序或多歧花序	39	果梗洼大小	2.0 mm	60	可溶性固形物含量	7.70%
19	簇生花	无	40	果洼木栓化大小	0.5 mm	61	田间成株耐寒性	强
20	花柱长度	与雄蕊近等长	41	果实横切面形状	圆形	62	用途	鲜食或加工
21	花柱形状	单圆花柱	42	果肉色	黄			

种质编号VT523

序号	描述项目	描述内容	序号	描述项目	描述内容	序号	描述项目	描述内容
1	种质编号	VT523	22	花柱茸毛	无	43	胎座胶状物质颜色	黄
2	种质类型	品系	23	花色	黄	44	果肉厚	3.7 mm
3	下胚轴颜色	紫	24	花梗离层	有	45	心室数	2个
4	生长习性	9序花封顶	25	单花序花数	16朵	46	果皮色	黄
5	株型	半蔓性	26	果柄长度	1.0 cm	47	单花序果数	10个
6	株高	1.6~1.9 m	27	成熟前果色	绿	48	单果重	18.2 g
7	茎叶茸毛	短稀	28	成熟果色	黄	49	熟性	极晚≥125 d
8	叶片类型	薯叶型	29	果面棱沟	无	50	形态一致性	连续变异
9	叶片形状	羽状复叶	30	果面茸毛	无	51	种皮颜色	灰黄
10	叶片着生状态	下垂	31	果顶形状	圆平	52	播种至开花天数	68 d
11	叶色	浅绿	32	果肩	有	53	播种至始收天数	133 d
12	叶脉色	无色	33	果肩形状	微凹	54	裂果性	不易裂
13	叶裂刻	中	34	果肩色	—	55	畸形果	无
14	叶片长	52.0 cm	35	绿果肩大小	—	56	肉质	面
15	叶片宽	45.0 cm	36	商品果纵径	45.1 mm	57	风味	甜酸
16	首花序节位	9节	37	商品果横径	26.0 mm	58	清香味	有
17	第二花序节位	10节	38	果形	梨形	59	综合品质	中
18	花序类型	多歧花序	39	果梗洼大小	2.2 mm	60	可溶性固形物含量	6.00%
19	簇生花	无	40	果洼木栓化大小	0.5 mm	61	田间成株耐寒性	强
20	花柱长度	与雄蕊近等长	41	果实横切面形状	圆形	62	用途	鲜食
21	花柱形状	单圆花柱	42	果肉色	黄			

种质编号VT524

序号	描述项目	描述内容	序号	描述项目	描述内容	序号	描述项目	描述内容
1	种质编号	VT524	22	花柱茸毛	无	43	胎座胶状物质颜色	黄
2	种质类型	遗传材料	23	花色	黄	44	果肉厚	3.3 mm
3	下胚轴颜色	紫	24	花梗离层	有	45	心室数	2个
4	生长习性	10序花封顶	25	单花序花数	10朵	46	果皮色	黄
5	株型	半蔓性	26	果柄长度	0.9 cm	47	单花序果数	9个
6	株高	2.0～2.2 m	27	成熟前果色	浅绿	48	单果重	18.1 g
7	茎叶茸毛	短稀	28	成熟果色	黄	49	熟性	早100～105 d
8	叶片类型	薯叶型	29	果面棱沟	轻	50	形态一致性	连续变异
9	叶片形状	羽状复叶	30	果面茸毛	无	51	种皮颜色	浅棕
10	叶片着生状态	下垂	31	果顶形状	圆平	52	播种至开花天数	46 d
11	叶色	绿	32	果肩	无	53	播种至始收天数	105 d
12	叶脉色	无色	33	果肩形状	—	54	裂果性	不易裂
13	叶裂刻	中	34	果肩色	—	55	畸形果	无
14	叶片长	52.0 cm	35	绿果肩大小	—	56	肉质	面
15	叶片宽	55.0 cm	36	商品果纵径	48.5 mm	57	风味	甜酸
16	首花序节位	10节	37	商品果横径	27.3 mm	58	清香味	有
17	第二花序节位	10节	38	果形	梨形	59	综合品质	中
18	花序类型	单式花序或双歧花序	39	果梗洼大小	2.2 mm	60	可溶性固形物含量	5.50%
19	簇生花	无	40	果洼木栓化大小	0.3 mm	61	田间成株耐寒性	强
20	花柱长度	与雄蕊近等长	41	果实横切面形状	不规则形状	62	用途	鲜食
21	花柱形状	单圆花柱	42	果肉色	黄			

种质编号VT525

序号	描述项目	描述内容	序号	描述项目	描述内容	序号	描述项目	描述内容
1	种质编号	VT525	22	花柱茸毛	无	43	胎座胶状物质颜色	黄
2	种质类型	品系	23	花色	浅黄	44	果肉厚	4.1 mm
3	下胚轴颜色	紫	24	花梗离层	有	45	心室数	2个
4	生长习性	无限生长	25	单花序花数	9朵	46	果皮色	黄
5	株型	半蔓性	26	果柄长度	0.7 cm	47	单花序果数	8个
6	株高	2.8~3.2 m	27	成熟前果色	浅绿	48	单果重	22.3 g
7	茎叶茸毛	长稀	28	成熟果色	黄	49	熟性	极晚≥125 d
8	叶片类型	薯叶型	29	果面棱沟	轻	50	形态一致性	一致
9	叶片形状	羽状复叶	30	果面茸毛	稀	51	种皮颜色	深棕
10	叶片着生状态	下垂	31	果顶形状	圆平	52	播种至开花天数	68 d
11	叶色	黄绿	32	果肩	有	53	播种至始收天数	133 d
12	叶脉色	无色	33	果肩形状	平	54	裂果性	不易裂
13	叶裂刻	深	34	果肩色	—	55	畸形果	无
14	叶片长	40.0 cm	35	绿果肩大小	—	56	肉质	面
15	叶片宽	35.0 cm	36	商品果纵径	45.8 mm	57	风味	甜酸
16	首花序节位	9节	37	商品果横径	30.8 mm	58	清香味	无
17	第二花序节位	11节	38	果形	梨形	59	综合品质	中
18	花序类型	单式花序	39	果梗洼大小	2.2 mm	60	可溶性固形物含量	4.40%
19	簇生花	无	40	果洼木栓化大小	0.3 mm	61	田间成株耐寒性	中
20	花柱长度	与雌蕊近等长	41	果实横切面形状	圆形	62	用途	鲜食
21	花柱形状	单圆花柱	42	果肉色	黄			

种质编号VT526

序号	描述项目	描述内容	序号	描述项目	描述内容	序号	描述项目	描述内容
1	种质编号	VT526	22	花柱茸毛	无	43	胎座胶状物质颜色	黄
2	种质类型	品系	23	花色	黄	44	果肉厚	3.4 mm
3	下胚轴颜色	紫	24	花梗离层	有	45	心室数	2个
4	生长习性	无限生长	25	单花序花数	7朵	46	果皮色	黄
5	株型	半蔓性	26	果柄长度	0.7 cm	47	单花序果数	7个
6	株高	2.5~3.0 m	27	成熟前果色	浅绿	48	单果重	17.4 g
7	茎叶茸毛	短稀	28	成熟果色	黄	49	熟性	极晚≥125 d
8	叶片类型	普通叶型	29	果面棱沟	轻	50	形态一致性	一致
9	叶片形状	羽状复叶	30	果面茸毛	无	51	种皮颜色	浅棕
10	叶片着生状态	水平	31	果顶形状	圆平	52	播种至开花天数	74 d
11	叶色	黄绿	32	果肩	有	53	播种至始收天数	139 d
12	叶脉色	无色	33	果肩形状	平	54	裂果性	不易裂
13	叶裂刻	深	34	果肩色	—	55	畸形果	无
14	叶片长	38.0 cm	35	绿果肩大小	—	56	肉质	软
15	叶片宽	33.0 cm	36	商品果纵径	36.6 mm	57	风味	酸甜
16	首花序节位	12节	37	商品果横径	28.1 mm	58	清香味	有
17	第二花序节位	17节	38	果形	高圆形	59	综合品质	中
18	花序类型	单式花序	39	果梗洼大小	2.5 mm	60	可溶性固形物含量	5.00%
19	簇生花	无	40	果洼木栓化大小	0.5 mm	61	田间成株耐寒性	强
20	花柱长度	短于雄蕊	41	果实横切面形状	圆形	62	用途	鲜食
21	花柱形状	单圆花柱	42	果肉色	黄			

种质编号VT528

序号	描述项目	描述内容	序号	描述项目	描述内容	序号	描述项目	描述内容
1	种质编号	VT528	22	花柱茸毛	无	43	胎座胶状物质颜色	黄
2	种质类型	品系	23	花色	黄	44	果肉厚	2.4 mm
3	下胚轴颜色	紫	24	花梗离层	有	45	心室数	2个
4	生长习性	无限生长	25	单花序花数	9朵	46	果皮色	黄
5	株型	半蔓性	26	果柄长度	0.8 cm	47	单花序果数	8个
6	株高	2.8～3.3 m	27	成熟前果色	浅绿	48	单果重	8.7 g
7	茎叶茸毛	短稀	28	成熟果色	黄	49	熟性	早100～105 d
8	叶片类型	普通叶型	29	果面棱沟	无	50	形态一致性	一致
9	叶片形状	羽状复叶	30	果面茸毛	无	51	种皮颜色	浅棕
10	叶片着生状态	水平	31	果顶形状	圆平	52	播种至开花天数	44 d
11	叶色	黄绿	32	果肩	有	53	播种至始收天数	103 d
12	叶脉色	无色	33	果肩形状	平	54	裂果性	中
13	叶裂刻	中	34	果肩色	—	55	畸形果	无
14	叶片长	31.0 cm	35	绿果肩大小	—	56	肉质	软
15	叶片宽	29.0 cm	36	商品果纵径	24.9 mm	57	风味	甜酸
16	首花序节位	8节	37	商品果横径	24.9 mm	58	清香味	有
17	第二花序节位	12节	38	果形	圆形	59	综合品质	中
18	花序类型	单式花序	39	果梗洼大小	2.5 mm	60	可溶性固形物含量	7.90%
19	簇生花	无	40	果洼木栓化大小	0.5 mm	61	田间成株耐寒性	强
20	花柱长度	与雄蕊近等长	41	果实横切面形状	圆形	62	用途	鲜食
21	花柱形状	单圆花柱	42	果肉色	黄			

种质编号VT529

序号	描述项目	描述内容	序号	描述项目	描述内容	序号	描述项目	描述内容
1	种质编号	VT529	22	花柱茸毛	无	43	胎座胶状物质颜色	黄
2	种质类型	品系	23	花色	浅黄	44	果肉厚	1.6 mm
3	下胚轴颜色	紫	24	花梗离层	有	45	心室数	2个
4	生长习性	无限生长	25	单花序花数	9朵	46	果皮色	黄
5	株型	蔓性	26	果柄长度	0.5 cm	47	单花序果数	8个
6	株高	2.5~3.0 m	27	成熟前果色	浅绿	48	单果重	6.2 g
7	茎叶茸毛	短稀	28	成熟果色	黄	49	熟性	早100~105 d
8	叶片类型	普通叶型	29	果面棱沟	无	50	形态一致性	一致
9	叶片形状	羽状复叶	30	果面茸毛	无	51	种皮颜色	灰黄
10	叶片着生状态	下垂	31	果顶形状	圆平	52	播种至开花天数	49 d
11	叶色	黄绿	32	果肩	有	53	播种至始收天数	105 d
12	叶脉色	无色	33	果肩形状	平	54	裂果性	中
13	叶裂刻	中	34	果肩色	—	55	畸形果	无
14	叶片长	33.0 cm	35	绿果肩大小	—	56	肉质	软
15	叶片宽	25.0 cm	36	商品果纵径	20.2 mm	57	风味	甜酸
16	首花序节位	10节	37	商品果横径	21.9 mm	58	清香味	无
17	第二花序节位	11节	38	果形	圆形	59	综合品质	中
18	花序类型	单式花序或多歧花序	39	果梗洼大小	2.5 mm	60	可溶性固形物含量	7.60%
19	簇生花	无	40	果洼木栓化大小	0.3 mm	61	田间成株耐寒性	中
20	花柱长度	与雄蕊近等长	41	果实横切面形状	圆形	62	用途	鲜食
21	花柱形状	单圆花柱	42	果肉色	黄			

种质编号VT530

序号	描述项目	描述内容	序号	描述项目	描述内容	序号	描述项目	描述内容
1	种质编号	VT530	22	花柱茸毛	无	43	胎座胶状物质颜色	黄
2	种质类型	遗传材料	23	花色	黄	44	果肉厚	2.2～2.5 mm
3	下胚轴颜色	紫	24	花梗离层	有	45	心室数	2个
4	生长习性	无限生长	25	单花序花数	8朵	46	果皮色	黄
5	株型	蔓性	26	果柄长度	0.6 cm	47	单花序果数	7个
6	株高	2.8～3.2 m	27	成熟前果色	浅绿	48	单果重	4.5～7.6 g
7	茎叶茸毛	短稀	28	成熟果色	黄或红	49	熟性	早100～105 d
8	叶片类型	普通叶型	29	果面棱沟	无	50	形态一致性	不连续变异
9	叶片形状	羽状复叶	30	果面茸毛	无	51	种皮颜色	浅棕
10	叶片着生状态	水平	31	果顶形状	圆平	52	播种至开花天数	50 d
11	叶色	黄绿	32	果肩	有	53	播种至始收天数	103 d
12	叶脉色	无色	33	果肩形状	平	54	裂果性	不易裂
13	叶裂刻	中	34	果肩色	—	55	畸形果	无
14	叶片长	37.0 cm	35	绿果肩大小	—	56	肉质	软
15	叶片宽	26.0 cm	36	商品果纵径	21.6～23.9 mm	57	风味	甜酸
16	首花序节位	8节	37	商品果横径	20.3～23.5 mm	58	清香味	有
17	第二花序节位	11节	38	果形	圆形	59	综合品质	中
18	花序类型	单式花序	39	果梗洼大小	2.5 mm	60	可溶性固形物含量	6.70%～10.20%
19	簇生花	无	40	果洼木栓化大小	0.3 mm	61	田间成株耐寒性	强
20	花柱长度	与雄蕊近等长	41	果实横切面形状	圆形	62	用途	鲜食
21	花柱形状	单圆花柱	42	果肉色	黄或红			

种质编号VT531

序号	描述项目	描述内容	序号	描述项目	描述内容	序号	描述项目	描述内容
1	种质编号	VT531	22	花柱茸毛	无	43	胎座胶状物质颜色	黄
2	种质类型	品系	23	花色	黄	44	果肉厚	1.8 mm
3	下胚轴颜色	紫	24	花梗离层	有	45	心室数	2个
4	生长习性	无限生长	25	单花序花数	8朵	46	果皮色	黄
5	株型	蔓性	26	果柄长度	0.5 cm	47	单花序果数	8个
6	株高	2.8~3.2 m	27	成熟前果色	浅绿	48	单果重	4.9 g
7	茎叶茸毛	短稀	28	成熟果色	黄	49	熟性	早100~105 d
8	叶片类型	普通叶型	29	果面棱沟	无	50	形态一致性	一致
9	叶片形状	羽状复叶	30	果面茸毛	无	51	种皮颜色	浅棕
10	叶片着生状态	水平	31	果顶形状	圆平	52	播种至开花天数	46 d
11	叶色	黄绿	32	果肩	有	53	播种至始收天数	105 d
12	叶脉色	无色	33	果肩形状	平	54	裂果性	不易裂
13	叶裂刻	中	34	果肩色	—	55	畸形果	无
14	叶片长	32.0 cm	35	绿果肩大小	—	56	肉质	面
15	叶片宽	24.0 cm	36	商品果纵径	21.5 mm	57	风味	甜酸
16	首花序节位	9节	37	商品果横径	19.8 mm	58	清香味	无
17	第二花序节位	12节	38	果形	圆形	59	综合品质	中
18	花序类型	单式花序	39	果梗洼大小	2.0 mm	60	可溶性固形物含量	7.40%
19	簇生花	无	40	果洼木栓化大小	0.2 mm	61	田间成株耐寒性	强
20	花柱长度	与雄蕊近等长	41	果实横切面形状	圆形	62	用途	鲜食
21	花柱形状	单圆花柱	42	果肉色	黄			

种质编号VT538

序号	描述项目	描述内容	序号	描述项目	描述内容	序号	描述项目	描述内容
1	种质编号	VT538	22	花柱茸毛	无	43	胎座胶状物质颜色	黄
2	种质类型	品系	23	花色	浅黄	44	果肉厚	5.2 mm
3	下胚轴颜色	紫	24	花梗离层	有	45	心室数	2个
4	生长习性	无限生长	25	单花序花数	12朵	46	果皮色	黄
5	株型	半蔓性	26	果柄长度	0.8 cm	47	单花序果数	7个
6	株高	2.0～2.3 m	27	成熟前果色	绿白	48	单果重	24.6 g
7	茎叶茸毛	短稀	28	成熟果色	黄	49	熟性	早100～105 d
8	叶片类型	普通叶型	29	果面棱沟	轻	50	形态一致性	连续变异
9	叶片形状	羽状复叶	30	果面茸毛	无	51	种皮颜色	浅棕
10	叶片着生状态	下垂	31	果顶形状	圆平	52	播种至开花天数	49 d
11	叶色	浅绿	32	果肩	有	53	播种至始收天数	105 d
12	叶脉色	无色	33	果肩形状	平	54	裂果性	不易裂
13	叶裂刻	中	34	果肩色	—	55	畸形果	无
14	叶片长	51.0 cm	35	绿果肩大小	—	56	肉质	面
15	叶片宽	32.0 cm	36	商品果纵径	47.4 mm	57	风味	酸甜
16	首花序节位	9节	37	商品果横径	31.1 mm	58	清香味	无
17	第二花序节位	10节	38	果形	梨形	59	综合品质	中
18	花序类型	多歧花序	39	果梗洼大小	2.5 mm	60	可溶性固形物含量	6.10%
19	簇生花	无	40	果洼木栓化大小	0.5 mm	61	田间成株耐寒性	中
20	花柱长度	与雄蕊近等长	41	果实横切面形状	圆形	62	用途	鲜食
21	花柱形状	单圆花柱	42	果肉色	黄白			

种质编号VT575

序号	描述项目	描述内容	序号	描述项目	描述内容	序号	描述项目	描述内容
1	种质编号	VT575	22	花柱茸毛	无	43	胎座胶状物质颜色	黄
2	种质类型	遗传材料	23	花色	浅黄	44	果肉厚	3.0 mm
3	下胚轴颜色	紫	24	花梗离层	有	45	心室数	3个
4	生长习性	无限生长	25	单花序花数	9朵	46	果皮色	无色
5	株型	半蔓性	26	果柄长度	0.7 cm	47	单花序果数	9个
6	株高	2.8～3.5 m	27	成熟前果色	绿	48	单果重	19.9 g
7	茎叶茸毛	长稀	28	成熟果色	黄	49	熟性	极晚≥125 d
8	叶片类型	普通叶型	29	果面棱沟	无	50	形态一致性	不连续变异
9	叶片形状	羽状复叶	30	果面茸毛	稀	51	种皮颜色	灰黄
10	叶片着生状态	下垂	31	果顶形状	圆平	52	播种至开花天数	69 d
11	叶色	浅绿	32	果肩	有	53	播种至始收天数	134 d
12	叶脉色	无色	33	果肩形状	平	54	裂果性	不易裂
13	叶裂刻	深	34	果肩色	—	55	畸形果	无
14	叶片长	37.0 cm	35	绿果肩大小	—	56	肉质	软
15	叶片宽	27.0 cm	36	商品果纵径	46.8 mm	57	风味	甜酸
16	首花序节位	10节	37	商品果横径	29.9 mm	58	清香味	有
17	第二花序节位	15节	38	果形	梨形	59	综合品质	中
18	花序类型	单式花序	39	果梗洼大小	2.8 mm	60	可溶性固形物含量	5.40%
19	簇生花	有	40	果洼木栓化大小	0.4 mm	61	田间成株耐寒性	强
20	花柱长度	与雄蕊近等长	41	果实横切面形状	不规则形状	62	用途	鲜食
21	花柱形状	单圆或分裂花柱	42	果肉色	黄			

第一章 黄色樱桃小果类番茄种质资源

种质编号VT578

序号	描述项目	描述内容	序号	描述项目	描述内容	序号	描述项目	描述内容
1	种质编号	VT578	22	花柱茸毛	无	43	胎座胶状物质颜色	黄
2	种质类型	遗传材料	23	花色	黄	44	果肉厚	3.2 mm
3	下胚轴颜色	紫	24	花梗离层	有	45	心室数	2个
4	生长习性	无限生长	25	单花序花数	12朵	46	果皮色	黄
5	株型	半蔓性	26	果柄长度	0.9 cm	47	单花序果数	6个
6	株高	2.8～3.3 m	27	成熟前果色	浅绿	48	单果重	16.0 g
7	茎叶茸毛	短稀	28	成熟果色	橘黄	49	熟性	早100～105 d
8	叶片类型	普通叶型	29	果面棱沟	轻	50	形态一致性	连续变异
9	叶片形状	羽状复叶	30	果面茸毛	稀	51	种皮颜色	灰黄
10	叶片着生状态	下垂	31	果顶形状	微凸	52	播种至开花天数	45 d
11	叶色	深绿	32	果肩	有	53	播种至始收天数	104 d
12	叶脉色	无色	33	果肩形状	微凹	54	裂果性	不易裂
13	叶裂刻	中	34	果肩色	—	55	畸形果	无
14	叶片长	41.0 cm	35	绿果肩大小	—	56	肉质	面
15	叶片宽	32.0 cm	36	商品果纵径	39.5 mm	57	风味	甜酸
16	首花序节位	8节	37	商品果横径	25.1 mm	58	清香味	有（淡）
17	第二花序节位	15节	38	果形	长圆形	59	综合品质	上
18	花序类型	单式花序或多歧花序	39	果梗洼大小	1.8 mm	60	可溶性固形物含量	8.70%
19	簇生花	无	40	果洼木栓化大小	0.3 mm	61	田间成株耐寒性	强
20	花柱长度	与雄蕊近等长	41	果实横切面形状	圆形	62	用途	鲜食
21	花柱形状	单圆花柱	42	果肉色	黄			

种质编号VT580

序号	描述项目	描述内容	序号	描述项目	描述内容	序号	描述项目	描述内容
1	种质编号	VT580	22	花柱茸毛	无	43	胎座胶状物质颜色	红
2	种质类型	遗传材料	23	花色	黄	44	果肉厚	3.6 mm
3	下胚轴颜色	紫	24	花梗离层	有	45	心室数	2~3个
4	生长习性	6序花封顶	25	单花序花数	13朵	46	果皮色	黄
5	株型	半蔓性	26	果柄长度	1.2 cm	47	单花序果数	10个
6	株高	1.5~1.8 m	27	成熟前果色	绿白	48	单果重	25.2 g
7	茎叶茸毛	短稀	28	成熟果色	黄或粉红或红	49	熟性	极晚≥125 d
8	叶片类型	普通叶型	29	果面棱沟	轻	50	形态一致性	不连续变异
9	叶片形状	羽状复叶	30	果面茸毛	无	51	种皮颜色	灰黄
10	叶片着生状态	下垂	31	果顶形状	圆平或微凸	52	播种至开花天数	69 d
11	叶色	深绿	32	果肩	有	53	播种至始收天数	134 d
12	叶脉色	无色	33	果肩形状	平	54	裂果性	不易裂
13	叶裂刻	中	34	果肩色	—	55	畸形果	无
14	叶片长	35.0 cm	35	绿果肩大小	—	56	肉质	面
15	叶片宽	39.0 cm	36	商品果纵径	46.6 mm	57	风味	甜酸
16	首花序节位	11节	37	商品果横径	29.7 mm	58	清香味	有（淡）
17	第二花序节位	12节	38	果形	长圆形	59	综合品质	中
18	花序类型	单式花序或双歧花序	39	果梗洼大小	3.5 mm	60	可溶性固形物含量	6.20%
19	簇生花	无	40	果洼木栓化大小	0.5 mm	61	田间成株耐寒性	强
20	花柱长度	短于雄蕊	41	果实横切面形状	圆形或不规则	62	用途	鲜食
21	花柱形状	单圆花柱	42	果肉色	黄或红			

第一章 黄色樱桃小果类番茄种质资源

种质编号VT581

序号	描述项目	描述内容	序号	描述项目	描述内容	序号	描述项目	描述内容
1	种质编号	VT581	22	花柱茸毛	无	43	胎座胶状物质颜色	黄
2	种质类型	品系	23	花色	黄	44	果肉厚	3.6 mm
3	下胚轴颜色	紫	24	花梗离层	有	45	心室数	2个
4	生长习性	无限生长	25	单花序花数	8朵	46	果皮色	黄
5	株型	半蔓性	26	果柄长度	0.7 cm	47	单花序果数	8个
6	株高	2.3～2.8 m	27	成熟前果色	绿	48	单果重	28.8 g
7	茎叶茸毛	长稀	28	成熟果色	黄	49	熟性	极晚≥125 d
8	叶片类型	普通叶型	29	果面棱沟	无	50	形态一致性	一致
9	叶片形状	羽状复叶	30	果面茸毛	无	51	种皮颜色	灰黄
10	叶片着生状态	下垂	31	果顶形状	圆平	52	播种至开花天数	75 d
11	叶色	黄绿	32	果肩	有	53	播种至始收天数	134 d
12	叶脉色	无色	33	果肩形状	微凹	54	裂果性	不易裂
13	叶裂刻	深	34	果肩色	—	55	畸形果	无
14	叶片长	49.0 cm	35	绿果肩大小	—	56	肉质	软
15	叶片宽	37.0 cm	36	商品果纵径	37.3 mm	57	风味	酸甜
16	首花序节位	9节	37	商品果横径	99.0 mm	58	清香味	有（淡）
17	第二花序节位	10节	38	果形	高圆形	59	综合品质	中
18	花序类型	单式花序	39	果梗洼大小	4.2 mm	60	可溶性固形物含量	5.30%
19	簇生花	无	40	果洼木栓化大小	2.2 mm	61	田间成株耐寒性	强
20	花柱长度	与雄蕊近等长	41	果实横切面形状	圆形	62	用途	鲜食
21	花柱形状	单圆花柱	42	果肉色	黄			

种质编号VT598

序号	描述项目	描述内容	序号	描述项目	描述内容	序号	描述项目	描述内容
1	种质编号	VT598	22	花柱茸毛	无	43	胎座胶状物质颜色	黄
2	种质类型	遗传材料	23	花色	浅黄	44	果肉厚	3.2 mm
3	下胚轴颜色	紫（淡）	24	花梗离层	有	45	心室数	2个
4	生长习性	无限生长	25	单花序花数	10朵	46	果皮色	无色
5	株型	半蔓性	26	果柄长度	0.8 cm	47	单花序果数	8个
6	株高	2.2~2.6 m	27	成熟前果色	绿	48	单果重	15.3 g
7	茎叶茸毛	短稀	28	成熟果色	黄	49	熟性	极晚≥125 d
8	叶片类型	普通叶型	29	果面棱沟	中	50	形态一致性	连续变异
9	叶片形状	羽状复叶	30	果面茸毛	无	51	种皮颜色	灰黄
10	叶片着生状态	下垂	31	果顶形状	圆平	52	播种至开花天数	104 d
11	叶色	深绿	32	果肩	有	53	播种至始收天数	138 d
12	叶脉色	无色	33	果肩形状	微凹	54	裂果性	不易裂
13	叶裂刻	深	34	果肩色	—	55	畸形果	无
14	叶片长	42.0 cm	35	绿果肩大小	—	56	肉质	面
15	叶片宽	35.0 cm	36	商品果纵径	47.6 mm	57	风味	甜酸
16	首花序节位	11节	37	商品果横径	26.0 mm	58	清香味	有（淡）
17	第二花序节位	13节	38	果形	梨形	59	综合品质	中
18	花序类型	单式花序或多歧花序	39	果梗洼大小	2.1 mm	60	可溶性固形物含量	5.90%
19	簇生花	无	40	果洼木栓化大小	0.1 mm	61	田间成株耐寒性	中
20	花柱长度	与雄蕊近等长	41	果实横切面形状	圆形	62	用途	鲜食
21	花柱形状	单圆花柱	42	果肉色	黄			

第一章 黄色樱桃小果类番茄种质资源

种质编号VT599

序号	描述项目	描述内容	序号	描述项目	描述内容	序号	描述项目	描述内容
1	种质编号	VT599	22	花柱茸毛	无	43	胎座胶状物质颜色	黄
2	种质类型	遗传材料	23	花色	浅黄	44	果肉厚	4.2 mm
3	下胚轴颜色	紫（淡）	24	花梗离层	有	45	心室数	2个
4	生长习性	8序花封顶	25	单花序花数	12朵	46	果皮色	黄
5	株型	半蔓性	26	果柄长度	1.0 cm	47	单花序果数	10个
6	株高	2.0～2.3 m	27	成熟前果色	浅绿	48	单果重	21.9 g
7	茎叶茸毛	短稀	28	成熟果色	黄	49	熟性	极晚≥125 d
8	叶片类型	普通叶型	29	果面棱沟	中	50	形态一致性	连续变异
9	叶片形状	羽状复叶	30	果面茸毛	稀	51	种皮颜色	浅棕
10	叶片着生状态	下垂	31	果顶形状	圆平	52	播种至开花天数	73 d
11	叶色	浅绿	32	果肩	有	53	播种至始收天数	130 d
12	叶脉色	无色	33	果肩形状	微凹	54	裂果性	不易裂
13	叶裂刻	中	34	果肩色	—	55	畸形果	无
14	叶片长	47.0 cm	35	绿果肩大小	—	56	肉质	软
15	叶片宽	38.0 cm	36	商品果纵径	48.4 mm	57	风味	甜酸
16	首花序节位	10节	37	商品果横径	27.7 mm	58	清香味	有（淡）
17	第二花序节位	11节	38	果形	梨形	59	综合品质	中
18	花序类型	单式花序或双歧花序	39	果梗洼大小	1.9 mm	60	可溶性固形物含量	6.60%
19	簇生花	无	40	果洼木栓化大小	0.2 mm	61	田间成株耐寒性	中
20	花柱长度	与雄蕊近等长	41	果实横切面形状	圆形	62	用途	鲜食
21	花柱形状	单圆花柱	42	果肉色	黄			

种质编号VT608

序号	描述项目	描述内容	序号	描述项目	描述内容	序号	描述项目	描述内容
1	种质编号	VT608	22	花柱茸毛	无	43	胎座胶状物质颜色	黄
2	种质类型	品系	23	花色	浅黄	44	果肉厚	3.6 mm
3	下胚轴颜色	紫	24	花梗离层	有	45	心室数	2个
4	生长习性	无限生长	25	单花序花数	8朵	46	果皮色	黄
5	株型	半蔓性	26	果柄长度	0.7 cm	47	单花序果数	8个
6	株高	2.8～3.3 m	27	成熟前果色	绿	48	单果重	19.6 g
7	茎叶茸毛	短稀	28	成熟果色	黄	49	熟性	极晚≥125 d
8	叶片类型	普通叶型	29	果面棱沟	中	50	形态一致性	一致
9	叶片形状	羽状复叶	30	果面茸毛	无	51	种皮颜色	浅棕
10	叶片着生状态	下垂	31	果顶形状	圆平	52	播种至开花天数	69 d
11	叶色	浅绿	32	果肩	有	53	播种至始收天数	134 d
12	叶脉色	无色	33	果肩形状	微凹	54	裂果性	不易裂
13	叶裂刻	中	34	果肩色	—	55	畸形果	无
14	叶片长	42.0 cm	35	绿果肩大小	—	56	肉质	软
15	叶片宽	30.0 cm	36	商品果纵径	43.7 mm	57	风味	甜酸
16	首花序节位	10节	37	商品果横径	27.5 mm	58	清香味	有
17	第二花序节位	15节	38	果形	梨形	59	综合品质	中
18	花序类型	单式花序	39	果梗洼大小	2.0 mm	60	可溶性固形物含量	6.10%
19	簇生花	无	40	果洼木栓化大小	0.2 mm	61	田间成株耐寒性	强
20	花柱长度	与雄蕊近等长	41	果实横切面形状	圆形	62	用途	鲜食
21	花柱形状	单圆花柱	42	果肉色	黄			

种质编号VT609

序号	描述项目	描述内容	序号	描述项目	描述内容	序号	描述项目	描述内容
1	种质编号	VT609	22	花柱茸毛	无	43	胎座胶状物质颜色	黄
2	种质类型	品系	23	花色	浅黄	44	果肉厚	2.9 mm
3	下胚轴颜色	紫	24	花梗离层	有	45	心室数	2个
4	生长习性	12序花封顶	25	单花序花数	10朵	46	果皮色	黄
5	株型	半蔓性	26	果柄长度	0.9 cm	47	单花序果数	9个
6	株高	1.5～1.8 m	27	成熟前果色	深绿	48	单果重	19.5 g
7	茎叶茸毛	短稀	28	成熟果色	黄	49	熟性	极晚≥125 d
8	叶片类型	薯叶型	29	果面棱沟	轻	50	形态一致性	一致
9	叶片形状	羽状复叶	30	果面茸毛	无	51	种皮颜色	灰黄
10	叶片着生状态	水平	31	果顶形状	圆平	52	播种至开花天数	73 d
11	叶色	绿	32	果肩	有	53	播种至始收天数	130 d
12	叶脉色	无色	33	果肩形状	微凹	54	裂果性	不易裂
13	叶裂刻	深	34	果肩色	—	55	畸形果	无
14	叶片长	35.0 cm	35	绿果肩大小	—	56	肉质	软
15	叶片宽	31.0 cm	36	商品果纵径	37.1 mm	57	风味	酸甜
16	首花序节位	7节	37	商品果横径	30.6 mm	58	清香味	有（淡）
17	第二花序节位	10节	38	果形	高圆形	59	综合品质	中
18	花序类型	单式花序或双歧花序	39	果梗洼大小	2.1 mm	60	可溶性固形物含量	5.60%
19	簇生花	无	40	果洼木栓化大小	0.2 mm	61	田间成株耐寒性	中
20	花柱长度	短于雄蕊	41	果实横切面形状	圆形	62	用途	鲜食
21	花柱形状	单圆花柱	42	果肉色	黄			

种质编号VT625

序号	描述项目	描述内容	序号	描述项目	描述内容	序号	描述项目	描述内容
1	种质编号	VT625	22	花柱茸毛	无	43	胎座胶状物质颜色	黄绿
2	种质类型	遗传材料	23	花色	黄	44	果肉厚	3.5 mm
3	下胚轴颜色	紫	24	花梗离层	有	45	心室数	2个
4	生长习性	无限生长	25	单花序花数	12朵	46	果皮色	黄
5	株型	蔓性	26	果柄长度	1.0 cm	47	单花序果数	8个
6	株高	2.8~3.3 m	27	成熟前果色	浅绿	48	单果重	18.4 g
7	茎叶茸毛	短稀	28	成熟果色	黄	49	熟性	极晚≥125 d
8	叶片类型	普通叶型	29	果面棱沟	无	50	形态一致性	连续变异
9	叶片形状	羽状复叶	30	果面茸毛	无	51	种皮颜色	浅棕
10	叶片着生状态	下垂	31	果顶形状	圆平或凸尖	52	播种至开花天数	73 d
11	叶色	深绿	32	果肩	有	53	播种至始收天数	134 d
12	叶脉色	无色	33	果肩形状	微凹	54	裂果性	不易裂
13	叶裂刻	深	34	果肩色	—	55	畸形果	无
14	叶片长	50.0 cm	35	绿果肩大小	—	56	肉质	面
15	叶片宽	40.0 cm	36	商品果纵径	39.0 mm	57	风味	甜酸
16	首花序节位	11节	37	商品果横径	28.3 mm	58	清香味	有（淡）
17	第二花序节位	13节	38	果形	高圆或长圆形	59	综合品质	上
18	花序类型	单式花序或多歧花序	39	果梗洼大小	2.5 mm	60	可溶性固形物含量	8.30%
19	簇生花	无	40	果洼木栓化大小	0.1 mm	61	田间成株耐寒性	强
20	花柱长度	短于雄蕊	41	果实横切面形状	圆形	62	用途	鲜食
21	花柱形状	单圆花柱	42	果肉色	黄			

第一章　黄色樱桃小果类番茄种质资源

种质编号VT636

序号	描述项目	描述内容	序号	描述项目	描述内容	序号	描述项目	描述内容
1	种质编号	VT636	22	花柱茸毛	无	43	胎座胶状物质颜色	黄绿
2	种质类型	遗传材料	23	花色	浅黄	44	果肉厚	3.5 mm
3	下胚轴颜色	紫	24	花梗离层	有	45	心室数	2个
4	生长习性	无限生长	25	单花序花数	14朵	46	果皮色	黄
5	株型	半蔓性	26	果柄长度	1.0 cm	47	单花序果数	10个
6	株高	2.3~2.5 m	27	成熟前果色	绿白	48	单果重	18.6 g
7	茎叶茸毛	长稀	28	成熟果色	黄	49	熟性	极晚≥125 d
8	叶片类型	普通叶型	29	果面棱沟	轻	50	形态一致性	连续变异
9	叶片形状	羽状复叶	30	果面茸毛	稀	51	种皮颜色	深棕
10	叶片着生状态	下垂	31	果顶形状	圆平	52	播种至开花天数	69 d
11	叶色	浅绿	32	果肩	有	53	播种至始收天数	134 d
12	叶脉色	无色	33	果肩形状	微凹	54	裂果性	不易裂
13	叶裂刻	中	34	果肩色	—	55	畸形果	无
14	叶片长	43.0 cm	35	绿果肩大小	—	56	肉质	面
15	叶片宽	33.0 cm	36	商品果纵径	41.5 mm	57	风味	甜酸
16	首花序节位	14节	37	商品果横径	28.0 mm	58	清香味	有（淡）
17	第二花序节位	17节	38	果形	长圆形	59	综合品质	中
18	花序类型	单式花序或多歧花序	39	果梗洼大小	1.7 mm	60	可溶性固形物含量	7.60%
19	簇生花	无	40	果洼木栓化大小	0.2 mm	61	田间成株耐寒性	中
20	花柱长度	与雄蕊近等长	41	果实横切面形状	圆形	62	用途	鲜食
21	花柱形状	单圆花柱	42	果肉色	黄			

种质编号VT637

序号	描述项目	描述内容	序号	描述项目	描述内容	序号	描述项目	描述内容
1	种质编号	VT637	22	花柱茸毛	无	43	胎座胶状物质颜色	黄绿
2	种质类型	品系	23	花色	黄	44	果肉厚	2.3 mm
3	下胚轴颜色	紫	24	花梗离层	有	45	心室数	2个
4	生长习性	无限生长	25	单花序花数	29朵	46	果皮色	黄
5	株型	半蔓性	26	果柄长度	0.8 cm	47	单花序果数	10个
6	株高	2.0~2.5 m	27	成熟前果色	绿	48	单果重	17.2 g
7	茎叶茸毛	长稀	28	成熟果色	黄	49	熟性	极晚≥125 d
8	叶片类型	普通叶型	29	果面棱沟	无	50	形态一致性	连续变异
9	叶片形状	羽状复叶	30	果面茸毛	无	51	种皮颜色	浅棕
10	叶片着生状态	下垂	31	果顶形状	圆平	52	播种至开花天数	69 d
11	叶色	浅绿	32	果肩	有	53	播种至始收天数	134 d
12	叶脉色	无色	33	果肩形状	平	54	裂果性	不易裂
13	叶裂刻	深	34	果肩色	—	55	畸形果	无
14	叶片长	42.0 cm	35	绿果肩大小	—	56	肉质	面
15	叶片宽	35.0 cm	36	商品果纵径	32.3 mm	57	风味	甜酸
16	首花序节位	11节	37	商品果横径	29.7 mm	58	清香味	有（淡）
17	第二花序节位	16节	38	果形	高圆形	59	综合品质	中
18	花序类型	多歧花序	39	果梗洼大小	3.0 mm	60	可溶性固形物含量	7.00%
19	簇生花	无	40	果洼木栓化大小	1.2 mm	61	田间成株耐寒性	中
20	花柱长度	短于雄蕊	41	果实横切面形状	圆形	62	用途	鲜食
21	花柱形状	单圆花柱	42	果肉色	黄白			

种质编号VT647

序号	描述项目	描述内容	序号	描述项目	描述内容	序号	描述项目	描述内容
1	种质编号	VT647	22	花柱茸毛	无	43	胎座胶状物质颜色	黄
2	种质类型	品系	23	花色	浅黄	44	果肉厚	4.4 mm
3	下胚轴颜色	紫	24	花梗离层	有	45	心室数	2个
4	生长习性	无限生长	25	单花序花数	11朵	46	果皮色	黄
5	株型	蔓性	26	果柄长度	0.8 cm	47	单花序果数	11个
6	株高	2.8～3.0 m	27	成熟前果色	绿	48	单果重	15.5 g
7	茎叶茸毛	长稀	28	成熟果色	黄	49	熟性	极晚≥125 d
8	叶片类型	普通叶型	29	果面棱沟	轻	50	形态一致性	一致
9	叶片形状	羽状复叶	30	果面茸毛	稀	51	种皮颜色	灰黄
10	叶片着生状态	下垂	31	果顶形状	圆平	52	播种至开花天数	69 d
11	叶色	浅绿	32	果肩	有	53	播种至始收天数	134 d
12	叶脉色	无色	33	果肩形状	微凹	54	裂果性	不易裂
13	叶裂刻	深	34	果肩色	—	55	畸形果	无
14	叶片长	38.0 cm	35	绿果肩大小	—	56	肉质	面
15	叶片宽	30.0 cm	36	商品果纵径	37.5 mm	57	风味	甜酸
16	首花序节位	12节	37	商品果横径	25.5 mm	58	清香味	有（淡）
17	第二花序节位	15节	38	果形	长圆形	59	综合品质	中
18	花序类型	单式花序或多歧花序	39	果梗洼大小	2.2 mm	60	可溶性固形物含量	7.00%
19	簇生花	无	40	果洼木栓化大小	0.3 mm	61	田间成株耐寒性	强
20	花柱长度	与雄蕊近等长	41	果实横切面形状	圆形	62	用途	鲜食
21	花柱形状	单圆花柱	42	果肉色	浅黄			

种质编号VT653

序号	描述项目	描述内容	序号	描述项目	描述内容	序号	描述项目	描述内容
1	种质编号	VT653	22	花柱茸毛	无	43	胎座胶状物质颜色	黄
2	种质类型	遗传材料	23	花色	浅黄	44	果肉厚	3.2 mm
3	下胚轴颜色	紫	24	花梗离层	有	45	心室数	2个
4	生长习性	无限生长	25	单花序花数	26朵	46	果皮色	黄
5	株型	半蔓性	26	果柄长度	0.9 cm	47	单花序果数	9个
6	株高	2.7~3.3 m	27	成熟前果色	浅绿	48	单果重	14.9
7	茎叶茸毛	长稀	28	成熟果色	浅黄	49	熟性	早100~105 d
8	叶片类型	普通叶型	29	果面棱沟	无	50	形态一致性	一致
9	叶片形状	羽状复叶	30	果面茸毛	无	51	种皮颜色	灰黄
10	叶片着生状态	下垂	31	果顶形状	圆平	52	播种至开花天数	45 d
11	叶色	浅绿	32	果肩	有	53	播种至始收天数	104 d
12	叶脉色	无色	33	果肩形状	平	54	裂果性	不易裂
13	叶裂刻	深	34	果肩色	—	55	畸形果	无
14	叶片长	50.0 cm	35	绿果肩大小	—	56	肉质	面
15	叶片宽	49.0 cm	36	商品果纵径	30.5 mm	57	风味	甜酸
16	首花序节位	10节	37	商品果横径	29.2 mm	58	清香味	无
17	第二花序节位	12节	38	果形	圆形	59	综合品质	上
18	花序类型	多歧花序	39	果梗洼大小	2.3 mm	60	可溶性固形物含量	7.5%
19	簇生花	无	40	果洼木栓化大小	1.0 mm	61	田间成株耐寒性	中
20	花柱长度	与雄蕊近等长	41	果实横切面形状	圆形	62	用途	鲜食
21	花柱形状	单圆花柱	42	果肉色	黄			

种质编号VT677

序号	描述项目	描述内容	序号	描述项目	描述内容	序号	描述项目	描述内容
1	种质编号	VT677	22	花柱茸毛	无	43	胎座胶状物质颜色	黄
2	种质类型	选育品种	23	花色	黄	44	果肉厚	3.7 mm
3	下胚轴颜色	紫	24	花梗离层	有	45	心室数	2个
4	生长习性	无限生长	25	单花序花数	14朵	46	果皮色	黄
5	株型	蔓性	26	果柄长度	0.6 cm	47	单花序果数	14个
6	株高	1.3～1.6 m	27	成熟前果色	浅绿	48	单果重	18.9 g
7	茎叶茸毛	短稀	28	成熟果色	黄	49	熟性	晚121～125 d
8	叶片类型	普通叶型	29	果面棱沟	轻	50	形态一致性	一致
9	叶片形状	羽状复叶	30	果面茸毛	无	51	种皮颜色	浅棕
10	叶片着生状态	水平	31	果顶形状	圆平	52	播种至开花天数	57 d
11	叶色	深绿	32	果肩	有	53	播种至始收天数	124 d
12	叶脉色	无色	33	果肩形状	微凹	54	裂果性	不易裂
13	叶裂刻	中	34	果肩色	—	55	畸形果	无
14	叶片长	51.0 cm	35	绿果肩大小	—	56	肉质	面
15	叶片宽	43.0 cm	36	商品果纵径	40.7 mm	57	风味	甜酸
16	首花序节位	9节	37	商品果横径	26.8 mm	58	清香味	无
17	第二花序节位	11节	38	果形	长圆形	59	综合品质	上
18	花序类型	单式花序	39	果梗洼大小	1.8 mm	60	可溶性固形物含量	8.70%
19	簇生花	无	40	果洼木栓化大小	0.3 mm	61	田间成株耐寒性	强
20	花柱长度	短于雄蕊	41	果实横切面形状	圆形	62	用途	鲜食
21	花柱形状	单圆花柱	42	果肉色	黄			

种质编号VT684

序号	描述项目	描述内容	序号	描述项目	描述内容	序号	描述项目	描述内容
1	种质编号	VT684	22	花柱茸毛	有	43	胎座胶状物质颜色	黄
2	种质类型	选育品种	23	花色	浅黄	44	果肉厚	5.1 mm
3	下胚轴颜色	紫	24	花梗离层	有	45	心室数	2个
4	生长习性	无限生长	25	单花序花数	15朵	46	果皮色	黄
5	株型	半蔓性	26	果柄长度	0.8 cm	47	单花序果数	14个
6	株高	2.5～2.8 m	27	成熟前果色	绿	48	单果重	30.0 g
7	茎叶茸毛	短稀	28	成熟果色	黄	49	熟性	晚121～125 d
8	叶片类型	普通叶型	29	果面棱沟	无	50	形态一致性	连续变异
9	叶片形状	羽状复叶	30	果面茸毛	无	51	种皮颜色	灰黄
10	叶片着生状态	下垂	31	果顶形状	圆平	52	播种至开花天数	56 d
11	叶色	深绿	32	果肩	有	53	播种至始收天数	124 d
12	叶脉色	无色	33	果肩形状	微凹	54	裂果性	不易裂
13	叶裂刻	深	34	果肩色	—	55	畸形果	无
14	叶片长	43.0 cm	35	绿果肩大小	—	56	肉质	面
15	叶片宽	37.0 cm	36	商品果纵径	44.4 mm	57	风味	甜
16	首花序节位	11节	37	商品果横径	34.3 mm	58	清香味	有
17	第二花序节位	14节	38	果形	高圆形	59	综合品质	上
18	花序类型	单式花序	39	果梗洼大小	2.2 mm	60	可溶性固形物含量	7.00%
19	簇生花	无	40	果洼木栓化大小	0.8 mm	61	田间成株耐寒性	强
20	花柱长度	短于雄蕊	41	果实横切面形状	圆形	62	用途	鲜食
21	花柱形状	单圆花柱	42	果肉色	黄			

第一章 黄色樱桃小果类番茄种质资源

种质编号VT691

序号	描述项目	描述内容	序号	描述项目	描述内容	序号	描述项目	描述内容
1	种质编号	VT691	22	花柱茸毛	无	43	胎座胶状物质颜色	黄绿
2	种质类型	选育品种	23	花色	浅黄	44	果肉厚	3.7 mm
3	下胚轴颜色	紫	24	花梗离层	有	45	心室数	2个
4	生长习性	无限生长	25	单花序花数	15朵	46	果皮色	黄
5	株型	半蔓性	26	果柄长度	0.8 cm	47	单花序果数	11个
6	株高	2.5～2.8 m	27	成熟前果色	浅绿	48	单果重	22.8 g
7	茎叶茸毛	长稀	28	成熟果色	橘黄	49	熟性	中106～120 d
8	叶片类型	复细叶型	29	果面棱沟	无	50	形态一致性	连续变异
9	叶片形状	二回羽状复叶	30	果面茸毛	无	51	种皮颜色	灰黄
10	叶片着生状态	下垂	31	果顶形状	圆平	52	播种至开花天数	55 d
11	叶色	深绿	32	果肩	有	53	播种至始收天数	116 d
12	叶脉色	无色	33	果肩形状	微凹	54	裂果性	不易裂
13	叶裂刻	深	34	果肩色	—	55	畸形果	无
14	叶片长	41.0 cm	35	绿果肩大小	—	56	肉质	面
15	叶片宽	35.0 cm	36	商品果纵径	36.8 mm	57	风味	甜酸
16	首花序节位	14节	37	商品果横径	32.4 mm	58	清香味	有
17	第二花序节位	17节	38	果形	高圆形	59	综合品质	上
18	花序类型	单式花序	39	果梗洼大小	4.8 mm	60	可溶性固形物含量	7.00%
19	簇生花	无	40	果洼木栓化大小	1.7 mm	61	田间成株耐寒性	强
20	花柱长度	短于雄蕊	41	果实横切面形状	圆形	62	用途	鲜食
21	花柱形状	单圆花柱	42	果肉色	黄			

种质编号VT716

序号	描述项目	描述内容	序号	描述项目	描述内容	序号	描述项目	描述内容
1	种质编号	VT716	22	花柱茸毛	无	43	胎座胶状物质颜色	黄
2	种质类型	品系	23	花色	浅黄	44	果肉厚	1.5 mm
3	下胚轴颜色	紫	24	花梗离层	有	45	心室数	2个
4	生长习性	3序花封顶	25	单花序花数	15朵	46	果皮色	黄
5	株型	直立	26	果柄长度	0.5 cm	47	单花序果数	9个
6	株高	0.2~0.4 m	27	成熟前果色	绿	48	单果重	16.8 g
7	茎叶茸毛	短稀	28	成熟果色	浅黄	49	熟性	极晚≥125 d
8	叶片类型	薯叶型	29	果面棱沟	轻	50	形态一致性	一致
9	叶片形状	羽状复叶	30	果面茸毛	无	51	种皮颜色	浅黄
10	叶片着生状态	水平	31	果顶形状	圆平	52	播种至开花天数	54 d
11	叶色	深绿	32	果肩	有	53	播种至始收天数	146 d
12	叶脉色	无色	33	果肩形状	微凹	54	裂果性	不易裂
13	叶裂刻	深	34	果肩色	—	55	畸形果	无
14	叶片长	15.0 cm	35	绿果肩大小	—	56	肉质	软
15	叶片宽	17.0 cm	36	商品果纵径	27.4 mm	57	风味	酸甜
16	首花序节位	4节	37	商品果横径	31.7 mm	58	清香味	有
17	第二花序节位	5节	38	果形	圆形	59	综合品质	中
18	花序类型	单式花序	39	果梗洼大小	3.5 mm	60	可溶性固形物含量	4.00%
19	簇生花	无	40	果洼木栓化大小	1 mm	61	田间成株耐寒性	弱
20	花柱长度	短于雄蕊	41	果实横切面形状	圆形	62	用途	鲜食或观赏
21	花柱形状	单圆花柱	42	果肉色	黄			

第一章 黄色樱桃小果类番茄种质资源

种质编号VT718

序号	描述项目	描述内容	序号	描述项目	描述内容	序号	描述项目	描述内容
1	种质编号	VT718	22	花柱茸毛	无	43	胎座胶状物质颜色	黄
2	种质类型	品系	23	花色	浅黄	44	果肉厚	3.5 mm
3	下胚轴颜色	紫	24	花梗离层	有	45	心室数	2个
4	生长习性	6序花封顶	25	单花序花数	9朵	46	果皮色	黄
5	株型	半蔓性	26	果柄长度	0.3 cm	47	单花序果数	9个
6	株高	1.5～1.8 m	27	成熟前果色	绿	48	单果重	11.6 g
7	茎叶茸毛	短稀	28	成熟果色	黄	49	熟性	中106～120 d
8	叶片类型	薯叶型	29	果面棱沟	无	50	形态一致性	一致
9	叶片形状	羽状复叶	30	果面茸毛	无	51	种皮颜色	浅黄
10	叶片着生状态	水平	31	果顶形状	圆平	52	播种至开花天数	51 d
11	叶色	深绿	32	果肩	有	53	播种至始收天数	108 d
12	叶脉色	无色	33	果肩形状	平	54	裂果性	不易裂
13	叶裂刻	浅	34	果肩色	—	55	畸形果	无
14	叶片长	37.0 cm	35	绿果肩大小	—	56	肉质	软
15	叶片宽	33.0 cm	36	商品果纵径	31.2 mm	57	风味	甜酸
16	首花序节位	9节	37	商品果横径	24.5 mm	58	清香味	有
17	第二花序节位	12节	38	果形	高圆形	59	综合品质	下
18	花序类型	单式花序或多歧花序	39	果梗洼大小	2.5 mm	60	可溶性固形物含量	7.50%
19	簇生花	无	40	果洼木栓化大小	0.5 mm	61	田间成株耐寒性	弱
20	花柱长度	短于雄蕊	41	果实横切面形状	圆形	62	用途	鲜食
21	花柱形状	单圆花柱	42	果肉色	黄			

种质编号VT732

序号	描述项目	描述内容	序号	描述项目	描述内容	序号	描述项目	描述内容
1	种质编号	VT732	22	花柱茸毛	无	43	胎座胶状物质颜色	黄
2	种质类型	品系	23	花色	浅黄	44	果肉厚	4.2 mm
3	下胚轴颜色	紫	24	花梗离层	有	45	心室数	2个
4	生长习性	无限生长	25	单花序花数	7朵	46	果皮色	黄
5	株型	半蔓性	26	果柄长度	0.6 cm	47	单花序果数	5个
6	株高	1.9~2.3 m	27	成熟前果色	深绿	48	单果重	15.9 g
7	茎叶茸毛	短稀	28	成熟果色	黄	49	熟性	极晚≥125 d
8	叶片类型	普通叶型	29	果面棱沟	重	50	形态一致性	一致
9	叶片形状	羽状复叶	30	果面茸毛	无	51	种皮颜色	浅黄
10	叶片着生状态	水平	31	果顶形状	圆平	52	播种至开花天数	71 d
11	叶色	绿	32	果肩	有	53	播种至始收天数	138 d
12	叶脉色	无色	33	果肩形状	微凹	54	裂果性	不易裂
13	叶裂刻	深	34	果肩色	—	55	畸形果	无
14	叶片长	42.0 cm	35	绿果肩大小	—	56	肉质	软
15	叶片宽	29.0 cm	36	商品果纵径	43.1 mm	57	风味	酸甜
16	首花序节位	3节	37	商品果横径	28.6 mm	58	清香味	有
17	第二花序节位	16节	38	果形	梨形或葫芦形	59	综合品质	中
18	花序类型	单式花序或双歧花序	39	果梗洼大小	1.8 mm	60	可溶性固形物含量	4.80%
19	簇生花	无	40	果洼木栓化大小	0.3 mm	61	田间成株耐寒性	强
20	花柱长度	短于雄蕊	41	果实横切面形状	圆形	62	用途	鲜食
21	花柱形状	单圆花柱	42	果肉色	黄			

种质编号VT739

序号	描述项目	描述内容	序号	描述项目	描述内容	序号	描述项目	描述内容
1	种质编号	VT739	22	花柱茸毛	无	43	胎座胶状物质颜色	黄
2	种质类型	遗传材料	23	花色	浅黄	44	果肉厚	3.1～3.5 mm
3	下胚轴颜色	紫	24	花梗离层	有	45	心室数	2个
4	生长习性	无限生长	25	单花序花数	6朵	46	果皮色	黄
5	株型	半蔓性	26	果柄长度	1.2 cm	47	单花序果数	3个
6	株高	1.7～2.0 m	27	成熟前果色	绿白	48	单果重	24.2～64.2 g
7	茎叶茸毛	长稀	28	成熟果色	黄或红	49	熟性	极晚≥125 d
8	叶片类型	普通叶型	29	果面棱沟	中	50	形态一致性	不连续变异
9	叶片形状	羽状复叶	30	果面茸毛	无	51	种皮颜色	浅棕
10	叶片着生状态	水平	31	果顶形状	微凹	52	播种至开花天数	71 d
11	叶色	浅绿	32	果肩	有	53	播种至始收天数	138 d
12	叶脉色	无色	33	果肩形状	平	54	裂果性	不易裂
13	叶裂刻	深	34	果肩色	—	55	畸形果	无
14	叶片长	44.0 cm	35	绿果肩大小	—	56	肉质	面
15	叶片宽	42.0 cm	36	商品果纵径	32.5～58.1 mm	57	风味	甜酸
16	首花序节位	13节	37	商品果横径	35.3～50.0 mm	58	清香味	有
17	第二花序节位	16节	38	果形	扁圆形或圆形或梨形	59	综合品质	中
18	花序类型	单式花序	39	果梗洼大小	6.6 mm	60	可溶性固形物含量	5.20%
19	簇生花	无	40	果洼木栓化大小	2.6 mm	61	田间成株耐寒性	中
20	花柱长度	短于雄蕊	41	果实横切面形状	圆形	62	用途	鲜食或加工
21	花柱形状	单圆花柱	42	果肉色	黄或红			

种质编号VT765

序号	描述项目	描述内容	序号	描述项目	描述内容	序号	描述项目	描述内容
1	种质编号	VT765	22	花柱茸毛	无	43	胎座胶状物质颜色	黄
2	种质类型	遗传材料	23	花色	黄	44	果肉厚	2.8 mm
3	下胚轴颜色	紫	24	花梗离层	有	45	心室数	2个
4	生长习性	无限生长	25	单花序花数	10朵	46	果皮色	黄
5	株型	半蔓性	26	果柄长度	0.8 cm	47	单花序果数	10个
6	株高	2.1～2.5 m	27	成熟前果色	浅绿	48	单果重	14.0 g
7	茎叶茸毛	短稀	28	成熟果色	黄或红	49	熟性	早100～105 d
8	叶片类型	普通叶型	29	果面棱沟	无	50	形态一致性	不连续变异
9	叶片形状	二回羽状复叶	30	果面茸毛	无	51	种皮颜色	灰黄
10	叶片着生状态	水平	31	果顶形状	圆平	52	播种至开花天数	53 d
11	叶色	浅绿	32	果肩	有	53	播种至始收天数	102 d
12	叶脉色	无色	33	果肩形状	微凹	54	裂果性	不易裂
13	叶裂刻	中	34	果肩色	—	55	畸形果	无
14	叶片长	40.0 cm	35	绿果肩大小	—	56	肉质	面
15	叶片宽	31.0 cm	36	商品果纵径	41.7 mm	57	风味	甜酸
16	首花序节位	12节	37	商品果横径	24.1 mm	58	清香味	有
17	第二花序节位	15节	38	果形	长圆形或椭圆形	59	综合品质	上
18	花序类型	多歧花序	39	果梗洼大小	2.2 mm	60	可溶性固形物含量	8.63%
19	簇生花	无	40	果洼木栓化大小	0.5 mm	61	田间成株耐寒性	中
20	花柱长度	与雄蕊近等长	41	果实横切面形状	圆形	62	用途	鲜食
21	花柱形状	单圆花柱	42	果肉色	黄或红			

第二章

红色樱桃小果类番茄种质资源

本章收录单果重为0.1~30.0 g的红色樱桃小果类番茄种质,果实大小分离的种质以小果重量为分类标准,果色分离的种质中分离出红色单株的也列入其中。共收录238份种质。

种质编号VT258

序号	描述项目	描述内容	序号	描述项目	描述内容	序号	描述项目	描述内容
1	种质编号	VT258	22	花柱茸毛	无	43	胎座胶状物质颜色	黄
2	种质类型	品系	23	花色	黄	44	果肉厚	3.1 mm
3	下胚轴颜色	紫	24	花梗离层	有	45	心室数	2个
4	生长习性	7序花封顶	25	单花序花数	11朵	46	果皮色	黄
5	株型	半蔓性	26	果柄长度	0.7 cm	47	单花序果数	11个
6	株高	1.8~2.0 m	27	成熟前果色	浅绿	48	单果重	15.6 g
7	茎叶茸毛	长稀	28	成熟果色	深红	49	熟性	极早≤100 d
8	叶片类型	普通叶型	29	果面棱沟	无	50	形态一致性	一致
9	叶片形状	羽状复叶	30	果面茸毛	无	51	种皮颜色	灰黄
10	叶片着生状态	水平	31	果顶形状	圆平	52	播种至开花天数	44 d
11	叶色	绿	32	果肩	有	53	播种至始收天数	99 d
12	叶脉色	无色	33	果肩形状	平	54	裂果性	不易裂
13	叶裂刻	中	34	果肩色	—	55	畸形果	无
14	叶片长	40.0 cm	35	绿果肩大小	—	56	肉质	面
15	叶片宽	34.0 cm	36	商品果纵径	39.4 mm	57	风味	甜酸
16	首花序节位	9节	37	商品果横径	25.4 mm	58	清香味	有
17	第二花序节位	11节	38	果形	长圆形	59	综合品质	中
18	花序类型	多歧花序	39	果梗洼大小	2.5 mm	60	可溶性固形物含量	6.73%
19	簇生花	无	40	果洼木栓化大小	0.8 mm	61	田间成株耐寒性	中
20	花柱长度	与雄蕊近等长	41	果实横切面形状	圆形	62	用途	鲜食
21	花柱形状	单圆花柱	42	果肉色	红			

第二章 红色樱桃小果类番茄种质资源

种质编号VT262

序号	描述项目	描述内容	序号	描述项目	描述内容	序号	描述项目	描述内容
1	种质编号	VT262	22	花柱茸毛	无	43	胎座胶状物质颜色	红
2	种质类型	品系	23	花色	黄	44	果肉厚	3.1 mm
3	下胚轴颜色	紫	24	花梗离层	有	45	心室数	2个
4	生长习性	6序花封顶	25	单花序花数	10朵	46	果皮色	黄
5	株型	蔓性	26	果柄长度	0.6 cm	47	单花序果数	7个
6	株高	1.4~1.8 m	27	成熟前果色	浅绿	48	单果重	13.0 g
7	茎叶茸毛	短稀	28	成熟果色	红	49	熟性	极早≤100 d
8	叶片类型	普通叶型	29	果面棱沟	无	50	形态一致性	一致
9	叶片形状	羽状复叶	30	果面茸毛	无	51	种皮颜色	灰黄
10	叶片着生状态	水平	31	果顶形状	圆平	52	播种至开花天数	44 d
11	叶色	深绿	32	果肩	有	53	播种至始收天数	99 d
12	叶脉色	无色或绿	33	果肩形状	平	54	裂果性	不易裂
13	叶裂刻	中	34	果肩色	—	55	畸形果	无
14	叶片长	48.0 cm	35	绿果肩大小	—	56	肉质	面
15	叶片宽	43.0 cm	36	商品果纵径	39.1 mm	57	风味	酸甜
16	首花序节位	8节	37	商品果横径	23.2 mm	58	清香味	有（浓）
17	第二花序节位	10节	38	果形	长圆形	59	综合品质	上
18	花序类型	单式花序或多歧花序	39	果梗洼大小	2.8 mm	60	可溶性固形物含量	8.33%
19	簇生花	有	40	果洼木栓化大小	0.8 mm	61	田间成株耐寒性	弱
20	花柱长度	短于雄蕊	41	果实横切面形状	圆形	62	用途	鲜食
21	花柱形状	单圆花柱	42	果肉色	红			

种质编号VT263

序号	描述项目	描述内容	序号	描述项目	描述内容	序号	描述项目	描述内容
1	种质编号	VT263	22	花柱茸毛	无	43	胎座胶状物质颜色	红
2	种质类型	遗传材料	23	花色	黄	44	果肉厚	2.9 mm
3	下胚轴颜色	紫	24	花梗离层	有	45	心室数	2个
4	生长习性	7序花封顶	25	单花序花数	10朵	46	果皮色	黄
5	株型	半蔓性	26	果柄长度	0.6 cm	47	单花序果数	8个
6	株高	1.3～1.8 m	27	成熟前果色	浅绿	48	单果重	13.2 g
7	茎叶茸毛	短稀	28	成熟果色	深红	49	熟性	极早≤100 d
8	叶片类型	普通或薯叶型	29	果面棱沟	无	50	形态一致性	连续变异
9	叶片形状	羽状复叶	30	果面茸毛	稀	51	种皮颜色	灰黄
10	叶片着生状态	水平	31	果顶形状	圆平	52	播种至开花天数	44 d
11	叶色	绿	32	果肩	有	53	播种至始收天数	99 d
12	叶脉色	无色	33	果肩形状	平	54	裂果性	中
13	叶裂刻	中	34	果肩色	—	55	畸形果	无
14	叶片长	35.0 cm	35	绿果肩大小	—	56	肉质	面
15	叶片宽	30.0 cm	36	商品果纵径	41.4 mm	57	风味	甜酸
16	首花序节位	12节	37	商品果横径	22.9 mm	58	清香味	无
17	第二花序节位	15节	38	果形	长圆或梨形	59	综合品质	中
18	花序类型	单式花序或多歧花序	39	果梗洼大小	1.5 mm	60	可溶性固形物含量	7.23%
19	簇生花	无	40	果洼木栓化大小	0.2 mm	61	田间成株耐寒性	弱
20	花柱长度	短于雄蕊	41	果实横切面形状	圆形	62	用途	鲜食
21	花柱形状	单圆花柱	42	果肉色	红			

种质编号VT1

序号	描述项目	描述内容	序号	描述项目	描述内容	序号	描述项目	描述内容
1	种质编号	VT1	22	花柱茸毛	无	43	胎座胶状物质色	红
2	种质类型	品系	23	花色	橘黄	44	果肉厚	1.8 mm
3	下胚轴颜色	紫	24	花梗离层	无	45	心室数	2个
4	生长习性	无限生长	25	单花序花数	7朵	46	果皮色	黄
5	株型	蔓生	26	果柄长度	0.6 cm	47	单花序果数	7个
6	株高	2.5～3.0 m	27	成熟前果色	绿	48	单果重	5.7 g
7	茎叶茸毛	短稀	28	成熟果色	红	49	熟性	中106～120 d
8	叶片类型	普通叶型	29	果面棱沟	无	50	形态一致性	一致
9	叶片形状	羽状复叶	30	果面茸毛	无	51	种皮颜色	浅黄
10	叶片着生状态	水平	31	果顶形状	圆平	52	播种至开花天数	54 d
11	叶色	黄绿	32	果肩	有	53	播种至始收天数	108 d
12	叶脉色	无色	33	果肩形状	平	54	裂果性	不易裂
13	叶裂刻	中	34	果肩色	—	55	畸形果	无
14	叶片长	30.0 cm	35	绿果肩大小	—	56	肉质	面
15	叶片宽	25.0 cm	36	商品果纵径	20.2 mm	57	风味	酸甜
16	首花序节位	10节	37	商品果横径	22.1 mm	58	清香味	有
17	第二花序节位	13节	38	果形	圆形	59	综合品质	中
18	花序类型	单式花序	39	果梗洼大小	2.0 mm	60	可溶性固形物含量	7.10%
19	簇生花	无	40	果洼木栓化大小	0.5 mm	61	田间成株耐寒性	中
20	花柱长度	与雄蕊近等长	41	果实横切面形状	圆形	62	用途	鲜食
21	花柱形状	单圆花柱	42	果肉色	红			

种质编号VT2

序号	描述项目	描述内容	序号	描述项目	描述内容	序号	描述项目	描述内容
1	种质编号	VT2	22	花柱茸毛	无	43	胎座胶状物质颜色	红
2	种质类型	品系	23	花色	黄	44	果肉厚	2.3 mm
3	下胚轴颜色	紫	24	花梗离层	有	45	心室数	2个
4	生长习性	无限生长	25	单花序花数	数十朵	46	果皮色	黄
5	株型	半蔓性	26	果柄长度	0.8 cm	47	单花序果数	10个
6	株高	1.6~1.8 m	27	成熟前果色	绿	48	单果重	11.7 g
7	茎叶茸毛	短稀	28	成熟果色	红	49	熟性	早100~105 d
8	叶片类型	薯叶型	29	果面棱沟	中	50	形态一致性	不连续变异
9	叶片形状	羽状复叶	30	果面茸毛	稀	51	种皮颜色	浅黄
10	叶片着生状态	水平	31	果顶形状	圆平	52	播种至开花天数	71 d
11	叶色	绿	32	果肩	有	53	播种至始收天数	104 d
12	叶脉色	无色	33	果肩形状	平	54	裂果性	不易裂
13	叶裂刻	中	34	果肩色	—	55	畸形果	无
14	叶片长	44.0 cm	35	绿果肩大小	—	56	肉质	面
15	叶片宽	34.0 cm	36	商品果纵径	31.8 mm	57	风味	甜酸
16	首花序节位	10节	37	商品果横径	26.1 mm	58	清香味	有
17	第二花序节位	12节	38	果形	长圆或梨形	59	综合品质	下
18	花序类型	多歧花序	39	果梗洼大小	1.6 mm	60	可溶性固形物含量	4.60%
19	簇生花	无	40	果洼木栓化大小	0.5 mm	61	田间成株耐寒性	弱
20	花柱长度	与雄蕊近等长	41	果实横切面形状	圆形	62	用途	鲜食
21	花柱形状	单圆花柱	42	果肉色	红			

种质编号VT3

序号	描述项目	描述内容	序号	描述项目	描述内容	序号	描述项目	描述内容
1	种质编号	VT3	22	花柱茸毛	无	43	胎座胶状物质颜色	黄
2	种质类型	品系	23	花色	黄	44	果肉厚	3.8 mm
3	下胚轴颜色	紫	24	花梗离层	无	45	心室数	3个
4	生长习性	无限生长	25	单花序花数	数十朵	46	果皮色	黄
5	株型	半蔓性	26	果柄长度	0.5	47	单花序果数	11个
6	株高	1.5~1.8 m	27	成熟前果色	绿	48	单果重	21.8 g
7	茎叶茸毛	短稀	28	成熟果色	红	49	熟性	极晚≥125 d
8	叶片类型	普通叶型	29	果面棱沟	中	50	形态一致性	连续变异
9	叶片形状	羽状复叶	30	果面茸毛	无	51	种皮颜色	灰黄
10	叶片着生状态	水平	31	果顶形状	圆平	52	播种至开花天数	71 d
11	叶色	黄绿	32	果肩	有	53	播种至始收天数	140 d
12	叶脉色	无色	33	果肩形状	平	54	裂果性	不易裂
13	叶裂刻	中	34	果肩色	—	55	畸形果	无
14	叶片长	44.0 cm	35	绿果肩大小	—	56	肉质	面
15	叶片宽	31.0 cm	36	商品果纵径	44.9 mm	57	风味	酸甜
16	首花序节位	9节	37	商品果横径	31.0 mm	58	清香味	无
17	第二花序节位	11节	38	果形	梨形	59	综合品质	下
18	花序类型	多歧花序	39	果梗洼大小	1.7 mm	60	可溶性固形物含量	6.10%
19	簇生花	无	40	果洼木栓化大小	0.8 mm	61	田间成株耐寒性	弱
20	花柱长度	短于雄蕊	41	果实横切面形状	不规则形状	62	用途	鲜食
21	花柱形状	单圆花柱	42	果肉色	红			

种质编号VT4

序号	描述项目	描述内容	序号	描述项目	描述内容	序号	描述项目	描述内容
1	种质编号	VT4	22	花柱茸毛	无	43	胎座胶状物质颜色	黄
2	种质类型	遗传材料	23	花色	黄	44	果肉厚	3.4 mm
3	下胚轴颜色	紫	24	花梗离层	有	45	心室数	4个
4	生长习性	5序花封顶	25	单花序花数	数百朵	46	果皮色	黄
5	株型	半蔓性	26	果柄长度	0.7 cm	47	单花序果数	15个
6	株高	1.4～1.8 m	27	成熟前果色	绿	48	单果重	19.6 g
7	茎叶茸毛	长稀	28	成熟果色	红	49	熟性	极晚≥125 d
8	叶片类型	普通叶型	29	果面棱沟	重	50	形态一致性	连续变异
9	叶片形状	羽状复叶	30	果面茸毛	无	51	种皮颜色	灰黄
10	叶片着生状态	下垂	31	果顶形状	微凸	52	播种至开花天数	72 d
11	叶色	绿	32	果肩	有	53	播种至始收天数	139 d
12	叶脉色	无色	33	果肩形状	平	54	裂果性	不易裂
13	叶裂刻	深	34	果肩色	—	55	畸形果	无
14	叶片长	35 cm	35	绿果肩大小	—	56	肉质	软
15	叶片宽	26 cm	36	商品果纵径	39.1 mm	57	风味	酸甜
16	首花序节位	12节	37	商品果横径	31.3 mm	58	清香味	无
17	第二花序节位	14节	38	果形	梨形	59	综合品质	下
18	花序类型	多歧花序	39	果梗洼大小	2.5 mm	60	可溶性固形物含量	6.20%
19	簇生花	无	40	果洼木栓化大小	1.0 mm	61	田间成株耐寒性	弱
20	花柱长度	短于雄蕊	41	果实横切面形状	圆形	62	用途	鲜食
21	花柱形状	单圆花柱	42	果肉色	红			

种质编号VT6

序号	描述项目	描述内容	序号	描述项目	描述内容	序号	描述项目	描述内容
1	种质编号	VT6	22	花柱茸毛	无	43	胎座胶状物质颜色	黄
2	种质类型	品系	23	花色	浅黄	44	果肉厚	4.9 mm
3	下胚轴颜色	紫	24	花梗离层	有	45	心室数	2个
4	生长习性	无限生长	25	单花序花数	百余朵	46	果皮色	黄
5	株型	半蔓性	26	果柄长度	0.8	47	单花序果数	6个
6	株高	1.4～1.6 m	27	成熟前果色	浅绿	48	单果重	26.3 g
7	茎叶茸毛	长稀	28	成熟果色	红	49	熟性	极晚 ≥125 d
8	叶片类型	薯叶型	29	果面棱沟	重	50	形态一致性	不连续变异
9	叶片形状	羽状复叶	30	果面茸毛	无	51	种皮颜色	灰黄
10	叶片着生状态	水平	31	果顶形状	凸尖	52	播种至开花天数	71 d
11	叶色	绿	32	果肩	有	53	播种至始收天数	138 d
12	叶脉色	无色	33	果肩形状	平	54	裂果性	不易裂
13	叶裂刻	浅	34	果肩色	—	55	畸形果	无
14	叶片长	31.0 cm	35	绿果肩大小	—	56	肉质	面
15	叶片宽	29.0 cm	36	商品果纵径	46.9 mm	57	风味	酸甜
16	首花序节位	8节	37	商品果横径	34.0 mm	58	清香味	有
17	第二花序节位	10节	38	果形	梨形	59	综合品质	下
18	花序类型	多歧花序	39	果洼大小	1.5 mm	60	可溶性固形物含量	6.20%
19	簇生花	无	40	果洼木栓化大小	0.6 mm	61	田间成株耐寒性	弱
20	花柱长度	短于雄蕊	41	果实横切面形状	圆形	62	用途	鲜食
21	花柱形状	单圆花柱	42	果肉色	粉红			

种质编号VT9

序号	描述项目	描述内容	序号	描述项目	描述内容	序号	描述项目	描述内容
1	种质编号	VT9	22	花柱茸毛	无	43	胎座胶状物质颜色	红
2	种质类型	品系	23	花色	黄	44	果肉厚	3.8 mm
3	下胚轴颜色	紫	24	花梗离层	有	45	心室数	2个
4	生长习性	无限生长	25	单花序花数	8朵	46	果皮色	黄
5	株型	半蔓性	26	果柄长度	0.7 cm	47	单花序果数	8个
6	株高	1.7~2.0 m	27	成熟前果色	绿	48	单果重	24.2 g
7	茎叶茸毛	短稀	28	成熟果色	红	49	熟性	中106~120 d
8	叶片类型	普通叶型	29	果面棱沟	无	50	形态一致性	连续变异
9	叶片形状	羽状复叶	30	果面茸毛	无	51	种皮颜色	灰黄
10	叶片着生状态	水平	31	果顶形状	圆平	52	播种至开花天数	54
11	叶色	绿	32	果肩	有	53	播种至始收天数	108 d
12	叶脉色	无色	33	果肩形状	深凹	54	裂果性	不易裂
13	叶裂刻	深	34	果肩色	—	55	畸形果	无
14	叶片长	38.0 cm	35	绿果肩大小	—	56	肉质	软
15	叶片宽	25.0 cm	36	商品果纵径	32.9 mm	57	风味	甜酸（淡）
16	首花序节位	12节	37	商品果横径	35.8 mm	58	清香味	无
17	第二花序节位	16节	38	果形	圆形	59	综合品质	中
18	花序类型	单式花序	39	果梗洼大小	3.7 mm	60	可溶性固形物含量	5.20%
19	簇生花	无	40	果洼木栓化大小	0.8 mm	61	田间成株耐寒性	中
20	花柱长度	短于雄蕊	41	果实横切面形状	圆形	62	用途	鲜食
21	花柱形状	单圆花柱	42	果肉色	粉红			

种质编号VT10

序号	描述项目	描述内容	序号	描述项目	描述内容	序号	描述项目	描述内容
1	种质编号	VT10	22	花柱茸毛	无	43	胎座胶状物质颜色	红
2	种质类型	品系	23	花色	黄	44	果肉厚	3.8 mm
3	下胚轴颜色	紫	24	花梗离层	有	45	心室数	2个
4	生长习性	无限生长	25	单花序花数	9朵	46	果皮色	黄
5	株型	半蔓性	26	果柄长度	0.8 cm	47	单花序果数	7个
6	株高	1.9～2.5 m	27	成熟前果色	绿	48	单果重	18.6 g
7	茎叶茸毛	短稀	28	成熟果色	红	49	熟性	中106～120 d
8	叶片类型	普通叶型	29	果面棱沟	轻	50	形态一致性	连续变异
9	叶片形状	羽状复叶	30	果面茸毛	无	51	种皮颜色	灰黄
10	叶片着生状态	水平	31	果顶形状	圆平	52	播种至开花天数	54 d
11	叶色	黄绿	32	果肩	有	53	播种至始收天数	106 d
12	叶脉色	无色	33	果肩形状	微凹	54	裂果性	不易裂
13	叶裂刻	深	34	果肩色	—	55	畸形果	无
14	叶片长	50.0 cm	35	绿果肩大小	—	56	肉质	软
15	叶片宽	37.0 cm	36	商品果纵径	33.3 mm	57	风味	甜酸
16	首花序节位	12节	37	商品果横径	31.6 mm	58	清香味	有
17	第二花序节位	17节	38	果形	高圆形	59	综合品质	上
18	花序类型	单式花序	39	果梗洼大小	3.6 mm	60	可溶性固形物含量	6.70%
19	簇生花	无	40	果洼木栓化大小	1.2 mm	61	田间成株耐寒性	强
20	花柱长度	短于雄蕊	41	果实横切面形状	圆形	62	用途	鲜食
21	花柱形状	单圆花柱	42	果肉色	红			

种质编号VT12

序号	描述项目	描述内容	序号	描述项目	描述内容	序号	描述项目	描述内容
1	种质编号	VT12	22	花柱茸毛	无	43	胎座胶状物质颜色	黄
2	种质类型	遗传材料	23	花色	浅黄	44	果肉厚	4 mm
3	下胚轴颜色	紫	24	花梗离层	有	45	心室数	2个
4	生长习性	无限生长	25	单花序花数	8朵	46	果皮色	黄
5	株型	半蔓性	26	果柄长度	0.7 cm	47	单花序果数	6个
6	株高	1.5～1.8 m	27	成熟前果色	绿	48	单果重	24.0 g
7	茎叶茸毛	长稀	28	成熟果色	橘黄或红	49	熟性	中106～120 d
8	叶片类型	普通叶型	29	果面棱沟	无	50	形态一致性	连续变异
9	叶片形状	羽状复叶	30	果面茸毛	无	51	种皮颜色	浅黄
10	叶片着生状态	水平	31	果顶形状	圆平	52	播种至开花天数	54 d
11	叶色	黄绿	32	果肩	有	53	播种至始收天数	106 d
12	叶脉色	无色	33	果肩形状	深凹	54	裂果性	不易裂
13	叶裂刻	中	34	果肩色	—	55	畸形果	无
14	叶片长	42.0 cm	35	绿果肩大小	—	56	肉质	软
15	叶片宽	40.0 cm	36	商品果纵径	31.8 mm	57	风味	酸甜
16	首花序节位	9节	37	商品果横径	36.0 mm	58	清香味	无
17	第二花序节位	12节	38	果形	圆形	59	综合品质	中
18	花序类型	单式花序	39	果梗洼大小	3.6 mm	60	可溶性固形物含量	4.60%
19	簇生花	无	40	果洼木栓化大小	0.5 mm	61	田间成株耐寒性	中
20	花柱长度	短于雄蕊	41	果实横切面形状	圆形	62	用途	鲜食
21	花柱形状	单圆	42	果肉色	红			

第二章 红色樱桃小果类番茄种质资源

种质编号VT14

序号	描述项目	描述内容	序号	描述项目	描述内容	序号	描述项目	描述内容
1	种质编号	VT14	22	花柱茸毛	无	43	胎座胶状物质颜色	黄
2	种质类型	品系	23	花色	黄	44	果肉厚	3.2 mm
3	下胚轴颜色	紫	24	花梗离层	有	45	心室数	4个
4	生长习性	2序花封顶	25	单花序花数	6朵	46	果皮色	黄
5	株型	直立	26	果柄长度	0.4 cm	47	单花序果数	4个
6	株高	0.3~0.5 m	27	成熟前果色	绿	48	单果重	15.9 g
7	茎茸毛	无	28	成熟果色	红	49	熟性	极晚≥125 d
8	叶片类型	薯叶型	29	果面棱沟	无	50	形态一致性	一致
9	叶片形状	羽状复叶	30	果面茸毛	无	51	种皮颜色	浅黄
10	叶片着生状态	水平	31	果顶形状	圆平	52	播种至开花天数	84 d
11	叶色	深绿	32	果肩	有	53	播种至始收天数	152 d
12	叶脉色	无色	33	果肩形状	平	54	裂果性	不易裂
13	叶裂刻	浅	34	果肩色	—	55	畸形果	无
14	叶片长	17 cm	35	绿果肩大小	—	56	肉质	面
15	叶片宽	14 cm	36	商品果纵径	28.7 mm	57	风味	甜酸
16	首花序节位	极矮密	37	商品果横径	31.1 mm	58	清香味	无
17	第二花序节位	极矮密	38	果形	圆形	59	综合品质	中
18	花序类型	单式花序	39	果梗洼大小	3.2 mm	60	可溶性固形物含量	3.90%
19	簇生花	无	40	果洼木栓化大小	1.5 mm	61	田间成株耐寒性	中
20	花柱长度	短于雄蕊	41	果实横切面形状	不规则形状	62	用途	鲜食或观赏
21	花柱形状	单圆花柱	42	果肉色	红			

种质编号VT21

序号	描述项目	描述内容	序号	描述项目	描述内容	序号	描述项目	描述内容
1	种质编号	VT21	22	花柱茸毛	无	43	胎座胶状物质颜色	黄
2	种质类型	遗传材料	23	花色	浅黄	44	果肉厚	5.1 mm
3	下胚轴颜色	紫	24	花梗离层	有	45	心室数	3个
4	生长习性	无限生长	25	单花序花数	7朵	46	果皮色	黄
5	株型	半蔓性	26	果柄长度	0.7 cm	47	单花序果数	7个
6	株高	2.1～2.5 m	27	成熟前果色	绿	48	单果重	28.3 g
7	茎叶茸毛	长稀	28	成熟果色	红	49	熟性	中100～105 d
8	叶片类型	普通叶型	29	果面棱沟	轻	50	形态一致性	不连续变异
9	叶片形状	羽状复叶	30	果面茸毛	无	51	种皮颜色	灰黄
10	叶片着生状态	水平	31	果顶形状	圆平	52	播种至开花天数	54 d
11	叶色	浅绿	32	果肩	有	53	播种至始收天数	102 d
12	叶脉色	无色	33	果肩形状	深凹	54	裂果性	中
13	叶裂刻	深	34	果肩色	—	55	畸形果	无
14	叶片长	40.0 cm	35	绿果肩大小	—	56	肉质	面
15	叶片宽	31.0 cm	36	商品果纵径	32.9 mm	57	风味	酸甜
16	首花序节位	10节	37	商品果横径	39.7 mm	58	清香味	无
17	第二花序节位	13节	38	果形	扁圆形	59	综合品质	中
18	花序类型	单式花序	39	果梗洼大小	4.0 mm	60	可溶性固形物含量	4.80%
19	簇生花	无	40	果洼木栓化大小	1.3 mm	61	田间成株耐寒性	中
20	花柱长度	短于雄蕊	41	果实横切面形状	不规则形状	62	用途	鲜食
21	花柱形状	单圆花柱	42	果肉色	红			

第二章 红色樱桃小果类番茄种质资源

种质编号VT23

序号	描述项目	描述内容	序号	描述项目	描述内容	序号	描述项目	描述内容
1	种质编号	VT23	22	花柱茸毛	无	43	胎座胶状物质颜色	黄
2	种质类型	遗传材料	23	花色	浅黄	44	果肉厚	2 mm
3	下胚轴颜色	紫	24	花梗离层	有	45	心室数	2个
4	生长习性	无限生长	25	单花序花数	16朵	46	果皮色	黄
5	株型	半蔓性	26	果柄长度	0.5 cm	47	单花序果数	13个
6	株高	2.5～2.8 m	27	成熟前果色	浅绿	48	单果重	13.7～26.6 g
7	茎叶茸毛	长稀	28	成熟果色	红	49	熟性	极晚≥125 d
8	叶片类型	普通叶型	29	果面棱沟	无	50	形态一致性	连续变异
9	叶片形状	羽状复叶	30	果面茸毛	无	51	种皮颜色	浅棕
10	叶片着生状态	水平	31	果顶形状	圆平	52	播种至开花天数	72 d
11	叶色	黄绿	32	果肩	有	53	播种至始收天数	136 d
12	叶脉色	无色	33	果肩形状	深凹	54	裂果性	不易裂
13	叶裂刻	中	34	果肩色	—	55	畸形果	无
14	叶片长	36 cm	35	绿果肩大小	—	56	肉质	软
15	叶片宽	32 cm	36	商品果纵径	27.8～36.5 mm	57	风味	甜酸
16	首花序节位	11节	37	商品果横径	28.5～35.3 mm	58	清香味	有
17	第二花序节位	15节	38	果形	高圆形	59	综合品质	中
18	花序类型	单式花序	39	果梗洼大小	2.5 mm	60	可溶性固形物含量	4.7%
19	簇生花	无	40	果洼木栓化大小	1.2 mm	61	田间成株耐寒性	强
20	花柱长度	与雄蕊近等长	41	果实横切面形状	圆形	62	用途	鲜食
21	花柱形状	单圆花柱	42	果肉色	红			

种质编号VT44

序号	描述项目	描述内容	序号	描述项目	描述内容	序号	描述项目	描述内容
1	种质编号	VT44	22	花柱茸毛	无	43	胎座胶状物质颜色	红
2	种质类型	遗传材料	23	花色	黄绿	44	果肉厚	2.0～4.7 mm
3	下胚轴颜色	紫	24	花梗离层	有	45	心室数	3～4个
4	生长习性	无限生长	25	单花序花数	10朵	46	果皮色	黄
5	株型	半蔓性	26	果柄长度	1.2 cm	47	单花序果数	6个
6	株高	1.9～2.5 m	27	成熟前果色	绿	48	单果重	21.0～65.9 g
7	茎叶茸毛	短稀	28	成熟果色	粉红或红	49	熟性	极晚≥125 d
8	叶片类型	普通叶型	29	果面棱沟	重	50	形态一致性	连续变异
9	叶片形状	羽状复叶	30	果面茸毛	稀	51	种皮颜色	灰黄
10	叶片着生状态	水平	31	果顶形状	深凹	52	播种至开花天数	71 d
11	叶色	黄绿	32	果肩	有	53	播种至始收天数	138 d
12	叶脉色	无色	33	果肩形状	深凹	54	裂果性	不易裂
13	叶裂刻	深	34	果肩色	—	55	畸形果	无
14	叶片长	46.0 cm	35	绿果肩大小	—	56	肉质	面
15	叶片宽	3.0 cm	36	商品果纵径	28.7～47.9 mm	57	风味	酸甜
16	首花序节位	8节	37	商品果横径	36.0～63.3 mm	58	清香味	有
17	第二花序节位	11节	38	果形	扁圆形	59	综合品质	中
18	花序类型	单式花序	39	果梗洼大小	3.2 mm	60	可溶性固形物含量	4.60%
19	簇生花	无	40	果洼木栓化大小	0.6 mm	61	田间成株耐寒性	强
20	花柱长度	与雄蕊近等长	41	果实横切面形状	不规则形状	62	用途	鲜食
21	花柱形状	单圆花柱	42	果肉色	红			

第二章 红色樱桃小果类番茄种质资源

种质编号VT55

序号	描述项目	描述内容	序号	描述项目	描述内容	序号	描述项目	描述内容
1	种质编号	VT55	22	花柱茸毛	无	43	胎座胶状物质颜色	红
2	种质类型	遗传材料	23	花色	黄	44	果肉厚	2.6 mm
3	下胚轴颜色	紫或淡紫	24	花梗离层	有	45	心室数	2个
4	生长习性	6序花封顶	25	单花序花数	8朵	46	果皮色	黄
5	株型	蔓性	26	果柄长度	0.6 cm	47	单花序果数	8个
6	株高	1.5～3.0 m	27	成熟前果色	浅绿	48	单果重	12.1 g
7	茎叶茸毛	短稀	28	成熟果色	红	49	熟性	中106～120 d
8	叶片类型	普通叶型	29	果面棱沟	无	50	形态一致性	连续变异
9	叶片形状	羽状复叶	30	果面茸毛	无	51	种皮颜色	浅黄
10	叶片着生状态	水平	31	果顶形状	圆平	52	播种至开花天数	52 d
11	叶色	黄绿	32	果肩	有	53	播种至始收天数	106 d
12	叶脉色	无色或绿	33	果肩形状	深凹	54	裂果性	不易裂
13	叶裂刻	浅	34	果肩色	—	55	畸形果	无
14	叶片长	41.0 cm	35	绿果肩大小	—	56	肉质	面
15	叶片宽	39.0 cm	36	商品果纵径	26.0 mm	57	风味	甜酸
16	首花序节位	15节	37	商品果横径	28.2 mm	58	清香味	有（淡）
17	第二花序节位	16节	38	果形	圆形	59	综合品质	中
18	花序类型	双歧花序	39	果梗洼大小	2.6～3.5 mm	60	可溶性固形物含量	4.40%
19	簇生花	无	40	果洼木栓化大小	0.5～1.2 mm	61	田间成株耐寒性	中
20	花柱长度	长于雄蕊	41	果实横切面形状	圆形	62	用途	鲜食
21	花柱形状	单圆花柱	42	果肉色	红			

种质编号VT56

序号	描述项目	描述内容	序号	描述项目	描述内容	序号	描述项目	描述内容
1	种质编号	VT56	22	花柱茸毛	无	43	胎座胶状物质颜色	红
2	种质类型	品系	23	花色	黄	44	果肉厚	3.4 mm
3	下胚轴颜色	紫	24	花梗离层	有	45	心室数	2个
4	生长习性	无限生长	25	单花序花数	9朵	46	果皮色	黄
5	株型	半蔓性	26	果柄长度	0.6 cm	47	单花序果数	8个
6	株高	1.8～2.3 m	27	成熟前果色	浅绿	48	单果重	18.2 g
7	茎叶茸毛	短稀	28	成熟果色	红	49	熟性	极晚≥125 d
8	叶片类型	薯叶型	29	果面棱沟	轻	50	形态一致性	连续变异
9	叶片形状	羽状复叶	30	果面茸毛	无	51	种皮颜色	灰黄
10	叶片着生状态	水平	31	果顶形状	圆平	52	播种至开花天数	71 d
11	叶色	绿	32	果肩	有	53	播种至始收天数	136 d
12	叶脉色	无色	33	果肩形状	微凹	54	裂果性	不易裂
13	叶裂刻	深	34	果肩色	—	55	畸形果	无
14	叶片长	40.0 cm	35	绿果肩大小	—	56	肉质	软
15	叶片宽	33.0 cm	36	商品果纵径	33.1 mm	57	风味	酸甜
16	首花序节位	10节	37	商品果横径	31.4 mm	58	清香味	无
17	第二花序节位	14节	38	果形	高圆形	59	综合品质	中
18	花序类型	多歧花序	39	果梗洼大小	3.2 mm	60	可溶性固形物含量	5.30%
19	簇生花	无	40	果洼木栓化大小	1.0 mm	61	田间成株耐寒性	中
20	花柱长度	短于雄蕊	41	果实横切面形状	圆形	62	用途	鲜食
21	花柱形状	单圆花柱	42	果肉色	红			

种质编号VT57

序号	描述项目	描述内容	序号	描述项目	描述内容	序号	描述项目	描述内容
1	种质编号	VT57	22	花柱茸毛	无	43	胎座胶状物质颜色	黄
2	种质类型	品系	23	花色	浅黄	44	果肉厚	4.3 mm
3	下胚轴颜色	紫	24	花梗离层	有	45	心室数	2个
4	生长习性	无限生长	25	单花序花数	12朵	46	果皮色	黄
5	株型	半蔓性	26	果柄长度	0.6 cm	47	单花序果数	9个
6	株高	1.8～2.2 m	27	成熟前果色	浅绿	48	单果重	18.7 g
7	茎叶茸毛	短稀	28	成熟果色	红	49	熟性	中106～120 d
8	叶片类型	普通叶型	29	果面棱沟	轻	50	形态一致性	一致
9	叶片形状	羽状复叶	30	果面茸毛	无	51	种皮颜色	浅黄
10	叶片着生状态	水平	31	果顶形状	圆平	52	播种至开花天数	52 d
11	叶色	浅绿	32	果肩	有	53	播种至始收天数	108 d
12	叶脉色	无色	33	果肩形状	深凹	54	裂果性	不易裂
13	叶裂刻	深	34	果肩色	—	55	畸形果	无
14	叶片长	44.0 cm	35	绿果肩大小	—	56	肉质	软
15	叶片宽	34.0 cm	36	商品果纵径	33.0 mm	57	风味	酸甜
16	首花序节位	11节	37	商品果横径	32.0 mm	58	清香味	有
17	第二花序节位	17节	38	果形	圆形	59	综合品质	中
18	花序类型	多歧花序	39	果梗洼大小	2.0 mm	60	可溶性固形物含量	4.90%
19	簇生花	无	40	果洼木栓化大小	0.8 mm	61	田间成株耐寒性	中
20	花柱长度	短于雄蕊	41	果实横切面形状	圆形	62	用途	鲜食
21	花柱形状	单圆花柱	42	果肉色	红			

种质编号VT58

序号	描述项目	描述内容	序号	描述项目	描述内容	序号	描述项目	描述内容
1	种质编号	VT58	22	花柱茸毛	无	43	胎座胶状物质颜色	黄
2	种质类型	品系	23	花色	浅黄	44	果肉厚	4.8 mm
3	下胚轴颜色	紫	24	花梗离层	有	45	心室数	2个
4	生长习性	无限生长	25	单花序花数	10朵	46	果皮色	黄
5	株型	半蔓性	26	果柄长度	0.5 cm	47	单花序果数	7个
6	株高	2.0~2.5 m	27	成熟前果色	浅绿	48	单果重	17.9 g
7	茎叶茸毛	长稀	28	成熟果色	红	49	熟性	极晚≥125 d
8	叶片类型	普通叶型	29	果面棱沟	无	50	形态一致性	连续变异
9	叶片形状	羽状复叶	30	果面茸毛	无	51	种皮颜色	灰黄
10	叶片着生状态	下垂	31	果顶形状	圆平	52	播种至开花天数	71 d
11	叶色	深绿	32	果肩	有	53	播种至始收天数	136 d
12	叶脉色	无色	33	果肩形状	平	54	裂果性	不易裂
13	叶裂刻	深	34	果肩色	—	55	畸形果	无
14	叶片长	44.0 cm	35	绿果肩大小	—	56	肉质	软
15	叶片宽	35.0 cm	36	商品果纵径	31.7 mm	57	风味	酸甜
16	首花序节位	9节	37	商品果横径	32.3 mm	58	清香味	有
17	第二花序节位	15节	38	果形	圆形	59	综合品质	中
18	花序类型	单式花序	39	果梗洼大小	3.2 mm	60	可溶性固形物含量	4.10%
19	簇生花	无	40	果洼木栓化大小	1.0 mm	61	田间成株耐寒性	中
20	花柱长度	与雄蕊近等长	41	果实横切面形状	圆形	62	用途	鲜食
21	花柱形状	单圆花柱	42	果肉色	红			

种质编号VT59

序号	描述项目	描述内容	序号	描述项目	描述内容	序号	描述项目	描述内容
1	种质编号	VT59	22	花柱茸毛	无	43	胎座胶状物质颜色	红
2	种质类型	遗传材料	23	花色	浅黄	44	果肉厚	6.0 mm
3	下胚轴颜色	紫	24	花梗离层	有	45	心室数	2个
4	生长习性	无限生长	25	单花序花数	8朵	46	果皮色	黄
5	株型	半蔓性	26	果柄长度	1.2 cm	47	单花序果数	8个
6	株高	2.1～2.5 m	27	成熟前果色	绿白	48	单果重	23.2 g
7	茎叶茸毛	短稀	28	成熟果色	红	49	熟性	极晚≥125 d
8	叶片类型	普通叶型	29	果面棱沟	轻	50	形态一致性	一致
9	叶片形状	羽状复叶	30	果面茸毛	无	51	种皮颜色	浅黄
10	叶片着生状态	下垂	31	果顶形状	凸尖	52	播种至开花天数	52 d
11	叶色	浅绿	32	果肩	有	53	播种至始收天数	136 d
12	叶脉色	无色	33	果肩形状	微凹	54	裂果性	不易裂
13	叶裂刻	中	34	果肩色	—	55	畸形果	少
14	叶片长	58.0 cm	35	绿果肩大小	—	56	肉质	面
15	叶片宽	37.0 cm	36	商品果纵径	52.1 mm	57	风味	甜酸
16	首花序节位	10节	37	商品果横径	28.1 mm	58	清香味	无
17	第二花序节位	14节	38	果形	长圆	59	综合品质	下
18	花序类型	单式花序	39	果梗洼大小	3.0 mm	60	可溶性固形物含量	5.50%
19	簇生花	无	40	果洼木栓化大小	0.8 mm	61	田间成株耐寒性	弱
20	花柱长度	短于雄蕊	41	果实横切面形状	圆形	62	用途	鲜食
21	花柱形状	单圆花柱	42	果肉色	红			

种质编号VT60

序号	描述项目	描述内容	序号	描述项目	描述内容	序号	描述项目	描述内容
1	种质编号	VT60	22	花柱茸毛	无	43	胎座胶状物质颜色	黄绿
2	种质类型	遗传材料	23	花色	黄	44	果肉厚	3.0 mm
3	下胚轴颜色	紫	24	花梗离层	有	45	心室数	2个
4	生长习性	6序花封顶	25	单花序花数	10朵	46	果皮色	黄
5	株型	半蔓性	26	果柄长度	0.8 cm	47	单花序果数	10个
6	株高	1.3～1.8 m	27	成熟前果色	绿白	48	单果重	18.9 g
7	茎叶茸毛	短稀	28	成熟果色	深红	49	熟性	中106～120 d
8	叶片类型	薯叶型	29	果面棱沟	无	50	形态一致性	连续变异
9	叶片形状	羽状复叶	30	果面茸毛	无	51	种皮颜色	灰黄
10	叶片着生状态	水平	31	果顶形状	圆平	52	播种至开花天数	52 d
11	叶色	浅绿	32	果肩	有	53	播种至始收天数	106 d
12	叶脉色	无色或绿	33	果肩形状	微凹	54	裂果性	不易裂
13	叶裂刻	深	34	果肩色	—	55	畸形果	无
14	叶片长	37.0 cm	35	绿果肩大小	—	56	肉质	软
15	叶片宽	26.0 cm	36	商品果纵径	32.2 mm	57	风味	酸甜
16	首花序节位	18节	37	商品果横径	31.9 mm	58	清香味	无
17	第二花序节位	20节	38	果形	圆形	59	综合品质	中
18	花序类型	双歧花序	39	果梗洼大小	3.6 mm	60	可溶性固形物含量	4.60%
19	簇生花	无	40	果洼木栓化大小	1.2 mm	61	田间成株耐寒性	中
20	花柱长度	短于雄蕊	41	果实横切面形状	圆形	62	用途	鲜食
21	花柱形状	单圆花柱	42	果肉色	粉红			

种质编号VT61

序号	描述项目	描述内容	序号	描述项目	描述内容	序号	描述项目	描述内容
1	种质编号	VT61	22	花柱茸毛	无	43	胎座胶状物质颜色	红
2	种质类型	品系	23	花色	浅黄	44	果肉厚	3.9 mm
3	下胚轴颜色	紫	24	花梗离层	有	45	心室数	2个
4	生长习性	无限生长	25	单花序花数	8朵	46	果皮色	黄
5	株型	半蔓性	26	果柄长度	0.6 cm	47	单花序果数	6个
6	株高	1.7～2.1 m	27	成熟前果色	绿	48	单果重	23.2 g
7	茎叶茸毛	短稀	28	成熟果色	红	49	熟性	中106～120 d
8	叶片类型	普通叶型	29	果面棱沟	无	50	形态一致性	连续变异
9	叶片形状	羽状复叶	30	果面茸毛	无	51	种皮颜色	浅黄
10	叶片着生状态	下垂	31	果顶形状	圆平	52	播种至开花天数	52 d
11	叶色	绿	32	果肩	有	53	播种至始收天数	106 d
12	叶脉色	绿	33	果肩形状	微凹	54	裂果性	不易裂
13	叶裂刻	深	34	果肩色	—	55	畸形果	无
14	叶片长	34.0 cm	35	绿果肩大小	—	56	肉质	软
15	叶片宽	25.0 cm	36	商品果纵径	34.1 mm	57	风味	酸甜
16	首花序节位	14节	37	商品果横径	34.3 mm	58	清香味	无
17	第二花序节位	17节	38	果形	圆形	59	综合品质	中
18	花序类型	单式花序	39	果梗洼大小	3.8 mm	60	可溶性固形物含量	4.80%
19	簇生花	无	40	果洼木栓化大小	1.5 mm	61	田间成株耐寒性	中
20	花柱长度	短于雄蕊	41	果实横切面形状	圆形	62	用途	鲜食
21	花柱形状	单圆花柱	42	果肉色	红			

种质编号VT62

序号	描述项目	描述内容	序号	描述项目	描述内容	序号	描述项目	描述内容
1	种质编号	VT62	22	花柱茸毛	无	43	胎座胶状物质颜色	红
2	种质类型	遗传材料	23	花色	浅黄	44	果肉厚	3.6 mm
3	下胚轴颜色	紫	24	花梗离层	有	45	心室数	2个
4	生长习性	无限生长	25	单花序花数	14朵	46	果皮色	黄
5	株型	半蔓性	26	果柄长度	0.8 cm	47	单花序果数	8个
6	株高	1.4～1.8 m	27	成熟前果色	绿	48	单果重	18.9 g
7	茎叶茸毛	短稀	28	成熟果色	粉红	49	熟性	极晚≥125 d
8	叶片类型	普通叶型	29	果面棱沟	重	50	形态一致性	连续变异
9	叶片形状	羽状复叶	30	果面茸毛	无	51	种皮颜色	灰黄
10	叶片着生状态	水平	31	果顶形状	圆平	52	播种至开花天数	71 d
11	叶色	黄绿	32	果肩	有	53	播种至始收天数	132 d
12	叶脉色	绿	33	果肩形状	微凹	54	裂果性	不易裂
13	叶裂刻	深	34	果肩色	—	55	畸形果	无
14	叶片长	36.0 cm	35	绿果肩大小	—	56	肉质	软
15	叶片宽	23.0 cm	36	商品果纵径	31.2 mm	57	风味	甜酸
16	首花序节位	9节	37	商品果横径	33 mm	58	清香味	无
17	第二花序节位	15节	38	果形	圆形	59	综合品质	下
18	花序类型	单式花序	39	果梗洼大小	3.3 mm	60	可溶性固形物含量	5.20%
19	簇生花	无	40	果洼木栓化大小	1.0 mm	61	田间成株耐寒性	中
20	花柱长度	短于雄蕊	41	果实横切面形状	圆形	62	用途	鲜食
21	花柱形状	单圆花柱	42	果肉色	粉红			

种质编号VT64

序号	描述项目	描述内容	序号	描述项目	描述内容	序号	描述项目	描述内容
1	种质编号	VT64	22	花柱茸毛	无	43	胎座胶状物质颜色	红
2	种质类型	品系	23	花色	橘黄	44	果肉厚	4.0 mm
3	下胚轴颜色	紫	24	花梗离层	有	45	心室数	2个
4	生长习性	6序花封顶	25	单花序花数	11朵	46	果皮色	黄
5	株型	半蔓性	26	果柄长度	0.8 cm	47	单花序果数	7个
6	株高	1.4～1.8 m	27	成熟前果色	绿白	48	单果重	10.8 g
7	茎叶茸毛	短稀	28	成熟果色	红	49	熟性	中106～120 d
8	叶片类型	普通叶型	29	果面棱沟	无	50	形态一致性	连续变异
9	叶片形状	羽状复叶	30	果面茸毛	无	51	种皮颜色	浅黄
10	叶片着生状态	水平	31	果顶形状	微凸	52	播种至开花天数	52 d
11	叶色	黄绿	32	果肩	有	53	播种至始收天数	106 d
12	叶脉色	无色	33	果肩形状	平	54	裂果性	不易裂
13	叶裂刻	中	34	果肩色	—	55	畸形果	无
14	叶片长	38.0 cm	35	绿果肩大小	—	56	肉质	面
15	叶片宽	33.0 cm	36	商品果纵径	35.5 mm	57	风味	甜酸
16	首花序节位	12节	37	商品果横径	22.8 mm	58	清香味	有（淡）
17	第二花序节位	14节	38	果形	长圆形	59	综合品质	上
18	花序类型	多歧花序	39	果梗洼大小	2.5 mm	60	可溶性固形物含量	7.70%
19	簇生花	无	40	果洼木栓化大小	1.3 mm	61	田间成株耐寒性	中
20	花柱长度	短于雄蕊	41	果实横切面形状	圆形	62	用途	鲜食
21	花柱形状	单圆花柱	42	果肉色	红			

种质编号VT67

序号	描述项目	描述内容	序号	描述项目	描述内容	序号	描述项目	描述内容
1	种质编号	VT67	22	花柱茸毛	无	43	胎座胶状物质颜色	黄
2	种质类型	品系	23	花色	橘黄	44	果肉厚	5.6 mm
3	下胚轴颜色	紫	24	花梗离层	有	45	心室数	2个
4	生长习性	8序花封顶	25	单花序花数	16朵	46	果皮色	红
5	株型	蔓性	26	果柄长度	0.6 cm	47	单花序果数	10个
6	株高	1.5～1.8 m	27	成熟前果色	浅绿	48	单果重	20.2 g
7	茎叶茸毛	短稀	28	成熟果色	红	49	熟性	早100～105 d
8	叶片类型	普通叶型	29	果面棱沟	轻	50	形态一致性	一致
9	叶片形状	羽状复叶	30	果面茸毛	无	51	种皮颜色	浅黄
10	叶片着生状态	水平	31	果顶形状	圆平	52	播种至开花天数	52 d
11	叶色	深绿	32	果肩	有	53	播种至始收天数	102 d
12	叶脉色	无色	33	果肩形状	深凹	54	裂果性	不易裂
13	叶裂刻	浅	34	果肩色	—	55	畸形果	无
14	叶片长	42.0 cm	35	绿果肩大小	—	56	肉质	面
15	叶片宽	33.0 cm	36	商品果纵径	43.1 mm	57	风味	甜酸
16	首花序节位	9节	37	商品果横径	28.4 mm	58	清香味	有（淡）
17	第二花序节位	11节	38	果形	长圆形	59	综合品质	上
18	花序类型	双歧花序	39	果梗洼大小	2.5 mm	60	可溶性固形物含量	6.90%
19	簇生花	无	40	果洼木栓化大小	1.0 mm	61	田间成株耐寒性	强
20	花柱长度	短于雄蕊	41	果实横切面形状	圆形	62	用途	鲜食
21	花柱形状	单圆花柱	42	果肉色	红			

种质编号VT69

序号	描述项目	描述内容	序号	描述项目	描述内容	序号	描述项目	描述内容
1	种质编号	VT69	22	花柱茸毛	无	43	胎座胶状物质颜色	黄
2	种质类型	品系	23	花色	浅黄	44	果肉厚	3.9 mm
3	下胚轴颜色	紫	24	花梗离层	有	45	心室数	2个
4	生长习性	无限生长	25	单花序花数	7朵	46	果皮色	黄
5	株型	半蔓性	26	果柄长度	0.6 cm	47	单花序果数	7个
6	株高	2.0~2.5 m	27	成熟前果色	浅绿	48	单果重	21.0 g
7	茎叶茸毛	短稀	28	成熟果色	红	49	熟性	中106~120 d
8	叶片类型	普通叶型	29	果面棱沟	中	50	形态一致性	一致
9	叶片形状	羽状复叶	30	果面茸毛	无	51	种皮颜色	浅黄
10	叶片着生状态	水平	31	果顶形状	圆平	52	播种至开花天数	52 d
11	叶色	绿	32	果肩	有	53	播种至始收天数	106 d
12	叶脉色	无色	33	果肩形状	微凹	54	裂果性	不易裂
13	叶裂刻	深	34	果肩色	—	55	畸形果	无
14	叶片长	50.0 cm	35	绿果肩大小	—	56	肉质	软
15	叶片宽	35.0 cm	36	商品果纵径	35.1 mm	57	风味	甜酸
16	首花序节位	10节	37	商品果横径	32.8 mm	58	清香味	有
17	第二花序节位	15节	38	果形	高圆形	59	综合品质	中
18	花序类型	双歧花序	39	果梗洼大小	3.2 mm	60	可溶性固形物含量	4.20%
19	簇生花	无	40	果洼木栓化大小	1.0 mm	61	田间成株耐寒性	强
20	花柱长度	短于雄蕊	41	果实横切面形状	圆形	62	用途	鲜食
21	花柱形状	单圆花柱	42	果肉色	红			

种质编号VT74

序号	描述项目	描述内容	序号	描述项目	描述内容	序号	描述项目	描述内容
1	种质编号	VT74	22	花柱茸毛	无	43	胎座胶状物质颜色	黄绿
2	种质类型	遗传材料	23	花色	浅黄	44	果肉厚	1.7 mm
3	下胚轴颜色	紫	24	花梗离层	有	45	心室数	2个
4	生长习性	无限生长	25	单花序花数	10朵	46	果皮色	黄
5	株型	半蔓性	26	果柄长度	0.8 cm	47	单花序果数	5个
6	株高	1.45~1.8 m	27	成熟前果色	绿	48	单果重	11.2 g
7	茎叶茸毛	长稀	28	成熟果色	红	49	熟性	极晚≥125 d
8	叶片类型	普通叶型	29	果面棱沟	无	50	形态一致性	连续变异
9	叶片形状	羽状复叶	30	果面茸毛	无	51	种皮颜色	灰黄
10	叶片着生状态	下垂	31	果顶形状	圆平	52	播种至开花天数	82 d
11	叶色	黄绿	32	果肩	有	53	播种至始收天数	148 d
12	叶脉色	无色	33	果肩形状	深凹	54	裂果性	不易裂
13	叶裂刻	深	34	果肩色	—	55	畸形果	无
14	叶片长	36.0 cm	35	绿果肩大小	—	56	肉质	软
15	叶片宽	30.0 cm	36	商品果纵径	26.6 mm	57	风味	酸甜
16	首花序节位	7节	37	商品果横径	26.0 mm	58	清香味	有
17	第二花序节位	12节	38	果形	圆形	59	综合品质	下
18	花序类型	单式花序	39	果梗洼大小	4.8 mm	60	可溶性固形物含量	4.27%
19	簇生花	无	40	果洼木栓化大小	2.0 mm	61	田间成株耐寒性	强
20	花柱长度	与雄蕊近等长	41	果实横切面形状	圆形	62	用途	鲜食
21	花柱形状	单圆花柱	42	果肉色	红			

种质编号VT75

序号	描述项目	描述内容	序号	描述项目	描述内容	序号	描述项目	描述内容
1	种质编号	VT75	22	花柱茸毛	无	43	胎座胶状物质颜色	红
2	种质类型	品系	23	花色	黄	44	果肉厚	2.6 mm
3	下胚轴颜色	紫	24	花梗离层	有	45	心室数	2个
4	生长习性	无限生长	25	单花序花数	11朵	46	果皮色	黄
5	株型	半蔓性	26	果柄长度	0.6 cm	47	单花序果数	10个
6	株高	2.6~3.2 m	27	成熟前果色	绿	48	单果重	16.1 g
7	茎叶茸毛	短密	28	成熟果色	深红	49	熟性	早100~105 d
8	叶片类型	普通叶型	29	果面棱沟	无	50	形态一致性	一致
9	叶片形状	羽状复叶	30	果面茸毛	无	51	种皮颜色	浅黄
10	叶片着生状态	下垂	31	果顶形状	圆平	52	播种至开花天数	52 d
11	叶色	浅绿	32	果肩	有	53	播种至始收天数	102 d
12	叶脉色	无色	33	果肩形状	微凹	54	裂果性	不易裂
13	叶裂刻	深	34	果肩色	—	55	畸形果	少
14	叶片长	46.0 cm	35	绿果肩大小	—	56	肉质	软
15	叶片宽	40.0 cm	36	商品果纵径	29.6 mm	57	风味	甜酸
16	首花序节位	10节	37	商品果横径	30.6 mm	58	清香味	无
17	第二花序节位	12节	38	果形	圆形	59	综合品质	中
18	花序类型	单式花序	39	果梗洼大小	2.5 mm	60	可溶性固形物含量	5.10%
19	簇生花	无	40	果洼木栓化大小	0.5 mm	61	田间成株耐寒性	强
20	花柱长度	与雄蕊近等长	41	果实横切面形状	圆形	62	用途	鲜食
21	花柱形状	单圆花柱	42	果肉色	红			

种质编号VT77

序号	描述项目	描述内容	序号	描述项目	描述内容	序号	描述项目	描述内容
1	种质编号	VT77	22	花柱茸毛	无	43	胎座胶状物质颜色	黄
2	种质类型	品系	23	花色	黄	44	果肉厚	2.2 mm
3	下胚轴颜色	紫	24	花梗离层	有	45	心室数	2个
4	生长习性	6序花封顶	25	单花序花数	8朵	46	果皮色	黄
5	株型	半蔓性	26	果柄长度	0.5 cm	47	单花序果数	6个
6	株高	1.5～1.8 m	27	成熟前果色	浅绿	48	单果重	12.9 g
7	茎叶茸毛	短稀	28	成熟果色	红	49	熟性	早100～105 d
8	叶片类型	薯叶型	29	果面棱沟	无	50	形态一致性	连续变异
9	叶片形状	羽状复叶	30	果面茸毛	无	51	种皮颜色	浅棕
10	叶片着生状态	水平	31	果顶形状	圆平	52	播种至开花天数	52 d
11	叶色	黄绿	32	果肩	有	53	播种至始收天数	102 d
12	叶脉色	绿	33	果肩形状	微凹	54	裂果性	中
13	叶裂刻	深	34	果肩色	—	55	畸形果	无
14	叶片长	40.0 cm	35	绿果肩大小	—	56	肉质	面
15	叶片宽	26.0 cm	36	商品果纵径	29.3 mm	57	风味	酸甜
16	首花序节位	16节	37	商品果横径	27.6 mm	58	清香味	无
17	第二花序节位	18节	38	果形	圆形	59	综合品质	中
18	花序类型	单式花序	39	果梗洼大小	2.3 mm	60	可溶性固形物含量	6.00%
19	簇生花	无	40	果洼木栓化大小	0.6 mm	61	田间成株耐寒性	强
20	花柱长度	与雄蕊近等长	41	果实横切面形状	圆形	62	用途	鲜食
21	花柱形状	单圆花柱	42	果肉色	红			

种质编号VT81

序号	描述项目	描述内容	序号	描述项目	描述内容	序号	描述项目	描述内容
1	种质编号	VT81	22	花柱茸毛	无	43	胎座胶状物质颜色	黄
2	种质类型	遗传材料	23	花色	浅黄	44	果肉厚	3 mm
3	下胚轴颜色	紫	24	花梗离层	有	45	心室数	2个
4	生长习性	无限生长	25	单花序花数	8朵	46	果皮色	黄
5	株型	半蔓性	26	果柄长度	0.5 cm	47	单花序果数	7个
6	株高	2.7~3.3 m	27	成熟前果色	浅绿	48	单果重	16.2 g
7	茎叶茸毛	短稀	28	成熟果色	红或黄	49	熟性	极晚≥125 d
8	叶片类型	普通叶型	29	果面棱沟	轻	50	形态一致性	不连续变异
9	叶片形状	羽状复叶	30	果面茸毛	无	51	种皮颜色	浅黄
10	叶片着生状态	下垂	31	果顶形状	圆平	52	播种至开花天数	70 d
11	叶色	绿	32	果肩	有	53	播种至始收天数	135 d
12	叶脉色	无色	33	果肩形状	微凹	54	裂果性	不易裂
13	叶裂刻	深	34	果肩色	—	55	畸形果	无
14	叶片长	35 cm	35	绿果肩大小	—	56	肉质	软
15	叶片宽	28 cm	36	商品果纵径	32.0 mm	57	风味	酸甜
16	首花序节位	8节	37	商品果横径	29.8 mm	58	清香味	有
17	第二花序节位	11节	38	果形	高圆形	59	综合品质	中
18	花序类型	单式花序或多歧花序	39	果梗洼大小	2.1 mm	60	可溶性固形物含量	4.37%
19	簇生花	无	40	果洼木栓化大小	0.5 mm	61	田间成株耐寒性	强
20	花柱长度	短于雄蕊	41	果实横切面形状	圆形	62	用途	鲜食
21	花柱形状	单圆花柱	42	果肉色	红或黄			

种质编号VT82

序号	描述项目	描述内容	序号	描述项目	描述内容	序号	描述项目	描述内容
1	种质编号	VT82	22	花柱茸毛	无	43	胎座胶状物质颜色	黄
2	种质类型	遗传材料	23	花色	浅黄	44	果肉厚	2.5 mm
3	下胚轴颜色	紫	24	花梗离层	有	45	心室数	2个
4	生长习性	无限生长	25	单花序花数	11朵	46	果皮色	黄
5	株型	蔓性	26	果柄长度	0.8 cm	47	单花序果数	9个
6	株高	2.5～3.0 m	27	成熟前果色	绿白	48	单果重	13.8～20.7 g
7	茎叶茸毛	短稀	28	成熟果色	红或黄	49	熟性	早100～105 d
8	叶片类型	普通叶型	29	果面棱沟	无	50	形态一致性	不连续变异
9	叶片形状	羽状复叶	30	果面茸毛	无	51	种皮颜色	浅黄或深棕
10	叶片着生状态	水平	31	果顶形状	圆平	52	播种至开花天数	51 d
11	叶色	黄绿	32	果肩	无或有	53	播种至始收天数	105 d
12	叶脉色	无色	33	果肩形状	深凹	54	裂果性	不易裂
13	叶裂刻	中	34	果肩色	—	55	畸形果	无
14	叶片长	37 cm	35	绿果肩大小	—	56	肉质	面
15	叶片宽	26 cm	36	商品果纵径	33.1 mm	57	风味	酸甜
16	首花序节位	10节	37	商品果横径	30.0 mm	58	清香味	有
17	第二花序节位	14节	38	果形	高圆形	59	综合品质	中
18	花序类型	单式花序或双歧花序	39	果梗洼大小	2.2～2.6 mm	60	可溶性固形物含量	4.2%～5.8%
19	簇生花	无	40	果洼木栓化大小	0.3～1.2 mm	61	田间成株耐寒性	强
20	花柱长度	短于雄蕊	41	果实横切面形状	圆形	62	用途	鲜食
21	花柱形状	单圆花柱	42	果肉色	红或黄			

第二章 红色樱桃小果类番茄种质资源

种质编号VT85

序号	描述项目	描述内容	序号	描述项目	描述内容	序号	描述项目	描述内容
1	种质编号	VT85	22	花柱茸毛	无	43	胎座胶状物质颜色	红
2	种质类型	品系	23	花色	黄	44	果肉厚	2.5 mm
3	下胚轴颜色	绿或紫	24	花梗离层	有	45	心室数	2个
4	生长习性	7序花封顶	25	单花序花数	13朵	46	果皮色	黄
5	株型	蔓性	26	果柄长度	0.6 cm	47	单花序果数	8个
6	株高	1.1～1.5 m	27	成熟前果色	浅绿	48	单果重	13.8 g
7	茎叶茸毛	短稀	28	成熟果色	深红	49	熟性	早100～105 d
8	叶片类型	薯叶型	29	果面棱沟	无	50	形态一致性	连续变异
9	叶片形状	羽状复叶	30	果面茸毛	无	51	种皮颜色	浅黄
10	叶片着生状态	水平	31	果顶形状	凸尖	52	播种至开花天数	52 d
11	叶色	黄绿	32	果肩	有	53	播种至始收天数	105 d
12	叶脉色	绿	33	果肩形状	微凹	54	裂果性	不易裂
13	叶裂刻	浅	34	果肩色	—	55	畸形果	无
14	叶片长	45.0 cm	35	绿果肩大小	—	56	肉质	面
15	叶片宽	41.0 cm	36	商品果纵径	34.9 mm	57	风味	甜酸
16	首花序节位	11节	37	商品果横径	24.8 mm	58	清香味	有
17	第二花序节位	13节	38	果形	长圆形	59	综合品质	上
18	花序类型	双歧花序或多歧花序	39	果梗洼大小	2.5 mm	60	可溶性固形物含量	7.50%
19	簇生花	无	40	果洼木栓化大小	0.5 mm	61	田间成株耐寒性	强
20	花柱长度	短于雄蕊	41	果实横切面形状	圆形	62	用途	鲜食
21	花柱形状	单圆花柱	42	果肉色	红			

种质编号VT88

序号	描述项目	描述内容	序号	描述项目	描述内容	序号	描述项目	描述内容
1	种质编号	VT88	22	花柱茸毛	无	43	胎座胶状物质颜色	黄
2	种质类型	品系	23	花色	黄	44	果肉厚	3.1 mm
3	下胚轴颜色	紫	24	花梗离层	有	45	心室数	2个
4	生长习性	无限生长	25	单花序花数	10朵	46	果皮色	黄
5	株型	半蔓性	26	果柄长度	0.8 cm	47	单花序果数	9个
6	株高	2.5～3.0 m	27	成熟前果色	绿	48	单果重	20.1 g
7	茎叶茸毛	短稀	28	成熟果色	粉红	49	熟性	早100～105 d
8	叶片类型	普通叶型	29	果面棱沟	无	50	形态一致性	连续变异
9	叶片形状	羽状复叶	30	果面茸毛	无	51	种皮颜色	浅黄
10	叶片着生状态	下垂	31	果顶形状	圆平或微凹	52	播种至开花天数	52 d
11	叶色	绿	32	果肩	有	53	播种至始收天数	105 d
12	叶脉色	无色	33	果肩形状	微凹	54	裂果性	中
13	叶裂刻	深	34	果肩色	—	55	畸形果	无
14	叶片长	46.0 cm	35	绿果肩大小	—	56	肉质	面
15	叶片宽	33.0 cm	36	商品果纵径	37.1 mm	57	风味	甜
16	首花序节位	9节	37	商品果横径	31.3 mm	58	清香味	无
17	第二花序节位	11节	38	果形	高圆或桃形	59	综合品质	中
18	花序类型	单式花序	39	果梗洼大小	4.5 mm	60	可溶性固形物含量	6.60%
19	簇生花	无	40	果洼木栓化大小	1.7 mm	61	田间成株耐寒性	强
20	花柱长度	短于雄蕊	41	果实横切面形状	圆形	62	用途	鲜食
21	花柱形状	单圆花柱	42	果肉色	粉红			

种质编号VT89

序号	描述项目	描述内容	序号	描述项目	描述内容	序号	描述项目	描述内容
1	种质编号	VT89	22	花柱茸毛	无	43	胎座胶状物质颜色	红
2	种质类型	品系	23	花色	黄	44	果肉厚	3.4 mm
3	下胚轴颜色	绿	24	花梗离层	有	45	心室数	2~3个
4	生长习性	无限生长	25	单花序花数	10朵	46	果皮色	无色或红色
5	株型	半蔓性	26	果柄长度	0.8 cm	47	单花序果数	7个
6	株高	2.8~3.2 m	27	成熟前果色	浅绿	48	单果重	20.4 g
7	茎叶茸毛	短稀	28	成熟果色	粉红或深红	49	熟性	极晚≥125 d
8	叶片类型	普通叶型	29	果面棱沟	轻	50	形态一致性	连续变异
9	叶片形状	羽状复叶	30	果面茸毛	无	51	种皮颜色	浅黄
10	叶片着生状态	水平	31	果顶形状	圆平	52	播种至开花天数	71 d
11	叶色	绿	32	果肩	有	53	播种至始收天数	136 d
12	叶脉色	无色	33	果肩形状	深凹	54	裂果性	中
13	叶裂刻	中	34	果肩色	—	55	畸形果	无
14	叶片长	40.0 cm	35	绿果肩大小	—	56	肉质	面
15	叶片宽	34.0 cm	36	商品果纵径	34.2 mm	57	风味	甜
16	首花序节位	11节	37	商品果横径	32.3 mm	58	清香味	有
17	第二花序节位	15节	38	果形	高圆形	59	综合品质	中
18	花序类型	单式花序	39	果梗洼大小	2.5 mm	60	可溶性固形物含量	6.50%
19	簇生花	无	40	果洼木栓化大小	1.3 mm	61	田间成株耐寒性	中
20	花柱长度	短于雄蕊	41	果实横切面形状	圆形	62	用途	鲜食
21	花柱形状	单圆花柱	42	果肉色	红			

种质编号VT90

序号	描述项目	描述内容	序号	描述项目	描述内容	序号	描述项目	描述内容
1	种质编号	VT90	22	花柱茸毛	无	43	胎座胶状物质颜色	黄
2	种质类型	遗传材料	23	花色	黄	44	果肉厚	4.5 mm
3	下胚轴颜色	绿	24	花梗离层	有	45	心室数	2~3个
4	生长习性	无限生长	25	单花序花数	8朵	46	果皮色	黄
5	株型	半蔓性	26	果柄长度	0.8 cm	47	单花序果数	6个
6	株高	2.7~3.2 m	27	成熟前果色	浅绿	48	单果重	24.8~26.1 g
7	茎叶茸毛	短稀	28	成熟果色	橘黄或红	49	熟性	极晚≥125 d
8	叶片类型	普通叶型	29	果面棱沟	轻	50	形态一致性	不连续变异
9	叶片形状	羽状复叶	30	果面茸毛	无	51	种皮颜色	浅黄
10	叶片着生状态	水平	31	果顶形状	圆平	52	播种至开花天数	71 d
11	叶色	浅绿	32	果肩	有	53	播种至始收天数	136 d
12	叶脉色	无色	33	果肩形状	深凹	54	裂果性	不易裂
13	叶裂刻	中	34	果肩色	—	55	畸形果	少
14	叶片长	42.0 cm	35	绿果肩大小	—	56	肉质	面
15	叶片宽	35.0 cm	36	商品果纵径	37.2~39.1 mm	57	风味	甜酸
16	首花序节位	11节	37	商品果横径	33.2~37.6 mm	58	清香味	无
17	第二花序节位	14节	38	果形	高圆或长圆形	59	综合品质	上
18	花序类型	单式花序或多歧花序	39	果梗洼大小	3.5 mm	60	可溶性固形物含量	4.8%
19	簇生花	无	40	果洼木栓化大小	0.8 mm	61	田间成株耐寒性	强
20	花柱长度	与雄蕊近等长	41	果实横切面形状	椭圆形或不规则形状	62	用途	鲜食
21	花柱形状	单圆花柱	42	果肉色	黄或红			

种质编号VT98

序号	描述项目	描述内容	序号	描述项目	描述内容	序号	描述项目	描述内容
1	种质编号	VT98	22	花柱茸毛	无	43	胎座胶状物质颜色	红或黄
2	种质类型	遗传材料	23	花色	浅黄	44	果肉厚	3.0～3.5 mm
3	下胚轴颜色	紫	24	花梗离层	有	45	心室数	2～4个
4	生长习性	无限生长	25	单花序花数	5朵	46	果皮色	黄
5	株型	半蔓性	26	果柄长度	0.8 cm	47	单花序果数	2个
6	株高	2.2～2.5 m	27	成熟前果色	绿	48	单果重	16.0～35.3 g
7	茎叶茸毛	短稀	28	成熟果色	红或黄或深红	49	熟性	早100～105 d
8	叶片类型	普通叶型	29	果面棱沟	无或重	50	形态一致性	不连续变异
9	叶片形状	羽状复叶	30	果面茸毛	无	51	种皮颜色	灰黄
10	叶片着生状态	水平	31	果顶形状	圆平	52	播种至开花天数	52 d
11	叶色	绿	32	果肩	无或有	53	播种至始收天数	105 d
12	叶脉色	无色	33	果肩形状	微凹	54	裂果性	不易裂
13	叶裂刻	深	34	果肩色	—	55	畸形果	少
14	叶片长	52.0 cm	35	绿果肩大小	—	56	肉质	软
15	叶片宽	44.0 cm	36	商品果纵径	26.8～34.6 mm	57	风味	甜酸
16	首花序节位	7节	37	商品果横径	29.3～41.5 mm	58	清香味	有
17	第二花序节位	11节	38	果形	扁圆或圆或高圆形	59	综合品质	中
18	花序类型	单式花序	39	果梗洼大小	4.1～4.5 mm	60	可溶性固形物含量	6.10%
19	簇生花	无	40	果洼木栓化大小	1.2～1.6 mm	61	田间成株耐寒性	弱
20	花柱长度	与雄蕊近等长	41	果实横切面形状	圆形或等边多圆形	62	用途	鲜食或加工
21	花柱形状	单圆花柱	42	果肉色	红或黄			

种质编号VT103

序号	描述项目	描述内容	序号	描述项目	描述内容	序号	描述项目	描述内容
1	种质编号	VT103	22	花柱茸毛	无	43	胎座胶状物质颜色	红
2	种质类型	品系	23	花色	黄	44	果肉厚	3.8 mm
3	下胚轴颜色	紫	24	花梗离层	有	45	心室数	2个
4	生长习性	无限生长	25	单花序花数	10朵	46	果皮色	黄
5	株型	半蔓性	26	果柄长度	0.6 cm	47	单花序果数	7个
6	株高	1.7～2.0 m	27	成熟前果色	浅绿	48	单果重	20.0 g
7	茎叶茸毛	短稀	28	成熟果色	红	49	熟性	极晚≥125 d
8	叶片类型	普通叶型	29	果面棱沟	轻	50	形态一致性	一致
9	叶片形状	羽状复叶	30	果面茸毛	无	51	种皮颜色	浅黄
10	叶片着生状态	水平	31	果顶形状	圆平	52	播种至开花天数	71 d
11	叶色	浅绿	32	果肩	有	53	播种至始收天数	136 d
12	叶脉色	无色	33	果肩形状	微凹	54	裂果性	不易裂
13	叶裂刻	深	34	果肩色	—	55	畸形果	无
14	叶片长	42.0 cm	35	绿果肩大小	—	56	肉质	软
15	叶片宽	38.0 cm	36	商品果纵径	35.9 mm	57	风味	酸甜
16	首花序节位	9节	37	商品果横径	32.4 mm	58	清香味	有
17	第二花序节位	13节	38	果形	高圆形	59	综合品质	下
18	花序类型	单式花序	39	果梗洼大小	2.2 mm	60	可溶性固形物含量	4.80%
19	簇生花	无	40	果洼木栓化大小	0.5 mm	61	田间成株耐寒性	中
20	花柱长度	短于雄蕊	41	果实横切面形状	圆形	62	用途	鲜食
21	花柱形状	单圆花柱	42	果肉色	红			

种质编号VT107

序号	描述项目	描述内容	序号	描述项目	描述内容	序号	描述项目	描述内容
1	种质编号	VT107	22	花柱茸毛	无	43	胎座胶状物质颜色	红
2	种质类型	品系	23	花色	黄	44	果肉厚	2.1 mm
3	下胚轴颜色	紫	24	花梗离层	有	45	心室数	2个
4	生长习性	8序花封顶	25	单花序花数	10朵	46	果皮色	黄
5	株型	蔓性	26	果柄长度	0.7 cm	47	单花序果数	7个
6	株高	2.0～2.3 m	27	成熟前果色	浅绿	48	单果重	11.9 g
7	茎叶茸毛	短稀	28	成熟果色	红	49	熟性	极晚≥125 d
8	叶片类型	普通叶型	29	果面棱沟	轻	50	形态一致性	一致
9	叶片形状	羽状复叶	30	果面茸毛	无	51	种皮颜色	灰黄
10	叶片着生状态	水平	31	果顶形状	圆平	52	播种至开花天数	75 d
11	叶色	浅绿	32	果肩	有	53	播种至始收天数	132 d
12	叶脉色	无色	33	果肩形状	平	54	裂果性	中
13	叶裂刻	中	34	果肩色	—	55	畸形果	无
14	叶片长	30.0 cm	35	绿果肩大小	—	56	肉质	软
15	叶片宽	20.0 cm	36	商品果纵径	26.9 mm	57	风味	酸甜
16	首花序节位	8节	37	商品果横径	27.6 mm	58	清香味	有
17	第二花序节位	12节	38	果形	圆形	59	综合品质	中
18	花序类型	单式花序	39	果梗洼大小	2.6 mm	60	可溶性固形物含量	6.30%
19	簇生花	无	40	果洼木栓化大小	1.0 mm	61	田间成株耐寒性	中
20	花柱长度	短于雄蕊	41	果实横切面形状	圆形	62	用途	鲜食
21	花柱形状	单圆花柱	42	果肉色	红			

种质编号VT117

序号	描述项目	描述内容	序号	描述项目	描述内容	序号	描述项目	描述内容
1	种质编号	VT117	22	花柱茸毛	无	43	胎座胶状物质颜色	黄
2	种质类型	品系	23	花色	黄	44	果肉厚	3.4 mm
3	下胚轴颜色	绿或紫	24	花梗离层	有	45	心室数	2个
4	生长习性	6序花封顶	25	单花序花数	16朵	46	果皮色	黄
5	株型	蔓性	26	果柄长度	0.7 cm	47	单花序果数	12个
6	株高	1.8～2.5 m	27	成熟前果色	浅绿	48	单果重	13.9 g
7	茎叶茸毛	长稀	28	成熟果色	深红	49	熟性	中106～120 d
8	叶片类型	普通叶型	29	果面棱沟	轻	50	形态一致性	连续变异
9	叶片形状	羽状复叶	30	果面茸毛	无	51	种皮颜色	浅黄
10	叶片着生状态	下垂	31	果顶形状	圆平	52	播种至开花天数	51 d
11	叶色	绿	32	果肩	有	53	播种至始收天数	110 d
12	叶脉色	无色	33	果肩形状	微凹	54	裂果性	不易裂
13	叶裂刻	浅	34	果肩色	—	55	畸形果	无
14	叶片长	38.0 cm	35	绿果肩大小	—	56	肉质	面
15	叶片宽	28.0 cm	36	商品果纵径	39.6 mm	57	风味	甜酸
16	首花序节位	11节	37	商品果横径	23.9 mm	58	清香味	有
17	第二花序节位	14节	38	果形	长圆形	59	综合品质	中
18	花序类型	单式花序或多歧花序	39	果梗洼大小	2.0 mm	60	可溶性固形物含量	6.30%
19	簇生花	无	40	果洼木栓化大小	0.5 mm	61	田间成株耐寒性	强
20	花柱长度	与雄蕊近等长	41	果实横切面形状	圆形	62	用途	鲜食
21	花柱形状	分裂花柱	42	果肉色	红			

种质编号VT123

序号	描述项目	描述内容	序号	描述项目	描述内容	序号	描述项目	描述内容
1	种质编号	VT123	22	花柱茸毛	无	43	胎座胶状物质颜色	红
2	种质类型	品系	23	花色	黄	44	果肉厚	3.0 mm
3	下胚轴颜色	绿或紫	24	花梗离层	有	45	心室数	2个
4	生长习性	6序花封顶	25	单花序花数	18朵	46	果皮色	黄
5	株型	半蔓性	26	果柄长度	0.6 cm	47	单花序果数	17个
6	株高	1.6~2.0 m	27	成熟前果色	绿	48	单果重	22.5 g
7	茎叶茸毛	短稀	28	成熟果色	深红	49	熟性	早100~105 d
8	叶片类型	普通叶型	29	果面棱沟	无	50	形态一致性	一致
9	叶片形状	羽状复叶	30	果面茸毛	无	51	种皮颜色	浅黄
10	叶片着生状态	下垂	31	果顶形状	圆平	52	播种至开花天数	72 d
11	叶色	黄绿	32	果肩	有	53	播种至始收天数	102 d
12	叶脉色	无色	33	果肩形状	微凹	54	裂果性	中
13	叶裂刻	深	34	果肩色	—	55	畸形果	无
14	叶片长	51.0 cm	35	绿果肩大小	—	56	肉质	面
15	叶片宽	46.0 cm	36	商品果纵径	34.3 mm	57	风味	甜酸
16	首花序节位	12节	37	商品果横径	31.2 mm	58	清香味	有
17	第二花序节位	13节	38	果形	高圆形	59	综合品质	中
18	花序类型	单式花序	39	果梗洼大小	5.1 mm	60	可溶性固形物含量	5.60%
19	簇生花	无	40	果洼木栓化大小	1.8 mm	61	田间成株耐寒性	中
20	花柱长度	短于雄蕊	41	果实横切面形状	圆形	62	用途	鲜食
21	花柱形状	单圆花柱	42	果肉色	红			

种质编号VT124

序号	描述项目	描述内容	序号	描述项目	描述内容	序号	描述项目	描述内容
1	种质编号	VT124	22	花柱茸毛	无	43	胎座胶状物质颜色	粉红
2	种质类型	遗传材料	23	花色	黄	44	果肉厚	4.0 mm
3	下胚轴颜色	绿或紫	24	花梗离层	有	45	心室数	2个
4	生长习性	7序花封顶	25	单花序花数	18朵	46	果皮色	黄
5	株型	蔓性	26	果柄长度	0.8 cm	47	单花序果数	11个
6	株高	1.5～1.8 m	27	成熟前果色	绿	48	单果重	25.0 g
7	茎叶茸毛	长稀	28	成熟果色	红	49	熟性	极晚≥125 d
8	叶片类型	普通叶型	29	果面棱沟	无	50	形态一致性	连续变异
9	叶片形状	羽状复叶	30	果面茸毛	无	51	种皮颜色	浅黄
10	叶片着生状态	下垂	31	果顶形状	圆平	52	播种至开花天数	72 d
11	叶色	浅绿	32	果肩	有	53	播种至始收天数	136 d
12	叶脉色	无色	33	果肩形状	微凹	54	裂果性	不易裂
13	叶裂刻	深	34	果肩色	—	55	畸形果	无
14	叶片长	50.0 cm	35	绿果肩大小	—	56	肉质	面
15	叶片宽	43.0 cm	36	商品果纵径	34.9 mm	57	风味	甜酸
16	首花序节位	10节	37	商品果横径	34.7 mm	58	清香味	无
17	第二花序节位	11节	38	果形	圆形或高圆形	59	综合品质	下
18	花序类型	单式花序或多歧花序	39	果梗洼大小	3.2 mm	60	可溶性固形物含量	4.90%
19	簇生花	无	40	果洼木栓化大小	1.8 mm	61	田间成株耐寒性	弱
20	花柱长度	与雄蕊近等长	41	果实横切面形状	圆形	62	用途	鲜食
21	花柱形状	单圆花柱	42	果肉色	红			

种质编号VT137

序号	描述项目	描述内容	序号	描述项目	描述内容	序号	描述项目	描述内容
1	种质编号	VT137	22	花柱茸毛	无	43	胎座胶状物质颜色	红
2	种质类型	遗传材料	23	花色	黄	44	果肉厚	3.6 mm
3	下胚轴颜色	绿或紫	24	花梗离层	有	45	心室数	2个
4	生长习性	无限生长	25	单花序花数	7朵	46	果皮色	黄
5	株型	蔓性	26	果柄长度	0.5 cm	47	单花序果数	7个
6	株高	2.5~3.0 m	27	成熟前果色	浅绿	48	单果重	12.6 g
7	茎叶茸毛	短稀	28	成熟果色	深红	49	熟性	极晚≥125 d
8	叶片类型	薯叶型	29	果面棱沟	无	50	形态一致性	连续变异
9	叶片形状	羽状复叶	30	果面茸毛	无	51	种皮颜色	浅黄
10	叶片着生状态	下垂	31	果顶形状	圆平	52	播种至开花天数	72 d
11	叶色	黄绿	32	果肩	有	53	播种至始收天数	138 d
12	叶脉色	无色	33	果肩形状	深凹	54	裂果性	不易裂
13	叶裂刻	中	34	果肩色	—	55	畸形果	无
14	叶片长	35.0 cm	35	绿果肩大小	—	56	肉质	面
15	叶片宽	30.0 cm	36	商品果纵径	28.8 mm	57	风味	甜酸
16	首花序节位	13节	37	商品果横径	27.1 mm	58	清香味	有
17	第二花序节位	16节	38	果形	高圆形	59	综合品质	中
18	花序类型	单式花序	39	果梗洼大小	4.1 mm	60	可溶性固形物含量	5.20%
19	簇生花	无	40	果洼木栓化大小	1.3 mm	61	田间成株耐寒性	强
20	花柱长度	短于雄蕊	41	果实横切面形状	圆形	62	用途	鲜食
21	花柱形状	单圆花柱	42	果肉色	红			

种质编号VT138

序号	描述项目	描述内容	序号	描述项目	描述内容	序号	描述项目	描述内容
1	种质编号	VT138	22	花柱茸毛	无	43	胎座胶状物质颜色	黄
2	种质类型	品系	23	花色	黄	44	果肉厚	3.6 mm
3	下胚轴颜色	紫	24	花梗离层	有	45	心室数	2个
4	生长习性	无限生长	25	单花序花数	11朵	46	果皮色	黄
5	株型	半蔓性	26	果柄长度	0.6 cm	47	单花序果数	9个
6	株高	2.5～3.2 m	27	成熟前果色	浅绿	48	单果重	27.1 g
7	茎叶茸毛	短稀	28	成熟果色	红	49	熟性	早100～105 d
8	叶片类型	普通叶型	29	果面棱沟	无	50	形态一致性	一致
9	叶片形状	羽状复叶	30	果面茸毛	无	51	种皮颜色	浅黄
10	叶片着生状态	下垂	31	果顶形状	圆平	52	播种至开花天数	53 d
11	叶色	绿	32	果肩	有	53	播种至始收天数	102 d
12	叶脉色	无色	33	果肩形状	深凹	54	裂果性	不易裂
13	叶裂刻	深	34	果肩色	—	55	畸形果	无
14	叶片长	46.0 cm	35	绿果肩大小	—	56	肉质	面
15	叶片宽	44.0 cm	36	商品果纵径	36.8 mm	57	风味	甜酸
16	首花序节位	11节	37	商品果横径	35.8 mm	58	清香味	无
17	第二花序节位	14节	38	果形	高圆形	59	综合品质	中
18	花序类型	单式花序	39	果梗洼大小	4.9 mm	60	可溶性固形物含量	6.90%
19	簇生花	无	40	果洼木栓化大小	1.3 mm	61	田间成株耐寒性	强
20	花柱长度	短于雄蕊	41	果实横切面形状	圆形	62	用途	鲜食
21	花柱形状	单圆花柱	42	果肉色	粉红			

第二章 红色樱桃小果类番茄种质资源

种质编号VT143

序号	描述项目	描述内容	序号	描述项目	描述内容	序号	描述项目	描述内容
1	种质编号	VT143	22	花柱茸毛	无	43	胎座胶状物质颜色	粉红
2	种质类型	品系	23	花色	黄	44	果肉厚	4.8 mm
3	下胚轴颜色	紫	24	花梗离层	有	45	心室数	2个
4	生长习性	9序花封顶	25	单花序花数	15朵	46	果皮色	黄
5	株型	蔓性	26	果柄长度	0.6 cm	47	单花序果数	13个
6	株高	1.8~2.2 m	27	成熟前果色	浅绿	48	单果重	16.0 g
7	茎叶茸毛	长稀	28	成熟果色	红	49	熟性	早100~105 d
8	叶片类型	普通叶型	29	果面棱沟	轻	50	形态一致性	连续变异
9	叶片形状	羽状复叶	30	果面茸毛	无	51	种皮颜色	浅黄
10	叶片着生状态	水平	31	果顶形状	圆平	52	播种至开花天数	53 d
11	叶色	深绿	32	果肩	有	53	播种至始收天数	102 d
12	叶脉色	无色	33	果肩形状	深凹	54	裂果性	不易裂
13	叶裂刻	中	34	果肩色	—	55	畸形果	无
14	叶片长	38.0 cm	35	绿果肩大小	—	56	肉质	沙
15	叶片宽	25.0 cm	36	商品果纵径	36.3 mm	57	风味	甜酸
16	首花序节位	9节	37	商品果横径	25.3 mm	58	清香味	有
17	第二花序节位	12节	38	果形	长圆形	59	综合品质	上
18	花序类型	单式花序或双歧花序	39	果梗洼大小	2.0 mm	60	可溶性固形物含量	8.20%
19	簇生花	无	40	果洼木栓化大小	0.3 mm	61	田间成株耐寒性	中
20	花柱长度	短于雄蕊	41	果实横切面形状	圆形	62	用途	鲜食
21	花柱形状	单圆花柱	42	果肉色	红			

种质编号VT144

序号	描述项目	描述内容	序号	描述项目	描述内容	序号	描述项目	描述内容
1	种质编号	VT144	22	花柱茸毛	无	43	胎座胶状物质颜色	红
2	种质类型	品系	23	花色	橘黄	44	果肉厚	3.5 mm
3	下胚轴颜色	紫	24	花梗离层	有	45	心室数	2个
4	生长习性	6序花封顶	25	单花序花数	7朵	46	果皮色	黄
5	株型	半蔓性	26	果柄长度	0.5 cm	47	单花序果数	7个
6	株高	1.5～1.8 m	27	成熟前果色	浅绿	48	单果重	8.5 g
7	茎叶茸毛	长稀	28	成熟果色	深红	49	熟性	早100～105 d
8	叶片类型	普通叶型	29	果面棱沟	轻	50	形态一致性	一致
9	叶片形状	羽状复叶	30	果面茸毛	无	51	种皮颜色	灰黄
10	叶片着生状态	下垂	31	果顶形状	圆平	52	播种至开花天数	53 d
11	叶色	绿（带紫）	32	果肩	有	53	播种至始收天数	102 d
12	叶脉色	无色	33	果肩形状	微凹	54	裂果性	中
13	叶裂刻	中	34	果肩色	—	55	畸形果	无
14	叶片长	36.0 cm	35	绿果肩大小	—	56	肉质	面
15	叶片宽	30.0 cm	36	商品果纵径	31.5 mm	57	风味	甜
16	首花序节位	8节	37	商品果横径	21.2 mm	58	清香味	有
17	第二花序节位	9节	38	果形	长圆形	59	综合品质	中
18	花序类型	多歧花序	39	果梗洼大小	2.2 mm	60	可溶性固形物含量	7.70%
19	簇生花	无	40	果洼木栓化大小	0.3 mm	61	田间成株耐寒性	弱
20	花柱长度	短于雄蕊	41	果实横切面形状	圆形	62	用途	鲜食
21	花柱形状	单圆花柱	42	果肉色	红			

第二章 红色樱桃小果类番茄种质资源

种质编号VT146

序号	描述项目	描述内容	序号	描述项目	描述内容	序号	描述项目	描述内容
1	种质编号	VT146	22	花柱茸毛	无	43	胎座胶状物质颜色	红
2	种质类型	品系	23	花色	橘黄	44	果肉厚	3.7 mm
3	下胚轴颜色	淡紫	24	花梗离层	有	45	心室数	2个
4	生长习性	7序花封顶	25	单花序花数	32朵	46	果皮色	黄
5	株型	蔓性	26	果柄长度	0.6 cm	47	单花序果数	15个
6	株高	1.5～1.8 m	27	成熟前果色	浅绿	48	单果重	11.6 g
7	茎叶茸毛	短稀	28	成熟果色	深红	49	熟性	早100～105 d
8	叶片类型	普通叶型	29	果面棱沟	中	50	形态一致性	连续变异
9	叶片形状	羽状复叶	30	果面茸毛	中	51	种皮颜色	浅黄
10	叶片着生状态	水平	31	果顶形状	圆平	52	播种至开花天数	53 d
11	叶色	深绿	32	果肩	有	53	播种至始收天数	102 d
12	叶脉色	无色	33	果肩形状	微凹	54	裂果性	不易裂
13	叶裂刻	中	34	果肩色	—	55	畸形果	无
14	叶片长	45.0 cm	35	绿果肩大小	—	56	肉质	面
15	叶片宽	36.0 cm	36	商品果纵径	33.1 mm	57	风味	甜酸
16	首花序节位	12节	37	商品果横径	23.9 mm	58	清香味	有
17	第二花序节位	15节	38	果形	长圆形	59	综合品质	中
18	花序类型	双歧花序	39	果梗洼大小	1.8 mm	60	可溶性固形物含量	7.20%
19	簇生花	有	40	果洼木栓化大小	0.3 mm	61	田间成株耐寒性	强
20	花柱长度	短于雄蕊	41	果实横切面形状	圆形	62	用途	鲜食
21	花柱形状	单圆花柱	42	果肉色	粉红			

种质编号VT147

序号	描述项目	描述内容	序号	描述项目	描述内容	序号	描述项目	描述内容
1	种质编号	VT147	22	花柱茸毛	无	43	胎座胶状物质颜色	红
2	种质类型	遗传材料	23	花色	橘黄	44	果肉厚	4.0 mm
3	下胚轴颜色	紫	24	花梗离层	有	45	心室数	3个
4	生长习性	3序花封顶	25	单花序花数	21朵	46	果皮色	黄
5	株型	蔓性	26	果柄长度	0.6 cm	47	单花序果数	19个
6	株高	1.5～1.8 m	27	成熟前果色	浅绿	48	单果重	11.6 g
7	茎叶茸毛	短稀	28	成熟果色	红	49	熟性	早100～105 d
8	叶片类型	薯叶型	29	果面棱沟	中	50	形态一致性	一致
9	叶片形状	羽状复叶	30	果面茸毛	无	51	种皮颜色	浅黄
10	叶片着生状态	水平	31	果顶形状	圆平	52	播种至开花天数	53 d
11	叶色	绿	32	果肩	有	53	播种至始收天数	102 d
12	叶脉色	无色	33	果肩形状	微凹	54	裂果性	不易裂
13	叶裂刻	浅	34	果肩色	—	55	畸形果	无
14	叶片长	46.0 cm	35	绿果肩大小	—	56	肉质	沙
15	叶片宽	36.0 cm	36	商品果纵径	37.3 mm	57	风味	甜酸
16	首花序节位	11节	37	商品果横径	22.2 mm	58	清香味	无
17	第二花序节位	13节	38	果形	长圆形	59	综合品质	中
18	花序类型	多歧花序	39	果梗洼大小	2.2 mm	60	可溶性固形物含量	6.50%
19	簇生花	有	40	果洼木栓化大小	0.3 mm	61	田间成株耐寒性	中
20	花柱长度	短于雄蕊	41	果实横切面形状	不规则形状	62	用途	鲜食
21	花柱形状	单圆花柱	42	果肉色	红			

种质编号VT152

序号	描述项目	描述内容	序号	描述项目	描述内容	序号	描述项目	描述内容
1	种质编号	VT152	22	花柱茸毛	无	43	胎座胶状物质颜色	粉红
2	种质类型	品系	23	花色	黄	44	果肉厚	3.9 mm
3	下胚轴颜色	紫	24	花梗离层	有	45	心室数	2个
4	生长习性	4序花封顶	25	单花序花数	14朵	46	果皮色	黄
5	株型	半蔓性	26	果柄长度	0.5 cm	47	单花序果数	14个
6	株高	1.3～1.5 m	27	成熟前果色	浅绿	48	单果重	15.0 g
7	茎叶茸毛	长稀	28	成熟果色	红	49	熟性	早100～105 d
8	叶片类型	薯叶型	29	果面棱沟	轻	50	形态一致性	一致
9	叶片形状	羽状复叶	30	果面茸毛	无	51	种皮颜色	灰黄
10	叶片着生状态	水平	31	果顶形状	微凹	52	播种至开花天数	53 d
11	叶色	浅绿	32	果肩	有	53	播种至始收天数	102 d
12	叶脉色	无色	33	果肩形状	微凹	54	裂果性	不易裂
13	叶裂刻	浅	34	果肩色	—	55	畸形果	无
14	叶片长	40.0 cm	35	绿果肩大小	—	56	肉质	面
15	叶片宽	33.0 cm	36	商品果纵径	42.3 mm	57	风味	甜酸
16	首花序节位	10节	37	商品果横径	24.8 mm	58	清香味	有
17	第二花序节位	13节	38	果形	长圆形	59	综合品质	中
18	花序类型	多歧花序	39	果梗洼大小	1.8 mm	60	可溶性固形物含量	6.00%
19	簇生花	无	40	果洼木栓化大小	0.3 mm	61	田间成株耐寒性	强
20	花柱长度	短于雄蕊	41	果实横切面形状	圆形	62	用途	鲜食
21	花柱形状	单圆花柱	42	果肉色	粉红			

种质编号VT162

序号	描述项目	描述内容	序号	描述项目	描述内容	序号	描述项目	描述内容
1	种质编号	VT162	22	花柱茸毛	无	43	胎座胶状物质颜色	红
2	种质类型	遗传材料	23	花色	橘黄	44	果肉厚	2.2 mm
3	下胚轴颜色	紫	24	花梗离层	有	45	心室数	2个
4	生长习性	无限生长	25	单花序花数	12朵	46	果皮色	黄
5	株型	半蔓生	26	果柄长度	0.6 cm	47	单花序果数	11个
6	株高	2.5～3.0 m	27	成熟前果色	绿白	48	单果重	8.6 g
7	茎叶茸毛	短稀	28	成熟果色	红	49	熟性	早100～105 d
8	叶片类型	普通叶型	29	果面棱沟	无	50	形态一致性	连续变异
9	叶片形状	羽状复叶	30	果面茸毛	无	51	种皮颜色	灰黄
10	叶片着生状态	下垂	31	果顶形状	圆平	52	播种至开花天数	53 d
11	叶色	深绿	32	果肩	有	53	播种至始收天数	105 d
12	叶脉色	无色	33	果肩形状	微凹	54	裂果性	不易裂
13	叶裂刻	中	34	果肩色	—	55	畸形果	无
14	叶片长	40.0 cm	35	绿果肩大小	—	56	肉质	面
15	叶片宽	30.0 cm	36	商品果纵径	30.1 mm	57	风味	甜
16	首花序节位	7节	37	商品果横径	21.5 mm	58	清香味	无
17	第二花序节位	11节	38	果形	长圆形	59	综合品质	上
18	花序类型	多歧花序	39	果梗洼大小	1.8 mm	60	可溶性固形物含量	8.63%
19	簇生花	无	40	果洼木栓化大小	0.3 mm	61	田间成株耐寒性	弱
20	花柱长度	短于雄蕊	41	果实横切面形状	圆形	62	用途	鲜食
21	花柱形状	单圆花柱	42	果肉色	红			

第二章 红色樱桃小果类番茄种质资源

种质编号VT166

序号	描述项目	描述内容	序号	描述项目	描述内容	序号	描述项目	描述内容
1	种质编号	VT166	22	花柱茸毛	无	43	胎座胶状物质颜色	红
2	种质类型	品系	23	花色	黄	44	果肉厚	5.3 mm
3	下胚轴颜色	紫（淡）	24	花梗离层	有	45	心室数	2个
4	生长习性	5序花封顶	25	单花序花数	10朵	46	果皮色	黄
5	株型	半蔓性	26	果柄长度	0.6 cm	47	单花序果数	9个
6	株高	1.5~1.8 m	27	成熟前果色	绿	48	单果重	20.3 g
7	茎叶茸毛	长稀	28	成熟果色	深红	49	熟性	早100~105 d
8	叶片类型	薯叶型	29	果面棱沟	无	50	形态一致性	连续变异
9	叶片形状	羽状复叶	30	果面茸毛	无	51	种皮颜色	灰黄
10	叶片着生状态	水平	31	果顶形状	圆平	52	播种至开花天数	53 d
11	叶色	黄绿	32	果肩	有	53	播种至始收天数	102 d
12	叶脉色	无色	33	果肩形状	微凹	54	裂果性	不易裂
13	叶裂刻	浅	34	果肩色	—	55	畸形果	无
14	叶片长	50.0 cm	35	绿果肩大小	—	56	肉质	面
15	叶片宽	40.0 cm	36	商品果纵径	34.4 mm	57	风味	甜酸
16	首花序节位	11节	37	商品果横径	32.1 mm	58	清香味	有
17	第二花序节位	12节	38	果形	高圆形	59	综合品质	中
18	花序类型	单式花序或多歧花序	39	果梗洼大小	3.5 mm	60	可溶性固形物含量	5.23%
19	簇生花	无	40	果洼木栓化大小	1.8 mm	61	田间成株耐寒性	中
20	花柱长度	短于雄蕊	41	果实横切面形状	圆形	62	用途	鲜食
21	花柱形状	单圆花柱	42	果肉色	红			

种质编号VT171

序号	描述项目	描述内容	序号	描述项目	描述内容	序号	描述项目	描述内容
1	种质编号	VT171	22	花柱茸毛	无	43	胎座胶状物质颜色	黄
2	种质类型	品系	23	花色	黄	44	果肉厚	2.4 mm
3	下胚轴颜色	紫	24	花梗离层	有	45	心室数	2个
4	生长习性	无限生长	25	单花序花数	16朵	46	果皮色	黄
5	株型	半蔓性	26	果柄长度	0.6 cm	47	单花序果数	15个
6	株高	2.5~3.0 m	27	成熟前果色	浅绿	48	单果重	13.1 g
7	茎叶茸毛	长稀	28	成熟果色	红	49	熟性	早100~105 d
8	叶片类型	普通叶型	29	果面棱沟	无	50	形态一致性	连续变异
9	叶片形状	羽状复叶	30	果面茸毛	无	51	种皮颜色	灰黄
10	叶片着生状态	水平	31	果顶形状	圆平	52	播种至开花天数	53 d
11	叶色	浅绿	32	果肩	有	53	播种至始收天数	102 d
12	叶脉色	绿	33	果肩形状	微凹	54	裂果性	不易裂
13	叶裂刻	中	34	果肩色	—	55	畸形果	无
14	叶片长	40.0 cm	35	绿果肩大小	—	56	肉质	软
15	叶片宽	33.0 cm	36	商品果纵径	36.8 mm	57	风味	甜酸
16	首花序节位	9节	37	商品果横径	25.0 mm	58	清香味	有
17	第二花序节位	15节	38	果形	长圆形	59	综合品质	上
18	花序类型	单式花序或多歧花序	39	果梗洼大小	2.0 mm	60	可溶性固形物含量	7.27%
19	簇生花	无	40	果洼木栓化大小	0.3 cm	61	田间成株耐寒性	强
20	花柱长度	短于雄蕊	41	果实横切面形状	圆形	62	用途	鲜食
21	花柱形状	单圆花柱	42	果肉色	红			

种质编号VT173

序号	描述项目	描述内容	序号	描述项目	描述内容	序号	描述项目	描述内容
1	种质编号	VT173	22	花柱茸毛	无	43	胎座胶状物质颜色	黄
2	种质类型	遗传材料	23	花色	黄	44	果肉厚	4.5 mm
3	下胚轴颜色	绿或紫	24	花梗离层	有	45	心室数	2个
4	生长习性	5序花封顶	25	单花序花数	11朵	46	果皮色	黄
5	株型	半蔓性	26	果柄长度	0.8 cm	47	单花序果数	11个
6	株高	1.8~2.0 m	27	成熟前果色	绿	48	单果重	25.1 g
7	茎叶茸毛	短稀	28	成熟果色	红	49	熟性	极晚≥125 d
8	叶片类型	普通叶型	29	果面棱沟	无	50	形态一致性	连续变异
9	叶片形状	羽状复叶	30	果面茸毛	无	51	种皮颜色	深黄
10	叶片着生状态	下垂	31	果顶形状	圆平或微凸	52	播种至开花天数	53 d
11	叶色	绿	32	果肩	有	53	播种至始收天数	136 d
12	叶脉色	无色	33	果肩形状	微凹	54	裂果性	不易裂
13	叶裂刻	深	34	果肩色	—	55	畸形果	无
14	叶片长	40.0 cm	35	绿果肩大小	—	56	肉质	面
15	叶片宽	32.0 cm	36	商品果纵径	39.1 mm	57	风味	甜酸
16	首花序节位	10节	37	商品果横径	33.7 mm	58	清香味	无
17	第二花序节位	13节	38	果形	桃形或高圆形	59	综合品质	中
18	花序类型	单式花序或双歧花序	39	果梗洼大小	3.2 mm	60	可溶性固形物含量	5.03%
19	簇生花	无	40	果洼木栓化大小	1.2 mm	61	田间成株耐寒性	强
20	花柱长度	短于雄蕊	41	果实横切面形状	圆形	62	用途	鲜食
21	花柱形状	单圆花柱	42	果肉色	红			

种质编号VT174

序号	描述项目	描述内容	序号	描述项目	描述内容	序号	描述项目	描述内容
1	种质编号	VT174	22	花柱茸毛	无	43	胎座胶状物质颜色	粉红
2	种质类型	品系	23	花色	浅黄	44	果肉厚	4.5 mm
3	下胚轴颜色	紫	24	花梗离层	有	45	心室数	2个
4	生长习性	无限生长	25	单花序花数	数十朵	46	果皮色	黄
5	株型	半蔓性	26	果柄长度	0.8 cm	47	单花序果数	5个
6	株高	2.0～2.5 m	27	成熟前果色	绿	48	单果重	13.3 g
7	茎叶茸毛	长稀	28	成熟果色	红	49	熟性	极晚≥125 d
8	叶片类型	普通叶型	29	果面棱沟	无	50	形态一致性	一致
9	叶片形状	羽状复叶	30	果面茸毛	无	51	种皮颜色	灰黄
10	叶片着生状态	下垂	31	果顶形状	圆平	52	播种至开花天数	69 d
11	叶色	绿	32	果肩	有	53	播种至始收天数	138 d
12	叶脉色	无色	33	果肩形状	深凹	54	裂果性	不易裂
13	叶裂刻	深	34	果肩色	—	55	畸形果	无
14	叶片长	44.0 cm	35	绿果肩大小	—	56	肉质	软
15	叶片宽	32.0 cm	36	商品果纵径	26.9 mm	57	风味	甜酸
16	首花序节位	10节	37	商品果横径	28.6 mm	58	清香味	有
17	第二花序节位	13节	38	果形	圆形	59	综合品质	中
18	花序类型	多歧花序	39	果梗洼大小	3.5 mm	60	可溶性固形物含量	6.63%
19	簇生花	无	40	果洼木栓化大小	1.0 mm	61	田间成株耐寒性	中
20	花柱长度	短于雄蕊	41	果实横切面形状	圆形	62	用途	鲜食
21	花柱形状	单圆花柱	42	果肉色	红			

第二章 红色樱桃小果类番茄种质资源

种质编号VT188

序号	描述项目	描述内容	序号	描述项目	描述内容	序号	描述项目	描述内容
1	种质编号	VT188	22	花柱茸毛	无	43	胎座胶状物质颜色	红
2	种质类型	遗传材料	23	花色	黄	44	果肉厚	3.2 mm
3	下胚轴颜色	紫	24	花梗离层	有	45	心室数	2个
4	生长习性	4序花封顶	25	单花序花数	14朵	46	果皮色	黄
5	株型	蔓性	26	果柄长度	0.6 cm	47	单花序果数	14个
6	株高	1.5~1.7 m	27	成熟前果色	浅绿	48	单果重	14.6 g
7	茎叶茸毛	短稀	28	成熟果色	深红	49	熟性	极早≤100 d
8	叶片类型	薯叶型	29	果面棱沟	无	50	形态一致性	连续变异
9	叶片形状	羽状复叶	30	果面茸毛	稀	51	种皮颜色	浅黄
10	叶片着生状态	水平	31	果顶形状	圆平	52	播种至开花天数	53 d
11	叶色	黄绿	32	果肩	有	53	播种至始收天数	100 d
12	叶脉色	无色	33	果肩形状	微凹	54	裂果性	不易裂
13	叶裂刻	浅	34	果肩色	—	55	畸形果	无
14	叶片长	45.3 cm	35	绿果肩大小	—	56	肉质	面
15	叶片宽	42.1 cm	36	商品果纵径	40.2 mm	57	风味	甜酸
16	首花序节位	9节	37	商品果横径	24.7 mm	58	清香味	有
17	第二花序节位	12节	38	果形	长圆形	59	综合品质	中
18	花序类型	单式花序或双歧花序	39	果梗洼大小	2.8 mm	60	可溶性固形物含量	5.90%
19	簇生花	无	40	果洼木栓化大小	1.2 mm	61	田间成株耐寒性	强
20	花柱长度	短于雄蕊	41	果实横切面形状	圆形	62	用途	鲜食
21	花柱形状	单圆花柱	42	果肉色	红			

种质编号VT190

序号	描述项目	描述内容	序号	描述项目	描述内容	序号	描述项目	描述内容
1	种质编号	VT190	22	花柱茸毛	无	43	胎座胶状物质颜色	黄绿
2	种质类型	品系	23	花色	黄	44	果肉厚	4.0 mm
3	下胚轴颜色	紫	24	花梗离层	有	45	心室数	2个
4	生长习性	7序花封顶	25	单花序花数	10朵	46	果皮色	黄
5	株型	半蔓性	26	果柄长度	0.6 cm	47	单花序果数	9个
6	株高	2.8～3.3 m	27	成熟前果色	绿白	48	单果重	13.8 g
7	茎叶茸毛	短稀	28	成熟果色	红	49	熟性	早100～105 d
8	叶片类型	普通叶型	29	果面棱沟	无	50	形态一致性	连续变异
9	叶片形状	羽状复叶	30	果面茸毛	稀	51	种皮颜色	浅黄
10	叶片着生状态	水平	31	果顶形状	凹平或微凸	52	播种至开花天数	53 d
11	叶色	黄绿	32	果肩	有	53	播种至始收天数	105 d
12	叶脉色	绿	33	果肩形状	平	54	裂果性	中
13	叶裂刻	浅	34	果肩色	—	55	畸形果	无
14	叶片长	42.0 cm	35	绿果肩大小	—	56	肉质	面
15	叶片宽	32.0 cm	36	商品果纵径	38.6 mm	57	风味	甜酸
16	首花序节位	10节	37	商品果横径	25.0 mm	58	清香味	无
17	第二花序节位	12节	38	果形	长圆形	59	综合品质	中
18	花序类型	单式花序或多歧花序	39	果梗洼大小	2.0 mm	60	可溶性固形物含量	7.07%
19	簇生花	无	40	果洼木栓化大小	0.2 mm	61	田间成株耐寒性	强
20	花柱长度	短于雄蕊	41	果实横切面形状	圆形	62	用途	鲜食
21	花柱形状	单圆花柱	42	果肉色	红			

种质编号VT197

序号	描述项目	描述内容	序号	描述项目	描述内容	序号	描述项目	描述内容
1	种质编号	VT197	22	花柱茸毛	无	43	胎座胶状物质颜色	红
2	种质类型	品系	23	花色	黄	44	果肉厚	3.0 mm
3	下胚轴颜色	紫	24	花梗离层	有	45	心室数	2个
4	生长习性	5序花封顶	25	单花序花数	9朵	46	果皮色	黄
5	株型	半蔓性	26	果柄长度	0.6 cm	47	单花序果数	9个
6	株高	1.5～1.8 m	27	成熟前果色	浅绿	48	单果重	12.3 g
7	茎叶茸毛	短稀	28	成熟果色	深红	49	熟性	极早≤100 d
8	叶片类型	普通叶型	29	果面棱沟	无	50	形态一致性	一致
9	叶片形状	羽状复叶	30	果面茸毛	稀	51	种皮颜色	浅黄
10	叶片着生状态	下垂	31	果顶形状	圆平	52	播种至开花天数	52 d
11	叶色	深绿（带紫）	32	果肩	有	53	播种至始收天数	100 d
12	叶脉色	无色	33	果肩形状	平	54	裂果性	不易裂
13	叶裂刻	中	34	果肩色	—	55	畸形果	无
14	叶片长	36.0 cm	35	绿果肩大小	—	56	肉质	面
15	叶片宽	30.0 cm	36	商品果纵径	35.6 mm	57	风味	甜酸
16	首花序节位	10节	37	商品果横径	23.9 mm	58	清香味	有
17	第二花序节位	12节	38	果形	长圆形	59	综合品质	中
18	花序类型	单式花序或多歧花序	39	果梗洼大小	2.5 mm	60	可溶性固形物含量	6.73%
19	簇生花	无	40	果洼木栓化大小	1.0 mm	61	田间成株耐寒性	弱
20	花柱长度	短于雄蕊	41	果实横切面形状	圆形	62	用途	鲜食
21	花柱形状	单圆花柱	42	果肉色	红			

种质编号VT200

序号	描述项目	描述内容	序号	描述项目	描述内容	序号	描述项目	描述内容
1	种质编号	VT200	22	花柱茸毛	无	43	胎座胶状物质颜色	黄绿
2	种质类型	遗传材料	23	花色	黄	44	果肉厚	4.3 mm
3	下胚轴颜色	紫	24	花梗离层	有	45	心室数	2个
4	生长习性	7序花封顶	25	单花序花数	8朵	46	果皮色	黄
5	株型	半蔓性	26	果柄长度	0.5 cm	47	单花序果数	5个
6	株高	2.3~2.5 m	27	成熟前果色	浅绿	48	单果重	9.1~34.5 g
7	茎叶茸毛	短稀	28	成熟果色	黄或深红	49	熟性	极晚≥125 d
8	叶片类型	普通叶型	29	果面棱沟	轻	50	形态一致性	不连续变异
9	叶片形状	羽状复叶	30	果面茸毛	无	51	种皮颜色	灰黄
10	叶片着生状态	水平	31	果顶形状	圆平	52	播种至播种至开花天数	53 d
11	叶色	绿（带紫）	32	果肩	有	53	播种至播种至始收天数	130 d
12	叶脉色	绿	33	果肩形状	平	54	裂果性	不易裂
13	叶裂刻	中	34	果肩色	—	55	畸形果	无
14	叶片长	30.0 cm	35	绿果肩大小	—	56	肉质	面
15	叶片宽	20.0 cm	36	商品果纵径	34.2~40.2 mm	57	风味	酸甜
16	首花序节位	11节	37	商品果横径	21.3~36.9 mm	58	清香味	有
17	第二花序节位	14节	38	果形	长圆或桃形	59	综合品质	中
18	花序类型	单式花序	39	果梗洼大小	2.5 mm	60	可溶性固形物含量	4.45%~7.15%
19	簇生花	无	40	果洼木栓化大小	0.5 mm	61	田间成株耐寒性	中
20	花柱长度	短于雄蕊	41	果实横切面形状	圆形	62	用途	鲜食
21	花柱形状	单圆花柱	42	果肉色	黄或红			

种质编号VT201

序号	描述项目	描述内容	序号	描述项目	描述内容	序号	描述项目	描述内容
1	种质编号	VT201	22	花柱茸毛	无	43	胎座胶状物质颜色	黄
2	种质类型	遗传材料	23	花色	橘黄	44	果肉厚	3.3 mm
3	下胚轴颜色	紫	24	花梗离层	有	45	心室数	3个
4	生长习性	无限生长	25	单花序花数	数十朵	46	果皮色	黄
5	株型	半蔓性	26	果柄长度	1.0 cm	47	单花序果数	12个
6	株高	1.5～1.8 m	27	成熟前果色	绿白	48	单果重	16.3 g
7	茎叶茸毛	短稀	28	成熟果色	红	49	熟性	早100～105 d
8	叶片类型	普通叶型	29	果面棱沟	无	50	形态一致性	连续变异
9	叶片形状	二回羽状复叶	30	果面茸毛	无	51	种皮颜色	深黄
10	叶片着生状态	下垂	31	果顶形状	圆平	52	播种至开花天数	69 d
11	叶色	绿（带紫）	32	果肩	有	53	播种至始收天数	105 d
12	叶脉色	无色	33	果肩形状	深凹	54	裂果性	不易裂
13	叶裂刻	深	34	果肩色	—	55	畸形果	无
14	叶片长	40.0 cm	35	绿果肩大小	—	56	肉质	软
15	叶片宽	32.0 cm	36	商品果纵径	28.5 mm	57	风味	甜酸
16	首花序节位	7节	37	商品果横径	30.3 mm	58	清香味	无
17	第二花序节位	10节	38	果形	圆形	59	综合品质	中
18	花序类型	多歧花序	39	果梗洼大小	3.3 mm	60	可溶性固形物含量	6.80%
19	簇生花	无	40	果洼木栓化大小	0.8 mm	61	田间成株耐寒性	弱
20	花柱长度	短于雄蕊	41	果实横切面形状	不规则形状	62	用途	鲜食
21	花柱形状	单圆花柱	42	果肉色	红			

种质编号VT202

序号	描述项目	描述内容	序号	描述项目	描述内容	序号	描述项目	描述内容
1	种质编号	VT202	22	花柱茸毛	无	43	胎座胶状物质颜色	红
2	种质类型	遗传材料	23	花色	黄	44	果肉厚	5.2 mm
3	下胚轴颜色	紫	24	花梗离层	有	45	心室数	2个
4	生长习性	4序花封顶	25	单花序花数	10朵	46	果皮色	黄
5	株型	半蔓性	26	果柄长度	0.6 cm	47	单花序果数	9个
6	株高	1.4~1.8 m	27	成熟前果色	绿白	48	单果重	24.8 g
7	茎叶茸毛	长稀	28	成熟果色	红	49	熟性	极早≤100 d
8	叶片类型	普通叶型	29	果面棱沟	无	50	形态一致性	连续变异
9	叶片形状	羽状复叶	30	果面茸毛	稀	51	种皮颜色	灰黄
10	叶片着生状态	水平	31	果顶形状	微凸	52	播种至开花天数	53 d
11	叶色	绿	32	果肩	有	53	播种至始收天数	100 d
12	叶脉色	无色	33	果肩形状	平	54	裂果性	不易裂
13	叶裂刻	中	34	果肩色	—	55	畸形果	无
14	叶片长	42.0 cm	35	绿果肩大小	—	56	肉质	软
15	叶片宽	46.0 cm	36	商品果纵径	41.3 mm	57	风味	甜酸
16	首花序节位	10节	37	商品果横径	32.9 mm	58	清香味	有
17	第二花序节位	12节	38	果形	高圆或桃形	59	综合品质	中
18	花序类型	单式花序	39	果梗洼大小	2.8 mm	60	可溶性固形物含量	6.43%
19	簇生花	无	40	果洼木栓化大小	1.2 mm	61	田间成株耐寒性	弱
20	花柱长度	短于雄蕊	41	果实横切面形状	圆形	62	用途	鲜食
21	花柱形状	单圆花柱	42	果肉色	红			

种质编号VT206

序号	描述项目	描述内容	序号	描述项目	描述内容	序号	描述项目	描述内容
1	种质编号	VT206	22	花柱茸毛	无	43	胎座胶状物质颜色	红
2	种质类型	遗传材料	23	花色	橘黄	44	果肉厚	4.6 mm
3	下胚轴颜色	紫	24	花梗离层	有	45	心室数	2个
4	生长习性	5序花封顶	25	单花序花数	10朵	46	果皮色	黄
5	株型	半蔓性	26	果柄长度	0.5 cm	47	单花序果数	9个
6	株高	1.65~2.0 m	27	成熟前果色	绿白	48	单果重	18.5 g
7	茎叶茸毛	短稀	28	成熟果色	红	49	熟性	极早≤100 d
8	叶片类型	普通叶型	29	果面棱沟	无	50	形态一致性	连续变异
9	叶片形状	羽状复叶	30	果面茸毛	稀	51	种皮颜色	深棕
10	叶片着生状态	水平	31	果顶形状	圆平	52	播种至开花天数	53 d
11	叶色	绿	32	果肩	有	53	播种至始收天数	100 d
12	叶脉色	绿	33	果肩形状	平	54	裂果性	不易裂
13	叶裂刻	中	34	果肩色	—	55	畸形果	无
14	叶片长	36.0 cm	35	绿果肩大小	—	56	肉质	面
15	叶片宽	30.0 cm	36	商品果纵径	39.1 mm	57	风味	甜酸
16	首花序节位	8节	37	商品果横径	28.4 mm	58	清香味	有
17	第二花序节位	10节	38	果形	长圆形	59	综合品质	中
18	花序类型	单式花序或多歧花序	39	果梗洼大小	2.5 mm	60	可溶性固形物含量	6.80%
19	簇生花	无	40	果洼木栓化大小	1.0 mm	61	田间成株耐寒性	强
20	花柱长度	短于雄蕊	41	果实横切面形状	圆形	62	用途	鲜食
21	花柱形状	单圆花柱	42	果肉色	红			

种质编号VT208

序号	描述项目	描述内容	序号	描述项目	描述内容	序号	描述项目	描述内容
1	种质编号	VT208	22	花柱茸毛	无	43	胎座胶状物质颜色	红
2	种质类型	品系	23	花色	黄	44	果肉厚	4.2 mm
3	下胚轴颜色	紫	24	花梗离层	有	45	心室数	2个
4	生长习性	无限生长	25	单花序花数	12朵	46	果皮色	黄
5	株型	蔓性	26	果柄长度	0.6 cm	47	单花序果数	11个
6	株高	2.5～3.0 m	27	成熟前果色	浅绿	48	单果重	14.7 g
7	茎叶茸毛	短稀	28	成熟果色	红	49	熟性	极早≤100 d
8	叶片类型	普通叶型	29	果面棱沟	轻	50	形态一致性	一致
9	叶片形状	羽状复叶	30	果面茸毛	无	51	种皮颜色	浅黄
10	叶片着生状态	水平	31	果顶形状	圆平	52	播种至开花天数	53 d
11	叶色	绿	32	果肩	有	53	播种至始收天数	100 d
12	叶脉色	绿	33	果肩形状	平	54	裂果性	不易裂
13	叶裂刻	中	34	果肩色	—	55	畸形果	无
14	叶片长	42.0 cm	35	绿果肩大小	—	56	肉质	面
15	叶片宽	31.0 cm	36	商品果纵径	39.0 mm	57	风味	甜酸
16	首花序节位	11节	37	商品果横径	26.1 mm	58	清香味	有
17	第二花序节位	14节	38	果形	长圆形	59	综合品质	中
18	花序类型	多歧花序	39	果梗洼大小	2.0 mm	60	可溶性固形物含量	6.63%
19	簇生花	无	40	果洼木栓化大小	0.3 mm	61	田间成株耐寒性	强
20	花柱长度	短于雄蕊	41	果实横切面形状	圆形	62	用途	鲜食
21	花柱形状	单圆花柱	42	果肉色	红			

种质编号VT204

序号	描述项目	描述内容	序号	描述项目	描述内容	序号	描述项目	描述内容
1	种质编号	VT204	22	花柱茸毛	无	43	胎座胶状物质颜色	黄或红
2	种质类型	遗传材料	23	花色	黄	44	果肉厚	3.0~5.5 mm
3	下胚轴颜色	紫	24	花梗离层	有	45	心室数	3个
4	生长习性	无限生长	25	单花序花数	34朵	46	果皮色	黄
5	株型	半蔓性	26	果柄长度	0.7 cm	47	单花序果数	11个
6	株高	1.7~2.0 m	27	成熟前果色	深绿	48	单果重	11.7~22.7 g
7	茎叶茸毛	长稀	28	成熟果色	红或橘黄	49	熟性	极晚≥125 d
8	叶片类型	普通叶型	29	果面棱沟	轻	50	形态一致性	连续变异
9	叶片形状	二回羽状复叶	30	果面茸毛	无	51	种皮颜色	浅黄
10	叶片着生状态	下垂	31	果顶形状	圆平	52	播种至开花天数	53 d
11	叶色	深绿	32	果肩	有	53	播种至始收天数	132 d
12	叶脉色	无色	33	果肩形状	平	54	裂果性	不易裂
13	叶裂刻	深	34	果肩色	—	55	畸形果	无
14	叶片长	42.0 cm	35	绿果肩大小	—	56	肉质	软
15	叶片宽	38.0 cm	36	商品果纵径	33.6~34.5 mm	57	风味	甜酸
16	首花序节位	7节	37	商品果横径	24.1~33.2 mm	58	清香味	有
17	第二花序节位	12节	38	果形	圆形或高圆形	59	综合品质	上
18	花序类型	多歧花序	39	果梗洼大小	1.2~3.0 mm	60	可溶性固形物含量	7.30%~9.27%
19	簇生花	有	40	果洼木栓化大小	0.5~1.2 mm	61	田间成株耐寒性	弱
20	花柱长度	与雄蕊近等长	41	果实横切面形状	不规则形状	62	用途	鲜食
21	花柱形状	单圆或分裂花柱	42	果肉色	红或黄			

种质编号VT209

序号	描述项目	描述内容	序号	描述项目	描述内容	序号	描述项目	描述内容
1	种质编号	VT209	22	花柱茸毛	无	43	胎座胶状物质颜色	红
2	种质类型	品系	23	花色	黄	44	果肉厚	3.3 mm
3	下胚轴颜色	紫	24	花梗离层	有	45	心室数	2个
4	生长习性	6序花封顶	25	单花序花数	12朵	46	果皮色	黄
5	株型	蔓性	26	果柄长度	0.6 cm	47	单花序果数	9个
6	株高	1.6～1.8 m	27	成熟前果色	浅绿	48	单果重	11.4 g
7	茎叶茸毛	短稀	28	成熟果色	红	49	熟性	极早≤100 d
8	叶片类型	普通叶型	29	果面棱沟	无	50	形态一致性	一致
9	叶片形状	羽状复叶	30	果面茸毛	稀	51	种皮颜色	浅黄
10	叶片着生状态	水平	31	果顶形状	圆平	52	播种至开花天数	53 d
11	叶色	绿	32	果肩	有	53	播种至始收天数	100 d
12	叶脉色	无色	33	果肩形状	平	54	裂果性	不易裂
13	叶裂刻	中	34	果肩色	—	55	畸形果	无
14	叶片长	46.0 cm	35	绿果肩大小	—	56	肉质	面
15	叶片宽	36.0 cm	36	商品果纵径	35.8 mm	57	风味	甜酸
16	首花序节位	11节	37	商品果横径	23.1 mm	58	清香味	有
17	第二花序节位	14节	38	果形	长圆形	59	综合品质	中
18	花序类型	单式花序或多歧花序	39	果梗洼大小	3.1 mm	60	可溶性固形物含量	5.90%
19	簇生花	无	40	果洼木栓化大小	0.8 mm	61	田间成株耐寒性	中
20	花柱长度	短于雄蕊	41	果实横切面形状	圆形	62	用途	鲜食
21	花柱形状	单圆花柱	42	果肉色	红			

种质编号VT215

序号	描述项目	描述内容	序号	描述项目	描述内容	序号	描述项目	描述内容
1	种质编号	VT215	22	花柱茸毛	无	43	胎座胶状物质颜色	红
2	种质类型	品系	23	花色	黄	44	果肉厚	2.9 mm
3	下胚轴颜色	紫	24	花梗离层	有	45	心室数	2个
4	生长习性	7序花封顶	25	单花序花数	8朵	46	果皮色	黄
5	株型	半蔓性	26	果柄长度	0.6 cm	47	单花序果数	8个
6	株高	1.5～1.7 m	27	成熟前果色	绿白	48	单果重	12.7 g
7	茎叶茸毛	短稀	28	成熟果色	红	49	熟性	早100～105 d
8	叶片类型	薯叶型	29	果面棱沟	轻	50	形态一致性	连续变异
9	叶片形状	羽状复叶	30	果面茸毛	无	51	种皮颜色	浅黄
10	叶片着生状态	下垂	31	果顶形状	圆平	52	播种至开花天数	53 d
11	叶色	深绿	32	果肩	有	53	播种至始收天数	101 d
12	叶脉色	无色	33	果肩形状	平	54	裂果性	中
13	叶裂刻	中	34	果肩色	—	55	畸形果	无
14	叶片长	40.0 cm	35	绿果肩大小	—	56	肉质	面
15	叶片宽	31.0 cm	36	商品果纵径	41.1 mm	57	风味	甜酸
16	首花序节位	10节	37	商品果横径	25.2 mm	58	清香味	有
17	第二花序节位	13节	38	果形	长圆形	59	综合品质	中
18	花序类型	单式花序	39	果梗洼大小	2.0 mm	60	可溶性固形物含量	6.93%
19	簇生花	无	40	果洼木栓化大小	0.8 mm	61	田间成株耐寒性	中
20	花柱长度	短于雄蕊	41	果实横切面形状	圆形	62	用途	鲜食
21	花柱形状	单圆花柱	42	果肉色	红			

种质编号VT218

序号	描述项目	描述内容	序号	描述项目	描述内容	序号	描述项目	描述内容
1	种质编号	VT218	22	花柱茸毛	无	43	胎座胶状物质颜色	粉红
2	种质类型	品系	23	花色	黄	44	果肉厚	2.3 mm
3	下胚轴颜色	紫	24	花梗离层	有	45	心室数	2个
4	生长习性	6序花封顶	25	单花序花数	10朵	46	果皮色	黄
5	株型	半蔓性	26	果柄长度	0.5 cm	47	单花序果数	7个
6	株高	1.48～1.6 m	27	成熟前果色	浅绿	48	单果重	19.0 g
7	茎叶茸毛	短稀	28	成熟果色	红	49	熟性	早100～105 d
8	叶片类型	薯叶型	29	果面棱沟	轻	50	形态一致性	一致
9	叶片形状	羽状复叶	30	果面茸毛	无	51	种皮颜色	浅黄
10	叶片着生状态	水平	31	果顶形状	圆平	52	播种至开花天数	51 d
11	叶色	绿	32	果肩	有	53	播种至始收天数	105 d
12	叶脉色	绿	33	果肩形状	深凹	54	裂果性	不易裂
13	叶裂刻	中	34	果肩色	—	55	畸形果	无
14	叶片长	36.0 cm	35	绿果肩大小	—	56	肉质	面
15	叶片宽	34.0 cm	36	商品果纵径	39.2 mm	57	风味	甜
16	首花序节位	9节	37	商品果横径	28.9 mm	58	清香味	无
17	第二花序节位	12节	38	果形	长圆形	59	综合品质	上
18	花序类型	单式花序或双歧花序	39	果梗洼大小	2.3 mm	60	可溶性固形物含量	8.07%
19	簇生花	无	40	果洼木栓化大小	1.3 mm	61	田间成株耐寒性	强
20	花柱长度	短于雄蕊	41	果实横切面形状	圆形	62	用途	鲜食
21	花柱形状	单圆花柱	42	果肉色	红			

种质编号VT224

序号	描述项目	描述内容	序号	描述项目	描述内容	序号	描述项目	描述内容
1	种质编号	VT224	22	花柱茸毛	无	43	胎座胶状物质颜色	黄绿
2	种质类型	品系	23	花色	黄	44	果肉厚	4.4 mm
3	下胚轴颜色	紫	24	花梗离层	有	45	心室数	2个
4	生长习性	6序花封顶	25	单花序花数	9朵	46	果皮色	黄
5	株型	蔓性	26	果柄长度	0.5 cm	47	单花序果数	6个
6	株高	1.7~2.3 m	27	成熟前果色	浅绿	48	单果重	21.8 g
7	茎叶茸毛	短稀	28	成熟果色	红	49	熟性	早100~105 d
8	叶片类型	薯叶型	29	果面棱沟	轻	50	形态一致性	一致
9	叶片形状	羽状复叶	30	果面茸毛	无	51	种皮颜色	灰黄
10	叶片着生状态	下垂	31	果顶形状	圆平	52	播种至开花天数	51 d
11	叶色	深绿（带紫）	32	果肩	有	53	播种至始收天数	105 d
12	叶脉色	无色	33	果肩形状	深凹	54	裂果性	不易裂
13	叶裂刻	中	34	果肩色	—	55	畸形果	无
14	叶片长	40.0 cm	35	绿果肩大小	—	56	肉质	面
15	叶片宽	32.0 cm	36	商品果纵径	44.1 mm	57	风味	酸甜
16	首花序节位	6节	37	商品果横径	29.3 mm	58	清香味	无
17	第二花序节位	9节	38	果形	长圆形	59	综合品质	中
18	花序类型	单式花序	39	果梗洼大小	2.7 mm	60	可溶性固形物含量	7.20%
19	簇生花	无	40	果洼木栓化大小	1.4 mm	61	田间成株耐寒性	弱
20	花柱长度	短于雄蕊	41	果实横切面形状	圆形	62	用途	鲜食
21	花柱形状	单圆花柱	42	果肉色	红			

种质编号VT227

序号	描述项目	描述内容	序号	描述项目	描述内容	序号	描述项目	描述内容
1	种质编号	VT227	22	花柱茸毛	无	43	胎座胶状物质颜色	红
2	种质类型	品系	23	花色	橘黄	44	果肉厚	2.8 mm
3	下胚轴颜色	紫	24	花梗离层	有	45	心室数	2个
4	生长习性	5序花封顶	25	单花序花数	15朵	46	果皮色	黄
5	株型	半蔓性	26	果柄长度	0.6 cm	47	单花序果数	12个
6	株高	2.0～2.3 m	27	成熟前果色	浅绿	48	单果重	12.8 g
7	茎叶茸毛	长稀	28	成熟果色	红	49	熟性	早100～105 d
8	叶片类型	薯叶型	29	果面棱沟	轻	50	形态一致性	一致
9	叶片形状	羽状复叶	30	果面茸毛	无	51	种皮颜色	浅黄
10	叶片着生状态	水平	31	果顶形状	圆平	52	播种至开花天数	51 d
11	叶色	深绿（带紫）	32	果肩	有	53	播种至始收天数	105 d
12	叶脉色	无色	33	果肩形状	微凹	54	裂果性	不易裂
13	叶裂刻	中	34	果肩色	—	55	畸形果	无
14	叶片长	42.0 cm	35	绿果肩大小	—	56	肉质	面
15	叶片宽	40.0 cm	36	商品果纵径	34.8 mm	57	风味	甜酸
16	首花序节位	8节	37	商品果横径	25.1 mm	58	清香味	有
17	第二花序节位	9节	38	果形	长圆形	59	综合品质	中
18	花序类型	单式花序或多歧花序	39	果梗洼大小	2.5 mm	60	可溶性固形物含量	7.33%
19	簇生花	无	40	果洼木栓化大小	0.3 mm	61	田间成株耐寒性	强
20	花柱长度	短于雄蕊	41	果实横切面形状	圆形	62	用途	鲜食
21	花柱形状	单圆花柱	42	果肉色	红			

种质编号VT229

序号	描述项目	描述内容	序号	描述项目	描述内容	序号	描述项目	描述内容
1	种质编号	VT229	22	花柱茸毛	无	43	胎座胶状物质颜色	红
2	种质类型	品系	23	花色	橘黄	44	果肉厚	3.7 mm
3	下胚轴颜色	紫	24	花梗离层	有	45	心室数	2个
4	生长习性	8序花封顶	25	单花序花数	17朵	46	果皮色	黄
5	株型	半蔓性	26	果柄长度	0.6 cm	47	单花序果数	11个
6	株高	1.9～2.3 m	27	成熟前果色	绿白	48	单果重	17.2 g
7	茎叶茸毛	短稀	28	成熟果色	红	49	熟性	早100～105 d
8	叶片类型	普通叶型	29	果面棱沟	轻	50	形态一致性	连续变异
9	叶片形状	羽状复叶	30	果面茸毛	无	51	种皮颜色	灰黄
10	叶片着生状态	水平	31	果顶形状	圆平	52	播种至开花天数	45 d
11	叶色	深绿（带紫）	32	果肩	有	53	播种至始收天数	102 d
12	叶脉色	无色	33	果肩形状	深凹	54	裂果性	不易裂
13	叶裂刻	中	34	果肩色	—	55	畸形果	无
14	叶片长	40.0 cm	35	绿果肩大小	—	56	肉质	面
15	叶片宽	36.0 cm	36	商品果纵径	38.8 mm	57	风味	甜酸
16	首花序节位	8节	37	商品果横径	27.8 mm	58	清香味	无
17	第二花序节位	11节	38	果形	长圆形	59	综合品质	中
18	花序类型	单式花序或多歧花序	39	果梗洼大小	2.3 mm	60	可溶性固形物含量	6.47%
19	簇生花	无	40	果洼木栓化大小	0.5 mm	61	田间成株耐寒性	强
20	花柱长度	短于雄蕊	41	果实横切面形状	圆形	62	用途	鲜食
21	花柱形状	单圆花柱	42	果肉色	红			

种质编号VT231

序号	描述项目	描述内容	序号	描述项目	描述内容	序号	描述项目	描述内容
1	种质编号	VT231	22	花柱茸毛	无	43	胎座胶状物质颜色	红
2	种质类型	品系	23	花色	黄	44	果肉厚	4.0 mm
3	下胚轴颜色	紫	24	花梗离层	有	45	心室数	2个
4	生长习性	7序花封顶	25	单花序花数	13朵	46	果皮色	黄
5	株型	半蔓性	26	果柄长度	0.5 cm	47	单花序果数	11个
6	株高	1.5～1.8 m	27	成熟前果色	浅绿	48	单果重	12.7 g
7	茎叶茸毛	长稀	28	成熟果色	红	49	熟性	早100～105 d
8	叶片类型	薯叶型	29	果面棱沟	无	50	形态一致性	一致
9	叶片形状	羽状复叶	30	果面茸毛	稀	51	种皮颜色	浅黄
10	叶片着生状态	下垂	31	果顶形状	圆平	52	播种至开花天数	47 d
11	叶色	绿	32	果肩	有	53	播种至始收天数	102 d
12	叶脉色	绿	33	果肩形状	深凹	54	裂果性	不易裂
13	叶裂刻	中	34	果肩色	—	55	畸形果	无
14	叶片长	44.0 cm	35	绿果肩大小	—	56	肉质	面
15	叶片宽	40.0 cm	36	商品果纵径	34.9 mm	57	风味	甜酸
16	首花序节位	11节	37	商品果横径	24.7 mm	58	清香味	有
17	第二花序节位	12节	38	果形	长圆形	59	综合品质	中
18	花序类型	单式花序或多歧花序	39	果梗洼大小	2.0 mm	60	可溶性固形物含量	7.37%
19	簇生花	无	40	果洼木栓化大小	0.2 mm	61	田间成株耐寒性	弱
20	花柱长度	短于雄蕊	41	果实横切面形状	圆形	62	用途	鲜食
21	花柱形状	单圆花柱	42	果肉色	红			

种质编号VT234

序号	描述项目	描述内容	序号	描述项目	描述内容	序号	描述项目	描述内容
1	种质编号	VT234	22	花柱茸毛	无	43	胎座胶状物质颜色	红
2	种质类型	遗传材料	23	花色	黄	44	果肉厚	4.0 mm
3	下胚轴颜色	紫	24	花梗离层	有	45	心室数	2个
4	生长习性	无限生长	25	单花序花数	8朵	46	果皮色	黄
5	株型	半蔓性	26	果柄长度	0.8 cm	47	单花序果数	6个
6	株高	2.5～3.0 m	27	成熟前果色	绿白	48	单果重	17.9 g
7	茎叶茸毛	短稀	28	成熟果色	红	49	熟性	早100～105 d
8	叶片类型	普通叶型	29	果面棱沟	轻	50	形态一致性	连续变异
9	叶片形状	羽状复叶	30	果面茸毛	无	51	种皮颜色	灰黄
10	叶片着生状态	水平	31	果顶形状	圆平	52	播种至开花天数	51 d
11	叶色	黄绿	32	果肩	有	53	播种至始收天数	105 d
12	叶脉色	无色	33	果肩形状	微凹	54	裂果性	不易裂
13	叶裂刻	中	34	果肩色	—	55	畸形果	无
14	叶片长	50.0 cm	35	绿果肩大小	—	56	肉质	面
15	叶片宽	40.0 cm	36	商品果纵径	39.0 mm	57	风味	甜酸
16	首花序节位	10节	37	商品果横径	27.6 mm	58	清香味	无
17	第二花序节位	14节	38	果形	长圆形	59	综合品质	中
18	花序类型	单式花序或多歧花序	39	果梗洼大小	2.6 mm	60	可溶性固形物含量	7.47%
19	簇生花	无	40	果洼木栓化大小	0.8 mm	61	田间成株耐寒性	中
20	花柱长度	短于雄蕊	41	果实横切面形状	圆形	62	用途	鲜食
21	花柱形状	单圆花柱	42	果肉色	红			

种质编号VT237

序号	描述项目	描述内容	序号	描述项目	描述内容	序号	描述项目	描述内容
1	种质编号	VT237	22	花柱茸毛	无	43	胎座胶状物质颜色	红
2	种质类型	品系	23	花色	橘黄	44	果肉厚	4.1 mm
3	下胚轴颜色	紫	24	花梗离层	有	45	心室数	2个
4	生长习性	6序花封顶	25	单花序花数	14朵	46	果皮色	黄
5	株型	半蔓性	26	果柄长度	0.5 cm	47	单花序果数	13个
6	株高	1.4～1.8 m	27	成熟前果色	绿白	48	单果重	20.2 g
7	茎叶茸毛	短密	28	成熟果色	红	49	熟性	早100～105 d
8	叶片类型	普通叶型	29	果面棱沟	中	50	形态一致性	一致
9	叶片形状	羽状复叶	30	果面茸毛	稀	51	种皮颜色	浅黄
10	叶片着生状态	水平	31	果顶形状	微凹	52	播种至开花天数	47 d
11	叶色	绿	32	果肩	有	53	播种至始收天数	105 d
12	叶脉色	绿	33	果肩形状	微凹	54	裂果性	不易裂
13	叶裂刻	中	34	果肩色	—	55	畸形果	无
14	叶片长	40.0 cm	35	绿果肩大小	—	56	肉质	面
15	叶片宽	35.0 cm	36	商品果纵径	41.3 mm	57	风味	甜酸
16	首花序节位	7节	37	商品果横径	29.2 mm	58	清香味	有
17	第二花序节位	10节	38	果形	长圆或桃形	59	综合品质	上
18	花序类型	单式花序	39	果梗洼大小	2.7 mm	60	可溶性固形物含量	6.43%
19	簇生花	无	40	果洼木栓化大小	0.8 mm	61	田间成株耐寒性	中
20	花柱长度	短于雄蕊	41	果实横切面形状	圆形	62	用途	鲜食
21	花柱形状	单圆花柱	42	果肉色	红			

种质编号VT239

序号	描述项目	描述内容	序号	描述项目	描述内容	序号	描述项目	描述内容
1	种质编号	VT239	22	花柱茸毛	无	43	胎座胶状物质颜色	红
2	种质类型	品系	23	花色	浅	44	果肉厚	2.9 mm
3	下胚轴颜色	紫	24	花梗离层	有	45	心室数	2个
4	生长习性	无限生长	25	单花序花数	9朵	46	果皮色	黄
5	株型	半蔓性	26	果柄长度	0.5 cm	47	单花序果数	9个
6	株高	2.5～3.0 m	27	成熟前果色	深绿	48	单果重	23.5 g
7	茎叶茸毛	长稀	28	成熟果色	红	49	熟性	早100～105 d
8	叶片类型	普通叶型	29	果面棱沟	无	50	形态一致性	一致
9	叶片形状	羽状复叶	30	果面茸毛	无	51	种皮颜色	深黄
10	叶片着生状态	水平	31	果顶形状	圆平	52	播种至开花天数	52 d
11	叶色	浅绿	32	果肩	有	53	播种至始收天数	105 d
12	叶脉色	无色	33	果肩形状	深凹	54	裂果性	不易裂
13	叶裂刻	深	34	果肩色	—	55	畸形果	无
14	叶片长	43.0 cm	35	绿果肩大小	—	56	肉质	软
15	叶片宽	35.0 cm	36	商品果纵径	30.2 mm	57	风味	甜酸
16	首花序节位	9节	37	商品果横径	34.4 mm	58	清香味	无
17	第二花序节位	13节	38	果形	圆形	59	综合品质	中
18	花序类型	单式花序	39	果梗洼大小	2.5 mm	60	可溶性固形物含量	4.93%
19	簇生花	无	40	果洼木栓化大小	1.0 mm	61	田间成株耐寒性	中
20	花柱长度	短于雄蕊	41	果实横切面形状	圆形	62	用途	鲜食
21	花柱形状	单圆花柱	42	果肉色	红			

种质编号VT250

序号	描述项目	描述内容	序号	描述项目	描述内容	序号	描述项目	描述内容
1	种质编号	VT250	22	花柱茸毛	无	43	胎座胶状物质颜色	红
2	种质类型	遗传材料	23	花色	黄	44	果肉厚	4.6 mm
3	下胚轴颜色	紫	24	花梗离层	有	45	心室数	2个
4	生长习性	无限生长	25	单花序花数	11朵	46	果皮色	黄
5	株型	半蔓性	26	果柄长度	0.8 cm	47	单花序果数	10个
6	株高	2.5～2.8 m	27	成熟前果色	浅绿	48	单果重	14.1 g
7	茎叶茸毛	短稀	28	成熟果色	红	49	熟性	极早≤100 d
8	叶片类型	薯叶型	29	果面棱沟	轻	50	形态一致性	连续变异
9	叶片形状	羽状复叶	30	果面茸毛	稀	51	种皮颜色	灰黄
10	叶片着生状态	水平	31	果顶形状	圆平	52	播种至开花天数	44 d
11	叶色	深绿	32	果肩	有	53	播种至始收天数	99 d
12	叶脉色	绿	33	果肩形状	微凹	54	裂果性	中
13	叶裂刻	中	34	果肩色	—	55	畸形果	无
14	叶片长	40.0 cm	35	绿果肩大小	—	56	肉质	面
15	叶片宽	34.0 cm	36	商品果纵径	36.3 mm	57	风味	甜酸
16	首花序节位	11节	37	商品果横径	25.0 mm	58	清香味	有
17	第二花序节位	14节	38	果形	长圆形	59	综合品质	中
18	花序类型	单式花序	39	果梗洼大小	2.6 mm	60	可溶性固形物含量	5.93%
19	簇生花	无	40	果洼木栓化大小	0.5 mm	61	田间成株耐寒性	强
20	花柱长度	短于雄蕊	41	果实横切面形状	圆形	62	用途	鲜食
21	花柱形状	单圆花柱	42	果肉色	红			

种质编号VT251

序号	描述项目	描述内容	序号	描述项目	描述内容	序号	描述项目	描述内容
1	种质编号	VT251	22	花柱茸毛	无	43	胎座胶状物质颜色	红
2	种质类型	品系	23	花色	橘黄	44	果肉厚	3.3 mm
3	下胚轴颜色	紫	24	花梗离层	有	45	心室数	2个
4	生长习性	6序花封顶	25	单花序花数	15朵	46	果皮色	黄
5	株型	蔓性	26	果柄长度	0.6 cm	47	单花序果数	11个
6	株高	1.8～2.0 m	27	成熟前果色	浅绿	48	单果重	20.2 g
7	茎叶茸毛	短稀	28	成熟果色	红	49	熟性	极早≤100 d
8	叶片类型	薯叶型	29	果面棱沟	轻	50	形态一致性	一致
9	叶片形状	羽状复叶	30	果面茸毛	无	51	种皮颜色	灰黄
10	叶片着生状态	下垂	31	果顶形状	圆平	52	播种至开花天数	44 d
11	叶色	深绿带紫	32	果肩	有	53	播种至始收天数	99 d
12	叶脉色	无色	33	果肩形状	深凹	54	裂果性	不易裂
13	叶裂刻	深	34	果肩色	—	55	畸形果	无
14	叶片长	50.0 cm	35	绿果肩大小	—	56	肉质	面
15	叶片宽	40.0 cm	36	商品果纵径	42.2 mm	57	风味	甜酸
16	首花序节位	9节	37	商品果横径	28.0 mm	58	清香味	无
17	第二花序节位	12节	38	果形	长圆或桃形	59	综合品质	中
18	花序类型	单式花序或多歧花序	39	果梗洼大小	2.5 mm	60	可溶性固形物含量	6.73%
19	簇生花	无	40	果洼木栓化大小	0.5 mm	61	田间成株耐寒性	强
20	花柱长度	短于雄蕊	41	果实横切面形状	圆形	62	用途	鲜食
21	花柱形状	单圆花柱	42	果肉色	红			

种质编号VT252

序号	描述项目	描述内容	序号	描述项目	描述内容	序号	描述项目	描述内容
1	种质编号	VT252	22	花柱茸毛	无	43	胎座胶状物质颜色	黄
2	种质类型	品系	23	花色	黄	44	果肉厚	4.3 mm
3	下胚轴颜色	紫	24	花梗离层	有	45	心室数	2个
4	生长习性	7序花封顶	25	单花序花数	19朵	46	果皮色	黄
5	株型	半蔓性	26	果柄长度	0.6 cm	47	单花序果数	13个
6	株高	2.0～2.2 m	27	成熟前果色	浅绿	48	单果重	20.3 g
7	茎叶茸毛	短稀	28	成熟果色	红	49	熟性	早100～105 d
8	叶片类型	薯叶型	29	果面棱沟	轻	50	形态一致性	一致
9	叶片形状	羽状复叶	30	果面茸毛	无	51	种皮颜色	灰黄
10	叶片着生状态	水平	31	果顶形状	微凸	52	播种至开花天数	46 d
11	叶色	深绿	32	果肩	有	53	播种至始收天数	103 d
12	叶脉色	无色	33	果肩形状	深凹	54	裂果性	不易裂
13	叶裂刻	中	34	果肩色	—	55	畸形果	无
14	叶片长	46.0 cm	35	绿果肩大小	—	56	肉质	软
15	叶片宽	46.0 cm	36	商品果纵径	42.3 mm	57	风味	甜酸
16	首花序节位	9节	37	商品果横径	28.7 mm	58	清香味	有（淡）
17	第二花序节位	12节	38	果形	桃形	59	综合品质	中
18	花序类型	单式花序	39	果梗洼大小	2.1 mm	60	可溶性固形物含量	6.10%
19	簇生花	无	40	果洼木栓化大小	0.5 mm	61	田间成株耐寒性	强
20	花柱长度	短于雄蕊	41	果实横切面形状	圆形	62	用途	鲜食
21	花柱形状	单圆花柱	42	果肉色	红			

种质编号VT264

序号	描述项目	描述内容	序号	描述项目	描述内容	序号	描述项目	描述内容
1	种质编号	VT264	22	花柱茸毛	无	43	胎座胶状物质颜色	黄
2	种质类型	遗传材料	23	花色	黄	44	果肉厚	3.1 mm
3	下胚轴颜色	紫	24	花梗离层	有	45	心室数	2个
4	生长习性	6序花封顶	25	单花序花数	19朵	46	果皮色	黄
5	株型	半蔓性	26	果柄长度	0.6 cm	47	单花序果数	14个
6	株高	1.8~2.2 m	27	成熟前果色	浅绿	48	单果重	18.9 g
7	茎叶茸毛	长稀	28	成熟果色	红	49	熟性	极晚≥125 d
8	叶片类型	普通叶型	29	果面棱沟	无	50	形态一致性	连续变异
9	叶片形状	羽状复叶	30	果面茸毛	无	51	种皮颜色	灰黄
10	叶片着生状态	水平	31	果顶形状	圆平	52	播种至开花天数	66 d
11	叶色	深绿	32	果肩	有	53	播种至始收天数	129 d
12	叶脉色	无色	33	果肩形状	平	54	裂果性	不易裂
13	叶裂刻	中	34	果肩色	—	55	畸形果	无
14	叶片长	38.0 cm	35	绿果肩大小	—	56	肉质	面
15	叶片宽	30.0 cm	36	商品果纵径	40.2 mm	57	风味	甜酸
16	首花序节位	11节	37	商品果横径	27.5 mm	58	清香味	无
17	第二花序节位	14节	38	果形	长圆形	59	综合品质	中
18	花序类型	单式花序	39	果梗洼大小	2.1 mm	60	可溶性固形物含量	7.63%
19	簇生花	无	40	果洼木栓化大小	0.5 mm	61	田间成株耐寒性	强
20	花柱长度	短于雄蕊	41	果实横切面形状	圆形	62	用途	鲜食
21	花柱形状	单圆花柱	42	果肉色	红			

种质编号VT268

序号	描述项目	描述内容	序号	描述项目	描述内容	序号	描述项目	描述内容
1	种质编号	VT268	22	花柱茸毛	无	43	胎座胶状物质颜色	黄
2	种质类型	遗传材料	23	花色	黄	44	果肉厚	3 mm
3	下胚轴颜色	紫（淡）	24	花梗离层	有	45	心室数	3个
4	生长习性	无限生长	25	单花序花数	8朵	46	果皮色	黄
5	株型	半蔓性	26	果柄长度	0.7 cm	47	单花序果数	6个
6	株高	2.5～3.0 m	27	成熟前果色	绿白	48	单果重	27.2 g
7	茎叶茸毛	短稀	28	成熟果色	红	49	熟性	极晚≥125 d
8	叶片类型	普通叶型	29	果面棱沟	轻	50	形态一致性	连续变异
9	叶片形状	羽状复叶	30	果面茸毛	稀	51	种皮颜色	灰黄
10	叶片着生状态	下垂	31	果顶形状	圆平	52	播种至开花天数	42 d
11	叶色	绿（带紫）	32	果肩	有	53	播种至始收天数	133 d
12	叶脉色	无色	33	果肩形状	平	54	裂果性	不易裂
13	叶裂刻	中	34	果肩色	—	55	畸形果	无
14	叶片长	47.0 cm	35	绿果肩大小	—	56	肉质	软
15	叶片宽	33.0 cm	36	商品果纵径	46.3 mm	57	风味	甜酸
16	首花序节位	7～9节	37	商品果横径	30.8 mm	58	清香味	有
17	第二花序节位	7～14节	38	果形	圆形或长圆形	59	综合品质	中
18	花序类型	单式花序	39	果梗洼大小	3.5 mm	60	可溶性固形物含量	4.93%
19	簇生花	无	40	果洼木栓化大小	2.1 mm	61	田间成株耐寒性	中
20	花柱长度	短于雄蕊	41	果实横切面形状	不规则形状	62	用途	鲜食
21	花柱形状	单圆花柱	42	果肉色	红			

种质编号VT280

序号	描述项目	描述内容	序号	描述项目	描述内容	序号	描述项目	描述内容
1	种质编号	VT280	22	花柱茸毛	无	43	胎座胶状物质颜色	黄绿或红
2	种质类型	品系	23	花色	黄	44	果肉厚	3.4~5.5 mm
3	下胚轴颜色	紫	24	花梗离层	有	45	心室数	2~3个
4	生长习性	6序花封顶	25	单花序花数	8朵	46	果皮色	黄
5	株型	半蔓性	26	果柄长度	1.5 cm	47	单花序果数	5个
6	株高	1.5~3.0 m	27	成熟前果色	浅绿	48	单果重	23.9~72.4 g
7	茎叶茸毛	短稀	28	成熟果色	红	49	熟性	极晚≥125 d
8	叶片类型	薯叶型	29	果面棱沟	中	50	形态一致性	连续变异
9	叶片形状	羽状复叶	30	果面茸毛	无	51	种皮颜色	深棕
10	叶片着生状态	下垂	31	果顶形状	微凹	52	播种至开花天数	66 d
11	叶色	绿	32	果肩	有	53	播种至始收天数	133 d
12	叶脉色	无色	33	果肩形状	平	54	裂果性	不易裂
13	叶裂刻	深	34	果肩色	—	55	畸形果	无
14	叶片长	50.0 cm	35	绿果肩大小	—	56	肉质	软
15	叶片宽	40.0 cm	36	商品果纵径	34.5~58.7 mm	57	风味	甜酸
16	首花序节位	10节	37	商品果横径	33.2~44.8 mm	58	清香味	有
17	第二花序节位	13节	38	果形	长圆形	59	综合品质	中
18	花序类型	单式花序	39	果梗洼大小	2.2~5.2 mm	60	可溶性固形物含量	3.8%~6.25%
19	簇生花	无	40	果洼木栓化大小	0.8~2.5 mm	61	田间成株耐寒性	强
20	花柱长度	短于雄蕊	41	果实横切面形状	圆形或不规则	62	用途	鲜食
21	花柱形状	单圆花柱	42	果肉色	红			

种质编号VT284

序号	描述项目	描述内容	序号	描述项目	描述内容	序号	描述项目	描述内容
1	种质编号	VT284	22	花柱茸毛	无	43	胎座胶状物质颜色	红
2	种质类型	品系	23	花色	黄	44	果肉厚	3.2 mm
3	下胚轴颜色	紫	24	花梗离层	有	45	心室数	2个
4	生长习性	5序花封顶	25	单花序花数	14朵	46	果皮色	黄
5	株型	半蔓性	26	果柄长度	0.5 cm	47	单花序果数	12个
6	株高	2.0～2.5 m	27	成熟前果色	浅绿	48	单果重	11.6 g
7	茎叶茸毛	长稀	28	成熟果色	深红	49	熟性	早100～105 d
8	叶片类型	普通叶型	29	果面棱沟	轻	50	形态一致性	一致
9	叶片形状	羽状复叶	30	果面茸毛	稀	51	种皮颜色	浅棕
10	叶片着生状态	下垂	31	果顶形状	微凸	52	播种至开花天数	44 d
11	叶色	绿	32	果肩	有	53	播种至始收天数	103 d
12	叶脉色	无色	33	果肩形状	平或微凹	54	裂果性	不易裂
13	叶裂刻	深	34	果肩色	—	55	畸形果	无
14	叶片长	40.0 cm	35	绿果肩大小	—	56	肉质	面
15	叶片宽	38.0 cm	36	商品果纵径	35.8 mm	57	风味	甜酸
16	首花序节位	9节	37	商品果横径	24.1 mm	58	清香味	有
17	第二花序节位	11节	38	果形	长圆或桃形	59	综合品质	中
18	花序类型	单式花序或多歧花序	39	果梗洼大小	1.5 mm	60	可溶性固形物含量	7.3%
19	簇生花	无	40	果洼木栓化大小	0.2 mm	61	田间成株耐寒性	弱
20	花柱长度	短于雄蕊	41	果实横切面形状	圆形	62	用途	鲜食或加工
21	花柱形状	单圆花柱	42	果肉色	红			

种质编号VT285

序号	描述项目	描述内容	序号	描述项目	描述内容	序号	描述项目	描述内容
1	种质编号	VT285	22	花柱茸毛	无	43	胎座胶状物质颜色	黄
2	种质类型	遗传材料	23	花色	黄	44	果肉厚	3.0 mm
3	下胚轴颜色	紫	24	花梗离层	有	45	心室数	2个
4	生长习性	无限生长	25	单花序花数	11朵	46	果皮色	黄
5	株型	半蔓性	26	果柄长度	0.5 cm	47	单花序果数	7个
6	株高	2.3～2.8 m	27	成熟前果色	浅绿	48	单果重	15.2 g
7	茎叶茸毛	短稀	28	成熟果色	红	49	熟性	早100～105 d
8	叶片类型	普通叶型	29	果面棱沟	无	50	形态一致性	连续变异
9	叶片形状	羽状复叶	30	果面茸毛	稀	51	种皮颜色	浅棕
10	叶片着生状态	水平	31	果顶形状	圆平	52	播种至开花天数	44 d
11	叶色	浅绿	32	果肩	有	53	播种至始收天数	103 d
12	叶脉色	无色	33	果肩形状	深凹	54	裂果性	中
13	叶裂刻	深	34	果肩色	—	55	畸形果	无
14	叶片长	32.0 cm	35	绿果肩大小	—	56	肉质	软
15	叶片宽	24.0 cm	36	商品果纵径	30.2 mm	57	风味	甜酸
16	首花序节位	9节	37	商品果横径	28.3 mm	58	清香味	有
17	第二花序节位	11节	38	果形	圆形或高圆形	59	综合品质	中
18	花序类型	单式花序	39	果梗洼大小	1.8 mm	60	可溶性固形物含量	5.50%
19	簇生花	无	40	果洼木栓化大小	0.3 mm	61	田间成株耐寒性	强
20	花柱长度	短于雄蕊	41	果实横切面形状	圆形	62	用途	鲜食
21	花柱形状	单圆花柱	42	果肉色	红			

种质编号VT286

序号	描述项目	描述内容	序号	描述项目	描述内容	序号	描述项目	描述内容
1	种质编号	VT286	22	花柱茸毛	无	43	胎座胶状物质颜色	黄
2	种质类型	遗传材料	23	花色	黄	44	果肉厚	2.5～3.0 mm
3	下胚轴颜色	紫	24	花梗离层	有	45	心室数	3个
4	生长习性	无限生长	25	单花序花数	18朵	46	果皮色	黄
5	株型	半蔓性	26	果柄长度	0.5 cm	47	单花序果数	15个
6	株高	2.5～3.0 m	27	成熟前果色	浅绿	48	单果重	14.3 g
7	茎叶茸毛	长稀	28	成熟果色	深红	49	熟性	极晚≥125 d
8	叶片类型	普通叶型	29	果面棱沟	无	50	形态一致性	连续变异
9	叶片形状	二回羽状复叶	30	果面茸毛	无	51	种皮颜色	灰黄
10	叶片着生状态	水平	31	果顶形状	圆平	52	播种至开花天数	66 d
11	叶色	绿	32	果肩	有	53	播种至始收天数	129 d
12	叶脉色	无色	33	果肩形状	深凹	54	裂果性	不易裂
13	叶裂刻	深	34	果肩色	—	55	畸形果	无
14	叶片长	48.0 cm	35	绿果肩大小	—	56	肉质	软
15	叶片宽	38.0 cm	36	商品果纵径	30.7 mm	57	风味	甜酸
16	首花序节位	10节	37	商品果横径	28.4 mm	58	清香味	有
17	第二花序节位	13节	38	果形	圆形或高圆形	59	综合品质	中
18	花序类型	单式花序	39	果梗洼大小	3.0 mm	60	可溶性固形物含量	5.67%
19	簇生花	无	40	果洼木栓化大小	0.8 mm	61	田间成株耐寒性	中
20	花柱长度	与雄蕊近等长	41	果实横切面形状	不规则形状	62	用途	鲜食
21	花柱形状	单圆花柱	42	果肉色	红			

种质编号VT287

序号	描述项目	描述内容	序号	描述项目	描述内容	序号	描述项目	描述内容
1	种质编号	VT287	22	花柱茸毛	无	43	胎座胶状物质颜色	黄
2	种质类型	品系	23	花色	黄	44	果肉厚	3.2 mm
3	下胚轴颜色	紫	24	花梗离层	有	45	心室数	2个
4	生长习性	无限生长	25	单花序花数	20朵	46	果皮色	黄
5	株型	半蔓性	26	果柄长度	0.6 cm	47	单花序果数	8个
6	株高	2.8~3.3 m	27	成熟前果色	浅绿	48	单果重	15.4 g
7	茎叶茸毛	短稀	28	成熟果色	红	49	熟性	极晚≥125 d
8	叶片类型	普通或复细叶型	29	果面棱沟	无	50	形态一致性	一致
9	叶片形状	羽状或二回羽状复叶	30	果面茸毛	稀	51	种皮颜色	灰黄
10	叶片着生状态	水平	31	果顶形状	圆平	52	播种至开花天数	66 d
11	叶色	绿	32	果肩	有	53	播种至始收天数	129 d
12	叶脉色	无色	33	果肩形状	深凹	54	裂果性	中
13	叶裂刻	深	34	果肩色	—	55	畸形果	无
14	叶片长	38.0 cm	35	绿果肩大小	—	56	肉质	软
15	叶片宽	36.0 cm	36	商品果纵径	29.9 mm	57	风味	甜酸
16	首花序节位	9节	37	商品果横径	28.9 mm	58	清香味	有
17	第二花序节位	12节	38	果形	圆形	59	综合品质	中
18	花序类型	单式花序或多歧花序	39	果梗洼大小	2.3 mm	60	可溶性固形物含量	5.70%
19	簇生花	无	40	果洼木栓化大小	0.6 mm	61	田间成株耐寒性	强
20	花柱长度	短于雄蕊	41	果实横切面形状	圆形	62	用途	鲜食
21	花柱形状	单圆花柱	42	果肉色	红			

种质编号VT288

序号	描述项目	描述内容	序号	描述项目	描述内容	序号	描述项目	描述内容
1	种质编号	VT288	22	花柱茸毛	无	43	胎座胶状物质颜色	黄
2	种质类型	品系	23	花色	浅黄	44	果肉厚	2.0 mm
3	下胚轴颜色	紫	24	花梗离层	有	45	心室数	2个
4	生长习性	无限生长	25	单花序花数	9朵	46	果皮色	黄
5	株型	蔓性	26	果柄长度	0.6 cm	47	单花序果数	7个
6	株高	2.8～3.2 m	27	成熟前果色	浅绿	48	单果重	7.1 g
7	茎叶茸毛	短稀	28	成熟果色	红	49	熟性	极早≤100 d
8	叶片类型	普通叶型	29	果面棱沟	无	50	形态一致性	一致
9	叶片形状	羽状复叶	30	果面茸毛	无	51	种皮颜色	深黄
10	叶片着生状态	下垂	31	果顶形状	圆平	52	播种至开花天数	44 d
11	叶色	黄绿	32	果肩	有	53	播种至始收天数	99 d
12	叶脉色	无色	33	果肩形状	深凹	54	裂果性	不易裂
13	叶裂刻	深	34	果肩色	—	55	畸形果	无
14	叶片长	30.0 cm	35	绿果肩大小	—	56	肉质	软
15	叶片宽	25.0 cm	36	商品果纵径	21.3 mm	57	风味	酸甜
16	首花序节位	12节	37	商品果横径	23.7 mm	58	清香味	有
17	第二花序节位	14节	38	果形	圆形	59	综合品质	中
18	花序类型	单式花序	39	果梗洼大小	2.3 mm	60	可溶性固形物含量	6.00%
19	簇生花	无	40	果洼木栓化大小	0.03 mm	61	田间成株耐寒性	强
20	花柱长度	短于雄蕊	41	果实横切面形状	圆形	62	用途	鲜食
21	花柱形状	单圆花柱	42	果肉色	红			

种质编号VT289

序号	描述项目	描述内容	序号	描述项目	描述内容	序号	描述项目	描述内容
1	种质编号	VT289	22	花柱茸毛	无	43	胎座胶状物质颜色	黄
2	种质类型	品系	23	花色	浅黄	44	果肉厚	2.5 mm
3	下胚轴颜色	紫	24	花梗离层	有	45	心室数	2个
4	生长习性	无限生长	25	单花序花数	18朵	46	果皮色	黄
5	株型	蔓性	26	果柄长度	0.5 cm	47	单花序果数	8个
6	株高	2.3~2.8 m	27	成熟前果色	绿	48	单果重	9.4 g
7	茎叶茸毛	短稀	28	成熟果色	红	49	熟性	极早≤100 d
8	叶片类型	普通叶型	29	果面棱沟	无	50	形态一致性	一致
9	叶片形状	羽状复叶	30	果面茸毛	稀	51	种皮颜色	深黄
10	叶片着生状态	水平	31	果顶形状	圆平	52	播种至开花天数	44 d
11	叶色	黄绿	32	果肩	有	53	播种至始收天数	99 d
12	叶脉色	无色	33	果肩形状	深凹	54	裂果性	不易裂
13	叶裂刻	深	34	果肩色	—	55	畸形果	无
14	叶片长	30 cm	35	绿果肩大小	—	56	肉质	软
15	叶片宽	20 cm	36	商品果纵径	25.8 mm	57	风味	甜
16	首花序节位	9节	37	商品果横径	22.5 mm	58	清香味	无
17	第二花序节位	12节	38	果形	高圆形	59	综合品质	上
18	花序类型	单式花序	39	果梗洼大小	4.0 mm	60	可溶性固形物含量	9.63%
19	簇生花	无	40	果洼木栓化大小	0.5 mm	61	田间成株耐寒性	强
20	花柱长度	与雄蕊近等长	41	果实横切面形状	圆形	62	用途	鲜食
21	花柱形状	单圆花柱	42	果肉色	红			

种质编号VT290

序号	描述项目	描述内容	序号	描述项目	描述内容	序号	描述项目	描述内容
1	种质编号	VT290	22	花柱茸毛	无	43	胎座胶状物质颜色	黄
2	种质类型	品系	23	花色	黄	44	果肉厚	3.5 mm
3	下胚轴颜色	紫	24	花梗离层	无	45	心室数	2个
4	生长习性	无限生长	25	单花序花数	11朵	46	果皮色	黄
5	株型	蔓性	26	果柄长度	0.7 cm	47	单花序果数	11个
6	株高	2.8~3.3 m	27	成熟前果色	绿白	48	单果重	12.7 g
7	茎叶茸毛	短稀	28	成熟果色	红	49	熟性	极早≤100 d
8	叶片类型	普通叶型	29	果面棱沟	中	50	形态一致性	一致
9	叶片形状	羽状复叶	30	果面茸毛	稀	51	种皮颜色	灰黄
10	叶片着生状态	水平	31	果顶形状	圆平	52	播种至开花天数	44 d
11	叶色	绿（带紫）	32	果肩	有	53	播种至始收天数	99 d
12	叶脉色	无色或绿	33	果肩形状	平	54	裂果性	不易裂
13	叶裂刻	中	34	果肩色	—	55	畸形果	无
14	叶片长	45.0 cm	35	绿果肩大小	—	56	肉质	面
15	叶片宽	38.0 cm	36	商品果纵径	36.3 mm	57	风味	甜酸
16	首花序节位	9节	37	商品果横径	24.3 mm	58	清香味	有
17	第二花序节位	15节	38	果形	长圆形	59	综合品质	中
18	花序类型	单式花序或多歧花序	39	果梗洼大小	2.0 mm	60	可溶性固形物含量	7.00%
19	簇生花	无	40	果洼木栓化大小	0.3 mm	61	田间成株耐寒性	强
20	花柱长度	短于雄蕊	41	果实横切面形状	圆形	62	用途	鲜食
21	花柱形状	单圆花柱	42	果肉色	红			

种质编号VT291

序号	描述项目	描述内容	序号	描述项目	描述内容	序号	描述项目	描述内容
1	种质编号	VT291	22	花柱茸毛	无	43	胎座胶状物质颜色	黄
2	种质类型	遗传材料	23	花色	黄	44	果肉厚	3.2 mm
3	下胚轴颜色	紫	24	花梗离层	有	45	心室数	2个
4	生长习性	无限生长	25	单花序花数	11朵	46	果皮色	黄
5	株型	半蔓性	26	果柄长度	0.8 cm	47	单花序果数	11个
6	株高	2.8~3.2 m	27	成熟前果色	浅绿	48	单果重	14.8 g
7	茎叶茸毛	短稀	28	成熟果色	红	49	熟性	极晚≥125 d
8	叶片类型	普通叶型	29	果面棱沟	轻	50	形态一致性	连续变异
9	叶片形状	羽状复叶	30	果面茸毛	稀	51	种皮颜色	灰黄
10	叶片着生状态	下垂	31	果顶形状	圆平	52	播种至开花天数	68 d
11	叶色	深绿（带紫）	32	果肩	有	53	播种至始收天数	133 d
12	叶脉色	无色	33	果肩形状	平	54	裂果性	不易裂
13	叶裂刻	中	34	果肩色	—	55	畸形果	无
14	叶片长	40.0 cm	35	绿果肩大小	—	56	肉质	面
15	叶片宽	30.0 cm	36	商品果纵径	40.0 mm	57	风味	甜酸
16	首花序节位	6节	37	商品果横径	25.2 mm	58	清香味	有
17	第二花序节位	8节	38	果形	长圆形	59	综合品质	中
18	花序类型	单式花序或多歧花序	39	果梗洼大小	1.8 mm	60	可溶性固形物含量	7.50%
19	簇生花	无	40	果洼木栓化大小	0.2 mm	61	田间成株耐寒性	强
20	花柱长度	短于雄蕊	41	果实横切面形状	圆形	62	用途	鲜食
21	花柱形状	单圆花柱	42	果肉色	红			

种质编号VT293

序号	描述项目	描述内容	序号	描述项目	描述内容	序号	描述项目	描述内容
1	种质编号	VT293	22	花柱茸毛	无	43	胎座胶状物质颜色	黄
2	种质类型	品系	23	花色	浅黄	44	果肉厚	1.4 mm
3	下胚轴颜色	紫	24	花梗离层	无	45	心室数	2个
4	生长习性	无限生长	25	单花序花数	6朵	46	果皮色	黄
5	株型	蔓性	26	果柄长度	0.8 cm	47	单花序果数	6个
6	株高	2.3～2.8 m	27	成熟前果色	浅绿	48	单果重	12.63 g
7	茎叶茸毛	短稀	28	成熟果色	红	49	熟性	早100～105 d
8	叶片类型	复细叶型	29	果面棱沟	无	50	形态一致性	一致
9	叶片形状	二回羽状复叶	30	果面茸毛	稀	51	种皮颜色	深黄
10	叶片着生状态	水平	31	果顶形状	圆平	52	播种至开花天数	42 d
11	叶色	绿	32	果肩	有	53	播种至始收天数	99 d
12	叶脉色	无色	33	果肩形状	微凹	54	裂果性	不易裂
13	叶裂刻	深	34	果肩色	—	55	畸形果	无
14	叶片长	37.0 cm	35	绿果肩大小	—	56	肉质	软
15	叶片宽	28.0 cm	36	商品果纵径	16.1 mm	57	风味	酸甜
16	首花序节位	6节	37	商品果横径	18.1 mm	58	清香味	有
17	第二花序节位	13节	38	果形	圆形	59	综合品质	下
18	花序类型	单式花序	39	果梗洼大小	0.8 mm	60	可溶性固形物含量	6.87%
19	簇生花	无	40	果洼木栓化大小	0.1 mm	61	田间成株耐寒性	中
20	花柱长度	短于雄蕊	41	果实横切面形状	圆形	62	用途	鲜食
21	花柱形状	单圆花柱	42	果肉色	红			

种质编号VT295

序号	描述项目	描述内容	序号	描述项目	描述内容	序号	描述项目	描述内容
1	种质编号	VT295	22	花柱茸毛	无	43	胎座胶状物质颜色	黄
2	种质类型	遗传材料	23	花色	黄	44	果肉厚	2.6 mm
3	下胚轴颜色	紫	24	花梗离层	有	45	心室数	2个
4	生长习性	无限生长	25	单花序花数	22朵	46	果皮色	黄
5	株型	半蔓性	26	果柄长度	1.0 cm	47	单花序果数	17个
6	株高	2.0～2.3 m	27	成熟前果色	浅绿	48	单果重	10.0 g
7	茎叶茸毛	短稀	28	成熟果色	红	49	熟性	早100～105 d
8	叶片类型	普通叶型	29	果面棱沟	无	50	形态一致性	连续变异
9	叶片形状	羽状复叶	30	果面茸毛	稀	51	种皮颜色	灰黄
10	叶片着生状态	下垂	31	果顶形状	圆平	52	播种至开花天数	46 d
11	叶色	黄绿	32	果肩	有	53	播种至始收天数	103 d
12	叶脉色	无色	33	果肩形状	微凹	54	裂果性	中
13	叶裂刻	深	34	果肩色	—	55	畸形果	无
14	叶片长	41.0 cm	35	绿果肩大小	—	56	肉质	面
15	叶片宽	37.0 cm	36	商品果纵径	24.5 mm	57	风味	甜酸
16	首花序节位	10节	37	商品果横径	26.0 mm	58	清香味	有
17	第二花序节位	15节	38	果形	圆形	59	综合品质	中
18	花序类型	单式花序或多歧花序	39	果梗洼大小	3.2 mm	60	可溶性固形物含量	6.30%
19	簇生花	无	40	果洼木栓化大小	0.8 mm	61	田间成株耐寒性	中
20	花柱长度	短于雄蕊	41	果实横切面形状	圆形	62	用途	鲜食
21	花柱形状	单圆花柱	42	果肉色	红			

种质编号VT297

序号	描述项目	描述内容	序号	描述项目	描述内容	序号	描述项目	描述内容
1	种质编号	VT297	22	花柱茸毛	无	43	胎座胶状物质颜色	黄
2	种质类型	品系	23	花色	浅黄	44	果肉厚	3.1 mm
3	下胚轴颜色	紫	24	花梗离层	有	45	心室数	2~3个
4	生长习性	无限生长	25	单花序花数	6朵	46	果皮色	黄
5	株型	半蔓性	26	果柄长度	1.5 cm	47	单花序果数	5个
6	株高	2.2~2.7 m	27	成熟前果色	浅绿	48	单果重	21.98 g
7	茎叶茸毛	短稀	28	成熟果色	红	49	熟性	极晚≥125 d
8	叶片类型	复细叶型	29	果面棱沟	轻	50	形态一致性	一致
9	叶片形状	二回羽状复叶	30	果面茸毛	稀	51	种皮颜色	灰黄
10	叶片着生状态	下垂	31	果顶形状	圆平	52	播种至开花天数	66 d
11	叶色	黄绿	32	果肩	有	53	播种至始收天数	129 d
12	叶脉色	无色	33	果肩形状	微凹	54	裂果性	不易裂
13	叶裂刻	深	34	果肩色	—	55	畸形果	无
14	叶片长	39.0 cm	35	绿果肩大小	—	56	肉质	面
15	叶片宽	26.0 cm	36	商品果纵径	31.1 mm	57	风味	甜酸（淡）
16	首花序节位	11节	37	商品果横径	32.1 mm	58	清香味	有
17	第二花序节位	15节	38	果形	圆形	59	综合品质	下
18	花序类型	单式花序	39	果梗洼大小	2.6 mm	60	可溶性固形物含量	4.30%
19	簇生花	无	40	果洼木栓化大小	1.0 mm	61	田间成株耐寒性	强
20	花柱长度	短于雄蕊	41	果实横切面形状	圆形或不规则	62	用途	鲜食
21	花柱形状	单圆花柱	42	果肉色	红			

种质编号VT303

序号	描述项目	描述内容	序号	描述项目	描述内容	序号	描述项目	描述内容
1	种质编号	VT303	22	花柱茸毛	无	43	胎座胶状物质颜色	黄
2	种质类型	品系	23	花色	红	44	果肉厚	4.7 mm
3	下胚轴颜色	紫	24	花梗离层	有	45	心室数	2个
4	生长习性	无限生长	25	单花序花数	8朵	46	果皮色	黄
5	株型	半蔓性	26	果柄长度	0.6 cm	47	单花序果数	6个
6	株高	2.5~2.8 m	27	成熟前果色	浅黄	48	单果重	28.3 g
7	茎叶茸毛	短稀	28	成熟果色	黄	49	熟性	极晚≥125 d
8	叶片类型	普通叶型	29	果面棱沟	中	50	形态一致性	连续变异
9	叶片形状	羽状复叶	30	果面茸毛	无	51	种皮颜色	灰黄
10	叶片着生状态	下垂	31	果顶形状	微凹	52	播种至开花天数	66 d
11	叶色	黄绿	32	果肩	有	53	播种至始收天数	129 d
12	叶脉色	无色	33	果肩形状	微凹	54	裂果性	不易裂
13	叶裂刻	深	34	果肩色	—	55	畸形果	无
14	叶片长	42.0 cm	35	绿果肩大小	—	56	肉质	软
15	叶片宽	32.0 cm	36	商品果纵径	32.3 mm	57	风味	酸甜
16	首花序节位	8节	37	商品果横径	38.2 mm	58	清香味	有
17	第二花序节位	13节	38	果形	圆形	59	综合品质	中
18	花序类型	单式花序	39	果梗洼大小	4.2 mm	60	可溶性固形物含量	4.97%
19	簇生花	无	40	果洼木栓化大小	1.6 mm	61	田间成株耐寒性	中
20	花柱长度	短于雄蕊	41	果实横切面形状	圆形	62	用途	鲜食或加工
21	花柱形状	单圆花柱	42	果肉色	红			

种质编号VT312

序号	描述项目	描述内容	序号	描述项目	描述内容	序号	描述项目	描述内容
1	种质编号	VT312	22	花柱茸毛	无	43	胎座胶状物质颜色	红
2	种质类型	品系	23	花色	黄	44	果肉厚	3.6 mm
3	下胚轴颜色	紫	24	花梗离层	有	45	心室数	3个
4	生长习性	5序花封顶	25	单花序花数	7朵	46	果皮色	黄
5	株型	半蔓性	26	果柄长度	0.4 cm	47	单花序果数	6个
6	株高	1.8~2.3 m	27	成熟前果色	绿白	48	单果重	25.8 g
7	茎叶茸毛	短稀	28	成熟果色	红	49	熟性	极晚≥125 d
8	叶片类型	普通叶型	29	果面棱沟	轻	50	形态一致性	一致
9	叶片形状	羽状复叶	30	果面茸毛	无	51	种皮颜色	灰黄
10	叶片着生状态	水平	31	果顶形状	圆平	52	播种至开花天数	66 d
11	叶色	黄绿	32	果肩	有	53	播种至始收天数	129 d
12	叶脉色	无	33	果肩形状	微凹	54	裂果性	不易裂
13	叶裂刻	深	34	果肩色	—	55	畸形果	无
14	叶片长	40.0~43.0 cm	35	绿果肩大小	—	56	肉质	软
15	叶片宽	31.0~35.0 cm	36	商品果纵径	33.1 mm	57	风味	甜酸
16	首花序节位	9~11节	37	商品果横径	35.9 mm	58	清香味	有
17	第二花序节位	13~14节	38	果形	圆形	59	综合品质	中
18	花序类型	单式花序	39	果梗洼大小	3.0 mm	60	可溶性固形物含量	5.70%
19	簇生花	无	40	果洼木栓化大小	0.5 mm	61	田间成株耐寒性	中
20	花柱长度	短于雄蕊	41	果实横切面形状	不规则形状	62	用途	鲜食
21	花柱形状	单圆花柱	42	果肉色	红			

种质编号VT332

序号	描述项目	描述内容	序号	描述项目	描述内容	序号	描述项目	描述内容
1	种质编号	VT332	22	花柱茸毛	无	43	胎座胶状物质颜色	红
2	种质类型	遗传材料	23	花色	浅黄	44	果肉厚	3.7～5.1 mm
3	下胚轴颜色	紫（淡）	24	花梗离层	有	45	心室数	2～3个
4	生长习性	无限生长	25	单花序花数	12朵	46	果皮色	黄
5	株型	半蔓性	26	果柄长度	1.4 cm	47	单花序果数	7朵
6	株高	2.8～3.3 m	27	成熟前果色	绿白或浅绿	48	单果重	28.9～71.4 g
7	茎叶茸毛	短稀	28	成熟果色	红	49	熟性	极晚≥125 d
8	叶片类型	薯叶型或复细叶型	29	果面棱沟	轻	50	形态一致性	连续变异
9	叶片形状	羽状或二回羽状复叶	30	果面茸毛	无	51	种皮颜色	灰黄
10	叶片着生状态	下垂	31	果顶形状	微凸	52	播种至开花天数	66 d
11	叶色	黄绿或绿	32	果肩	有	53	播种至始收天数	129 d
12	叶脉色	绿	33	果肩形状	微凹	54	裂果性	不易裂
13	叶裂刻	深	34	果肩色	—	55	畸形果	无
14	叶片长	40.0 cm	35	绿果肩大小	—	56	肉质	软
15	叶片宽	41.0 cm	36	商品果纵径	51.7～53.8 mm	57	风味	酸甜
16	首花序节位	8～10节	37	商品果横径	34.0～50.7 mm	58	清香味	有
17	第二花序节位	11～15节	38	果形	长圆或梨形	59	综合品质	下
18	花序类型	单式花序或双歧花序	39	果梗洼大小	2.2 mm	60	可溶性固形物含量	3.90%～4.07%
19	簇生花	无	40	果洼木栓化大小	0.5 mm	61	田间成株耐寒性	中
20	花柱长度	短于雄蕊	41	果实横切面形状	圆形或不规则	62	用途	鲜食
21	花柱形状	单圆花柱	42	果肉色	红			

种质编号VT333

序号	描述项目	描述内容	序号	描述项目	描述内容	序号	描述项目	描述内容
1	种质编号	VT333	22	花柱茸毛	无	43	胎座胶状物质颜色	黄绿或红
2	种质类型	遗传材料	23	花色	橘黄	44	果肉厚	1.8 mm
3	下胚轴颜色	紫	24	花梗离层	有	45	心室数	2个
4	生长习性	无限生长	25	单花序花数	12朵	46	果皮色	黄
5	株型	蔓性	26	果柄长度	0.8 cm	47	单花序果数	11个
6	株高	2.3～2.8 m	27	成熟前果色	浅绿	48	单果重	5.7 g
7	茎叶茸毛	短稀	28	成熟果色	红或黄绿	49	熟性	早100～105 d
8	叶片类型	普通叶型	29	果面棱沟	无	50	形态一致性	不连续变异
9	叶片形状	羽状复叶	30	果面茸毛	无	51	种皮颜色	深棕或黄绿
10	叶片着生状态	水平	31	果顶形状	圆平	52	播种至开花天数	46 d
11	叶色	黄绿	32	果肩	有	53	播种至始收天数	103 d
12	叶脉色	无色	33	果肩形状	微凹	54	裂果性	不易裂
13	叶裂刻	中	34	果肩色	—	55	畸形果	无
14	叶片长	35.0 cm	35	绿果肩大小	—	56	肉质	软
15	叶片宽	26.0 cm	36	商品果纵径	20.1 mm	57	风味	酸
16	首花序节位	12节	37	商品果横径	21.9 mm	58	清香味	无
17	第二花序节位	15节	38	果形	圆形	59	综合品质	中
18	花序类型	单式花序或双歧花序	39	果梗洼大小	3.0 mm	60	可溶性固形物含量	7.90%
19	簇生花	无	40	果洼木栓化大小	0.8 mm	61	田间成株耐寒性	强
20	花柱长度	短于雄蕊	41	果实横切面形状	圆形	62	用途	鲜食或加工
21	花柱形状	单圆花柱	42	果肉色	红或黄			

种质编号VT334

序号	描述项目	描述内容	序号	描述项目	描述内容	序号	描述项目	描述内容
1	种质编号	VT334	22	花柱茸毛	无	43	胎座胶状物质颜色	红
2	种质类型	品系	23	花色	黄	44	果肉厚	1.5 mm
3	下胚轴颜色	绿或紫	24	花梗离层	有	45	心室数	2个
4	生长习性	无限生长	25	单花序花数	11朵	46	果皮色	黄
5	株型	蔓性	26	果柄长度	0.4 cm	47	单花序果数	11个
6	株高	2.2~2.5 m	27	成熟前果色	绿	48	单果重	3.9 g
7	茎叶茸毛	短稀	28	成熟果色	红	49	熟性	极晚≥125 d
8	叶片类型	复细叶型	29	果面棱沟	无	50	形态一致性	一致
9	叶片形状	羽状复叶	30	果面茸毛	无	51	种皮颜色	浅黄
10	叶片着生状态	水平	31	果顶形状	圆平	52	播种至开花天数	46 d
11	叶色	黄绿	32	果肩	有	53	播种至始收天数	133 d
12	叶脉色	无色	33	果肩形状	微凹	54	裂果性	不易裂
13	叶裂刻	中	34	果肩色	—	55	畸形果	无
14	叶片长	38.0 cm	35	绿果肩大小	—	56	肉质	软
15	叶片宽	26.0 cm	36	商品果纵径	17.9 mm	57	风味	甜酸
16	首花序节位	14节	37	商品果横径	20.3 mm	58	清香味	无
17	第二花序节位	19节	38	果形	圆形	59	综合品质	中
18	花序类型	单式花序	39	果梗洼大小	1.8 mm	60	可溶性固形物含量	9.37%
19	簇生花	无	40	果洼木栓化大小	0.5 mm	61	田间成株耐寒性	强
20	花柱长度	短于雄蕊	41	果实横切面形状	圆形	62	用途	鲜食
21	花柱形状	单圆花柱	42	果肉色	红			

种质编号VT335

序号	描述项目	描述内容	序号	描述项目	描述内容	序号	描述项目	描述内容
1	种质编号	VT335	22	花柱茸毛	无	43	胎座胶状物质颜色	红
2	种质类型	品系	23	花色	黄	44	果肉厚	1.5 mm
3	下胚轴颜色	紫	24	花梗离层	有	45	心室数	2个
4	生长习性	无限生长	25	单花序花数	10朵	46	果皮色	黄
5	株型	蔓性	26	果柄长度	0.3 cm	47	单花序果数	9个
6	株高	2.5～3.0 m	27	成熟前果色	浅绿	48	单果重	3.7 g
7	茎叶茸毛	短稀	28	成熟果色	红	49	熟性	早100～105 d
8	叶片类型	普通叶型	29	果面棱沟	无	50	形态一致性	一致
9	叶片形状	羽状复叶	30	果面茸毛	无	51	种皮颜色	浅棕
10	叶片着生状态	水平	31	果顶形状	圆平	52	播种至开花天数	46 d
11	叶色	黄绿	32	果肩	有	53	播种至始收天数	103 d
12	叶脉色	无色	33	果肩形状	微凹	54	裂果性	不易裂
13	叶裂刻	中	34	果肩色	—	55	畸形果	无
14	叶片长	32.0 cm	35	绿果肩大小	—	56	肉质	软
15	叶片宽	21.0 cm	36	商品果纵径	17.0 mm	57	风味	酸甜
16	首花序节位	9节	37	商品果横径	19.4 mm	58	清香味	无
17	第二花序节位	12节	38	果形	圆形	59	综合品质	下
18	花序类型	单式花序	39	果梗洼大小	2.0 mm	60	可溶性固形物含量	6.53%
19	簇生花	无	40	果洼木栓化大小	0.2 mm	61	田间成株耐寒性	强
20	花柱长度	短于雄蕊	41	果实横切面形状	圆形	62	用途	鲜食
21	花柱形状	单圆花柱	42	果肉色	红			

种质编号VT336

序号	描述项目	描述内容	序号	描述项目	描述内容	序号	描述项目	描述内容
1	种质编号	VT336	22	花柱茸毛	无	43	胎座胶状物质颜色	黄
2	种质类型	品系	23	花色	黄	44	果肉厚	1.6 mm
3	下胚轴颜色	紫	24	花梗离层	有	45	心室数	2个
4	生长习性	无限生长	25	单花序花数	13朵	46	果皮色	黄
5	株型	蔓性	26	果柄长度	0.5 cm	47	单花序果数	10个
6	株高	2.5～3.2 m	27	成熟前果色	浅绿	48	单果重	8.3 g
7	茎叶茸毛	短稀	28	成熟果色	红	49	熟性	早100～105 d
8	叶片类型	普通叶型	29	果面棱沟	无	50	形态一致性	一致
9	叶片形状	羽状复叶	30	果面茸毛	无	51	种皮颜色	灰黄
10	叶片着生状态	水平	31	果顶形状	圆平	52	播种至开花天数	44 d
11	叶色	黄绿	32	果肩	有	53	播种至始收天数	103 d
12	叶脉色	无色	33	果肩形状	微凹	54	裂果性	不易裂
13	叶裂刻	中	34	果肩色	—	55	畸形果	无
14	叶片长	39.0 cm	35	绿果肩大小	—	56	肉质	软
15	叶片宽	27.0 cm	36	商品果纵径	23.4 mm	57	风味	甜酸
16	首花序节位	11节	37	商品果横径	24.3 mm	58	清香味	有
17	第二花序节位	14节	38	果形	圆形	59	综合品质	中
18	花序类型	单式花序	39	果梗洼大小	2.1 mm	60	可溶性固形物含量	6.33%
19	簇生花	无	40	果洼木栓化大小	0.3 mm	61	田间成株耐寒性	中
20	花柱长度	短于雄蕊	41	果实横切面形状	圆形	62	用途	鲜食
21	花柱形状	单圆花柱	42	果肉色	红			

种质编号VT337

序号	描述项目	描述内容	序号	描述项目	描述内容	序号	描述项目	描述内容
1	种质编号	VT337	22	花柱茸毛	无	43	胎座胶状物质颜色	黄
2	种质类型	品系	23	花色	浅黄	44	果肉厚	1.8 mm
3	下胚轴颜色	绿或紫	24	花梗离层	有	45	心室数	2个
4	生长习性	无限生长	25	单花序花数	8朵	46	果皮色	无色
5	株型	蔓性	26	果柄长度	0.5 cm	47	单花序果数	6个
6	株高	2.5～3.2 m	27	成熟前果色	浅绿	48	单果重	8.8 g
7	茎叶茸毛	短稀	28	成熟果色	粉红	49	熟性	早100～105 d
8	叶片类型	普通叶型	29	果面棱沟	无	50	形态一致性	一致
9	叶片形状	羽状复叶	30	果面茸毛	无	51	种皮颜色	浅棕
10	叶片着生状态	水平	31	果顶形状	圆平	52	播种至开花天数	46 d
11	叶色	黄绿	32	果肩	有	53	播种至始收天数	103 d
12	叶脉色	无色	33	果肩形状	微凹	54	裂果性	不易裂
13	叶裂刻	深	34	果肩色	—	55	畸形果	无
14	叶片长	31.0 cm	35	绿果肩大小	—	56	肉质	软
15	叶片宽	20.0 cm	36	商品果纵径	22.9 mm	57	风味	甜酸
16	首花序节位	8节	37	商品果横径	25.1 mm	58	清香味	有
17	第二花序节位	10节	38	果形	圆形	59	综合品质	中
18	花序类型	单式花序	39	果梗洼大小	3.0 mm	60	可溶性固形物含量	7.80%
19	簇生花	无	40	果洼木栓化大小	0.7 mm	61	田间成株耐寒性	强
20	花柱长度	短于雄蕊	41	果实横切面形状	圆形	62	用途	鲜食
21	花柱形状	单圆花柱	42	果肉色	粉红			

种质编号VT341

序号	描述项目	描述内容	序号	描述项目	描述内容	序号	描述项目	描述内容
1	种质编号	VT341	22	花柱茸毛	无	43	胎座胶状物质颜色	黄
2	种质类型	品系	23	花色	浅黄	44	果肉厚	1.4 mm
3	下胚轴颜色	紫	24	花梗离层	有	45	心室数	2个
4	生长习性	无限生长	25	单花序花数	11朵	46	果皮色	黄
5	株型	蔓性	26	果柄长度	0.8 cm	47	单花序果数	8个
6	株高	2.5~3.3 m	27	成熟前果色	绿白	48	单果重	4.4 g
7	茎叶茸毛	短稀	28	成熟果色	红	49	熟性	极早≤100 d
8	叶片类型	薯叶型	29	果面棱沟	无	50	形态一致性	一致
9	叶片形状	羽状复叶	30	果面茸毛	无	51	种皮颜色	灰黄
10	叶片着生状态	水平	31	果顶形状	圆平	52	播种至开花天数	44 d
11	叶色	黄绿	32	果肩	有	53	播种至始收天数	99 d
12	叶脉色	无色	33	果肩形状	微凹	54	裂果性	不易裂
13	叶裂刻	中	34	果肩色	—	55	畸形果	无
14	叶片长	35.0 cm	35	绿果肩大小	—	56	肉质	软
15	叶片宽	24.0 cm	36	商品果纵径	17.5 mm	57	风味	酸甜
16	首花序节位	12节	37	商品果横径	19.6 mm	58	清香味	无
17	第二花序节位	14节	38	果形	圆形	59	综合品质	下
18	花序类型	单式花序	39	果梗洼大小	1.6 mm	60	可溶性固形物含量	7.33%
19	簇生花	无	40	果洼木栓化大小	0.3 mm	61	田间成株耐寒性	强
20	花柱长度	短于雄蕊	41	果实横切面形状	圆形	62	用途	鲜食
21	花柱形状	单圆花柱	42	果肉色	红			

种质编号VT343

序号	描述项目	描述内容	序号	描述项目	描述内容	序号	描述项目	描述内容
1	种质编号	VT343	22	花柱茸毛	无	43	胎座胶状物质颜色	红
2	种质类型	品系	23	花色	橘黄	44	果肉厚	1.6 mm
3	下胚轴颜色	紫	24	花梗离层	有	45	心室数	2个
4	生长习性	无限生长	25	单花序花数	13朵	46	果皮色	黄
5	株型	蔓性	26	果柄长度	0.3 cm	47	单花序果数	9个
6	株高	2.5~3.0 m	27	成熟前果色	浅绿	48	单果重	4.3 g
7	茎叶茸毛	短稀	28	成熟果色	红	49	熟性	早100~105 d
8	叶片类型	普通叶型	29	果面棱沟	无	50	形态一致性	一致
9	叶片形状	羽状复叶	30	果面茸毛	无	51	种皮颜色	灰黄
10	叶片着生状态	水平	31	果顶形状	圆平	52	播种至开花天数	44 d
11	叶色	黄绿	32	果肩	有	53	播种至始收天数	103 d
12	叶脉色	无色	33	果肩形状	微凹	54	裂果性	不易裂
13	叶裂刻	中	34	果肩色	—	55	畸形果	无
14	叶片长	39.0 cm	35	绿果肩大小	—	56	肉质	软
15	叶片宽	26.0 cm	36	商品果纵径	17.9 mm	57	风味	甜
16	首花序节位	11节	37	商品果横径	20.0 mm	58	清香味	有
17	第二花序节位	15节	38	果形	圆形	59	综合品质	中
18	花序类型	单式花序或多歧花序	39	果梗洼大小	1.7 mm	60	可溶性固形物含量	8.63%
19	簇生花	无	40	果洼木栓化大小	0.2 mm	61	田间成株耐寒性	强
20	花柱长度	短于雄蕊	41	果实横切面形状	圆形	62	用途	鲜食
21	花柱形状	单圆花柱	42	果肉色	红			

种质编号VT344

序号	描述项目	描述内容	序号	描述项目	描述内容	序号	描述项目	描述内容
1	种质编号	VT344	22	花柱茸毛	无	43	胎座胶状物质颜色	红
2	种质类型	品系	23	花色	橘黄	44	果肉厚	1.8 mm
3	下胚轴颜色	紫	24	花梗离层	有	45	心室数	2个
4	生长习性	无限生长	25	单花序花数	19朵	46	果皮色	黄
5	株型	半蔓性	26	果柄长度	0.6 cm	47	单花序果数	11个
6	株高	2.2~2.3 m	27	成熟前果色	绿白	48	单果重	8.2 g
7	茎叶茸毛	短稀	28	成熟果色	红	49	熟性	早100~105 d
8	叶片类型	普通叶型	29	果面棱沟	无	50	形态一致性	连续变异
9	叶片形状	羽状复叶	30	果面茸毛	无	51	种皮颜色	灰黄
10	叶片着生状态	水平	31	果顶形状	圆平	52	播种至开花天数	46 d
11	叶色	黄绿	32	果肩	有	53	播种至始收天数	103 d
12	叶脉色	无色	33	果肩形状	微凹	54	裂果性	中
13	叶裂刻	中	34	果肩色	—	55	畸形果	无
14	叶片长	31.0 cm	35	绿果肩大小	—	56	肉质	软
15	叶片宽	22.0 cm	36	商品果纵径	22.1 mm	57	风味	甜酸
16	首花序节位	9节	37	商品果横径	24.7 mm	58	清香味	无
17	第二花序节位	14节	38	果形	圆形	59	综合品质	下
18	花序类型	单式花序	39	果梗洼大小	1.7 mm	60	可溶性固形物含量	8.00%
19	簇生花	无	40	果洼木栓化大小	0.2 mm	61	田间成株耐寒性	强
20	花柱长度	短于雄蕊	41	果实横切面形状	圆形	62	用途	鲜食
21	花柱形状	单圆花柱	42	果肉色	红			

种质编号VT346

序号	描述项目	描述内容	序号	描述项目	描述内容	序号	描述项目	描述内容
1	种质编号	VT346	22	花柱茸毛	无	43	胎座胶状物质颜色	红
2	种质类型	品系	23	花色	黄	44	果肉厚	1.8 mm
3	下胚轴颜色	紫	24	花梗离层	有	45	心室数	2个
4	生长习性	无限生长	25	单花序花数	17朵	46	果皮色	黄
5	株型	蔓性	26	果柄长度	0.5 cm	47	单花序果数	7个
6	株高	2.0~2.2 m	27	成熟前果色	绿	48	单果重	11.9 g
7	茎叶茸毛	短稀	28	成熟果色	红	49	熟性	极早≤100 d
8	叶片类型	普通叶型	29	果面棱沟	无	50	形态一致性	一致
9	叶片形状	羽状复叶	30	果面茸毛	无	51	种皮颜色	灰黄
10	叶片着生状态	水平	31	果顶形状	圆平	52	播种至开花天数	44 d
11	叶色	黄绿	32	果肩	有	53	播种至始收天数	99 d
12	叶脉色	无色	33	果肩形状	微凹	54	裂果性	不易裂
13	叶裂刻	中	34	果肩色	—	55	畸形果	无
14	叶片长	27.0 cm	35	绿果肩大小	—	56	肉质	软
15	叶片宽	17.0 cm	36	商品果纵径	25.8 mm	57	风味	甜酸
16	首花序节位	17节	37	商品果横径	26.7 mm	58	清香味	无
17	第二花序节位	20节	38	果形	圆形	59	综合品质	下
18	花序类型	单式花序	39	果梗洼大小	2.5 mm	60	可溶性固形物含量	7.40%
19	簇生花	无	40	果洼木栓化大小	0.5 mm	61	田间成株耐寒性	弱
20	花柱长度	短于雄蕊	41	果实横切面形状	圆形	62	用途	鲜食
21	花柱形状	单圆花柱	42	果肉色	红			

第二章 红色樱桃小果类番茄种质资源

种质编号VT347

序号	描述项目	描述内容	序号	描述项目	描述内容	序号	描述项目	描述内容
1	种质编号	VT347	22	花柱茸毛	无	43	胎座胶状物质颜色	黄绿
2	种质类型	品系	23	花色	黄	44	果肉厚	2.3 mm
3	下胚轴颜色	紫	24	花梗离层	有	45	心室数	2个
4	生长习性	无限生长	25	单花序花数	21朵	46	果皮色	黄
5	株型	半蔓性	26	果柄长度	0.6 cm	47	单花序果数	6个
6	株高	2.2~2.5 m	27	成熟前果色	浅绿	48	单果重	9.9 g
7	茎叶茸毛	短稀	28	成熟果色	红	49	熟性	极晚≥125 d
8	叶片类型	普通叶型	29	果面棱沟	轻	50	形态一致性	连续变异
9	叶片形状	羽状复叶	30	果面茸毛	无	51	种皮颜色	浅棕
10	叶片着生状态	水平	31	果顶形状	微凸	52	播种至开花天数	85 d
11	叶色	浅绿	32	果肩	有	53	播种至始收天数	148 d
12	叶脉色	无色	33	果肩形状	平	54	裂果性	不易裂
13	叶裂刻	深	34	果肩色	—	55	畸形果	无
14	叶片长	22.0 cm	35	绿果肩大小	—	56	肉质	面
15	叶片宽	26.0 cm	36	商品果纵径	25.3 mm	57	风味	酸甜
16	首花序节位	13节	37	商品果横径	25.4 mm	58	清香味	无
17	第二花序节位	17节	38	果形	圆形	59	综合品质	中
18	花序类型	单式花序	39	果梗洼大小	2.5 mm	60	可溶性固形物含量	5.70%
19	簇生花	无	40	果洼木栓化大小	0.5 mm	61	田间成株耐寒性	强
20	花柱长度	与雄蕊近等长	41	果实横切面形状	圆形	62	用途	鲜食
21	花柱形状	单圆花柱	42	果肉色	红			

种质编号VT348

序号	描述项目	描述内容	序号	描述项目	描述内容	序号	描述项目	描述内容
1	种质编号	VT348	22	花柱茸毛	无	43	胎座胶状物质颜色	红
2	种质类型	遗传材料	23	花色	黄	44	果肉厚	2.3 mm
3	下胚轴颜色	紫	24	花梗离层	有	45	心室数	3个
4	生长习性	无限生长	25	单花序花数	14朵	46	果皮色	黄
5	株型	半蔓性	26	果柄长度	0.6 cm	47	单花序果数	9个
6	株高	2.0～2.3 m	27	成熟前果色	绿白	48	单果重	11.4 g
7	茎叶茸毛	长稀	28	成熟果色	红	49	熟性	极早≤100 d
8	叶片类型	普通叶型	29	果面棱沟	无	50	形态一致性	不连续变异
9	叶片形状	羽状复叶	30	果面茸毛	无	51	种皮颜色	浅棕
10	叶片着生状态	水平	31	果顶形状	圆平	52	播种至开花天数	49 d
11	叶色	浅绿	32	果肩	有	53	播种至始收天数	72 d
12	叶脉色	黄绿	33	果肩形状	微凹	54	裂果性	不易裂
13	叶裂刻	深	34	果肩色	—	55	畸形果	无
14	叶片长	31.0 cm	35	绿果肩大小	—	56	肉质	软
15	叶片宽	23.0 cm	36	商品果纵径	23.9 mm	57	风味	甜酸
16	首花序节位	13节	37	商品果横径	27.6 mm	58	清香味	无
17	第二花序节位	16节	38	果形	圆形	59	综合品质	下
18	花序类型	多歧花序	39	果梗洼大小	3.5 mm	60	可溶性固形物含量	5.70%
19	簇生花	无	40	果洼木栓化大小	1.3 mm	61	田间成株耐寒性	中
20	花柱长度	与雄蕊近等长	41	果实横切面形状	不规则形状	62	用途	鲜食
21	花柱形状	单圆花柱	42	果肉色	红			

种质编号VT354

序号	描述项目	描述内容	序号	描述项目	描述内容	序号	描述项目	描述内容
1	种质编号	VT354	22	花柱茸毛	无	43	胎座胶状物质颜色	黄
2	种质类型	品系	23	花色	橘黄	44	果肉厚	2.6 mm
3	下胚轴颜色	淡紫	24	花梗离层	有	45	心室数	2个
4	生长习性	4序花封顶	25	单花序花数	12朵	46	果皮色	黄
5	株型	蔓性	26	果柄长度	0.8 cm	47	单花序果数	10个
6	株高	1.5～1.8 m	27	成熟前果色	浅绿	48	单果重	14.0 g
7	茎叶茸毛	短稀	28	成熟果色	红	49	熟性	早100～105 d
8	叶片类型	普通叶型	29	果面棱沟	轻	50	形态一致性	一致
9	叶片形状	羽状复叶	30	果面茸毛	无	51	种皮颜色	浅棕
10	叶片着生状态	水平	31	果顶形状	圆平	52	播种至开花天数	49 d
11	叶色	绿	32	果肩	有	53	播种至始收天数	103 d
12	叶脉色	无色	33	果肩形状	微凹	54	裂果性	不易裂
13	叶裂刻	中	34	果肩色	—	55	畸形果	无
14	叶片长	40.0 cm	35	绿果肩大小	—	56	肉质	面
15	叶片宽	36.0 cm	36	商品果纵径	35.4 mm	57	风味	酸甜
16	首花序节位	12节	37	商品果横径	25.9 mm	58	清香味	有
17	第二花序节位	15节	38	果形	长圆形	59	综合品质	中
18	花序类型	单式花序	39	果梗洼大小	3.0 mm	60	可溶性固形物含量	8.67%
19	簇生花	无	40	果洼木栓化大小	1.0 mm	61	田间成株耐寒性	强
20	花柱长度	短于雄蕊	41	果实横切面形状	圆形	62	用途	鲜食
21	花柱形状	单圆花柱	42	果肉色	红			

种质编号VT355

序号	描述项目	描述内容	序号	描述项目	描述内容	序号	描述项目	描述内容
1	种质编号	VT355	22	花柱茸毛	无	43	胎座胶状物质颜色	黄
2	种质类型	遗传材料	23	花色	橘黄	44	果肉厚	3.9 mm
3	下胚轴颜色	紫（淡）	24	花梗离层	有	45	心室数	2个
4	生长习性	10序花封顶	25	单花序花数	14朵	46	果皮色	黄
5	株型	半蔓性	26	果柄长度	0.7 cm	47	单花序果数	10个
6	株高	2.0~2.3 m	27	成熟前果色	绿白	48	单果重	20.0 g
7	茎叶茸毛	短稀	28	成熟果色	红	49	熟性	早100~105 d
8	叶片类型	薯叶型	29	果面棱沟	轻	50	形态一致性	连续变异
9	叶片形状	羽状复叶	30	果面茸毛	无	51	种皮颜色	灰黄
10	叶片着生状态	下垂	31	果顶形状	圆平	52	播种至开花天数	49 d
11	叶色	绿	32	果肩	有	53	播种至始收天数	103 d
12	叶脉色	绿	33	果肩形状	平	54	裂果性	不易裂
13	叶裂刻	浅	34	果肩色	—	55	畸形果	无
14	叶片长	27.0 cm	35	绿果肩大小	—	56	肉质	软
15	叶片宽	14.0 cm	36	商品果纵径	43.2 mm	57	风味	酸甜
16	首花序节位	9节	37	商品果横径	28.3 mm	58	清香味	无
17	第二花序节位	12节	38	果形	长圆形	59	综合品质	中
18	花序类型	单式花序或多歧花序	39	果梗洼大小	3.0 mm	60	可溶性固形物含量	6.90%
19	簇生花	有	40	果洼木栓化大小	0.8 mm	61	田间成株耐寒性	中
20	花柱长度	短于雄蕊	41	果实横切面形状	圆形	62	用途	鲜食
21	花柱形状	单圆花柱	42	果肉色	红			

种质编号VT356

序号	描述项目	描述内容	序号	描述项目	描述内容	序号	描述项目	描述内容
1	种质编号	VT356	22	花柱茸毛	无	43	胎座胶状物质颜色	红
2	种质类型	遗传材料	23	花色	橘黄	44	果肉厚	3.1 mm
3	下胚轴颜色	紫（淡）	24	花梗离层	有	45	心室数	2个
4	生长习性	6序花封顶	25	单花序花数	12朵	46	果皮色	黄
5	株型	半蔓性	26	果柄长度	0.6 cm	47	单花序果数	9个
6	株高	2.0～2.3 m	27	成熟前果色	绿白	48	单果重	18.6 g
7	茎叶茸毛	短稀	28	成熟果色	红	49	熟性	早100～105 d
8	叶片类型	薯叶型	29	果面棱沟	轻	50	形态一致性	连续变异
9	叶片形状	羽状复叶	30	果面茸毛	无	51	种皮颜色	灰黄
10	叶片着生状态	水平	31	果顶形状	圆平	52	播种至开花天数	49 d
11	叶色	绿	32	果肩	有	53	播种至始收天数	103 d
12	叶脉色	无色	33	果肩形状	微凹	54	裂果性	中
13	叶裂刻	浅	34	果肩色	—	55	畸形果	无
14	叶片长	44.0 cm	35	绿果肩大小	—	56	肉质	面
15	叶片宽	44.0 cm	36	商品果纵径	40.1 mm	57	风味	酸甜
16	首花序节位	12节	37	商品果横径	28.3 mm	58	清香味	有
17	第二花序节位	15节	38	果形	长圆形	59	综合品质	中
18	花序类型	单式花序或多歧花序	39	果梗洼大小	2.5 mm	60	可溶性固形物含量	7.53%
19	簇生花	无	40	果洼木栓化大小	0.8 mm	61	田间成株耐寒性	强
20	花柱长度	短于雄蕊	41	果实横切面形状	圆形	62	用途	鲜食
21	花柱形状	单圆花柱	42	果肉色	粉红			

种质编号VT357

序号	描述项目	描述内容	序号	描述项目	描述内容	序号	描述项目	描述内容
1	种质编号	VT357	22	花柱茸毛	无	43	胎座胶状物质颜色	黄
2	种质类型	遗传材料	23	花色	黄	44	果肉厚	2.4 mm
3	下胚轴颜色	紫(淡)	24	花梗离层	有	45	心室数	2个
4	生长习性	无限生长	25	单花序花数	11朵	46	果皮色	黄
5	株型	蔓性	26	果柄长度	0.7 cm	47	单花序果数	7个
6	株高	2.0~2.3 m	27	成熟前果色	浅绿	48	单果重	10.8 g
7	茎叶茸毛	长稀	28	成熟果色	红	49	熟性	早100~105 d
8	叶片类型	普通叶型	29	果面棱沟	轻	50	形态一致性	连续变异
9	叶片形状	羽状复叶	30	果面茸毛	无	51	种皮颜色	灰黄
10	叶片着生状态	下垂	31	果顶形状	圆平	52	播种至开花天数	49 d
11	叶色	浅绿	32	果肩	有	53	播种至始收天数	103 d
12	叶脉色	绿	33	果肩形状	微凹	54	裂果性	不易裂
13	叶裂刻	深	34	果肩色	—	55	畸形果	无
14	叶片长	43.0 cm	35	绿果肩大小	—	56	肉质	面
15	叶片宽	32.0 cm	36	商品果纵径	34.4 mm	57	风味	酸甜
16	首花序节位	9节	37	商品果横径	23.4 mm	58	清香味	有
17	第二花序节位	13节	38	果形	长圆形	59	综合品质	上
18	花序类型	单式花序或多歧花序	39	果梗洼大小	2.5 mm	60	可溶性固形物含量	8.13%
19	簇生花	无	40	果洼木栓化大小	1.0 mm	61	田间成株耐寒性	强
20	花柱长度	与雄蕊近等长	41	果实横切面形状	圆形	62	用途	鲜食
21	花柱形状	单圆花柱	42	果肉色	红			

种质编号VT358

序号	描述项目	描述内容	序号	描述项目	描述内容	序号	描述项目	描述内容
1	种质编号	VT358	22	花柱茸毛	无	43	胎座胶状物质颜色	黄
2	种质类型	品系	23	花色	橘黄	44	果肉厚	3.6 mm
3	下胚轴颜色	紫	24	花梗离层	有	45	心室数	2个
4	生长习性	无限生长	25	单花序花数	10朵	46	果皮色	黄
5	株型	半蔓性	26	果柄长度	0.5 cm	47	单花序果数	10个
6	株高	2.2～2.6 m	27	成熟前果色	绿白	48	单果重	12.8 g
7	茎叶茸毛	短稀	28	成熟果色	红	49	熟性	早100～105 d
8	叶片类型	普通叶型	29	果面棱沟	轻	50	形态一致性	连续变异
9	叶片形状	羽状复叶	30	果面茸毛	无	51	种皮颜色	灰黄
10	叶片着生状态	水平	31	果顶形状	圆平	52	播种至开花天数	49 d
11	叶色	深绿	32	果肩	有	53	播种至始收天数	103 d
12	叶脉色	绿	33	果肩形状	微凹	54	裂果性	不易裂
13	叶裂刻	中	34	果肩色	—	55	畸形果	无
14	叶片长	36.0 cm	35	绿果肩大小	—	56	肉质	面
15	叶片宽	34.0 cm	36	商品果纵径	32.4 mm	57	风味	甜酸
16	首花序节位	10节	37	商品果横径	25.5 mm	58	清香味	有
17	第二花序节位	11节	38	果形	长圆形	59	综合品质	中
18	花序类型	多歧花序	39	果梗洼大小	1.9 mm	60	可溶性固形物含量	7.53%
19	簇生花	无	40	果洼木栓化大小	1.0 mm	61	田间成株耐寒性	强
20	花柱长度	短于雄蕊	41	果实横切面形状	圆形	62	用途	鲜食
21	花柱形状	单圆花柱	42	果肉色	红			

种质编号VT359

序号	描述项目	描述内容	序号	描述项目	描述内容	序号	描述项目	描述内容
1	种质编号	VT359	22	花柱茸毛	无	43	胎座胶状物质颜色	红
2	种质类型	品系	23	花色	黄	44	果肉厚	3.7 mm
3	下胚轴颜色	紫	24	花梗离层	有	45	心室数	2个
4	生长习性	无限生长	25	单花序花数	17朵	46	果皮色	黄
5	株型	半蔓性	26	果柄长度	0.8 cm	47	单花序果数	11个
6	株高	2.8~3.3 m	27	成熟前果色	浅绿	48	单果重	15.2 g
7	茎叶茸毛	短稀	28	成熟果色	红	49	熟性	早100~105 d
8	叶片类型	普通叶型	29	果面棱沟	轻	50	形态一致性	连续变异
9	叶片形状	羽状复叶	30	果面茸毛	稀	51	种皮颜色	灰黄
10	叶片着生状态	水平	31	果顶形状	圆平	52	播种至开花天数	49 d
11	叶色	深绿	32	果肩	有	53	播种至始收天数	103 d
12	叶脉色	无色	33	果肩形状	平	54	裂果性	不易裂
13	叶裂刻	深	34	果肩色	—	55	畸形果	无
14	叶片长	46.0 cm	35	绿果肩大小	—	56	肉质	面
15	叶片宽	30.0 cm	36	商品果纵径	38.1 mm	57	风味	甜酸
16	首花序节位	6节	37	商品果横径	26.3 mm	58	清香味	无
17	第二花序节位	13节	38	果形	长圆形	59	综合品质	中
18	花序类型	单式花序	39	果梗洼大小	1.3 mm	60	可溶性固形物含量	7.30%
19	簇生花	无	40	果洼木栓化大小	0.2 mm	61	田间成株耐寒性	强
20	花柱长度	与雄蕊近等长	41	果实横切面形状	圆形	62	用途	鲜食
21	花柱形状	单圆花柱	42	果肉色	红			

第二章 红色樱桃小果类番茄种质资源

种质编号VT360

序号	描述项目	描述内容	序号	描述项目	描述内容	序号	描述项目	描述内容
1	种质编号	VT360	22	花柱茸毛	无	43	胎座胶状物质颜色	黄
2	种质类型	遗传材料	23	花色	黄	44	果肉厚	3.8 mm
3	下胚轴颜色	紫	24	花梗离层	有	45	心室数	2个
4	生长习性	无限生长	25	单花序花数	17朵	46	果皮色	黄
5	株型	蔓性	26	果柄长度	0.9 cm	47	单花序果数	14个
6	株高	3.0～3.5 m	27	成熟前果色	绿	48	单果重	15.6 g
7	茎叶茸毛	短稀	28	成熟果色	红	49	熟性	早100～105 d
8	叶片类型	普通叶型	29	果面棱沟	轻	50	形态一致性	连续变异
9	叶片形状	羽状复叶	30	果面茸毛	稀	51	种皮颜色	浅棕
10	叶片着生状态	下垂	31	果顶形状	圆平	52	播种至开花天数	49 d
11	叶色	深绿	32	果肩	有	53	播种至始收天数	103 d
12	叶脉色	无色	33	果肩形状	平	54	裂果性	中
13	叶裂刻	深	34	果肩色	—	55	畸形果	无
14	叶片长	49.0 cm	35	绿果肩大小	—	56	肉质	面
15	叶片宽	33.0 cm	36	商品果纵径	39.4 mm	57	风味	酸甜
16	首花序节位	9节	37	商品果横径	26.4 mm	58	清香味	无
17	第二花序节位	13节	38	果形	长圆形	59	综合品质	中
18	花序类型	单式花序或多歧花序	39	果梗洼大小	2.2 mm	60	可溶性固形物含量	5.97%
19	簇生花	无	40	果洼木栓化大小	0.2 mm	61	田间成株耐寒性	强
20	花柱长度	与雄蕊近等长	41	果实横切面形状	圆形	62	用途	鲜食
21	花柱形状	单圆花柱	42	果肉色	红			

种质编号VT361

序号	描述项目	描述内容	序号	描述项目	描述内容	序号	描述项目	描述内容
1	种质编号	VT361	22	花柱茸毛	无	43	胎座胶状物质颜色	黄
2	种质类型	品系	23	花色	黄	44	果肉厚	3.6 mm
3	下胚轴颜色	紫（淡）	24	花梗离层	有	45	心室数	2个
4	生长习性	无限生长	25	单花序花数	13朵	46	果皮色	黄
5	株型	蔓性	26	果柄长度	0.8 cm	47	单花序果数	9个
6	株高	2.3～2.8 m	27	成熟前果色	绿白	48	单果重	12.7 g
7	茎叶茸毛	长稀	28	成熟果色	红	49	熟性	早100～105 d
8	叶片类型	普通叶型	29	果面棱沟	无或轻	50	形态一致性	连续变异
9	叶片形状	羽状复叶	30	果面茸毛	稀	51	种皮颜色	浅棕
10	叶片着生状态	下垂	31	果顶形状	圆平	52	播种至开花天数	49 d
11	叶色	绿	32	果肩	有	53	播种至始收天数	103 d
12	叶脉色	无色	33	果肩形状	微凹	54	裂果性	不易裂
13	叶裂刻	深	34	果肩色	—	55	畸形果	无
14	叶片长	40.0 cm	35	绿果肩大小	—	56	肉质	面
15	叶片宽	19.0 cm	36	商品果纵径	37.5 mm	57	风味	甜酸
16	首花序节位	11节	37	商品果横径	24.4 mm	58	清香味	无
17	第二花序节位	16节	38	果形	长圆形	59	综合品质	中
18	花序类型	单式花序	39	果梗洼大小	2.0 mm	60	可溶性固形物含量	5.30%
19	簇生花	无	40	果洼木栓化大小	0.5 mm	61	田间成株耐寒性	强
20	花柱长度	与雄蕊近等长	41	果实横切面形状	圆形	62	用途	鲜食
21	花柱形状	单圆花柱	42	果肉色	红			

种质编号VT362

序号	描述项目	描述内容	序号	描述项目	描述内容	序号	描述项目	描述内容
1	种质编号	VT362	22	花柱茸毛	无	43	胎座胶状物质颜色	黄
2	种质类型	品系	23	花色	橘黄	44	果肉厚	3.1 mm
3	下胚轴颜色	紫	24	花梗离层	有	45	心室数	2个
4	生长习性	无限生长	25	单花序花数	10朵	46	果皮色	黄
5	株型	蔓性	26	果柄长度	1.0 cm	47	单花序果数	8个
6	株高	3.0～3.5 m	27	成熟前果色	浅绿	48	单果重	15.9 g
7	茎叶茸毛	短稀	28	成熟果色	红	49	熟性	早100～105 d
8	叶片类型	普通叶型	29	果面棱沟	轻	50	形态一致性	连续变异
9	叶片形状	二回羽状复叶	30	果面茸毛	无	51	种皮颜色	浅棕
10	叶片着生状态	下垂	31	果顶形状	圆平	52	播种至开花天数	49 d
11	叶色	绿	32	果肩	有	53	播种至始收天数	103 d
12	叶脉色	无色	33	果肩形状	微凹	54	裂果性	不易裂
13	叶裂刻	中	34	果肩色	—	55	畸形果	无
14	叶片长	42.0 cm	35	绿果肩大小	—	56	肉质	面
15	叶片宽	38.0 cm	36	商品果纵径	39.3 mm	57	风味	甜酸
16	首花序节位	11节	37	商品果横径	29.5 mm	58	清香味	无
17	第二花序节位	15节	38	果形	长圆形	59	综合品质	中
18	花序类型	单式花序	39	果梗洼大小	1.8 mm	60	可溶性固形物含量	7.25%
19	簇生花	无	40	果洼木栓化大小	0.5 mm	61	田间成株耐寒性	强
20	花柱长度	短于雄蕊	41	果实横切面形状	圆形	62	用途	鲜食
21	花柱形状	单圆花柱	42	果肉色	红			

种质编号VT363

序号	描述项目	描述内容	序号	描述项目	描述内容	序号	描述项目	描述内容
1	种质编号	VT363	22	花柱茸毛	无	43	胎座胶状物质颜色	红
2	种质类型	遗传材料	23	花色	黄	44	果肉厚	2.8 mm
3	下胚轴颜色	紫	24	花梗离层	有	45	心室数	2个
4	生长习性	无限生长	25	单花序花数	14朵	46	果皮色	红
5	株型	蔓性	26	果柄长度	0.7 cm	47	单花序果数	10个
6	株高	2.3~2.6 m	27	成熟前果色	浅绿	48	单果重	12.1 g
7	茎叶茸毛	长稀	28	成熟果色	红	49	熟性	早100~105 d
8	叶片类型	普通叶型	29	果面棱沟	轻	50	形态一致性	连续变异
9	叶片形状	羽状复叶	30	果面茸毛	无	51	种皮颜色	灰黄
10	叶片着生状态	下垂	31	果顶形状	圆平	52	播种至开花天数	49 d
11	叶色	绿	32	果肩	有	53	播种至始收天数	103 d
12	叶脉色	无色或绿	33	果肩形状	微凹	54	裂果性	不易裂
13	叶裂刻	深	34	果肩色	—	55	畸形果	无
14	叶片长	45.0 cm	35	绿果肩大小	—	56	肉质	面
15	叶片宽	36.0 cm	36	商品果纵径	39.4 mm	57	风味	甜酸
16	首花序节位	8节	37	商品果横径	23.0 mm	58	清香味	无
17	第二花序节位	14节	38	果形	长圆形	59	综合品质	中
18	花序类型	单式花序或多歧花序	39	果梗洼大小	2.1 mm	60	可溶性固形物含量	8.07%
19	簇生花	无	40	果洼木栓化大小	0.8 mm	61	田间成株耐寒性	中
20	花柱长度	与雄蕊近等长	41	果实横切面形状	圆形	62	用途	鲜食
21	花柱形状	单圆花柱	42	果肉色	红			

种质编号VT364

序号	描述项目	描述内容	序号	描述项目	描述内容	序号	描述项目	描述内容
1	种质编号	VT364	22	花柱茸毛	无	43	胎座胶状物质颜色	红
2	种质类型	品系	23	花色	橘黄	44	果肉厚	3.1 mm
3	下胚轴颜色	紫	24	花梗离层	有	45	心室数	3个
4	生长习性	无限生长	25	单花序花数	12朵	46	果皮色	黄
5	株型	蔓性	26	果柄长度	0.9 cm	47	单花序果数	8个
6	株高	2.5～2.8 m	27	成熟前果色	绿白	48	单果重	13.3 g
7	茎叶茸毛	短稀	28	成熟果色	红	49	熟性	早100～105 d
8	叶片类型	普通叶型	29	果面棱沟	轻	50	形态一致性	一致
9	叶片形状	羽状复叶	30	果面茸毛	稀	51	种皮颜色	灰黄
10	叶片着生状态	下垂	31	果顶形状	圆平	52	播种至开花天数	49 d
11	叶色	黄绿	32	果肩	有	53	播种至始收天数	103 d
12	叶脉色	无色	33	果肩形状	平	54	裂果性	不易裂
13	叶裂刻	中	34	果肩色	—	55	畸形果	无
14	叶片长	47.0 cm	35	绿果肩大小	—	56	肉质	面
15	叶片宽	40.0 cm	36	商品果纵径	36.7 mm	57	风味	甜酸
16	首花序节位	11节	37	商品果横径	24.6 mm	58	清香味	无
17	第二花序节位	14节	38	果形	长圆形	59	综合品质	中
18	花序类型	单式花序或多歧花序	39	果梗洼大小	1.8 mm	60	可溶性固形物含量	6.30%
19	簇生花	无	40	果洼木栓化大小	0.3 mm	61	田间成株耐寒性	强
20	花柱长度	短于雄蕊	41	果实横切面形状	等边多边形	62	用途	鲜食
21	花柱形状	单圆花柱	42	果肉色	红			

种质编号VT366

序号	描述项目	描述内容	序号	描述项目	描述内容	序号	描述项目	描述内容
1	种质编号	VT366	22	花柱茸毛	有	43	胎座胶状物质颜色	黄
2	种质类型	遗传材料	23	花色	黄	44	果肉厚	1.2～3.6 mm
3	下胚轴颜色	紫	24	花梗离层	有	45	心室数	2～3个
4	生长习性	无限生长	25	单花序花数	13朵	46	果皮色	黄
5	株型	半蔓性	26	果柄长度	1.5 cm	47	单花序果数	7个
6	株高	2.3～2.8 m	27	成熟前果色	绿白或浅绿	48	单果重	7.9～41.8 g
7	茎茸毛	短稀	28	成熟果色	红或深红	49	熟性	早100～105 d
8	叶片类型	普通叶型	29	果面棱沟	无	50	形态一致性	不连续变异
9	叶片形状	羽状复叶	30	果面茸毛	无	51	种皮颜色	浅棕
10	叶片着生状态	下垂	31	果顶形状	圆平	52	播种至开花天数	49 d
11	叶色	浅绿	32	果肩	有	53	播种至始收天数	103 d
12	叶脉色	无色	33	果肩形状	微凹	54	裂果性	不易裂
13	叶裂刻	深	34	果肩色	—	55	畸形果	无
14	叶片长	45.0 cm	35	绿果肩大小	—	56	肉质	面
15	叶片宽	30.0 cm	36	商品果纵径	22.7～39.2 mm	57	风味	甜酸
16	首花序节位	13节	37	商品果横径	23.6～42.5 mm	58	清香味	有
17	第二花序节位	16节	38	果形	长圆或梨形	59	综合品质	中
18	花序类型	单式花序或多歧花序	39	果梗洼大小	2.5 mm	60	可溶性固形物含量	6.27%～7.63%
19	簇生花	无	40	果洼木栓化大小	1.0 mm	61	田间成株耐寒性	强
20	花柱长度	与雄蕊近等长	41	果实横切面形状	圆形或等边多边形	62	用途	鲜食
21	花柱形状	单圆花柱	42	果肉色	红			

种质编号VT367

序号	描述项目	描述内容	序号	描述项目	描述内容	序号	描述项目	描述内容
1	种质编号	VT367	22	花柱茸毛	无	43	胎座胶状物质颜色	黄
2	种质类型	遗传材料	23	花色	橘黄	44	果肉厚	3.1 mm
3	下胚轴颜色	紫	24	花梗离层	有	45	心室数	2个
4	生长习性	无限生长	25	单花序花数	14朵	46	果皮色	黄
5	株型	半蔓性	26	果柄长度	1.0 cm	47	单花序果数	10个
6	株高	2.5~3.0 m	27	成熟前果色	浅绿	48	单果重	14.7 g
7	茎叶茸毛	短稀	28	成熟果色	深红	49	熟性	早100~105 d
8	叶片类型	普通叶型	29	果面棱沟	轻	50	形态一致性	连续变异
9	叶片形状	羽状复叶	30	果面茸毛	无	51	种皮颜色	灰黄
10	叶片着生状态	下垂	31	果顶形状	圆平	52	播种至开花天数	49 d
11	叶色	浅绿	32	果肩	有	53	播种至始收天数	103 d
12	叶脉色	绿	33	果肩形状	平	54	裂果性	不易裂
13	叶裂刻	中	34	果肩色	—	55	畸形果	无
14	叶片长	40.0 cm	35	绿果肩大小	—	56	肉质	面
15	叶片宽	30.0 cm	36	商品果纵径	36.9 mm	57	风味	甜酸
16	首花序节位	10节	37	商品果横径	26.1 mm	58	清香味	有
17	第二花序节位	16节	38	果形	长圆形	59	综合品质	中
18	花序类型	单式花序或多歧花序	39	果梗洼大小	2.0 mm	60	可溶性固形物含量	6.83%
19	簇生花	无	40	果洼木栓化大小	0.5 mm	61	田间成株耐寒性	强
20	花柱长度	短于雄蕊	41	果实横切面形状	圆形	62	用途	鲜食
21	花柱形状	单圆花柱	42	果肉色	红			

种质编号VT379

序号	描述项目	描述内容	序号	描述项目	描述内容	序号	描述项目	描述内容
1	种质编号	VT379	22	花柱茸毛	无	43	胎座胶状物质颜色	红
2	种质类型	遗传材料	23	花色	黄	44	果肉厚	2.8 mm
3	下胚轴颜色	紫	24	花梗离层	有	45	心室数	2个
4	生长习性	无限生长	25	单花序花数	12朵	46	果皮色	黄
5	株型	半蔓性	26	果柄长度	0.6 cm	47	单花序果数	11个
6	株高	2.0~2.3 m	27	成熟前果色	绿白	48	单果重	15.2 g
7	茎叶茸毛	短稀	28	成熟果色	深红	49	熟性	极早≤100 d
8	叶片类型	普通叶型	29	果面棱沟	轻	50	形态一致性	连续变异
9	叶片形状	羽状复叶	30	果面茸毛	无	51	种皮颜色	浅棕
10	叶片着生状态	下垂	31	果顶形状	圆平	52	播种至开花天数	44 d
11	叶色	绿	32	果肩	有	53	播种至始收天数	99 d
12	叶脉色	绿	33	果肩形状	平	54	裂果性	不易裂
13	叶裂刻	中	34	果肩色	—	55	畸形果	无
14	叶片长	34.0 cm	35	绿果肩大小	—	56	肉质	软
15	叶片宽	25.0 cm	36	商品果纵径	37.5 mm	57	风味	甜酸
16	首花序节位	13节	37	商品果横径	25.1 mm	58	清香味	无
17	第二花序节位	17节	38	果形	长圆形	59	综合品质	中
18	花序类型	单式花序或多歧花序	39	果洼大小	2.0 mm	60	可溶性固形物含量	9.03%
19	簇生花	无	40	果洼木栓化大小	0.2 mm	61	田间成株耐寒性	弱
20	花柱长度	短于雄蕊	41	果实横切面形状	圆形	62	用途	鲜食
21	花柱形状	单圆花柱	42	果肉色	红			

种质编号VT381

序号	描述项目	描述内容	序号	描述项目	描述内容	序号	描述项目	描述内容
1	种质编号	VT381	22	花柱茸毛	无	43	胎座胶状物质颜色	红
2	种质类型	品系	23	花色	橘黄	44	果肉厚	3.3 mm
3	下胚轴颜色	紫	24	花梗离层	有	45	心室数	2个
4	生长习性	无限生长	25	单花序花数	10朵	46	果皮色	黄
5	株型	半蔓性	26	果柄长度	0.6 cm	47	单花序果数	7个
6	株高	1.8～2.0 m	27	成熟前果色	浅绿	48	单果重	14.1 g
7	茎叶茸毛	短稀	28	成熟果色	深红	49	熟性	早100～105 d
8	叶片类型	普通叶型	29	果面棱沟	轻	50	形态一致性	连续变异
9	叶片形状	羽状复叶	30	果面茸毛	稀	51	种皮颜色	灰黄
10	叶片着生状态	下垂	31	果顶形状	圆平	52	播种至开花天数	45 d
11	叶色	黄绿	32	果肩	有	53	播种至始收天数	102 d
12	叶脉色	绿	33	果肩形状	平	54	裂果性	不易裂
13	叶裂刻	中	34	果肩色	—	55	畸形果	无
14	叶片长	32.0 cm	35	绿果肩大小	—	56	肉质	面
15	叶片宽	27.0 cm	36	商品果纵径	38.5 mm	57	风味	甜酸
16	首花序节位	12节	37	商品果横径	24.8 mm	58	清香味	无
17	第二花序节位	15节	38	果形	长圆形	59	综合品质	中
18	花序类型	多歧花序	39	果梗洼大小	1.8 mm	60	可溶性固形物含量	7.93%
19	簇生花	无	40	果洼木栓化大小	0.3 mm	61	田间成株耐寒性	弱
20	花柱长度	与雄蕊近等长	41	果实横切面形状	圆形	62	用途	鲜食
21	花柱形状	单圆花柱	42	果肉色	红			

种质编号VT382

序号	描述项目	描述内容	序号	描述项目	描述内容	序号	描述项目	描述内容
1	种质编号	VT382	22	花柱茸毛	无	43	胎座胶状物质颜色	红
2	种质类型	遗传材料	23	花色	黄	44	果肉厚	3.5 mm
3	下胚轴颜色	紫	24	花梗离层	有	45	心室数	2个
4	生长习性	5序花封顶	25	单花序花数	17朵	46	果皮色	黄
5	株型	半蔓性	26	果柄长度	0.5 cm	47	单花序果数	15个
6	株高	1.2～1.5 m	27	成熟前果色	绿白	48	单果重	18.1 g
7	茎叶茸毛	短稀	28	成熟果色	深红	49	熟性	极早≤100 d
8	叶片类型	普通叶型	29	果面棱沟	轻	50	形态一致性	连续变异
9	叶片形状	羽状复叶	30	果面茸毛	无	51	种皮颜色	浅棕
10	叶片着生状态	水平或下垂	31	果顶形状	圆平	52	播种至开花天数	45 d
11	叶色	黄绿或绿	32	果肩	有	53	播种至始收天数	98 d
12	叶脉色	无色	33	果肩形状	微凹	54	裂果性	不易裂
13	叶裂刻	深	34	果肩色	—	55	畸形果	无
14	叶片长	22.0～31.0 cm	35	绿果肩大小	—	56	肉质	面
15	叶片宽	18.0～26.0 cm	36	商品果纵径	38.7 mm	57	风味	甜酸
16	首花序节位	9～11节	37	商品果横径	27.8 mm	58	清香味	有
17	第二花序节位	11～14节	38	果形	高圆或桃形	59	综合品质	中
18	花序类型	单式花序	39	果梗洼大小	2.0 mm	60	可溶性固形物含量	8.20%
19	簇生花	无	40	果洼木栓化大小	0.5 mm	61	田间成株耐寒性	弱
20	花柱长度	短于雄蕊或与雄蕊近等长	41	果实横切面形状	圆形	62	用途	鲜食
21	花柱形状	单圆花柱	42	果肉色	红			

种质编号VT384

序号	描述项目	描述内容	序号	描述项目	描述内容	序号	描述项目	描述内容
1	种质编号	VT384	22	花柱茸毛	无	43	胎座胶状物质颜色	黄
2	种质类型	遗传材料	23	花色	黄	44	果肉厚	3.9 mm
3	下胚轴颜色	绿	24	花梗离层	有	45	心室数	2个
4	生长习性	4序花封顶	25	单花序花数	8朵	46	果皮色	黄
5	株型	半蔓性	26	果柄长度	0.6 cm	47	单花序果数	8个
6	株高	1.5～1.8 m	27	成熟前果色	绿白	48	单果重	24.6 g
7	茎叶茸毛	短稀	28	成熟果色	红	49	熟性	早100～105 d
8	叶片类型	普通叶型	29	果面棱沟	轻	50	形态一致性	连续变异
9	叶片形状	羽状复叶	30	果面茸毛	稀	51	种皮颜色	浅棕
10	叶片着生状态	水平	31	果顶形状	微凸	52	播种至开花天数	49 d
11	叶色	绿	32	果肩	有	53	播种至始收天数	103 d
12	叶脉色	绿	33	果肩形状	微凹	54	裂果性	不易裂
13	叶裂刻	深	34	果肩色	—	55	畸形果	无
14	叶片长	31.0 cm	35	绿果肩大小	—	56	肉质	面
15	叶片宽	22.0 cm	36	商品果纵径	45.9 mm	57	风味	甜酸
16	首花序节位	12节	37	商品果横径	30.1 mm	58	清香味	有
17	第二花序节位	14节	38	果形	桃形	59	综合品质	中
18	花序类型	单式花序或多歧花序	39	果梗洼大小	2.7 mm	60	可溶性固形物含量	6.03%
19	簇生花	无	40	果洼木栓化大小	0.8 mm	61	田间成株耐寒性	中
20	花柱长度	与雄蕊近等长	41	果实横切面形状	圆形	62	用途	鲜食
21	花柱形状	单圆花柱	42	果肉色	红			

种质编号VT385

序号	描述项目	描述内容	序号	描述项目	描述内容	序号	描述项目	描述内容
1	种质编号	VT385	22	花柱茸毛	无	43	胎座胶状物质颜色	黄
2	种质类型	品系	23	花色	黄	44	果肉厚	4.1 mm
3	下胚轴颜色	绿	24	花梗离层	有	45	心室数	2个
4	生长习性	4序花封顶	25	单花序花数	14朵	46	果皮色	黄
5	株型	半蔓性	26	果柄长度	0.6 cm	47	单花序果数	5个
6	株高	1.4~1.8 m	27	成熟前果色	浅绿	48	单果重	28.3 g
7	茎叶茸毛	长稀	28	成熟果色	深红	49	熟性	早100~105 d
8	叶片类型	薯叶型	29	果面棱沟	轻	50	形态一致性	连续变异
9	叶片形状	羽状复叶	30	果面茸毛	中	51	种皮颜色	浅棕
10	叶片着生状态	水平	31	果顶形状	微凸	52	播种至开花天数	48 d
11	叶色	黄绿	32	果肩	有	53	播种至始收天数	102 d
12	叶脉色	无色	33	果肩形状	微凹	54	裂果性	不易裂
13	叶裂刻	深	34	果肩色	—	55	畸形果	无
14	叶片长	40.0 cm	35	绿果肩大小	—	56	肉质	面
15	叶片宽	32.0 cm	36	商品果纵径	52.3 mm	57	风味	甜酸
16	首花序节位	8节	37	商品果横径	29.9 mm	58	清香味	有
17	第二花序节位	11节	38	果形	长圆形	59	综合品质	中
18	花序类型	单式花序	39	果梗洼大小	1.8 mm	60	可溶性固形物含量	5.83%
19	簇生花	无	40	果洼木栓化大小	0.5 mm	61	田间成株耐寒性	中
20	花柱长度	短于雄蕊	41	果实横切面形状	圆形	62	用途	鲜食
21	花柱形状	单圆花柱	42	果肉色	红			

种质编号VT386

序号	描述项目	描述内容	序号	描述项目	描述内容	序号	描述项目	描述内容
1	种质编号	VT386	22	花柱茸毛	无	43	胎座胶状物质颜色	黄绿
2	种质类型	品系	23	花色	黄	44	果肉厚	3.5 mm
3	下胚轴颜色	绿	24	花梗离层	有	45	心室数	2个
4	生长习性	7序花封顶	25	单花序花数	9朵	46	果皮色	黄
5	株型	半蔓性	26	果柄长度	0.6 cm	47	单花序果数	6个
6	株高	1.2~1.5 m	27	成熟前果色	浅绿	48	单果重	29.6 g
7	茎叶茸毛	短稀	28	成熟果色	深红	49	熟性	早100~105 d
8	叶片类型	普通叶型	29	果面棱沟	轻	50	形态一致性	一致
9	叶片形状	羽状复叶	30	果面茸毛	稀	51	种皮颜色	灰黄
10	叶片着生状态	下垂	31	果顶形状	圆平	52	播种至开花天数	49 d
11	叶色	绿	32	果肩	有	53	播种至始收天数	103 d
12	叶脉色	绿	33	果肩形状	微凹	54	裂果性	不易裂
13	叶裂刻	深	34	果肩色	—	55	畸形果	无
14	叶片长	44.0 cm	35	绿果肩大小	—	56	肉质	面
15	叶片宽	32.0 cm	36	商品果纵径	45.4 mm	57	风味	甜酸
16	首花序节位	13节	37	商品果横径	34.0 mm	58	清香味	有
17	第二花序节位	16节	38	果形	长圆形	59	综合品质	中
18	花序类型	单式花序	39	果梗洼大小	1.5 mm	60	可溶性固形物含量	6.13%
19	簇生花	无	40	果洼木栓化大小	0.3 mm	61	田间成株耐寒性	差
20	花柱长度	短于雄蕊	41	果实横切面形状	圆形	62	用途	鲜食
21	花柱形状	单圆花柱	42	果肉色	红			

种质编号VT387

序号	描述项目	描述内容	序号	描述项目	描述内容	序号	描述项目	描述内容
1	种质编号	VT387	22	花柱茸毛	无	43	胎座胶状物质颜色	红
2	种质类型	品系	23	花色	橘黄	44	果肉厚	2.8 mm
3	下胚轴颜色	紫	24	花梗离层	有	45	心室数	2~3个
4	生长习性	无限生长	25	单花序花数	8朵	46	果皮色	黄
5	株型	半蔓性	26	果柄长度	0.5 cm	47	单花序果数	6个
6	株高	2.0~2.5 m	27	成熟前果色	绿	48	单果重	14.9 g
7	茎叶茸毛	短稀	28	成熟果色	深红	49	熟性	早100~105 d
8	叶片类型	普通叶型	29	果面棱沟	无	50	形态一致性	连续变异
9	叶片形状	羽状复叶	30	果面茸毛	稀	51	种皮颜色	灰黄
10	叶片着生状态	水平	31	果顶形状	圆平	52	播种至开花天数	45 d
11	叶色	深绿	32	果肩	有	53	播种至始收天数	102 d
12	叶脉色	无色	33	果肩形状	微凹	54	裂果性	不易裂
13	叶裂刻	深	34	果肩色	—	55	畸形果	无
14	叶片长	40.0 cm	35	绿果肩大小	—	56	肉质	面
15	叶片宽	26.0 cm	36	商品果纵径	35.1 mm	57	风味	甜酸
16	首花序节位	11节	37	商品果横径	26.4 mm	58	清香味	有
17	第二花序节位	14节	38	果形	高圆形	59	综合品质	中
18	花序类型	单式花序	39	果梗洼大小	1.5 mm	60	可溶性固形物含量	7.53%
19	簇生花	无	40	果洼木栓化大小	0.3 mm	61	田间成株耐寒性	强
20	花柱长度	与雄蕊近等长	41	果实横切面形状	不规则形状	62	用途	鲜食
21	花柱形状	单圆花柱	42	果肉色	红			

种质编号VT388

序号	描述项目	描述内容	序号	描述项目	描述内容	序号	描述项目	描述内容
1	种质编号	VT388	22	花柱茸毛	无	43	胎座胶状物质颜色	黄
2	种质类型	品系	23	花色	黄	44	果肉厚	3.1 mm
3	下胚轴颜色	绿	24	花梗离层	有	45	心室数	2个
4	生长习性	5序花封顶	25	单花序花数	12朵	46	果皮色	黄
5	株型	半蔓性	26	果柄长度	0.6 cm	47	单花序果数	5个
6	株高	2.1～2.3 m	27	成熟前果色	浅绿	48	单果重	16.4 g
7	茎叶茸毛	短稀	28	成熟果色	深红	49	熟性	早100～105 d
8	叶片类型	普通叶型	29	果面棱沟	轻	50	形态一致性	连续变异
9	叶片形状	羽状复叶	30	果面茸毛	稀	51	种皮颜色	浅棕
10	叶片着生状态	下垂	31	果顶形状	圆平	52	播种至开花天数	45 d
11	叶色	绿	32	果肩	有	53	播种至始收天数	102 d
12	叶脉色	无色	33	果肩形状	平	54	裂果性	不易裂
13	叶裂刻	中	34	果肩色	—	55	畸形果	无
14	叶片长	46.0 cm	35	绿果肩大小	—	56	肉质	面
15	叶片宽	42.0 cm	36	商品果纵径	38.9 mm	57	风味	酸甜
16	首花序节位	14节	37	商品果横径	26.6 mm	58	清香味	有
17	第二花序节位	16节	38	果形	长圆形	59	综合品质	中
18	花序类型	单式花序	39	果梗洼大小	1.8 mm	60	可溶性固形物含量	6.03%
19	簇生花	无	40	果洼木栓化大小	0.5 mm	61	田间成株耐寒性	中
20	花柱长度	短于雄蕊	41	果实横切面形状	圆形	62	用途	鲜食
21	花柱形状	单圆花柱	42	果肉色	红			

种质编号VT389

序号	描述项目	描述内容	序号	描述项目	描述内容	序号	描述项目	描述内容
1	种质编号	VT389	22	花柱茸毛	无	43	胎座胶状物质颜色	黄绿
2	种质类型	遗传材料	23	花色	黄	44	果肉厚	3.0 mm
3	下胚轴颜色	紫	24	花梗离层	有	45	心室数	2个
4	生长习性	7序花封顶	25	单花序花数	12朵	46	果皮色	黄
5	株型	半蔓性	26	果柄长度	0.7 cm	47	单花序果数	10个
6	株高	1.7～2.0 m	27	成熟前果色	绿白	48	单果重	13.8 g
7	茎叶茸毛	长稀	28	成熟果色	深红	49	熟性	早100～105 d
8	叶片类型	普通叶型	29	果面棱沟	无	50	形态一致性	连续变异
9	叶片形状	羽状复叶	30	果面茸毛	稀	51	种皮颜色	灰黄
10	叶片着生状态	下垂	31	果顶形状	圆平	52	播种至开花天数	45 d
11	叶色	绿	32	果肩	有	53	播种至始收天数	102 d
12	叶脉色	无色或绿	33	果肩形状	平	54	裂果性	中
13	叶裂刻	中	34	果肩色	—	55	畸形果	无
14	叶片长	39.0 cm	35	绿果肩大小	—	56	肉质	面
15	叶片宽	31.0 cm	36	商品果纵径	36.3 mm	57	风味	甜酸
16	首花序节位	14节	37	商品果横径	27.2 mm	58	清香味	有
17	第二花序节位	16节	38	果形	长圆形	59	综合品质	中
18	花序类型	单式花序或多歧花序	39	果梗洼大小	3.0 mm	60	可溶性固形物含量	6.97%
19	簇生花	无	40	果洼木栓化大小	0.8 mm	61	田间成株耐寒性	中
20	花柱长度	短于雄蕊	41	果实横切面形状	不规则形状	62	用途	鲜食
21	花柱形状	单圆花柱	42	果肉色	红			

种质编号VT390

序号	描述项目	描述内容	序号	描述项目	描述内容	序号	描述项目	描述内容
1	种质编号	VT390	22	花柱茸毛	无	43	胎座胶状物质颜色	红
2	种质类型	品系	23	花色	黄	44	果肉厚	3.9 mm
3	下胚轴颜色	绿	24	花梗离层	有	45	心室数	2个
4	生长习性	无限生长	25	单花序花数	7朵	46	果皮色	红
5	株型	半蔓性	26	果柄长度	0.8 cm	47	单花序果数	5个
6	株高	1.6~1.8 m	27	成熟前果色	绿白	48	单果重	26.5 g
7	茎叶茸毛	短稀	28	成熟果色	红	49	熟性	早100~105 d
8	叶片类型	复细叶型	29	果面棱沟	轻	50	形态一致性	连续变异
9	叶片形状	二回羽状复叶	30	果面茸毛	中	51	种皮颜色	灰黄
10	叶片着生状态	水平	31	果顶形状	圆平	52	播种至开花天数	45 d
11	叶色	黄绿	32	果肩	有	53	播种至始收天数	102 d
12	叶脉色	无色	33	果肩形状	微凹	54	裂果性	不易裂
13	叶裂刻	深	34	果肩色	—	55	畸形果	无
14	叶片长	41.0 cm	35	绿果肩大小	—	56	肉质	面
15	叶片宽	31.0 cm	36	商品果纵径	45.8 mm	57	风味	甜酸
16	首花序节位	12节	37	商品果横径	32.2 mm	58	清香味	有
17	第二花序节位	15节	38	果形	长圆形	59	综合品质	中
18	花序类型	单式花序	39	果梗洼大小	2.5 mm	60	可溶性固形物含量	5.87%
19	簇生花	无	40	果洼木栓化大小	1.0 mm	61	田间成株耐寒性	强
20	花柱长度	与雄蕊近等长	41	果实横切面形状	圆形	62	用途	鲜食
21	花柱形状	单圆花柱	42	果肉色	红			

种质编号VT391

序号	描述项目	描述内容	序号	描述项目	描述内容	序号	描述项目	描述内容
1	种质编号	VT391	22	花柱茸毛	无	43	胎座胶状物质颜色	红
2	种质类型	品系	23	花色	橘黄	44	果肉厚	4.4 mm
3	下胚轴颜色	绿或紫	24	花梗离层	有	45	心室数	2个
4	生长习性	7序花封顶	25	单花序花数	8朵	46	果皮色	黄
5	株型	半蔓性	26	果柄长度	0.9 cm	47	单花序果数	4个
6	株高	0.9～1.2 m	27	成熟前果色	浅绿	48	单果重	27.4 g
7	茎叶茸毛	短稀	28	成熟果色	深红	49	熟性	早100～105 d
8	叶片类型	普通叶型	29	果面棱沟	轻	50	形态一致性	一致
9	叶片形状	羽状复叶	30	果面茸毛	稀	51	种皮颜色	灰黄
10	叶片着生状态	下垂	31	果顶形状	圆平	52	播种至开花天数	45 d
11	叶色	深绿	32	果肩	有	53	播种至始收天数	102 d
12	叶脉色	无色	33	果肩形状	微凹	54	裂果性	不易裂
13	叶裂刻	深	34	果肩色	—	55	畸形果	无
14	叶片长	37.0 cm	35	绿果肩大小	—	56	肉质	面
15	叶片宽	28.0 cm	36	商品果纵径	44.5 mm	57	风味	甜酸
16	首花序节位	15节	37	商品果横径	33.8 mm	58	清香味	无
17	第二花序节位	17节	38	果形	长圆形	59	综合品质	中
18	花序类型	单式花序	39	果梗洼大小	1.5 mm	60	可溶性固形物含量	6.33%
19	簇生花	无	40	果洼木栓化大小	0.3 mm	61	田间成株耐寒性	弱
20	花柱长度	短于雄蕊	41	果实横切面形状	圆形	62	用途	鲜食
21	花柱形状	单圆花柱	42	果肉色	红			

种质编号VT392

序号	描述项目	描述内容	序号	描述项目	描述内容	序号	描述项目	描述内容
1	种质编号	VT392	22	花柱茸毛	无	43	胎座胶状物质颜色	黄
2	种质类型	遗传材料	23	花色	黄	44	果肉厚	3.7 mm
3	下胚轴颜色	紫	24	花梗离层	有	45	心室数	2个
4	生长习性	无限生长	25	单花序花数	11朵	46	果皮色	黄
5	株型	半蔓性	26	果柄长度	0.8 cm	47	单花序果数	8个
6	株高	2.3～2.5 m	27	成熟前果色	浅绿	48	单果重	9.0 g
7	茎叶茸毛	短稀	28	成熟果色	深红	49	熟性	极早≤100 d
8	叶片类型	复细叶型	29	果面棱沟	轻	50	形态一致性	连续变异
9	叶片形状	二回羽状复叶	30	果面茸毛	稀	51	种皮颜色	灰黄
10	叶片着生状态	水平	31	果顶形状	圆平	52	播种至开花天数	43 d
11	叶色	深绿	32	果肩	有	53	播种至始收天数	98 d
12	叶脉色	无色	33	果肩形状	—	54	裂果性	中
13	叶裂刻	深	34	果肩色	—	55	畸形果	无
14	叶片长	33.0 cm	35	绿果肩大小	中	56	肉质	软
15	叶片宽	20.0 cm	36	商品果纵径	27.2 mm	57	风味	甜酸
16	首花序节位	10节	37	商品果横径	23.1 mm	58	清香味	有
17	第二花序节位	14节	38	果形	高圆形	59	综合品质	中
18	花序类型	单式花序或多歧花序	39	果梗洼大小	2.0 mm	60	可溶性固形物含量	7.67%
19	簇生花	无	40	果洼木栓化大小	0.8 mm	61	田间成株耐寒性	弱
20	花柱长度	短于雄蕊	41	果实横切面形状	圆形	62	用途	鲜食
21	花柱形状	单圆花柱	42	果肉色	红			

种质编号VT419

序号	描述项目	描述内容	序号	描述项目	描述内容	序号	描述项目	描述内容
1	种质编号	VT419	22	花柱茸毛	无	43	胎座胶状物质颜色	红
2	种质类型	遗传材料	23	花色	橘黄	44	果肉厚	5.1 mm
3	下胚轴颜色	绿	24	花梗离层	有	45	心室数	2个
4	生长习性	7序花封顶	25	单花序花数	8朵	46	果皮色	黄
5	株型	半蔓性	26	果柄长度	0.8 cm	47	单花序果数	8个
6	株高	1.6～2.0 m	27	成熟前果色	浅绿	48	单果重	21.6 g
7	茎叶茸毛	短稀	28	成熟果色	红	49	熟性	极晚≥125 d
8	叶片类型	薯叶型	29	果面棱沟	中	50	形态一致性	连续变异
9	叶片形状	羽状复叶	30	果面茸毛	无	51	种皮颜色	浅棕
10	叶片着生状态	下垂	31	果顶形状	微凸	52	播种至开花天数	68 d
11	叶色	深绿	32	果肩	有	53	播种至始收天数	132 d
12	叶脉色	无色	33	果肩形状	微凹	54	裂果性	不易裂
13	叶裂刻	深	34	果肩色	—	55	畸形果	无
14	叶片长	51.0 cm	35	绿果肩大小	—	56	肉质	面
15	叶片宽	54.0 cm	36	商品果纵径	46.3 mm	57	风味	酸甜
16	首花序节位	13节	37	商品果横径	28.7 mm	58	清香味	无
17	第二花序节位	14节	38	果形	长圆形	59	综合品质	上
18	花序类型	单式花序或多歧花序	39	果梗洼大小	2.5 mm	60	可溶性固形物含量	6.99%
19	簇生花	有	40	果洼木栓化大小	0.8 mm	61	田间成株耐寒性	强
20	花柱长度	与雄蕊近等长	41	果实横切面形状	圆形	62	用途	鲜食
21	花柱形状	单圆或分裂花柱	42	果肉色	红			

种质编号VT420

序号	描述项目	描述内容	序号	描述项目	描述内容	序号	描述项目	描述内容
1	种质编号	VT420	22	花柱茸毛	无	43	胎座胶状物质颜色	黄
2	种质类型	遗传材料	23	花色	黄	44	果肉厚	5.0 mm
3	下胚轴颜色	绿或紫	24	花梗离层	有	45	心室数	2个
4	生长习性	4序花封顶	25	单花序花数	10朵	46	果皮色	黄
5	株型	半蔓性	26	果柄长度	1.0 cm	47	单花序果数	10个
6	株高	2.5～3.0 m	27	成熟前果色	浅绿	48	单果重	22.7 g
7	茎叶茸毛	长稀	28	成熟果色	红	49	熟性	极晚≥125 d
8	叶片类型	薯叶型	29	果面棱沟	轻	50	形态一致性	连续变异
9	叶片形状	羽状复叶	30	果面茸毛	无	51	种皮颜色	灰黄
10	叶片着生状态	下垂	31	果顶形状	圆平	52	播种至开花天数	68 d
11	叶色	深绿	32	果肩	有	53	播种至始收天数	132 d
12	叶脉色	无色	33	果肩形状	微凹	54	裂果性	不易裂
13	叶裂刻	深	34	果肩色	—	55	畸形果	无
14	叶片长	50.0 cm	35	绿果肩大小	—	56	肉质	面
15	叶片宽	52.0 cm	36	商品果纵径	44.0 mm	57	风味	酸甜
16	首花序节位	8节	37	商品果横径	30.3 mm	58	清香味	有（淡）
17	第二花序节位	12节	38	果形	长圆形	59	综合品质	上
18	花序类型	单式花序或多歧花序	39	果梗洼大小	2.8 mm	60	可溶性固形物含量	6.23%
19	簇生花	无	40	果洼木栓化大小	0.6 mm	61	田间成株耐寒性	强
20	花柱长度	与雄蕊近等长	41	果实横切面形状	圆形	62	用途	鲜食
21	花柱形状	单圆花柱	42	果肉色	红			

种质编号VT421

序号	描述项目	描述内容	序号	描述项目	描述内容	序号	描述项目	描述内容
1	种质编号	VT421	22	花柱茸毛	无	43	胎座胶状物质颜色	粉红
2	种质类型	品系	23	花色	黄	44	果肉厚	3.7 mm
3	下胚轴颜色	紫	24	花梗离层	有	45	心室数	2个
4	生长习性	无限生长	25	单花序花数	11朵	46	果皮色	无色
5	株型	半蔓性	26	果柄长度	0.9 cm	47	单花序果数	11个
6	株高	2.3~2.5 m	27	成熟前果色	绿白	48	单果重	21.2 g
7	茎叶茸毛	短稀	28	成熟果色	粉红	49	熟性	早100~105 d
8	叶片类型	薯叶型	29	果面棱沟	轻	50	形态一致性	连续变异
9	叶片形状	羽状复叶	30	果面茸毛	无	51	种皮颜色	灰黄
10	叶片着生状态	下垂	31	果顶形状	凸尖	52	播种至开花天数	48 d
11	叶色	深绿	32	果肩	有	53	播种至始收天数	102 d
12	叶脉色	无色	33	果肩形状	微凹	54	裂果性	中
13	叶裂刻	深	34	果肩色	—	55	畸形果	无
14	叶片长	49.0 cm	35	绿果肩大小	—	56	肉质	面
15	叶片宽	44.0 cm	36	商品果纵径	47.3 mm	57	风味	甜酸
16	首花序节位	9节	37	商品果横径	28.4 mm	58	清香味	无
17	第二花序节位	11节	38	果形	长圆形	59	综合品质	中
18	花序类型	单式花序	39	果梗洼大小	2.5 mm	60	可溶性固形物含量	6.50%
19	簇生花	无	40	果洼木栓化大小	1.3 mm	61	田间成株耐寒性	弱
20	花柱长度	短于雄蕊	41	果实横切面形状	圆形	62	用途	鲜食
21	花柱形状	单圆花柱	42	果肉色	粉红			

种质编号VT423

序号	描述项目	描述内容	序号	描述项目	描述内容	序号	描述项目	描述内容
1	种质编号	VT423	22	花柱茸毛	无	43	胎座胶状物质颜色	黄绿
2	种质类型	遗传材料	23	花色	黄	44	果肉厚	3.9 mm
3	下胚轴颜色	紫	24	花梗离层	有	45	心室数	3个
4	生长习性	无限生长	25	单花序花数	10朵	46	果皮色	黄
5	株型	半蔓性	26	果柄长度	1.0 cm	47	单花序果数	7个
6	株高	2.5～2.8 m	27	成熟前果色	浅绿	48	单果重	25.6 g
7	茎叶茸毛	短稀	28	成熟果色	粉红	49	熟性	早100～105 d
8	叶片类型	薯叶型	29	果面棱沟	轻	50	形态一致性	连续变异
9	叶片形状	羽状复叶	30	果面茸毛	无	51	种皮颜色	浅棕
10	叶片着生状态	下垂	31	果顶形状	微凸或圆平	52	播种至开花天数	48 d
11	叶色	深绿	32	果肩	有	53	播种至始收天数	102 d
12	叶脉色	无色	33	果肩形状	微凹	54	裂果性	易裂
13	叶裂刻	深	34	果肩色	—	55	畸形果	无
14	叶片长	48.0 cm	35	绿果肩大小	—	56	肉质	面
15	叶片宽	40.0 cm	36	商品果纵径	33.7 mm	57	风味	甜酸
16	首花序节位	8节	37	商品果横径	25.2 mm	58	清香味	无
17	第二花序节位	14节	38	果形	高圆形	59	综合品质	中
18	花序类型	单式花序或多歧花序	39	果梗洼大小	2.6 mm	60	可溶性固形物含量	7.80%
19	簇生花	无	40	果洼木栓化大小	1.8 mm	61	田间成株耐寒性	中
20	花柱长度	与雄蕊近等长	41	果实横切面形状	等边多边形	62	用途	鲜食
21	花柱形状	单圆花柱	42	果肉色	红			

种质编号VT424

序号	描述项目	描述内容	序号	描述项目	描述内容	序号	描述项目	描述内容
1	种质编号	VT424	22	花柱茸毛	无	43	胎座胶状物质颜色	黄
2	种质类型	遗传材料	23	花色	黄	44	果肉厚	3.3 mm
3	下胚轴颜色	紫	24	花梗离层	有	45	心室数	2个
4	生长习性	无限生长	25	单花序花数	7朵	46	果皮色	黄
5	株型	半蔓性	26	果柄长度	0.9 cm	47	单花序果数	7个
6	株高	2.5~3.0 m	27	成熟前果色	浅绿	48	单果重	17.0 g
7	茎叶茸毛	短稀	28	成熟果色	粉红	49	熟性	极早≤100 d
8	叶片类型	薯叶型	29	果面棱沟	轻	50	形态一致性	连续变异
9	叶片形状	羽状复叶	30	果面茸毛	稀	51	种皮颜色	灰黄
10	叶片着生状态	下垂	31	果顶形状	微凸	52	播种至开花天数	45 d
11	叶色	深绿	32	果肩	有	53	播种至始收天数	98 d
12	叶脉色	无色	33	果肩形状	微凹	54	裂果性	中
13	叶裂刻	中	34	果肩色	—	55	畸形果	无
14	叶片长	45.0 cm	35	绿果肩大小	—	56	肉质	面
15	叶片宽	34.0 cm	36	商品果纵径	39.0 mm	57	风味	甜酸
16	首花序节位	9节	37	商品果横径	27.4 mm	58	清香味	无
17	第二花序节位	13节	38	果形	长圆或桃形	59	综合品质	中
18	花序类型	单式花序或多歧花序	39	果梗洼大小	2.0 mm	60	可溶性固形物含量	7.27%
19	簇生花	无	40	果洼木栓化大小	0.8 mm	61	田间成株耐寒性	强
20	花柱长度	与雄蕊近等长	41	果实横切面形状	圆形	62	用途	鲜食
21	花柱形状	单圆花柱	42	果肉色	红			

种质编号VT425

序号	描述项目	描述内容	序号	描述项目	描述内容	序号	描述项目	描述内容
1	种质编号	VT425	22	花柱茸毛	无	43	胎座胶状物质颜色	红
2	种质类型	品系	23	花色	橘黄	44	果肉厚	3.7 mm
3	下胚轴颜色	紫	24	花梗离层	有	45	心室数	2个
4	生长习性	6序花封顶	25	单花序花数	14朵	46	果皮色	黄
5	株型	蔓性	26	果柄长度	0.8 cm	47	单花序果数	10个
6	株高	1.5~1.8 m	27	成熟前果色	浅绿	48	单果重	16.9 g
7	茎叶茸毛	短稀	28	成熟果色	红	49	熟性	早100~105 d
8	叶片类型	普通叶型	29	果面棱沟	轻	50	形态一致性	一致
9	叶片形状	羽状复叶	30	果面茸毛	无	51	种皮颜色	灰黄
10	叶片着生状态	水平	31	果顶形状	圆平	52	播种至开花天数	45 d
11	叶色	深绿	32	果肩	有	53	播种至始收天数	102 d
12	叶脉色	无色	33	果肩形状	微凹	54	裂果性	不易裂
13	叶裂刻	中	34	果肩色	—	55	畸形果	无
14	叶片长	41.0 cm	35	绿果肩大小	—	56	肉质	面
15	叶片宽	39.0 cm	36	商品果纵径	40.8 mm	57	风味	酸甜
16	首花序节位	8节	37	商品果横径	26.3 mm	58	清香味	有
17	第二花序节位	11节	38	果形	长圆形	59	综合品质	中
18	花序类型	单式花序或多歧花序	39	果梗洼大小	2.2 mm	60	可溶性固形物含量	6.43%
19	簇生花	无	40	果洼木栓化大小	0.8 mm	61	田间成株耐寒性	中
20	花柱长度	短于雄蕊	41	果实横切面形状	圆形	62	用途	鲜食
21	花柱形状	单圆花柱	42	果肉色	红			

种质编号VT427

序号	描述项目	描述内容	序号	描述项目	描述内容	序号	描述项目	描述内容
1	种质编号	VT427	22	花柱茸毛	无	43	胎座胶状物质颜色	黄
2	种质类型	遗传材料	23	花色	黄	44	果肉厚	2.9 mm
3	下胚轴颜色	紫	24	花梗离层	有	45	心室数	3个
4	生长习性	无限生长	25	单花序花数	13朵	46	果皮色	黄
5	株型	半蔓性	26	果柄长度	0.6 cm	47	单花序果数	7个
6	株高	2.3~2.5 m	27	成熟前果色	绿	48	单果重	14.1 g
7	茎叶茸毛	短稀	28	成熟果色	红	49	熟性	极早≤100 d
8	叶片类型	普通叶型	29	果面棱沟	无	50	形态一致性	连续变异
9	叶片形状	二回羽状复叶	30	果面茸毛	无	51	种皮颜色	灰黄
10	叶片着生状态	下垂	31	果顶形状	圆平	52	播种至开花天数	43 d
11	叶色	深绿	32	果肩	有	53	播种至始收天数	98 d
12	叶脉色	无色	33	果肩形状	微凹	54	裂果性	中
13	叶裂刻	深	34	果肩色	—	55	畸形果	无
14	叶片长	37.0 cm	35	绿果肩大小	—	56	肉质	软
15	叶片宽	28.0 cm	36	商品果纵径	27.2 mm	57	风味	甜酸
16	首花序节位	8节	37	商品果横径	29.4 mm	58	清香味	无
17	第二花序节位	12节	38	果形	圆形	59	综合品质	中
18	花序类型	单式花序或多歧花序	39	果梗洼大小	1.8 mm	60	可溶性固形物含量	6.87%
19	簇生花	无	40	果洼木栓化大小	0.5 mm	61	田间成株耐寒性	强
20	花柱长度	与雄蕊近等长	41	果实横切面形状	圆形	62	用途	鲜食
21	花柱形状	单圆花柱	42	果肉色	红			

种质编号VT431

序号	描述项目	描述内容	序号	描述项目	描述内容	序号	描述项目	描述内容
1	种质编号	VT431	22	花柱茸毛	无	43	胎座胶状物质颜色	红
2	种质类型	品系	23	花色	橘黄	44	果肉厚	3.1 mm
3	下胚轴颜色	紫	24	花梗离层	有	45	心室数	2个
4	生长习性	6序花封顶	25	单花序花数	18朵	46	果皮色	黄
5	株型	蔓性	26	果柄长度	0.6 cm	47	单花序果数	14个
6	株高	1.8~2.0 m	27	成熟前果色	浅绿	48	单果重	12.4 g
7	茎叶茸毛	短稀	28	成熟果色	红	49	熟性	早100~105 d
8	叶片类型	薯叶型	29	果面棱沟	轻	50	形态一致性	一致
9	叶片形状	羽状复叶	30	果面茸毛	无	51	种皮颜色	灰黄
10	叶片着生状态	水平	31	果顶形状	微凸	52	播种至开花天数	43 d
11	叶色	深绿	32	果肩	有	53	播种至始收天数	102 d
12	叶脉色	绿	33	果肩形状	微凹	54	裂果性	不易裂
13	叶裂刻	深	34	果肩色	—	55	畸形果	无
14	叶片长	37.0 cm	35	绿果肩大小	—	56	肉质	面
15	叶片宽	32.0 cm	36	商品果纵径	33.9 mm	57	风味	甜酸
16	首花序节位	8节	37	商品果横径	25.0 mm	58	清香味	有
17	第二花序节位	10节	38	果形	桃形	59	综合品质	中
18	花序类型	单式花序或多歧花序	39	果梗洼大小	2.1 mm	60	可溶性固形物含量	7.73%
19	簇生花	无	40	果洼木栓化大小	0.4 mm	61	田间成株耐寒性	强
20	花柱长度	短于雄蕊	41	果实横切面形状	圆形	62	用途	鲜食
21	花柱形状	单圆花柱	42	果肉色	红			

种质编号VT432

序号	描述项目	描述内容	序号	描述项目	描述内容	序号	描述项目	描述内容
1	种质编号	VT432	22	花柱茸毛	无	43	胎座胶状物质颜色	黄
2	种质类型	品系	23	花色	橘黄	44	果肉厚	3.8 mm
3	下胚轴颜色	紫	24	花梗离层	有	45	心室数	2个
4	生长习性	5序花封顶	25	单花序花数	17朵	46	果皮色	黄
5	株型	蔓性	26	果柄长度	0.5 cm	47	单花序果数	10个
6	株高	1.4~1.7 m	27	成熟前果色	浅绿	48	单果重	17.7 g
7	茎叶茸毛	短稀	28	成熟果色	红	49	熟性	早100~105 d
8	叶片类型	薯叶型	29	果面棱沟	轻	50	形态一致性	一致
9	叶片形状	羽状复叶	30	果面茸毛	无	51	种皮颜色	灰黄
10	叶片着生状态	下垂	31	果顶形状	圆平	52	播种至开花天数	43 d
11	叶色	深绿	32	果肩	有	53	播种至始收天数	102 d
12	叶脉色	无色	33	果肩形状	微凹	54	裂果性	不易裂
13	叶裂刻	中	34	果肩色	—	55	畸形果	无
14	叶片长	40.0 cm	35	绿果肩大小	—	56	肉质	面
15	叶片宽	35.0 cm	36	商品果纵径	40.1 mm	57	风味	酸甜
16	首花序节位	7节	37	商品果横径	27.3 mm	58	清香味	无
17	第二花序节位	10节	38	果形	桃形	59	综合品质	中
18	花序类型	单式花序或多歧花序	39	果梗洼大小	1.7 mm	60	可溶性固形物含量	8.40%
19	簇生花	无	40	果洼木栓化大小	0.5 mm	61	田间成株耐寒性	强
20	花柱长度	与雄蕊近等长	41	果实横切面形状	圆形	62	用途	鲜食
21	花柱形状	单圆花柱	42	果肉色	红			

种质编号VT433

序号	描述项目	描述内容	序号	描述项目	描述内容	序号	描述项目	描述内容
1	种质编号	VT433	22	花柱茸毛	无	43	胎座胶状物质颜色	红
2	种质类型	遗传材料	23	花色	黄	44	果肉厚	3.4 mm
3	下胚轴颜色	紫	24	花梗离层	有	45	心室数	2个
4	生长习性	5序花封顶	25	单花序花数	14朵	46	果皮色	黄
5	株型	半蔓性	26	果柄长度	0.8 cm	47	单花序果数	10个
6	株高	2.0～2.5 m	27	成熟前果色	浅绿	48	单果重	16.1 g
7	茎叶茸毛	短稀	28	成熟果色	深红	49	熟性	早100～105 d
8	叶片类型	薯叶型	29	果面棱沟	轻	50	形态一致性	连续变异
9	叶片形状	羽状复叶	30	果面茸毛	无	51	种皮颜色	灰黄
10	叶片着生状态	水平	31	果顶形状	圆平	52	播种至开花天数	43 d
11	叶色	绿	32	果肩	有	53	播种至始收天数	102 d
12	叶脉色	无色	33	果肩形状	微凹	54	裂果性	不易裂
13	叶裂刻	深	34	果肩色	—	55	畸形果	无
14	叶片长	39.0 cm	35	绿果肩大小	—	56	肉质	面
15	叶片宽	34.0 cm	36	商品果纵径	38.2 mm	57	风味	甜酸
16	首花序节位	8节	37	商品果横径	26.5 mm	58	清香味	无
17	第二花序节位	11节	38	果形	长圆形	59	综合品质	上
18	花序类型	单式花序或双歧花序	39	果梗洼大小	1.8 mm	60	可溶性固形物含量	8.10%
19	簇生花	无	40	果洼木栓化大小	0.5 mm	61	田间成株耐寒性	强
20	花柱长度	短于雄蕊	41	果实横切面形状	圆形	62	用途	鲜食
21	花柱形状	单圆花柱	42	果肉色	红			

种质编号VT434

序号	描述项目	描述内容	序号	描述项目	描述内容	序号	描述项目	描述内容
1	种质编号	VT434	22	花柱茸毛	无	43	胎座胶状物质颜色	红
2	种质类型	遗传材料	23	花色	黄	44	果肉厚	3.6 mm
3	下胚轴颜色	紫	24	花梗离层	有	45	心室数	2个
4	生长习性	7序花封顶	25	单花序花数	17朵	46	果皮色	黄
5	株型	半蔓性	26	果柄长度	0.8 cm	47	单花序果数	10个
6	株高	1.7~2.2 m	27	成熟前果色	浅绿	48	单果重	14.3 g
7	茎叶茸毛	短稀	28	成熟果色	红	49	熟性	早100~105 d
8	叶片类型	薯叶型	29	果面棱沟	轻	50	形态一致性	连续变异
9	叶片形状	羽状复叶	30	果面茸毛	无	51	种皮颜色	灰黄
10	叶片着生状态	水平	31	果顶形状	微凸	52	播种至开花天数	45 d
11	叶色	深绿	32	果肩	有	53	播种至始收天数	104 d
12	叶脉色	无色	33	果肩形状	微凹	54	裂果性	不易裂
13	叶裂刻	深	34	果肩色	—	55	畸形果	无
14	叶片长	40.0 cm	35	绿果肩大小	—	56	肉质	面
15	叶片宽	38.0 cm	36	商品果纵径	37.3 mm	57	风味	甜酸
16	首花序节位	9节	37	商品果横径	26.2 mm	58	清香味	无
17	第二花序节位	12节	38	果形	长圆形	59	综合品质	中
18	花序类型	单式花序或多歧花序	39	果梗洼大小	2.0 mm	60	可溶性固形物含量	7.00%
19	簇生花	无	40	果洼木栓化大小	0.8 mm	61	田间成株耐寒性	强
20	花柱长度	短于雄蕊	41	果实横切面形状	圆形	62	用途	鲜食
21	花柱形状	单圆花柱	42	果肉色	红			

种质编号VT435

序号	描述项目	描述内容	序号	描述项目	描述内容	序号	描述项目	描述内容
1	种质编号	VT435	22	花柱茸毛	无	43	胎座胶状物质颜色	红
2	种质类型	遗传材料	23	花色	橘黄	44	果肉厚	4.2 mm
3	下胚轴颜色	紫	24	花梗离层	有	45	心室数	3个
4	生长习性	6序花封顶	25	单花序花数	21朵	46	果皮色	黄
5	株型	半蔓性	26	果柄长度	0.5 cm	47	单花序果数	18个
6	株高	1.8~2.2 m	27	成熟前果色	浅绿	48	单果重	16.4 g
7	茎叶茸毛	短稀	28	成熟果色	红	49	熟性	早100~105 d
8	叶片类型	薯叶型	29	果面棱沟	轻	50	形态一致性	连续变异
9	叶片形状	羽状复叶	30	果面茸毛	无	51	种皮颜色	灰黄
10	叶片着生状态	水平	31	果顶形状	圆平	52	播种至开花天数	45 d
11	叶色	深绿	32	果肩	有	53	播种至始收天数	104 d
12	叶脉色	无色	33	果肩形状	微凹	54	裂果性	不易裂
13	叶裂刻	中	34	果肩色	—	55	畸形果	无
14	叶片长	44.0 cm	35	绿果肩大小	—	56	肉质	面
15	叶片宽	38.0 cm	36	商品果纵径	38.3 mm	57	风味	酸甜
16	首花序节位	8节	37	商品果横径	27.2 mm	58	清香味	无
17	第二花序节位	11节	38	果形	长圆形	59	综合品质	中
18	花序类型	单式花序或多歧花序	39	果梗洼大小	1.8 mm	60	可溶性固形物含量	6.20%
19	簇生花	无	40	果洼木栓化大小	0.6 mm	61	田间成株耐寒性	强
20	花柱长度	与雄蕊近等长	41	果实横切面形状	不规则形状	62	用途	鲜食
21	花柱形状	单圆花柱	42	果肉色	红			

种质编号VT437

序号	描述项目	描述内容	序号	描述项目	描述内容	序号	描述项目	描述内容
1	种质编号	VT437	22	花柱茸毛	无	43	胎座胶状物质颜色	红
2	种质类型	遗传材料	23	花色	橘黄	44	果肉厚	3.7 mm
3	下胚轴颜色	紫	24	花梗离层	有	45	心室数	3个
4	生长习性	7序花封顶	25	单花序花数	10朵	46	果皮色	黄
5	株型	半蔓性	26	果柄长度	0.6 cm	47	单花序果数	6个
6	株高	1.5～1.8 m	27	成熟前果色	浅绿	48	单果重	16.1 g
7	茎叶茸毛	短稀	28	成熟果色	红	49	熟性	早100～105 d
8	叶片类型	薯叶型	29	果面棱沟	轻	50	形态一致性	连续变异
9	叶片形状	羽状复叶	30	果面茸毛	无	51	种皮颜色	灰黄
10	叶片着生状态	下垂	31	果顶形状	圆平	52	播种至开花天数	48 d
11	叶色	绿	32	果肩	有	53	播种至始收天数	104 d
12	叶脉色	无色	33	果肩形状	微凹	54	裂果性	不易裂
13	叶裂刻	中	34	果肩色	—	55	畸形果	无
14	叶片长	51.0 cm	35	绿果肩大小	—	56	肉质	面
15	叶片宽	48.0 cm	36	商品果纵径	37.2 mm	57	风味	甜酸
16	首花序节位	12节	37	商品果横径	27.0 mm	58	清香味	有
17	第二花序节位	15节	38	果形	长圆形	59	综合品质	中
18	花序类型	单式花序或多歧花序	39	果梗洼大小	2.0 mm	60	可溶性固形物含量	7.00%
19	簇生花	无	40	果洼木栓化大小	0.5 mm	61	田间成株耐寒性	中
20	花柱长度	短于雄蕊	41	果实横切面形状	不规则形状	62	用途	鲜食
21	花柱形状	单圆花柱	42	果肉色	红			

种质编号VT439

序号	描述项目	描述内容	序号	描述项目	描述内容	序号	描述项目	描述内容
1	种质编号	VT439	22	花柱茸毛	无	43	胎座胶状物质颜色	黄
2	种质类型	遗传材料	23	花色	橘黄	44	果肉厚	3.6 mm
3	下胚轴颜色	紫	24	花梗离层	有	45	心室数	2个
4	生长习性	6序花封顶	25	单花序花数	12朵	46	果皮色	黄
5	株型	半蔓性	26	果柄长度	0.7 cm	47	单花序果数	9个
6	株高	1.5～1.9 m	27	成熟前果色	浅绿	48	单果重	16.3 g
7	茎叶茸毛	短稀	28	成熟果色	红	49	熟性	早100～105 d
8	叶片类型	薯叶型	29	果面棱沟	轻	50	形态一致性	连续变异
9	叶片形状	羽状复叶	30	果面茸毛	无	51	种皮颜色	灰黄
10	叶片着生状态	水平	31	果顶形状	圆平	52	播种至开花天数	48 d
11	叶色	深绿	32	果肩	有	53	播种至始收天数	104 d
12	叶脉色	无色	33	果肩形状	微凹	54	裂果性	不易裂
13	叶裂刻	中	34	果肩色	—	55	畸形果	无
14	叶片长	44.0 cm	35	绿果肩大小	—	56	肉质	面
15	叶片宽	41.0 cm	36	商品果纵径	37.4 mm	57	风味	甜酸
16	首花序节位	8节	37	商品果横径	27.1 mm	58	清香味	有
17	第二花序节位	11节	38	果形	长圆形	59	综合品质	中
18	花序类型	单式花序或多歧花序	39	果梗洼大小	1.8 mm	60	可溶性固形物含量	7.67%
19	簇生花	无	40	果洼木栓化大小	0.3 mm	61	田间成株耐寒性	强
20	花柱长度	短于雄蕊	41	果实横切面形状	圆形	62	用途	鲜食
21	花柱形状	单圆花柱	42	果肉色	红			

种质编号VT440

序号	描述项目	描述内容	序号	描述项目	描述内容	序号	描述项目	描述内容
1	种质编号	VT440	22	花柱茸毛	无	43	胎座胶状物质颜色	黄绿
2	种质类型	遗传材料	23	花色	橘黄	44	果肉厚	3.7 mm
3	下胚轴颜色	紫	24	花梗离层	有	45	心室数	2个
4	生长习性	5序花封顶	25	单花序花数	10朵	46	果皮色	黄
5	株型	半蔓性	26	果柄长度	0.6 cm	47	单花序果数	10个
6	株高	1.7～2.0 m	27	成熟前果色	绿	48	单果重	17.3 g
7	茎叶茸毛	短稀	28	成熟果色	红	49	熟性	早100～105 d
8	叶片类型	普通叶型	29	果面棱沟	轻	50	形态一致性	连续变异
9	叶片形状	羽状复叶	30	果面茸毛	无	51	种皮颜色	浅棕
10	叶片着生状态	水平	31	果顶形状	圆平	52	播种至开花天数	45 d
11	叶色	浅绿	32	果肩	有	53	播种至始收天数	104 d
12	叶脉色	无色	33	果肩形状	深凹	54	裂果性	不易裂
13	叶裂刻	中	34	果肩色	—	55	畸形果	无
14	叶片长	39.0 cm	35	绿果肩大小	—	56	肉质	面
15	叶片宽	35.0 cm	36	商品果纵径	39.2 mm	57	风味	甜酸
16	首花序节位	10节	37	商品果横径	27.4 mm	58	清香味	有
17	第二花序节位	12节	38	果形	长圆形	59	综合品质	中
18	花序类型	单式花序或多歧花序	39	果梗洼大小	2.3 mm	60	可溶性固形物含量	7.00%
19	簇生花	无	40	果洼木栓化大小	1.0 mm	61	田间成株耐寒性	强
20	花柱长度	与雄蕊近等长	41	果实横切面形状	圆形	62	用途	鲜食
21	花柱形状	单圆花柱	42	果肉色	红			

种质编号VT453

序号	描述项目	描述内容	序号	描述项目	描述内容	序号	描述项目	描述内容
1	种质编号	VT453	22	花柱茸毛	无	43	胎座胶状物质颜色	黄或黄绿（红）
2	种质类型	遗传材料	23	花色	黄	44	果肉厚	3.2～3.4 mm
3	下胚轴颜色	紫	24	花梗离层	有	45	心室数	3个
4	生长习性	无限生长	25	单花序花数	7朵	46	果皮色	黄
5	株型	半蔓性	26	果柄长度	1.2～1.4 cm	47	单花序果数	5～7个
6	株高	1.7～2.5 m	27	成熟前果色	浅绿	48	单果重	20.1～40.0 g
7	茎叶茸毛	短稀	28	成熟果色	黄或红	49	熟性	早100～105 d
8	叶片类型	普通叶型	29	果面棱沟	无或轻	50	形态一致性	不连续变异
9	叶片形状	羽状复叶	30	果面茸毛	无	51	种皮颜色	浅棕或深棕
10	叶片着生状态	下垂	31	果顶形状	圆平	52	播种至开花天数	46 d
11	叶色	浅绿	32	果肩	有	53	播种至始收天数	105 d
12	叶脉色	无色	33	果肩形状	深凹	54	裂果性	不易裂
13	叶裂刻	中	34	果肩色	—	55	畸形果	无
14	叶片长	38.0～42.0 cm	35	绿果肩大小	—	56	肉质	软
15	叶片宽	22.0～30.0 cm	36	商品果纵径	32.6～39.3 mm	57	风味	酸甜
16	首花序节位	9节	37	商品果横径	32.4～41.6 mm	58	清香味	有
17	第二花序节位	12～13节	38	果形	圆形或高圆形	59	综合品质	中
18	花序类型	单式花序	39	果梗洼大小	3.0～3.5 mm	60	可溶性固形物含量	3.60%～6.40%
19	簇生花	无	40	果洼木栓化大小	1.2～1.3 mm	61	田间成株耐寒性	强
20	花柱长度	与雄蕊近等长	41	果实横切面形状	不规则形状	62	用途	鲜食
21	花柱形状	单圆花柱	42	果肉色	黄或红			

种质编号VT455

序号	描述项目	描述内容	序号	描述项目	描述内容	序号	描述项目	描述内容
1	种质编号	VT455	22	花柱茸毛	无	43	胎座胶状物质颜色	红
2	种质类型	品系	23	花色	橘黄	44	果肉厚	4.6 mm
3	下胚轴颜色	淡紫	24	花梗离层	有	45	心室数	2个
4	生长习性	5序花封顶	25	单花序花数	10朵	46	果皮色	无色
5	株型	半蔓性	26	果柄长度	0.8 cm	47	单花序果数	6个
6	株高	1.9~2.3 m	27	成熟前果色	浅绿	48	单果重	17.4 g
7	茎叶茸毛	短稀	28	成熟果色	红	49	熟性	早100~105 d
8	叶片类型	薯叶型	29	果面棱沟	轻	50	形态一致性	连续变异
9	叶片形状	羽状复叶	30	果面茸毛	无	51	种皮颜色	灰黄
10	叶片着生状态	水平	31	果顶形状	圆平	52	播种至开花天数	46 d
11	叶色	深绿	32	果肩	有	53	播种至始收天数	105 d
12	叶脉色	无色	33	果肩形状	微凹	54	裂果性	不易裂
13	叶裂刻	中	34	果肩色	—	55	畸形果	无
14	叶片长	45.0 cm	35	绿果肩大小	—	56	肉质	面
15	叶片宽	38.0 cm	36	商品果纵径	39.6 mm	57	风味	甜酸
16	首花序节位	9节	37	商品果横径	27.4 mm	58	清香味	有
17	第二花序节位	14节	38	果形	长圆形	59	综合品质	中
18	花序类型	多歧花序	39	果梗洼大小	2.2 mm	60	可溶性固形物含量	6.90%
19	簇生花	无	40	果洼木栓化大小	1.0 mm	61	田间成株耐寒性	强
20	花柱长度	短于雄蕊	41	果实横切面形状	圆形	62	用途	鲜食
21	花柱形状	单圆花柱	42	果肉色	红			

种质编号VT456

序号	描述项目	描述内容	序号	描述项目	描述内容	序号	描述项目	描述内容
1	种质编号	VT456	22	花柱茸毛	无	43	胎座胶状物质颜色	黄
2	种质类型	遗传材料	23	花色	橘黄	44	果肉厚	4.2 mm
3	下胚轴颜色	紫	24	花梗离层	无	45	心室数	2个
4	生长习性	4序花封顶	25	单花序花数	12朵	46	果皮色	黄
5	株型	蔓性	26	果柄长度	0.5 cm	47	单花序果数	9个
6	株高	1.3～1.7 m	27	成熟前果色	浅绿	48	单果重	16.1 g
7	茎叶茸毛	长稀	28	成熟果色	红	49	熟性	极早≤100 d
8	叶片类型	薯叶型	29	果面棱沟	轻	50	形态一致性	连续变异
9	叶片形状	羽状复叶	30	果面茸毛	稀	51	种皮颜色	灰黄
10	叶片着生状态	下垂	31	果顶形状	圆平	52	播种至开花天数	42 d
11	叶色	绿	32	果肩	有	53	播种至始收天数	99 d
12	叶脉色	无色	33	果肩形状	微凹	54	裂果性	不易裂
13	叶裂刻	中	34	果肩色	—	55	畸形果	无
14	叶片长	43.0 cm	35	绿果肩大小	—	56	肉质	面
15	叶片宽	34.0 cm	36	商品果纵径	39.8 mm	57	风味	甜酸
16	首花序节位	7节	37	商品果横径	26.7 mm	58	清香味	有（淡）
17	第二花序节位	10节	38	果形	长圆形	59	综合品质	中
18	花序类型	单式花序或多歧花序	39	果梗洼大小	2.0 mm	60	可溶性固形物含量	7.40%
19	簇生花	无	40	果洼木栓化大小	0.5 mm	61	田间成株耐寒性	中
20	花柱长度	短于雄蕊	41	果实横切面形状	圆形	62	用途	鲜食
21	花柱形状	单圆花柱	42	果肉色	红			

种质编号VT458

序号	描述项目	描述内容	序号	描述项目	描述内容	序号	描述项目	描述内容
1	种质编号	VT458	22	花柱茸毛	无	43	胎座胶状物质颜色	黄
2	种质类型	遗传材料	23	花色	黄	44	果肉厚	2.8 mm
3	下胚轴颜色	紫（淡）	24	花梗离层	有	45	心室数	2个
4	生长习性	5序花封顶	25	单花序花数	15朵	46	果皮色	黄
5	株型	半蔓性	26	果柄长度	0.8 cm	47	单花序果数	10个
6	株高	2.3～2.6 m	27	成熟前果色	浅绿	48	单果重	7.9 g
7	茎叶茸毛	短稀	28	成熟果色	红	49	熟性	极早≤100 d
8	叶片类型	薯叶型	29	果面棱沟	轻	50	形态一致性	连续变异
9	叶片形状	羽状复叶	30	果面茸毛	稀	51	种皮颜色	浅棕
10	叶片着生状态	水平	31	果顶形状	圆平	52	播种至开花天数	42 d
11	叶色	深绿	32	果肩	无	53	播种至始收天数	99 d
12	叶脉色	无色	33	果肩形状	—	54	裂果性	不易裂
13	叶裂刻	中	34	果肩色	—	55	畸形果	无
14	叶片长	42.0 cm	35	绿果肩大小	—	56	肉质	软
15	叶片宽	33.0 cm	36	商品果纵径	31.1 mm	57	风味	甜酸
16	首花序节位	12节	37	商品果横径	23.0 mm	58	清香味	无
17	第二花序节位	13节	38	果形	梨形或长梨形	59	综合品质	中
18	花序类型	单式花序或多歧花序	39	果梗洼大小	2.3 mm	60	可溶性固形物含量	6.30%
19	簇生花	无	40	果洼木栓化大小	0.3 mm	61	田间成株耐寒性	强
20	花柱长度	与雄蕊近等长	41	果实横切面形状	圆形	62	用途	鲜食
21	花柱形状	单圆花柱	42	果肉色	红			

种质编号VT459

序号	描述项目	描述内容	序号	描述项目	描述内容	序号	描述项目	描述内容
1	种质编号	VT459	22	花柱茸毛	无	43	胎座胶状物质颜色	绿
2	种质类型	遗传材料	23	花色	橘黄	44	果肉厚	3.7 mm
3	下胚轴颜色	紫	24	花梗离层	有	45	心室数	2个
4	生长习性	7序花封顶	25	单花序花数	15朵	46	果皮色	黄
5	株型	半蔓性	26	果柄长度	0.7 cm	47	单花序果数	14个
6	株高	2.0~2.3 m	27	成熟前果色	绿白	48	单果重	15.0 g
7	茎叶茸毛	短稀	28	成熟果色	红	49	熟性	极早≤100 d
8	叶片类型	薯叶型	29	果面棱沟	轻	50	形态一致性	连续变异
9	叶片形状	羽状复叶	30	果面茸毛	稀	51	种皮颜色	灰黄
10	叶片着生状态	下垂	31	果顶形状	圆平	52	播种至开花天数	42 d
11	叶色	深绿	32	果肩	有	53	播种至始收天数	99 d
12	叶脉色	无色	33	果肩形状	微凹	54	裂果性	不易裂
13	叶裂刻	浅	34	果肩色	—	55	畸形果	无
14	叶片长	44.0 cm	35	绿果肩大小	—	56	肉质	面
15	叶片宽	36.0 cm	36	商品果纵径	39.4 mm	57	风味	甜酸
16	首花序节位	14节	37	商品果横径	25.5 mm	58	清香味	无
17	第二花序节位	16节	38	果形	长圆形	59	综合品质	中
18	花序类型	单式花序或多歧花序	39	果梗洼大小	2.2 mm	60	可溶性固形物含量	7.40%
19	簇生花	无	40	果洼木栓化大小	0.5 mm	61	田间成株耐寒性	强
20	花柱长度	短于雄蕊	41	果实横切面形状	圆形	62	用途	鲜食
21	花柱形状	单圆花柱	42	果肉色	红			

种质编号VT460

序号	描述项目	描述内容	序号	描述项目	描述内容	序号	描述项目	描述内容
1	种质编号	VT460	22	花柱茸毛	无	43	胎座胶状物质颜色	红
2	种质类型	品系	23	花色	橘黄	44	果肉厚	2.5 mm
3	下胚轴颜色	紫	24	花梗离层	有	45	心室数	2个
4	生长习性	6序花封顶	25	单花序花数	14朵	46	果皮色	黄
5	株型	蔓性	26	果柄长度	0.7 cm	47	单花序果数	10个
6	株高	1.7~2.1 m	27	成熟前果色	绿白	48	单果重	11.2 g
7	茎叶茸毛	长稀	28	成熟果色	深红	49	熟性	极早≤100 d
8	叶片类型	普通叶型	29	果面棱沟	轻	50	形态一致性	一致
9	叶片形状	羽状复叶	30	果面茸毛	稀	51	种皮颜色	浅棕
10	叶片着生状态	下垂	31	果顶形状	圆平	52	播种至开花天数	42 d
11	叶色	浅绿	32	果肩	有	53	播种至始收天数	99 d
12	叶脉色	绿	33	果肩形状	微凹	54	裂果性	不易裂
13	叶裂刻	中	34	果肩色	—	55	畸形果	无
14	叶片长	34.0 cm	35	绿果肩大小	—	56	肉质	面
15	叶片宽	30.0 cm	36	商品果纵径	35.1 mm	57	风味	甜酸
16	首花序节位	8节	37	商品果横径	23.4 mm	58	清香味	无
17	第二花序节位	10节	38	果形	长圆形	59	综合品质	中
18	花序类型	单式花序或多歧花序	39	果梗洼大小	1.8 mm	60	可溶性固形物含量	7.60%
19	簇生花	无	40	果洼木栓化大小	0.1 mm	61	田间成株耐寒性	弱
20	花柱长度	短于雄蕊	41	果实横切面形状	圆形	62	用途	鲜食
21	花柱形状	单圆花柱	42	果肉色	红			

种质编号VT461

序号	描述项目	描述内容	序号	描述项目	描述内容	序号	描述项目	描述内容
1	种质编号	VT461	22	花柱茸毛	无	43	胎座胶状物质颜色	黄绿
2	种质类型	品系	23	花色	橘黄	44	果肉厚	3.9 mm
3	下胚轴颜色	紫	24	花梗离层	有	45	心室数	2个
4	生长习性	无限生长	25	单花序花数	10朵	46	果皮色	黄
5	株型	蔓性	26	果柄长度	0.6 cm	47	单花序果数	9个
6	株高	1.7~2.1 m	27	成熟前果色	浅绿	48	单果重	19.0 g
7	茎叶茸毛	短稀	28	成熟果色	红	49	熟性	早100~105 d
8	叶片类型	薯叶型	29	果面棱沟	轻	50	形态一致性	一致
9	叶片形状	羽状复叶	30	果面茸毛	无	51	种皮颜色	浅棕
10	叶片着生状态	下垂	31	果顶形状	微凹	52	播种至开花天数	44 d
11	叶色	深绿	32	果肩	有	53	播种至始收天数	103 d
12	叶脉色	无色	33	果肩形状	微凹	54	裂果性	不易裂
13	叶裂刻	中	34	果肩色	—	55	畸形果	无
14	叶片长	43.0 cm	35	绿果肩大小	—	56	肉质	面
15	叶片宽	39.0 cm	36	商品果纵径	42.5 mm	57	风味	甜酸
16	首花序节位	9节	37	商品果横径	27.6 mm	58	清香味	无
17	第二花序节位	12节	38	果形	长圆形	59	综合品质	中
18	花序类型	单式花序或双歧花序	39	果梗洼大小	2.2 mm	60	可溶性固形物含量	6.80%
19	簇生花	无	40	果洼木栓化大小	0.2 mm	61	田间成株耐寒性	弱
20	花柱长度	与雄蕊近等长	41	果实横切面形状	圆形	62	用途	鲜食
21	花柱形状	单圆花柱	42	果肉色	红			

种质编号VT462

序号	描述项目	描述内容	序号	描述项目	描述内容	序号	描述项目	描述内容
1	种质编号	VT462	22	花柱茸毛	无	43	胎座胶状物质颜色	红
2	种质类型	遗传材料	23	花色	橘黄	44	果肉厚	3.5 mm
3	下胚轴颜色	紫	24	花梗离层	有	45	心室数	3个
4	生长习性	5序花封顶	25	单花序花数	14朵	46	果皮色	黄
5	株型	半蔓性	26	果柄长度	0.7 cm	47	单花序果数	11个
6	株高	1.5~1.7 m	27	成熟前果色	浅绿	48	单果重	13.2 g
7	茎叶茸毛	短稀	28	成熟果色	红	49	熟性	早100~105 d
8	叶片类型	普通叶型	29	果面棱沟	轻	50	形态一致性	连续变异
9	叶片形状	羽状复叶	30	果面茸毛	无	51	种皮颜色	浅棕
10	叶片着生状态	下垂	31	果顶形状	圆平	52	播种至开花天数	44 d
11	叶色	深绿	32	果肩	有	53	播种至始收天数	103 d
12	叶脉色	无色	33	果肩形状	微凹	54	裂果性	不易裂
13	叶裂刻	中	34	果肩色	—	55	畸形果	无
14	叶片长	42.0 cm	35	绿果肩大小	—	56	肉质	面
15	叶片宽	40.0 cm	36	商品果纵径	36.8 mm	57	风味	甜酸
16	首花序节位	9节	37	商品果横径	25.1 mm	58	清香味	有(淡)
17	第二花序节位	12节	38	果形	长圆或桃形	59	综合品质	中
18	花序类型	单式花序或多歧花序	39	果梗洼大小	3.0 mm	60	可溶性固形物含量	6.40%
19	簇生花	无	40	果洼木栓化大小	1.2 mm	61	田间成株耐寒性	弱
20	花柱长度	短于雄蕊	41	果实横切面形状	等边多边形	62	用途	鲜食
21	花柱形状	单圆花柱	42	果肉色	红			

种质编号VT463

序号	描述项目	描述内容	序号	描述项目	描述内容	序号	描述项目	描述内容
1	种质编号	VT463	22	花柱茸毛	无	43	胎座胶状物质颜色	黄绿
2	种质类型	遗传材料	23	花色	黄	44	果肉厚	2.6 mm
3	下胚轴颜色	紫	24	花梗离层	有	45	心室数	3个
4	生长习性	无限生长	25	单花序花数	12朵	46	果皮色	黄
5	株型	半蔓性	26	果柄长度	0.7 cm	47	单花序果数	9个
6	株高	2.3～2.7 m	27	成熟前果色	浅绿	48	单果重	13.1 g
7	茎叶茸毛	短稀	28	成熟果色	红	49	熟性	极早≤100 d
8	叶片类型	普通叶型	29	果面棱沟	轻	50	形态一致性	连续变异
9	叶片形状	二回羽叶状复叶	30	果面茸毛	无	51	种皮颜色	灰黄
10	叶片着生状态	水平	31	果顶形状	圆平	52	播种至开花天数	42 d
11	叶色	深绿	32	果肩	有	53	播种至始收天数	99 d
12	叶脉色	无色	33	果肩形状	微凹	54	裂果性	不易裂
13	叶裂刻	深	34	果肩色	—	55	畸形果	无
14	叶片长	37.0 cm	35	绿果肩大小	—	56	肉质	软
15	叶片宽	28.0 cm	36	商品果纵径	33.5 mm	57	风味	酸甜
16	首花序节位	8节	37	商品果横径	25.5 mm	58	清香味	无
17	第二花序节位	13节	38	果形	长圆形	59	综合品质	中
18	花序类型	单式花序或多歧花序	39	果梗洼大小	2.0 mm	60	可溶性固形物含量	8.10%
19	簇生花	无	40	果洼木栓化大小	0.4 mm	61	田间成株耐寒性	强
20	花柱长度	短于雄蕊	41	果实横切面形状	不规则形状	62	用途	鲜食
21	花柱形状	单圆花柱	42	果肉色	红			

种质编号VT464

序号	描述项目	描述内容	序号	描述项目	描述内容	序号	描述项目	描述内容
1	种质编号	VT464	22	花柱茸毛	无	43	胎座胶状物质颜色	黄绿
2	种质类型	品系	23	花色	黄	44	果肉厚	3.6 mm
3	下胚轴颜色	紫（淡）	24	花梗离层	有	45	心室数	2个
4	生长习性	无限生长	25	单花序花数	12朵	46	果皮色	黄
5	株型	蔓性	26	果柄长度	0.7 cm	47	单花序果数	10个
6	株高	2.3~2.7 m	27	成熟前果色	浅绿	48	单果重	13.1 g
7	茎叶茸毛	短稀	28	成熟果色	深红	49	熟性	极早≤100 d
8	叶片类型	普通叶型	29	果面棱沟	轻	50	形态一致性	一致
9	叶片形状	羽状复叶	30	果面茸毛	稀	51	种皮颜色	浅棕
10	叶片着生状态	下垂	31	果顶形状	圆平	52	播种至开花天数	42 d
11	叶色	绿	32	果肩	有	53	播种至始收天数	99 d
12	叶脉色	无色	33	果肩形状	微凹	54	裂果性	不易裂
13	叶裂刻	深	34	果肩色	—	55	畸形果	无
14	叶片长	40.0 cm	35	绿果肩大小	—	56	肉质	面
15	叶片宽	31.0 cm	36	商品果纵径	36.0 mm	57	风味	酸甜
16	首花序节位	10节	37	商品果横径	25.2 mm	58	清香味	无
17	第二花序节位	15节	38	果形	长圆形	59	综合品质	中
18	花序类型	单式花序或多歧花序	39	果梗洼大小	2.5 mm	60	可溶性固形物含量	8.50%
19	簇生花	无	40	果洼木栓化大小	0.5 mm	61	田间成株耐寒性	强
20	花柱长度	短于雄蕊	41	果实横切面形状	圆形	62	用途	鲜食
21	花柱形状	单圆花柱	42	果肉色	红			

种质编号VT466

序号	描述项目	描述内容	序号	描述项目	描述内容	序号	描述项目	描述内容
1	种质编号	VT466	22	花柱茸毛	无	43	胎座胶状物质颜色	黄
2	种质类型	遗传材料	23	花色	橘黄	44	果肉厚	3.8 mm
3	下胚轴颜色	紫	24	花梗离层	有	45	心室数	2个
4	生长习性	无限生长	25	单花序花数	12朵	46	果皮色	黄
5	株型	半蔓性	26	果柄长度	0.7 cm	47	单花序果数	10个
6	株高	2.5～3.0 m	27	成熟前果色	浅绿	48	单果重	14.7 g
7	茎叶茸毛	短稀	28	成熟果色	深红	49	熟性	早100～105 d
8	叶片类型	普通叶型	29	果面棱沟	轻	50	形态一致性	连续变异
9	叶片形状	羽状复叶	30	果面茸毛	无	51	种皮颜色	灰黄
10	叶片着生状态	下垂	31	果顶形状	圆平	52	播种至开花天数	49 d
11	叶色	深绿	32	果肩	有	53	播种至始收天数	105 d
12	叶脉色	无色	33	果肩形状	微凹	54	裂果性	不易裂
13	叶裂刻	中	34	果肩色	—	55	畸形果	无
14	叶片长	45.0 cm	35	绿果肩大小	—	56	肉质	面
15	叶片宽	38.0 cm	36	商品果纵径	37.7 mm	57	风味	甜酸
16	首花序节位	11节	37	商品果横径	25.1 mm	58	清香味	有（浓）
17	第二花序节位	15节	38	果形	长圆形	59	综合品质	中
18	花序类型	单式花序或多歧花序	39	果梗洼大小	2.0 mm	60	可溶性固形物含量	7.60%
19	簇生花	无	40	果洼木栓化大小	0.3 mm	61	田间成株耐寒性	中
20	花柱长度	与雄蕊近等长	41	果实横切面形状	圆形	62	用途	鲜食
21	花柱形状	单圆花柱	42	果肉色	红			

种质编号VT467

序号	描述项目	描述内容	序号	描述项目	描述内容	序号	描述项目	描述内容
1	种质编号	VT467	22	花柱茸毛	无	43	胎座胶状物质颜色	黄
2	种质类型	品系	23	花色	黄	44	果肉厚	3.0 mm
3	下胚轴颜色	紫	24	花梗离层	有	45	心室数	2个
4	生长习性	7序花封顶	25	单花序花数	11朵	46	果皮色	黄
5	株型	半蔓性	26	果柄长度	1.1 cm	47	单花序果数	10个
6	株高	2.0~2.4 m	27	成熟前果色	浅绿	48	单果重	12.4 g
7	茎叶茸毛	短稀	28	成熟果色	红	49	熟性	极早≤100 d
8	叶片类型	薯叶型	29	果面棱沟	轻	50	形态一致性	一致
9	叶片形状	羽状复叶	30	果面茸毛	稀	51	种皮颜色	灰黄
10	叶片着生状态	下垂	31	果顶形状	圆平	52	播种至开花天数	42 d
11	叶色	绿	32	果肩	有	53	播种至始收天数	99 d
12	叶脉色	无色	33	果肩形状	平	54	裂果性	不易裂
13	叶裂刻	深	34	果肩色	—	55	畸形果	无
14	叶片长	37.0 cm	35	绿果肩大小	—	56	肉质	面
15	叶片宽	30.0 cm	36	商品果纵径	34.6 mm	57	风味	酸甜
16	首花序节位	13节	37	商品果横径	23.7 mm	58	清香味	无
17	第二花序节位	14节	38	果形	长圆形	59	综合品质	上
18	花序类型	单式花序或双歧花序	39	果梗洼大小	2.6 mm	60	可溶性固形物含量	7.80%
19	簇生花	无	40	果洼木栓化大小	0.3 mm	61	田间成株耐寒性	中
20	花柱长度	短于雄蕊	41	果实横切面形状	圆形	62	用途	鲜食
21	花柱形状	单圆花柱	42	果肉色	红			

种质编号VT469

序号	描述项目	描述内容	序号	描述项目	描述内容	序号	描述项目	描述内容
1	种质编号	VT469	22	花柱茸毛	无	43	胎座胶状物质颜色	红
2	种质类型	遗传材料	23	花色	橘黄	44	果肉厚	3.7 mm
3	下胚轴颜色	紫	24	花梗离层	有	45	心室数	2个
4	生长习性	7序花封顶	25	单花序花数	13朵	46	果皮色	黄
5	株型	蔓性	26	果柄长度	0.9 cm	47	单花序果数	10个
6	株高	1.3～1.7 m	27	成熟前果色	浅绿	48	单果重	15.9 g
7	茎叶茸毛	短稀	28	成熟果色	红	49	熟性	早100～105 d
8	叶片类型	普通叶型	29	果面棱沟	重	50	形态一致性	连续变异
9	叶片形状	羽状复叶	30	果面茸毛	稀	51	种皮颜色	深棕
10	叶片着生状态	水平	31	果顶形状	圆平	52	播种至开花天数	49 d
11	叶色	黄绿	32	果肩	有	53	播种至始收天数	103 d
12	叶脉色	无色	33	果肩形状	微凹	54	裂果性	不易裂
13	叶裂刻	中	34	果肩色	—	55	畸形果	无
14	叶片长	40.0 cm	35	绿果肩大小	—	56	肉质	面
15	叶片宽	36.0 cm	36	商品果纵径	33.9 mm	57	风味	甜酸
16	首花序节位	9节	37	商品果横径	27.5 mm	58	清香味	有（淡）
17	第二花序节位	11节	38	果形	高圆或长圆形	59	综合品质	中
18	花序类型	单式花序或多歧花序	39	果梗洼大小	1.8 mm	60	可溶性固形物含量	7.30%
19	簇生花	无	40	果洼木栓化大小	0.2 mm	61	田间成株耐寒性	中
20	花柱长度	短于雄蕊	41	果实横切面形状	圆形	62	用途	鲜食
21	花柱形状	单圆花柱	42	果肉色	红			

种质编号VT470

序号	描述项目	描述内容	序号	描述项目	描述内容	序号	描述项目	描述内容
1	种质编号	VT470	22	花柱茸毛	无	43	胎座胶状物质颜色	红
2	种质类型	品系	23	花色	黄	44	果肉厚	3.6 mm
3	下胚轴颜色	紫（淡）	24	花梗离层	有	45	心室数	2个
4	生长习性	6序花封顶	25	单花序花数	10朵	46	果皮色	黄
5	株型	蔓性	26	果柄长度	0.5 cm	47	单花序果数	7个
6	株高	1.3~1.7 m	27	成熟前果色	绿白	48	单果重	8.2 g
7	茎叶茸毛	短稀	28	成熟果色	深红	49	熟性	极早≤100 d
8	叶片类型	薯叶型	29	果面棱沟	轻	50	形态一致性	一致
9	叶片形状	羽状复叶	30	果面茸毛	无	51	种皮颜色	浅棕
10	叶片着生状态	下垂	31	果顶形状	圆平	52	播种至开花天数	42 d
11	叶色	浅绿	32	果肩	有	53	播种至始收天数	99 d
12	叶脉色	绿	33	果肩形状	平	54	裂果性	不易裂
13	叶裂刻	中	34	果肩色	—	55	畸形果	无
14	叶片长	38.0 cm	35	绿果肩大小	—	56	肉质	面
15	叶片宽	38.0 cm	36	商品果纵径	30.6 mm	57	风味	甜酸
16	首花序节位	9节	37	商品果横径	20.8 mm	58	清香味	有（淡）
17	第二花序节位	11节	38	果形	长圆形	59	综合品质	中
18	花序类型	多歧花序	39	果梗洼大小	2.2 mm	60	可溶性固形物含量	7.00%
19	簇生花	无	40	果洼木栓化大小	0.2 mm	61	田间成株耐寒性	中
20	花柱长度	短于雄蕊	41	果实横切面形状	圆形	62	用途	鲜食
21	花柱形状	单圆花柱	42	果肉色	红			

种质编号VT471

序号	描述项目	描述内容	序号	描述项目	描述内容	序号	描述项目	描述内容
1	种质编号	VT471	22	花柱茸毛	无	43	胎座胶状物质颜色	红
2	种质类型	遗传材料	23	花色	橘黄	44	果肉厚	3.5 mm
3	下胚轴颜色	紫	24	花梗离层	有	45	心室数	3个
4	生长习性	6序花封顶	25	单花序花数	14朵	46	果皮色	黄
5	株型	半蔓性	26	果柄长度	0.4 cm	47	单花序果数	6个
6	株高	1.5~1.8 m	27	成熟前果色	绿白	48	单果重	13.0 g
7	茎叶茸毛	长稀	28	成熟果色	红	49	熟性	早100~105 d
8	叶片类型	薯叶型	29	果面棱沟	中	50	形态一致性	连续变异
9	叶片形状	羽状复叶	30	果面茸毛	稀	51	种皮颜色	浅棕
10	叶片着生状态	水平	31	果顶形状	微凹	52	播种至开花天数	49 d
11	叶色	深绿	32	果肩	有	53	播种至始收天数	105 d
12	叶脉色	无色	33	果肩形状	微凹	54	裂果性	不易裂
13	叶裂刻	浅	34	果肩色	—	55	畸形果	无
14	叶片长	40.0 cm	35	绿果肩大小	—	56	肉质	面
15	叶片宽	30.0 cm	36	商品果纵径	37.6 mm	57	风味	甜酸
16	首花序节位	10节	37	商品果横径	23.6 mm	58	清香味	有（浓）
17	第二花序节位	12节	38	果形	长圆形	59	综合品质	中
18	花序类型	单式花序或多歧花序	39	果梗洼大小	2.5 mm	60	可溶性固形物含量	7.60%
19	簇生花	无	40	果洼木栓化大小	0.5 mm	61	田间成株耐寒性	强
20	花柱长度	短于雄蕊	41	果实横切面形状	圆形	62	用途	鲜食
21	花柱形状	单圆花柱	42	果肉色	红			

种质编号VT472

序号	描述项目	描述内容	序号	描述项目	描述内容	序号	描述项目	描述内容
1	种质编号	VT472	22	花柱茸毛	无	43	胎座胶状物质颜色	黄
2	种质类型	遗传材料	23	花色	黄	44	果肉厚	3.2 mm
3	下胚轴颜色	紫	24	花梗离层	有	45	心室数	2个
4	生长习性	6序花封顶	25	单花序花数	13朵	46	果皮色	黄
5	株型	半蔓性	26	果柄长度	0.8 cm	47	单花序果数	8个
6	株高	1.7～2.0 m	27	成熟前果色	浅绿	48	单果重	17.4 g
7	茎叶茸毛	短稀	28	成熟果色	红	49	熟性	极早≤100 d
8	叶片类型	普通叶型	29	果面棱沟	无	50	形态一致性	连续变异
9	叶片形状	羽状复叶	30	果面茸毛	无	51	种皮颜色	灰黄
10	叶片着生状态	水平	31	果顶形状	圆平	52	播种至开花天数	42 d
11	叶色	浅绿	32	果肩	有	53	播种至始收天数	99 d
12	叶脉色	无色	33	果肩形状	微凹	54	裂果性	不易裂
13	叶裂刻	中	34	果肩色	—	55	畸形果	无
14	叶片长	29.0 cm	35	绿果肩大小	—	56	肉质	面
15	叶片宽	20.0 cm	36	商品果纵径	39.5 mm	57	风味	甜酸
16	首花序节位	8节	37	商品果横径	26.2 mm	58	清香味	无
17	第二花序节位	10节	38	果形	长圆或桃形	59	综合品质	中
18	花序类型	单式花序或多歧花序	39	果梗洼大小	3.5 mm	60	可溶性固形物含量	6.00%～7.30%
19	簇生花	无	40	果洼木栓化大小	0.5 mm	61	田间成株耐寒性	强
20	花柱长度	与雄蕊近等长	41	果实横切面形状	圆形	62	用途	鲜食
21	花柱形状	单圆花柱	42	果肉色	红			

种质编号VT474

序号	描述项目	描述内容	序号	描述项目	描述内容	序号	描述项目	描述内容
1	种质编号	VT474	22	花柱茸毛	无	43	胎座胶状物质颜色	红
2	种质类型	品系	23	花色	橘黄	44	果肉厚	4.0 mm
3	下胚轴颜色	紫	24	花梗离层	有	45	心室数	2个
4	生长习性	7序花封顶	25	单花序花数	10朵	46	果皮色	黄
5	株型	半蔓性	26	果柄长度	0.8 cm	47	单花序果数	9个
6	株高	1.1~1.4 m	27	成熟前果色	绿白	48	单果重	17.7 g
7	茎叶茸毛	短稀	28	成熟果色	红	49	熟性	极早≤100 d
8	叶片类型	普通叶型	29	果面棱沟	轻	50	形态一致性	一致
9	叶片形状	羽状复叶	30	果面茸毛	稀	51	种皮颜色	灰黄
10	叶片着生状态	下垂	31	果顶形状	圆平	52	播种至开花天数	42 d
11	叶色	深绿	32	果肩	有	53	播种至始收天数	99 d
12	叶脉色	无色	33	果肩形状	微凹	54	裂果性	不易裂
13	叶裂刻	中	34	果肩色	—	55	畸形果	无
14	叶片长	37.0 cm	35	绿果肩大小	—	56	肉质	面
15	叶片宽	30.0 cm	36	商品果纵径	42.2 mm	57	风味	甜酸
16	首花序节位	7节	37	商品果横径	26.8 mm	58	清香味	有（淡）
17	第二花序节位	10节	38	果形	长圆形	59	综合品质	中
18	花序类型	单式花序或双歧花序	39	果梗洼大小	2.0 mm	60	可溶性固形物含量	8.00%
19	簇生花	无	40	果洼木栓化大小	0.2 mm	61	田间成株耐寒性	中
20	花柱长度	与雄蕊近等长	41	果实横切面形状	圆形	62	用途	鲜食
21	花柱形状	单圆花柱	42	果肉色	红			

种质编号VT475

序号	描述项目	描述内容	序号	描述项目	描述内容	序号	描述项目	描述内容
1	种质编号	VT475	22	花柱茸毛	无	43	胎座胶状物质颜色	红
2	种质类型	品系	23	花色	浅黄	44	果肉厚	4.0 mm
3	下胚轴颜色	紫	24	花梗离层	有	45	心室数	2个
4	生长习性	4序花封顶	25	单花序花数	10朵	46	果皮色	黄
5	株型	半蔓性	26	果柄长度	0.9 cm	47	单花序果数	10个
6	株高	1.2~1.4 m	27	成熟前果色	浅绿	48	单果重	13.8 g
7	茎叶茸毛	短稀	28	成熟果色	红	49	熟性	极早≤100 d
8	叶片类型	薯叶型	29	果面棱沟	轻	50	形态一致性	连续变异
9	叶片形状	羽状复叶	30	果面茸毛	无	51	种皮颜色	浅棕
10	叶片着生状态	水平	31	果顶形状	圆平	52	播种至开花天数	50 d
11	叶色	浅绿	32	果肩	有	53	播种至始收天数	99 d
12	叶脉色	无色	33	果肩形状	微凹	54	裂果性	易裂
13	叶裂刻	浅	34	果肩色	—	55	畸形果	无
14	叶片长	40.0 cm	35	绿果肩大小	—	56	肉质	面
15	叶片宽	40.0 cm	36	商品果纵径	41.0 mm	57	风味	酸甜
16	首花序节位	12节	37	商品果横径	23.6 mm	58	清香味	无
17	第二花序节位	14节	38	果形	长圆形	59	综合品质	上
18	花序类型	多歧花序	39	果梗洼大小	1.8 mm	60	可溶性固形物含量	6.70%
19	簇生花	无	40	果洼木栓化大小	0.3 mm	61	田间成株耐寒性	强
20	花柱长度	短于雄蕊	41	果实横切面形状	圆形	62	用途	鲜食
21	花柱形状	单圆花柱	42	果肉色	红			

种质编号VT477

序号	描述项目	描述内容	序号	描述项目	描述内容	序号	描述项目	描述内容
1	种质编号	VT477	22	花柱茸毛	无	43	胎座胶状物质颜色	红
2	种质类型	遗传材料	23	花色	黄	44	果肉厚	3.2 mm
3	下胚轴颜色	紫	24	花梗离层	有	45	心室数	2个
4	生长习性	9序花封顶	25	单花序花数	14朵	46	果皮色	黄
5	株型	半蔓性	26	果柄长度	0.8 cm	47	单花序果数	13个
6	株高	1.5～1.8 m	27	成熟前果色	浅绿	48	单果重	16.0 g
7	茎叶茸毛	长稀	28	成熟果色	红	49	熟性	早100～105 d
8	叶片类型	薯叶型	29	果面棱沟	轻	50	形态一致性	连续变异
9	叶片形状	羽状复叶	30	果面茸毛	无	51	种皮颜色	深棕
10	叶片着生状态	水平	31	果顶形状	圆平	52	播种至开花天数	50 d
11	叶色	浅绿	32	果肩	有	53	播种至始收天数	103 d
12	叶脉色	无色	33	果肩形状	微凹	54	裂果性	不易裂
13	叶裂刻	浅	34	果肩色	—	55	畸形果	无
14	叶片长	33.0 cm	35	绿果肩大小	—	56	肉质	面
15	叶片宽	31.0 cm	36	商品果纵径	43.4 mm	57	风味	酸甜
16	首花序节位	10节	37	商品果横径	24.9 mm	58	清香味	有（淡）
17	第二花序节位	13节	38	果形	长圆或梨形	59	综合品质	中
18	花序类型	多歧花序	39	果梗洼大小	2.8 mm	60	可溶性固形物含量	7.50%
19	簇生花	无	40	果洼木栓化大小	0.3 mm	61	田间成株耐寒性	强
20	花柱长度	短于雄蕊	41	果实横切面形状	圆形	62	用途	鲜食
21	花柱形状	单圆花柱	42	果肉色	粉红			

种质编号VT478

序号	描述项目	描述内容	序号	描述项目	描述内容	序号	描述项目	描述内容
1	种质编号	VT478	22	花柱茸毛	无	43	胎座胶状物质颜色	黄
2	种质类型	品系	23	花色	橘黄	44	果肉厚	3.0 mm
3	下胚轴颜色	紫（淡）	24	花梗离层	有	45	心室数	2个
4	生长习性	5序花封顶	25	单花序花数	20朵	46	果皮色	黄
5	株型	蔓性	26	果柄长度	0.6 cm	47	单花序果数	15个
6	株高	1.3～1.6 m	27	成熟前果色	浅绿	48	单果重	11.5 g
7	茎叶茸毛	长稀	28	成熟果色	深红	49	熟性	早100～105 d
8	叶片类型	薯叶型	29	果面棱沟	无	50	形态一致性	一致
9	叶片形状	羽状复叶	30	果面茸毛	无	51	种皮颜色	浅棕
10	叶片着生状态	下垂	31	果顶形状	圆平	52	播种至开花天数	46 d
11	叶色	绿	32	果肩	有	53	播种至始收天数	103 d
12	叶脉色	绿	33	果肩形状	微凹	54	裂果性	不易裂
13	叶裂刻	中	34	果肩色	—	55	畸形果	无
14	叶片长	35.0 cm	35	绿果肩大小	—	56	肉质	面
15	叶片宽	37.0 cm	36	商品果纵径	35.5 mm	57	风味	甜酸
16	首花序节位	10节	37	商品果横径	22.9 mm	58	清香味	有（浓）
17	第二花序节位	12节	38	果形	长圆形	59	综合品质	中
18	花序类型	双歧花序	39	果梗洼大小	2.0 mm	60	可溶性固形物含量	6.50%
19	簇生花	无	40	果洼木栓化大小	0.2 mm	61	田间成株耐寒性	强
20	花柱长度	短于雄蕊	41	果实横切面形状	圆形	62	用途	鲜食
21	花柱形状	单圆花柱	42	果肉色	红			

种质编号VT479

序号	描述项目	描述内容	序号	描述项目	描述内容	序号	描述项目	描述内容
1	种质编号	VT479	22	花柱茸毛	无	43	胎座胶状物质颜色	黄
2	种质类型	品系	23	花色	黄	44	果肉厚	4.0 mm
3	下胚轴颜色	紫	24	花梗离层	有	45	心室数	2个
4	生长习性	无限生长	25	单花序花数	10朵	46	果皮色	黄
5	株型	蔓性	26	果柄长度	0.7 cm	47	单花序果数	10个
6	株高	1.6~1.9 m	27	成熟前果色	浅绿	48	单果重	16.9 g
7	茎叶茸毛	长稀	28	成熟果色	深红	49	熟性	早100~105 d
8	叶片类型	薯叶型	29	果面棱沟	轻	50	形态一致性	一致
9	叶片形状	羽状复叶	30	果面茸毛	无	51	种皮颜色	灰黄
10	叶片着生状态	下垂	31	果顶形状	圆平	52	播种至开花天数	46 d
11	叶色	深绿	32	果肩	有	53	播种至始收天数	103 d
12	叶脉色	无色	33	果肩形状	微凹	54	裂果性	不易裂
13	叶裂刻	中	34	果肩色	—	55	畸形果	无
14	叶片长	38.0 cm	35	绿果肩大小	—	56	肉质	面
15	叶片宽	26.0 cm	36	商品果纵径	37.0 mm	57	风味	甜酸
16	首花序节位	8节	37	商品果横径	27.8 mm	58	清香味	无
17	第二花序节位	11节	38	果形	长圆形	59	综合品质	中
18	花序类型	单式花序或双歧花序	39	果梗洼大小	2.2 mm	60	可溶性固形物含量	7.70%
19	簇生花	无	40	果洼木栓化大小	0.2 mm	61	田间成株耐寒性	强
20	花柱长度	与雄蕊近等长	41	果实横切面形状	圆形	62	用途	鲜食
21	花柱形状	单圆花柱	42	果肉色	红			

种质编号VT480

序号	描述项目	描述内容	序号	描述项目	描述内容	序号	描述项目	描述内容
1	种质编号	VT480	22	花柱茸毛	无	43	胎座胶状物质颜色	红
2	种质类型	品系	23	花色	黄	44	果肉厚	3.8 mm
3	下胚轴颜色	紫	24	花梗离层	有	45	心室数	2个
4	生长习性	8序花封顶	25	单花序花数	13朵	46	果皮色	黄
5	株型	蔓性	26	果柄长度	0.7 cm	47	单花序果数	9个
6	株高	1.5~1.8 m	27	成熟前果色	浅绿	48	单果重	16.5 g
7	茎叶茸毛	短稀	28	成熟果色	红	49	熟性	早100~105 d
8	叶片类型	普通叶型	29	果面棱沟	轻	50	形态一致性	一致
9	叶片形状	羽状复叶	30	果面茸毛	无	51	种皮颜色	浅棕
10	叶片着生状态	下垂	31	果顶形状	圆平	52	播种至开花天数	50 d
11	叶色	深绿	32	果肩	有	53	播种至始收天数	103 d
12	叶脉色	无色	33	果肩形状	微凹	54	裂果性	中
13	叶裂刻	深	34	果肩色	—	55	畸形果	无
14	叶片长	39.0 cm	35	绿果肩大小	—	56	肉质	面
15	叶片宽	36.0 cm	36	商品果纵径	38.1 mm	57	风味	酸甜
16	首花序节位	8节	37	商品果横径	27.4 mm	58	清香味	有（淡）
17	第二花序节位	11节	38	果形	长圆形	59	综合品质	上
18	花序类型	单式花序或多歧花序	39	果梗洼大小	2.8 mm	60	可溶性固形物含量	7.20%
19	簇生花	无	40	果洼木栓化大小	0.3 mm	61	田间成株耐寒性	强
20	花柱长度	短于雄蕊	41	果实横切面形状	圆形	62	用途	鲜食
21	花柱形状	单圆花柱	42	果肉色	红			

种质编号VT481

序号	描述项目	描述内容	序号	描述项目	描述内容	序号	描述项目	描述内容
1	种质编号	VT481	22	花柱茸毛	无	43	胎座胶状物质颜色	红
2	种质类型	品系	23	花色	黄	44	果肉厚	2.8 mm
3	下胚轴颜色	紫	24	花梗离层	有	45	心室数	2个
4	生长习性	8序花封顶	25	单花序花数	19朵	46	果皮色	黄
5	株型	蔓性	26	果柄长度	0.7 cm	47	单花序果数	15个
6	株高	1.2~1.5 m	27	成熟前果色	浅绿	48	单果重	11.9 g
7	茎叶茸毛	短稀	28	成熟果色	红	49	熟性	极早≤100 d
8	叶片类型	普通叶型	29	果面棱沟	轻	50	形态一致性	一致
9	叶片形状	羽状复叶	30	果面茸毛	稀	51	种皮颜色	灰黄
10	叶片着生状态	水平	31	果顶形状	圆平	52	播种至开花天数	50 d
11	叶色	深绿	32	果肩	有	53	播种至始收天数	99 d
12	叶脉色	无色	33	果肩形状	微凹	54	裂果性	中
13	叶裂刻	中	34	果肩色	—	55	畸形果	无
14	叶片长	35.0 cm	35	绿果肩大小	—	56	肉质	面
15	叶片宽	27.0 cm	36	商品果纵径	36.5 mm	57	风味	甜酸
16	首花序节位	10节	37	商品果横径	23.5 mm	58	清香味	有（淡）
17	第二花序节位	12节	38	果形	长圆形	59	综合品质	中
18	花序类型	单式花序或多歧花序	39	果梗洼大小	2.2 mm	60	可溶性固形物含量	6.40%
19	簇生花	无	40	果洼木栓化大小	0.2 mm	61	田间成株耐寒性	强
20	花柱长度	短于雄蕊	41	果实横切面形状	圆形	62	用途	鲜食
21	花柱形状	单圆花柱	42	果肉色	红			

种质编号VT482

序号	描述项目	描述内容	序号	描述项目	描述内容	序号	描述项目	描述内容
1	种质编号	VT482	22	花柱茸毛	无	43	胎座胶状物质颜色	红
2	种质类型	遗传材料	23	花色	橘黄	44	果肉厚	5.3 mm
3	下胚轴颜色	紫	24	花梗离层	有	45	心室数	2个
4	生长习性	5序花封顶	25	单花序花数	9朵	46	果皮色	黄
5	株型	半蔓性	26	果柄长度	0.6 cm	47	单花序果数	8个
6	株高	1.6~1.8 m	27	成熟前果色	浅绿	48	单果重	18.8 g
7	茎叶茸毛	长稀	28	成熟果色	红	49	熟性	极早≤100 d
8	叶片类型	普通叶型	29	果面棱沟	轻	50	形态一致性	连续变异
9	叶片形状	羽状复叶	30	果面茸毛	稀	51	种皮颜色	灰黄
10	叶片着生状态	下垂	31	果顶形状	圆平	52	播种至开花天数	50 d
11	叶色	深绿	32	果肩	有	53	播种至始收天数	99 d
12	叶脉色	绿	33	果肩形状	微凹	54	裂果性	中
13	叶裂刻	中	34	果肩色	—	55	畸形果	无
14	叶片长	35.0 cm	35	绿果肩大小	—	56	肉质	面
15	叶片宽	36.0 cm	36	商品果纵径	39.0 mm	57	风味	甜酸
16	首花序节位	8节	37	商品果横径	29.3 mm	58	清香味	有
17	第二花序节位	12节	38	果形	长圆形	59	综合品质	上
18	花序类型	单式花序或多歧花序	39	果梗洼大小	2.5 mm	60	可溶性固形物含量	7.80%
19	簇生花	无	40	果洼木栓化大小	0.2 mm	61	田间成株耐寒性	强
20	花柱长度	短于雄蕊	41	果实横切面形状	圆形	62	用途	鲜食
21	花柱形状	单圆花柱	42	果肉色	红			

种质编号VT483

序号	描述项目	描述内容	序号	描述项目	描述内容	序号	描述项目	描述内容
1	种质编号	VT483	22	花柱茸毛	无	43	胎座胶状物质颜色	红
2	种质类型	品系	23	花色	黄	44	果肉厚	4.6 mm
3	下胚轴颜色	紫	24	花梗离层	有	45	心室数	2个
4	生长习性	6序花封顶	25	单花序花数	15朵	46	果皮色	黄
5	株型	蔓性	26	果柄长度	0.8 cm	47	单花序果数	15个
6	株高	1.5～1.7 m	27	成熟前果色	浅绿	48	单果重	18.8 g
7	茎叶茸毛	短稀	28	成熟果色	红	49	熟性	极早≤100 d
8	叶片类型	普通叶型	29	果面棱沟	轻	50	形态一致性	一致
9	叶片形状	羽状复叶	30	果面茸毛	无	51	种皮颜色	浅棕
10	叶片着生状态	下垂	31	果顶形状	圆平	52	播种至开花天数	50 d
11	叶色	深绿	32	果肩	有	53	播种至始收天数	99 d
12	叶脉色	绿	33	果肩形状	微凹	54	裂果性	中
13	叶裂刻	中	34	果肩色	—	55	畸形果	无
14	叶片长	32.0 cm	35	绿果肩大小	—	56	肉质	面
15	叶片宽	23.0 cm	36	商品果纵径	40.3 mm	57	风味	甜酸
16	首花序节位	7节	37	商品果横径	27.9 mm	58	清香味	有
17	第二花序节位	9节	38	果形	长圆形	59	综合品质	上
18	花序类型	单式花序或多歧花序	39	果梗洼大小	2.8 mm	60	可溶性固形物含量	7.50%
19	簇生花	无	40	果洼木栓化大小	0.5 mm	61	田间成株耐寒性	强
20	花柱长度	短于雄蕊	41	果实横切面形状	圆形	62	用途	鲜食
21	花柱形状	单圆花柱	42	果肉色	红			

种质编号VT484

序号	描述项目	描述内容	序号	描述项目	描述内容	序号	描述项目	描述内容
1	种质编号	VT484	22	花柱茸毛	无	43	胎座胶状物质颜色	黄
2	种质类型	品系	23	花色	橘黄	44	果肉厚	5.3 mm
3	下胚轴颜色	紫	24	花梗离层	有	45	心室数	2个
4	生长习性	5序花封顶	25	单花序花数	11朵	46	果皮色	黄
5	株型	蔓性	26	果柄长度	0.5 cm	47	单花序果数	11个
6	株高	1.6~1.9 m	27	成熟前果色	浅绿	48	单果重	20.0 g
7	茎叶茸毛	短稀	28	成熟果色	红	49	熟性	极早≤100 d
8	叶片类型	薯叶型	29	果面棱沟	轻	50	形态一致性	一致
9	叶片形状	羽状复叶	30	果面茸毛	无	51	种皮颜色	灰黄
10	叶片着生状态	下垂	31	果顶形状	圆平	52	播种至开花天数	50 d
11	叶色	绿	32	果肩	有	53	播种至始收天数	99 d
12	叶脉色	无色	33	果肩形状	微凹	54	裂果性	不易裂
13	叶裂刻	中	34	果肩色	—	55	畸形果	无
14	叶片长	42.0 cm	35	绿果肩大小	—	56	肉质	面
15	叶片宽	37.0 cm	36	商品果纵径	42.5 mm	57	风味	甜酸
16	首花序节位	8节	37	商品果横径	28.1 mm	58	清香味	无
17	第二花序节位	11节	38	果形	长圆形	59	综合品质	中
18	花序类型	单式花序	39	果梗洼大小	3.5 mm	60	可溶性固形物含量	7.00%
19	簇生花	无	40	果洼木栓化大小	1.2 mm	61	田间成株耐寒性	强
20	花柱长度	短于雄蕊	41	果实横切面形状	圆形	62	用途	鲜食
21	花柱形状	单圆花柱	42	果肉色	红			

种质编号VT485

序号	描述项目	描述内容	序号	描述项目	描述内容	序号	描述项目	描述内容
1	种质编号	VT485	22	花柱茸毛	无	43	胎座胶状物质颜色	红
2	种质类型	遗传材料	23	花色	黄	44	果肉厚	3.0 mm
3	下胚轴颜色	紫	24	花梗离层	有	45	心室数	2个
4	生长习性	6序花封顶	25	单花序花数	14朵	46	果皮色	黄
5	株型	蔓性	26	果柄长度	0.6 cm	47	单花序果数	11个
6	株高	1.0~1.3 m	27	成熟前果色	浅绿	48	单果重	11.3 g
7	茎叶茸毛	短稀	28	成熟果色	红	49	熟性	早100~105 d
8	叶片类型	薯叶型	29	果面棱沟	轻	50	形态一致性	连续变异
9	叶片形状	羽状复叶	30	果面茸毛	无	51	种皮颜色	灰黄
10	叶片着生状态	下垂	31	果顶形状	圆平	52	播种至开花天数	46 d
11	叶色	绿	32	果肩	有	53	播种至始收天数	105 d
12	叶脉色	无色	33	果肩形状	微凹	54	裂果性	中
13	叶裂刻	中	34	果肩色	—	55	畸形果	无
14	叶片长	38.0 cm	35	绿果肩大小	—	56	肉质	面
15	叶片宽	35.0 cm	36	商品果纵径	37.6 mm	57	风味	酸甜
16	首花序节位	8节	37	商品果横径	22.3 mm	58	清香味	有
17	第二花序节位	9节	38	果形	长圆形	59	综合品质	中
18	花序类型	单式花序或多歧花序	39	果梗洼大小	3.0 mm	60	可溶性固形物含量	6.70%
19	簇生花	无	40	果洼木栓化大小	1.2 mm	61	田间成株耐寒性	中
20	花柱长度	短于雄蕊	41	果实横切面形状	圆形	62	用途	鲜食
21	花柱形状	单圆花柱	42	果肉色	红			

种质编号VT486

序号	描述项目	描述内容	序号	描述项目	描述内容	序号	描述项目	描述内容
1	种质编号	VT486	22	花柱茸毛	无	43	胎座胶状物质颜色	红
2	种质类型	遗传材料	23	花色	浅黄	44	果肉厚	3.2 mm
3	下胚轴颜色	紫	24	花梗离层	有	45	心室数	2个
4	生长习性	6序花封顶	25	单花序花数	7朵	46	果皮色	黄
5	株型	半蔓性	26	果柄长度	0.7 cm	47	单花序果数	5个
6	株高	1.3～1.6 m	27	成熟前果色	绿或白	48	单果重	22.2 g
7	茎叶茸毛	长稀	28	成熟果色	红	49	熟性	早100～105 d
8	叶片类型	薯叶型	29	果面棱沟	轻	50	形态一致性	连续变异
9	叶片形状	羽状复叶	30	果面茸毛	无	51	种皮颜色	灰黄
10	叶片着生状态	下垂	31	果顶形状	圆平	52	播种至开花天数	49 d
11	叶色	深绿	32	果肩	有	53	播种至始收天数	105 d
12	叶脉色	无色	33	果肩形状	微凹	54	裂果性	不易裂
13	叶裂刻	中	34	果肩色	—	55	畸形果	无
14	叶片长	36.0 cm	35	绿果肩大小	—	56	肉质	软
15	叶片宽	27.0 cm	36	商品果纵径	38.1 mm	57	风味	甜酸
16	首花序节位	8节	37	商品果横径	31.7 mm	58	清香味	有（淡）
17	第二花序节位	10节	38	果形	高圆或长圆形	59	综合品质	中
18	花序类型	单式花序或双歧花序	39	果梗洼大小	2.0 mm	60	可溶性固形物含量	5.40%
19	簇生花	有	40	果洼木栓化大小	0.2 mm	61	田间成株耐寒性	中
20	花柱长度	与雄蕊近等长	41	果实横切面形状	不规则形状	62	用途	鲜食
21	花柱形状	单圆花柱或分裂花柱	42	果肉色	红			

种质编号VT487

序号	描述项目	描述内容	序号	描述项目	描述内容	序号	描述项目	描述内容
1	种质编号	VT487	22	花柱茸毛	无	43	胎座胶状物质颜色	红
2	种质类型	品系	23	花色	黄	44	果肉厚	2.8 mm
3	下胚轴颜色	绿或紫	24	花梗离层	有	45	心室数	2个
4	生长习性	5序花封顶	25	单花序花数	10朵	46	果皮色	黄
5	株型	半蔓性	26	果柄长度	1.0 cm	47	单花序果数	9个
6	株高	1.6~1.8 m	27	成熟前果色	绿白	48	单果重	17.9 g
7	茎叶茸毛	短稀	28	成熟果色	深红	49	熟性	早100~105 d
8	叶片类型	薯叶型	29	果面棱沟	轻	50	形态一致性	一致
9	叶片形状	羽状复叶	30	果面茸毛	稀	51	种皮颜色	浅棕
10	叶片着生状态	下垂	31	果顶形状	圆平	52	播种至开花天数	46 d
11	叶色	黄绿	32	果肩	有	53	播种至始收天数	103 d
12	叶脉色	无色	33	果肩形状	微凹	54	裂果性	不易裂
13	叶裂刻	深	34	果肩色	—	55	畸形果	无
14	叶片长	39.0 cm	35	绿果肩大小	—	56	肉质	软
15	叶片宽	42.0 cm	36	商品果纵径	37.7 mm	57	风味	酸甜
16	首花序节位	10节	37	商品果横径	28.6 mm	58	清香味	无
17	第二花序节位	13节	38	果形	高圆形	59	综合品质	中
18	花序类型	单式花序或多歧花序	39	果梗洼大小	2.2 mm	60	可溶性固形物含量	6.20%
19	簇生花	无	40	果洼木栓化大小	0.2 mm	61	田间成株耐寒性	中
20	花柱长度	与雄蕊近等长	41	果实横切面形状	圆形	62	用途	鲜食或加工
21	花柱形状	单圆花柱	42	果肉色	红			

种质编号VT488

序号	描述项目	描述内容	序号	描述项目	描述内容	序号	描述项目	描述内容
1	种质编号	VT488	22	花柱茸毛	无	43	胎座胶状物质颜色	红
2	种质类型	遗传材料	23	花色	黄	44	果肉厚	3.8 mm
3	下胚轴颜色	紫	24	花梗离层	有	45	心室数	2个
4	生长习性	无限生长	25	单花序花数	10朵	46	果皮色	黄
5	株型	半蔓性	26	果柄长度	1.0 cm	47	单花序果数	10个
6	株高	2.2~2.5 m	27	成熟前果色	绿白	48	单果重	15.3 g
7	茎叶茸毛	短稀	28	成熟果色	红	49	熟性	早100~105 d
8	叶片类型	普通叶型	29	果面棱沟	轻	50	形态一致性	连续变异
9	叶片形状	羽状复叶	30	果面茸毛	无	51	种皮颜色	浅棕
10	叶片着生状态	下垂	31	果顶形状	圆平	52	播种至开花天数	49 d
11	叶色	浅绿	32	果肩	有	53	播种至始收天数	105 d
12	叶脉色	无色	33	果肩形状	微凹	54	裂果性	不易裂
13	叶裂刻	中	34	果肩色	—	55	畸形果	无
14	叶片长	44.0 cm	35	绿果肩大小	—	56	肉质	面
15	叶片宽	35.0 cm	36	商品果纵径	48.0 mm	57	风味	甜酸
16	首花序节位	8节	37	商品果横径	24.0 mm	58	清香味	有
17	第二花序节位	11节	38	果形	长梨形	59	综合品质	上
18	花序类型	单式花序或多歧花序	39	果梗洼大小	2.5 mm	60	可溶性固形物含量	8.00%
19	簇生花	无	40	果洼木栓化大小	1.2 mm	61	田间成株耐寒性	中
20	花柱长度	短于雄蕊	41	果实横切面形状	圆形	62	用途	鲜食
21	花柱形状	单圆花柱	42	果肉色	红			

种质编号VT490

序号	描述项目	描述内容	序号	描述项目	描述内容	序号	描述项目	描述内容
1	种质编号	VT490	22	花柱茸毛	无	43	胎座胶状物质颜色	红
2	种质类型	遗传材料	23	花色	橘黄	44	果肉厚	3.7 mm
3	下胚轴颜色	紫	24	花梗离层	有	45	心室数	3个
4	生长习性	无限生长	25	单花序花数	13朵	46	果皮色	黄
5	株型	半蔓性	26	果柄长度	0.8 cm	47	单花序果数	12个
6	株高	1.5~1.8 m	27	成熟前果色	浅绿	48	单果重	15.2 g
7	茎叶茸毛	长稀	28	成熟果色	红	49	熟性	早100~105 d
8	叶片类型	薯叶型	29	果面棱沟	轻	50	形态一致性	连续变异
9	叶片形状	羽状复叶	30	果面茸毛	无	51	种皮颜色	浅棕
10	叶片着生状态	下垂	31	果顶形状	圆平	52	播种至开花天数	49 d
11	叶色	绿	32	果肩	有	53	播种至始收天数	105 d
12	叶脉色	无色	33	果肩形状	微凹	54	裂果性	不易裂
13	叶裂刻	深	34	果肩色	—	55	畸形果	无
14	叶片长	35.0 cm	35	绿果肩大小	—	56	肉质	面
15	叶片宽	30.0 cm	36	商品果纵径	41.4 mm	57	风味	酸甜
16	首花序节位	10节	37	商品果横径	26.1 mm	58	清香味	有
17	第二花序节位	14节	38	果形	梨形	59	综合品质	中
18	花序类型	单式花序或多歧花序	39	果梗洼大小	1.7 mm	60	可溶性固形物含量	5.90%
19	簇生花	无	40	果洼木栓化大小	0.2 mm	61	田间成株耐寒性	中
20	花柱长度	短于雄蕊	41	果实横切面形状	等边多边形	62	用途	鲜食
21	花柱形状	单圆花柱	42	果肉色	红			

种质编号VT491

序号	描述项目	描述内容	序号	描述项目	描述内容	序号	描述项目	描述内容
1	种质编号	VT491	22	花柱茸毛	无	43	胎座胶状物质颜色	黄
2	种质类型	遗传材料	23	花色	浅黄	44	果肉厚	3.0~3.1 mm
3	下胚轴颜色	紫	24	花梗离层	有	45	心室数	2个
4	生长习性	无限生长	25	单花序花数	14朵	46	果皮色	黄
5	株型	半蔓性	26	果柄长度	0.7 cm	47	单花序果数	11个
6	株高	1.6~2.5 m	27	成熟前果色	浅绿	48	单果重	11.5~16.2 g
7	茎叶茸毛	短稀	28	成熟果色	红	49	熟性	早100~105 d
8	叶片类型	普通叶型	29	果面棱沟	轻	50	形态一致性	不连续变异
9	叶片形状	羽状复叶	30	果面茸毛	稀	51	种皮颜色	浅棕
10	叶片着生状态	下垂	31	果顶形状	圆平	52	播种至开花天数	46 d
11	叶色	浅绿	32	果肩	有	53	播种至始收天数	105 d
12	叶脉色	无色	33	果肩形状	微凹	54	裂果性	不易裂
13	叶裂刻	深	34	果肩色	—	55	畸形果	无
14	叶片长	43.0 cm	35	绿果肩大小	—	56	肉质	面
15	叶片宽	31.0 cm	36	商品果纵径	38.7~41.7 mm	57	风味	甜酸
16	首花序节位	9节	37	商品果横径	23.9~26.7 mm	58	清香味	无
17	第二花序节位	12节	38	果形	长圆形	59	综合品质	中
18	花序类型	单式花序或多歧花序	39	果梗洼大小	2.0~2.4 mm	60	可溶性固形物含量	5.50%~7.30%
19	簇生花	无	40	果洼木栓化大小	0.2~0.4 mm	61	田间成株耐寒性	强
20	花柱长度	短于雄蕊	41	果实横切面形状	圆形	62	用途	鲜食
21	花柱形状	单圆花柱	42	果肉色	红			

种质编号VT493

序号	描述项目	描述内容	序号	描述项目	描述内容	序号	描述项目	描述内容
1	种质编号	VT493	22	花柱茸毛	无	43	胎座胶状物质颜色	红
2	种质类型	品系	23	花色	黄	44	果肉厚	3.5 mm
3	下胚轴颜色	紫（淡）	24	花梗离层	有	45	心室数	2个
4	生长习性	5序花封顶	25	单花序花数	15朵	46	果皮色	黄
5	株型	半蔓性	26	果柄长度	0.7 cm	47	单花序果数	11个
6	株高	1.5~1.8 m	27	成熟前果色	浅绿	48	单果重	21.2 g
7	茎叶茸毛	长稀	28	成熟果色	红	49	熟性	极晚≥125 d
8	叶片类型	薯叶型	29	果面棱沟	轻	50	形态一致性	一致
9	叶片形状	羽状复叶	30	果面茸毛	无	51	种皮颜色	灰黄
10	叶片着生状态	下垂	31	果顶形状	圆平	52	播种至开花天数	68 d
11	叶色	浅绿	32	果肩	有	53	播种至始收天数	133 d
12	叶脉色	无色	33	果肩形状	微凹	54	裂果性	不易裂
13	叶裂刻	中	34	果肩色	—	55	畸形果	无
14	叶片长	43.0 cm	35	绿果肩大小	—	56	肉质	面
15	叶片宽	38.0 cm	36	商品果纵径	46.5 mm	57	风味	甜酸
16	首花序节位	12节	37	商品果横径	26.7 mm	58	清香味	无
17	第二花序节位	14节	38	果形	长圆形	59	综合品质	中
18	花序类型	单式花序或多歧花序	39	果梗洼大小	2.0 mm	60	可溶性固形物含量	6.78%
19	簇生花	无	40	果洼木栓化大小	0.4 mm	61	田间成株耐寒性	中
20	花柱长度	短于雄蕊	41	果实横切面形状	圆形	62	用途	鲜食
21	花柱形状	单圆花柱	42	果肉色	红			

种质编号VT494

序号	描述项目	描述内容	序号	描述项目	描述内容	序号	描述项目	描述内容
1	种质编号	VT494	22	花柱茸毛	无	43	胎座胶状物质颜色	黄
2	种质类型	品系	23	花色	黄	44	果肉厚	4.3 mm
3	下胚轴颜色	紫	24	花梗离层	有	45	心室数	2个
4	生长习性	无限生长	25	单花序花数	9朵	46	果皮色	无色
5	株型	半蔓性	26	果柄长度	1.0 cm	47	单花序果数	6个
6	株高	1.5~1.7 m	27	成熟前果色	浅绿	48	单果重	14.5 g
7	茎叶茸毛	短稀	28	成熟果色	红	49	熟性	早100~105 d
8	叶片类型	普通叶型	29	果面棱沟	无	50	形态一致性	连续变异
9	叶片形状	羽状复叶	30	果面茸毛	稀	51	种皮颜色	灰黄
10	叶片着生状态	水平	31	果顶形状	圆平	52	播种至开花天数	46 d
11	叶色	深绿	32	果肩	有	53	播种至始收天数	105 d
12	叶脉色	无色	33	果肩形状	微凹	54	裂果性	不易裂
13	叶裂刻	中	34	果肩色	—	55	畸形果	无
14	叶片长	31.0 cm	35	绿果肩大小	—	56	肉质	面
15	叶片宽	25.0 cm	36	商品果纵径	30.3 mm	57	风味	甜酸
16	首花序节位	10节	37	商品果横径	27.0 mm	58	清香味	有
17	第二花序节位	11节	38	果形	高圆形	59	综合品质	下
18	花序类型	多歧花序	39	果梗洼大小	2.8 mm	60	可溶性固形物含量	7.10%
19	簇生花	无	40	果洼木栓化大小	0.5 mm	61	田间成株耐寒性	中
20	花柱长度	短于雄蕊	41	果实横切面形状	圆形	62	用途	鲜食
21	花柱形状	单圆花柱	42	果肉色	粉红			

种质编号VT496

序号	描述项目	描述内容	序号	描述项目	描述内容	序号	描述项目	描述内容
1	种质编号	VT496	22	花柱茸毛	无	43	胎座胶状物质颜色	红
2	种质类型	品系	23	花色	黄	44	果肉厚	2.8 mm
3	下胚轴颜色	紫	24	花梗离层	有	45	心室数	2个
4	生长习性	5序花封顶	25	单花序花数	12朵	46	果皮色	黄
5	株型	蔓性	26	果柄长度	0.7 cm	47	单花序果数	7个
6	株高	1.6~2.0 m	27	成熟前果色	浅绿	48	单果重	12.8 g
7	茎叶茸毛	长稀	28	成熟果色	深红	49	熟性	极早≤100 d
8	叶片类型	普通叶型	29	果面棱沟	轻	50	形态一致性	一致
9	叶片形状	羽状复叶	30	果面茸毛	无	51	种皮颜色	浅棕
10	叶片着生状态	水平	31	果顶形状	圆平	52	播种至开花天数	42 d
11	叶色	浅绿	32	果肩	有	53	播种至始收天数	99 d
12	叶脉色	无色	33	果肩形状	微凹	54	裂果性	不易裂
13	叶裂刻	深	34	果肩色	—	55	畸形果	无
14	叶片长	45.0 cm	35	绿果肩大小	—	56	肉质	面
15	叶片宽	34.0 cm	36	商品果纵径	36.3 mm	57	风味	甜酸
16	首花序节位	10节	37	商品果横径	24.3 mm	58	清香味	有
17	第二花序节位	14节	38	果形	长圆形	59	综合品质	中
18	花序类型	单式花序或多歧花序	39	果梗洼大小	2.2 mm	60	可溶性固形物含量	7.20%
19	簇生花	无	40	果洼木栓化大小	0.2 mm	61	田间成株耐寒性	强
20	花柱长度	短于雄蕊	41	果实横切面形状	圆形	62	用途	鲜食
21	花柱形状	单圆花柱	42	果肉色	红			

种质编号VT504

序号	描述项目	描述内容	序号	描述项目	描述内容	序号	描述项目	描述内容
1	种质编号	VT504	22	花柱茸毛	无	43	胎座胶状物质颜色	黄或红
2	种质类型	遗传材料	23	花色	浅黄	44	果肉厚	3.0 mm
3	下胚轴颜色	紫	24	花梗离层	有	45	心室数	2个
4	生长习性	5~6序花封顶	25	单花序花数	几十朵	46	果皮色	黄
5	株型	半蔓性	26	果柄长度	0.5 cm	47	单花序果数	13个
6	株高	1.3~1.7 m	27	成熟前果色	浅绿	48	单果重	14.8 g
7	茎叶茸毛	长稀	28	成熟果色	黄或红	49	熟性	早100~105 d
8	叶片类型	薯叶型	29	果面棱沟	无	50	形态一致性	不连续变异
9	叶片形状	羽状复叶	30	果面茸毛	无	51	种皮颜色	浅棕
10	叶片着生状态	下垂	31	果顶形状	圆平	52	播种至开花天数	46 d
11	叶色	绿	32	果肩	有	53	播种至始收天数	105 d
12	叶脉色	无色	33	果肩形状	微凹	54	裂果性	不易裂
13	叶裂刻	中	34	果肩色	—	55	畸形果	无
14	叶片长	40.0 cm	35	绿果肩大小	—	56	肉质	面
15	叶片宽	28.0 cm	36	商品果纵径	43.5 mm	57	风味	甜酸
16	首花序节位	12节	37	商品果横径	24.5 mm	58	清香味	无
17	第二花序节位	15节	38	果形	梨形	59	综合品质	中
18	花序类型	单式花序或多歧花序	39	果梗洼大小	2.0 mm	60	可溶性固形物含量	6.60%
19	簇生花	无	40	果洼木栓化大小	0.5 mm	61	田间成株耐寒性	中
20	花柱长度	短于雄蕊	41	果实横切面形状	圆形	62	用途	鲜食
21	花柱形状	单圆花柱	42	果肉色	黄或红			

第二章 红色樱桃小果类番茄种质资源

种质编号VT509

序号	描述项目	描述内容	序号	描述项目	描述内容	序号	描述项目	描述内容
1	种质编号	VT509	22	花柱茸毛	无	43	胎座胶状物质颜色	红
2	种质类型	品系	23	花色	黄	44	果肉厚	4.6 mm
3	下胚轴颜色	紫	24	花梗离层	有	45	心室数	3个
4	生长习性	5序花封顶	25	单花序花数	10朵	46	果皮色	黄
5	株型	半蔓性	26	果柄长度	0.8 cm	47	单花序果数	10个
6	株高	1.5~1.8 m	27	成熟前果色	浅白	48	单果重	20.8 g
7	茎叶茸毛	长稀	28	成熟果色	红	49	熟性	早100~105 d
8	叶片类型	普通叶型	29	果面棱沟	无	50	形态一致性	连续变异
9	叶片形状	二回羽状复叶	30	果面茸毛	无	51	种皮颜色	浅棕
10	叶片着生状态	下垂	31	果顶形状	圆平	52	播种至开花天数	50 d
11	叶色	绿	32	果肩	有	53	播种至始收天数	103 d
12	叶脉色	无色	33	果肩形状	微凹	54	裂果性	不易裂
13	叶裂刻	深	34	果肩色	—	55	畸形果	无
14	叶片长	43.0 cm	35	绿果肩大小	—	56	肉质	面
15	叶片宽	44.0 cm	36	商品果纵径	42.4 mm	57	风味	甜酸（淡）
16	首花序节位	9节	37	商品果横径	28.9 mm	58	清香味	有
17	第二花序节位	11节	38	果形	长圆形	59	综合品质	中
18	花序类型	单式花序	39	果梗洼大小	3.2 mm	60	可溶性固形物含量	5.50%
19	簇生花	无	40	果洼木栓化大小	1.0 mm	61	田间成株耐寒性	强
20	花柱长度	短于雄蕊	41	果实横切面形状	圆形	62	用途	鲜食
21	花柱形状	单圆花柱	42	果肉色	红			

种质编号VT510

序号	描述项目	描述内容	序号	描述项目	描述内容	序号	描述项目	描述内容
1	种质编号	VT510	22	花柱茸毛	无	43	胎座胶状物质颜色	红
2	种质类型	品系	23	花色	黄	44	果肉厚	3.3 mm
3	下胚轴颜色	绿	24	花梗离层	有	45	心室数	2个
4	生长习性	7序花封顶	25	单花序花数	10朵	46	果皮色	黄
5	株型	半蔓性	26	果柄长度	0.7 cm	47	单花序果数	9个
6	株高	1.6～2.0 m	27	成熟前果色	绿	48	单果重	16.5 g
7	茎叶茸毛	短稀	28	成熟果色	红	49	熟性	早100～105 d
8	叶片类型	普通叶型	29	果面棱沟	无	50	形态一致性	连续变异
9	叶片形状	羽状复叶	30	果面茸毛	无	51	种皮颜色	浅棕
10	叶片着生状态	下垂	31	果顶形状	圆平	52	播种至开花天数	51 d
11	叶色	绿	32	果肩	有	53	播种至始收天数	105 d
12	叶脉色	无色	33	果肩形状	微凹	54	裂果性	不易裂
13	叶裂刻	中	34	果肩色	—	55	畸形果	无
14	叶片长	40.0 cm	35	绿果肩大小	—	56	肉质	面
15	叶片宽	34.0 cm	36	商品果纵径	32.7 mm	57	风味	甜酸
16	首花序节位	9节	37	商品果横径	29.9 mm	58	清香味	无
17	第二花序节位	11节	38	果形	高圆形	59	综合品质	中
18	花序类型	单式花序	39	果梗洼大小	3.5 mm	60	可溶性固形物含量	6.30%
19	簇生花	无	40	果洼木栓化大小	1.2 mm	61	田间成株耐寒性	强
20	花柱长度	短于雄蕊	41	果实横切面形状	圆形	62	用途	鲜食
21	花柱形状	单圆花柱	42	果肉色	红			

种质编号VT513

序号	描述项目	描述内容	序号	描述项目	描述内容	序号	描述项目	描述内容
1	种质编号	VT513	22	花柱茸毛	无	43	胎座胶状物质颜色	红
2	种质类型	遗传材料	23	花色	黄	44	果肉厚	5.3 mm
3	下胚轴颜色	紫	24	花梗离层	有	45	心室数	2个
4	生长习性	8序花封顶	25	单花序花数	数十朵	46	果皮色	黄
5	株型	半蔓性	26	果柄长度	0.8 cm	47	单花序果数	15个
6	株高	1.5~1.8 m	27	成熟前果色	浅绿	48	单果重	13.5 g
7	茎叶茸毛	短稀	28	成熟果色	红	49	熟性	极晚≥125 d
8	叶片类型	普通叶型	29	果面棱沟	无	50	形态一致性	连续变异
9	叶片形状	羽状复叶	30	果面茸毛	无	51	种皮颜色	灰黄
10	叶片着生状态	水平	31	果顶形状	圆平	52	播种至开花天数	68 d
11	叶色	深绿	32	果肩	有	53	播种至始收天数	129 d
12	叶脉色	无色	33	果肩形状	平	54	裂果性	不易裂
13	叶裂刻	深	34	果肩色	—	55	畸形果	无
14	叶片长	35.0 cm	35	绿果肩大小	—	56	肉质	面
15	叶片宽	29.0 cm	36	商品果纵径	46.3 mm	57	风味	甜酸
16	首花序节位	8节	37	商品果横径	23.6 mm	58	清香味	无
17	第二花序节位	13节	38	果形	梨形	59	综合品质	中
18	花序类型	多歧花序	39	果梗洼大小	2.0 mm	60	可溶性固形物含量	5.96%
19	簇生花	无	40	果洼木栓化大小	0.2 mm	61	田间成株耐寒性	中
20	花柱长度	短于雄蕊或与雄蕊近等长	41	果实横切面形状	圆形	62	用途	鲜食
21	花柱形状	单圆花柱	42	果肉色	粉红			

种质编号VT520

序号	描述项目	描述内容	序号	描述项目	描述内容	序号	描述项目	描述内容
1	种质编号	VT520	22	花柱茸毛	无	43	胎座胶状物质颜色	红
2	种质类型	品系	23	花色	黄	44	果肉厚	4.7 mm
3	下胚轴颜色	紫	24	花梗离层	有	45	心室数	2个
4	生长习性	4序花封顶	25	单花序花数	20朵	46	果皮色	黄
5	株型	半蔓性	26	果柄长度	0.6 cm	47	单花序果数	12个
6	株高	1.6~2.0 m	27	成熟前果色	浅绿	48	单果重	19.2 g
7	茎叶茸毛	长稀	28	成熟果色	红	49	熟性	早100~105 d
8	叶片类型	薯叶型	29	果面棱沟	无	50	形态一致性	连续变异
9	叶片形状	羽状复叶	30	果面茸毛	无	51	种皮颜色	浅棕
10	叶片着生状态	水平	31	果顶形状	圆平	52	播种至开花天数	44 d
11	叶色	浅绿	32	果肩	有	53	播种至始收天数	105 d
12	叶脉色	无色	33	果肩形状	微凹	54	裂果性	不易裂
13	叶裂刻	中	34	果肩色	—	55	畸形果	无
14	叶片长	40.0 cm	35	绿果肩大小	—	56	肉质	软
15	叶片宽	43.0 cm	36	商品果纵径	36.3 mm	57	风味	酸甜
16	首花序节位	12节	37	商品果横径	29.9 mm	58	清香味	有
17	第二花序节位	14节	38	果形	高圆形	59	综合品质	中
18	花序类型	多歧花序	39	果梗洼大小	4.0 mm	60	可溶性固形物含量	5.00%
19	簇生花	无	40	果洼木栓化大小	1.2 mm	61	田间成株耐寒性	中
20	花柱长度	短于雄蕊	41	果实横切面形状	圆形	62	用途	鲜食
21	花柱形状	单圆花柱	42	果肉色	红			

种质编号VT527

序号	描述项目	描述内容	序号	描述项目	描述内容	序号	描述项目	描述内容
1	种质编号	VT527	22	花柱茸毛	无	43	胎座胶状物质颜色	黄
2	种质类型	遗传材料	23	花色	黄	44	果肉厚	2.0 mm
3	下胚轴颜色	紫	24	花梗离层	有	45	心室数	2个
4	生长习性	8序花封顶	25	单花序花数	12朵	46	果皮色	黄
5	株型	半蔓性	26	果柄长度	0.4 cm	47	单花序果数	12个
6	株高	2.5～3.2 m	27	成熟前果色	绿白	48	单果重	10.1 g
7	茎叶茸毛	短稀	28	成熟果色	红	49	熟性	早100～105 d
8	叶片类型	薯叶型	29	果面棱沟	无	50	形态一致性	连续变异
9	叶片形状	羽状复叶	30	果面茸毛	无	51	种皮颜色	浅棕
10	叶片着生状态	水平	31	果顶形状	圆平	52	播种至开花天数	44 d
11	叶色	黄绿	32	果肩	有	53	播种至始收天数	103 d
12	叶脉色	无色	33	果肩形状	微凹	54	裂果性	不易裂
13	叶裂刻	中	34	果肩色	—	55	畸形果	无
14	叶片长	37.0 cm	35	绿果肩大小	—	56	肉质	软
15	叶片宽	27.0 cm	36	商品果纵径	26.5 mm	57	风味	甜酸
16	首花序节位	9节	37	商品果横径	25.5 mm	58	清香味	有
17	第二花序节位	11节	38	果形	圆或高圆形	59	综合品质	中
18	花序类型	单式花序	39	果梗洼大小	2.5 mm	60	可溶性固形物含量	5.70%
19	簇生花	无	40	果洼木栓化大小	0.5 mm	61	田间成株耐寒性	中
20	花柱长度	与雄蕊近等长	41	果实横切面形状	圆形	62	用途	鲜食
21	花柱形状	单圆花柱	42	果肉色	红			

种质编号VT533

序号	描述项目	描述内容	序号	描述项目	描述内容	序号	描述项目	描述内容
1	种质编号	VT533	22	花柱茸毛	无	43	胎座胶状物质颜色	红
2	种质类型	品系	23	花色	浅黄	44	果肉厚	3.9 mm
3	下胚轴颜色	紫	24	花梗离层	有	45	心室数	3个
4	生长习性	无限生长	25	单花序花数	8朵	46	果皮色	黄
5	株型	半蔓性	26	果柄长度	0.8 cm	47	单花序果数	8个
6	株高	2.3～2.8 m	27	成熟前果色	浅绿	48	单果重	17.7 g
7	茎叶茸毛	短稀	28	成熟果色	深红	49	熟性	早100～105 d
8	叶片类型	复细叶型	29	果面棱沟	无	50	形态一致性	连续变异
9	叶片形状	羽状复叶	30	果面茸毛	无	51	种皮颜色	浅棕
10	叶片着生状态	下垂	31	果顶形状	圆平	52	播种至开花天数	44 d
11	叶色	浅绿	32	果肩	有	53	播种至始收天数	103 d
12	叶脉色	无色	33	果肩形状	微凹	54	裂果性	不易裂
13	叶裂刻	深	34	果肩色	—	55	畸形果	无
14	叶片长	43.0 cm	35	绿果肩大小	—	56	肉质	软
15	叶片宽	37.0 cm	36	商品果纵径	31.0 mm	57	风味	酸甜
16	首花序节位	11节	37	商品果横径	31.5 mm	58	清香味	有
17	第二花序节位	14节	38	果形	圆形	59	综合品质	中
18	花序类型	单式花序	39	果梗洼大小	3.0 mm	60	可溶性固形物含量	5.90%
19	簇生花	无	40	果洼木栓化大小	1.2 mm	61	田间成株耐寒性	中
20	花柱长度	与雄蕊近等长	41	果实横切面形状	不规则形状	62	用途	鲜食
21	花柱形状	单圆花柱	42	果肉色	红			

种质编号VT536

序号	描述项目	描述内容	序号	描述项目	描述内容	序号	描述项目	描述内容
1	种质编号	VT536	22	花柱茸毛	无	43	胎座胶状物质颜色	黄
2	种质类型	遗传材料	23	花色	浅黄	44	果肉厚	3.7 mm
3	下胚轴颜色	紫	24	花梗离层	有	45	心室数	2个
4	生长习性	无限生长	25	单花序花数	11朵	46	果皮色	黄
5	株型	半蔓性	26	果柄长度	0.8 cm	47	单花序果数	8个
6	株高	2.0~2.2 m	27	成熟前果色	绿白	48	单果重	24.6 g
7	茎叶茸毛	长稀	28	成熟果色	粉红或红	49	熟性	极晚≥125 d
8	叶片类型	薯叶型	29	果面棱沟	无	50	形态一致性	连续变异
9	叶片形状	羽状复叶	30	果面茸毛	无	51	种皮颜色	浅棕
10	叶片着生状态	下垂	31	果顶形状	圆平	52	播种至开花天数	74 d
11	叶色	浅绿	32	果肩	有	53	播种至始收天数	133 d
12	叶脉色	无色	33	果肩形状	微凹	54	裂果性	不易裂
13	叶裂刻	中	34	果肩色	—	55	畸形果	无
14	叶片长	35.0 cm	35	绿果肩大小	—	56	肉质	面
15	叶片宽	25.0 cm	36	商品果纵径	34.3 mm	57	风味	甜酸
16	首花序节位	7节	37	商品果横径	34.2 mm	58	清香味	有
17	第二花序节位	10节	38	果形	圆形	59	综合品质	中
18	花序类型	单式花序	39	果梗洼大小	3.0 mm	60	可溶性固形物含量	5.80%
19	簇生花	无	40	果洼木栓化大小	1.0 mm	61	田间成株耐寒性	中
20	花柱长度	与雄蕊近等长	41	果实横切面形状	圆形	62	用途	鲜食
21	花柱形状	单圆花柱	42	果肉色	红			

种质编号VT539

序号	描述项目	描述内容	序号	描述项目	描述内容	序号	描述项目	描述内容
1	种质编号	VT539	22	花柱茸毛	无	43	胎座胶状物质颜色	黄
2	种质类型	品系	23	花色	黄	44	果肉厚	3.2 mm
3	下胚轴颜色	紫	24	花梗离层	有	45	心室数	2个
4	生长习性	无限生长	25	单花序花数	5朵	46	果皮色	黄
5	株型	半蔓性	26	果柄长度	0.7 cm	47	单花序果数	5个
6	株高	2.1~2.5 m	27	成熟前果色	浅绿	48	单果重	15.7 g
7	茎叶茸毛	短稀	28	成熟果色	红	49	熟性	早100~105 d
8	叶片类型	普通叶型	29	果面棱沟	无	50	形态一致性	连续变异
9	叶片形状	二回羽状复叶	30	果面茸毛	无	51	种皮颜色	灰黄
10	叶片着生状态	水平	31	果顶形状	圆平	52	播种至开花天数	46 d
11	叶色	黄绿	32	果肩	有	53	播种至始收天数	103 d
12	叶脉色	无色	33	果肩形状	微凹	54	裂果性	不易裂
13	叶裂刻	深	34	果肩色	—	55	畸形果	无
14	叶片长	40.0 cm	35	绿果肩大小	—	56	肉质	面
15	叶片宽	35.0 cm	36	商品果纵径	28.1 mm	57	风味	甜酸
16	首花序节位	7节	37	商品果横径	30.2 mm	58	清香味	有
17	第二花序节位	9节	38	果形	圆形	59	综合品质	中
18	花序类型	单式花序	39	果梗洼大小	2.8 mm	60	可溶性固形物含量	6.40%
19	簇生花	无	40	果洼木栓化大小	0.5 mm	61	田间成株耐寒性	中
20	花柱长度	短于雄蕊	41	果实横切面形状	圆形	62	用途	鲜食
21	花柱形状	单圆花柱	42	果肉色	红			

种质编号VT541

序号	描述项目	描述内容	序号	描述项目	描述内容	序号	描述项目	描述内容
1	种质编号	VT541	22	花柱茸毛	无	43	胎座胶状物质颜色	红
2	种质类型	品系	23	花色	黄	44	果肉厚	3.1 mm
3	下胚轴颜色	紫	24	花梗离层	有	45	心室数	2个
4	生长习性	8序花封顶	25	单花序花数	10朵	46	果皮色	黄
5	株型	半蔓性	26	果柄长度	1.1 cm	47	单花序果数	8个
6	株高	0.8~1.2 m	27	成熟前果色	绿白	48	单果重	24.8 g
7	茎叶茸毛	长稀	28	成熟果色	红	49	熟性	晚121~125 d
8	叶片类型	薯叶型	29	果面棱沟	轻	50	形态一致性	连续变异
9	叶片形状	二回羽状复叶	30	果面茸毛	无	51	种皮颜色	深棕
10	叶片着生状态	下垂	31	果顶形状	凸尖	52	播种至开花天数	72 d
11	叶色	浅绿	32	果肩	有	53	播种至始收天数	125 d
12	叶脉色	无色	33	果肩形状	微凹	54	裂果性	不易裂
13	叶裂刻	中	34	果肩色	—	55	畸形果	无
14	叶片长	43.0 cm	35	绿果肩大小	—	56	肉质	面
15	叶片宽	53.0 cm	36	商品果纵径	81.4 mm	57	风味	酸甜
16	首花序节位	6节	37	商品果横径	24.9 mm	58	清香味	无
17	第二花序节位	7节	38	果形	长梨形	59	综合品质	中
18	花序类型	多歧花序	39	果梗洼大小	2.6 mm	60	可溶性固形物含量	6.00%
19	簇生花	无	40	果洼木栓化大小	0.5 mm	61	田间成株耐寒性	中
20	花柱长度	短于雄蕊	41	果实横切面形状	圆形	62	用途	鲜食
21	花柱形状	单圆花柱	42	果肉色	红			

种质编号VT546

序号	描述项目	描述内容	序号	描述项目	描述内容	序号	描述项目	描述内容
1	种质编号	VT546	22	花柱茸毛	无	43	胎座胶状物质颜色	黄绿
2	种质类型	遗传材料	23	花色	浅黄	44	果肉厚	2.9 mm
3	下胚轴颜色	紫	24	花梗离层	有	45	心室数	2个
4	生长习性	无限生长	25	单花序花数	几十朵	46	果皮色	黄
5	株型	半蔓性	26	果柄长度	0.8 cm	47	单花序果数	12个
6	株高	2.5～3.0 m	27	成熟前果色	浅绿	48	单果重	12.6 g
7	茎叶茸毛	短稀	28	成熟果色	红	49	熟性	极晚≥125 d
8	叶片类型	普通叶型	29	果面棱沟	重	50	形态一致性	连续变异
9	叶片形状	羽状复叶	30	果面茸毛	无	51	种皮颜色	浅棕
10	叶片着生状态	下垂	31	果顶形状	微凸	52	播种至开花天数	73 d
11	叶色	绿	32	果肩	有	53	播种至始收天数	130 d
12	叶脉色	无色	33	果肩形状	微凹	54	裂果性	不易裂
13	叶裂刻	深	34	果肩色	—	55	畸形果	无
14	叶片长	39.0 cm	35	绿果肩大小	—	56	肉质	面
15	叶片宽	34.0 cm	36	商品果纵径	42.6 mm	57	风味	酸甜
16	首花序节位	11节	37	商品果横径	26.1 mm	58	清香味	有
17	第二花序节位	15节	38	果形	梨形或葫芦形	59	综合品质	下
18	花序类型	多歧花序	39	果梗洼大小	1.4 mm	60	可溶性固形物含量	5.20%
19	簇生花	无	40	果洼木栓化大小	0.7 mm	61	田间成株耐寒性	强
20	花柱长度	与雄蕊近等长	41	果实横切面形状	圆形	62	用途	鲜食
21	花柱形状	单圆花柱	42	果肉色	红			

种质编号VT548

序号	描述项目	描述内容	序号	描述项目	描述内容	序号	描述项目	描述内容
1	种质编号	VT548	22	花柱茸毛	无	43	胎座胶状物质颜色	红
2	种质类型	遗传材料	23	花色	黄	44	果肉厚	3.2 mm
3	下胚轴颜色	紫	24	花梗离层	有	45	心室数	2个
4	生长习性	7序花封顶	25	单花序花数	15朵	46	果皮色	无色
5	株型	半蔓性	26	果柄长度	0.7 cm	47	单花序果数	10个
6	株高	1.4~1.7 m	27	成熟前果色	浅绿	48	单果重	17.2 g
7	茎叶茸毛	短稀	28	成熟果色	粉红	49	熟性	极晚≥125 d
8	叶片类型	薯叶型	29	果面棱沟	无	50	形态一致性	连续变异
9	叶片形状	羽状复叶	30	果面茸毛	无	51	种皮颜色	浅棕
10	叶片着生状态	水平	31	果顶形状	圆平	52	播种至开花天数	48 d
11	叶色	深绿	32	果肩	有	53	播种至始收天数	136 d
12	叶脉色	无色	33	果肩形状	微凹	54	裂果性	不易裂
13	叶裂刻	中	34	果肩色	—	55	畸形果	无
14	叶片长	31.0 cm	35	绿果肩大小	—	56	肉质	面
15	叶片宽	27.0 cm	36	商品果纵径	37.6 mm	57	风味	甜酸
16	首花序节位	6节	37	商品果横径	28.2 mm	58	清香味	有（浓）
17	第二花序节位	8节	38	果形	长圆形	59	综合品质	上
18	花序类型	单式花序或多歧花序	39	果梗洼大小	2.8 mm	60	可溶性固形物含量	8.10%
19	簇生花	无	40	果洼木栓化大小	0.4 mm	61	田间成株耐寒性	中
20	花柱长度	短于雄蕊	41	果实横切面形状	圆形	62	用途	鲜食
21	花柱形状	单圆花柱	42	果肉色	粉红			

种质编号VT549

序号	描述项目	描述内容	序号	描述项目	描述内容	序号	描述项目	描述内容
1	种质编号	VT549	22	花柱茸毛	无	43	胎座胶状物质颜色	黄绿
2	种质类型	品系	23	花色	黄	44	果肉厚	2.3 mm
3	下胚轴颜色	紫	24	花梗离层	有	45	心室数	2个
4	生长习性	无限生长	25	单花序花数	数十朵	46	果皮色	黄
5	株型	半蔓性	26	果柄长度	0.5 cm	47	单花序果数	12个
6	株高	1.7~2.2 m	27	成熟前果色	绿白	48	单果重	13.4 g
7	茎叶茸毛	长稀	28	成熟果色	红	49	熟性	极晚≥125 d
8	叶片类型	普通叶型	29	果面棱沟	无	50	形态一致性	连续变异
9	叶片形状	二回羽状复叶	30	果面茸毛	无	51	种皮颜色	浅棕
10	叶片着生状态	水平	31	果顶形状	圆平	52	播种至开花天数	69 d
11	叶色	绿	32	果肩	有	53	播种至始收天数	134 d
12	叶脉色	无色	33	果肩形状	微凹	54	裂果性	不易裂
13	叶裂刻	深凹	34	果肩色	—	55	畸形果	无
14	叶片长	29.0 cm	35	绿果肩大小	—	56	肉质	软
15	叶片宽	23.0 cm	36	商品果纵径	26.6 mm	57	风味	甜酸
16	首花序节位	6节	37	商品果横径	28.8 mm	58	清香味	有
17	第二花序节位	13节	38	果形	圆形	59	综合品质	中
18	花序类型	多歧花序	39	果梗洼大小	3.9 mm	60	可溶性固形物含量	6.10%
19	簇生花	无	40	果洼木栓化大小	1.0 mm	61	田间成株耐寒性	中
20	花柱长度	与雄蕊近等长	41	果实横切面形状	圆形	62	用途	鲜食
21	花柱形状	单圆花柱	42	果肉色	红			

种质编号VT577

序号	描述项目	描述内容	序号	描述项目	描述内容	序号	描述项目	描述内容
1	种质编号	VT577	22	花柱茸毛	无	43	胎座胶状物质颜色	黄
2	种质类型	品系	23	花色	黄	44	果肉厚	1.8 mm
3	下胚轴颜色	紫	24	花梗离层	有	45	心室数	2个
4	生长习性	无限生长	25	单花序花数	8朵	46	果皮色	黄
5	株型	半蔓性	26	果柄长度	0.6 cm	47	单花序果数	8个
6	株高	2.3～2.8 m	27	成熟前果色	浅绿	48	单果重	8.7 g
7	茎叶茸毛	长稀	28	成熟果色	深红	49	熟性	早100～105 d
8	叶片类型	复细叶型	29	果面棱沟	无	50	形态一致性	一致
9	叶片形状	二回羽状复叶	30	果面茸毛	无	51	种皮颜色	浅棕
10	叶片着生状态	水平	31	果顶形状	圆平	52	播种至开花天数	43 d
11	叶色	浅绿	32	果肩	有	53	播种至始收天数	102 d
12	叶脉色	无色	33	果肩形状	微凹	54	裂果性	不易裂
13	叶裂刻	深	34	果肩色	—	55	畸形果	无
14	叶片长	42.0 cm	35	绿果肩大小	—	56	肉质	软
15	叶片宽	40.0 cm	36	商品果纵径	22.7 mm	57	风味	甜酸
16	首花序节位	11节	37	商品果横径	115.7 mm	58	清香味	有
17	第二花序节位	15节	38	果形	圆形	59	综合品质	中
18	花序类型	单式花序	39	果梗洼大小	2.5 mm	60	可溶性固形物含量	5.40%
19	簇生花	无	40	果洼木栓化大小	0.5 mm	61	田间成株耐寒性	强
20	花柱长度	与雄蕊近等长	41	果实横切面形状	圆形	62	用途	鲜食
21	花柱形状	单圆花柱	42	果肉色	红			

种质编号VT579

序号	描述项目	描述内容	序号	描述项目	描述内容	序号	描述项目	描述内容
1	种质编号	VT579	22	花柱茸毛	无	43	胎座胶状物质颜色	黄
2	种质类型	遗传材料	23	花色	黄	44	果肉厚	3.8 mm
3	下胚轴颜色	紫	24	花梗离层	有	45	心室数	3个
4	生长习性	7序花封顶	25	单花序花数	13朵	46	果皮色	黄
5	株型	半蔓性	26	果柄长度	0.9 cm	47	单花序果数	9个
6	株高	1.8～2.2 m	27	成熟前果色	绿白	48	单果重	18.6 g
7	茎叶茸毛	短稀	28	成熟果色	粉红	49	熟性	早100～105 d
8	叶片类型	普通叶型	29	果面棱沟	无	50	形态一致性	连续变异
9	叶片形状	羽状复叶	30	果面茸毛	无	51	种皮颜色	浅棕
10	叶片着生状态	下垂	31	果顶形状	微凸	52	播种至开花天数	45 d
11	叶色	深绿	32	果肩	有	53	播种至始收天数	104 d
12	叶脉色	无色	33	果肩形状	微凹	54	裂果性	不易裂
13	叶裂刻	无	34	果肩色	—	55	畸形果	无
14	叶片长	50.0 cm	35	绿果肩大小	—	56	肉质	面
15	叶片宽	46.0 cm	36	商品果纵径	42.7 mm	57	风味	甜酸
16	首花序节位	9节	37	商品果横径	26.8 mm	58	清香味	无
17	第二花序节位	12节	38	果形	长圆形	59	综合品质	中
18	花序类型	单式花序或多歧花序	39	果梗洼大小	1.8 mm	60	可溶性固形物含量	7.10%
19	簇生花	无	40	果洼木栓化大小	0.2 mm	61	田间成株耐寒性	强
20	花柱长度	短于雄蕊	41	果实横切面形状	不规则形状	62	用途	鲜食
21	花柱形状	单圆花柱	42	果肉色	红			

种质编号VT582

序号	描述项目	描述内容	序号	描述项目	描述内容	序号	描述项目	描述内容
1	种质编号	VT582	22	花柱茸毛	无	43	胎座胶状物质颜色	红
2	种质类型	品系	23	花色	黄	44	果肉厚	3.6 mm
3	下胚轴颜色	紫	24	花梗离层	有	45	心室数	2个
4	生长习性	9序花封顶	25	单花序花数	11朵	46	果皮色	黄
5	株型	半蔓性	26	果柄长度	0.7 cm	47	单花序果数	9个
6	株高	1.6～2.2 m	27	成熟前果色	绿白	48	单果重	18.1 g
7	茎叶茸毛	短稀	28	成熟果色	红	49	熟性	早100～105 d
8	叶片类型	薯叶型	29	果面棱沟	轻	50	形态一致性	一致
9	叶片形状	羽状复叶	30	果面茸毛	无	51	种皮颜色	灰黄
10	叶片着生状态	下垂	31	果顶形状	圆平	52	播种至开花天数	45 d
11	叶色	深绿	32	果肩	有	53	播种至始收天数	104 d
12	叶脉色	无色	33	果肩形状	微凹	54	裂果性	不易裂
13	叶裂刻	中	34	果肩色	—	55	畸形果	无
14	叶片长	44.0 cm	35	绿果肩大小	—	56	肉质	面
15	叶片宽	35.0 cm	36	商品果纵径	40.7 mm	57	风味	甜酸
16	首花序节位	6节	37	商品果横径	27.7 mm	58	清香味	无
17	第二花序节位	9节	38	果形	长圆形	59	综合品质	上
18	花序类型	单式花序或多歧花序	39	果梗洼大小	1.6 mm	60	可溶性固形物含量	8.20%
19	簇生花	无	40	果洼木栓化大小	0.4 mm	61	田间成株耐寒性	强
20	花柱长度	与雄蕊近等长	41	果实横切面形状	圆形	62	用途	鲜食
21	花柱形状	单圆花柱	42	果肉色	红			

种质编号VT583

序号	描述项目	描述内容	序号	描述项目	描述内容	序号	描述项目	描述内容
1	种质编号	VT583	22	花柱茸毛	无	43	胎座胶状物质颜色	黄
2	种质类型	遗传材料	23	花色	黄	44	果肉厚	5.4 mm
3	下胚轴颜色	紫	24	花梗离层	有	45	心室数	3个
4	生长习性	无限生长	25	单花序花数	16朵	46	果皮色	黄
5	株型	半蔓性	26	果柄长度	0.8 cm	47	单花序果数	10个
6	株高	1.8~2.2 m	27	成熟前果色	绿白	48	单果重	21.0 g
7	茎叶茸毛	长稀	28	成熟果色	粉红	49	熟性	早100~105 d
8	叶片类型	薯叶型	29	果面棱沟	无	50	形态一致性	连续变异
9	叶片形状	羽状复叶	30	果面茸毛	无	51	种皮颜色	浅棕
10	叶片着生状态	下垂	31	果顶形状	圆平	52	播种至开花天数	45 d
11	叶色	深绿	32	果肩	有	53	播种至始收天数	104 d
12	叶脉色	无色	33	果肩形状	平	54	裂果性	中
13	叶裂刻	中	34	果肩色	—	55	畸形果	无
14	叶片长	48.0 cm	35	绿果肩大小	—	56	肉质	面
15	叶片宽	53.0 cm	36	商品果纵径	41.7 mm	57	风味	甜酸
16	首花序节位	8节	37	商品果横径	29.8 mm	58	清香味	无
17	第二花序节位	11节	38	果形	长圆形	59	综合品质	上
18	花序类型	单式花序或多歧花序	39	果梗洼大小	4.0 mm	60	可溶性固形物含量	7.90%
19	簇生花	无	40	果洼木栓化大小	1.5 mm	61	田间成株耐寒性	强
20	花柱长度	短于雄蕊	41	果实横切面形状	等边多边形	62	用途	鲜食
21	花柱形状	单圆花柱	42	果肉色	红			

种质编号VT590

序号	描述项目	描述内容	序号	描述项目	描述内容	序号	描述项目	描述内容
1	种质编号	VT590	22	花柱茸毛	无	43	胎座胶状物质颜色	黄
2	种质类型	品系	23	花色	黄	44	果肉厚	3.8 mm
3	下胚轴颜色	紫	24	花梗离层	有	45	心室数	2个
4	生长习性	无限生长	25	单花序花数	17朵	46	果皮色	黄
5	株型	半蔓性	26	果柄长度	0.5 cm	47	单花序果数	11个
6	株高	2.3～2.5 m	27	成熟前果色	浅绿	48	单果重	14.5 g
7	茎叶茸毛	短稀	28	成熟果色	红	49	熟性	极晚≥125 d
8	叶片类型	普通叶型	29	果面棱沟	无	50	形态一致性	一致
9	叶片形状	羽状复叶	30	果面茸毛	无	51	种皮颜色	灰黄
10	叶片着生状态	水平	31	果顶形状	圆平	52	播种至开花天数	69 d
11	叶色	黄绿	32	果肩	有	53	播种至始收天数	130 d
12	叶脉色	无色	33	果肩形状	微凹	54	裂果性	不易裂
13	叶裂刻	中	34	果肩色	—	55	畸形果	无
14	叶片长	33.0 cm	35	绿果肩大小	—	56	肉质	面
15	叶片宽	20.0 cm	36	商品果纵径	31.1 mm	57	风味	甜酸
16	首花序节位	16节	37	商品果横径	28.6 mm	58	清香味	有（淡）
17	第二花序节位	20节	38	果形	圆形	59	综合品质	中
18	花序类型	单式花序	39	果梗洼大小	2.5 mm	60	可溶性固形物含量	5.00%
19	簇生花	无	40	果洼木栓化大小	1.3 mm	61	田间成株耐寒性	中
20	花柱长度	短于雄蕊	41	果实横切面形状	圆形	62	用途	鲜食
21	花柱形状	单圆花柱	42	果肉色	红			

种质编号VT593

序号	描述项目	描述内容	序号	描述项目	描述内容	序号	描述项目	描述内容
1	种质编号	VT593	22	花柱茸毛	无	43	胎座胶状物质颜色	红
2	种质类型	品系	23	花色	黄	44	果肉厚	1.7 mm
3	下胚轴颜色	紫	24	花梗离层	有	45	心室数	2个
4	生长习性	无限生长	25	单花序花数	15朵	46	果皮色	黄
5	株型	半蔓性	26	果柄长度	0.6 cm	47	单花序果数	13个
6	株高	1.8～2.2 m	27	成熟前果色	绿	48	单果重	7.6 g
7	茎叶茸毛	短稀	28	成熟果色	红	49	熟性	极晚≥125 d
8	叶片类型	普通叶型	29	果面棱沟	无	50	形态一致性	一致
9	叶片形状	羽状复叶	30	果面茸毛	无	51	种皮颜色	浅棕
10	叶片着生状态	水平	31	果顶形状	圆平	52	播种至开花天数	48 d
11	叶色	黄绿	32	果肩	有	53	播种至始收天数	136 d
12	叶脉色	无色	33	果肩形状	微凹	54	裂果性	不易裂
13	叶裂刻	中	34	果肩色	—	55	畸形果	无
14	叶片长	30.0 cm	35	绿果肩大小	—	56	肉质	软
15	叶片宽	21.0 cm	36	商品果纵径	22.2 mm	57	风味	甜酸
16	首花序节位	14节	37	商品果横径	24.1 mm	58	清香味	有（淡）
17	第二花序节位	16节	38	果形	圆形	59	综合品质	中
18	花序类型	单式花序	39	果梗洼大小	3.0 mm	60	可溶性固形物含量	6.63%
19	簇生花	无	40	果洼木栓化大小	1.6 mm	61	田间成株耐寒性	中
20	花柱长度	与雄蕊近等长	41	果实横切面形状	圆形	62	用途	鲜食
21	花柱形状	单圆花柱	42	果肉色	红			

种质编号VT594

序号	描述项目	描述内容	序号	描述项目	描述内容	序号	描述项目	描述内容
1	种质编号	VT594	22	花柱茸毛	无	43	胎座胶状物质颜色	黄
2	种质类型	品系	23	花色	浅黄	44	果肉厚	3.8 mm
3	下胚轴颜色	紫	24	花梗离层	有	45	心室数	2个
4	生长习性	无限生长	25	单花序花数	28朵	46	果皮色	黄
5	株型	半蔓性	26	果柄长度	0.7 cm	47	单花序果数	17个
6	株高	2.0~2.5 m	27	成熟前果色	深绿	48	单果重	17.8 g
7	茎叶茸毛	长稀	28	成熟果色	红	49	熟性	极晚≥125 d
8	叶片类型	普通叶型	29	果面棱沟	无	50	形态一致性	一致
9	叶片形状	羽状复叶	30	果面茸毛	无	51	种皮颜色	灰黄
10	叶片着生状态	下垂	31	果顶形状	圆平	52	播种至开花天数	48 d
11	叶色	深绿	32	果肩	有	53	播种至始收天数	136 d
12	叶脉色	无色	33	果肩形状	微凹	54	裂果性	不易裂
13	叶裂刻	深	34	果肩色	—	55	畸形果	无
14	叶片长	45.0 cm	35	绿果肩大小	—	56	肉质	面
15	叶片宽	37.0 cm	36	商品果纵径	29.6 mm	57	风味	酸甜
16	首花序节位	7节	37	商品果横径	31.4 mm	58	清香味	无
17	第二花序节位	11节	38	果形	圆形	59	综合品质	中
18	花序类型	多歧花序	39	果梗洼大小	3.2 mm	60	可溶性固形物含量	5.90%
19	簇生花	无	40	果洼木栓化大小	1.0 mm	61	田间成株耐寒性	中
20	花柱长度	与雄蕊近等长	41	果实横切面形状	圆形	62	用途	鲜食
21	花柱形状	单圆花柱	42	果肉色	红			

种质编号VT596

序号	描述项目	描述内容	序号	描述项目	描述内容	序号	描述项目	描述内容
1	种质编号	VT596	22	花柱茸毛	无	43	胎座胶状物质颜色	黄
2	种质类型	品系	23	花色	黄	44	果肉厚	1.6 mm
3	下胚轴颜色	紫	24	花梗离层	有	45	心室数	2个
4	生长习性	无限生长	25	单花序花数	18朵	46	果皮色	黄
5	株型	蔓性	26	果柄长度	0.5 cm	47	单花序果数	9个
6	株高	2.8～3.2 m	27	成熟前果色	浅绿	48	单果重	6.6 g
7	茎叶茸毛	短稀	28	成熟果色	深红	49	熟性	极早≤100 d
8	叶片类型	普通叶型	29	果面棱沟	无	50	形态一致性	一致
9	叶片形状	羽状复叶	30	果面茸毛	无	51	种皮颜色	浅棕
10	叶片着生状态	水平	31	果顶形状	圆平	52	播种至开花天数	57 d
11	叶色	黄绿	32	果肩	有	53	播种至始收天数	98 d
12	叶脉色	无色	33	果肩形状	微凹	54	裂果性	不易裂
13	叶裂刻	中	34	果肩色	—	55	畸形果	无
14	叶片长	30.0 cm	35	绿果肩大小	—	56	肉质	软
15	叶片宽	25.0 cm	36	商品果纵径	22.2 mm	57	风味	酸甜
16	首花序节位	12节	37	商品果横径	21.8 mm	58	清香味	无
17	第二花序节位	15节	38	果形	圆形	59	综合品质	中
18	花序类型	单式花序或多歧花序	39	果梗洼大小	2.0 mm	60	可溶性固形物含量	7.70%
19	簇生花	无	40	果洼木栓化大小	0.2 mm	61	田间成株耐寒性	强
20	花柱长度	短于雄蕊	41	果实横切面形状	圆形	62	用途	鲜食
21	花柱形状	单圆花柱	42	果肉色	红			

种质编号VT601

序号	描述项目	描述内容	序号	描述项目	描述内容	序号	描述项目	描述内容
1	种质编号	VT601	22	花柱茸毛	无	43	胎座胶状物质颜色	红
2	种质类型	品系	23	花色	浅黄	44	果肉厚	2.6 mm
3	下胚轴颜色	紫（淡）	24	花梗离层	有	45	心室数	2个
4	生长习性	无限生长	25	单花序花数	17朵	46	果皮色	黄
5	株型	蔓性	26	果柄长度	0.8 cm	47	单花序果数	15个
6	株高	2.3~2.8 m	27	成熟前果色	浅绿	48	单果重	17.0 g
7	茎叶茸毛	短稀	28	成熟果色	红	49	熟性	极晚≥125 d
8	叶片类型	普通叶型	29	果面棱沟	无	50	形态一致性	一致
9	叶片形状	羽状复叶	30	果面茸毛	无	51	种皮颜色	深棕
10	叶片着生状态	下垂	31	果顶形状	圆平	52	播种至开花天数	69 d
11	叶色	浅绿	32	果肩	有	53	播种至始收天数	134 d
12	叶脉色	无色	33	果肩形状	微凹	54	裂果性	不易裂
13	叶裂刻	深	34	果肩色	—	55	畸形果	无
14	叶片长	36.0 cm	35	绿果肩大小	—	56	肉质	面
15	叶片宽	24.0 cm	36	商品果纵径	29.7 mm	57	风味	甜酸
16	首花序节位	9节	37	商品果横径	30.6 mm	58	清香味	有
17	第二花序节位	13节	38	果形	圆形	59	综合品质	上
18	花序类型	单式花序或多歧花序	39	果梗洼大小	3.5 mm	60	可溶性固形物含量	8.93%
19	簇生花	无	40	果洼木栓化大小	1.0 mm	61	田间成株耐寒性	中
20	花柱长度	与雄蕊近等长	41	果实横切面形状	圆形	62	用途	鲜食
21	花柱形状	单圆花柱	42	果肉色	红			

种质编号VT612

序号	描述项目	描述内容	序号	描述项目	描述内容	序号	描述项目	描述内容
1	种质编号	VT612	22	花柱茸毛	无	43	胎座胶状物质颜色	红
2	种质类型	品系	23	花色	黄	44	果肉厚	3.1 mm
3	下胚轴颜色	紫	24	花梗离层	有	45	心室数	2个
4	生长习性	6序花封顶	25	单花序花数	10朵	46	果皮色	黄
5	株型	半蔓性	26	果柄长度	0.7 cm	47	单花序果数	10个
6	株高	1.8～2.1 m	27	成熟前果色	浅绿	48	单果重	20.4 g
7	茎叶茸毛	短稀	28	成熟果色	红	49	熟性	极晚≥125 d
8	叶片类型	普通叶型	29	果面棱沟	轻	50	形态一致性	一致
9	叶片形状	羽状复叶	30	果面茸毛	无	51	种皮颜色	灰黄
10	叶片着生状态	水平	31	果顶形状	微凸	52	播种至开花天数	69 d
11	叶色	深绿	32	果肩	有	53	播种至始收天数	130 d
12	叶脉色	无色	33	果肩形状	微凹	54	裂果性	不易裂
13	叶裂刻	深	34	果肩色	—	55	畸形果	无
14	叶片长	44.0 cm	35	绿果肩大小	—	56	肉质	面
15	叶片宽	42.0 cm	36	商品果纵径	43.7 mm	57	风味	甜酸
16	首花序节位	7节	37	商品果横径	28.4 mm	58	清香味	有
17	第二花序节位	10节	38	果形	长圆形	59	综合品质	中
18	花序类型	单式花序或双歧花序	39	果梗洼大小	2.0 mm	60	可溶性固形物含量	7.90%
19	簇生花	无	40	果洼木栓化大小	0.4 mm	61	田间成株耐寒性	强
20	花柱长度	短于雄蕊	41	果实横切面形状	圆形	62	用途	鲜食
21	花柱形状	单圆花柱	42	果肉色	红			

种质编号VT622

序号	描述项目	描述内容	序号	描述项目	描述内容	序号	描述项目	描述内容
1	种质编号	VT622	22	花柱茸毛	无	43	胎座胶状物质颜色	红
2	种质类型	遗传材料	23	花色	黄	44	果肉厚	2.9 mm
3	下胚轴颜色	紫	24	花梗离层	有	45	心室数	2个
4	生长习性	6序花封顶	25	单花序花数	13朵	46	果皮色	黄
5	株型	半蔓性	26	果柄长度	1.0 cm	47	单花序果数	12个
6	株高	1.0～1.3 m	27	成熟前果色	浅绿	48	单果重	15.5 g
7	茎叶茸毛	长稀	28	成熟果色	红	49	熟性	极早≤100 d
8	叶片类型	普通叶型	29	果面棱沟	轻	50	形态一致性	连续变异
9	叶片形状	羽状复叶	30	果面茸毛	无	51	种皮颜色	灰黄
10	叶片着生状态	下垂	31	果顶形状	圆平	52	播种至开花天数	49 d
11	叶色	浅绿	32	果肩	有	53	播种至始收天数	98 d
12	叶脉色	无色	33	果肩形状	微凹	54	裂果性	不易裂
13	叶裂刻	中	34	果肩色	—	55	畸形果	无
14	叶片长	35.0 cm	35	绿果肩大小	—	56	肉质	面
15	叶片宽	29.0 cm	36	商品果纵径	44.1 mm	57	风味	甜酸
16	首花序节位	10节	37	商品果横径	24.5 mm	58	清香味	有
17	第二花序节位	13节	38	果形	长圆形	59	综合品质	上
18	花序类型	单式花序或多歧花序	39	果梗洼大小	1.7 mm	60	可溶性固形物含量	6.60%
19	簇生花	无	40	果洼木栓化大小	6.1 mm	61	田间成株耐寒性	中
20	花柱长度	短于雄蕊	41	果实横切面形状	圆形	62	用途	鲜食
21	花柱形状	单圆花柱	42	果肉色	红			

种质编号VT624

序号	描述项目	描述内容	序号	描述项目	描述内容	序号	描述项目	描述内容
1	种质编号	VT624	22	花柱茸毛	有	43	胎座胶状物质颜色	黄绿
2	种质类型	品系	23	花色	黄	44	果肉厚	3.7 mm
3	下胚轴颜色	紫	24	花梗离层	有	45	心室数	2个
4	生长习性	无限生长	25	单花序花数	10朵	46	果皮色	无色
5	株型	蔓性	26	果柄长度	1.0 cm	47	单花序果数	9个
6	株高	2.5～2.8 m	27	成熟前果色	浅绿	48	单果重	27.8 g
7	茎叶茸毛	长稀	28	成熟果色	粉红	49	熟性	极晚≥125 d
8	叶片类型	普通叶型	29	果面棱沟	无	50	形态一致性	连续变异
9	叶片形状	羽状复叶	30	果面茸毛	无	51	种皮颜色	深棕
10	叶片着生状态	下垂	31	果顶形状	圆平	52	播种至开花天数	69 d
11	叶色	黄绿	32	果肩	有	53	播种至始收天数	134 d
12	叶脉色	无色	33	果肩形状	微凹	54	裂果性	不易裂
13	叶裂刻	深	34	果肩色	—	55	畸形果	无
14	叶片长	47.0 cm	35	绿果肩大小	—	56	肉质	面
15	叶片宽	43.0 cm	36	商品果纵径	39.5 mm	57	风味	甜酸
16	首花序节位	13节	37	商品果横径	35.2 mm	58	清香味	有（淡）
17	第二花序节位	16节	38	果形	高圆形	59	综合品质	中
18	花序类型	单式花序	39	果梗洼大小	4.9 mm	60	可溶性固形物含量	6.30%
19	簇生花	无	40	果洼木栓化大小	1.3 mm	61	田间成株耐寒性	强
20	花柱长度	与雄蕊近等长	41	果实横切面形状	圆形	62	用途	鲜食
21	花柱形状	单圆花柱	42	果肉色	粉红			

种质编号VT627

序号	描述项目	描述内容	序号	描述项目	描述内容	序号	描述项目	描述内容
1	种质编号	VT627	22	花柱茸毛	无	43	胎座胶状物质颜色	黄绿
2	种质类型	遗传材料	23	花色	黄	44	果肉厚	4.2 mm
3	下胚轴颜色	绿或紫	24	花梗离层	有	45	心室数	2个
4	生长习性	无限生长	25	单花序花数	19朵	46	果皮色	黄
5	株型	半蔓性	26	果柄长度	0.8 cm	47	单花序果数	10个
6	株高	2.8~3.3 m	27	成熟前果色	浅绿	48	单果重	28.4 g
7	茎叶茸毛	长稀	28	成熟果色	粉红	49	熟性	极晚≥125 d
8	叶片类型	普通叶型	29	果面棱沟	无	50	形态一致性	连续变异
9	叶片形状	羽状复叶	30	果面茸毛	无	51	种皮颜色	浅棕
10	叶片着生状态	下垂	31	果顶形状	圆平	52	播种至开花天数	73 d
11	叶色	深绿	32	果肩	有	53	播种至始收天数	130 d
12	叶脉色	无色	33	果肩形状	微凹	54	裂果性	不易裂
13	叶裂刻	深	34	果肩色	—	55	畸形果	无
14	叶片长	44.0 cm	35	绿果肩大小	—	56	肉质	面
15	叶片宽	42.0 cm	36	商品果纵径	40.3 mm	57	风味	甜酸
16	首花序节位	11节	37	商品果横径	35.5 mm	58	清香味	有
17	第二花序节位	16节	38	果形	高圆或长圆形	59	综合品质	上
18	花序类型	单式花序或双歧花序	39	果梗洼大小	3.3 mm	60	可溶性固形物含量	8.10%
19	簇生花	无	40	果洼木栓化大小	1.0 mm	61	田间成株耐寒性	中
20	花柱长度	短于雄蕊	41	果实横切面形状	圆形	62	用途	鲜食
21	花柱形状	单圆花柱	42	果肉色	红			

种质编号VT628

序号	描述项目	描述内容	序号	描述项目	描述内容	序号	描述项目	描述内容
1	种质编号	VT628	22	花柱茸毛	无	43	胎座胶状物质颜色	红
2	种质类型	遗传材料	23	花色	黄	44	果肉厚	4.7 mm
3	下胚轴颜色	绿	24	花梗离层	有	45	心室数	2个
4	生长习性	无限生长	25	单花序花数	13朵	46	果皮色	黄
5	株型	半蔓性	26	果柄长度	1.0 cm	47	单花序果数	7个
6	株高	2.3～2.5 m	27	成熟前果色	浅绿	48	单果重	27.5 g
7	茎叶茸毛	短稀	28	成熟果色	粉红或红	49	熟性	早100～105 d
8	叶片类型	普通叶型	29	果面棱沟	中	50	形态一致性	连续变异
9	叶片形状	羽状复叶	30	果面茸毛	无	51	种皮颜色	浅棕
10	叶片着生状态	下垂	31	果顶形状	圆平或微凸	52	播种至开花天数	49 d
11	叶色	绿	32	果肩	有	53	播种至始收天数	104 d
12	叶脉色	无色	33	果肩形状	微凹	54	裂果性	不易裂
13	叶裂刻	深	34	果肩色	—	55	畸形果	无
14	叶片长	40 cm	35	绿果肩大小	—	56	肉质	面
15	叶片宽	32 cm	36	商品果纵径	51.5 mm	57	风味	甜酸
16	首花序节位	10节	37	商品果横径	29.7 mm	58	清香味	无
17	第二花序节位	15节	38	果形	长圆形	59	综合品质	中
18	花序类型	单式花序或双歧花序	39	果梗注大小	3.0 mm	60	可溶性固形物含量	6.90%
19	簇生花	无	40	果洼木栓化大小	1.2 mm	61	田间成株耐寒性	强
20	花柱长度	与雄蕊近等长	41	果实横切面形状	圆形	62	用途	鲜食
21	花柱形状	单圆花柱	42	果肉色	红			

种质编号VT631

序号	描述项目	描述内容	序号	描述项目	描述内容	序号	描述项目	描述内容
1	种质编号	VT631	22	花柱茸毛	无	43	胎座胶状物质颜色	红
2	种质类型	品系	23	花色	黄	44	果肉厚	3.6 mm
3	下胚轴颜色	紫	24	花梗离层	有	45	心室数	2个
4	生长习性	5序花封顶	25	单花序花数	11朵	46	果皮色	红
5	株型	半蔓性	26	果柄长度	0.6 cm	47	单花序果数	11个
6	株高	1.4~1.6 m	27	成熟前果色	浅绿	48	单果重	12.8 g
7	茎叶茸毛	短稀	28	成熟果色	红	49	熟性	极早≤100 d
8	叶片类型	普通叶型	29	果面棱沟	无	50	形态一致性	连续变异
9	叶片形状	羽状复叶	30	果面茸毛	无	51	种皮颜色	灰黄
10	叶片着生状态	下垂	31	果顶形状	圆平	52	播种至开花天数	45 d
11	叶色	绿	32	果肩	有	53	播种至始收天数	98 d
12	叶脉色	无色	33	果肩形状	微凹	54	裂果性	不易裂
13	叶裂刻	浅	34	果肩色	—	55	畸形果	无
14	叶片长	37.0 cm	35	绿果肩大小	—	56	肉质	面
15	叶片宽	33.0 cm	36	商品果纵径	37.1 mm	57	风味	甜酸
16	首花序节位	10节	37	商品果横径	23.9 mm	58	清香味	有（淡）
17	第二花序节位	13节	38	果形	长圆形	59	综合品质	中
18	花序类型	单式花序	39	果梗洼大小	2.5 mm	60	可溶性固形物含量	6.70%
19	簇生花	无	40	果洼木栓化大小	0.2 mm	61	田间成株耐寒性	强
20	花柱长度	短于雄蕊	41	果实横切面形状	圆形	62	用途	鲜食
21	花柱形状	单圆花柱	42	果肉色	红			

种质编号VT638

序号	描述项目	描述内容	序号	描述项目	描述内容	序号	描述项目	描述内容
1	种质编号	VT638	22	花柱茸毛	无	43	胎座胶状物质颜色	红
2	种质类型	品系	23	花色	黄	44	果肉厚	3.6 mm
3	下胚轴颜色	紫	24	花梗离层	有	45	心室数	2个
4	生长习性	6序花封顶	25	单花序花数	12朵	46	果皮色	红
5	株型	蔓性	26	果柄长度	0.7 cm	47	单花序果数	11个
6	株高	2.0~2.2 m	27	成熟前果色	绿白	48	单果重	18.3 g
7	茎叶茸毛	短稀	28	成熟果色	红	49	熟性	早100~105 d
8	叶片类型	普通叶型	29	果面棱沟	无	50	形态一致性	一致
9	叶片形状	羽状复叶	30	果面茸毛	无	51	种皮颜色	深棕
10	叶片着生状态	下垂	31	果顶形状	微凸	52	播种至开花天数	45 d
11	叶色	绿	32	果肩	有	53	播种至始收天数	104 d
12	叶脉色	无色	33	果肩形状	微凹	54	裂果性	不易裂
13	叶裂刻	深	34	果肩色	—	55	畸形果	无
14	叶片长	34.0 cm	35	绿果肩大小	—	56	肉质	软
15	叶片宽	27.0 cm	36	商品果纵径	40.0 mm	57	风味	甜酸
16	首花序节位	8节	37	商品果横径	29.6 mm	58	清香味	有（淡）
17	第二花序节位	12节	38	果形	长圆形	59	综合品质	中
18	花序类型	多歧花序	39	果梗洼大小	1.8 mm	60	可溶性固形物含量	6.90%
19	簇生花	无	40	果洼木栓化大小	0.3 mm	61	田间成株耐寒性	强
20	花柱长度	短于雄蕊	41	果实横切面形状	圆形	62	用途	鲜食
21	花柱形状	单圆花柱	42	果肉色	红			

种质编号VT643

序号	描述项目	描述内容	序号	描述项目	描述内容	序号	描述项目	描述内容
1	种质编号	VT643	22	花柱茸毛	无	43	胎座胶状物质颜色	黄
2	种质类型	品系	23	花色	黄	44	果肉厚	2.8 mm
3	下胚轴颜色	紫	24	花梗离层	有	45	心室数	2个
4	生长习性	无限生长	25	单花序花数	10朵	46	果皮色	黄
5	株型	蔓性	26	果柄长度	0.9 cm	47	单花序果数	10个
6	株高	1.9~2.3 m	27	成熟前果色	浅绿	48	单果重	13.8 g
7	茎叶茸毛	短稀	28	成熟果色	红	49	熟性	早100~105 d
8	叶片类型	普通叶型	29	果面棱沟	无	50	形态一致性	一致
9	叶片形状	羽状复叶	30	果面茸毛	无	51	种皮颜色	浅棕
10	叶片着生状态	下垂	31	果顶形状	圆平	52	播种至开花天数	45 d
11	叶色	浅绿	32	果肩	有	53	播种至始收天数	104 d
12	叶脉色	无色	33	果肩形状	微凹	54	裂果性	不易裂
13	叶裂刻	深	34	果肩色	—	55	畸形果	无
14	叶片长	41.0 cm	35	绿果肩大小	—	56	肉质	软
15	叶片宽	30.0 cm	36	商品果纵径	33.4 mm	57	风味	酸甜
16	首花序节位	8节	37	商品果横径	27.2 mm	58	清香味	有(淡)
17	第二花序节位	10节	38	果形	高圆形	59	综合品质	上
18	花序类型	多歧花序	39	果梗洼大小	2.6 mm	60	可溶性固形物含量	8.80%
19	簇生花	无	40	果洼木栓化大小	0.1 mm	61	田间成株耐寒性	强
20	花柱长度	短于雄蕊	41	果实横切面形状	圆形	62	用途	鲜食
21	花柱形状	单圆花柱	42	果肉色	红			

种质编号VT650

序号	描述项目	描述内容	序号	描述项目	描述内容	序号	描述项目	描述内容
1	种质编号	VT650	22	花柱茸毛	无	43	胎座胶状物质颜色	黄
2	种质类型	品系	23	花色	黄	44	果肉厚	3.8 mm
3	下胚轴颜色	紫	24	花梗离层	有	45	心室数	2个
4	生长习性	10序花封顶	25	单花序花数	18朵	46	果皮色	黄
5	株型	蔓性	26	果柄长度	1.0 cm	47	单花序果数	13个
6	株高	1.7~2.0 m	27	成熟前果色	浅绿	48	单果重	27.3 g
7	茎叶茸毛	短稀	28	成熟果色	深红	49	熟性	早100~105 d
8	叶片类型	薯叶型	29	果面棱沟	轻	50	形态一致性	一致
9	叶片形状	羽状复叶	30	果面茸毛	无	51	种皮颜色	灰黄
10	叶片着生状态	下垂	31	果顶形状	圆平	52	播种至开花天数	45 d
11	叶色	深绿	32	果肩	有	53	播种至始收天数	104 d
12	叶脉色	无色	33	果肩形状	微凹	54	裂果性	不易裂
13	叶裂刻	中	34	果肩色	—	55	畸形果	无
14	叶片长	48.0 cm	35	绿果肩大小	—	56	肉质	面
15	叶片宽	35.0 cm	36	商品果纵径	45.6 mm	57	风味	甜酸
16	首花序节位	8节	37	商品果横径	31.8 mm	58	清香味	无
17	第二花序节位	11节	38	果形	长圆形	59	综合品质	中
18	花序类型	单式花序	39	果梗洼大小	2.7 mm	60	可溶性固形物含量	7.50%
19	簇生花	无	40	果洼木栓化大小	1.2 mm	61	田间成株耐寒性	强
20	花柱长度	短于雄蕊	41	果实横切面形状	圆形	62	用途	鲜食
21	花柱形状	单圆花柱	42	果肉色	红			

种质编号VT651

序号	描述项目	描述内容	序号	描述项目	描述内容	序号	描述项目	描述内容
1	种质编号	VT651	22	花柱茸毛	无	43	胎座胶状物质颜色	粉红
2	种质类型	品系	23	花色	黄	44	果肉厚	2.5 mm
3	下胚轴颜色	紫	24	花梗离层	有	45	心室数	2个
4	生长习性	8序花封顶	25	单花序花数	14朵	46	果皮色	黄
5	株型	蔓性	26	果柄长度	0.7 cm	47	单花序果数	10个
6	株高	1.5～1.8 m	27	成熟前果色	浅绿	48	单果重	17.2 g
7	茎叶茸毛	短稀	28	成熟果色	深红	49	熟性	早100～105 d
8	叶片类型	普通叶型	29	果面棱沟	无	50	形态一致性	一致
9	叶片形状	羽状复叶	30	果面茸毛	无	51	种皮颜色	灰黄
10	叶片着生状态	下垂	31	果顶形状	微凸	52	播种至开花天数	45 d
11	叶色	深绿（带紫）	32	果肩	有	53	播种至始收天数	104 d
12	叶脉色	无色	33	果肩形状	微凹	54	裂果性	不易裂
13	叶裂刻	深	34	果肩色	—	55	畸形果	无
14	叶片长	8.0 cm	35	绿果肩大小	—	56	肉质	面
15	叶片宽	27.0 cm	36	商品果纵径	38.3 mm	57	风味	甜酸
16	首花序节位	9节	37	商品果横径	27.8 mm	58	清香味	无
17	第二花序节位	12节	38	果形	桃形	59	综合品质	中
18	花序类型	单式花序或多歧花序	39	果梗洼大小	2.7 mm	60	可溶性固形物含量	7.50%
19	簇生花	无	40	果洼木栓化大小	1.0 mm	61	田间成株耐寒性	强
20	花柱长度	与雄蕊近等长	41	果实横切面形状	圆形	62	用途	鲜食
21	花柱形状	单圆花柱	42	果肉色	红			

种质编号VT652

序号	描述项目	描述内容	序号	描述项目	描述内容	序号	描述项目	描述内容
1	种质编号	VT652	22	花柱茸毛	无	43	胎座胶状物质颜色	黄
2	种质类型	遗传材料	23	花色	浅黄	44	果肉厚	4.1 mm
3	下胚轴颜色	紫	24	花梗离层	有	45	心室数	2个
4	生长习性	4序花封顶	25	单花序花数	11朵	46	果皮色	黄
5	株型	半蔓性	26	果柄长度	1.0 cm	47	单花序果数	11个
6	株高	0.9~1.2 m	27	成熟前果色	浅绿	48	单果重	18.7 g
7	茎叶茸毛	短密	28	成熟果色	深红	49	熟性	早100~105 d
8	叶片类型	普通叶型	29	果面棱沟	无	50	形态一致性	连续变异
9	叶片形状	羽状复叶	30	果面茸毛	无	51	种皮颜色	浅棕
10	叶片着生状态	下垂	31	果顶形状	圆平	52	播种至开花天数	43 d
11	叶色	绿	32	果肩	有	53	播种至始收天数	102 d
12	叶脉色	无色	33	果肩形状	微凹	54	裂果性	中
13	叶裂刻	深	34	果肩色	—	55	畸形果	无
14	叶片长	35.0 cm	35	绿果肩大小	—	56	肉质	面
15	叶片宽	30.0 cm	36	商品果纵径	43.2 mm	57	风味	酸甜
16	首花序节位	9节	37	商品果横径	27.9 mm	58	清香味	无
17	第二花序节位	10节	38	果形	长圆形	59	综合品质	上
18	花序类型	单式花序	39	果梗洼大小	2.0 mm	60	可溶性固形物含量	6.20%
19	簇生花	无	40	果洼木栓化大小	0.4 mm	61	田间成株耐寒性	中
20	花柱长度	短于雄蕊	41	果实横切面形状	圆形	62	用途	鲜食
21	花柱形状	单圆花柱	42	果肉色	红			

种质编号VT656

序号	描述项目	描述内容	序号	描述项目	描述内容	序号	描述项目	描述内容
1	种质编号	VT656	22	花柱茸毛	无	43	胎座胶状物质颜色	黄
2	种质类型	选育品种	23	花色	浅黄	44	果肉厚	2.8 mm
3	下胚轴颜色	紫	24	花梗离层	有	45	心室数	2个
4	生长习性	无限生长	25	单花序花数	8朵	46	果皮色	黄
5	株型	半蔓性	26	果柄长度	0.9 cm	47	单花序果数	7个
6	株高	2.5~3.0 m	27	成熟前果色	浅绿	48	单果重	9.62 g
7	茎叶茸毛	短稀	28	成熟果色	红	49	熟性	中106~120 d
8	叶片类型	普通叶型	29	果面棱沟	重	50	形态一致性	一致
9	叶片形状	羽状复叶	30	果面茸毛	无	51	种皮颜色	浅黄
10	叶片着生状态	水平	31	果顶形状	圆平	52	播种至开花天数	50 d
11	叶色	绿	32	果肩	无	53	播种至始收天数	109 d
12	叶脉色	无色	33	果肩形状	—	54	裂果性	不易裂
13	叶裂刻	深	34	果肩色	—	55	畸形果	无
14	叶片长	28.0 cm	35	绿果肩大小	—	56	肉质	面
15	叶片宽	20.0 cm	36	商品果纵径	40.4 mm	57	风味	甜酸
16	首花序节位	13节	37	商品果横径	24.5 mm	58	清香味	有
17	第二花序节位	16节	38	果形	梨形	59	综合品质	中
18	花序类型	单式花序	39	果梗洼大小	1.5 mm	60	可溶性固形物含量	6.00%
19	簇生花	无	40	果洼木栓化大小	0.3 mm	61	田间成株耐寒性	强
20	花柱长度	短于雄蕊	41	果实横切面形状	圆形	62	用途	鲜食
21	花柱形状	单圆花柱	42	果肉色	红			

种质编号VT665

序号	描述项目	描述内容	序号	描述项目	描述内容	序号	描述项目	描述内容
1	种质编号	VT665	22	花柱茸毛	无	43	胎座胶状物质颜色	黄
2	种质类型	品系	23	花色	浅黄	44	果肉厚	2.9 mm
3	下胚轴颜色	紫	24	花梗离层	有	45	心室数	2个
4	生长习性	4序花封顶	25	单花序花数	12朵	46	果皮色	黄
5	株型	蔓性	26	果柄长度	0.8 cm	47	单花序果数	10个
6	株高	1.5～1.8 m	27	成熟前果色	浅绿	48	单果重	9.4 g
7	茎叶茸毛	短稀	28	成熟果色	深红	49	熟性	早100～105 d
8	叶片类型	薯叶型	29	果面棱沟	轻	50	形态一致性	一致
9	叶片形状	羽状复叶	30	果面茸毛	无或密	51	种皮颜色	浅棕
10	叶片着生状态	水平	31	果顶形状	圆平	52	播种至开花天数	46 d
11	叶色	深绿或带紫	32	果肩	有	53	播种至始收天数	104 d
12	叶脉色	无色	33	果肩形状	微凹	54	裂果性	不易裂
13	叶裂刻	中	34	果肩色	—	55	畸形果	无
14	叶片长	42.0 cm	35	绿果肩大小	—	56	肉质	面
15	叶片宽	40.0 cm	36	商品果纵径	90.3 mm	57	风味	甜酸
16	首花序节位	8节	37	商品果横径	21.6 mm	58	清香味	有（淡）
17	第二花序节位	11节	38	果形	长圆形	59	综合品质	中
18	花序类型	多歧花序	39	果梗洼大小	2.3 mm	60	可溶性固形物含量	7.00%
19	簇生花	无	40	果洼木栓化大小	0.3 mm	61	田间成株耐寒性	中
20	花柱长度	短于雄蕊	41	果实横切面形状	圆形	62	用途	鲜食
21	花柱形状	单圆花柱	42	果肉色	红			

种质编号VT667

序号	描述项目	描述内容	序号	描述项目	描述内容	序号	描述项目	描述内容
1	种质编号	VT667	22	花柱茸毛	无	43	胎座胶状物质颜色	红
2	种质类型	品系	23	花色	黄	44	果肉厚	2.7 mm
3	下胚轴颜色	紫	24	花梗离层	有	45	心室数	2个
4	生长习性	9序花封顶	25	单花序花数	15朵	46	果皮色	黄
5	株型	蔓性	26	果柄长度	0.8 cm	47	单花序果数	10个
6	株高	0.8～1.1 m	27	成熟前果色	浅绿	48	单果重	9.8 g
7	茎叶茸毛	短稀	28	成熟果色	深红	49	熟性	早100～105 d
8	叶片类型	薯叶型	29	果面棱沟	轻	50	形态一致性	一致
9	叶片形状	羽状复叶	30	果面茸毛	无	51	种皮颜色	浅棕
10	叶片着生状态	水平	31	果顶形状	圆平	52	播种至开花天数	45 d
11	叶色	绿	32	果肩	有	53	播种至始收天数	104 d
12	叶脉色	无色	33	果肩形状	微凹	54	裂果性	中
13	叶裂刻	中	34	果肩色	—	55	畸形果	无
14	叶片长	38.0 cm	35	绿果肩大小	—	56	肉质	面
15	叶片宽	33.0 cm	36	商品果纵径	41.9 mm	57	风味	甜酸
16	首花序节位	9节	37	商品果横径	22.3 mm	58	清香味	有（浓）
17	第二花序节位	12节	38	果形	长圆或梨形	59	综合品质	中
18	花序类型	单式花序或多歧花序	39	果梗洼大小	2.3 mm	60	可溶性固形物含量	7.60%
19	簇生花	无	40	果洼木栓化大小	0.3 mm	61	田间成株耐寒性	弱
20	花柱长度	短于雄蕊	41	果实横切面形状	圆形	62	用途	鲜食
21	花柱形状	单圆花柱	42	果肉色	红			

种质编号VT669

序号	描述项目	描述内容	序号	描述项目	描述内容	序号	描述项目	描述内容
1	种质编号	VT669	22	花柱茸毛	无	43	胎座胶状物质颜色	红
2	种质类型	选育品种	23	花色	黄	44	果肉厚	2.8 mm
3	下胚轴颜色	紫	24	花梗离层	有	45	心室数	3个
4	生长习性	无限生长	25	单花序花数	数十朵	46	果皮色	黄
5	株型	蔓性	26	果柄长度	1.3 cm	47	单花序果数	6个
6	株高	2.5~2.8 m	27	成熟前果色	浅绿	48	单果重	11.8 g
7	茎叶茸毛	长稀	28	成熟果色	红	49	熟性	晚121~125 d
8	叶片类型	普通叶型	29	果面棱沟	轻	50	形态一致性	连续变异
9	叶片形状	羽状复叶	30	果面茸毛	无	51	种皮颜色	灰黄
10	叶片着生状态	水平	31	果顶形状	圆平	52	播种至开花天数	57 d
11	叶色	浅绿	32	果肩	有	53	播种至始收天数	124 d
12	叶脉色	无色	33	果肩形状	平	54	裂果性	不易裂
13	叶裂刻	中	34	果肩色	—	55	畸形果	无
14	叶片长	41.0 cm	35	绿果肩大小	—	56	肉质	软
15	叶片宽	37.0 cm	36	商品果纵径	37.3 mm	57	风味	甜酸
16	首花序节位	8节	37	商品果横径	22.6 mm	58	清香味	无
17	第二花序节位	11节	38	果形	长圆形	59	综合品质	上
18	花序类型	多歧花序	39	果梗洼大小	1.7 mm	60	可溶性固形物含量	9.00%
19	簇生花	无	40	果洼木栓化大小	0.1 mm	61	田间成株耐寒性	强
20	花柱长度	短于雄蕊	41	果实横切面形状	不规则形状	62	用途	鲜食
21	花柱形状	单圆花柱	42	果肉色	红			

种质编号VT671

序号	描述项目	描述内容	序号	描述项目	描述内容	序号	描述项目	描述内容
1	种质编号	VT671	22	花柱茸毛	无	43	胎座胶状物质颜色	黄
2	种质类型	选育品种	23	花色	浅黄	44	果肉厚	3.56 mm
3	下胚轴颜色	紫	24	花梗离层	有	45	心室数	2个
4	生长习性	无限生长	25	单花序花数	21朵	46	果皮色	黄
5	株型	蔓性	26	果柄长度	0.8 cm	47	单花序果数	12个
6	株高	2.3～2.5 m	27	成熟前果色	绿	48	单果重	16.0 g
7	茎叶茸毛	长稀	28	成熟果色	粉红	49	熟性	中106～120 d
8	叶片类型	复细叶型	29	果面棱沟	无	50	形态一致性	一致
9	叶片形状	二回羽状复叶	30	果面茸毛	无	51	种皮颜色	浅棕
10	叶片着生状态	水平	31	果顶形状	圆平	52	播种至开花天数	57 d
11	叶色	浅绿	32	果肩	有	53	播种至始收天数	124 d
12	叶脉色	无色	33	果肩形状	微凹	54	裂果性	不易裂
13	叶裂刻	深	34	果肩色	—	55	畸形果	无
14	叶片长	37.0 cm	35	绿果肩大小	—	56	肉质	面
15	叶片宽	35.0 cm	36	商品果纵径	29.3 mm	57	风味	酸甜
16	首花序节位	8节	37	商品果横径	30.1 mm	58	清香味	无
17	第二花序节位	10节	38	果形	圆形	59	综合品质	上
18	花序类型	单式花序或多歧花序	39	果梗洼大小	3.5 mm	60	可溶性固形物含量	9.20%
19	簇生花	无	40	果洼木栓化大小	0.4 mm	61	田间成株耐寒性	中
20	花柱长度	与雄蕊近等长	41	果实横切面形状	圆形	62	用途	鲜食
21	花柱形状	单圆花柱	42	果肉色	粉红			

种质编号VT674

序号	描述项目	描述内容	序号	描述项目	描述内容	序号	描述项目	描述内容
1	种质编号	VT674	22	花柱茸毛	无	43	胎座胶状物质颜色	黄
2	种质类型	选育品种	23	花色	浅黄	44	果肉厚	2.2 mm
3	下胚轴颜色	紫	24	花梗离层	有	45	心室数	2~3个
4	生长习性	无限生长	25	单花序花数	9朵	46	果皮色	无色
5	株型	半蔓性	26	果柄长度	0.4 cm	47	单花序果数	6个
6	株高	2.0~2.3 m	27	成熟前果色	绿白	48	单果重	24.4 g
7	茎叶茸毛	短稀	28	成熟果色	粉红	49	熟性	极晚≥125 d
8	叶片类型	普通叶型	29	果面棱沟	无	50	形态一致性	连续变异
9	叶片形状	羽状复叶	30	果面茸毛	无	51	种皮颜色	浅棕
10	叶片着生状态	下垂	31	果顶形状	圆平	52	播种至开花天数	57 d
11	叶色	黄绿	32	果肩	有	53	播种至始收天数	149 d
12	叶脉色	无色	33	果肩形状	微凹	54	裂果性	不易裂
13	叶裂刻	深	34	果肩色	—	55	畸形果	无
14	叶片长	45.0 cm	35	绿果肩大小	—	56	肉质	软
15	叶片宽	36.0 cm	36	商品果纵径	37.1 mm	57	风味	酸甜
16	首花序节位	11节	37	商品果横径	33.9 mm	58	清香味	有（淡）
17	第二花序节位	14节	38	果形	高圆形	59	综合品质	中
18	花序类型	单式花序	39	果梗洼大小	2.6 mm	60	可溶性固形物含量	5.80%
19	簇生花	无	40	果洼木栓化大小	0.3 mm	61	田间成株耐寒性	中
20	花柱长度	与雄蕊近等长	41	果实横切面形状	圆形或不规则形状	62	用途	鲜食
21	花柱形状	单圆花柱	42	果肉色	粉红			

第二章 红色樱桃小果类番茄种质资源

种质编号VT676

序号	描述项目	描述内容	序号	描述项目	描述内容	序号	描述项目	描述内容
1	种质编号	VT676	22	花柱茸毛	无	43	胎座胶状物质颜色	黄绿
2	种质类型	选育品种	23	花色	黄	44	果肉厚	3.8 mm
3	下胚轴颜色	紫	24	花梗离层	有	45	心室数	2个
4	生长习性	无限生长	25	单花序花数	14朵	46	果皮色	黄
5	株型	蔓性	26	果柄长度	0.6 cm	47	单花序果数	14个
6	株高	2.8~3.3 m	27	成熟前果色	绿	48	单果重	18.6 g
7	茎叶茸毛	长稀	28	成熟果色	红	49	熟性	晚121~125 d
8	叶片类型	普通型	29	果面棱沟	轻	50	形态一致性	一致
9	叶片形状	羽状复叶	30	果面茸毛	稀	51	种皮颜色	浅棕
10	叶片着生状态	下垂	31	果顶形状	圆平	52	播种至开花天数	57 d
11	叶色	深绿	32	果肩	有	53	播种至始收天数	124 d
12	叶脉色	无色	33	果肩形状	微凹	54	裂果性	不易裂
13	叶裂刻	深	34	果肩色	—	55	畸形果	无
14	叶片长	54.0 cm	35	绿果肩大小	—	56	肉质	面
15	叶片宽	57.0 cm	36	商品果纵径	45.7 mm	57	风味	甜酸
16	首花序节位	9节	37	商品果横径	26.8 mm	58	清香味	无
17	第二花序节位	12节	38	果形	长圆形	59	综合品质	中
18	花序类型	单式花序	39	果梗洼大小	1.9 mm	60	可溶性固形物含量	8.00%
19	簇生花	无	40	果洼木栓化大小	0.2 mm	61	田间成株耐寒性	强
20	花柱长度	短于雄蕊	41	果实横切面形状	圆形	62	用途	鲜食
21	花柱形状	单圆花柱	42	果肉色	红			

种质编号VT678

序号	描述项目	描述内容	序号	描述项目	描述内容	序号	描述项目	描述内容
1	种质编号	VT678	22	花柱茸毛	无	43	胎座胶状物质颜色	黄
2	种质类型	选育品种	23	花色	浅黄	44	果肉厚	3.5 mm
3	下胚轴颜色	紫	24	花梗离层	有	45	心室数	2个
4	生长习性	6序花封顶	25	单花序花数	11朵	46	果皮色	黄
5	株型	半蔓性	26	果柄长度	0.7 cm	47	单花序果数	10个
6	株高	1.2～1.5 m	27	成熟前果色	浅绿	48	单果重	29.0 g
7	茎叶茸毛	长稀	28	成熟果色	红	49	熟性	晚121～125 d
8	叶片类型	薯叶型	29	果面棱沟	无	50	形态一致性	连续变异
9	叶片形状	羽状复叶	30	果面茸毛	无	51	种皮颜色	浅棕
10	叶片着生状态	下垂	31	果顶形状	圆平	52	播种至开花天数	57 d
11	叶色	黄绿	32	果肩	有	53	播种至始收天数	124 d
12	叶脉色	无色	33	果肩形状	微凹	54	裂果性	不易裂
13	叶裂刻	中	34	果肩色	—	55	畸形果	无
14	叶片长	55.0 cm	35	绿果肩大小	—	56	肉质	面
15	叶片宽	45.0 cm	36	商品果纵径	36.8 mm	57	风味	甜酸
16	首花序节位	10节	37	商品果横径	36.9 mm	58	清香味	无
17	第二花序节位	11节	38	果形	高圆形	59	综合品质	中
18	花序类型	单式花序	39	果梗洼大小	3.6 mm	60	可溶性固形物含量	5.70%
19	簇生花	无	40	果洼木栓化大小	1.5 mm	61	田间成株耐寒性	中
20	花柱长度	与雄蕊近等长	41	果实横切面形状	圆形	62	用途	鲜食
21	花柱形状	单圆花柱	42	果肉色	红			

种质编号VT680

序号	描述项目	描述内容	序号	描述项目	描述内容	序号	描述项目	描述内容
1	种质编号	VT680	22	花柱茸毛	无	43	胎座胶状物质颜色	红
2	种质类型	选育品种	23	花色	浅黄	44	果肉厚	3.4 mm
3	下胚轴颜色	紫	24	花梗离层	有	45	心室数	2个
4	生长习性	无限生长	25	单花序花数	12朵	46	果皮色	黄
5	株型	半蔓性	26	果柄长度	0.6 cm	47	单花序果数	10个
6	株高	2.8~3.2 m	27	成熟前果色	绿白	48	单果重	28.1 g
7	茎叶茸毛	长稀	28	成熟果色	粉红	49	熟性	晚121~125 d
8	叶片类型	普通叶型	29	果面棱沟	轻	50	形态一致性	连续变异
9	叶片形状	羽状复叶	30	果面茸毛	无	51	种皮颜色	浅棕
10	叶片着生状态	水平	31	果顶形状	圆平	52	播种至开花天数	57 d
11	叶色	黄绿	32	果肩	有	53	播种至始收天数	124 d
12	叶脉色	无色	33	果肩形状	微凹	54	裂果性	不易裂
13	叶裂刻	深	34	果肩色	—	55	畸形果	无
14	叶片长	34.0 cm	35	绿果肩大小	—	56	肉质	软
15	叶片宽	35.0 cm	36	商品果纵径	38.7 mm	57	风味	甜酸
16	首花序节位	12节	37	商品果横径	35.5 mm	58	清香味	有
17	第二花序节位	15节	38	果形	高圆形	59	综合品质	中
18	花序类型	单式花序	39	果梗洼大小	2.5 mm	60	可溶性固形物含量	5.80%
19	簇生花	无	40	果洼木栓化大小	1.3 mm	61	田间成株耐寒性	强
20	花柱长度	短于雄蕊	41	果实横切面形状	圆形	62	用途	鲜食
21	花柱形状	单圆花柱	42	果肉色	红			

种质编号VT683

序号	描述项目	描述内容	序号	描述项目	描述内容	序号	描述项目	描述内容
1	种质编号	VT683	22	花柱茸毛	无	43	胎座胶状物质颜色	黄
2	种质类型	选育品种	23	花色	浅黄	44	果肉厚	3.4 mm
3	下胚轴颜色	紫	24	花梗离层	有	45	心室数	2个
4	生长习性	无限生长	25	单花序花数	11朵	46	果皮色	黄
5	株型	半蔓性	26	果柄长度	0.6 cm	47	单花序果数	10个
6	株高	1.4～1.9 m	27	成熟前果色	浅绿	48	单果重	13.2 g
7	茎叶茸毛	长稀	28	成熟果色	红	49	熟性	晚121～125 d
8	叶片类型	普通叶型	29	果面棱沟	无	50	形态一致性	一致
9	叶片形状	羽状复叶	30	果面茸毛	无	51	种皮颜色	浅黄
10	叶片着生状态	下垂	31	果顶形状	圆平	52	播种至开花天数	59 d
11	叶色	绿	32	果肩	有	53	播种至始收天数	124 d
12	叶脉色	无色	33	果肩形状	平	54	裂果性	不易裂
13	叶裂刻	深	34	果肩色	—	55	畸形果	无
14	叶片长	39.0 cm	35	绿果肩大小	—	56	肉质	面
15	叶片宽	28.0 cm	36	商品果纵径	30.1 mm	57	风味	甜酸
16	首花序节位	8节	37	商品果横径	27.5 mm	58	清香味	有（淡）
17	第二花序节位	11节	38	果形	圆形	59	综合品质	上
18	花序类型	单式花序	39	果梗洼大小	2.5 mm	60	可溶性固形物含量	6.80%
19	簇生花	无	40	果洼木栓化大小	0.6 mm	61	田间成株耐寒性	强
20	花柱长度	短于雄蕊	41	果实横切面形状	圆形	62	用途	鲜食
21	花柱形状	单圆花柱	42	果肉色	红			

种质编号VT687

序号	描述项目	描述内容	序号	描述项目	描述内容	序号	描述项目	描述内容
1	种质编号	VT687	22	花柱茸毛	无	43	胎座胶状物质颜色	黄绿
2	种质类型	遗传材料	23	花色	浅黄	44	果肉厚	4.51 mm
3	下胚轴颜色	绿	24	花梗离层	有	45	心室数	2个
4	生长习性	5~6序花封顶	25	单花序花数	12朵	46	果皮色	黄
5	株型	直立	26	果柄长度	0.3 cm	47	单花序果数	8个
6	株高	0.4~0.5 m	27	成熟前果色	绿	48	单果重	16.6 g
7	茎叶茸毛	无	28	成熟果色	红	49	熟性	中106~120 d
8	叶片类型	薯叶型	29	果面棱沟	重	50	形态一致性	连续变异
9	叶片形状	羽状复叶	30	果面茸毛	稀	51	种皮颜色	浅黄
10	叶片着生状态	水平	31	果顶形状	圆平	52	播种至开花天数	50 d
11	叶色	深绿	32	果肩	有	53	播种至始收天数	109 d
12	叶脉色	无色	33	果肩形状	平	54	裂果性	不易裂
13	叶裂刻	浅	34	果肩色	—	55	畸形果	无
14	叶片长	22.0 cm	35	绿果肩大小	—	56	肉质	面
15	叶片宽	16.0 cm	36	商品果纵径	29.3 mm	57	风味	酸
16	首花序节位	4节	37	商品果横径	31.4 mm	58	清香味	无
17	第二花序节位	5节	38	果形	圆形	59	综合品质	中
18	花序类型	单式花序	39	果梗洼大小	3.2 mm	60	可溶性固形物含量	4.10%
19	簇生花	无	40	果洼木栓化大小	1.8 mm	61	田间成株耐寒性	强
20	花柱长度	短于雄蕊	41	果实横切面形状	圆形	62	用途	鲜食或观赏
21	花柱形状	单圆花柱	42	果肉色	红			

种质编号VT694

序号	描述项目	描述内容	序号	描述项目	描述内容	序号	描述项目	描述内容
1	种质编号	VT694	22	花柱茸毛	无	43	胎座胶状物质颜色	黄
2	种质类型	遗传材料	23	花色	橘黄	44	果肉厚	4.6 mm
3	下胚轴颜色	紫	24	花梗离层	有	45	心室数	2个
4	生长习性	6序花封顶	25	单花序花数	10朵	46	果皮色	黄
5	株型	蔓性	26	果柄长度	0.7 cm	47	单花序果数	9个
6	株高	1.9~2.0 m	27	成熟前果色	浅绿	48	单果重	20.3 g
7	茎叶茸毛	短稀	28	成熟果色	红	49	熟性	早100~105 d
8	叶片类型	薯叶型	29	果面棱沟	轻	50	形态一致性	连续变异
9	叶片形状	羽状复叶	30	果面茸毛	稀	51	种皮颜色	灰黄
10	叶片着生状态	水平	31	果顶形状	圆平	52	播种至开花天数	50 d
11	叶色	深绿	32	果肩	有	53	播种至始收天数	105 d
12	叶脉色	无色	33	果肩形状	微凹	54	裂果性	不易裂
13	叶裂刻	中	34	果肩色	—	55	畸形果	无
14	叶片长	44.0 cm	35	绿果肩大小	—	56	肉质	面
15	叶片宽	38.0 cm	36	商品果纵径	42.7 mm	57	风味	酸甜
16	首花序节位	10节	37	商品果横径	28.5 mm	58	清香味	有
17	第二花序节位	13节	38	果形	长圆形	59	综合品质	中
18	花序类型	单式花序或多歧花序	39	果梗洼大小	1.8 mm	60	可溶性固形物含量	8.20%
19	簇生花	无	40	果洼木栓化大小	0.3 mm	61	田间成株耐寒性	强
20	花柱长度	短于雄蕊	41	果实横切面形状	等边多边形	62	用途	鲜食
21	花柱形状	单圆花柱	42	果肉色	粉红			

种质编号VT700

序号	描述项目	描述内容	序号	描述项目	描述内容	序号	描述项目	描述内容
1	种质编号	VT700	22	花柱茸毛	无	43	胎座胶状物质颜色	红
2	种质类型	选育品种	23	花色	浅黄	44	果肉厚	1.2 mm
3	下胚轴颜色	紫	24	花梗离层	有	45	心室数	2个
4	生长习性	3~4序花封顶	25	单花序花数	12朵	46	果皮色	黄
5	株型	直立	26	果柄长度	0.6 cm	47	单花序果数	10个
6	株高	0.2~0.5 m	27	成熟前果色	绿	48	单果重	6.8 g
7	茎叶茸毛	短稀	28	成熟果色	红	49	熟性	早100~105 d
8	叶片类型	薯叶型	29	果面棱沟	无	50	形态一致性	一致
9	叶片形状	羽状复叶	30	果面茸毛	无	51	种皮颜色	灰黄
10	叶片着生状态	水平	31	果顶形状	圆平	52	播种至开花天数	50 d
11	叶色	深绿	32	果肩	有	53	播种至始收天数	105 d
12	叶脉色	无	33	果肩形状	微凹	54	裂果性	不易裂
13	叶裂刻	深	34	果肩色	—	55	畸形果	无
14	叶片长	14.0 cm	35	绿果肩大小	—	56	肉质	软
15	叶片宽	15.0 cm	36	商品果纵径	19.7 mm	57	风味	酸甜
16	首花序节位	3节	37	商品果横径	22.8 mm	58	清香味	无
17	第二花序节位	4节	38	果形	扁圆形	59	综合品质	下
18	花序类型	单式花序	39	果梗洼大小	2.8 mm	60	可溶性固形物含量	6.70%
19	簇生花	无	40	果洼木栓化大小	0.5 mm	61	田间成株耐寒性	弱
20	花柱长度	短于雄蕊	41	果实横切面形状	不规则形状	62	用途	鲜食或观赏
21	花柱形状	单圆花柱	42	果肉色	红			

种质编号VT703

序号	描述项目	描述内容	序号	描述项目	描述内容	序号	描述项目	描述内容
1	种质编号	VT703	22	花柱茸毛	无	43	胎座胶状物质颜色	红
2	种质类型	选育品种	23	花色	黄	44	果肉厚	1.8 mm
3	下胚轴颜色	紫	24	花梗离层	有	45	心室数	2个
4	生长习性	无限生长	25	单花序花数	15朵	46	果皮色	黄
5	株型	蔓性	26	果柄长度	0.4 cm	47	单花序果数	10个
6	株高	2.5～3.0 m	27	成熟前果色	绿白	48	单果重	4.2 g
7	茎叶茸毛	短稀	28	成熟果色	深红	49	熟性	早100～105 d
8	叶片类型	薯叶型	29	果面棱沟	无	50	形态一致性	一致
9	叶片形状	羽状复叶	30	果面茸毛	无	51	种皮颜色	灰黄
10	叶片着生状态	水平	31	果顶形状	圆平	52	播种至开花天数	50 d
11	叶色	黄绿	32	果肩	有	53	播种至始收天数	105 d
12	叶脉色	无色	33	果肩形状	微凹	54	裂果性	不易裂
13	叶裂刻	浅	34	果肩色	—	55	畸形果	无
14	叶片长	32.0 cm	35	绿果肩大小	—	56	肉质	面
15	叶片宽	25.0 cm	36	商品果纵径	18.9 mm	57	风味	酸甜
16	首花序节位	15节	37	商品果横径	18.7 mm	58	清香味	有（淡）
17	第二花序节位	18节	38	果形	圆形	59	综合品质	下
18	花序类型	单式花序或多歧花序	39	果梗洼大小	2.8 mm	60	可溶性固形物含量	3.90%
19	簇生花	无	40	果洼木栓化大小	0.6 mm	61	田间成株耐寒性	强
20	花柱长度	与雄蕊近等长	41	果实横切面形状	圆形	62	用途	鲜食
21	花柱形状	单圆花柱	42	果肉色	红			

种质编号VT709

序号	描述项目	描述内容	序号	描述项目	描述内容	序号	描述项目	描述内容
1	种质编号	VT709	22	花柱茸毛	无	43	胎座胶状物质颜色	黄绿
2	种质类型	品系	23	花色	橘黄	44	果肉厚	4.4 mm
3	下胚轴颜色	紫	24	花梗离层	有	45	心室数	2个
4	生长习性	无限生长	25	单花序花数	12朵	46	果皮色	黄
5	株型	半蔓性	26	果柄长度	0.4 cm	47	单花序果数	11个
6	株高	2.5～3.0 m	27	成熟前果色	绿	48	单果重	24.1 g
7	茎叶茸毛	短稀	28	成熟果色	深红	49	熟性	早100～105 d
8	叶片类型	普通叶型	29	果面棱沟	轻	50	形态一致性	连续变异
9	叶片形状	羽状复叶	30	果面茸毛	无	51	种皮颜色	浅棕
10	叶片着生状态	水平	31	果顶形状	圆平	52	播种至开花天数	54 d
11	叶色	黄绿	32	果肩	有	53	播种至始收天数	105 d
12	叶脉色	无色	33	果肩形状	微凹	54	裂果性	不易裂
13	叶裂刻	无	34	果肩色	—	55	畸形果	无
14	叶片长	28.0 cm	35	绿果肩大小	—	56	肉质	沙
15	叶片宽	20.0 cm	36	商品果纵径	33.0 mm	57	风味	甜酸
16	首花序节位	14节	37	商品果横径	32.9 mm	58	清香味	无
17	第二花序节位	17节	38	果形	圆形	59	综合品质	中
18	花序类型	单式花序	39	果梗洼大小	3.6 mm	60	可溶性固形物含量	6.90%
19	簇生花	无	40	果洼木栓化大小	1.0 mm	61	田间成株耐寒性	中
20	花柱长度	长于雄蕊	41	果实横切面形状	圆形	62	用途	鲜食或加工
21	花柱形状	单圆花柱	42	果肉色	红			

种质编号VT711

序号	描述项目	描述内容	序号	描述项目	描述内容	序号	描述项目	描述内容
1	种质编号	VT711	22	花柱茸毛	无	43	胎座胶状物质颜色	红
2	种质类型	品系	23	花色	黄	44	果肉厚	4.7 mm
3	下胚轴颜色	紫	24	花梗离层	有	45	心室数	2个
4	生长习性	6序花封顶	25	单花序花数	17朵	46	果皮色	黄
5	株型	半蔓性	26	果柄长度	0.5 cm	47	单花序果数	11个
6	株高	1.5～1.8 m	27	成熟前果色	浅绿	48	单果重	12.9 g
7	茎叶茸毛	长稀	28	成熟果色	深红	49	熟性	中106～120 d
8	叶片类型	薯叶型	29	果面棱沟	无	50	形态一致性	一致
9	叶片形状	羽状复叶	30	果面茸毛	无	51	种皮颜色	灰黄
10	叶片着生状态	下垂	31	果顶形状	圆平	52	播种至开花天数	52 d
11	叶色	绿	32	果肩	有	53	播种至始收天数	108 d
12	叶脉色	无色	33	果肩形状	微凹	54	裂果性	中
13	叶裂刻	中	34	果肩色	—	55	畸形果	无
14	叶片长	41.0 cm	35	绿果肩大小	—	56	肉质	面
15	叶片宽	31.0 cm	36	商品果纵径	37.5 mm	57	风味	甜
16	首花序节位	8节	37	商品果横径	23.8 mm	58	清香味	无
17	第二花序节位	10节	38	果形	长圆形	59	综合品质	上
18	花序类型	单式花序或多歧花序	39	果梗洼大小	1.5 mm	60	可溶性固形物含量	7.00%
19	簇生花	无	40	果洼木栓化大小	0.3 mm	61	田间成株耐寒性	中
20	花柱长度	短于雄蕊	41	果实横切面形状	圆形	62	用途	鲜食
21	花柱形状	单圆花柱	42	果肉色	红			

第二章 红色樱桃小果类番茄种质资源

种质编号VT717

序号	描述项目	描述内容	序号	描述项目	描述内容	序号	描述项目	描述内容
1	种质编号	VT717	22	花柱茸毛	无	43	胎座胶状物质颜色	红
2	种质类型	品系	23	花色	浅黄	44	果肉厚	3.1 mm
3	下胚轴颜色	紫	24	花梗离层	有	45	心室数	2个
4	生长习性	无限生长	25	单花序花数	数十朵	46	果皮色	黄
5	株型	蔓性	26	果柄长度	0.4 cm	47	单花序果数	10个
6	株高	2.0~2.5 m	27	成熟前果色	绿	48	单果重	11.3 g
7	茎叶茸毛	短稀	28	成熟果色	红	49	熟性	中106~120 d
8	叶片类型	普通叶型	29	果面棱沟	无	50	形态一致性	一致
9	叶片形状	羽状复叶	30	果面茸毛	无	51	种皮颜色	浅黄
10	叶片着生状态	水平	31	果顶形状	圆平	52	播种至开花天数	54 d
11	叶色	深绿	32	果肩	有	53	播种至始收天数	108 d
12	叶脉色	无色	33	果肩形状	微凹	54	裂果性	不易裂
13	叶裂刻	深	34	果肩色	—	55	畸形果	无
14	叶片长	29.0 cm	35	绿果肩大小	—	56	肉质	面
15	叶片宽	25.0 cm	36	商品果纵径	25.2 mm	57	风味	甜酸
16	首花序节位	8节	37	商品果横径	27.3 mm	58	清香味	有（淡）
17	第二花序节位	13节	38	果形	圆形	59	综合品质	中
18	花序类型	多歧花序	39	果梗洼大小	3.6 mm	60	可溶性固形物含量	6.80%
19	簇生花	有	40	果洼木栓化大小	0.5 mm	61	田间成株耐寒性	弱
20	花柱长度	短于雄蕊	41	果实横切面形状	圆形	62	用途	鲜食
21	花柱形状	单圆花柱	42	果肉色	红			

种质编号VT721

序号	描述项目	描述内容	序号	描述项目	描述内容	序号	描述项目	描述内容
1	种质编号	VT721	22	花柱茸毛	无	43	胎座胶状物质颜色	红
2	种质类型	品系	23	花色	浅黄	44	果肉厚	2.4 mm
3	下胚轴颜色	紫	24	花梗离层	有	45	心室数	3个
4	生长习性	无限生长	25	单花序花数	19朵	46	果皮色	黄
5	株型	半蔓性	26	果柄长度	0.5 cm	47	单花序果数	11个
6	株高	2.0~2.5 m	27	成熟前果色	深绿	48	单果重	27.6 g
7	茎叶茸毛	短稀	28	成熟果色	深红	49	熟性	极晚≥125 d
8	叶片类型	普通叶型	29	果面棱沟	轻	50	形态一致性	连续变异
9	叶片形状	羽状复叶	30	果面茸毛	稀	51	种皮颜色	浅黄
10	叶片着生状态	水平	31	果顶形状	圆平	52	播种至开花天数	71 d
11	叶色	绿	32	果肩	有	53	播种至始收天数	138 d
12	叶脉色	无色	33	果肩形状	微凹	54	裂果性	不易裂
13	叶裂刻	浅	34	果肩色	—	55	畸形果	无
14	叶片长	35.0 cm	35	绿果肩大小	—	56	肉质	软
15	叶片宽	25.0 cm	36	商品果纵径	35.2 mm	57	风味	酸
16	首花序节位	13节	37	商品果横径	35.3 mm	58	清香味	有
17	第二花序节位	17节	38	果形	圆形	59	综合品质	中
18	花序类型	单式花序	39	果梗洼大小	4.5 mm	60	可溶性固形物含量	6.40%
19	簇生花	无	40	果洼木栓化大小	0.2 mm	61	田间成株耐寒性	中
20	花柱长度	短于雄蕊	41	果实横切面形状	不规则形状	62	用途	鲜食
21	花柱形状	单圆花柱	42	果肉色	粉红			

种质编号VT722

序号	描述项目	描述内容	序号	描述项目	描述内容	序号	描述项目	描述内容
1	种质编号	VT722	22	花柱茸毛	无	43	胎座胶状物质颜色	黄
2	种质类型	遗传材料	23	花色	黄	44	果肉厚	5.1 mm
3	下胚轴颜色	紫	24	花梗离层	有	45	心室数	3个
4	生长习性	无限生长	25	单花序花数	7朵	46	果皮色	红
5	株型	半蔓性	26	果柄长度	0.7 cm	47	单花序果数	5个
6	株高	2.0~2.5 m	27	成熟前果色	浅绿	48	单果重	20.7 g
7	茎叶茸毛	短稀	28	成熟果色	粉红	49	熟性	极晚≥125 d
8	叶片类型	普通叶型	29	果面棱沟	无	50	形态一致性	连续变异
9	叶片形状	羽状复叶	30	果面茸毛	无	51	种皮颜色	灰黄
10	叶片着生状态	水平	31	果顶形状	圆平	52	播种至开花天数	71 d
11	叶色	深绿	32	果肩	有	53	播种至始收天数	138 d
12	叶脉色	无色	33	果肩形状	微凹	54	裂果性	不易裂
13	叶裂刻	深	34	果肩色	—	55	畸形果	无
14	叶片长	52.0 cm	35	绿果肩大小	—	56	肉质	面
15	叶片宽	39.0 cm	36	商品果纵径	38.0 mm	57	风味	酸甜
16	首花序节位	13节	37	商品果横径	30.6 mm	58	清香味	有（淡）
17	第二花序节位	16节	38	果形	桃形	59	综合品质	下
18	花序类型	单式花序或双歧花序	39	果梗洼大小	2.5 mm	60	可溶性固形物含量	7.10%
19	簇生花	无	40	果洼木栓化大小	0.5 mm	61	田间成株耐寒性	弱
20	花柱长度	与雄蕊近等长	41	果实横切面形状	不规则形状	62	用途	鲜食
21	花柱形状	单圆花柱	42	果肉色	粉红			

种质编号VT723

序号	描述项目	描述内容	序号	描述项目	描述内容	序号	描述项目	描述内容
1	种质编号	VT723	22	花柱茸毛	无	43	胎座胶状物质颜色	黄
2	种质类型	品系	23	花色	浅黄	44	果肉厚	2.7 mm
3	下胚轴颜色	紫	24	花梗离层	有	45	心室数	2个
4	生长习性	无限生长	25	单花序花数	10朵	46	果皮色	黄
5	株型	半蔓性	26	果柄长度	0.7 cm	47	单花序果数	9个
6	株高	2.5~3.0 m	27	成熟前果色	浅绿	48	单果重	17.1 g
7	茎叶茸毛	长稀	28	成熟果色	红	49	熟性	极晚≥125 d
8	叶片类型	普通叶型	29	果面棱沟	中	50	形态一致性	一致
9	叶片形状	羽状复叶	30	果面茸毛	稀	51	种皮颜色	浅黄
10	叶片着生状态	下垂	31	果顶形状	圆平	52	播种至开花天数	71 d
11	叶色	黄绿	32	果肩	有	53	播种至始收天数	138 d
12	叶脉色	无色	33	果肩形状	微凹	54	裂果性	不易裂
13	叶裂刻	深	34	果肩色	—	55	畸形果	无
14	叶片长	42.0 cm	35	绿果肩大小	—	56	肉质	面
15	叶片宽	32.0 cm	36	商品果纵径	38.4 mm	57	风味	酸
16	首花序节位	10节	37	商品果横径	30.9 mm	58	清香味	有
17	第二花序节位	14节	38	果形	梨形或葫芦形	59	综合品质	中
18	花序类型	单式花序	39	果梗洼大小	2.2 mm	60	可溶性固形物含量	5.00%
19	簇生花	无	40	果洼木栓化大小	0.3 mm	61	田间成株耐寒性	强
20	花柱长度	与雄蕊近等长	41	果实横切面形状	圆形	62	用途	鲜食
21	花柱形状	单圆花柱	42	果肉色	红			

种质编号VT726

序号	描述项目	描述内容	序号	描述项目	描述内容	序号	描述项目	描述内容
1	种质编号	VT726	22	花柱茸毛	无	43	胎座胶状物质颜色	红
2	种质类型	遗传材料	23	花色	橘黄	44	果肉厚	3.8 mm
3	下胚轴颜色	紫	24	花梗离层	有	45	心室数	2个
4	生长习性	有限生长	25	单花序花数	15朵	46	果皮色	红
5	株型	半蔓性	26	果柄长度	0.6 cm	47	单花序果数	14个
6	株高	1.5~1.8 m	27	成熟前果色	绿	48	单果重	16.9 g
7	茎叶茸毛	短稀	28	成熟果色	红	49	熟性	中106~120 d
8	叶片类型	普通叶型	29	果面棱沟	中	50	形态一致性	连续变异
9	叶片形状	羽状复叶	30	果面茸毛	无	51	种皮颜色	浅黄
10	叶片着生状态	水平	31	果顶形状	圆平	52	播种至开花天数	54 d
11	叶色	深绿	32	果肩	有	53	播种至始收天数	108 d
12	叶脉色	无色	33	果肩形状	微凹	54	裂果性	不易裂
13	叶裂刻	中	34	果肩色	—	55	畸形果	无
14	叶片长	43.0 cm	35	绿果肩大小	—	56	肉质	面
15	叶片宽	37.0 cm	36	商品果纵径	39.9 mm	57	风味	酸甜
16	首花序节位	10节	37	商品果横径	27.0 mm	58	清香味	有(淡)
17	第二花序节位	13节	38	果形	圆形	59	综合品质	中
18	花序类型	单式花序或多歧花序	39	果梗洼大小	1.7 mm	60	可溶性固形物含量	7.60%
19	簇生花	无	40	果洼木栓化大小	0.5 mm	61	田间成株耐寒性	强
20	花柱长度	短于雄蕊	41	果实横切面形状	圆形	62	用途	鲜食
21	花柱形状	单圆花柱	42	果肉色	红			

种质编号VT727

序号	描述项目	描述内容	序号	描述项目	描述内容	序号	描述项目	描述内容
1	种质编号	VT727	22	花柱茸毛	无	43	胎座胶状物质颜色	红
2	种质类型	遗传材料	23	花色	橘黄	44	果肉厚	5.2 mm
3	下胚轴颜色	紫	24	花梗离层	有	45	心室数	2个
4	生长习性	5序花封顶	25	单花序花数	15朵	46	果皮色	黄
5	株型	半蔓性	26	果柄长度	0.9 cm	47	单花序果数	10个
6	株高	2.0~2.2 m	27	成熟前果色	浅绿	48	单果重	24.6 g
7	茎叶茸毛	长密	28	成熟果色	红	49	熟性	中106~120 d
8	叶片类型	普通叶型	29	果面棱沟	中	50	形态一致性	连续变异
9	叶片形状	羽状复叶	30	果面茸毛	无	51	种皮颜色	浅黄
10	叶片着生状态	水平	31	果顶形状	圆平或微凹	52	播种至开花天数	54 d
11	叶色	绿	32	果肩	有	53	播种至始收天数	108 d
12	叶脉色	无色	33	果肩形状	微凹	54	裂果性	不易裂
13	叶裂刻	深	34	果肩色	—	55	畸形果	无
14	叶片长	50.0 cm	35	绿果肩大小	—	56	肉质	面
15	叶片宽	37.0 cm	36	商品果纵径	44.0 mm	57	风味	甜酸
16	首花序节位	9节	37	商品果横径	32.3 mm	58	清香味	有
17	第二花序节位	12节	38	果形	长圆或桃形	59	综合品质	上
18	花序类型	单式花序或双歧花序	39	果梗洼大小	2.4 mm	60	可溶性固形物含量	7.60%
19	簇生花	无	40	果洼木栓化大小	0.8 mm	61	田间成株耐寒性	强
20	花柱长度	与雄蕊近等长	41	果实横切面形状	圆形	62	用途	鲜食
21	花柱形状	单圆花柱	42	果肉色	粉红			

种质编号VT728

序号	描述项目	描述内容	序号	描述项目	描述内容	序号	描述项目	描述内容
1	种质编号	VT728	22	花柱茸毛	无	43	胎座胶状物质颜色	红
2	种质类型	遗传材料	23	花色	橘黄	44	果肉厚	3.8 mm
3	下胚轴颜色	紫	24	花梗离层	有	45	心室数	2个
4	生长习性	无限生长	25	单花序花数	14朵	46	果皮色	红
5	株型	半蔓性	26	果柄长度	0.8 cm	47	单花序果数	14个
6	株高	2.3～2.5 m	27	成熟前果色	绿	48	单果重	21.7 g
7	茎叶茸毛	短稀	28	成熟果色	红	49	熟性	极晚≥125 d
8	叶片类型	普通叶型	29	果面棱沟	轻	50	形态一致性	连续变异
9	叶片形状	羽状复叶	30	果面茸毛	无	51	种皮颜色	灰黄
10	叶片着生状态	水平	31	果顶形状	圆平	52	播种至开花天数	71 d
11	叶色	浅绿	32	果肩	有	53	播种至始收天数	138 d
12	叶脉色	无色	33	果肩形状	微凹	54	裂果性	不易裂
13	叶裂刻	深	34	果肩色	—	55	畸形果	无
14	叶片长	43.0 cm	35	绿果肩大小	—	56	肉质	面
15	叶片宽	39.0 cm	36	商品果纵径	40.8 mm	57	风味	甜
16	首花序节位	12节	37	商品果横径	31.7 mm	58	清香味	有
17	第二花序节位	15节	38	果形	长圆或桃形	59	综合品质	上
18	花序类型	单式花序或多歧花序	39	果梗洼大小	2.5 mm	60	可溶性固形物含量	5.50%
19	簇生花	无	40	果洼木栓化大小	1.2 mm	61	田间成株耐寒性	强
20	花柱长度	短于雄蕊	41	果实横切面形状	圆形	62	用途	鲜食
21	花柱形状	单圆花柱	42	果肉色	红			

种质编号VT733

序号	描述项目	描述内容	序号	描述项目	描述内容	序号	描述项目	描述内容
1	种质编号	VT733	22	花柱茸毛	无	43	胎座胶状物质颜色	黄
2	种质类型	品系	23	花色	橘黄	44	果肉厚	3.1 mm
3	下胚轴颜色	紫	24	花梗离层	有	45	心室数	2个
4	生长习性	无限生长	25	单花序花数	12朵	46	果皮色	黄
5	株型	蔓性	26	果柄长度	0.6 cm	47	单花序果数	10个
6	株高	1.9～2.2 m	27	成熟前果色	浅绿	48	单果重	17.4 g
7	茎叶茸毛	短稀	28	成熟果色	红	49	熟性	中106～120 d
8	叶片类型	普通叶型	29	果面棱沟	无	50	形态一致性	一致
9	叶片形状	羽状复叶	30	果面茸毛	无	51	种皮颜色	浅棕
10	叶片着生状态	水平	31	果顶形状	圆平	52	播种至开花天数	54 d
11	叶色	深绿	32	果肩	有	53	播种至始收天数	108 d
12	叶脉色	无色	33	果肩形状	微凹	54	裂果性	中
13	叶裂刻	深	34	果肩色	—	55	畸形果	无
14	叶片长	41.0 cm	35	绿果肩大小	—	56	肉质	软
15	叶片宽	34.0 cm	36	商品果纵径	29.4 mm	57	风味	酸甜
16	首花序节位	8节	37	商品果横径	31.7 mm	58	清香味	有
17	第二花序节位	4节	38	果形	圆形	59	综合品质	中
18	花序类型	多歧花序	39	果梗洼大小	3.5 mm	60	可溶性固形物含量	5.80%
19	簇生花	无	40	果洼木栓化大小	1.3 mm	61	田间成株耐寒性	强
20	花柱长度	与雄蕊近等长	41	果实横切面形状	圆形	62	用途	鲜食
21	花柱形状	单圆花柱	42	果肉色	红			

第二章 红色樱桃小果类番茄种质资源

种质编号VT735

序号	描述项目	描述内容	序号	描述项目	描述内容	序号	描述项目	描述内容
1	种质编号	VT735	22	花柱茸毛	无	43	胎座胶状物质颜色	黄
2	种质类型	遗传材料	23	花色	黄	44	果肉厚	3.4 mm
3	下胚轴颜色	紫	24	花梗离层	有	45	心室数	4个
4	生长习性	5序花封顶	25	单花序花数	数百朵	46	果皮色	黄
5	株型	半蔓性	26	果柄长度	0.7 cm	47	单花序果数	6个
6	株高	1.4~1.8 m	27	成熟前果色	绿	48	单果重	19.6 g
7	茎叶茸毛	长稀	28	成熟果色	红	49	熟性	极晚≥125 d
8	叶片类型	普通叶型	29	果面棱沟	重	50	形态一致性	不连续变异
9	叶片形状	羽状复叶	30	果面茸毛	无	51	种皮颜色	灰黄
10	叶片着生状态	下垂	31	果顶形状	微凸	52	播种至开花天数	71 d
11	叶色	绿	32	果肩	有	53	播种至始收天数	140 d
12	叶脉色	无色	33	果肩形状	平	54	裂果性	不易裂
13	叶裂刻	深	34	果肩色	—	55	畸形果	无
14	叶片长	35.0 cm	35	绿果肩大小	—	56	肉质	软
15	叶片宽	26.0 cm	36	商品果纵径	39.1 mm	57	风味	酸甜
16	首花序节位	12节	37	商品果横径	31.3 mm	58	清香味	无
17	第二花序节位	14节	38	果形	梨形	59	综合品质	下
18	花序类型	多歧花序	39	果梗洼大小	2.5 mm	60	可溶性固形物含量	6.20%
19	簇生花	无	40	果洼木栓化大小	1.0 mm	61	田间成株耐寒性	弱
20	花柱长度	短于雄蕊	41	果实横切面形状	圆形	62	用途	鲜食
21	花柱形状	单圆花柱	42	果肉色	红			

种质编号VT755

序号	描述项目	描述内容	序号	描述项目	描述内容	序号	描述项目	描述内容
1	种质编号	VT755	22	花柱茸毛	无	43	胎座胶状物质颜色	红
2	种质类型	品系	23	花色	浅黄	44	果肉厚	4.6 mm
3	下胚轴颜色	紫	24	花梗离层	无	45	心室数	2个
4	生长习性	4序花封顶	25	单花序花数	8朵	46	果皮色	黄
5	株型	蔓性	26	果柄长度	0.7 cm	47	单花序果数	7个
6	株高	0.8~1.2 m	27	成熟前果色	浅绿	48	单果重	20.9 g
7	茎叶茸毛	长稀	28	成熟果色	红	49	熟性	极晚≥125 d
8	叶片类型	普通叶型	29	果面棱沟	无	50	形态一致性	一致
9	叶片形状	羽状复叶	30	果面茸毛	无	51	种皮颜色	灰黄
10	叶片着生状态	下垂	31	果顶形状	圆平	52	播种至开花天数	74 d
11	叶色	浅绿	32	果肩	有	53	播种至始收天数	129 d
12	叶脉色	无色	33	果肩形状	微凹	54	裂果性	不易裂
13	叶裂刻	中	34	果肩色	—	55	畸形果	无
14	叶片长	34.0 cm	35	绿果肩大小	—	56	肉质	面
15	叶片宽	23.0 cm	36	商品果纵径	34.3 mm	57	风味	甜酸
16	首花序节位	7节	37	商品果横径	33.1 mm	58	清香味	有
17	第二花序节位	10节	38	果形	圆形	59	综合品质	中
18	花序类型	单式花序	39	果梗洼大小	4.0 mm	60	可溶性固形物含量	5.50%
19	簇生花	无	40	果洼木栓化大小	1.3 mm	61	田间成株耐寒性	弱
20	花柱长度	短于雄蕊	41	果实横切面形状	圆形	62	用途	鲜食
21	花柱形状	单圆花柱	42	果肉色	红			

种质编号VT764

序号	描述项目	描述内容	序号	描述项目	描述内容	序号	描述项目	描述内容
1	种质编号	VT764	22	花柱茸毛	无	43	胎座胶状物质颜色	黄
2	种质类型	遗传材料	23	花色	橘黄	44	果肉厚	3.6 mm
3	下胚轴颜色	紫	24	花梗离层	有	45	心室数	2个
4	生长习性	无限生长	25	单花序花数	16朵	46	果皮色	黄
5	株型	蔓性	26	果柄长度	1.0 cm	47	单花序果数	14个
6	株高	2.4~2.8 m	27	成熟前果色	浅绿	48	单果重	12.2 g
7	茎叶茸毛	短稀	28	成熟果色	红	49	熟性	早100~105 d
8	叶片类型	普通叶型	29	果面棱沟	中	50	形态一致性	连续变异
9	叶片形状	羽状复叶	30	果面茸毛	无	51	种皮颜色	浅黄
10	叶片着生状态	水平	31	果顶形状	圆平	52	播种至开花天数	48 d
11	叶色	绿	32	果肩	有	53	播种至始收天数	105 d
12	叶脉色	无色	33	果肩形状	微凹	54	裂果性	不易裂
13	叶裂刻	中	34	果肩色	—	55	畸形果	无
14	叶片长	38.0 cm	35	绿果肩大小	—	56	肉质	面
15	叶片宽	32.0 cm	36	商品果纵径	38.4 mm	57	风味	甜酸
16	首花序节位	9节	37	商品果横径	25.0 mm	58	清香味	有
17	第二花序节位	11节	38	果形	长圆形	59	综合品质	上
18	花序类型	单式花序或多歧花序	39	果梗洼大小	2.0 mm	60	可溶性固形物含量	8.50%
19	簇生花	无	40	果洼木栓化大小	0.6 mm	61	田间成株耐寒性	强
20	花柱长度	短于雄蕊	41	果实横切面形状	圆形	62	用途	鲜食
21	花柱形状	单圆花柱	42	果肉色	红			

第三章

其他果色樱桃小果类番茄种质资源

本章收录单果重为0.1~30.0 g，紫色、绿色、黄绿色老熟果樱桃类小果番茄种质。共收录19份种质。

种质编号VT345

序号	描述项目	描述内容	序号	描述项目	描述内容	序号	描述项目	描述内容
1	种质编号	VT345	22	花柱茸毛	无	43	胎座胶状物质颜色	绿
2	种质类型	品系	23	花色	橘黄	44	果肉厚	2.0 mm
3	下胚轴颜色	紫	24	花梗离层	有	45	心室数	3个
4	生长习性	无限生长	25	单花序花数	10朵	46	果皮色	无色
5	株型	半蔓性	26	果柄长度	0.7 cm	47	单花序果数	6个
6	株高	2.3~2.8 m	27	成熟前果色	绿白	48	单果重	8.7 g
7	茎叶茸毛	短稀	28	成熟果色	黄或黄绿	49	熟性	极晚≥125 d
8	叶片类型	普通叶型	29	果面棱沟	轻	50	形态一致性	一致
9	叶片形状	羽状复叶	30	果面茸毛	无	51	种皮颜色	深棕
10	叶片着生状态	水平	31	果顶形状	圆平	52	播种至开花天数	87 d
11	叶色	黄绿	32	果肩	有	53	播种至始收天数	148 d
12	叶脉色	无色	33	果肩形状	微凹	54	裂果性	不易裂
13	叶裂刻	中	34	果肩色	—	55	畸形果	无
14	叶片长	40.0 cm	35	绿果肩大小	—	56	肉质	面
15	叶片宽	24.0 cm	36	商品果纵径	22.4 mm	57	风味	甜酸
16	首花序节位	13节	37	商品果横径	27.0 mm	58	清香味	有
17	第二花序节位	16节	38	果形	扁形	59	综合品质	中
18	花序类型	单式花序或多歧花序	39	果梗洼大小	3.5 mm	60	可溶性固形物含量	5.83%
19	簇生花	无	40	果洼木栓化大小	1.5 mm	61	田间成株耐寒性	强
20	花柱长度	与雄蕊近等长	41	果实横切面形状	不规则形状	62	用途	加工
21	花柱形状	单圆花柱	42	果肉色	黄			

种质编号VT349

序号	描述项目	描述内容	序号	描述项目	描述内容	序号	描述项目	描述内容
1	种质编号	VT349	22	花柱茸毛	无	43	胎座胶状物质颜色	黄绿
2	种质类型	遗传材料	23	花色	黄	44	果肉厚	1.7 mm
3	下胚轴颜色	紫	24	花梗离层	有	45	心室数	3个
4	生长习性	无限生长	25	单花序花数	6朵	46	果皮色	无色
5	株型	半蔓性	26	果柄长度	1.8 cm	47	单花序果数	5个
6	株高	2.0～2.5 m	27	成熟前果色	绿白	48	单果重	8.6 g
7	茎叶茸毛	短稀	28	成熟果色	浅黄	49	熟性	极晚≥125 d
8	叶片类型	普通叶型	29	果面棱沟	轻	50	形态一致性	连续变异
9	叶片形状	羽状复叶	30	果面茸毛	无	51	种皮颜色	深棕
10	叶片着生状态	下垂	31	果顶形状	圆平	52	播种至开花天数	85 d
11	叶色	浅绿	32	果肩	有	53	播种至始收天数	148 d
12	叶脉色	无色	33	果肩形状	微凹	54	裂果性	不易裂
13	叶裂刻	中	34	果肩色	—	55	畸形果	无
14	叶片长	36.0 cm	35	绿果肩大小	—	56	肉质	面
15	叶片宽	21.0 cm	36	商品果纵径	22.0 mm	57	风味	酸甜
16	首花序节位	14节	37	商品果横径	26.0 mm	58	清香味	无
17	第二花序节位	17节	38	果形	圆形	59	综合品质	中
18	花序类型	单式花序	39	果梗洼大小	3.5 mm	60	可溶性固形物含量	6.13%
19	簇生花	无	40	果洼木栓化大小	1.5 mm	61	田间成株耐寒性	强
20	花柱长度	与雄蕊近等长	41	果实横切面形状	等边多边形	62	用途	加工
21	花柱形状	单圆花柱	42	果肉色	黄			

种质编号VT350

序号	描述项目	描述内容	序号	描述项目	描述内容	序号	描述项目	描述内容
1	种质编号	VT350	22	花柱茸毛	无	43	胎座胶状物质颜色	黄绿
2	种质类型	遗传材料	23	花色	黄	44	果肉厚	2.1 mm
3	下胚轴颜色	紫	24	花梗离层	有	45	心室数	3个
4	生长习性	无限生长	25	单花序花数	7朵	46	果皮色	无色
5	株型	半蔓性	26	果柄长度	0.7 cm	47	单花序果数	3个
6	株高	1.8~2.3 m	27	成熟前果色	浅绿	48	单果重	11.1 g
7	茎叶茸毛	短稀	28	成熟果色	黄	49	熟性	极晚≥125 d
8	叶片类型	普通叶型	29	果面棱沟	轻	50	形态一致性	不连续变异
9	叶片形状	羽状叶型	30	果面茸毛	无	51	种皮颜色	深棕
10	叶片着生状态	水平	31	果顶形状	圆平	52	播种至开花天数	85 d
11	叶色	黄绿	32	果肩	有	53	播种至始收天数	148 d
12	叶脉色	绿	33	果肩形状	微凹	54	裂果性	不易裂
13	叶裂刻	中	34	果肩色	—	55	畸形果	无
14	叶片长	35.0 cm	35	绿果肩大小	—	56	肉质	面
15	叶片宽	20.0 cm	36	商品果纵径	23.5 mm	57	风味	酸甜
16	首花序节位	13节	37	商品果横径	28.6 mm	58	清香味	有
17	第二花序节位	17节	38	果形	圆形	59	综合品质	中
18	花序类型	单式花序	39	果梗洼大小	3.7 mm	60	可溶性固形物含量	6.10%
19	簇生花	无	40	果洼木栓化大小	1.5 mm	61	田间成株耐寒性	强
20	花柱长度	与雄蕊近等长	41	果实横切面形状	不规则形状	62	用途	加工
21	花柱形状	单圆花柱	42	果肉色	黄			

种质编号VT351

序号	描述项目	描述内容	序号	描述项目	描述内容	序号	描述项目	描述内容
1	种质编号	VT351	22	花柱茸毛	无	43	胎座胶状物质颜色	黄绿
2	种质类型	品系	23	花色	黄	44	果肉厚	2.5 mm
3	下胚轴颜色	紫	24	花梗离层	有	45	心室数	2个
4	生长习性	无限生长	25	单花序花数	14朵	46	果皮色	无色
5	株型	半蔓性	26	果柄长度	0.4 cm	47	单花序果数	7个
6	株高	2.5~2.8 m	27	成熟前果色	绿白	48	单果重	10.8 g
7	茎叶茸毛	长稀	28	成熟果色	浅黄	49	熟性	极晚≥125 d
8	叶片类型	普通叶型	29	果面棱沟	无	50	形态一致性	连续变异
9	叶片形状	羽状复叶	30	果面茸毛	无	51	种皮颜色	深棕
10	叶片着生状态	下垂	31	果顶形状	圆平	52	播种至开花天数	85 d
11	叶色	绿色	32	果肩	有	53	播种至始收天数	148 d
12	叶脉色	无色	33	果肩形状	微凹	54	裂果性	不易裂
13	叶裂刻	深	34	果肩色	—	55	畸形果	无
14	叶片长	38.0 cm	35	绿果肩大小	—	56	肉质	面
15	叶片宽	22.0 cm	36	商品果纵径	24.4 mm	57	风味	酸甜
16	首花序节位	10节	37	商品果横径	29.0 mm	58	清香味	无
17	第二花序节位	14节	38	果形	圆形	59	综合品质	中
18	花序类型	单式花序	39	果梗洼大小	3.5 mm	60	可溶性固形物含量	5.83%
19	簇生花	无	40	果洼木栓化大小	1.3 mm	61	田间成株耐寒性	强
20	花柱长度	与雄蕊近等长	41	果实横切面形状	不规则形状	62	用途	加工
21	花柱形状	单圆花柱	42	果肉色	浅黄			

种质编号VT352

序号	描述项目	描述内容	序号	描述项目	描述内容	序号	描述项目	描述内容
1	种质编号	VT352	22	花柱茸毛	无	43	胎座胶状物质颜色	黄绿
2	种质类型	品系	23	花色	黄	44	果肉厚	2.2 mm
3	下胚轴颜色	紫	24	花梗离层	有	45	心室数	3个
4	生长习性	无限生长	25	单花序花数	20朵	46	果皮色	无色
5	株型	蔓性	26	果柄长度	0.4 cm	47	单花序果数	11个
6	株高	2.0～2.3 m	27	成熟前果色	浅绿	48	单果重	10.4 g
7	茎叶茸毛	短稀	28	成熟果色	浅黄	49	熟性	极晚≥125 d
8	叶片类型	普通叶型	29	果面棱沟	轻	50	形态一致性	一致
9	叶片形状	羽状复叶	30	果面茸毛	稀	51	种皮颜色	深棕
10	叶片着生状态	水平	31	果顶形状	深凹	52	播种至开花天数	85 d
11	叶色	浅绿	32	果肩	有	53	播种至始收天数	148 d
12	叶脉色	无色	33	果肩形状	微凹	54	裂果性	不易裂
13	叶裂刻	中	34	果肩色	—	55	畸形果	无
14	叶片长	36.0 cm	35	绿果肩大小	—	56	肉质	面
15	叶片宽	21.0 cm	36	商品果纵径	23.4 mm	57	风味	酸甜
16	首花序节位	15节	37	商品果横径	27.6 mm	58	清香味	有
17	第二花序节位	18节	38	果形	圆形	59	综合品质	中
18	花序类型	双歧花序	39	果梗洼大小	4.0 mm	60	可溶性固形物含量	6.90%
19	簇生花	无	40	果洼木栓化大小	1.5 mm	61	田间成株耐寒性	强
20	花柱长度	与雄蕊近等长	41	果实横切面形状	等边多边形	62	用途	加工
21	花柱形状	单圆花柱	42	果肉色	黄			

种质编号VT353

序号	描述项目	描述内容	序号	描述项目	描述内容	序号	描述项目	描述内容
1	种质编号	VT353	22	花柱茸毛	无	43	胎座胶状物质颜色	黄绿
2	种质类型	遗传材料	23	花色	橘黄	44	果肉厚	2.2 mm
3	下胚轴颜色	紫	24	花梗离层	有	45	心室数	4个
4	生长习性	无限生长	25	单花序花数	23朵	46	果皮色	无色
5	株型	半蔓性	26	果柄长度	0.7 cm	47	单花序果数	6个
6	株高	2.0~2.5 m	27	成熟前果色	绿白或绿	48	单果重	9.3 g
7	茎叶茸毛	短稀	28	成熟果色	浅黄	49	熟性	极晚≥125 d
8	叶片类型	普通叶型	29	果面棱沟	中	50	形态一致性	不连续变异
9	叶片形状	羽状复叶	30	果面茸毛	稀	51	种皮颜色	深棕
10	叶片着生状态	水平	31	果顶形状	圆平或微凸	52	播种至开花天数	85 d
11	叶色	浅绿	32	果肩	有	53	播种至始收天数	148 d
12	叶脉色	无色	33	果肩形状	微凹	54	裂果性	不易裂
13	叶裂刻	中	34	果肩色	—	55	畸形果	无
14	叶片长	36.0 cm	35	绿果肩大小	—	56	肉质	面
15	叶片宽	18.0 cm	36	商品果纵径	22.8 mm	57	风味	酸甜
16	首花序节位	11节	37	商品果横径	26.9 mm	58	清香味	无
17	第二花序节位	14节	38	果形	圆形	59	综合品质	中
18	花序类型	单式花序	39	果梗洼大小	2.0 mm	60	可溶性固形物含量	5.27%
19	簇生花	无	40	果洼木栓化大小	0.8 mm	61	田间成株耐寒性	中
20	花柱长度	与雄蕊近等长	41	果实横切面形状	不规则形状	62	用途	加工
21	花柱形状	单圆花柱	42	果肉色	黄			

种质编号VT532

序号	描述项目	描述内容	序号	描述项目	描述内容	序号	描述项目	描述内容
1	种质编号	VT532	22	花柱茸毛	无	43	胎座胶状物质颜色	黄绿
2	种质类型	品系	23	花色	浅黄	44	果肉厚	2.6 mm
3	下胚轴颜色	紫	24	花梗离层	有	45	心室数	2个
4	生长习性	无限生长	25	单花序花数	7朵	46	果皮色	无色
5	株型	半蔓性	26	果柄长度	1.0 cm	47	单花序果数	7个
6	株高	2.1~2.5 m	27	成熟前果色	绿	48	单果重	9.8 g
7	茎叶茸毛	短稀	28	成熟果色	黄	49	熟性	极晚≥125 d
8	叶片类型	普通叶型	29	果面棱沟	无	50	形态一致性	连续变异
9	叶片形状	羽状复叶	30	果面茸毛	无	51	种皮颜色	浅棕
10	叶片着生状态	水平	31	果顶形状	圆平	52	播种至开花天数	54 d
11	叶色	绿	32	果肩	有	53	播种至始收天数	148 d
12	叶脉色	无色	33	果肩形状	微凹	54	裂果性	不易裂
13	叶裂刻	中	34	果肩色	浅绿	55	畸形果	无
14	叶片长	38.0 cm	35	绿果肩大小	小	56	肉质	面
15	叶片宽	28.0 cm	36	商品果纵径	25.7 mm	57	风味	酸甜
16	首花序节位	10节	37	商品果横径	25.3 mm	58	清香味	有
17	第二花序节位	14节	38	果形	圆形	59	综合品质	中
18	花序类型	单式花序	39	果梗洼大小	3.5 mm	60	可溶性固形物含量	5.40%
19	簇生花	无	40	果洼木栓化大小	1.3 mm	61	田间成株耐寒性	中
20	花柱长度	短于雄蕊	41	果实横切面形状	圆形	62	用途	加工
21	花柱形状	单圆花柱	42	果肉色	黄			

种质编号VT534

序号	描述项目	描述内容	序号	描述项目	描述内容	序号	描述项目	描述内容
1	种质编号	VT534	22	花柱茸毛	无	43	胎座胶状物质颜色	黄绿
2	种质类型	品系	23	花色	浅黄	44	果肉厚	3.2 mm
3	下胚轴颜色	紫	24	花梗离层	有	45	心室数	2个
4	生长习性	无限生长	25	单花序花数	13朵	46	果皮色	无色
5	株型	半蔓性	26	果柄长度	1.1 cm	47	单花序果数	12个
6	株高	2.5～3.0 m	27	成熟前果色	绿	48	单果重	8.4 g
7	茎叶茸毛	短稀	28	成熟果色	黄	49	熟性	极晚≥125 d
8	叶片类型	普通叶型	29	果面棱沟	无	50	形态一致性	一致
9	叶片形状	羽状复叶	30	果面茸毛	稀	51	种皮颜色	深棕
10	叶片着生状态	水平	31	果顶形状	圆平	52	播种至开花天数	85 d
11	叶色	黄绿	32	果肩	有	53	播种至始收天数	148 d
12	叶脉色	无色	33	果肩形状	微凹	54	裂果性	不易裂
13	叶裂刻	深	34	果肩色	浅绿	55	畸形果	无
14	叶片长	40.0 cm	35	绿果肩大小	小	56	肉质	面
15	叶片宽	30.0 cm	36	商品果纵径	28.2 mm	57	风味	甜酸
16	首花序节位	7节	37	商品果横径	23.3 mm	58	清香味	无
17	第二花序节位	10节	38	果形	高圆形	59	综合品质	中
18	花序类型	单式花序或多歧花序	39	果梗洼大小	3.7 mm	60	可溶性固形物含量	7.30%
19	簇生花	无	40	果洼木栓化大小	1.4 mm	61	田间成株耐寒性	中
20	花柱长度	短于雄蕊	41	果实横切面形状	圆形	62	用途	加工
21	花柱形状	单圆花柱	42	果肉色	黄			

种质编号VT632

序号	描述项目	描述内容	序号	描述项目	描述内容	序号	描述项目	描述内容
1	种质编号	VT632	22	花柱茸毛	无	43	胎座胶状物质颜色	绿
2	种质类型	品系	23	花色	浅黄	44	果肉厚	2.5 mm
3	下胚轴颜色	紫	24	花梗离层	有	45	心室数	2个
4	生长习性	无限生长	25	单花序花数	9朵	46	果皮色	无色
5	株型	半蔓性	26	果柄长度	0.9 cm	47	单花序果数	7个
6	株高	1.7~2.0 m	27	成熟前果色	绿	48	单果重	13.5 g
7	茎叶茸毛	短稀	28	成熟果色	深红	49	熟性	极晚≥125 d
8	叶片类型	普通叶型	29	果面棱沟	无	50	形态一致性	一致
9	叶片形状	二回羽状复叶	30	果面茸毛	稀	51	种皮颜色	灰黄
10	叶片着生状态	水平	31	果顶形状	圆平	52	播种至开花天数	69 d
11	叶色	深绿	32	果肩	有	53	播种至始收天数	134 d
12	叶脉色	无色	33	果肩形状	平	54	裂果性	不易裂
13	叶裂刻	深	34	果肩色	绿	55	畸形果	无
14	叶片长	47.0 cm	35	绿果肩大小	小	56	肉质	面
15	叶片宽	38.0 cm	36	商品果纵径	27.2 mm	57	风味	甜酸
16	首花序节位	9节	37	商品果横径	28.4 mm	58	清香味	有（淡）
17	第二花序节位	15节	38	果形	圆形	59	综合品质	上
18	花序类型	单式花序或多歧花序	39	果梗洼大小	3.6 mm	60	可溶性固形物含量	8.20%
19	簇生花	无	40	果洼木栓化大小	1.3 mm	61	田间成株耐寒性	中
20	花柱长度	短于雄蕊	41	果实横切面形状	圆形	62	用途	鲜食
21	花柱形状	单圆花柱	42	果肉色	绿			

种质编号VT633

序号	描述项目	描述内容	序号	描述项目	描述内容	序号	描述项目	描述内容
1	种质编号	VT633	22	花柱茸毛	无	43	胎座胶状物质颜色	绿
2	种质类型	遗传材料	23	花色	浅黄	44	果肉厚	3.5 mm
3	下胚轴颜色	紫	24	花梗离层	有	45	心室数	2个
4	生长习性	无限生长	25	单花序花数	11朵	46	果皮色	黄
5	株型	半蔓性	26	果柄长度	1.0 cm	47	单花序果数	10个
6	株高	1.9~2.3 m	27	成熟前果色	紫	48	单果重	21.6 g
7	茎叶茸毛	长稀	28	成熟果色	紫红	49	熟性	极晚≥125 d
8	叶片类型	普通叶型	29	果面棱沟	无	50	形态一致性	连续变异
9	叶片形状	羽状复叶	30	果面茸毛	无	51	种皮颜色	灰黄
10	叶片着生状态	下垂	31	果顶形状	圆平	52	播种至开花天数	69 d
11	叶色	深绿	32	果肩	有	53	播种至始收天数	134 d
12	叶脉色	无色	33	果肩形状	微凹	54	裂果性	不易裂
13	叶裂刻	中	34	果肩色	—	55	畸形果	无
14	叶片长	42.0 cm	35	绿果肩大小	—	56	肉质	面
15	叶片宽	31.0 cm	36	商品果纵径	32.7 mm	57	风味	甜酸
16	首花序节位	9节	37	商品果横径	34.4 mm	58	清香味	有(淡)
17	第二花序节位	14节	38	果形	圆形	59	综合品质	中
18	花序类型	单式花序或双歧花序	39	果梗洼大小	3.5 mm	60	可溶性固形物含量	6.20%
19	簇生花	无	40	果洼木栓化大小	1.3 mm	61	田间成株耐寒性	中
20	花柱长度	短于雄蕊	41	果实横切面形状	圆形	62	用途	鲜食或观赏
21	花柱形状	单圆花柱	42	果肉色	紫红			

种质编号VT639

序号	描述项目	描述内容	序号	描述项目	描述内容	序号	描述项目	描述内容
1	种质编号	VT639	22	花柱茸毛	无	43	胎座胶状物质颜色	绿
2	种质类型	遗传材料	23	花色	浅黄	44	果肉厚	3.1 mm
3	下胚轴颜色	紫	24	花梗离层	有	45	心室数	2个
4	生长习性	无限生长	25	单花序花数	13朵	46	果皮色	无色
5	株型	半蔓性	26	果柄长度	0.9 cm	47	单花序果数	7个
6	株高	2.8～3.2 m	27	成熟前果色	浅绿	48	单果重	19.4 g
7	茎叶茸毛	长稀	28	成熟果色	紫	49	熟性	极晚≥125 d
8	叶片类型	普通叶型	29	果面棱沟	无	50	形态一致性	一致
9	叶片形状	羽状复叶	30	果面茸毛	无	51	种皮颜色	深棕
10	叶片着生状态	下垂	31	果顶形状	圆平	52	播种至开花天数	69 d
11	叶色	绿	32	果肩	有	53	播种至始收天数	134 d
12	叶脉色	无色	33	果肩形状	平	54	裂果性	不易裂
13	叶裂刻	深	34	果肩色	绿	55	畸形果	无
14	叶片长	45.0 cm	35	绿果肩大小	小	56	肉质	面
15	叶片宽	38.0 cm	36	商品果纵径	30.5 mm	57	风味	甜酸
16	首花序节位	9节	37	商品果横径	32.8 mm	58	清香味	有（淡）
17	第二花序节位	15节	38	果形	圆形	59	综合品质	上
18	花序类型	多歧花序	39	果梗洼大小	2.5 mm	60	可溶性固形物含量	7.90%
19	簇生花	无	40	果洼木栓化大小	1.3 mm	61	田间成株耐寒性	强
20	花柱长度	短于雄蕊	41	果实横切面形状	圆形	62	用途	鲜食或观赏
21	花柱形状	单圆花柱	42	果肉色	绿			

种质编号VT644

序号	描述项目	描述内容	序号	描述项目	描述内容	序号	描述项目	描述内容
1	种质编号	VT644	22	花柱茸毛	无	43	胎座胶状物质颜色	绿
2	种质类型	品系	23	花色	黄	44	果肉厚	4.7 mm
3	下胚轴颜色	紫	24	花梗离层	有	45	心室数	2个
4	生长习性	无限生长	25	单花序花数	13朵	46	果皮色	无色
5	株型	蔓性	26	果柄长度	1.1 cm	47	单花序果数	9个
6	株高	2.2~2.4 m	27	成熟前果色	绿	48	单果重	30.0 g
7	茎叶茸毛	短稀	28	成熟果色	黄底绿条	49	熟性	极晚≥125 d
8	叶片类型	复细叶型	29	果面棱沟	中	50	形态一致性	一致
9	叶片形状	二回羽状复叶	30	果面茸毛	无	51	种皮颜色	深棕
10	叶片着生状态	下垂	31	果顶形状	凸尖	52	播种至开花天数	75 d
11	叶色	绿	32	果肩	有	53	播种至始收天数	136 d
12	叶脉色	无色	33	果肩形状	微凹	54	裂果性	中
13	叶裂刻	深	34	果肩色	绿	55	畸形果	无
14	叶片长	36.0 cm	35	绿果肩大小	中	56	肉质	软
15	叶片宽	33.0 cm	36	商品果纵径	56.1 mm	57	风味	甜酸
16	首花序节位	9节	37	商品果横径	32.2 mm	58	清香味	有
17	第二花序节位	14节	38	果形	梨形	59	综合品质	上
18	花序类型	双歧花序	39	果梗洼大小	2.7 mm	60	可溶性固形物含量	6.70%
19	簇生花	无	40	果洼木栓化大小	1.0 mm	61	田间成株耐寒性	强
20	花柱长度	短于雄蕊	41	果实横切面形状	圆形	62	用途	鲜食
21	花柱形状	单圆花柱	42	果肉色	绿			

种质编号VT654

序号	描述项目	描述内容	序号	描述项目	描述内容	序号	描述项目	描述内容
1	种质编号	VT654	22	花柱茸毛	无	43	胎座胶状物质颜色	绿
2	种质类型	选育品种	23	花色	浅黄	44	果肉厚	2.6 mm
3	下胚轴颜色	紫	24	花梗离层	有	45	心室数	2个
4	生长习性	无限生长	25	单花序花数	10朵	46	果皮色	无色
5	株型	半蔓性	26	果柄长度	1.0 cm	47	单花序果数	9个
6	株高	2.0～2.2 m	27	成熟前果色	浅绿	48	单果重	22.9 g
7	茎叶茸毛	长稀	28	成熟果色	紫	49	熟性	早100～105 d
8	叶片类型	复细叶型	29	果面棱沟	无	50	形态一致性	一致
9	叶片形状	二回羽状复叶	30	果面茸毛	无	51	种皮颜色	深棕
10	叶片着生状态	下垂	31	果顶形状	圆平	52	播种至开花天数	48 d
11	叶色	绿	32	果肩	有	53	播种至始收天数	104 d
12	叶脉色	无色	33	果肩形状	平	54	裂果性	不易裂
13	叶裂刻	深	34	果肩色	—	55	畸形果	无
14	叶片长	45.0 cm	35	绿果肩大小	—	56	肉质	软
15	叶片宽	38.0 cm	36	商品果纵径	32.8 mm	57	风味	甜酸
16	首花序节位	7节	37	商品果横径	34.5 mm	58	清香味	无
17	第二花序节位	11节	38	果形	圆形	59	综合品质	中
18	花序类型	单式花序或多歧花序	39	果梗洼大小	4.0 mm	60	可溶性固形物含量	7.00%
19	簇生花	无	40	果洼木栓化大小	1.2 mm	61	田间成株耐寒性	中
20	花柱长度	短于雄蕊	41	果实横切面形状	圆形	62	用途	鲜食或观赏
21	花柱形状	单圆花柱	42	果肉色	绿			

种质编号VT670

序号	描述项目	描述内容	序号	描述项目	描述内容	序号	描述项目	描述内容
1	种质编号	VT670	22	花柱茸毛	无	43	胎座胶状物质颜色	绿
2	种质类型	选育品种	23	花色	浅黄	44	果肉厚	3.8 mm
3	下胚轴颜色	紫	24	花梗离层	有	45	心室数	2个
4	生长习性	无限生长	25	单花序花数	19朵	46	果皮色	无色
5	株型	半蔓性	26	果柄长度	1.1 cm	47	单花序果数	11个
6	株高	2.5~3.0 m	27	成熟前果色	绿	48	单果重	19.3 g
7	茎叶茸毛	短稀	28	成熟果色	紫	49	熟性	晚121~125 d
8	叶片类型	普通叶型	29	果面棱沟	无	50	形态一致性	一致
9	叶片形状	羽状复叶	30	果面茸毛	无	51	种皮颜色	深棕
10	叶片着生状态	下垂	31	果顶形状	圆平	52	播种至开花天数	57 d
11	叶色	绿	32	果肩	有	53	播种至始收天数	124 d
12	叶脉色	无色	33	果肩形状	平	54	裂果性	不易裂
13	叶裂刻	深	34	果肩色	—	55	畸形果	无
14	叶片长	43.0 cm	35	绿果肩大小	—	56	肉质	软
15	叶片宽	40.0 cm	36	商品果纵径	30.6 mm	57	风味	酸甜
16	首花序节位	8节	37	商品果横径	32.6 mm	58	清香味	有
17	第二花序节位	11节	38	果形	圆形	59	综合品质	中
18	花序类型	多歧花序	39	果梗洼大小	3.5 mm	60	可溶性固形物含量	6.70%
19	簇生花	无	40	果洼木栓化大小	1.5 mm	61	田间成株耐寒性	中
20	花柱长度	短于雄蕊	41	果实横切面形状	圆形	62	用途	鲜食
21	花柱形状	单圆花柱	42	果肉色	绿带红			

种质编号VT704

序号	描述项目	描述内容	序号	描述项目	描述内容	序号	描述项目	描述内容
1	种质编号	VT704	22	花柱茸毛	无	43	胎座胶状物质颜色	绿
2	种质类型	遗传材料	23	花色	黄	44	果肉厚	3.5 mm
3	下胚轴颜色	紫	24	花梗离层	有	45	心室数	2个
4	生长习性	无限生长	25	单花序花数	7朵	46	果皮色	无色
5	株型	半蔓性	26	果柄长度	1 cm	47	单花序果数	7个
6	株高	2.1~2.5 m	27	成熟前果色	深绿	48	单果重	27.0 g
7	茎叶茸毛	长稀	28	成熟果色	紫	49	熟性	极晚≥125 d
8	叶片类型	普通叶型	29	果面棱沟	中	50	形态一致性	一致
9	叶片形状	羽状复叶	30	果面茸毛	稀	51	种皮颜色	浅棕
10	叶片着生状态	水平	31	果顶形状	圆平	52	播种至开花天数	69 d
11	叶色	绿	32	果肩	有	53	播种至始收天数	134 d
12	叶脉色	无色	33	果肩形状	微凹	54	裂果性	不易裂
13	叶裂刻	深	34	果肩色	绿	55	畸形果	无
14	叶片长	44.0 cm	35	绿果肩大小	小	56	肉质	面
15	叶片宽	40.0 cm	36	商品果纵径	33.2 mm	57	风味	酸甜
16	首花序节位	11节	37	商品果横径	35.9 mm	58	清香味	有
17	第二花序节位	15节	38	果形	圆形	59	综合品质	中
18	花序类型	单式花序	39	果梗洼大小	3.9 mm	60	可溶性固形物含量	7.53%
19	簇生花	无	40	果洼木栓化大小	1.8 mm	61	田间成株耐寒性	强
20	花柱长度	短于雄蕊	41	果实横切面形状	圆形	62	用途	鲜食或加工
21	花柱形状	单圆花柱	42	果肉色	绿			

种质编号VT729

序号	描述项目	描述内容	序号	描述项目	描述内容	序号	描述项目	描述内容
1	种质编号	VT729	22	花柱茸毛	无	43	胎座胶状物质颜色	绿
2	种质类型	遗传材料	23	花色	浅黄	44	果肉厚	3 mm
3	下胚轴颜色	紫	24	花梗离层	有	45	心室数	2个
4	生长习性	无限生长	25	单花序花数	7朵	46	果皮色	黄
5	株型	半蔓性	26	果柄长度	1.0 cm	47	单花序果数	7个
6	株高	2.5~3.0 m	27	成熟前果色	绿	48	单果重	26.0 g
7	茎叶茸毛	短稀	28	成熟果色	紫	49	熟性	极晚≥125 d
8	叶片类型	普通叶型	29	果面棱沟	轻	50	形态一致性	连续变异
9	叶片形状	羽状复叶	30	果面茸毛	无	51	种皮颜色	浅棕
10	叶片着生状态	水平	31	果顶形状	圆平	52	播种至开花天数	87 d
11	叶色	深绿	32	果肩	有	53	播种至始收天数	150 d
12	叶脉色	无色	33	果肩形状	微凹	54	裂果性	不易裂
13	叶裂刻	深	34	果肩色	—	55	畸形果	无
14	叶片长	43.0 cm	35	绿果肩大小	—	56	肉质	面
15	叶片宽	37.0 cm	36	商品果纵径	32.0 mm	57	风味	甜酸
16	首花序节位	9节	37	商品果横径	36.9 mm	58	清香味	有
17	第二花序节位	13节	38	果形	圆形	59	综合品质	中
18	花序类型	单式花序或多歧花序	39	果梗洼大小	3.5 mm	60	可溶性固形物含量	4.90%
19	簇生花	无	40	果洼木栓化大小	1.8 mm	61	田间成株耐寒性	中
20	花柱长度	短于雄蕊	41	果实横切面形状	圆形	62	用途	鲜食
21	花柱形状	单圆花柱	42	果肉色	绿			

种质编号VT730

序号	描述项目	描述内容	序号	描述项目	描述内容	序号	描述项目	描述内容
1	种质编号	VT730	22	花柱茸毛	无	43	胎座胶状物质颜色	黄绿
2	种质类型	遗传材料	23	花色	黄	44	果肉厚	3.5 mm
3	下胚轴颜色	紫	24	花梗离层	有	45	心室数	3个
4	生长习性	无限生长	25	单花序花数	8朵	46	果皮色	无色
5	株型	半蔓性	26	果柄长度	1.2 cm	47	单花序果数	8个
6	株高	2.2~2.5 m	27	成熟前果色	绿	48	单果重	15.6 g
7	茎叶茸毛	长稀	28	成熟果色	紫	49	熟性	极晚≥125 d
8	叶片类型	普通叶型	29	果面棱沟	轻	50	形态一致性	不连续变异
9	叶片形状	羽状复叶	30	果面茸毛	无	51	种皮颜色	灰黄
10	叶片着生状态	水平	31	果顶形状	圆平	52	播种至开花天数	54 d
11	叶色	深绿	32	果肩	有	53	播种至始收天数	149 d
12	叶脉色	无色	33	果肩形状	微凹	54	裂果性	不易裂
13	叶裂刻	深	34	果肩色	绿	55	畸形果	无
14	叶片长	42.0 cm	35	绿果肩大小	小	56	肉质	面
15	叶片宽	39.0 cm	36	商品果纵径	27.4 mm	57	风味	甜酸
16	首花序节位	10节	37	商品果横径	31.1 mm	58	清香味	有
17	第二花序节位	14节	38	果形	圆形	59	综合品质	中
18	花序类型	单式花序或双歧花序或多歧花序	39	果梗洼大小	4.0 mm	60	可溶性固形物含量	5.30%
19	簇生花	无	40	果洼木栓化大小	1.8 mm	61	田间成株耐寒性	中
20	花柱长度	短于雄蕊	41	果实横切面形状	等边多边形	62	用途	鲜食或加工
21	花柱形状	单圆花柱	42	果肉色	红			

种质编号VT534

序号	描述项目	描述内容	序号	描述项目	描述内容	序号	描述项目	描述内容
1	种质编号	VT534	22	花柱茸毛	无	43	胎座胶状物质颜色	黄绿
2	种质类型	品系	23	花色	浅黄	44	果肉厚	3.2 mm
3	下胚轴颜色	紫	24	花梗离层	有	45	心室数	2个
4	生长习性	无限生长	25	单花序花数	13朵	46	果皮色	无色
5	株型	半蔓性	26	果柄长度	1.1 cm	47	单花序果数	12个
6	株高	2.5~3.0 m	27	成熟前果色	绿	48	单果重	8.4 g
7	茎叶茸毛	短稀	28	成熟果色	黄绿	49	熟性	极晚≥125 d
8	叶片类型	普通叶型	29	果面棱沟	无	50	形态一致性	一致
9	叶片形状	羽状复叶	30	果面茸毛	稀	51	种皮颜色	深棕
10	叶片着生状态	水平	31	果顶形状	圆平	52	播种至开花天数	85 d
11	叶色	黄绿	32	果肩	有	53	播种至始收天数	148 d
12	叶脉色	无色	33	果肩形状	微凹	54	裂果性	不易裂
13	叶裂刻	深	34	果肩色	浅绿	55	畸形果	无
14	叶片长	40.0 cm	35	绿果肩大小	小	56	肉质	面
15	叶片宽	30.0 cm	36	商品果纵径	28.2 mm	57	风味	甜酸
16	首花序节位	7节	37	商品果横径	23.3 mm	58	清香味	无
17	第二花序节位	10节	38	果形	高圆形	59	综合品质	中
18	花序类型	单式花序或多歧花序	39	果梗洼大小	3.7 mm	60	可溶性固形物含量	7.30%
19	簇生花	无	40	果洼木栓化大小	1.4 mm	61	田间成株耐寒性	中
20	花柱长度	短于雄蕊	41	果实横切面形状	圆形	62	用途	加工
21	花柱形状	单圆花柱	42	果肉色	黄			

第三章 其他果色樱桃小果类番茄种质资源

种质编号VT714

序号	描述项目	描述内容	序号	描述项目	描述内容	序号	描述项目	描述内容
1	种质编号	VT714	22	花柱茸毛	无	43	胎座胶状物质颜色	绿
2	种质类型	品系	23	花色	浅黄	44	果肉厚	2.7 mm
3	下胚轴颜色	紫	24	花梗离层	有	45	心室数	3个
4	生长习性	无限生长	25	单花序花数	13朵	46	果皮色	黄
5	株型	半蔓性	26	果柄长度	1.2 cm	47	单花序果数	9个
6	株高	2.2～2.5 m	27	成熟前果色	绿	48	单果重	29.2 g
7	茎叶茸毛	短稀	28	成熟果色	紫	49	熟性	极晚≥125 d
8	叶片类型	普通叶型	29	果面棱沟	中	50	形态一致性	一致
9	叶片形状	羽状复叶	30	果面茸毛	稀	51	种皮颜色	灰黄
10	叶片着生状态	水平	31	果顶形状	圆平	52	播种至开花天数	54 d
11	叶色	深绿	32	果肩	有	53	播种至始收天数	146 d
12	叶脉色	无色	33	果肩形状	微凹	54	裂果性	不易裂
13	叶裂刻	深	34	果肩色	绿	55	畸形果	无
14	叶片长	39.0 cm	35	绿果肩大小	小	56	肉质	软
15	叶片宽	30.0 cm	36	商品果纵径	44.4 mm	57	风味	酸甜
16	首花序节位	13节	37	商品果横径	33.9 mm	58	清香味	有
17	第二花序节位	16节	38	果形	梨形	59	综合品质	中
18	花序类型	单式花序	39	果梗洼大小	3.3 mm	60	可溶性固形物含量	5.00%
19	簇生花	无	40	果洼木栓化大小	1.2 mm	61	田间成株耐寒性	中
20	花柱长度	与雄蕊近等长	41	果实横切面形状	等边多边形	62	用途	鲜食或加工
21	花柱形状	单圆花柱	42	果肉色	红			

第四章

特小果番茄种质资源

本章收录单果重为30.1~50.0 g，各种颜色的特小果类番茄种质。共收录66份种质。

种质编号VT7

序号	描述项目	描述内容	序号	描述项目	描述内容	序号	描述项目	描述内容
1	种质编号	VT7	22	花柱茸毛	无	43	胎座胶状物质颜色	黄
2	种质类型	品系	23	花色	浅黄	44	果肉厚	3.6 mm
3	下胚轴颜色	紫	24	花梗离层	有	45	心室数	2~3个
4	生长习性	无限生长	25	单花序花数	几十朵	46	果皮色	黄
5	株型	半蔓性	26	果柄长度	0.8 cm	47	单花序果数	十几个
6	株高	1.6~2.0 m	27	成熟前果色	绿	48	单果重	39.2 g
7	茎叶茸毛	短稀	28	成熟果色	黄	49	熟性	极晚≥125 d
8	叶片类型	普通叶型	29	果面棱沟	重	50	形态一致性	连续变异
9	叶片形状	羽状复叶	30	果面茸毛	无	51	种皮颜色	浅黄
10	叶片着生状态	水平	31	果顶形状	凸尖	52	播种至开花天数	71 d
11	叶色	绿	32	果肩	无	53	播种至始收天数	138 d
12	叶脉色	无色	33	果肩形状	—	54	裂果性	不易裂
13	叶裂刻	中	34	果肩色	—	55	畸形果	无
14	叶片长	45.0 cm	35	绿果肩大小		56	肉质	面
15	叶片宽	39.0 cm	36	商品果纵径	38.4 mm	57	风味	酸
16	首花序节位	10节	37	商品果横径	30.8 mm	58	清香味	有
17	第二花序节位	13节	38	果形	梨形	59	综合品质	下
18	花序类型	多歧花序	39	果梗洼大小	1.3 mm	60	可溶性固形物含量	5.60%
19	簇生花	无	40	果洼木栓化大小	0.6 mm	61	田间成株耐寒性	弱
20	花柱长度	短于雄蕊	41	果实横切面形状	圆形或不规则形状	62	用途	鲜食
21	花柱形状	单圆花柱	42	果肉色	黄			

种质编号VT25

序号	描述项目	描述内容	序号	描述项目	描述内容	序号	描述项目	描述内容
1	种质编号	VT25	22	花柱茸毛	无	43	胎座胶状物质颜色	黄
2	种质类型	遗传材料	23	花色	浅黄	44	果肉厚	6.2 mm
3	下胚轴颜色	紫	24	花梗离层	有	45	心室数	2个
4	生长习性	无限生长	25	单花序花数	7朵	46	果皮色	黄
5	株型	半蔓性	26	果柄长度	0.6 cm	47	单花序果数	5个
6	株高	1.7～2.0 m	27	成熟前果色	浅绿	48	单果重	41.2 g
7	茎叶茸毛	短稀	28	成熟果色	橘黄或红	49	熟性	极晚≥125 d
8	叶片类型	普通叶型	29	果面棱沟	中	50	形态一致性	不连续变异
9	叶片形状	羽状复叶	30	果面茸毛	无	51	种皮颜色	灰黄
10	叶片着生状态	水平	31	果顶形状	圆平	52	播种至开花天数	71 d
11	叶色	浅绿	32	果肩	无	53	播种至始收天数	138 d
12	叶脉色	无色	33	果肩形状	深凹	54	裂果性	不易裂
13	叶裂刻	深	34	果肩色	—	55	畸形果	少
14	叶片长	40.0 cm	35	绿果肩大小	—	56	肉质	面或沙
15	叶片宽	34.0 cm	36	商品果纵径	50.3 mm	57	风味	酸甜
16	首花序节位	12节	37	商品果横径	42.1 mm	58	清香味	有
17	第二花序节位	15节	38	果形	葫芦形	59	综合品质	下
18	花序类型	单式花序	39	果梗洼大小	2.1 mm	60	可溶性固形物含量	5.35%
19	簇生花	无	40	果洼木栓化大小	1.0 mm	61	田间成株耐寒性	弱
20	花柱长度	短于雄蕊	41	果实横切面形状	圆形	62	用途	鲜食或加工
21	花柱形状	单圆花柱	42	果肉色	黄或粉红			

第四章 特小果番茄种质资源

种质编号VT37

序号	描述项目	描述内容	序号	描述项目	描述内容	序号	描述项目	描述内容
1	种质编号	VT37	22	花柱茸毛	无	43	胎座胶状物质颜色	黄或黄绿
2	种质类型	遗传材料	23	花色	浅黄	44	果肉厚	5.9 mm
3	下胚轴颜色	紫	24	花梗离层	有	45	心室数	4个
4	生长习性	6序花封顶	25	单花序花数	6朵	46	果皮色	黄
5	株型	半蔓性	26	果柄长度	0.8 cm	47	单花序果数	6个
6	株高	0.9~1.2 m	27	成熟前果色	浅绿至绿	48	单果重	44.2 g
7	茎叶茸毛	短稀	28	成熟果色	粉红或红	49	熟性	极晚≥125 d
8	叶片类型	薯叶型	29	果面棱沟	无	50	形态一致性	连续变异
9	叶片形状	羽状复叶	30	果面茸毛	无	51	种皮颜色	浅黄或灰黄
10	叶片着生状态	水平	31	果顶形状	圆平	52	播种至开花天数	78 d
11	叶色	浅绿	32	果肩	有	53	播种至始收天数	137 d
12	叶脉色	无色	33	果肩形状	深凹	54	裂果性	不易裂
13	叶裂刻	深	34	果肩色	—	55	畸形果	无
14	叶片长	42.0 cm	35	绿果肩大小	—	56	肉质	面
15	叶片宽	38.5 cm	36	商品果纵径	44.4 mm	57	风味	酸甜
16	首花序节位	10节	37	商品果横径	46.6 mm	58	清香味	有
17	第二花序节位	11节	38	果形	扁圆或高圆形	59	综合品质	中
18	花序类型	单式花序	39	果梗洼大小	6.2 mm	60	可溶性固形物含量	5.10%
19	簇生花	无	40	果洼木栓化大小	2.2 mm	61	田间成株耐寒性	中
20	花柱长度	与雄蕊近等长	41	果实横切面形状	圆形	62	用途	鲜食或加工
21	花柱形状	单圆花柱	42	果肉色	红			

种质编号VT72

序号	描述项目	描述内容	序号	描述项目	描述内容	序号	描述项目	描述内容
1	种质编号	VT72	22	花柱茸毛	无	43	胎座胶状物质颜色	黄
2	种质类型	品系	23	花色	黄	44	果肉厚	3.2 mm
3	下胚轴颜色	紫	24	花梗离层	有	45	心室数	2个
4	生长习性	无限生长	25	单花序花数	12朵	46	果皮色	黄
5	株型	半蔓性	26	果柄长度	0.8 cm	47	单花序果数	8个
6	株高	2.4～3.0 m	27	成熟前果色	浅绿	48	单果重	31.8 g
7	茎叶茸毛	短稀	28	成熟果色	黄	49	熟性	≥125 d
8	叶片类型	普通叶型	29	果面棱沟	重	50	形态一致性	一致
9	叶片形状	羽状复叶	30	果面茸毛	无	51	种皮颜色	浅棕
10	叶片着生状态	水平	31	果顶形状	圆平	52	播种至开花天数	83 d
11	叶色	浅绿	32	果肩	有	53	播种至始收天数	146 d
12	叶脉色	绿	33	果肩形状	微凹	54	裂果性	不易裂
13	叶裂刻	中	34	果肩色	—	55	畸形果	无
14	叶片长	43.0 cm	35	绿果肩大小	—	56	肉质	面
15	叶片宽	37.0 cm	36	商品果纵径	46.2 mm	57	风味	酸甜
16	首花序节位	12节	37	商品果横径	34.5 mm	58	清香味	有
17	第二花序节位	16节	38	果形	长圆形	59	综合品质	中
18	花序类型	单式花序	39	果梗洼大小	2.1 mm	60	可溶性固形物含量	4.40%
19	簇生花	无	40	果洼木栓化大小	0.2 mm	61	田间成株耐寒性	强
20	花柱长度	与雄蕊近等长	41	果实横切面形状	圆形	62	用途	鲜食
21	花柱形状	单圆花柱	42	果肉色	黄			

种质编号VT73

序号	描述项目	描述内容	序号	描述项目	描述内容	序号	描述项目	描述内容
1	种质编号	VT73	22	花柱茸毛	无	43	胎座胶状物质颜色	黄
2	种质类型	品系	23	花色	浅黄	44	果肉厚	4.5 mm
3	下胚轴颜色	紫	24	花梗离层	有	45	心室数	2个
4	生长习性	无限生长	25	单花序花数	13朵	46	果皮色	黄
5	株型	半蔓性	26	果柄长度	0.6 cm	47	单花序果数	7个
6	株高	2.0～2.4 m	27	成熟前果色	浅绿	48	单果重	40.1 g
7	茎叶茸毛	短稀	28	成熟果色	黄	49	熟性	极晚≥125 d
8	叶片类型	普通叶型	29	果面棱沟	重	50	形态一致性	一致
9	叶片形状	羽状复叶	30	果面茸毛	无	51	种皮颜色	灰黄
10	叶片着生状态	水平	31	果顶形状	圆平	52	播种至开花天数	71 d
11	叶色	绿	32	果肩	有	53	播种至始收天数	136 d
12	叶脉色	无色	33	果肩形状	平	54	裂果性	不易裂
13	叶裂刻	深	34	果肩色	—	55	畸形果	无
14	叶片长	34.0 cm	35	绿果肩大小	—	56	肉质	软
15	叶片宽	30.0 cm	36	商品果纵径	47.9 mm	57	风味	酸甜
16	首花序节位	12节	37	商品果横径	41.2 mm	58	清香味	无
17	第二花序节位	17节	38	果形	长圆形	59	综合品质	中
18	花序类型	单式花序	39	果梗洼大小	2.9 mm	60	可溶性固形物含量	4.1%
19	簇生花	无	40	果洼木栓化大小	0.3 mm	61	田间成株耐寒性	强
20	花柱长度	与雄蕊近等长	41	果实横切面形状	圆形	62	用途	鲜食
21	花柱形状	单圆花柱	42	果肉色	黄			

种质编号VT78

序号	描述项目	描述内容	序号	描述项目	描述内容	序号	描述项目	描述内容
1	种质编号	VT78	22	花柱茸毛	无	43	胎座胶状物质颜色	红
2	种质类型	遗传材料	23	花色	橘黄	44	果肉厚	5.3 mm
3	下胚轴颜色	绿或紫	24	花梗离层	有	45	心室数	2~3个
4	生长习性	6序花封顶	25	单花序花数	10朵	46	果皮色	黄
5	株型	半蔓性	26	果柄长度	0.6 cm	47	单花序果数	7个
6	株高	1.2~1.6 m	27	成熟前果色	绿白	48	单果重	31.7 g
7	茎叶茸毛	短稀	28	成熟果色	红	49	熟性	早100~105 d
8	叶片类型	薯叶型	29	果面棱沟	中	50	形态一致性	连续变异
9	叶片形状	羽状复叶	30	果面茸毛	无	51	种皮颜色	灰黄
10	叶片着生状态	下垂	31	果顶形状	圆平	52	播种至开花天数	52 d
11	叶色	绿或黄绿	32	果肩	有	53	播种至始收天数	102 d
12	叶脉色	无色	33	果肩形状	深凹	54	裂果性	中
13	叶裂刻	中	34	果肩色	—	55	畸形果	无
14	叶片长	33.0 cm	35	绿果肩大小	—	56	肉质	面
15	叶片宽	41.0 cm	36	商品果纵径	38.1 mm	57	风味	酸甜
16	首花序节位	12节	37	商品果横径	36.6 mm	58	清香味	无
17	第二花序节位	13节	38	果形	桃形	59	综合品质	中
18	花序类型	单式花序	39	果梗洼大小	4.0 mm	60	可溶性固形物含量	4.70%
19	簇生花	无	40	果洼木栓化大小	1.8 mm	61	田间成株耐寒性	强
20	花柱长度	与雄蕊近等长	41	果实横切面形状	不规则形状	62	用途	鲜食
21	花柱形状	单圆花柱	42	果肉色	红			

种质编号VT91

序号	描述项目	描述内容	序号	描述项目	描述内容	序号	描述项目	描述内容
1	种质编号	VT91	22	花柱茸毛	无	43	胎座胶状物质颜色	粉红
2	种质类型	品系	23	花色	橘黄	44	果肉厚	5.2 mm
3	下胚轴颜色	紫	24	花梗离层	有	45	心室数	2~3个
4	生长习性	7序花封顶	25	单花序花数	11朵	46	果皮色	黄
5	株型	半蔓性	26	果柄长度	0.8 cm	47	单花序果数	9个
6	株高	1.5~1.8 m	27	成熟前果色	浅绿	48	单果重	30.2 g
7	茎叶茸毛	短稀	28	成熟果色	深红	49	熟性	早100~105 d
8	叶片类型	薯叶型	29	果面棱沟	轻	50	形态一致性	连续变异
9	叶片形状	羽状复叶	30	果面茸毛	无	51	种皮颜色	深棕
10	叶片着生状态	下垂	31	果顶形状	圆平	52	播种至开花天数	52 d
11	叶色	绿	32	果肩	有	53	播种至始收天数	102 d
12	叶脉色	无色	33	果肩形状	深凹	54	裂果性	中
13	叶裂刻	中	34	果肩色	—	55	畸形果	无
14	叶片长	38.0 cm	35	绿果肩大小	—	56	肉质	软
15	叶片宽	36.0 cm	36	商品果纵径	35.7 mm	57	风味	甜酸
16	首花序节位	12节	37	商品果横径	37.5 mm	58	清香味	无
17	第二花序节位	14节	38	果形	高圆或圆形	59	综合品质	中
18	花序类型	单式花序	39	果梗洼大小	2.0 mm	60	可溶性固形物含量	4.70%
19	簇生花	无	40	果洼木栓化大小	0.8 mm	61	田间成株耐寒性	中
20	花柱长度	短于雄蕊	41	果实横切面形状	圆形	62	用途	鲜食或加工
21	花柱形状	单圆花柱	42	果肉色	红			

种质编号VT95

序号	描述项目	描述内容	序号	描述项目	描述内容	序号	描述项目	描述内容
1	种质编号	VT95	22	花柱茸毛	无	43	胎座胶状物质颜色	黄
2	种质类型	品系	23	花色	浅黄	44	果肉厚	6.5 mm
3	下胚轴颜色	紫	24	花梗离层	有	45	心室数	3个
4	生长习性	无限生长	25	单花序花数	5朵	46	果皮色	黄
5	株型	半蔓性	26	果柄长度	1.0 cm	47	单花序果数	3个
6	株高	2.0~2.3 m	27	成熟前果色	绿白	48	单果重	48.7 g
7	茎叶茸毛	短稀	28	成熟果色	红	49	熟性	极晚≥125 d
8	叶片类型	普通叶型	29	果面棱沟	轻	50	形态一致性	连续变异
9	叶片形状	羽状复叶	30	果面茸毛	无	51	种皮颜色	浅黄
10	叶片着生状态	下垂	31	果顶形状	圆平	52	播种至开花天数	71 d
11	叶色	绿	32	果肩	有	53	播种至始收天数	136 d
12	叶脉色	无色	33	果肩形状	深凹	54	裂果性	不易裂
13	叶裂刻	深	34	果肩色	—	55	畸形果	少
14	叶片长	55.0 cm	35	绿果肩大小	—	56	肉质	沙
15	叶片宽	44.0 cm	36	商品果纵径	45.2 mm	57	风味	酸甜
16	首花序节位	8节	37	商品果横径	44.6 mm	58	清香味	无
17	第二花序节位	11节	38	果形	高圆形	59	综合品质	中
18	花序类型	单式花序	39	果梗洼大小	5.5 mm	60	可溶性固形物含量	5.20%
19	簇生花	无	40	果洼木栓化大小	2.0 mm	61	田间成株耐寒性	中
20	花柱长度	与雄蕊近等长	41	果实横切面形状	圆形	62	用途	鲜食或加工
21	花柱形状	单圆花柱	42	果肉色	粉红			

种质编号VT96

序号	描述项目	描述内容	序号	描述项目	描述内容	序号	描述项目	描述内容
1	种质编号	VT96	22	花柱茸毛	无	43	胎座胶状物质颜色	红
2	种质类型	品系	23	花色	黄	44	果肉厚	5.9 mm
3	下胚轴颜色	紫	24	花梗离层	有	45	心室数	3~5个
4	生长习性	无限生长	25	单花序花数	8朵	46	果皮色	黄
5	株型	半蔓性	26	果柄长度	0.8 cm	47	单花序果数	5个
6	株高	2.2~2.6 m	27	成熟前果色	绿	48	单果重	42.9 g
7	茎叶茸毛	短稀	28	成熟果色	红	49	熟性	早100~105 d
8	叶片类型	普通叶型	29	果面棱沟	重	50	形态一致性	连续变异
9	叶片形状	羽状复叶	30	果面茸毛	无	51	种皮颜色	灰黄
10	叶片着生状态	下垂	31	果顶形状	圆平	52	播种至开花天数	52 d
11	叶色	浅绿	32	果肩	有	53	播种至始收天数	105 d
12	叶脉色	绿	33	果肩形状	微凹	54	裂果性	不易裂
13	叶裂刻	中	34	果肩色	—	55	畸形果	少
14	叶片长	40.0 cm	35	绿果肩大小	—	56	肉质	软
15	叶片宽	39.0 cm	36	商品果纵径	37.6 mm	57	风味	酸甜
16	首花序节位	12节	37	商品果横径	43.7 mm	58	清香味	无
17	第二花序节位	15节	38	果形	扁圆或圆形	59	综合品质	下
18	花序类型	单式花序	39	果梗洼大小	4.0 mm	60	可溶性固形物含量	5.10%
19	簇生花	无	40	果洼木栓化大小	1.5 mm	61	田间成株耐寒性	弱
20	花柱长度	长于雄蕊或与雄蕊近等长	41	果实横切面形状	不规则形状	62	用途	鲜食
21	花柱形状	单圆花柱	42	果肉色	红			

种质编号VT100

序号	描述项目	描述内容	序号	描述项目	描述内容	序号	描述项目	描述内容
1	种质编号	VT100	22	花柱茸毛	无	43	胎座胶状物质颜色	绿
2	种质类型	品系	23	花色	黄	44	果肉厚	6.0 mm
3	下胚轴颜色	紫	24	花梗离层	有	45	心室数	2个
4	生长习性	无限生长	25	单花序花数	10朵	46	果皮色	黄
5	株型	半蔓性	26	果柄长度	1.2 cm	47	单花序果数	8个
6	株高	2.0～2.5 m	27	成熟前果色	绿	48	单果重	42.8 g
7	茎叶茸毛	短稀	28	成熟果色	紫	49	熟性	极晚≥125 d
8	叶片类型	普通叶型	29	果面棱沟	中	50	形态一致性	一致
9	叶片形状	羽状复叶	30	果面茸毛	无	51	种皮颜色	灰黄
10	叶片着生状态	水平	31	果顶形状	圆平	52	播种至开花天数	71 d
11	叶色	浅绿	32	果肩	有	53	播种至始收天数	136 d
12	叶脉色	无色	33	果肩形状	微凹	54	裂果性	不易裂
13	叶裂刻	深	34	果肩色	绿	55	畸形果	无
14	叶片长	40.0 cm	35	绿果肩大小	小	56	肉质	软
15	叶片宽	38.0 cm	36	商品果纵径	51.5 mm	57	风味	酸甜
16	首花序节位	12节	37	商品果横径	39.4 mm	58	清香味	有
17	第二花序节位	15节	38	果形	梨形	59	综合品质	中
18	花序类型	单式花序或双歧花序	39	果梗洼大小	3.5 mm	60	可溶性固形物含量	4.20%
19	簇生花	无	40	果洼木栓化大小	0.8 mm	61	田间成株耐寒性	中
20	花柱长度	短于雄蕊	41	果实横切面形状	圆形	62	用途	鲜食或加工
21	花柱形状	单圆花柱	42	果肉色	绿			

种质编号VT105

序号	描述项目	描述内容	序号	描述项目	描述内容	6.8	描述项目	描述内容
1	种质编号	VT105	22	花柱茸毛	无	43	胎座胶状物质颜色	粉红
2	种质类型	品系	23	花色	浅黄或黄	44	果肉厚	4.9 mm
3	下胚轴颜色	绿	24	花梗离层	无	45	心室数	3个
4	生长习性	9序花封顶	25	单花序花数	8朵	46	果皮色	红
5	株型	半蔓性	26	果柄长度	0.6 cm	47	单花序果数	8个
6	株高	1.3~1.6 m	27	成熟前果色	绿白	48	单果重	31.5 g
7	茎叶茸毛	短稀	28	成熟果色	粉红	49	熟性	极晚≥125 d
8	叶片类型	普通叶型	29	果面棱沟	轻	50	形态一致性	一致
9	叶片形状	羽状复叶	30	果面茸毛	无	51	种皮颜色	灰黄
10	叶片着生状态	水平	31	果顶形状	圆平	52	播种至开花天数	52 d
11	叶色	黄绿	32	果肩	有	53	播种至始收天数	138 d
12	叶脉色	无色	33	果肩形状	深凹	54	裂果性	不易裂
13	叶裂刻	深	34	果肩色	—	55	畸形果	无
14	叶片长	26.0 cm	35	绿果肩大小	—	56	肉质	沙
15	叶片宽	21.0 cm	36	商品果纵径	43.5 mm	57	风味	甜酸
16	首花序节位	13节	37	商品果横径	38.0 mm	58	清香味	无
17	第二花序节位	16节	38	果形	高圆或长圆形	59	综合品质	中
18	花序类型	单式花序	39	果梗洼大小	3.8 mm	60	可溶性固形物含量	3.50%
19	簇生花	无	40	果洼木栓化大小	1.6 mm	61	田间成株耐寒性	弱
20	花柱长度	短于雄蕊	41	果实横切面形状	不规则形状	62	用途	鲜食或加工
21	花柱形状	单圆花柱	42	果肉色	粉红			

种质编号VT106

序号	描述项目	描述内容	序号	描述项目	描述内容	序号	描述项目	描述内容
1	种质编号	VT106	22	花柱茸毛	无	43	胎座胶状物质颜色	黄
2	种质类型	品系	23	花色	黄	44	果肉厚	5.3 mm
3	下胚轴颜色	绿	24	花梗离层	有	45	心室数	2个
4	生长习性	5序花封顶	25	单花序花数	6朵	46	果皮色	红
5	株型	半蔓性	26	果柄长度	0.6 cm	47	单花序果数	6个
6	株高	1.3~1.8 m	27	成熟前果色	绿白	48	单果重	33.3 g
7	茎叶茸毛	短稀	28	成熟果色	粉红	49	熟性	极晚≥125 d
8	叶片类型	薯叶型	29	果面棱沟	轻	50	形态一致性	一致
9	叶片形状	羽状复叶	30	果面茸毛	无	51	种皮颜色	灰黄
10	叶片着生状态	水平	31	果顶形状	圆平	52	播种至开花天数	72 d
11	叶色	黄绿	32	果肩	有	53	播种至始收天数	138 d
12	叶脉色	无色	33	果肩形状	微凹	54	裂果性	不易裂
13	叶裂刻	深	34	果肩色	—	55	畸形果	无
14	叶片长	33.0 cm	35	绿果肩大小	—	56	肉质	沙
15	叶片宽	33.0 cm	36	商品果纵径	44.4 mm	57	风味	酸甜
16	首花序节位	11节	37	商品果横径	38.4 mm	58	清香味	有
17	第二花序节位	13节	38	果形	长圆形	59	综合品质	中
18	花序类型	单式花序	39	果梗洼大小	3.2 mm	60	可溶性固形物含量	3.40%
19	簇生花	无	40	果洼木栓化大小	1.6 mm	61	田间成株耐寒性	中
20	花柱长度	短于雄蕊	41	果实横切面形状	圆形	62	用途	鲜食或加工
21	花柱形状	单圆花柱	42	果肉色	粉红			

种质编号VT108

序号	描述项目	描述内容	序号	描述项目	描述内容	序号	描述项目	描述内容
1	种质编号	VT108	22	花柱茸毛	无	43	胎座胶状物质颜色	粉红
2	种质类型	品系	23	花色	浅黄	44	果肉厚	4.8 mm
3	下胚轴颜色	紫	24	花梗离层	有	45	心室数	2个
4	生长习性	7序花封顶	25	单花序花数	7朵	46	果皮色	红
5	株型	半蔓性	26	果柄长度	0.6 cm	47	单花序果数	7个
6	株高	1.3~1.5 m	27	成熟前果色	绿白	48	单果重	36.1 g
7	茎叶茸毛	短稀	28	成熟果色	粉红	49	熟性	极晚≥125 d
8	叶片类型	普通叶型	29	果面棱沟	轻	50	形态一致性	一致
9	叶片形状	羽状复叶	30	果面茸毛	无	51	种皮颜色	灰黄
10	叶片着生状态	水平	31	果顶形状	圆平	52	播种至开花天数	72 d
11	叶色	黄绿	32	果肩	有	53	播种至始收天数	138 d
12	叶脉色	无色	33	果肩形状	微凹	54	裂果性	不易裂
13	叶裂刻	中	34	果肩色	—	55	畸形果	无
14	叶片长	37.0 cm	35	绿果肩大小	—	56	肉质	沙
15	叶片宽	39.0 cm	36	商品果纵径	49.2 mm	57	风味	甜酸
16	首花序节位	11节	37	商品果横径	39.0 mm	58	清香味	有
17	第二花序节位	13节	38	果形	长圆形	59	综合品质	中
18	花序类型	单式花序	39	果梗洼大小	2.4 mm	60	可溶性固形物含量	3.70%
19	簇生花	无	40	果洼木栓化大小	1.0 mm	61	田间成株耐寒性	弱
20	花柱长度	与雄蕊近等长	41	果实横切面形状	圆形	62	用途	鲜食或加工
21	花柱形状	单圆花柱	42	果肉色	粉红			

种质编号VT122

序号	描述项目	描述内容	序号	描述项目	描述内容	序号	描述项目	描述内容
1	种质编号	VT122	22	花柱茸毛	无	43	胎座胶状物质颜色	黄
2	种质类型	遗传材料	23	花色	黄	44	果肉厚	3.0 mm
3	下胚轴颜色	绿或紫	24	花梗离层	有	45	心室数	2个
4	生长习性	无限生长	25	单花序花数	10朵	46	果皮色	黄
5	株型	半蔓性	26	果柄长度	0.6 cm	47	单花序果数	6个
6	株高	2.0~2.5 m	27	成熟前果色	浅绿	48	单果重	34.2 g
7	茎叶茸毛	短稀	28	成熟果色	红	49	熟性	早100~105 d
8	叶片类型	普通叶型	29	果面棱沟	轻	50	形态一致性	连续变异
9	叶片形状	羽状复叶	30	果面茸毛	无	51	种皮颜色	浅黄
10	叶片着生状态	下垂	31	果顶形状	圆平	52	播种至开花天数	53 d
11	叶色	浅绿	32	果肩	无	53	播种至始收天数	102 d
12	叶脉色	无色	33	果肩形状	微凹	54	裂果性	中
13	叶裂刻	中	34	果肩色	—	55	畸形果	无
14	叶片长	40.0 cm	35	绿果肩大小	—	56	肉质	面
15	叶片宽	34.0 cm	36	商品果纵径	40.2 mm	57	风味	甜酸
16	首花序节位	11节	37	商品果横径	38.9 mm	58	清香味	有
17	第二花序节位	14节	38	果形	高圆形	59	综合品质	中
18	花序类型	多歧花序	39	果梗洼大小	5.0 mm	60	可溶性固形物含量	4.20%
19	簇生花	无	40	果洼木栓化大小	2.2 mm	61	田间成株耐寒性	强
20	花柱长度	与雄蕊近等长	41	果实横切面形状	圆形	62	用途	鲜食
21	花柱形状	单圆花柱	42	果肉色	粉红			

种质编号VT126

序号	描述项目	描述内容	序号	描述项目	描述内容	序号	描述项目	描述内容
1	种质编号	VT126	22	花柱茸毛	无	43	胎座胶状物质颜色	黄
2	种质类型	遗传材料	23	花色	浅黄	44	果肉厚	6.0 mm
3	下胚轴颜色	紫	24	花梗离层	有	45	心室数	2个
4	生长习性	无限生长	25	单花序花数	16朵	46	果皮色	黄
5	株型	半蔓性	26	果柄长度	0.6 cm	47	单花序果数	10个
6	株高	1.8～2.5 m	27	成熟前果色	绿	48	单果重	42.9 g
7	茎叶茸毛	短稀	28	成熟果色	黄	49	熟性	极晚≥125 d
8	叶片类型	普通叶型	29	果面棱沟	中	50	形态一致性	连续变异
9	叶片形状	羽状复叶	30	果面茸毛	无	51	种皮颜色	深黄
10	叶片着生状态	水平	31	果顶形状	微凹	52	播种至开花天数	72 d
11	叶色	浅绿	32	果肩	有	53	播种至始收天数	132 d
12	叶脉色	无色	33	果肩形状	微凹	54	裂果性	不易裂
13	叶裂刻	深	34	果肩色	—	55	畸形果	无
14	叶片长	45.0 cm	35	绿果肩大小	—	56	肉质	软
15	叶片宽	35.0 cm	36	商品果纵径	52.9 mm	57	风味	酸甜
16	首花序节位	10节	37	商品果横径	40.9 mm	58	清香味	有
17	第二花序节位	13节	38	果形	长圆形	59	综合品质	中
18	花序类型	单式花序	39	果梗洼大小	2.5 mm	60	可溶性固形物含量	5.30%
19	簇生花	无	40	果洼木栓化大小	0.5 mm	61	田间成株耐寒性	中
20	花柱长度	与雄蕊近等长	41	果实横切面形状	圆形	62	用途	鲜食
21	花柱形状	单圆花柱	42	果肉色	黄白			

种质编号VT127

序号	描述项目	描述内容	序号	描述项目	描述内容	序号	描述项目	描述内容
1	种质编号	VT127	22	花柱茸毛	无	43	胎座胶状物质颜色	粉红
2	种质类型	遗传材料	23	花色	黄	44	果肉厚	6.3 mm
3	下胚轴颜色	紫	24	花梗离层	有	45	心室数	2个
4	生长习性	无限生长	25	单花序花数	4朵	46	果皮色	黄
5	株型	蔓性	26	果柄长度	0.6 cm	47	单花序果数	3个
6	株高	1.0~1.3 m	27	成熟前果色	浅绿	48	单果重	40.6 g
7	茎叶茸毛	短稀	28	成熟果色	红色	49	熟性	极晚≥125 d
8	叶片类型	普通叶型	29	果面棱沟	重	50	形态一致性	连续变异
9	叶片形状	羽状复叶	30	果面茸毛	无	51	种皮颜色	浅黄
10	叶片着生状态	水平	31	果顶形状	圆平	52	播种至开花天数	72 d
11	叶色	浅绿	32	果肩	有	53	播种至始收天数	136 d
12	叶脉色	无色	33	果肩形状	微凹	54	裂果性	不易裂
13	叶裂刻	深	34	果肩色	绿	55	畸形果	少
14	叶片长	42.0 cm	35	绿果肩大小	小	56	肉质	沙
15	叶片宽	40.0 cm	36	商品果纵径	62.4 mm	57	风味	酸甜
16	首花序节位	11节	37	商品果横径	35.5 mm	58	清香味	有
17	第二花序节位	15节	38	果形	长圆或长梨形	59	综合品质	中
18	花序类型	单式花序	39	果梗洼大小	5.5 mm	60	可溶性固形物含量	5.10%
19	簇生花	无	40	果洼木栓化大小	1.5 mm	61	田间成株耐寒性	强
20	花柱长度	短于雄蕊	41	果实横切面形状	圆形	62	用途	鲜食或加工
21	花柱形状	单圆花柱	42	果肉色	粉红			

种质编号VT134

序号	描述项目	描述内容	序号	描述项目	描述内容	序号	描述项目	描述内容
1	种质编号	VT134	22	花柱茸毛	无	43	胎座胶状物质颜色	黄
2	种质类型	遗传材料	23	花色	黄	44	果肉厚	4.6 mm
3	下胚轴颜色	紫	24	花梗离层	有	45	心室数	2~3个
4	生长习性	5序花封顶	25	单花序花数	11朵	46	果皮色	黄
5	株型	半蔓性	26	果柄长度	0.6 cm	47	单花序果数	10个
6	株高	1.5~1.8 m	27	成熟前果色	浅绿或绿	48	单果重	33.0 g
7	茎叶茸毛	短稀	28	成熟果色	深红	49	熟性	早100~105 d
8	叶片类型	普通叶型	29	果面棱沟	无	50	形态一致性	连续变异
9	叶片形状	羽状复叶	30	果面茸毛	无	51	种皮颜色	灰黄
10	叶片着生状态	下垂	31	果顶形状	圆平	52	播种至开花天数	53 d
11	叶色	绿	32	果肩	有	53	播种至始收天数	105 d
12	叶脉色	无色	33	果肩形状	微凹	54	裂果性	不易裂
13	叶裂刻	深	34	果肩色	—	55	畸形果	无
14	叶片长	44.0 cm	35	绿果肩大小	—	56	肉质	软
15	叶片宽	40.0 cm	36	商品果纵径	40.2 mm	57	风味	甜酸
16	首花序节位	9节	37	商品果横径	37.8 mm	58	清香味	有
17	第二花序节位	12节	38	果形	高圆或桃形	59	综合品质	中
18	花序类型	单式花序	39	果梗洼大小	3.9 mm	60	可溶性固形物含量	5.30%
19	簇生花	无	40	果洼木栓化大小	1.5 mm	61	田间成株耐寒性	中
20	花柱长度	与雄蕊近等长	41	果实横切面形状	圆形	62	用途	鲜食
21	花柱形状	单圆花柱	42	果肉色	红			

种质编号VT156

序号	描述项目	描述内容	序号	描述项目	描述内容	序号	描述项目	描述内容
1	种质编号	VT156	22	花柱茸毛	无	43	胎座胶状物质颜色	黄
2	种质类型	遗传材料	23	花色	橘黄	44	果肉厚	4.8 mm
3	下胚轴颜色	紫（淡）	24	花梗离层	有	45	心室数	2个
4	生长习性	无限生长	25	单花序花数	10朵	46	果皮色	黄
5	株型	半蔓性	26	果柄长度	1.0 cm	47	单花序果数	8个
6	株高	2.2～2.5 m	27	成熟前果色	绿白	48	单果重	33.7 g
7	茎叶茸毛	短稀	28	成熟果色	红	49	熟性	极晚≥125 d
8	叶片类型	普通叶型	29	果面棱沟	无	50	形态一致性	连续变异
9	叶片形状	羽状复叶	30	果面茸毛	无	51	种皮颜色	浅棕
10	叶片着生状态	水平	31	果顶形状	圆平	52	播种至开花天数	53 d
11	叶色	黄绿	32	果肩	有	53	播种至始收天数	136 d
12	叶脉色	无色	33	果肩形状	微凹	54	裂果性	不易裂
13	叶裂刻	中	34	果肩色	—	55	畸形果	无
14	叶片长	47.0 cm	35	绿果肩大小	—	56	肉质	面
15	叶片宽	36.0 cm	36	商品果纵径	37.8 mm	57	风味	甜酸
16	首花序节位	10节	37	商品果横径	40.0 mm	58	清香味	有
17	第二花序节位	3节	38	果形	圆形	59	综合品质	中
18	花序类型	单式花序	39	果梗洼大小	2.5 mm	60	可溶性固形物含量	6.67%
19	簇生花	无	40	果洼木栓化大小	0.8 mm	61	田间成株耐寒性	弱
20	花柱长度	短于雄蕊	41	果实横切面形状	圆形	62	用途	鲜食
21	花柱形状	单圆花柱	42	果肉色	红			

种质编号VT168

序号	描述项目	描述内容	序号	描述项目	描述内容	序号	描述项目	描述内容
1	种质编号	VT168	22	花柱茸毛	无	43	胎座胶状物质颜色	黄
2	种质类型	品系	23	花色	浅黄	44	果肉厚	5.8 mm
3	下胚轴颜色	紫	24	花梗离层	有	45	心室数	2个
4	生长习性	5序花封顶	25	单花序花数	8朵	46	果皮色	无色
5	株型	半蔓性	26	果柄长度	0.8 cm	47	单花序果数	8个
6	株高	1.8~2.0 m	27	成熟前果色	绿白	48	单果重	36.3 g
7	茎叶茸毛	短密	28	成熟果色	粉红	49	熟性	早100~105 d
8	叶片类型	普通叶型	29	果面棱沟	轻	50	形态一致性	一致
9	叶片形状	羽状复叶	30	果面茸毛	无	51	种皮颜色	浅黄
10	叶片着生状态	水平	31	果顶形状	圆平	52	播种至开花天数	53 d
11	叶色	浅绿	32	果肩	有	53	播种至始收天数	105 d
12	叶脉色	无色	33	果肩形状	深凹	54	裂果性	不易裂
13	叶裂刻	中	34	果肩色	—	55	畸形果	无
14	叶片长	42.0 cm	35	绿果肩大小	—	56	肉质	面
15	叶片宽	36.0 cm	36	商品果纵径	47.9 mm	57	风味	酸甜
16	首花序节位	10节	37	商品果横径	43.7 mm	58	清香味	无
17	第二花序节位	13节	38	果形	长圆形	59	综合品质	下
18	花序类型	单式花序	39	果梗洼大小	2.6 mm	60	可溶性固形物含量	4.07%
19	簇生花	无	40	果洼木栓化大小	0.5 mm	61	田间成株耐寒性	中
20	花柱长度	短于雄蕊	41	果实横切面形状	圆形	62	用途	鲜食或加工
21	花柱形状	单圆花柱	42	果肉色	粉红			

种质编号VT175

序号	描述项目	描述内容	序号	描述项目	描述内容	序号	描述项目	描述内容
1	种质编号	VT175	22	花柱茸毛	无	43	胎座胶状物质颜色	黄
2	种质类型	品系	23	花色	浅黄	44	果肉厚	4.5 mm
3	下胚轴颜色	绿或紫	24	花梗离层	有	45	心室数	2个
4	生长习性	无限生长	25	单花序花数	9朵	46	果皮色	无色
5	株型	半蔓性	26	果柄长度	0.6 cm	47	单花序果数	6个
6	株高	2.5~3.0 m	27	成熟前果色	绿白	48	单果重	34.0 g
7	茎叶茸毛	短稀	28	成熟果色	粉红	49	熟性	极晚≥125 d
8	叶片类型	普通叶型	29	果面棱沟	中	50	形态一致性	连续变异
9	叶片形状	羽状复叶	30	果面茸毛	无	51	种皮颜色	灰黄
10	叶片着生状态	下垂	31	果顶形状	圆平	52	播种至开花天数	73 d
11	叶色	黄绿	32	果肩	有	53	播种至始收天数	130 d
12	叶脉色	无色	33	果肩形状	微凹	54	裂果性	不易裂
13	叶裂刻	中	34	果肩色	—	55	畸形果	无
14	叶片长	38.0 cm	35	绿果肩大小	—	56	肉质	软
15	叶片宽	28.0 cm	36	商品果纵径	47.2 mm	57	风味	甜酸
16	首花序节位	12节	37	商品果横径	36.8 mm	58	清香味	有
17	第二花序节位	15节	38	果形	长圆形	59	综合品质	中
18	花序类型	单式花序	39	果梗洼大小	3.2 mm	60	可溶性固形物含量	5.40%
19	簇生花	无	40	果洼木栓化大小	0.8 mm	61	田间成株耐寒性	弱
20	花柱长度	短于雄蕊	41	果实横切面形状	圆形	62	用途	鲜食或加工
21	花柱形状	单圆花柱	42	果肉色	粉红			

种质编号VT221

序号	描述项目	描述内容	序号	描述项目	描述内容	序号	描述项目	描述内容
1	种质编号	VT221	22	花柱茸毛	无	43	胎座胶状物质颜色	红
2	种质类型	品系	23	花色	黄	44	果肉厚	4.1 mm
3	下胚轴颜色	绿	24	花梗离层	有	45	心室数	2个
4	生长习性	6序花封顶	25	单花序花数	8朵	46	果皮色	黄
5	株型	半蔓性	26	果柄长度	0.6 cm	47	单花序果数	7个
6	株高	1.2~1.5 m	27	成熟前果色	绿白	48	单果重	45.5 g
7	茎叶茸毛	短稀	28	成熟果色	红	49	熟性	早100~105 d
8	叶片类型	普通叶型	29	果面棱沟	无	50	形态一致性	连续变异
9	叶片形状	羽状复叶	30	果面茸毛	无	51	种皮颜色	浅棕
10	叶片着生状态	水平	31	果顶形状	圆平	52	播种至开花天数	51 d
11	叶色	黄绿	32	果肩	有	53	播种至始收天数	105 d
12	叶脉色	无色	33	果肩形状	深凹	54	裂果性	不易裂
13	叶裂刻	深	34	果肩色	—	55	畸形果	无
14	叶片长	30.0 cm	35	绿果肩大小	—	56	肉质	软
15	叶片宽	30.0 cm	36	商品果纵径	44.1 mm	57	风味	甜酸（淡）
16	首花序节位	11节	37	商品果横径	42.9 mm	58	清香味	有
17	第二花序节位	12节	38	果形	高圆形	59	综合品质	下
18	花序类型	单式花序	39	果梗洼大小	6.5 mm	60	可溶性固形物含量	3.77%
19	簇生花	无	40	果洼木栓化大小	2.5 mm	61	田间成株耐寒性	弱
20	花柱长度	与雄蕊近等长	41	果实横切面形状	圆形	62	用途	鲜食或加工
21	花柱形状	单圆花柱	42	果肉色	红			

种质编号VT232

序号	描述项目	描述内容	序号	描述项目	描述内容	序号	描述项目	描述内容
1	种质编号	VT232	22	花柱茸毛	无	43	胎座胶状物质颜色	粉红
2	种质类型	品系	23	花色	浅黄	44	果肉厚	5.0 mm
3	下胚轴颜色	紫	24	花梗离层	有	45	心室数	2个
4	生长习性	7序花封顶	25	单花序花数	8朵	46	果皮色	无色
5	株型	半蔓性	26	果柄长度	0.5 cm	47	单花序果数	7个
6	株高	1.6～2.1 m	27	成熟前果色	绿白	48	单果重	31.1 g
7	茎叶茸毛	长稀	28	成熟果色	粉红	49	熟性	早100～105 d
8	叶片类型	普通叶型	29	果面棱沟	轻	50	形态一致性	连续变异
9	叶片形状	羽状复叶	30	果面茸毛	无	51	种皮颜色	浅棕
10	叶片着生状态	水平	31	果顶形状	圆平	52	播种至开花天数	21 d
11	叶色	黄绿	32	果肩	有	53	播种至始收天数	105 d
12	叶脉色	无色	33	果肩形状	微凹	54	裂果性	不易裂
13	叶裂刻	浅	34	果肩色	—	55	畸形果	无
14	叶片长	38.0 cm	35	绿果肩大小	—	56	肉质	沙
15	叶片宽	30.0 cm	36	商品果纵径	44.0 mm	57	风味	酸甜
16	首花序节位	12节	37	商品果横径	36.4 mm	58	清香味	无
17	第二花序节位	13节	38	果形	长圆形	59	综合品质	下
18	花序类型	单式花序	39	果梗洼大小	2.7 mm	60	可溶性固形物含量	3.47%
19	簇生花	无	40	果洼木栓化大小	1.2 mm	61	田间成株耐寒性	中
20	花柱长度	短于雄蕊	41	果实横切面形状	圆形	62	用途	鲜食或加工
21	花柱形状	单圆花柱	42	果肉色	粉红			

第四章 特小果番茄种质资源

种质编号VT235

序号	描述项目	描述内容	序号	描述项目	描述内容	序号	描述项目	描述内容
1	种质编号	VT235	22	花柱茸毛	无	43	胎座胶状物质颜色	黄绿
2	种质类型	遗传材料	23	花色	黄	44	果肉厚	6.5 mm
3	下胚轴颜色	紫	24	花梗离层	有	45	心室数	2个
4	生长习性	无限生长	25	单花序花数	9朵	46	果皮色	黄
5	株型	半蔓性	26	果柄长度	1.1 cm	47	单花序果数	5个
6	株高	2.0～2.6 m	27	成熟前果色	浅绿	48	单果重	47.1 g
7	茎叶茸毛	长稀	28	成熟果色	红	49	熟性	早100～105 d
8	叶片类型	薯叶型	29	果面棱沟	中	50	形态一致性	连续变异
9	叶片形状	羽状复叶	30	果面茸毛	无	51	种皮颜色	灰黄
10	叶片着生状态	下垂	31	果顶形状	微凹	52	播种至开花天数	51 d
11	叶色	黄绿	32	果肩	有	53	播种至始收天数	105 d
12	叶脉色	无色	33	果肩形状	微凹	54	裂果性	中
13	叶裂刻	中	34	果肩色	—	55	畸形果	少
14	叶片长	52.0 cm	35	绿果肩大小	—	56	肉质	软
15	叶片宽	42.0 cm	36	商品果纵径	59.9 mm	57	风味	甜酸
16	首花序节位	11节	37	商品果横径	39.6 mm	58	清香味	有（淡）
17	第二花序节位	15节	38	果形	长梨或花生形	59	综合品质	中
18	花序类型	单式花序	39	果梗洼大小	3.7 mm	60	可溶性固形物含量	4.87%
19	簇生花	无	40	果洼木栓化大小	1.0 mm	61	田间成株耐寒性	强
20	花柱长度	短于雄蕊	41	果实横切面形状	圆形	62	用途	鲜食
21	花柱形状	单圆花柱	42	果肉色	红			

种质编号VT248

序号	描述项目	描述内容	序号	描述项目	描述内容	序号	描述项目	描述内容
1	种质编号	VT248	22	花柱茸毛	无	43	胎座胶状物质颜色	红
2	种质类型	遗传材料	23	花色	橘黄	44	果肉厚	3.3 mm
3	下胚轴颜色	绿	24	花梗离层	有	45	心室数	2~3个
4	生长习性	6序花封顶	25	单花序花数	11朵	46	果皮色	黄
5	株型	半蔓性	26	果柄长度	0.5 cm	47	单花序果数	7个
6	株高	1.0~1.3 m	27	成熟前果色	绿	48	单果重	49.8 g
7	茎叶茸毛	短稀	28	成熟果色	红	49	熟性	早100~105 d
8	叶片类型	普通叶型	29	果面棱沟	无	50	形态一致性	连续变异
9	叶片形状	羽状复叶	30	果面茸毛	无	51	种皮颜色	灰黄
10	叶片着生状态	水平	31	果顶形状	圆平	52	播种至开花天数	44 d
11	叶色	浅绿	32	果肩	有	53	播种至始收天数	103 d
12	叶脉色	无色	33	果肩形状	平	54	裂果性	不易裂
13	叶裂刻	中	34	果肩色	—	55	畸形果	无
14	叶片长	42.0 cm	35	绿果肩大小	—	56	肉质	软
15	叶片宽	32.0 cm	36	商品果纵径	46.4 mm	57	风味	酸甜
16	首花序节位	10节	37	商品果横径	44.3 mm	58	清香味	有
17	第二花序节位	11节	38	果形	高圆形	59	综合品质	下
18	花序类型	单式花序	39	果梗洼大小	4.2 mm	60	可溶性固形物含量	3.70%
19	簇生花	无	40	果洼木栓化大小	2.0 mm	61	田间成株耐寒性	弱
20	花柱长度	与雄蕊近等长	41	果实横切面形状	圆形	62	用途	鲜食或加工
21	花柱形状	单圆花柱	42	果肉色	红			

种质编号VT259

序号	描述项目	描述内容	序号	描述项目	描述内容	序号	描述项目	描述内容
1	种质编号	VT259	22	花柱茸毛	无	43	胎座胶状物质颜色	黄
2	种质类型	品系	23	花色	浅黄	44	果肉厚	3.9 mm
3	下胚轴颜色	紫	24	花梗离层	有	45	心室数	2个
4	生长习性	8序花封顶	25	单花序花数	9朵	46	果皮色	无色
5	株型	半蔓性	26	果柄长度	0.6 cm	47	单花序果数	9个
6	株高	1.0～1.3 m	27	成熟前果色	绿白	48	单果重	31.3 g
7	茎叶茸毛	长稀	28	成熟果色	粉红	49	熟性	极晚≥125 d
8	叶片类型	普通叶型	29	果面棱沟	轻	50	形态一致性	一致
9	叶片形状	羽状复叶	30	果面茸毛	无	51	种皮颜色	浅棕
10	叶片着生状态	水平	31	果顶形状	圆平	52	播种至开花天数	66 d
11	叶色	绿	32	果肩	有	53	播种至始收天数	129 d
12	叶脉色	无色	33	果肩形状	平	54	裂果性	不易裂
13	叶裂刻	深	34	果肩色	—	55	畸形果	无
14	叶片长	37.0 cm	35	绿色肩大小	—	56	肉质	软
15	叶片宽	26.0 cm	36	商品果纵径	48.6 mm	57	风味	酸甜
16	首花序节位	9节	37	商品果横径	33.7 mm	58	清香味	无
17	第二花序节位	11节	38	果形	长圆形	59	综合品质	下
18	花序类型	单式花序	39	果梗洼大小	2.2 mm	60	可溶性固形物含量	3.63%
19	簇生花	无	40	果洼木栓化大小	0.6 mm	61	田间成株耐寒性	弱
20	花柱长度	短于雄蕊	41	果实横切面形状	圆形	62	用途	鲜食或加工
21	花柱形状	单圆花柱	42	果肉色	粉红			

种质编号VT260

序号	描述项目	描述内容	序号	描述项目	描述内容	序号	描述项目	描述内容
1	种质编号	VT260	22	花柱茸毛	无	43	胎座胶状物质颜色	黄
2	种质类型	品系	23	花色	浅黄	44	果肉厚	4.5 mm
3	下胚轴颜色	紫（淡）	24	花梗离层	有	45	心室数	2~3个
4	生长习性	8序花封顶	25	单花序花数	8朵	46	果皮色	无色
5	株型	半蔓性	26	果柄长度	0.5 cm	47	单花序果数	8个
6	株高	1.5~1.8 m	27	成熟前果色	绿白	48	单果重	30.7 g
7	茎叶茸毛	长稀	28	成熟果色	粉红	49	熟性	极晚≥125 d
8	叶片类型	普通叶	29	果面棱沟	轻	50	形态一致性	一致
9	叶片形状	羽状复叶	30	果面茸毛	无	51	种皮颜色	灰黄
10	叶片着生状态	水平	31	果顶形状	圆平	52	播种至开花天数	66 d
11	叶色	黄绿	32	果肩	有	53	播种至始收天数	129 d
12	叶脉色	无色	33	果肩形状	平	54	裂果性	不易裂
13	叶裂刻	中	34	果肩色	—	55	畸形果	无
14	叶片长	34.0 cm	35	绿果肩大小	—	56	肉质	软
15	叶片宽	30.0 cm	36	商品果纵径	41.5 mm	57	风味	酸甜（淡）
16	首花序节位	11节	37	商品果横径	36.5 mm	58	清香味	有
17	第二花序节位	13节	38	果形	长圆形	59	综合品质	中
18	花序类型	单式花序	39	果梗洼大小	2.5 mm	60	可溶性固形物含量	3.70%
19	簇生花	无	40	果洼木栓化大小	0.8 mm	61	田间成株耐寒性	弱
20	花柱长度	与雄蕊近等长	41	果实横切面形状	不规则形状	62	用途	鲜食或加工
21	花柱形状	单圆花柱	42	果肉色	粉红			

种质编号VT265

序号	描述项目	描述内容	序号	描述项目	描述内容	序号	描述项目	描述内容
1	种质编号	VT265	22	花柱茸毛	无	43	胎座胶状物质颜色	红
2	种质类型	遗传材料	23	花色	黄	44	果肉厚	5.7 mm
3	下胚轴颜色	紫（淡）	24	花梗离层	有	45	心室数	2个
4	生长习性	无限生长	25	单花序花数	9朵	46	果皮色	黄
5	株型	半蔓性	26	果柄长度	0.8 cm	47	单花序果数	8个
6	株高	2.0～2.3 m	27	成熟前果色	绿白	48	单果重	45.6 g
7	茎叶茸毛	短稀	28	成熟果色	红	49	熟性	极晚≥125 d
8	叶片类型	普通叶型	29	果面棱沟	中	50	形态一致性	连续变异
9	叶片形状	羽状复叶	30	果面茸毛	无	51	种皮颜色	浅棕
10	叶片着生状态	下垂	31	果顶形状	凸尖	52	播种至开花天数	66 d
11	叶色	黄绿	32	果肩	有	53	播种至始收天数	129 d
12	叶脉色	无色	33	果肩形状	平	54	裂果性	不易裂
13	叶裂刻	深	34	果肩色	—	55	畸形果	少
14	叶片长	42.0 cm	35	绿果肩大小	—	56	肉质	面
15	叶片宽	22.0 cm	36	商品果纵径	67.5 mm	57	风味	甜酸
16	首花序节位	11节	37	商品果横径	34.8 mm	58	清香味	有
17	第二花序节位	15节	38	果形	长梨形或长圆形	59	综合品质	中
18	花序类型	单式花序	39	果梗洼大小	3.8 mm	60	可溶性固形物含量	5.37%
19	簇生花	无	40	果洼木栓化大小	1.7 mm	61	田间成株耐寒性	强
20	花柱长度	短于雄蕊	41	果实横切面形状	圆形	62	用途	鲜食或加工
21	花柱形状	单圆花柱	42	果肉色	粉红			

种质编号VT304

序号	描述项目	描述内容	序号	描述项目	描述内容	序号	描述项目	描述内容
1	种质编号	VT304	22	花柱茸毛	无	43	胎座胶状物质颜色	粉红
2	种质类型	遗传材料	23	花色	橘黄	44	果肉厚	4.7 mm
3	下胚轴颜色	紫	24	花梗离层	有	45	心室数	2个
4	生长习性	5序花封顶	25	单花序花数	10朵	46	果皮色	无色
5	株型	半蔓性	26	果柄长度	1.2 cm	47	单花序果数	9个
6	株高	0.8～1.3 m	27	成熟前果色	绿白	48	单果重	34.5 g
7	茎茸毛	短稀	28	成熟果色	粉红	49	熟性	极晚≥125 d
8	叶片类型	普通叶型	29	果面棱沟	中	50	形态一致性	连续变异
9	叶片形状	羽状复叶	30	果面茸毛	无	51	种皮颜色	灰黄
10	叶片着生状态	下垂	31	果顶形状	圆平	52	播种至开花天数	66 d
11	叶色	黄绿	32	果肩	有	53	播种至始收天数	129 d
12	叶脉色	绿	33	果肩形状	微凹	54	裂果性	中
13	叶裂刻	中	34	果肩色	—	55	畸形果	无
14	叶片长	40.0 cm	35	绿果肩大小	—	56	肉质	面
15	叶片宽	34.0 cm	36	商品果纵径	45.9 mm	57	风味	甜酸（淡）
16	首花序节位	9节	37	商品果横径	37.4 mm	58	清香味	有
17	第二花序节位	10节	38	果形	长圆形	59	综合品质	中
18	花序类型	单式花序或双歧花序	39	果梗洼大小	2.6 mm	60	可溶性固形物含量	4.50%
19	簇生花	无	40	果洼木栓化大小	0.8 mm	61	田间成株耐寒性	弱
20	花柱长度	短于雄蕊	41	果实横切面形状	圆形	62	用途	鲜食或加工
21	花柱形状	单圆花柱	42	果肉色	粉红			

种质编号VT328

序号	描述项目	描述内容	序号	描述项目	描述内容	序号	描述项目	描述内容
1	种质编号	VT328	22	花柱茸毛	无	43	胎座胶状物质颜色	红
2	种质类型	遗传材料	23	花色	浅黄	44	果肉厚	4.3 mm
3	下胚轴颜色	紫	24	花梗离层	有	45	心室数	2个
4	生长习性	无限生长	25	单花序花数	10朵	46	果皮色	黄
5	株型	半蔓性	26	果柄长度	0.8 cm	47	单花序果数	9个
6	株高	1.8～2.3 m	27	成熟前果色	浅绿	48	单果重	45.2 g
7	茎叶茸毛	短稀	28	成熟果色	粉红或红	49	熟性	极晚≥125 d
8	叶片类型	普通叶型	29	果面棱沟	中	50	形态一致性	连续变异
9	叶片形状	羽状复叶	30	果面茸毛	无	51	种皮颜色	灰黄
10	叶片着生状态	水平	31	果顶形状	圆平或凸尖	52	播种至开花天数	66 d
11	叶色	浅绿	32	果肩	有	53	播种至始收天数	129 d
12	叶脉色	绿	33	果肩形状	微凹	54	裂果性	不易裂
13	叶裂刻	深	34	果肩色	—	55	畸形果	无
14	叶片长	34.0 cm	35	绿果肩大小	—	56	肉质	软
15	叶片宽	28.0 cm	36	商品果纵径	50.2 cm	57	风味	甜
16	首花序节位	8节	37	商品果横径	41.3 cm	58	清香味	有
17	第二花序节位	13节	38	果形	长圆或桃形	59	综合品质	中
18	花序类型	单式花序	39	果梗洼大小	3.2 mm	60	可溶性固形物含量	4.23%
19	簇生花	无	40	果洼木栓化大小	0.8 mm	61	田间成株耐寒性	中
20	花柱长度	短于雄蕊	41	果实横切面形状	圆形	62	用途	鲜食或加工
21	花柱形状	单圆花柱	42	果肉色	红			

种质编号VT331

序号	描述项目	描述内容	序号	描述项目	描述内容	序号	描述项目	描述内容
1	种质编号	VT331	22	花柱茸毛	无	43	胎座胶状物质颜色	黄
2	种质类型	遗传材料	23	花色	黄	44	果肉厚	4.3 mm
3	下胚轴颜色	紫(淡)	24	花梗离层	有	45	心室数	2个
4	生长习性	无限生长	25	单花序花数	9朵	46	果皮色	黄
5	株型	半蔓性	26	果柄长度	1.2 cm	47	单花序果数	7个
6	株高	2.3~2.8 m	27	成熟前果色	浅绿	48	单果重	38.5 g
7	茎叶茸毛	短稀	28	成熟果色	红	49	熟性	极晚≥125 d
8	叶片类型	普通叶型	29	果面棱沟	轻	50	形态一致性	连续变异
9	叶片形状	羽状复叶	30	果面茸毛	稀	51	种皮颜色	深黄
10	叶片着生状态	水平	31	果顶形状	圆平	52	播种至开花天数	66 d
11	叶色	黄绿	32	果肩	有	53	播种至始收天数	133 d
12	叶脉色	无色	33	果肩形状	微凹	54	裂果性	不易裂
13	叶裂刻	深	34	果肩色	—	55	畸形果	无
14	叶片长	39.0 cm	35	绿果肩大小	—	56	肉质	沙
15	叶片宽	32.0 cm	36	商品果纵径	45.1 mm	57	风味	甜酸
16	首花序节位	8节	37	商品果横径	39.2 mm	58	清香味	有
17	第二花序节位	12节	38	果形	高圆形	59	综合品质	中
18	花序类型	单式花序或双歧花序	39	果梗洼大小	2.6 mm	60	可溶性固形物含量	4.90%
19	簇生花	无	40	果洼木栓化大小	1.0 mm	61	田间成株耐寒性	中
20	花柱长度	短于雄蕊	41	果实横切面形状	圆形	62	用途	鲜食或加工
21	花柱形状	单圆花柱	42	果肉色	红			

种质编号VT365

序号	描述项目	描述内容	序号	描述项目	描述内容	序号	描述项目	描述内容
1	种质编号	VT365	22	花柱茸毛	无	43	胎座胶状物质颜色	黄
2	种质类型	品系	23	花色	黄	44	果肉厚	3.9 mm
3	下胚轴颜色	紫	24	花梗离层	有	45	心室数	3个
4	生长习性	无限生长	25	单花序花数	8朵	46	果皮色	黄
5	株型	半蔓性	26	果柄长度	0.8 cm	47	单花序果数	6个
6	株高	2.0～2.2 m	27	成熟前果色	浅绿	48	单果重	31.1 g
7	茎叶茸毛	短稀	28	成熟果色	粉红	49	熟性	早100～105 d
8	叶片类型	普通叶型	29	果面棱沟	轻	50	形态一致性	连续变异
9	叶片形状	羽状复叶	30	果面茸毛	无	51	种皮颜色	浅棕
10	叶片着生状态	下垂	31	果顶形状	圆平	52	播种至开花天数	49 d
11	叶色	浅绿	32	果肩	有	53	播种至始收天数	103 d
12	叶脉色	无色	33	果肩形状	平	54	裂果性	中
13	叶裂刻	深	34	果肩色	—	55	畸形果	无
14	叶片长	42.0 cm	35	绿果肩大小	—	56	肉质	面
15	叶片宽	38.0 cm	36	商品果纵径	38.5 mm	57	风味	甜酸
16	首花序节位	8节	37	商品果横径	37.5 mm	58	清香味	有（淡）
17	第二花序节位	11节	38	果形	高圆形	59	综合品质	中
18	花序类型	单式花序	39	果梗洼大小	3.8 mm	60	可溶性固形物含量	8.10%
19	簇生花	无	40	果洼木栓化大小	1.5 mm	61	田间成株耐寒性	中
20	花柱长度	短于雄蕊	41	果实横切面形状	等边多边形	62	用途	鲜食
21	花柱形状	单圆花柱	42	果肉色	粉红			

种质编号VT405

序号	描述项目	描述内容	序号	描述项目	描述内容	序号	描述项目	描述内容
1	种质编号	VT405	22	花柱茸毛	无	43	胎座胶状物质颜色	黄
2	种质类型	遗传材料	23	花色	黄	44	果肉厚	4.5～5.2 mm
3	下胚轴颜色	紫	24	花梗离层	有	45	心室数	2个
4	生长习性	无限生长	25	单花序花数	10朵	46	果皮色	黄
5	株型	半蔓性	26	果柄长度	1.0 cm	47	单花序果数	10个
6	株高	2.3～2.6 m	27	成熟前果色	浅绿	48	单果重	37.2～43.9 g
7	茎叶茸毛	长稀	28	成熟果色	黄或红	49	熟性	极早≤100 d
8	叶片类型	普通叶型	29	果面棱沟	无	50	形态一致性	不连续变异
9	叶片形状	羽状复叶	30	果面茸毛	无	51	种皮颜色	灰黄
10	叶片着生状态	水平	31	果顶形状	圆平	52	播种至开花天数	48 d
11	叶色	绿色	32	果肩	有	53	播种至始收天数	98 d
12	叶脉色	无色	33	果肩形状	平	54	裂果性	不易裂
13	叶裂刻	中	34	果肩色	—	55	畸形果	无
14	叶片长	38.0～42.0 cm	35	绿果肩大小	—	56	肉质	软
15	叶片宽	25.0～43.0 cm	36	商品果纵径	41.4～42.0 cm	57	风味	酸甜
16	首花序节位	11～13节	37	商品果横径	37.9～43.1 cm	58	清香味	有
17	第二花序节位	14～15节	38	果形	圆或高圆形	59	综合品质	中
18	花序类型	单式花序	39	果梗洼大小	3.0～3.8 mm	60	可溶性固形物含量	5.37%～5.77%
19	簇生花	无	40	果洼木栓化大小	1.2～1.5 mm	61	田间成株耐寒性	强
20	花柱长度	短于雄蕊	41	果实横切面形状	圆形	62	用途	鲜食
21	花柱形状	单圆花柱	42	果肉色	黄或红			

种质编号VT406

序号	描述项目	描述内容	序号	描述项目	描述内容	序号	描述项目	描述内容
1	种质编号	VT406	22	花柱茸毛	无	43	胎座胶状物质颜色	黄
2	种质类型	遗传材料	23	花色	浅黄	44	果肉厚	3.6 mm
3	下胚轴颜色	紫	24	花梗离层	有	45	心室数	5个
4	生长习性	无限生长	25	单花序花数	8朵	46	果皮色	黄
5	株型	半蔓性	26	果柄长度	1.0 cm	47	单花序果数	5个
6	株高	2.0～2.3 m	27	成熟前果色	浅绿	48	单果重	46.7 g
7	茎叶茸毛	短稀	28	成熟果色	浅黄	49	熟性	极晚≥125 d
8	叶片类型	普通叶型	29	果面棱沟	轻	50	形态一致性	连续变异
9	叶片形状	羽状复叶	30	果面茸毛	无	51	种皮颜色	灰黄
10	叶片着生状态	水平	31	果顶形状	圆平	52	播种至开花天数	66 d
11	叶色	深绿	32	果肩	有	53	播种至始收天数	129 d
12	叶脉色	无色	33	果肩形状	微凹	54	裂果性	中
13	叶裂刻	深	34	果肩色	—	55	畸形果	无
14	叶片长	42.0 cm	35	绿果肩大小	—	56	肉质	软
15	叶片宽	35.0 cm	36	商品果纵径	43.9 mm	57	风味	甜酸
16	首花序节位	11节	37	商品果横径	42.8 mm	58	清香味	有
17	第二花序节位	15节	38	果形	圆形或高圆形或梨形	59	综合品质	中
18	花序类型	单式花序或多歧花序	39	果梗洼大小	3.6 mm	60	可溶性固形物含量	6.97%
19	簇生花	无	40	果洼木栓化大小	1.2 mm	61	田间成株耐寒性	弱
20	花柱长度	与雄蕊近等长	41	果实横切面形状	不规则形状	62	用途	鲜食
21	花柱形状	单圆花柱	42	果肉色	浅黄			

种质编号VT407

序号	描述项目	描述内容	序号	描述项目	描述内容	序号	描述项目	描述内容
1	种质编号	VT407	22	花柱茸毛	无	43	胎座胶状物质颜色	黄
2	种质类型	遗传材料	23	花色	黄	44	果肉厚	4.2～7.6 mm
3	下胚轴颜色	紫	24	花梗离层	有	45	心室数	4个
4	生长习性	无限生长	25	单花序花数	7朵	46	果皮色	黄
5	株型	半蔓性	26	果柄长度	1.1 cm	47	单花序果数	6个
6	株高	2.0～2.3 m	27	成熟前果色	浅绿	48	单果重	32.3～112.0 g
7	茎叶茸毛	短稀	28	成熟果色	橘黄	49	熟性	极晚≥125 d
8	叶片类型	普通叶型	29	果面棱沟	轻	50	形态一致性	连续变异
9	叶片形状	羽状复叶	30	果面茸毛	稀	51	种皮颜色	浅棕
10	叶片着生状态	下垂	31	果顶形状	圆平	52	播种至开花天数	71 d
11	叶色	深绿	32	果肩	有	53	播种至始收天数	128 d
12	叶脉色	无色	33	果肩形状	无	54	裂果性	中
13	叶裂刻	深	34	果肩色	—	55	畸形果	无
14	叶片长	46.0 cm	35	绿果肩大小	—	56	肉质	面
15	叶片宽	34.0 cm	36	商品果纵径	50.7～77.2 cm	57	风味	甜酸
16	首花序节位	8节	37	商品果横径	35.2～54.8 cm	58	清香味	无
17	第二花序节位	11节	38	果形	长圆或梨形	59	综合品质	中
18	花序类型	单式花序	39	果梗洼大小	2.8～3.6 mm	60	可溶性固形物含量	6.60%～7.03%
19	簇生花	无	40	果洼木栓化大小	1.3～1.5 mm	61	田间成株耐寒性	强
20	花柱长度	与雄蕊近等长	41	果实横切面形状	圆形	62	用途	鲜食或加工
21	花柱形状	单圆花柱	42	果肉色	黄			

种质编号VT408

序号	描述项目	描述内容	序号	描述项目	描述内容	序号	描述项目	描述内容
1	种质编号	VT408	22	花柱茸毛	无	43	胎座胶状物质颜色	红
2	种质类型	遗传材料	23	花色	浅黄	44	果肉厚	4.0 mm
3	下胚轴颜色	紫	24	花梗离层	有	45	心室数	2个
4	生长习性	无限生长	25	单花序花数	10朵	46	果皮色	黄
5	株型	半蔓性	26	果柄长度	1.2 cm	47	单花序果数	10个
6	株高	2.2~2.4 m	27	成熟前果色	绿白或浅绿	48	单果重	43.6 g
7	茎叶茸毛	短稀	28	成熟果色	浅黄或红	49	熟性	早100~105 d
8	叶片类型	普通叶型	29	果面棱沟	轻	50	形态一致性	连续变异
9	叶片形状	羽状复叶	30	果面茸毛	中	51	种皮颜色	浅棕
10	叶片着生状态	下垂	31	果顶形状	微凹	52	播种至开花天数	48 d
11	叶色	绿	32	果肩	有	53	播种至始收天数	102 d
12	叶脉色	无色	33	果肩形状	微凹	54	裂果性	不易裂
13	叶裂刻	深	34	果肩色	—	55	畸形果	无
14	叶片长	50.0 cm	35	绿果肩大小	—	56	肉质	软
15	叶片宽	40.0 cm	36	商品果纵径	39.1 mm	57	风味	酸甜
16	首花序节位	8节	37	商品果横径	42.7 mm	58	清香味	有
17	第二花序节位	11节	38	果形	圆形	59	综合品质	中
18	花序类型	单式花序	39	果梗洼大小	2.6 mm	60	可溶性固形物含量	5.93%
19	簇生花	无	40	果洼木栓化大小	0.8 mm	61	田间成株耐寒性	弱
20	花柱长度	与雄蕊近等长	41	果实横切面形状	圆形	62	用途	鲜食
21	花柱形状	单圆花柱	42	果肉色	黄或红			

种质编号VT409

序号	描述项目	描述内容	序号	描述项目	描述内容	序号	描述项目	描述内容
1	种质编号	VT409	22	花柱茸毛	无	43	胎座胶状物质颜色	红
2	种质类型	遗传材料	23	花色	黄	44	果肉厚	5.1 mm
3	下胚轴颜色	紫	24	花梗离层	有	45	心室数	2个
4	生长习性	无限生长	25	单花序花数	8朵	46	果皮色	黄
5	株型	半蔓性	26	果柄长度	1.4 cm	47	单花序果数	8个
6	株高	2.5～2.8 m	27	成熟前果色	浅绿	48	单果重	33.7 g
7	茎叶茸毛	短稀	28	成熟果色	红	49	熟性	早100～105 d
8	叶片类型	普通叶型	29	果面棱沟	轻	50	形态一致性	连续变异
9	叶片形状	羽状复叶	30	果面茸毛	稀	51	种皮颜色	浅棕
10	叶片着生状态	下垂	31	果顶形状	圆平	52	播种至开花天数	48 d
11	叶色	绿	32	果肩	有	53	播种至始收天数	102 d
12	叶脉色	无色	33	果肩形状	微凹	54	裂果性	不易裂
13	叶裂刻	深	34	果肩色	—	55	畸形果	无
14	叶片长	49.0 cm	35	绿果肩大小	—	56	肉质	面
15	叶片宽	45.0 cm	36	商品果纵径	45.7 mm	57	风味	甜酸
16	首花序节位	11节	37	商品果横径	35.1 mm	58	清香味	有
17	第二花序节位	14节	38	果形	高圆或长圆形	59	综合品质	中
18	花序类型	单式花序或多歧花序	39	果梗洼大小	2.0 mm	60	可溶性固形物含量	6.87%
19	簇生花	无	40	果洼木栓化大小	0.3 mm	61	田间成株耐寒性	中
20	花柱长度	短于雄蕊	41	果实横切面形状	圆形	62	用途	鲜食
21	花柱形状	单圆花柱	42	果肉色	红			

种质编号VT426

序号	描述项目	描述内容	序号	描述项目	描述内容	序号	描述项目	描述内容
1	种质编号	VT426	22	花柱茸毛	无	43	胎座胶状物质颜色	红
2	种质类型	品系	23	花色	黄	44	果肉厚	5.3 mm
3	下胚轴颜色	绿	24	花梗离层	有	45	心室数	2个
4	生长习性	3序花封顶	25	单花序花数	8朵	46	果皮色	黄
5	株型	半蔓性	26	果柄长度	0.7 cm	47	单花序果数	7个
6	株高	1.0～1.3 m	27	成熟前果色	浅绿	48	单果重	30.8 g
7	茎叶茸毛	短稀	28	成熟果色	红	49	熟性	早100～105 d
8	叶片类型	普通叶型	29	果面棱沟	轻	50	形态一致性	一致
9	叶片形状	羽状复叶	30	果面茸毛	无	51	种皮颜色	灰黄
10	叶片着生状态	下垂	31	果顶形状	圆平	52	播种至开花天数	48 d
11	叶色	深绿	32	果肩	有	53	播种至始收天数	102 d
12	叶脉色	无色	33	果肩形状	微凹	54	裂果性	不易裂
13	叶裂刻	深	34	果肩色	—	55	畸形果	无
14	叶片长	37.0 cm	35	绿果肩大小	—	56	肉质	面
15	叶片宽	28.0 cm	36	商品果纵径	47.6 mm	57	风味	甜酸
16	首花序节位	13节	37	商品果横径	34.9 mm	58	清香味	有
17	第二花序节位	15节	38	果形	长圆形	59	综合品质	中
18	花序类型	单式花序	39	果梗洼大小	2.8 mm	60	可溶性固形物含量	6.37%
19	簇生花	无	40	果洼木栓化大小	1.0 mm	61	田间成株耐寒性	中
20	花柱长度	短于雄蕊	41	果实横切面形状	圆形	62	用途	鲜食
21	花柱形状	单圆花柱	42	果肉色	红			

种质编号VT430

序号	描述项目	描述内容	序号	描述项目	描述内容	序号	描述项目	描述内容
1	种质编号	VT430	22	花柱茸毛	有	43	胎座胶状物质颜色	红
2	种质类型	品系	23	花色	黄	44	果肉厚	5.6 mm
3	下胚轴颜色	紫	24	花梗离层	有	45	心室数	2个
4	生长习性	6序花封顶	25	单花序花数	6朵	46	果皮色	黄
5	株型	半蔓性	26	果柄长度	0.7 cm	47	单花序果数	4个
6	株高	1.8～2.0 m	27	成熟前果色	浅绿	48	单果重	48.9 g
7	茎叶茸毛	短稀	28	成熟果色	红	49	熟性	极早≤100 d
8	叶片类型	普通叶型	29	果面棱沟	轻	50	形态一致性	一致
9	叶片形状	羽状复叶	30	果面茸毛	无	51	种皮颜色	灰黄
10	叶片着生状态	下垂	31	果顶形状	圆平	52	播种至开花天数	43 d
11	叶色	深绿	32	果肩	有	53	播种至始收天数	98 d
12	叶脉色	无色	33	果肩形状	微凹	54	裂果性	不易裂
13	叶裂刻	中	34	果肩色	—	55	畸形果	无
14	叶片长	50.0 cm	35	绿果肩大小	—	56	肉质	软
15	叶片宽	38.0 cm	36	商品果纵径	42.1 mm	57	风味	甜酸
16	首花序节位	8节	37	商品果横径	44.4 mm	58	清香味	有
17	第二花序节位	10节	38	果形	圆形	59	综合品质	中
18	花序类型	单式花序	39	果梗洼大小	3.8 mm	60	可溶性固形物含量	5.10%
19	簇生花	无	40	果洼木栓化大小	1.2 mm	61	田间成株耐寒性	弱
20	花柱长度	与雄蕊近等长	41	果实横切面形状	圆形	62	用途	鲜食或加工
21	花柱形状	单圆花柱	42	果肉色	红			

种质编号VT441

序号	描述项目	描述内容	序号	描述项目	描述内容	序号	描述项目	描述内容
1	种质编号	VT441	22	花柱茸毛	无	43	胎座胶状物质颜色	绿
2	种质类型	品系	23	花色	浅黄	44	果肉厚	3.7 mm
3	下胚轴颜色	紫	24	花梗离层	有	45	心室数	2个
4	生长习性	无限生长	25	单花序花数	5朵	46	果皮色	红或绿
5	株型	半蔓性	26	果柄长度	0.9 cm	47	单花序果数	5个
6	株高	1.5~1.8 m	27	成熟前果色	浅绿带深绿条纹	48	单果重	46.9 g
7	茎叶茸毛	短稀	28	成熟果色	粉红带绿条	49	熟性	晚121~125 d
8	叶片类型	普通叶型	29	果面棱沟	中	50	形态一致性	一致
9	叶片形状	羽状复叶	30	果面茸毛	无	51	种皮颜色	浅棕
10	叶片着生状态	水平	31	果顶形状	圆平	52	播种至开花天数	65 d
11	叶色	绿	32	果肩	有	53	播种至始收天数	124 d
12	叶脉色	无色	33	果肩形状	微凹	54	裂果性	不易裂
13	叶裂刻	深	34	果肩色	绿	55	畸形果	无
14	叶片长	41.0 cm	35	绿果肩大小	小	56	肉质	软
15	叶片宽	31.0 cm	36	商品果纵径	41.3 mm	57	风味	酸甜
16	首花序节位	5节	37	商品果横径	44.5 mm	58	清香味	有
17	第二花序节位	10节	38	果形	圆形	59	综合品质	中
18	花序类型	单式花序	39	果梗洼大小	3.5 mm	60	可溶性固形物含量	5.97%
19	簇生花	无	40	果洼木栓化大小	1.2 mm	61	田间成株耐寒性	弱
20	花柱长度	与雄蕊近等长	41	果实横切面形状	圆形	62	用途	鲜食或加工
21	花柱形状	单圆花柱	42	果肉色	绿			

种质编号VT443

序号	描述项目	描述内容	序号	描述项目	描述内容	序号	描述项目	描述内容
1	种质编号	VT443	22	花柱茸毛	无	43	胎座胶状物质颜色	绿
2	种质类型	品系	23	花色	浅黄	44	果肉厚	3.3 mm
3	下胚轴颜色	紫	24	花梗离层	有	45	心室数	3个
4	生长习性	无限生长	25	单花序花数	14朵	46	果皮色	无色
5	株型	半蔓性	26	果柄长度	0.8 cm	47	单花序果数	9个
6	株高	2.1~2.4 m	27	成熟前果色	浅黄	48	单果重	32.6 g
7	茎叶茸毛	短稀	28	成熟果色	黄绿	49	熟性	早100~105 d
8	叶片类型	普通叶型	29	果面棱沟	轻	50	形态一致性	连续变异
9	叶片形状	羽状复叶	30	果面茸毛	稀	51	种皮颜色	深棕
10	叶片着生状态	水平	31	果顶形状	圆平	52	播种至开花天数	48 d
11	叶色	黄绿	32	果肩	有	53	播种至始收天数	104 d
12	叶脉色	无色	33	果肩形状	微凹	54	裂果性	不易裂
13	叶裂刻	深	34	果肩色	—	55	畸形果	无
14	叶片长	39.0 cm	35	绿果肩大小	—	56	肉质	软
15	叶片宽	28.0 cm	36	商品果纵径	38.6 mm	57	风味	酸甜
16	首花序节位	12节	37	商品果横径	38.0 mm	58	清香味	无
17	第二花序节位	15节	38	果形	高圆形	59	综合品质	中
18	花序类型	单式花序	39	果梗洼大小	4.2 mm	60	可溶性固形物含量	5.60%
19	簇生花	无	40	果洼木栓化大小	1.2 mm	61	田间成株耐寒性	中
20	花柱长度	与雄蕊近等长	41	果实横切面形状	不规则形状	62	用途	加工
21	花柱形状	单圆花柱	42	果肉色	浅黄			

种质编号VT444

序号	描述项目	描述内容	序号	描述项目	描述内容	序号	描述项目	描述内容
1	种质编号	VT444	22	花柱茸毛	无	43	胎座胶状物质颜色	粉红
2	种质类型	品系	23	花色	浅黄	44	果肉厚	3.4 mm
3	下胚轴颜色	紫	24	花梗离层	有	45	心室数	2个
4	生长习性	4序花封顶	25	单花序花数	10朵	46	果皮色	无色
5	株型	半蔓性	26	果柄长度	0.7 cm	47	单花序果数	6个
6	株高	1.6~1.8 m	27	成熟前果色	绿白	48	单果重	36.8 g
7	茎叶茸毛	短稀	28	成熟果色	粉红	49	熟性	晚121~125 d
8	叶片类型	普通叶型	29	果面棱沟	轻	50	形态一致性	连续变异
9	叶片形状	羽状复叶	30	果面茸毛	无	51	种皮颜色	浅棕
10	叶片着生状态	水平	31	果顶形状	圆平	52	播种至开花天数	59 d
11	叶色	黄绿	32	果肩	有	53	播种至始收天数	124 d
12	叶脉色	无色	33	果肩形状	微凹	54	裂果性	不易裂
13	叶裂刻	深	34	果肩色	—	55	畸形果	无
14	叶片长	32.0 cm	35	绿果肩大小	—	56	肉质	沙
15	叶片宽	31.0 cm	36	商品果纵径	41.2 mm	57	风味	酸甜
16	首花序节位	11节	37	商品果横径	37.6 mm	58	清香味	无
17	第二花序节位	14节	38	果形	高圆形	59	综合品质	中
18	花序类型	单式花序	39	果梗洼大小	2.1 mm	60	可溶性固形物含量	4.47%
19	簇生花	无	40	果洼木栓化大小	0.5 mm	61	田间成株耐寒性	弱
20	花柱长度	短于雄蕊	41	果实横切面形状	圆形	62	用途	鲜食或加工
21	花柱形状	单圆花柱	42	果肉色	红			

种质编号VT454

序号	描述项目	描述内容	序号	描述项目	描述内容	序号	描述项目	描述内容
1	种质编号	VT454	22	花柱茸毛	有	43	胎座胶状物质颜色	黄
2	种质类型	品系	23	花色	浅黄	44	果肉厚	4.8 mm
3	下胚轴颜色	紫	24	花梗离层	有	45	心室数	2个
4	生长习性	无限生长	25	单花序花数	6朵	46	果皮色	无色
5	株型	半蔓性	26	果柄长度	0.8 cm	47	单花序果数	6个
6	株高	1.0～1.3 m	27	成熟前果色	绿白	48	单果重	41.6 g
7	茎叶茸毛	短稀	28	成熟果色	粉红	49	熟性	早100～105 d
8	叶片类型	普通叶型	29	果面棱沟	中	50	形态一致性	连续变异
9	叶片形状	羽状复叶	30	果面茸毛	稀	51	种皮颜色	灰黄
10	叶片着生状态	下垂	31	果顶形状	微凹	52	播种至开花天数	46 d
11	叶色	黄绿	32	果肩	有	53	播种至始收天数	105 d
12	叶脉色	无色	33	果肩形状	微凹	54	裂果性	不易裂
13	叶裂刻	深	34	果肩色	—	55	畸形果	无
14	叶片长	35.0 cm	35	绿果肩大小	—	56	肉质	软
15	叶片宽	32.0 cm	36	商品果纵径	47.4 mm	57	风味	甜酸
16	首花序节位	13节	37	商品果横径	40.4 mm	58	清香味	无
17	第二花序节位	15节	38	果形	高圆形	59	综合品质	中
18	花序类型	单式花序	39	果梗洼大小	2.8 mm	60	可溶性固形物含量	5.30%
19	簇生花	无	40	果洼木栓化大小	1.0 mm	61	田间成株耐寒性	弱
20	花柱长度	短于雄蕊	41	果实横切面形状	圆形	62	用途	鲜食或加工
21	花柱形状	单圆花柱	42	果肉色	粉红			

种质编号VT511

序号	描述项目	描述内容	序号	描述项目	描述内容	序号	描述项目	描述内容
1	种质编号	VT511	22	花柱茸毛	无	43	胎座胶状物质颜色	黄
2	种质类型	遗传材料	23	花色	黄	44	果肉厚	5.6 mm
3	下胚轴颜色	紫	24	花梗离层	有	45	心室数	3个
4	生长习性	10序花封顶	25	单花序花数	14朵	46	果皮色	黄
5	株型	半蔓性	26	果柄长度	0.6 cm	47	单花序果数	13个
6	株高	1.6~1.9 m	27	成熟前果色	浅绿	48	单果重	34.1 g
7	茎叶茸毛	短稀	28	成熟果色	黄	49	熟性	极早≤100 d
8	叶片类型	薯叶型	29	果面棱沟	中	50	形态一致性	连续变异
9	叶片形状	羽状复叶	30	果面茸毛	无	51	种皮颜色	浅棕
10	叶片着生状态	水平	31	果顶形状	圆平	52	播种至开花天数	42 d
11	叶色	绿	32	果肩	有	53	播种至始收天数	99 d
12	叶脉色	无色	33	果肩形状	微凹	54	裂果性	不易裂
13	叶裂刻	中	34	果肩色	—	55	畸形果	无
14	叶片长	44.0 cm	35	绿果肩大小	—	56	肉质	软
15	叶片宽	33.0 cm	36	商品果纵径	56.9 mm	57	风味	甜酸
16	首花序节位	10节	37	商品果横径	33.8 mm	58	清香味	有
17	第二花序节位	13节	38	果形	梨形	59	综合品质	中
18	花序类型	单式花序或多歧花序	39	果梗洼大小	2.0 mm	60	可溶性固形物含量	6.60%
19	簇生花	无	40	果洼木栓化大小	0.5 mm	61	田间成株耐寒性	强
20	花柱长度	短于雄蕊	41	果实横切面形状	不规则形状	62	用途	鲜食
21	花柱形状	单圆花柱	42	果肉色	黄			

种质编号VT518

序号	描述项目	描述内容	序号	描述项目	描述内容	序号	描述项目	描述内容
1	种质编号	VT518	22	花柱茸毛	无	43	胎座胶状物质颜色	黄绿
2	种质类型	品系	23	花色	浅黄	44	果肉厚	4.6 mm
3	下胚轴颜色	紫	24	花梗离层	有	45	心室数	2个
4	生长习性	无限生长	25	单花序花数	11朵	46	果皮色	黄
5	株型	半蔓性	26	果柄长度	1.0 cm	47	单花序果数	10个
6	株高	2.2～2.7 m	27	成熟前果色	绿	48	单果重	38.4 g
7	茎叶茸毛	短稀	28	成熟果色	紫	49	熟性	极晚≥125 d
8	叶片类型	普通叶型	29	果面棱沟	轻	50	形态一致性	连续变异
9	叶片形状	羽状复叶	30	果面茸毛	无	51	种皮颜色	浅棕
10	叶片着生状态	下垂	31	果顶形状	圆平	52	播种至开花天数	74 d
11	叶色	绿	32	果肩	有	53	播种至始收天数	133 d
12	叶脉色	无色	33	果肩形状	微凹	54	裂果性	不易裂
13	叶裂刻	深	34	果肩色	绿	55	畸形果	无
14	叶片长	40.0 cm	35	绿果肩大小	小	56	肉质	面
15	叶片宽	33.0 cm	36	商品果纵径	46.7 mm	57	风味	酸甜
16	首花序节位	11节	37	商品果横径	38.7 mm	58	清香味	有
17	第二花序节位	16节	38	果形	高圆形	59	综合品质	中
18	花序类型	单式花序	39	果梗洼大小	4.2 mm	60	可溶性固形物含量	4.70%
19	簇生花	无	40	果洼木栓化大小	1.5 mm	61	田间成株耐寒性	中
20	花柱长度	与雄蕊近等长	41	果实横切面形状	圆形	62	用途	鲜食或加工
21	花柱形状	单圆花柱	42	果肉色	绿带红			

第四章 特小果番茄种质资源

种质编号VT537

序号	描述项目	描述内容	序号	描述项目	描述内容	序号	描述项目	描述内容
1	种质编号	VT537	22	花柱茸毛	无	43	胎座胶状物质颜色	黄绿
2	种质类型	品系	23	花色	黄	44	果肉厚	4.7 mm
3	下胚轴颜色	紫	24	花梗离层	有	45	心室数	2个
4	生长习性	无限生长	25	单花序花数	9朵	46	果皮色	黄
5	株型	半蔓性	26	果柄长度	0.7 cm	47	单花序果数	9个
6	株高	2.5~2.8 m	27	成熟前果色	绿白	48	单果重	35.2 g
7	茎叶茸毛	短稀	28	成熟果色	红	49	熟性	极晚≥125 d
8	叶片类型	普通叶型	29	果面棱沟	轻	50	形态一致性	连续变异
9	叶片形状	羽状复叶	30	果面茸毛	无	51	种皮颜色	浅棕
10	叶片着生状态	水平	31	果顶形状	圆平	52	播种至开花天数	68 d
11	叶色	深绿	32	果肩	有	53	播种至始收天数	133 d
12	叶脉色	无色	33	果肩形状	微凹	54	裂果性	不易裂
13	叶裂刻	中	34	果肩色	—	55	畸形果	无
14	叶片长	43.0 cm	35	绿果肩大小	—	56	肉质	面
15	叶片宽	37.0 cm	36	商品果纵径	39.8 mm	57	风味	甜酸
16	首花序节位	7节	37	商品果横径	39.8 mm	58	清香味	无
17	第二花序节位	9节	38	果形	圆形	59	综合品质	中
18	花序类型	单式花序	39	果梗洼大小	3.0 mm	60	可溶性固形物含量	5.70%
19	簇生花	无	40	果洼木栓化大小	1.5 mm	61	田间成株耐寒性	强
20	花柱长度	与雄蕊近等长	41	果实横切面形状	圆形	62	用途	鲜食
21	花柱形状	单圆花柱	42	果肉色	红			

种质编号VT540

序号	描述项目	描述内容	序号	描述项目	描述内容	序号	描述项目	描述内容
1	种质编号	VT540	22	花柱茸毛	无	43	胎座胶状物质颜色	黄
2	种质类型	品系	23	花色	黄	44	果肉厚	5.8 mm
3	下胚轴颜色	紫	24	花梗离层	有	45	心室数	2个
4	生长习性	9序花封顶	25	单花序花数	12朵	46	果皮色	黄
5	株型	半蔓性	26	果柄长度	1.0 cm	47	单花序果数	5个
6	株高	1.4~1.7 m	27	成熟前果色	绿白	48	单果重	37.7 g
7	茎叶茸毛	长稀	28	成熟果色	深红	49	熟性	晚121~125 d
8	叶片类型	薯叶型	29	果面棱沟	中	50	形态一致性	连续变异
9	叶片形状	羽状复叶	30	果面茸毛	无	51	种皮颜色	深棕
10	叶片着生状态	下垂	31	果顶形状	微凸	52	播种至开花天数	66 d
11	叶色	绿	32	果肩	有	53	播种至始收天数	125 d
12	叶脉色	无色	33	果肩形状	微凹	54	裂果性	不易裂
13	叶裂刻	中	34	果肩色	—	55	畸形果	少
14	叶片长	42.0 cm	35	绿果肩大小	—	56	肉质	面
15	叶片宽	44.0 cm	36	商品果纵径	74.4 mm	57	风味	甜酸
16	首花序节位	8节	37	商品果横径	29.7 mm	58	清香味	无
17	第二花序节位	10节	38	果形	长梨形	59	综合品质	下
18	花序类型	单式花序	39	果梗洼大小	3.6 mm	60	可溶性固形物含量	4.40%
19	簇生花	无	40	果洼木栓化大小	1.0 mm	61	田间成株耐寒性	中
20	花柱长度	短于雄蕊	41	果实横切面形状	圆形	62	用途	加工
21	花柱形状	单圆花柱	42	果肉色	红			

种质编号VT568

序号	描述项目	描述内容	序号	描述项目	描述内容	序号	描述项目	描述内容
1	种质编号	VT568	22	花柱茸毛	无	43	胎座胶状物质颜色	红
2	种质类型	品系	23	花色	黄	44	果肉厚	4.5 mm
3	下胚轴颜色	紫	24	花梗离层	有	45	心室数	2个
4	生长习性	无限生长	25	单花序花数	7朵	46	果皮色	黄
5	株型	半蔓性	26	果柄长度	0.7 cm	47	单花序果数	7个
6	株高	2.1~2.5 m	27	成熟前果色	浅绿	48	单果重	32.6 g
7	茎叶茸毛	短稀	28	成熟果色	红	49	熟性	极晚≥125 d
8	叶片类型	普通叶型	29	果面棱沟	轻	50	形态一致性	一致
9	叶片形状	羽状复叶	30	果面茸毛	无	51	种皮颜色	灰黄
10	叶片着生状态	下垂	31	果顶形状	深凹或凸尖	52	播种至开花天数	69 d
11	叶色	绿	32	果肩	有	53	播种至始收天数	134 d
12	叶脉色	无色	33	果肩形状	微凹	54	裂果性	不易裂
13	叶裂刻	深	34	果肩色	—	55	畸形果	无
14	叶片长	42.0 cm	35	绿果肩大小	—	56	肉质	面
15	叶片宽	29.0 cm	36	商品果纵径	51.9 mm	57	风味	酸甜
16	首花序节位	9节	37	商品果横径	32.6 mm	58	清香味	有（淡）
17	第二花序节位	14节	38	果形	桃形	59	综合品质	中
18	花序类型	单式花序	39	果梗洼大小	2.3 mm	60	可溶性固形物含量	4.00%
19	簇生花	无	40	果洼木栓化大小	0.8 mm	61	田间成株耐寒性	中
20	花柱长度	短于雄蕊	41	果实横切面形状	圆形	62	用途	鲜食
21	花柱形状	单圆花柱	42	果肉色	红			

种质编号VT591

序号	描述项目	描述内容	序号	描述项目	描述内容	序号	描述项目	描述内容
1	种质编号	VT591	22	花柱茸毛	无	43	胎座胶状物质颜色	红
2	种质类型	遗传材料	23	花色	浅黄	44	果肉厚	5.3 mm
3	下胚轴颜色	紫	24	花梗离层	有	45	心室数	2个
4	生长习性	无限生长	25	单花序花数	10~13朵	46	果皮色	黄
5	株型	半蔓性	26	果柄长度	0.5 cm	47	单花序果数	7~8个
6	株高	2.0~2.3 m	27	成熟前果色	浅绿	48	单果重	45.8 g
7	茎叶茸毛	短稀	28	成熟果色	红	49	熟性	极晚≥125 d
8	叶片类型	普通叶型或薯叶型	29	果面棱沟	无	50	形态一致性	连续变异
9	叶片形状	羽状复叶	30	果面茸毛	无	51	种皮颜色	深棕
10	叶片着生状态	下垂	31	果顶形状	圆平	52	播种至开花天数	69 d
11	叶色	黄绿	32	果肩	有	53	播种至始收天数	130 d
12	叶脉色	无色	33	果肩形状	微凹	54	裂果性	不易裂
13	叶裂刻	中	34	果肩色	—	55	畸形果	无
14	叶片长	28~45 cm	35	绿果肩大小	—	56	肉质	面
15	叶片宽	24~46 cm	36	商品果纵径	41.7 mm	57	风味	甜酸
16	首花序节位	9~13节	37	商品果横径	44.8 mm	58	清香味	有淡番茄味
17	第二花序节位	13~16节	38	果形	圆形	59	综合品质	中
18	花序类型	单式花序	39	果梗洼大小	5.0 mm	60	可溶性固形物含量	5.80%
19	簇生花	无	40	果洼木栓化大小	1.5 mm	61	田间成株耐寒性	中
20	花柱长度	与雄蕊近等长	41	果实横切面形状	圆形	62	用途	鲜食
21	花柱形状	单圆花柱	42	果肉色	红			

种质编号VT600

序号	描述项目	描述内容	序号	描述项目	描述内容	序号	描述项目	描述内容
1	种质编号	VT600	22	花柱茸毛	无	43	胎座胶状物质颜色	黄
2	种质类型	品系	23	花色	浅黄	44	果肉厚	3.0 mm
3	下胚轴颜色	紫	24	花梗离层	有	45	心室数	4个
4	生长习性	4序花封顶	25	单花序花数	9朵	46	果皮色	黄
5	株型	半蔓性	26	果柄长度	1.2 cm	47	单花序果数	8个
6	株高	1.1~1.5 m	27	成熟前果色	绿	48	单果重	30.7 g
7	茎叶茸毛	短稀	28	成熟果色	深红	49	熟性	早100~105 d
8	叶片类型	普通叶型	29	果面棱沟	无	50	形态一致性	一致
9	叶片形状	羽状复叶	30	果面茸毛	无	51	种皮颜色	浅棕
10	叶片着生状态	水平	31	果顶形状	圆平	52	播种至开花天数	45 d
11	叶色	绿	32	果肩	有	53	播种至始收天数	102 d
12	叶脉色	无色	33	果肩形状	凹	54	裂果性	不易裂
13	叶裂刻	中	34	果肩色	—	55	畸形果	无
14	叶片长	40.0 cm	35	绿果肩大小	—	56	肉质	软
15	叶片宽	35.0 cm	36	商品果纵径	37.9 mm	57	风味	甜酸
16	首花序节位	12节	37	商品果横径	37.6 mm	58	清香味	无
17	第二花序节位	15节	38	果形	圆形	59	综合品质	中
18	花序类型	单式花序	39	果梗洼大小	3.6 mm	60	可溶性固形物含量	6.30%
19	簇生花	无	40	果洼木栓化大小	1.7 mm	61	田间成株耐寒性	中
20	花柱长度	与雄蕊近等长	41	果实横切面形状	不规则形状	62	用途	鲜食或加工
21	花柱形状	单圆花柱	42	果肉色	红			

种质编号VT605

序号	描述项目	描述内容	序号	描述项目	描述内容	序号	描述项目	描述内容
1	种质编号	VT605	22	花柱茸毛	无	43	胎座胶状物质颜色	红
2	种质类型	遗传材料	23	花色	浅黄	44	果肉厚	4.4 mm
3	下胚轴颜色	绿	24	花梗离层	有	45	心室数	2~3个
4	生长习性	5序花封顶	25	单花序花数	8朵	46	果皮色	黄
5	株型	半蔓性	26	果柄长度	1.2 cm	47	单花序果数	6个
6	株高	0.8~1.1 m	27	成熟前果色	绿	48	单果重	47.8 g
7	茎叶茸毛	长稀	28	成熟果色	红	49	熟性	极晚≥125 d
8	叶片类型	普通叶型	29	果面棱沟	轻	50	形态一致性	连续变异
9	叶片形状	羽状复叶	30	果面茸毛	无	51	种皮颜色	浅棕
10	叶片着生状态	下垂	31	果顶形状	圆平	52	播种至开花天数	69 d
11	叶色	黄绿	32	果肩	有	53	播种至始收天数	134 d
12	叶脉色	绿	33	果肩形状	微凹	54	裂果性	不易裂
13	叶裂刻	中	34	果肩色	—	55	畸形果	无
14	叶片长	40.0 cm	35	绿果肩大小	—	56	肉质	软
15	叶片宽	35.0 cm	36	商品果纵径	47.1 mm	57	风味	酸甜
16	首花序节位	9节	37	商品果横径	42.9 mm	58	清香味	有（淡）
17	第二花序节位	12节	38	果形	高圆形	59	综合品质	中
18	花序类型	单式花序	39	果梗洼大小	4.5 mm	60	可溶性固形物含量	4.60%
19	簇生花	无	40	果洼木栓化大小	2.3 mm	61	田间成株耐寒性	中
20	花柱长度	与雄蕊近等长	41	果实横切面形状	圆形或不规则形状	62	用途	鲜食或加工
21	花柱形状	单圆花柱	42	果肉色	红			

种质编号VT610

序号	描述项目	描述内容	序号	描述项目	描述内容	序号	描述项目	描述内容
1	种质编号	VT610	22	花柱茸毛	无	43	胎座胶状物质颜色	黄绿
2	种质类型	品系	23	花色	黄	44	果肉厚	4.7 mm
3	下胚轴颜色	紫	24	花梗离层	有	45	心室数	2个
4	生长习性	无限生长	25	单花序花数	9朵	46	果皮色	黄
5	株型	半蔓性	26	果柄长度	0.9 cm	47	单花序果数	9个
6	株高	1.9～2.3 m	27	成熟前果色	浅绿	48	单果重	37.6 g
7	茎叶茸毛	长稀	28	成熟果色	紫	49	熟性	极晚≥125 d
8	叶片类型	普通叶型	29	果面棱沟	中	50	形态一致性	一致
9	叶片形状	羽状复叶	30	果面茸毛	无	51	种皮颜色	浅棕
10	叶片着生状态	水平	31	果顶形状	圆平	52	播种至开花天数	73 d
11	叶色	绿	32	果肩	有	53	播种至始收天数	134 d
12	叶脉色	无色	33	果肩形状	微凹	54	裂果性	不易裂
13	叶裂刻	深	34	果肩色	绿	55	畸形果	无
14	叶片长	43.0 cm	35	绿果肩大小	小	56	肉质	软
15	叶片宽	35.0 cm	36	商品果纵径	50.4 mm	57	风味	酸甜
16	首花序节位	7节	37	商品果横径	37.5 mm	58	清香味	有
17	第二花序节位	12节	38	果形	梨形	59	综合品质	中
18	花序类型	单式花序或双歧花序	39	果梗洼大小	3.6 mm	60	可溶性固形物含量	5.10%
19	簇生花	无	40	果洼木栓化大小	1.5 mm	61	田间成株耐寒性	弱
20	花柱长度	短于雄蕊	41	果实横切面形状	圆形	62	用途	鲜食或加工
21	花柱形状	单圆花柱	42	果肉色	红带绿			

种质编号VT614

序号	描述项目	描述内容	序号	描述项目	描述内容	序号	描述项目	描述内容
1	种质编号	VT614	22	花柱茸毛	无	43	胎座胶状物质颜色	黄
2	种质类型	遗传材料	23	花色	黄	44	果肉厚	4.7 mm
3	下胚轴颜色	绿或紫	24	花梗离层	有	45	心室数	2个
4	生长习性	6序花封顶	25	单花序花数	11朵	46	果皮色	无色
5	株型	半蔓性	26	果柄长度	0.7 cm	47	单花序果数	9个
6	株高	0.9～1.3 m	27	成熟前果色	绿白	48	单果重	42.2 g
7	茎叶茸毛	短稀	28	成熟果色	粉红	49	熟性	极晚≥125 d
8	叶片类型	普通叶型	29	果面棱沟	无	50	形态一致性	连续变异
9	叶片形状	羽状复叶	30	果面茸毛	无	51	种皮颜色	浅棕
10	叶片着生状态	下垂	31	果顶形状	圆平	52	播种至开花天数	71 d
11	叶色	黄绿	32	果肩	有	53	播种至始收天数	134 d
12	叶脉色	无色	33	果肩形状	微凹	54	裂果性	不易裂
13	叶裂刻	中	34	果肩色	—	55	畸形果	无
14	叶片长	43.0 cm	35	绿果肩大小	—	56	肉质	面
15	叶片宽	35.0 cm	36	商品果纵径	47.9 mm	57	风味	酸甜
16	首花序节位	8节	37	商品果横径	40.7 mm	58	清香味	有
17	第二花序节位	9节	38	果形	长圆形	59	综合品质	下
18	花序类型	单式花序	39	果梗洼大小	2.7 mm	60	可溶性固形物含量	3.70%
19	簇生花	无	40	果洼木栓化大小	0.4 mm	61	田间成株耐寒性	弱
20	花柱长度	短于雄蕊	41	果实横切面形状	圆形	62	用途	鲜食或加工
21	花柱形状	单圆花柱	42	果肉色	粉红			

种质编号VT615

序号	描述项目	描述内容	序号	描述项目	描述内容	序号	描述项目	描述内容
1	种质编号	VT615	22	花柱茸毛	无	43	胎座胶状物质颜色	红
2	种质类型	品系	23	花色	浅黄	44	果肉厚	4.5 mm
3	下胚轴颜色	紫	24	花梗离层	有	45	心室数	2个
4	生长习性	4序花封顶	25	单花序花数	6朵	46	果皮色	无色
5	株型	半蔓性	26	果柄长度	0.5 cm	47	单花序果数	6个
6	株高	0.8~1.1 m	27	成熟前果色	绿白	48	单果重	36.0 g
7	茎叶茸毛	长稀	28	成熟果色	粉红	49	熟性	极晚≥125 d
8	叶片类型	普通叶型	29	果面棱沟	无	50	形态一致性	一致
9	叶片形状	羽状复叶	30	果面茸毛	无	51	种皮颜色	浅棕
10	叶片着生状态	水平	31	果顶形状	圆平	52	播种至开花天数	73 d
11	叶色	黄绿	32	果肩	有	53	播种至始收天数	136 d
12	叶脉色	无色	33	果肩形状	微凹	54	裂果性	不易裂
13	叶裂刻	深	34	果肩色	—	55	畸形果	无
14	叶片长	32.0 cm	35	绿果肩大小	—	56	肉质	沙
15	叶片宽	29.0 cm	36	商品果纵径	48.3 mm	57	风味	酸甜
16	首花序节位	9节	37	商品果横径	37.7 mm	58	清香味	有
17	第二花序节位	12节	38	果形	高圆形	59	综合品质	中
18	花序类型	单式花序或双歧花序	39	果梗洼大小	3.7 mm	60	可溶性固形物含量	5.60%
19	簇生花	无	40	果洼木栓化大小	1.5 mm	61	田间成株耐寒性	中
20	花柱长度	短于雄蕊	41	果实横切面形状	圆形	62	用途	鲜食或加工
21	花柱形状	单圆花柱	42	果肉色	粉红			

种质编号VT621

序号	描述项目	描述内容	序号	描述项目	描述内容	序号	描述项目	描述内容
1	种质编号	VT621	22	花柱茸毛	无	43	胎座胶状物质颜色	红
2	种质类型	遗传材料	23	花色	浅黄	44	果肉厚	3.4 mm
3	下胚轴颜色	紫	24	花梗离层	有	45	心室数	3个
4	生长习性	无限生长	25	单花序花数	7朵	46	果皮色	黄
5	株型	半蔓性	26	果柄长度	0.8 cm	47	单花序果数	5个
6	株高	1.8~2.0 m	27	成熟前果色	浅绿	48	单果重	43.5 g
7	茎叶茸毛	短稀	28	成熟果色	红	49	熟性	极晚≥125 d
8	叶片类型	普通叶型	29	果面棱沟	轻	50	形态一致性	连续变异
9	叶片形状	羽状复叶	30	果面茸毛	无	51	种皮颜色	浅棕
10	叶片着生状态	水平	31	果顶形状	圆平	52	播种至开花天数	69 d
11	叶色	黄绿	32	果肩	有	53	播种至始收天数	134 d
12	叶脉色	无色	33	果肩形状	微凹	54	裂果性	不易裂
13	叶裂刻	深	34	果肩色	—	55	畸形果	少
14	叶片长	32.0 cm	35	绿果肩大小	—	56	肉质	软
15	叶片宽	29.0 cm	36	商品果纵径	37.4 mm	57	风味	酸甜
16	首花序节位	7节	37	商品果横径	43.9 mm	58	清香味	有（淡）
17	第二花序节位	9节	38	果形	圆或高圆形	59	综合品质	中
18	花序类型	单式花序	39	果梗洼大小	5.9 mm	60	可溶性固形物含量	5.10%
19	簇生花	无	40	果洼木栓化大小	1.5 mm	61	田间成株耐寒性	中
20	花柱长度	短于雄蕊	41	果实横切面形状	等边多边形	62	用途	鲜食或加工
21	花柱形状	单圆花柱或分裂花柱	42	果肉色	红			

种质编号VT629

序号	描述项目	描述内容	序号	描述项目	描述内容	序号	描述项目	描述内容
1	种质编号	VT629	22	花柱茸毛	无	43	胎座胶状物质颜色	黄绿
2	种质类型	品系	23	花色	黄	44	果肉厚	5.7 mm
3	下胚轴颜色	紫	24	花梗离层	有	45	心室数	2个
4	生长习性	无限生长	25	单花序花数	9朵	46	果皮色	黄
5	株型	半蔓性	26	果柄长度	1.2 cm	47	单花序果数	6个
6	株高	2.3~2.5 m	27	成熟前果色	浅绿	48	单果重	44.4 g
7	茎叶茸毛	长稀	28	成熟果色	橘黄	49	熟性	极晚≥125 d
8	叶片类型	普通叶型	29	果面棱沟	无	50	形态一致性	连续变异
9	叶片形状	二回羽状复叶	30	果面茸毛	稀	51	种皮颜色	浅棕
10	叶片着生状态	下垂	31	果顶形状	圆平	52	播种至开花天数	84 d
11	叶色	深绿	32	果肩	有	53	播种至始收天数	147 d
12	叶脉色	无色	33	果肩形状	微凹	54	裂果性	不易裂
13	叶裂刻	深	34	果肩色	—	55	畸形果	无
14	叶片长	92.0 cm	35	绿果肩大小	—	56	肉质	面
15	叶片宽	35.0 cm	36	商品果纵径	39.7 mm	57	风味	酸甜
16	首花序节位	9节	37	商品果横径	45.3 mm	58	清香味	无
17	第二花序节位	15节	38	果形	圆形	59	综合品质	中
18	花序类型	单式花序	39	果梗洼大小	5.5 mm	60	可溶性固形物含量	4.50%
19	簇生花	无	40	果洼木栓化大小	2.0 mm	61	田间成株耐寒性	中
20	花柱长度	与雄蕊近等长	41	果实横切面形状	圆形	62	用途	加工
21	花柱形状	单圆花柱	42	果肉色	浅黄			

种质编号VT673

序号	描述项目	描述内容	序号	描述项目	描述内容	序号	描述项目	描述内容
1	种质编号	VT673	22	花柱茸毛	无	43	胎座胶状物质颜色	红
2	种质类型	选育品种	23	花色	浅黄	44	果肉厚	4.2 mm
3	下胚轴颜色	紫	24	花梗离层	有	45	心室数	2个
4	生长习性	5序花封顶	25	单花序花数	10朵	46	果皮色	无色
5	株型	半蔓性	26	果柄长度	0.5 cm	47	单花序果数	10个
6	株高	1.5~1.7 cm	27	成熟前果色	绿白	48	单果重	41.7 g
7	茎叶茸毛	长稀	28	成熟果色	粉红	49	熟性	晚121~125 d
8	叶片类型	薯叶型	29	果面棱沟	轻	50	形态一致性	连续变异
9	叶片形状	羽状复叶	30	果面茸毛	无	51	种皮颜色	灰黄
10	叶片着生状态	水平	31	果顶形状	微凸	52	播种至开花天数	57 d
11	叶色	绿	32	果肩	有	53	播种至始收天数	124 d
12	叶脉色	无色	33	果肩形状	微凹	54	裂果性	不易裂
13	叶裂刻	中	34	果肩色	—	55	畸形果	无
14	叶片长	48.0 cm	35	绿果肩大小	—	56	肉质	软
15	叶片宽	44.0 cm	36	商品果纵径	46.6 mm	57	风味	酸甜
16	首花序节位	9节	37	商品果横径	40.2 mm	58	清香味	有（淡）
17	第二花序节位	11节	38	果形	桃形	59	综合品质	中
18	花序类型	单式花序	39	果梗洼大小	4.0 mm	60	可溶性固形物含量	4.50%
19	簇生花	无	40	果洼木栓化大小	1.5 mm	61	田间成株耐寒性	强
20	花柱长度	与雄蕊近等长	41	果实横切面形状	圆形	62	用途	鲜食或加工
21	花柱形状	单圆花柱	42	果肉色	粉红			

种质编号VT681

序号	描述项目	描述内容	序号	描述项目	描述内容	序号	描述项目	描述内容
1	种质编号	VT681	22	花柱茸毛	无	43	胎座胶状物质颜色	红
2	种质类型	选育品种	23	花色	浅黄	44	果肉厚	3.6 mm
3	下胚轴颜色	紫	24	花梗离层	有	45	心室数	4个
4	生长习性	无限生长	25	单花序花数	9朵	46	果皮色	黄
5	株型	半蔓性	26	果柄长度	1.3 cm	47	单花序果数	6个
6	株高	1.5~1.8 m	27	成熟前果色	绿	48	单果重	43.5 g
7	茎叶茸毛	长稀	28	成熟果色	粉红	49	熟性	极晚≥125 d
8	叶片类型	普通叶型	29	果面棱沟	轻	50	形态一致性	一致
9	叶片形状	羽状复叶	30	果面茸毛	无	51	种皮颜色	灰黄
10	叶片着生状态	下垂	31	果顶形状	微凸	52	播种至开花天数	70 d
11	叶色	深绿	32	果肩	有	53	播种至始收天数	135 d
12	叶脉色	绿	33	果肩形状	微凹	54	裂果性	不易裂
13	叶裂刻	深	34	果肩色	—	55	畸形果	无
14	叶片长	42.0 cm	35	绿果肩大小	—	56	肉质	软
15	叶片宽	32.0 cm	36	商品果纵径	45.3 mm	57	风味	酸甜
16	首花序节位	7节	37	商品果横径	42.6 mm	58	清香味	有
17	第二花序节位	10节	38	果形	桃形	59	综合品质	上或中
18	花序类型	单式花序	39	果梗洼大小	3.2 mm	60	可溶性固形物含量	6.70%
19	簇生花	无	40	果洼木栓化大小	1.0 mm	61	田间成株耐寒性	弱
20	花柱长度	与雄蕊近等长	41	果实横切面形状	不规则形状	62	用途	鲜食
21	花柱形状	单圆花柱	42	果肉色	红			

种质编号VT686

序号	描述项目	描述内容	序号	描述项目	描述内容	序号	描述项目	描述内容
1	种质编号	VT686	22	花柱茸毛	无	43	胎座胶状物质颜色	黄
2	种质类型	选育品种	23	花色	橘黄	44	果肉厚	7.0 mm
3	下胚轴颜色	紫	24	花梗离层	有	45	心室数	2个
4	生长习性	9序花封顶	25	单花序花数	5朵	46	果皮色	黄
5	株型	半蔓性	26	果柄长度	0.9 cm	47	单花序果数	3个
6	株高	1.6~2.0 m	27	成熟前果色	浅绿	48	单果重	40.3 g
7	茎叶茸毛	短稀	28	成熟果色	红	49	熟性	极晚≥125 d
8	叶片类型	普通叶型	29	果面棱沟	轻	50	形态一致性	连续变异
9	叶片形状	羽状复叶	30	果面茸毛	无	51	种皮颜色	灰黄
10	叶片着生状态	水平	31	果顶形状	圆平	52	播种至开花天数	78 d
11	叶色	黄绿	32	果肩	有	53	播种至始收天数	135 d
12	叶脉色	无色	33	果肩形状	微凹	54	裂果性	不易裂
13	叶裂刻	浅	34	果肩色	—	55	畸形果	无
14	叶片长	32.0 cm	35	绿果肩大小	—	56	肉质	沙
15	叶片宽	30.0 cm	36	商品果纵径	36.4 mm	57	风味	酸甜
16	首花序节位	8节	37	商品果横径	43.4 mm	58	清香味	有（淡）
17	第二花序节位	9节	38	果形	圆形	59	综合品质	中
18	花序类型	单式花序或双歧花序	39	果梗洼大小	5.8 mm	60	可溶性固形物含量	4.30%
19	簇生花	无	40	果洼木栓化大小	1.6 mm	61	田间成株耐寒性	中
20	花柱长度	长于雄蕊	41	果实横切面形状	不规则形状	62	用途	鲜食或加工
21	花柱形状	单圆花柱	42	果肉色	粉红			

种质编号VT688

序号	描述项目	描述内容	序号	描述项目	描述内容	序号	描述项目	描述内容
1	种质编号	VT688	22	花柱茸毛	无	43	胎座胶状物质颜色	红
2	种质类型	选育品种	23	花色	浅黄	44	果肉厚	5.5 mm
3	下胚轴颜色	绿或紫	24	花梗离层	有	45	心室数	2个
4	生长习性	无限生长	25	单花序花数	16朵	46	果皮色	红
5	株型	半蔓性	26	果柄长度	0.8 cm	47	单花序果数	11个
6	株高	2.3～2.5 m	27	成熟前果色	浅绿	48	单果重	36.9 g
7	茎叶茸毛	短稀	28	成熟果色	红色	49	熟性	中106～120 d
8	叶片类型	普通叶型	29	果面棱沟	轻	50	形态一致性	一致
9	叶片形状	羽状复叶	30	果面茸毛	无	51	种皮颜色	浅黄
10	叶片着生状态	下垂	31	果顶形状	圆平	52	播种至开花天数	52 d
11	叶色	深绿	32	果肩	有	53	播种至始收天数	111 d
12	叶脉色	无色	33	果肩形状	微凹	54	裂果性	不易裂
13	叶裂刻	深	34	果肩色	—	55	畸形果	无
14	叶片长	45.0 cm	35	绿果肩大小	—	56	肉质	面
15	叶片宽	37.0 cm	36	商品果纵径	45.8 mm	57	风味	甜酸
16	首花序节位	12节	37	商品果横径	38.0 mm	58	清香味	有
17	第二花序节位	16节	38	果形	高圆形	59	综合品质	上
18	花序类型	单式花序	39	果梗洼大小	4.5 mm	60	可溶性固形物含量	6.80%
19	簇生花	无	40	果洼木栓化大小	2.0 mm	61	田间成株耐寒性	强
20	花柱长度	短于雄蕊	41	果实横切面形状	圆形	62	用途	鲜食
21	花柱形状	单圆花柱	42	果肉色	粉红			

种质编号VT689

序号	描述项目	描述内容	序号	描述项目	描述内容	序号	描述项目	描述内容
1	种质编号	VT689	22	花柱茸毛	无	43	胎座胶状物质颜色	黄
2	种质类型	品系	23	花色	浅黄	44	果肉厚	4.5 mm
3	下胚轴颜色	紫	24	花梗离层	有	45	心室数	3个
4	生长习性	无限生长	25	单花序花数	13朵	46	果皮色	红
5	株型	蔓性	26	果柄长度	0.9 cm	47	单花序果数	10个
6	株高	1.6～1.9 m	27	成熟前果色	绿	48	单果重	32.9 g
7	茎叶茸毛	长稀	28	成熟果色	红	49	熟性	中106～120 d
8	叶片类型	普通叶型	29	果面棱沟	轻	50	形态一致性	一致
9	叶片形状	羽状复叶	30	果面茸毛	无	51	种皮颜色	浅黄
10	叶片着生状态	下垂	31	果顶形状	圆平	52	播种至开花天数	54 d
11	叶色	深绿	32	果肩	有	53	播种至始收天数	115 d
12	叶脉色	无色	33	果肩形状	微凹	54	裂果性	不易裂
13	叶裂刻	中	34	果肩色	—	55	畸形果	无
14	叶片长	51.0 cm	35	绿果肩大小	—	56	肉质	面
15	叶片宽	46.0 cm	36	商品果纵径	44.0 mm	57	风味	酸甜
16	首花序节位	16节	37	商品果横径	37.8 mm	58	清香味	无
17	第二花序节位	17节	38	果形	高圆形	59	综合品质	上
18	花序类型	单式花序	39	果梗洼大小	3.0 mm	60	可溶性固形物含量	5.10%
19	簇生花	无	40	果洼木栓化大小	1.8 mm	61	田间成株耐寒性	强
20	花柱长度	短于雄蕊	41	果实横切面形状	等边多边形	62	用途	鲜食
21	花柱形状	单圆花柱	42	果肉色	红			

种质编号VT690

序号	描述项目	描述内容	序号	描述项目	描述内容	序号	描述项目	描述内容
1	种质编号	VT690	22	花柱茸毛	无	43	胎座胶状物质颜色	黄绿
2	种质类型	品系	23	花色	浅黄	44	果肉厚	5.3 mm
3	下胚轴颜色	紫	24	花梗离层	有	45	心室数	2个
4	生长习性	无限生长	25	单花序花数	13朵	46	果皮色	红
5	株型	半蔓性	26	果柄长度	1.3 cm	47	单花序果数	13个
6	株高	2.5~2.8 m	27	成熟前果色	绿白	48	单果重	34.3 g
7	茎叶茸毛	短稀	28	成熟果色	粉红	49	熟性	中106~120 d
8	叶片类型	普通叶型	29	果面棱沟	轻	50	形态一致性	连续变异
9	叶片形状	羽状复叶	30	果面茸毛	无	51	种皮颜色	灰黄
10	叶片着生状态	下垂	31	果顶形状	圆平	52	播种至开花天数	51 d
11	叶色	绿	32	果肩	有	53	播种至始收天数	110 d
12	叶脉色	紫	33	果肩形状	平	54	裂果性	不易裂
13	叶裂刻	深	34	果肩色	—	55	畸形果	无
14	叶片长	45.0 cm	35	绿果肩大小	—	56	肉质	面
15	叶片宽	36.0 cm	36	商品果纵径	45.6 mm	57	风味	甜
16	首花序节位	8节	37	商品果横径	36.0 mm	58	清香味	有
17	第二花序节位	13节	38	果形	高圆形	59	综合品质	上
18	花序类型	单式花序	39	果梗洼大小	4.0 mm	60	可溶性固形物含量	7.30%
19	簇生花	无	40	果洼木栓化大小	1.5 mm	61	田间成株耐寒性	强
20	花柱长度	与雄蕊近等长	41	果实横切面形状	圆形	62	用途	鲜食
21	花柱形状	单圆花柱	42	果肉色	粉红			

种质编号VT692

序号	描述项目	描述内容	序号	描述项目	描述内容	序号	描述项目	描述内容
1	种质编号	VT692	22	花柱茸毛	无	43	胎座胶状物质颜色	红
2	种质类型	选育品种	23	花色	黄	44	果肉厚	5.2 mm
3	下胚轴颜色	紫	24	花梗离层	有	45	心室数	2个
4	生长习性	6序花封顶	25	单花序花数	10朵	46	果皮色	黄
5	株型	半蔓性	26	果柄长度	0.6 cm	47	单花序果数	10个
6	株高	1.1～2.0 m	27	成熟前果色	绿	48	单果重	33.2 g
7	茎叶茸毛	短稀	28	成熟果色	红	49	熟性	中106～120 d
8	叶片类型	薯叶型	29	果面棱沟	轻	50	形态一致性	一致
9	叶片形状	羽状复叶	30	果面茸毛	无	51	种皮颜色	浅黄
10	叶片着生状态	下垂	31	果顶形状	圆平	52	播种至开花天数	51 d
11	叶色	深绿	32	果肩	有	53	播种至始收天数	112 d
12	叶脉色	无色	33	果肩形状	微凹	54	裂果性	不易裂
13	叶裂刻	中	34	果肩色	—	55	畸形果	无
14	叶片长	44.0 cm	35	绿果肩大小	—	56	肉质	面
15	叶片宽	35.0 cm	36	商品果纵径	43.3 mm	57	风味	甜
16	首花序节位	14节	37	商品果横径	37.4 mm	58	清香味	有
17	第二花序节位	15节	38	果形	高圆形	59	综合品质	上
18	花序类型	单式花序	39	果梗洼大小	3.5 mm	60	可溶性固形物含量	5.90%
19	簇生花	无	40	果洼木栓化大小	1.2 mm	61	田间成株耐寒性	强
20	花柱长度	短于雄蕊	41	果实横切面形状	圆形	62	用途	鲜食
21	花柱形状	单圆花柱	42	果肉色	红			

种质编号VT698

序号	描述项目	描述内容	序号	描述项目	描述内容	序号	描述项目	描述内容
1	种质编号	VT698	22	花柱茸毛	无	43	胎座胶状物质颜色	绿
2	种质类型	选育品种	23	花色	浅黄	44	果肉厚	4.5 mm
3	下胚轴颜色	紫	24	花梗离层	有	45	心室数	2个
4	生长习性	无限生长	25	单花序花数	7朵	46	果皮色	黄
5	株型	半蔓性	26	果柄长度	0.8 cm	47	单花序果数	7个
6	株高	2.0~2.5 m	27	成熟前果色	深绿	48	单果重	42.1 g
7	茎叶茸毛	短稀	28	成熟果色	紫色	49	熟性	极晚≥125 d
8	叶片类型	普通叶型	29	果面棱沟	轻	50	形态一致性	连续变异
9	叶片形状	羽状复叶	30	果面茸毛	无	51	种皮颜色	灰黄
10	叶片着生状态	水平	31	果顶形状	圆平	52	播种至开花天数	85 d
11	叶色	绿	32	果肩	有	53	播种至始收天数	147 d
12	叶脉色	无色	33	果肩形状	平	54	裂果性	中
13	叶裂刻	中	34	果肩色	绿	55	畸形果	无
14	叶片长	50.0 cm	35	绿果肩大小	小	56	肉质	沙
15	叶片宽	46.0 cm	36	商品果纵径	38.6 mm	57	风味	甜酸
16	首花序节位	11节	37	商品果横径	42.2 mm	58	清香味	有
17	第二花序节位	16节	38	果形	圆形	59	综合品质	中
18	花序类型	单式花序	39	果梗洼大小	5.2 mm	60	可溶性固形物含量	5.00%
19	簇生花	无	40	果洼木栓化大小	2.0 mm	61	田间成株耐寒性	中
20	花柱长度	与雄蕊近等长	41	果实横切面形状	圆形	62	用途	鲜食或加工
21	花柱形状	单圆花柱	42	果肉色	绿			

种质编号VT701

序号	描述项目	描述内容	序号	描述项目	描述内容	序号	描述项目	描述内容
1	种质编号	VT701	22	花柱茸毛	无	43	胎座胶状物质颜色	绿
2	种质类型	选育品种	23	花色	黄	44	果肉厚	6.5 mm
3	下胚轴颜色	紫	24	花梗离层	有	45	心室数	2个
4	生长习性	无限生长	25	单花序花数	9朵	46	果皮色	黄
5	株型	半蔓性	26	果柄长度	1.3 cm	47	单花序果数	9个
6	株高	1.8~2.2 m	27	成熟前果色	绿	48	单果重	47.5 g
7	茎叶茸毛	短稀	28	成熟果色	紫	49	熟性	极晚≥125 d
8	叶片类型	普通叶型	29	果面棱沟	重	50	形态一致性	连续变异
9	叶片形状	羽状复叶	30	果面茸毛	中	51	种皮颜色	灰黄
10	叶片着生状态	水平	31	果顶形状	圆平	52	播种至开花天数	71 d
11	叶色	黄绿	32	果肩	有	53	播种至始收天数	138 d
12	叶脉色	无色	33	果肩形状	微凹	54	裂果性	不易裂
13	叶裂刻	中	34	果肩色	绿	55	畸形果	无
14	叶片长	42.0 cm	35	绿果肩大小	小	56	肉质	沙
15	叶片宽	31.0 cm	36	商品果纵径	53.9 mm	57	风味	甜酸
16	首花序节位	11节	37	商品果横径	43.3 mm	58	清香味	有（淡）
17	第二花序节位	14节	38	果形	长圆或梨形	59	综合品质	中
18	花序类型	单式花序	39	果梗洼大小	3.2 mm	60	可溶性固形物含量	5.70%
19	簇生花	无	40	果洼木栓化大小	1.0 mm	61	田间成株耐寒性	中
20	花柱长度	短于雄蕊	41	果实横切面形状	圆形	62	用途	鲜食或加工
21	花柱形状	单圆花柱	42	果肉色	绿			

种质编号VT702

序号	描述项目	描述内容	序号	描述项目	描述内容	序号	描述项目	描述内容
1	种质编号	VT702	22	花柱茸毛	无	43	胎座胶状物质颜色	绿
2	种质类型	遗传材料	23	花色	浅黄	44	果肉厚	4.0 mm
3	下胚轴颜色	紫	24	花梗离层	有	45	心室数	2个
4	生长习性	无限生长	25	单花序花数	5朵	46	果皮色	无色
5	株型	半蔓性	26	果柄长度	0.8 cm	47	单花序果数	5个
6	株高	1.7～1.8 m	27	成熟前果色	浅绿带深绿条纹	48	单果重	38.9 g
7	茎叶茸毛	短稀	28	成熟果色	紫带绿条	49	熟性	极晚≥125 d
8	叶片类型	普通叶型	29	果面棱沟	重	50	形态一致性	连续变异
9	叶片形状	羽状复叶	30	果面茸毛	无	51	种皮颜色	灰黄
10	叶片着生状态	水平	31	果顶形状	圆平	52	播种至开花天数	85 d
11	叶色	黄绿	32	果肩	有	53	播种至始收天数	154 d
12	叶脉色	无色	33	果肩形状	微凹	54	裂果性	不易裂
13	叶裂刻	深	34	果肩色	绿	55	畸形果	无
14	叶片长	45.0 cm	35	绿果肩大小	中	56	肉质	沙
15	叶片宽	37.0 cm	36	商品果纵径	36.2 mm	57	风味	甜酸
16	首花序节位	12节	37	商品果横径	42.0 mm	58	清香味	有
17	第二花序节位	15节	38	果形	扁圆形	59	综合品质	中
18	花序类型	单式花序	39	果梗洼大小	5.0 mm	60	可溶性固形物含量	5.60%
19	簇生花	无	40	果洼木栓化大小	2.2 mm	61	田间成株耐寒性	弱
20	花柱长度	与雄蕊近等长	41	果实横切面形状	圆形	62	用途	鲜食或加工
21	花柱形状	单圆花柱	42	果肉色	绿			

种质编号VT731

序号	描述项目	描述内容	序号	描述项目	描述内容	序号	描述项目	描述内容
1	种质编号	VT731	22	花柱茸毛	无	43	胎座胶状物质颜色	绿
2	种质类型	品系	23	花色	浅黄	44	果肉厚	6.5 mm
3	下胚轴颜色	紫	24	花梗离层	有	45	心室数	2个
4	生长习性	无限生长	25	单花序花数	8朵	46	果皮色	黄
5	株型	半蔓性	26	果柄长度	1.1 cm	47	单花序果数	8个
6	株高	1.9～2.3 m	27	成熟前果色	绿	48	单果重	46.4 g
7	茎叶茸毛	短稀	28	成熟果色	紫色	49	熟性	极晚≥125 d
8	叶片类型	普通叶型	29	果面棱沟	重	50	形态一致性	一致
9	叶片形状	羽状复叶	30	果面茸毛	无	51	种皮颜色	浅黄
10	叶片着生状态	水平	31	果顶形状	圆平	52	播种至开花天数	71 d
11	叶色	绿	32	果肩	有	53	播种至始收天数	140 d
12	叶脉色	无色	33	果肩形状	微凹	54	裂果性	不易裂
13	叶裂刻	中	34	果肩色	绿	55	畸形果	无
14	叶片长	42.0 cm	35	绿果肩大小	中	56	肉质	软或沙
15	叶片宽	31.0 cm	36	商品果纵径	49.2 mm	57	风味	甜酸（淡）
16	首花序节位	12节	37	商品果横径	41.2 mm	58	清香味	有
17	第二花序节位	16节	38	果形	长圆形	59	综合品质	中
18	花序类型	单式花序	39	果梗注大小	3.8 mm	60	可溶性固形物含量	5.80%
19	簇生花	无	40	果注木栓化大小	1.2 mm	61	田间成株耐寒性	中
20	花柱长度	短于雄蕊	41	果实横切面形状	圆形	62	用途	鲜食或加工
21	花柱形状	单圆花柱	42	果肉色	黄绿			

第五章

小果类番茄种质资源

本章收录单果重为50.1～100.0 g，各种颜色的小果类番茄种质。共收录98份种质。

种质编号VT13

序号	描述项目	描述内容	序号	描述项目	描述内容	序号	描述项目	描述内容
1	种质编号	VT13	22	花柱茸毛	无	43	胎座胶状物质颜色	黄
2	种质类型	遗传材料	23	花色	浅	44	果肉厚	4.7～5.7 mm
3	下胚轴颜色	紫	24	花梗离层	有	45	心室数	2～4个
4	生长习性	无限生长	25	单花序花数	12朵	46	果皮色	黄或红或粉
5	株型	半蔓性	26	果柄长度	0.4 cm	47	单花序果数	5个
6	株高	2.5～3.0 m	27	成熟前果色	绿色	48	单果重	54.0～85.7 g
7	茎叶茸毛	短稀	28	成熟果色	黄或粉红或红	49	熟性	中106～120 d
8	叶片类型	普通叶型	29	果面棱沟	无	50	形态一致性	连续或不连续变异
9	叶片形状	羽状复叶	30	果面茸毛	无	51	种皮颜色	浅黄
10	叶片着生状态	水平	31	果顶形状	圆平	52	播种至开花天数	56 d
11	叶色	绿	32	果肩	无	53	播种至始收天数	109 d
12	叶脉色	绿	33	果肩形状	平	54	裂果性	不易裂
13	叶裂刻	深	34	果肩色	—	55	畸形果	少
14	叶片长	41 cm	35	绿果肩大小	—	56	肉质	面或沙
15	叶片宽	39 cm	36	商品果纵径	42.4～63.4 mm	57	风味	酸甜
16	首花序节位	13节	37	商品果横径	45.1～57.1 mm	58	清香味	无
17	第二花序节位	17节半	38	果形	扁圆或高圆或桃形	59	综合品质	下
18	花序类型	单式花序	39	果梗洼大小	5.0 mm	60	可溶性固形物含量	3.3%～5.5%
19	簇生花	无	40	果洼木栓化大小	1.8～2.0 mm	61	田间成株耐寒性	中
20	花柱长度	短于雄蕊	41	果实横切面形状	圆形	62	用途	鲜食或加工
21	花柱形状	单圆花柱	42	果肉色	黄或粉红或红			

第五章 小果类番茄种质资源

种质编号VT15

序号	描述项目	描述内容	序号	描述项目	描述内容	序号	描述项目	描述内容
1	种质编号	VT15	22	花柱茸毛	无	43	胎座胶状物质颜色	黄
2	种质类型	品系	23	花色	浅黄	44	果肉厚	6.8 mm
3	下胚轴颜色	紫	24	花梗离层	有	45	心室数	2个
4	生长习性	有限生长	25	单花序花数	5朵	46	果皮色	黄
5	株型	半蔓性	26	果柄长度	1.6 cm	47	单花序果数	5个
6	株高	2.3～2.5 m	27	成熟前果色	绿	48	单果重	63.0 g
7	茎叶茸毛	短稀	28	成熟果色	浅黄	49	熟性	极晚≥125 d
8	叶片类型	薯叶型	29	果面棱沟	中	50	形态一致性	一致
9	叶片形状	羽状复叶	30	果面茸毛	无	51	种皮颜色	浅棕
10	叶片着生状态	下垂	31	果顶形状	微凹	52	播种至开花天数	71 d
11	叶色	黄绿	32	果肩	有	53	播种至始收天数	138 d
12	叶脉色	无色	33	果肩形状	深凹	54	裂果性	不易裂
13	叶裂刻	中	34	果肩色	—	55	畸形果	无
14	叶片长	43.0 cm	35	绿果肩大小	—	56	肉质	面
15	叶片宽	52.0 cm	36	商品果纵径	49.0 mm	57	风味	甜酸
16	首花序节位	9节	37	商品果横径	48.4 mm	58	清香味	有
17	第二花序节位	10节	38	果形	高圆形	59	综合品质	下
18	花序类型	单式花序或多歧花序	39	果梗洼大小	6.0 mm	60	可溶性固形物含量	4.9%
19	簇生花	无	40	果洼木栓化大小	2.5 mm	61	田间成株耐寒性	弱
20	花柱长度	与雄蕊近等长	41	果实横切面形状	圆形	62	用途	鲜食或加工
21	花柱形状	单圆花柱	42	果肉色	浅黄			

种质编号VT20

序号	描述项目	描述内容	序号	描述项目	描述内容	序号	描述项目	描述内容
1	种质编号	VT20	22	花柱茸毛	无	43	胎座胶状物质颜色	黄
2	种质类型	遗传材料	23	花色	浅黄	44	果肉厚	3.1~3.5 mm
3	下胚轴颜色	紫	24	花梗离层	有	45	心室数	2个
4	生长习性	无限生长	25	单花序花数	6朵	46	果皮色	黄
5	株型	半蔓性	26	果柄长度	1.2 cm	47	单花序果数	3个
6	株高	1.7~2.0 m	27	成熟前果色	绿白	48	单果重	64.2 g
7	茎叶茸毛	长稀	28	成熟果色	黄或红	49	熟性	极晚≥125 d
8	叶片类型	普通叶型	29	果面棱沟	中	50	形态一致性	不连续变异
9	叶片形状	羽状复叶	30	果面茸毛	无	51	种皮颜色	浅棕
10	叶片着生状态	水平	31	果顶形状	微凹	52	播种至开花天数	71 d
11	叶色	浅绿	32	果肩	有	53	播种至始收天数	138 d
12	叶脉色	无色	33	果肩形状	平	54	裂果性	不易裂
13	叶裂刻	深	34	果肩色	—	55	畸形果	无
14	叶片长	44.0 cm	35	绿果肩大小	—	56	肉质	面
15	叶片宽	42.0 cm	36	商品果纵径	32.5~58.1 mm	57	风味	甜酸
16	首花序节位	13节	37	商品果横径	35.3~50.0 mm	58	清香味	有
17	第二花序节位	16节	38	果形	梨形	59	综合品质	中
18	花序类型	单式花序	39	果梗洼大小	6.6 mm	60	可溶性固形物含量	5.2%
19	簇生花	无	40	果洼木栓化大小	2.6 mm	61	田间成株耐寒性	中
20	花柱长度	短于雄蕊	41	果实横切面形状	圆形	62	用途	鲜食或加工
21	花柱形状	单圆花柱	42	果肉色	黄或红			

种质编号VT24

序号	描述项目	描述内容	序号	描述项目	描述内容	序号	描述项目	描述内容
1	种质编号	VT24	22	花柱茸毛	无	43	胎座胶状物质颜色	红
2	种质类型	遗传材料	23	花色	浅黄	44	果肉厚	4.9 mm
3	下胚轴颜色	紫	24	花梗离层	有	45	心室数	3个
4	生长习性	无限生长	25	单花序花数	5朵	46	果皮色	黄
5	株型	半蔓性	26	果柄长度	1.0 cm	47	单花序果数	3个
6	株高	1.5～1.8 m	27	成熟前果色	浅绿	48	单果重	53.8 g
7	茎叶茸毛	长稀	28	成熟果色	黄或红	49	熟性	极晚≥125 d
8	叶片类型	普通叶型	29	果面棱沟	中	50	形态一致性	不连续变异
9	叶片形状	羽状复叶	30	果面茸毛	无	51	种皮颜色	浅棕
10	叶片着生状态	水平	31	果顶形状	圆平	52	播种至开花天数	71 d
11	叶色	黄绿	32	果肩	有	53	播种至始收天数	138 d
12	叶脉色	无色	33	果肩形状	微凹	54	裂果性	不易裂
13	叶裂刻	深	34	果肩色	浅绿	55	畸形果	无
14	叶片长	45.0 cm	35	绿果肩大小	小	56	肉质	沙
15	叶片宽	35.0 cm	36	商品果纵径	57.2 mm	57	风味	甜酸
16	首花序节位	12节	37	商品果横径	42.4 mm	58	清香味	有
17	第二花序节位	16节	38	果形	梨形	59	综合品质	下
18	花序类型	双歧花序	39	果梗洼大小	3.5 mm	60	可溶性固形物含量	4.60%
19	簇生花	无	40	果洼木栓化大小	1.6 mm	61	田间成株耐寒性	弱
20	花柱长度	与雄蕊近等长	41	果实横切面形状	不规则形状	62	用途	鲜食、加工
21	花柱形状	单圆花柱	42	果肉色	黄或红			

种质编号VT34

序号	描述项目	描述内容	序号	描述项目	描述内容	序号	描述项目	描述内容
1	种质编号	VT34	22	花柱茸毛	无	43	胎座胶状物质颜色	红
2	种质类型	品系	23	花色	黄	44	果肉厚	7.4 mm
3	下胚轴颜色	紫	24	花梗离层	有	45	心室数	3个
4	生长习性	无限生长	25	单花序花数	8朵	46	果皮色	黄
5	株型	半蔓性	26	果柄长度	1.3 cm	47	单花序果数	5个
6	株高	2.0~2.2 m	27	成熟前果色	浅绿	48	单果重	80.2 g
7	茎叶茸毛	短稀	28	成熟果色	粉红	49	熟性	中106~120 d
8	叶片类型	薯叶型	29	果面棱沟	中	50	形态一致性	连续变异
9	叶片形状	羽状复叶	30	果面茸毛	稀	51	种皮颜色	灰黄
10	叶片着生状态	水平	31	果顶形状	微凹	52	播种至开花天数	54 d
11	叶色	黄绿	32	果肩	有	53	播种至始收天数	106 d
12	叶脉色	无色	33	果肩形状	深凹	54	裂果性	中
13	叶裂刻	深	34	果肩色	—	55	畸形果	少
14	叶片长	58.0 cm	35	绿果肩大小	—	56	肉质	沙
15	叶片宽	56.0 cm	36	商品果纵径	55.3 mm	57	风味	甜
16	首花序节位	8节	37	商品果横径	62.0 mm	58	清香味	有
17	第二花序节位	12节	38	果形	高圆形	59	综合品质	中
18	花序类型	单式花序	39	果梗洼大小	7.5 mm	60	可溶性固形物含量	5.70%
19	簇生花	无	40	果洼木栓化大小	3.2 mm	61	田间成株耐寒性	中
20	花柱长度	与雄蕊近等长	41	果实横切面形状	圆形	62	用途	鲜食
21	花柱形状	单圆花柱	42	果肉色	粉红			

种质编号VT35

序号	描述项目	描述内容	序号	描述项目	描述内容	序号	描述项目	描述内容
1	种质编号	VT35	22	花柱茸毛	无	43	胎座胶状物质颜色	黄
2	种质类型	品系	23	花色	黄	44	果肉厚	3.3 mm
3	下胚轴颜色	紫	24	花梗离层	有	45	心室数	5个
4	生长习性	无限生长	25	单花序花数	6朵	46	果皮色	黄
5	株型	半蔓性	26	果柄长度	1.3 cm	47	单花序果数	2个
6	株高	1.3~1.5 m	27	成熟前果色	浅绿	48	单果重	81 g
7	茎叶茸毛	短稀	28	成熟果色	红	49	熟性	极晚≥125 d
8	叶片类型	普通叶型	29	果面棱沟	中	50	形态一致性	一致
9	叶片形状	羽状复叶	30	果面茸毛	稀	51	种皮颜色	浅棕
10	叶片着生状态	水平	31	果顶形状	圆平	52	播种至开花天数	87 d
11	叶色	绿	32	果肩	有	53	播种至始收天数	152 d
12	叶脉色	绿	33	果肩形状	深凹	54	裂果性	不易裂
13	叶裂刻	中	34	果肩色	—	55	畸形果	少
14	叶片长	48.0 cm	35	绿果肩大小	—	56	肉质	沙
15	叶片宽	39.0 cm	36	商品果纵径	51.9 mm	57	风味	甜酸
16	首花序节位	13节	37	商品果横径	53.9 mm	58	清香味	无
17	第二花序节位	16节	38	果形	圆形	59	综合品质	中
18	花序类型	单式花柱	39	果梗洼大小	7.2 mm	60	可溶性固形物含量	4.40%
19	簇生花	无	40	果洼木栓化大小	3.0 mm	61	田间成株耐寒性	中
20	花柱长度	与雄蕊近等长	41	果实横切面形状	不规则	62	用途	鲜食、加工
21	花柱形状	单圆花柱	42	果肉色	红			

种质编号VT42

序号	描述项目	描述内容	序号	描述项目	描述内容	序号	描述项目	描述内容
1	种质编号	VT42	22	花柱茸毛	无色	43	胎座胶状物质颜色	红
2	种质类型	遗传材料	23	花色	黄	44	果肉厚	4.6 mm
3	下胚轴颜色	紫	24	花梗离层	有	45	心室数	5个
4	生长习性	8序花封顶	25	单花序花数	8朵	46	果皮色	黄
5	株型	半蔓性	26	果柄长度	1 cm	47	单花序果数	7个
6	株高	1.3～1.5 m	27	成熟前果色	绿白	48	单果重	66.9 g
7	茎叶茸毛	短稀	28	成熟果色	粉红或红	49	熟性	极晚≥125 d
8	叶片类型	薯叶型	29	果面棱沟	无或中	50	形态一致性	连续变异
9	叶片形状	羽状复叶	30	果面茸毛	无	51	种皮颜色	灰黄
10	叶片着生状态	下垂	31	果顶形状	圆平	52	播种至开花天数	71 d
11	叶色	黄绿	32	果肩	有	53	播种至始收天数	138 d
12	叶脉色	无色	33	果肩形状	深凹	54	裂果性	中
13	叶裂刻	中	34	果肩色	—	55	畸形果	无
14	叶片长	47.0 cm	35	绿果肩大小	—	56	肉质	面
15	叶片宽	40.0 cm	36	商品果纵径	41.8 mm	57	风味	甜酸
16	首花序节位	12节	37	商品果横径	51.6 mm	58	清香味	有
17	第二花序节位	14节	38	果形	圆形	59	综合品质	中
18	花序类型	单式花序	39	果梗洼大小	4.6 mm	60	可溶性固形物含量	5.10%
19	簇生花	无	40	果洼木栓化大小	1.7 mm	61	田间成株耐寒性	中
20	花柱长度	与雄蕊近等长	41	果实横切面形状	圆形	62	用途	鲜食
21	花柱形状	单圆花柱	42	果肉色	粉红			

种质编号VT47

序号	描述项目	描述内容	序号	描述项目	描述内容	序号	描述项目	描述内容
1	种质编号	VT47	22	花柱茸毛	无色	43	胎座胶状物质颜色	红
2	种质类型	遗传材料	23	花色	黄	44	果肉厚	7.2 mm
3	下胚轴颜色	紫	24	花梗离层	有	45	心室数	4个
4	生长习性	6序花封顶	25	单花序花数	13朵	46	果皮色	黄
5	株型	半蔓性	26	果柄长度	0.8 cm	47	单花序果数	9个
6	株高	1.5～1.8 m	27	成熟前果色	绿白	48	单果重	96.8 g
7	茎叶茸毛	短稀	28	成熟果色	粉红	49	熟性	极晚≥125 d
8	叶片类型	薯叶型	29	果面棱沟	中	50	形态一致性	连续变异
9	叶片形状	羽状复叶	30	果面茸毛	无	51	种皮颜色	灰黄
10	叶片着生状态	水平	31	果顶形状	圆平	52	播种至开花天数	78 d
11	叶色	黄绿	32	果肩	有	53	播种至始收天数	135 d
12	叶脉色	无色	33	果肩形状	深凹	54	裂果性	不易裂
13	叶裂刻	中	34	果肩色	—	55	畸形果	无
14	叶片长	46.0 cm	35	绿果肩大小	—	56	肉质	面或沙
15	叶片宽	46.0 cm	36	商品果纵径	54.0 mm	57	风味	酸甜
16	首花序节位	10节	37	商品果横径	60.5 mm	58	清香味	有
17	第二花序节位	12节	38	果形	扁圆或高圆形	59	综合品质	中
18	花序类型	单式花序	39	果梗洼大小	5.5 mm	60	可溶性固形物含量	3.70%
19	簇生花	无	40	果洼木栓化大小	1.9 mm	61	田间成株耐寒性	中
20	花柱长度	短于雄蕊	41	果实横切面形状	不规则形状	62	用途	鲜食
21	花柱形状	单圆花柱	42	果肉色	粉红			

种质编号VT53

序号	描述项目	描述内容	序号	描述项目	描述内容	序号	描述项目	描述内容
1	种质编号	VT53	22	花柱茸毛	无	43	胎座胶状物质颜色	黄
2	种质类型	品系	23	花色	黄	44	果肉厚	2.2 mm
3	下胚轴颜色	紫	24	花梗离层	有	45	心室数	5个
4	生长习性	无限生长	25	单花序花数	4朵	46	果皮色	黄
5	株型	半蔓性	26	果柄长度	0.6 cm	47	单花序果数	3个
6	株高	0.8~1.2 m	27	成熟前果色	绿	48	单果重	58.2 g
7	茎叶茸毛	长稀	28	成熟果色	红	49	熟性	极晚≥125 d
8	叶片类型	普通叶型	29	果面棱沟	中	50	形态一致性	连续变异
9	叶片形状	羽状复叶	30	果面茸毛	稀	51	种皮颜色	浅棕
10	叶片着生状态	水平	31	果顶形状	微凹	52	播种至开花天数	83 d
11	叶色	绿	32	果肩	有	53	播种至始收天数	149 d
12	叶脉色	无色	33	果肩形状	深凹	54	裂果性	不易裂
13	叶裂刻	中	34	果肩色	—	55	畸形果	少
14	叶片长	35.0 cm	35	绿果肩大小	—	56	肉质	软
15	叶片宽	28.0 cm	36	商品果纵径	45.1 mm	57	风味	甜酸
16	首花序节位	9节	37	商品果横径	48.7 mm	58	清香味	有
17	第二花序节位	11节	38	果形	圆形或高圆形	59	综合品质	中
18	花序类型	单式花序	39	果梗洼大小	8.5 mm	60	可溶性固形物含量	4.50%
19	簇生花	无	40	果洼木栓化大小	3.7 mm	61	田间成株耐寒性	弱
20	花柱长度	与雄蕊近等长	41	果实横切面形状	不规则形状	62	用途	鲜食
21	花柱形状	单圆花柱	42	果肉色	红			

种质编号VT76

序号	描述项目	描述内容	序号	描述项目	描述内容	序号	描述项目	描述内容
1	种质编号	VT76	22	花柱茸毛	无	43	胎座胶状物质颜色	黄
2	种质类型	遗传材料	23	花色	浅黄	44	果肉厚	6.5 mm
3	下胚轴颜色	紫	24	花梗离层	有	45	心室数	4个
4	生长习性	无限生长	25	单花序花数	8朵	46	果皮色	红
5	株型	半蔓性	26	果柄长度	0.8 cm	47	单花序果数	6个
6	株高	1.8～2.3 m	27	成熟前果色	绿	48	单果重	65.5 g
7	茎叶茸毛	短稀	28	成熟果色	红	49	熟性	极晚≥125 d
8	叶片类型	普通叶型	29	果面棱沟	重	50	形态一致性	连续变异
9	叶片形状	羽状复叶	30	果面茸毛	无	51	种皮颜色	浅棕
10	叶片着生状态	水平	31	果顶形状	圆平	52	播种至开花天数	83 d
11	叶色	绿	32	果肩	有	53	播种至始收天数	149 d
12	叶脉色	无色	33	果肩形状	微凹	54	裂果性	中
13	叶裂刻	中	34	果肩色	—	55	畸形果	少
14	叶片长	40.0 cm	35	绿果肩大小	—	56	肉质	沙
15	叶片宽	32.0 cm	36	商品果纵径	45.0 mm	57	风味	酸甜
16	首花序节位	12节	37	商品果横径	49.4 mm	58	清香味	有
17	第二花序节位	15节	38	果形	圆形	59	综合品质	中
18	花序类型	单式花序	39	果梗洼大小	5.3 mm	60	可溶性固形物含量	4.20%
19	簇生花	无	40	果洼木栓化大小	2.0 mm	61	田间成株耐寒性	强
20	花柱长度	与雄蕊近等长	41	果实横切面形状	不规则形状	62	用途	鲜食或加工
21	花柱形状	单圆花柱	42	果肉色	红			

种质编号VT79

序号	描述项目	描述内容	序号	描述项目	描述内容	序号	描述项目	描述内容
1	种质编号	VT79	22	花柱茸毛	无	43	胎座胶状物质颜色	红
2	种质类型	品系	23	花色	黄	44	果肉厚	4.0 mm
3	下胚轴颜色	绿或紫	24	花梗离层	有	45	心室数	2个
4	生长习性	8序花封顶	25	单花序花数	15朵	46	果皮色	黄
5	株型	半蔓性	26	果柄长度	0.7 cm	47	单花序果数	10个
6	株高	1.7~2.0 m	27	成熟前果色	绿	48	单果重	56.8 g
7	茎叶茸毛	短稀	28	成熟果色	红	49	熟性	早100~105 d
8	叶片类型	薯叶型	29	果面棱沟	无	50	形态一致性	不连续变异
9	叶片形状	羽状复叶	30	果面茸毛	无	51	种皮颜色	灰黄
10	叶片着生状态	水平	31	果顶形状	圆平	52	播种至开花天数	52 d
11	叶色	黄绿	32	果肩	有	53	播种至始收天数	102 d
12	叶脉色	无色	33	果肩形状	深凹	54	裂果性	不易裂
13	叶裂刻	中	34	果肩色	—	55	畸形果	无
14	叶片长	48.0 cm	35	绿果肩大小	—	56	肉质	面
15	叶片宽	42.0 cm	36	商品果纵径	32.6 mm	57	风味	酸甜
16	首花序节位	14节	37	商品果横径	31.2 mm	58	清香味	无
17	第二花序节位	15节	38	果形	圆或椭圆形	59	综合品质	中
18	花序类型	单式花序	39	果梗洼大小	2.6 mm	60	可溶性固形物含量	4.70%
19	簇生花	无	40	果洼木栓化大小	0.8 mm	61	田间成株耐寒性	强
20	花柱长度	短于雄蕊	41	果实横切面形状	圆形	62	用途	鲜食
21	花柱形状	单圆花柱	42	果肉色	红			

种质编号VT92

序号	描述项目	描述内容	序号	描述项目	描述内容	序号	描述项目	描述内容
1	种质编号	VT92	22	花柱茸毛	无	43	胎座胶状物质颜色	黄
2	种质类型	遗传材料	23	花色	浅黄	44	果肉厚	3.4 mm
3	下胚轴颜色	紫	24	花梗离层	有	45	心室数	2~4个
4	生长习性	无限生长	25	单花序花数	8朵	46	果皮色	黄
5	株型	半蔓性	26	果柄长度	1.0 cm	47	单花序果数	4个
6	株高	1.75~2.3 m	27	成熟前果色	浅绿	48	单果重	52.9 g
7	茎叶茸毛	短稀	28	成熟果色	橘黄	49	熟性	极晚≥125 d
8	叶片类型	普通叶型	29	果面棱沟	中	50	形态一致性	不连续变异
9	叶片形状	羽状复叶	30	果面茸毛	稀	51	种皮颜色	浅棕
10	叶片着生状态	下垂	31	果顶形状	圆平	52	播种至开花天数	83 d
11	叶色	浅绿	32	果肩	有	53	播种至始收天数	149 d
12	叶脉色	无色	33	果肩形状	微凹	54	裂果性	不易裂
13	叶裂刻	深	34	果肩色	—	55	畸形果	少
14	叶片长	40.0 cm	35	绿果肩大小	—	56	肉质	沙
15	叶片宽	40.0 cm	36	商品果纵径	47.0 mm	57	风味	酸甜
16	首花序节位	11节	37	商品果横径	45.1 mm	58	清香味	无
17	第二花序节位	14节	38	果形	高圆或梨形	59	综合品质	中
18	花序类型	单式花序	39	果梗洼大小	5.7 mm	60	可溶性固形物含量	4.00%
19	簇生花	无	40	果洼木栓化大小	3.0 mm	61	田间成株耐寒性	中
20	花柱长度	短于雄蕊	41	果实横切面形状	不规则形状	62	用途	鲜食或加工
21	花柱形状	单圆花柱	42	果肉色	黄			

种质编号VT93

序号	描述项目	描述内容	序号	描述项目	描述内容	序号	描述项目	描述内容
1	种质编号	VT93	22	花柱茸毛	无	43	胎座胶状物质颜色	红
2	种质类型	品系	23	花色	浅黄	44	果肉厚	6.7 mm
3	下胚轴颜色	紫	24	花梗离层	有	45	心室数	3~4个
4	生长习性	无限生长	25	单花序花数	7朵	46	果皮色	黄
5	株型	半蔓性	26	果柄长度	0.6 cm	47	单花序果数	5个
6	株高	1.6~2.0 m	27	成熟前果色	绿	48	单果重	80.2 g
7	茎叶茸毛	短稀	28	成熟果色	红	49	熟性	极晚≥125 d
8	叶片类型	普通叶型	29	果面棱沟	中	50	形态一致性	不连续变异
9	叶片形状	羽状复叶	30	果面茸毛	无	51	种皮颜色	灰黄
10	叶片着生状态	水平	31	果顶形状	圆平或微凹	52	播种至开花天数	71 d
11	叶色	黄绿	32	果肩	有	53	播种至始收天数	136 d
12	叶脉色	绿	33	果肩形状	深凹	54	裂果性	不易裂
13	叶裂刻	深	34	果肩色	—	55	畸形果	无
14	叶片长	46.0 cm	35	绿果肩大小	—	56	肉质	沙
15	叶片宽	36.0 cm	36	商品果纵径	49.9 mm	57	风味	甜酸
16	首花序节位	9节	37	商品果横径	56.1 mm	58	清香味	有
17	第二花序节位	11节	38	果形	高圆或圆形	59	综合品质	下
18	花序类型	单式花序或多歧花序	39	果梗洼大小	5.5 mm	60	可溶性固形物含量	4.20%
19	簇生花	无	40	果洼木栓化大小	2.1 mm	61	田间成株耐寒性	强
20	花柱长度	与雄蕊近等长	41	果实横切面形状	不规则形状	62	用途	鲜食或加工
21	花柱形状	单圆花柱	42	果肉色	粉红			

种质编号VT94

序号	描述项目	描述内容	序号	描述项目	描述内容	序号	描述项目	描述内容
1	种质编号	VT94	22	花柱茸毛	无	43	胎座胶状物质颜色	黄
2	种质类型	品系	23	花色	黄	44	果肉厚	6.7 mm
3	下胚轴颜色	紫	24	花梗离层	有	45	心室数	3个
4	生长习性	无限生长	25	单花序花数	10朵	46	果皮色	黄
5	株型	半蔓性	26	果柄长度	0.8 cm	47	单花序果数	7个
6	株高	1.4～1.8 m	27	成熟前果色	绿	48	单果重	50.9 g
7	茎叶茸毛	短稀	28	成熟果色	红	49	熟性	极晚≥125 d
8	叶片类型	普通叶型	29	果面棱沟	中	50	形态一致性	不连续变异
9	叶片形状	羽状复叶	30	果面茸毛	无	51	种皮颜色	浅黄
10	叶片着生状态	水平	31	果顶形状	圆平	52	播种至开花天数	71 d
11	叶色	浅绿	32	果肩	有	53	播种至始收天数	136 d
12	叶脉色	无色	33	果肩形状	微凹	54	裂果性	不易裂
13	叶裂刻	深	34	果肩色	—	55	畸形果	无
14	叶片长	42.0 cm	35	绿果肩大小	—	56	肉质	沙
15	叶片宽	31.0 cm	36	商品果纵径	44.7 mm	57	风味	酸甜
16	首花序节位	11节	37	商品果横径	44.7 mm	58	清香味	有
17	第二花序节位	16节	38	果形	高圆或梨形	59	综合品质	中
18	花序类型	单式花序	39	果梗洼大小	4.5 mm	60	可溶性固形物含量	4.60%
19	簇生花	无	40	果洼木栓化大小	1.2 mm	61	田间成株耐寒性	强
20	花柱长度	与雄蕊近等长	41	果实横切面形状	不规则形状	62	用途	鲜食
21	花柱形状	单圆花柱	42	果肉色	粉红			

种质编号VT99

序号	描述项目	描述内容	序号	描述项目	描述内容	序号	描述项目	描述内容
1	种质编号	VT99	22	花柱茸毛	无	43	胎座胶状物质颜色	黄
2	种质类型	品系	23	花色	浅黄	44	果肉厚	6.3 mm
3	下胚轴颜色	紫	24	花梗离层	有	45	心室数	2~4个
4	生长习性	7序花封顶	25	单花序花数	6朵	46	果皮色	黄
5	株型	半蔓性	26	果柄长度	1.0 cm	47	单花序果数	6个
6	株高	1.4~1.6 m	27	成熟前果色	绿白	48	单果重	84.5 g
7	茎叶茸毛	短稀	28	成熟果色	红	49	熟性	极晚≥125 d
8	叶片类型	普通叶型	29	果面棱沟	中	50	形态一致性	一致
9	叶片形状	羽状复叶	30	果面茸毛	无	51	种皮颜色	灰黄
10	叶片着生状态	水平	31	果顶形状	圆平	52	播种至开花天数	71 d
11	叶色	深绿	32	果肩	有	53	播种至始收天数	136 d
12	叶脉色	绿	33	果肩形状	微凹	54	裂果性	不易裂
13	叶裂刻	深	34	果肩色	—	55	畸形果	无
14	叶片长	38.0 cm	35	绿果肩大小	—	56	肉质	沙
15	叶片宽	34.0 cm	36	商品果纵径	51.0 mm	57	风味	甜酸
16	首花序节位	11节	37	商品果横径	55.8 mm	58	清香味	无
17	第二花序节位	14节	38	果形	高圆形	59	综合品质	中
18	花序类型	单式花序	39	果梗洼大小	9.5 mm	60	可溶性固形物含量	3.90%
19	簇生花	无	40	果洼木栓化大小	3.8 mm	61	田间成株耐寒性	中
20	花柱长度	与雄蕊近等长	41	果实横切面形状	等边多边形或圆形	62	用途	鲜食或加工
21	花柱形状	单圆花柱	42	果肉色	粉红			

种质编号VT109

序号	描述项目	描述内容	序号	描述项目	描述内容	序号	描述项目	描述内容
1	种质编号	VT109	22	花柱茸毛	无	43	胎座胶状物质颜色	红
2	种质类型	品系	23	花色	黄	44	果肉厚	6.3 mm
3	下胚轴颜色	紫	24	花梗离层	有	45	心室数	2个
4	生长习性	4序花封顶	25	单花序花数	7朵	46	果皮色	黄
5	株型	半蔓性	26	果柄长度	1.2 cm	47	单花序果数	7个
6	株高	1.2～1.5 m	27	成熟前果色	绿白	48	单果重	93.3 g
7	茎叶茸毛	短稀	28	成熟果色	红	49	熟性	极晚≥125 d
8	叶片类型	薯叶型	29	果面棱沟	中	50	形态一致性	连续变异
9	叶片形状	羽状复叶	30	果面茸毛	无	51	种皮颜色	浅棕
10	叶片着生状态	水平	31	果顶形状	圆平	52	播种至开花天数	72 d
11	叶色	黄绿	32	果肩	有	53	播种至始收天数	138 d
12	叶脉色	绿	33	果肩形状	平	54	裂果性	不易裂
13	叶裂刻	深	34	果肩色	—	55	畸形果	无
14	叶片长	48.0 cm	35	绿果肩大小	—	56	肉质	沙
15	叶片宽	38.0 cm	36	商品果纵径	60.5 mm	57	风味	酸甜
16	首花序节位	10节	37	商品果横径	58.0 mm	58	清香味	有
17	第二花序节位	11节	38	果形	梨形	59	综合品质	下
18	花序类型	单式花序	39	果梗洼大小	5.8 mm	60	可溶性固形物含量	4.10%
19	簇生花	有	40	果洼木栓化大小	2.4 mm	61	田间成株耐寒性	弱
20	花柱长度	短于雄蕊	41	果实横切面形状	圆形	62	用途	鲜食或加工
21	花柱形状	单圆花柱	42	果肉色	粉红			

种质编号VT110

序号	描述项目	描述内容	序号	描述项目	描述内容	序号	描述项目	描述内容
1	种质编号	VT110	22	花柱茸毛	无	43	胎座胶状物质颜色	红
2	种质类型	品系	23	花色	黄	44	果肉厚	5.2 mm
3	下胚轴颜色	紫	24	花梗离层	有	45	心室数	3个
4	生长习性	7序花封顶	25	单花序花数	7朵	46	果皮色	黄
5	株型	半蔓性	26	果柄长度	0.6 cm	47	单花序果数	4个
6	株高	0.8~1.2 m	27	成熟前果色	浅绿	48	单果重	80.4 g
7	茎叶茸毛	短稀	28	成熟果色	红	49	熟性	极晚≥125 d
8	叶片类型	普通叶型	29	果面棱沟	中	50	形态一致性	连续变异
9	叶片形状	羽状复叶	30	果面茸毛	无	51	种皮颜色	灰黄
10	叶片着生状态	水平	31	果顶形状	圆平	52	播种至开花天数	72 d
11	叶色	黄绿	32	果肩	有	53	播种至始收天数	138 d
12	叶脉色	绿	33	果肩形状	平	54	裂果性	不易裂
13	叶裂刻	浅	34	果肩色	—	55	畸形果	少
14	叶片长	28.0 cm	35	绿果肩大小	—	56	肉质	面
15	叶片宽	32.0 cm	36	商品果纵径	57.2 mm	57	风味	甜酸
16	首花序节位	11节	37	商品果横径	52.2 mm	58	清香味	无
17	第二花序节位	12节	38	果形	高圆形	59	综合品质	下
18	花序类型	单式花序	39	果梗洼大小	6.0 mm	60	可溶性固形物含量	4.10%
19	簇生花	无	40	果洼木栓化大小	2.2 mm	61	田间成株耐寒性	弱
20	花柱长度	短于雄蕊	41	果实横切面形状	等边多边形	62	用途	鲜食或加工
21	花柱形状	单圆花柱	42	果肉色	粉红			

种质编号VT129

序号	描述项目	描述内容	序号	描述项目	描述内容	序号	描述项目	描述内容
1	种质编号	VT129	22	花柱茸毛	无	43	胎座胶状物质颜色	红
2	种质类型	品系	23	花色	黄	44	果肉厚	5.6 mm
3	下胚轴颜色	紫	24	花梗离层	有	45	心室数	4个
4	生长习性	10序花封顶	25	单花序花数	8朵	46	果皮色	黄
5	株型	半蔓性	26	果柄长度	0.5 cm	47	单花序果数	7个
6	株高	0.9～1.2 m	27	成熟前果色	绿白	48	单果重	59.8 g
7	茎叶茸毛	长稀	28	成熟果色	红	49	熟性	早100～105 d
8	叶片类型	普通叶型	29	果面棱沟	中	50	形态一致性	一致
9	叶片形状	羽状复叶	30	果面茸毛	无	51	种皮颜色	浅黄
10	叶片着生状态	水平	31	果顶形状	圆平	52	播种至开花天数	51 d
11	叶色	黄绿	32	果肩	有	53	播种至始收天数	105 d
12	叶脉色	无色	33	果肩形状	微凹	54	裂果性	不易裂
13	叶裂刻	中	34	果肩色	—	55	畸形果	少
14	叶片长	30.0 cm	35	绿果肩大小	—	56	肉质	软
15	叶片宽	25.0 cm	36	商品果纵径	45.4 mm	57	风味	甜酸
16	首花序节位	12节	37	商品果横径	49.2 mm	58	清香味	有
17	第二花序节位	14节	38	果形	圆形	59	综合品质	中
18	花序类型	单式花序	39	果梗洼大小	3.2 mm	60	可溶性固形物含量	4.00%
19	簇生花	无	40	果洼木栓化大小	1.2 mm	61	田间成株耐寒性	弱
20	花柱长度	短于雄蕊	41	果实横切面形状	等边多边形	62	用途	鲜食或加工
21	花柱形状	单圆花柱	42	果肉色	红			

种质编号VT131

序号	描述项目	描述内容	序号	描述项目	描述内容	序号	描述项目	描述内容
1	种质编号	VT131	22	花柱茸毛	无	43	胎座胶状物质颜色	粉红
2	种质类型	遗传材料	23	花色	黄	44	果肉厚	6.6 mm
3	下胚轴颜色	紫	24	花梗离层	有	45	心室数	2个
4	生长习性	4序花封顶	25	单花序花数	8朵	46	果皮色	黄
5	株型	半蔓性	26	果柄长度	0.4 cm	47	单花序果数	4个
6	株高	0.7～1.0 m	27	成熟前果色	绿白	48	单果重	97.1 g
7	茎叶茸毛	长稀	28	成熟果色	红	49	熟性	极晚≥125 d
8	叶片类型	普通叶型	29	果面棱沟	中	50	形态一致性	连续变异
9	叶片形状	羽状复叶	30	果面茸毛	无	51	种皮颜色	灰黄
10	叶片着生状态	下垂	31	果顶形状	圆平	52	播种至开花天数	72 d
11	叶色	黄绿	32	果肩	有	53	播种至始收天数	132 d
12	叶脉色	绿	33	果肩形状	微凹	54	裂果性	不易裂
13	叶裂刻	中	34	果肩色	—	55	畸形果	无
14	叶片长	30.0 cm	35	绿果肩大小	—	56	肉质	沙
15	叶片宽	25.0 cm	36	商品果纵径	55.7 mm	57	风味	酸甜
16	首花序节位	7节	37	商品果横径	55.9 mm	58	清香味	无
17	第二花序节位	12节	38	果形	高圆形	59	综合品质	下
18	花序类型	单式花序	39	果梗洼大小	4.5 mm	60	可溶性固形物含量	4.50%
19	簇生花	无	40	果洼木栓化大小	2.0 mm	61	田间成株耐寒性	弱
20	花柱长度	短于雄蕊	41	果实横切面形状	圆形	62	用途	鲜食或加工
21	花柱形状	单圆花柱	42	果肉色	红			

第五章 小果类番茄种质资源

种质编号VT136

序号	描述项目	描述内容	序号	描述项目	描述内容	序号	描述项目	描述内容
1	种质编号	VT136	22	花柱茸毛	无	43	胎座胶状物质颜色	粉红
2	种质类型	遗传材料	23	花色	橘黄	44	果肉厚	5.8 mm
3	下胚轴颜色	紫	24	花梗离层	有	45	心室数	2个
4	生长习性	6序花封顶	25	单花序花数	8朵	46	果皮色	黄
5	株型	半蔓性	26	果柄长度	0.8 cm	47	单花序果数	5个
6	株高	1.2~1.5 m	27	成熟前果色	绿	48	单果重	89.8 g
7	茎叶茸毛	长稀	28	成熟果色	红	49	熟性	极晚≥125 d
8	叶片类型	薯叶型	29	果面棱沟	重	50	形态一致性	连续变异
9	叶片形状	羽状复叶	30	果面茸毛	无	51	种皮颜色	浅黄
10	叶片着生状态	下垂	31	果顶形状	圆平	52	播种至开花天数	72 d
11	叶色	黄绿	32	果肩	有	53	播种至始收天数	136 d
12	叶脉色	无色	33	果肩形状	微凹	54	裂果性	不易裂
13	叶裂刻	中	34	果肩色	—	55	畸形果	无
14	叶片长	53.0 cm	35	绿果肩大小	—	56	肉质	软
15	叶片宽	40.0 cm	36	商品果纵径	63.7 mm	57	风味	酸甜
16	首花序节位	10节	37	商品果横径	53.4 mm	58	清香味	无
17	第二花序节位	11节	38	果形	卵圆形	59	综合品质	下
18	花序类型	单式花序	39	果梗洼大小	5.0 mm	60	可溶性固形物含量	4.60%
19	簇生花	无	40	果洼木栓化大小	2.2 mm	61	田间成株耐寒性	弱
20	花柱长度	与雄蕊近等长	41	果实横切面形状	圆形	62	用途	鲜食或加工
21	花柱形状	单圆花柱	42	果肉色	红			

种质编号VT139

序号	描述项目	描述内容	序号	描述项目	描述内容	序号	描述项目	描述内容
1	种质编号	VT139	22	花柱茸毛	无	43	胎座胶状物质颜色	红
2	种质类型	品系	23	花色	黄	44	果肉厚	5.9 mm
3	下胚轴颜色	绿	24	花梗离层	有	45	心室数	4个
4	生长习性	4序花封顶	25	单花序花数	6朵	46	果皮色	黄
5	株型	半蔓性	26	果柄长度	0.3 cm	47	单花序果数	6个
6	株高	1.2~1.5 m	27	成熟前果色	绿	48	单果重	73.7 g
7	茎叶茸毛	长稀	28	成熟果色	红	49	熟性	早100~105 d
8	叶片类型	普通叶型	29	果面棱沟	中	50	形态一致性	连续变异
9	叶片形状	羽状复叶	30	果面茸毛	稀	51	种皮颜色	灰黄
10	叶片着生状态	下垂	31	果顶形状	圆平	52	播种至开花天数	53 d
11	叶色	黄绿	32	果肩	有	53	播种至始收天数	105 d
12	叶脉色	绿	33	果肩形状	深凹	54	裂果性	不易裂
13	叶裂刻	中	34	果肩色	—	55	畸形果	少
14	叶片长	34.0 cm	35	绿果肩大小	—	56	肉质	面
15	叶片宽	28.0 cm	36	商品果纵径	40.3 mm	57	风味	甜酸
16	首花序节位	11节	37	商品果横径	56.1 mm	58	清香味	有
17	第二花序节位	12节	38	果形	圆形	59	综合品质	下
18	花序类型	单式花序	39	果梗洼大小	5.8 mm	60	可溶性固形物含量	3.60%
19	簇生花	无	40	果洼木栓化大小	2.5 mm	61	田间成株耐寒性	弱
20	花柱长度	与雄蕊近等长	41	果实横切面形状	不规则形状	62	用途	鲜食或加工
21	花柱形状	分裂花柱	42	果肉色	粉红			

种质编号VT140

序号	描述项目	描述内容	序号	描述项目	描述内容	序号	描述项目	描述内容
1	种质编号	VT140	22	花柱茸毛	无	43	胎座胶状物质颜色	红
2	种质类型	遗传材料	23	花色	黄	44	果肉厚	3.1 mm
3	下胚轴颜色	紫	24	花梗离层	有	45	心室数	2个
4	生长习性	无限生长	25	单花序花数	6朵	46	果皮色	红
5	株型	半蔓性	26	果柄长度	0.8 cm	47	单花序果数	6个
6	株高	2.0~2.5 m	27	成熟前果色	绿	48	单果重	56.8 g
7	茎叶茸毛	长稀	28	成熟果色	红	49	熟性	极晚≥125 d
8	叶片类型	普通叶型	29	果面棱沟	重	50	形态一致性	连续变异
9	叶片形状	羽状复叶	30	果面茸毛	无	51	种皮颜色	灰黄
10	叶片着生状态	下垂	31	果顶形状	圆平	52	播种至开花天数	72 d
11	叶色	绿	32	果肩	有	53	播种至始收天数	132 d
12	叶脉色	无色	33	果肩形状	微凹	54	裂果性	不易裂
13	叶裂刻	中	34	果肩色	—	55	畸形果	无
14	叶片长	44.0 cm	35	绿果肩大小	—	56	肉质	面
15	叶片宽	32.0 cm	36	商品果纵径	48.1 mm	57	风味	酸甜
16	首花序节位	9节	37	商品果横径	47.7 mm	58	清香味	无
17	第二花序节位	11节	38	果形	卵圆形	59	综合品质	中
18	花序类型	单式花序	39	果梗注大小	3.6 mm	60	可溶性固形物含量	4.50%
19	簇生花	无	40	果洼木栓化大小	1.2 mm	61	田间成株耐寒性	中
20	花柱长度	与雄蕊近等长	41	果实横切面形状	圆形	62	用途	鲜食或加工
21	花柱形状	单圆花柱	42	果肉色	红			

种质编号VT141

序号	描述项目	描述内容	序号	描述项目	描述内容	序号	描述项目	描述内容
1	种质编号	VT141	22	花柱茸毛	无	43	胎座胶状物质颜色	粉红
2	种质类型	遗传材料	23	花色	黄	44	果肉厚	5.8 mm
3	下胚轴颜色	紫	24	花梗离层	有	45	心室数	2个
4	生长习性	6序花封顶	25	单花序花数	10朵	46	果皮色	黄
5	株型	半蔓性	26	果柄长度	0.8 cm	47	单花序果数	7个
6	株高	0.7~1.0 m	27	成熟前果色	绿	48	单果重	55.9 g
7	茎叶茸毛	长稀	28	成熟果色	红	49	熟性	极晚≥125 d
8	叶片类型	普通叶型	29	果面棱沟	重	50	形态一致性	连续变异
9	叶片形状	羽状复叶	30	果面茸毛	稀	51	种皮颜色	浅黄
10	叶片着生状态	水平	31	果顶形状	凸尖	52	播种至开花天数	72 d
11	叶色	绿	32	果肩	有	53	播种至始收天数	138 d
12	叶脉色	无色	33	果肩形状	微凹	54	裂果性	不易裂
13	叶裂刻	中	34	果肩色	—	55	畸形果	无
14	叶片长	35.0 cm	35	绿果肩大小	—	56	肉质	沙
15	叶片宽	30.0 cm	36	商品果纵径	51.3 mm	57	风味	甜酸
16	首花序节位	10节	37	商品果横径	48.0 mm	58	清香味	无
17	第二花序节位	12节	38	果形	高圆	59	综合品质	下
18	花序类型	单式花序	39	果梗洼大小	2.6 mm	60	可溶性固形物含量	4.70%
19	簇生花	无	40	果洼木栓化大小	0.8 mm	61	田间成株耐寒性	弱
20	花柱长度	与雄蕊近等长	41	果实横切面形状	圆形	62	用途	鲜食或加工
21	花柱形状	单圆花柱	42	果肉色	粉红			

种质编号VT142

序号	描述项目	描述内容	序号	描述项目	描述内容	序号	描述项目	描述内容
1	种质编号	VT142	22	花柱茸毛	无	43	胎座胶状物质颜色	红
2	种质类型	品系	23	花色	黄	44	果肉厚	6.3 mm
3	下胚轴颜色	紫	24	花梗离层	有	45	心室数	2个
4	生长习性	8序花封顶	25	单花序花数	7朵	46	果皮色	黄
5	株型	半蔓性	26	果柄长度	0.5 cm	47	单花序果数	4个
6	株高	1.2~1.5 m	27	成熟前果色	绿	48	单果重	66.9 g
7	茎叶茸毛	长稀	28	成熟果色	红	49	熟性	极晚≥125 d
8	叶片类型	普通叶型	29	果面棱沟	中	50	形态一致性	一致
9	叶片形状	羽状复叶	30	果面茸毛	稀	51	种皮颜色	灰黄
10	叶片着生状态	水平	31	果顶形状	圆平	52	播种至开花天数	72 d
11	叶色	黄绿	32	果肩	有	53	播种至始收天数	136 d
12	叶脉色	无色	33	果肩形状	微凹	54	裂果性	不易裂
13	叶裂刻	深	34	果肩色	—	55	畸形果	无
14	叶片长	35.0 cm	35	绿果肩大小	—	56	肉质	沙
15	叶片宽	28.0 cm	36	商品果纵径	48.0 mm	57	风味	甜酸
16	首花序节位	10节	37	商品果横径	49.3 mm	58	清香味	无
17	第二花序节位	12节	38	果形	高圆形	59	综合品质	下
18	花序类型	单式花序	39	果梗洼大小	3.5 mm	60	可溶性固形物含量	4.10%
19	簇生花	无	40	果洼木栓化大小	1.3 mm	61	田间成株耐寒性	弱
20	花柱长度	与雄蕊近等长	41	果实横切面形状	圆形	62	用途	鲜食或加工
21	花柱形状	单圆花柱	42	果肉色	红			

种质编号VT153

序号	描述项目	描述内容	序号	描述项目	描述内容	序号	描述项目	描述内容
1	种质编号	VT153	22	花柱茸毛	无	43	胎座胶状物质颜色	黄
2	种质类型	遗传材料	23	花色	黄	44	果肉厚	7.0 mm
3	下胚轴颜色	紫	24	花梗离层	有	45	心室数	2个
4	生长习性	无限生长	25	单花序花数	7朵	46	果皮色	红
5	株型	半蔓性	26	果柄长度	1.5 cm	47	单花序果数	6个
6	株高	1.8～2.2 m	27	成熟前果色	绿白	48	单果重	79.4 g
7	茎叶茸毛	短密	28	成熟果色	红	49	熟性	极晚熟≥125 d
8	叶片类型	普通叶型	29	果面棱沟	中	50	形态一致性	连续变异
9	叶片形状	羽状复叶	30	果面茸毛	无	51	种皮颜色	灰黄
10	叶片着生状态	水平	31	果顶形状	深凹	52	播种至开花天数	103 d
11	叶色	深绿	32	果肩	有	53	播种至始收天数	136 d
12	叶脉色	无色	33	果肩形状	微凹	54	裂果性	不易裂
13	叶裂刻	深	34	果肩色	—	55	畸形果	无
14	叶片长	42.0 cm	35	绿果肩大小	—	56	肉质	沙
15	叶片宽	35.0 cm	36	商品果纵径	47.2 mm	57	风味	甜酸（淡）
16	首花序节位	10节	37	商品果横径	57.7 mm	58	清香味	有
17	第二花序节位	14节	38	果形	圆形	59	综合品质	中
18	花序类型	单式花序	39	果梗洼大小	6.3 mm	60	可溶性固形物含量	4.85%～6.10%
19	簇生花	无	40	果洼木栓化大小	2.2 mm	61	田间成株耐寒性	中
20	花柱长度	长于雄蕊	41	果实横切面形状	圆形	62	用途	鲜食或加工
21	花柱形状	单圆花柱	42	果肉色	粉红或红			

种质编号VT172

序号	描述项目	描述内容	序号	描述项目	描述内容	序号	描述项目	描述内容
1	种质编号	VT172	22	花柱茸毛	无	43	胎座胶状物质颜色	粉红
2	种质类型	品系	23	花色	黄	44	果肉厚	7.5 mm
3	下胚轴颜色	紫	24	花梗离层	有	45	心室数	3个
4	生长习性	6序花封顶	25	单花序花数	7朵	46	果皮色	无色
5	株型	半蔓性	26	果柄长度	1.2 cm	47	单花序果数	4个
6	株高	1.2～1.5 m	27	成熟前果色	浅绿	48	单果重	94.8 g
7	茎叶茸毛	长稀	28	成熟果色	红	49	熟性	极晚≥125 d
8	叶片类型	普通叶型	29	果面棱沟	重	50	形态一致性	一致
9	叶片形状	羽状复叶	30	果面茸毛	无	51	种皮颜色	深黄
10	叶片着生状态	下垂	31	果顶形状	圆平	52	播种至开花天数	73 d
11	叶色	浅绿	32	果肩	有	53	播种至始收天数	138 d
12	叶脉色	绿	33	果肩形状	微凹	54	裂果性	不易裂
13	叶裂刻	中	34	果肩色	—	55	畸形果	少
14	叶片长	40.0 cm	35	绿果肩大小	—	56	肉质	面
15	叶片宽	34.0 cm	36	商品果纵径	67.2 mm	57	风味	酸甜（淡）
16	首花序节位	10节	37	商品果横径	53.4 mm	58	清香味	无
17	第二花序节位	12节	38	果形	长圆形	59	综合品质	下
18	花序类型	单式花序	39	果梗洼大小	6.2 mm	60	可溶性固形物含量	4.10%
19	簇生花	无	40	果洼木栓化大小	2.5 mm	61	田间成株耐寒性	弱
20	花柱长度	短于雄蕊	41	果实横切面形状	不规则形状	62	用途	鲜食或加工
21	花柱形状	单圆花柱	42	果肉色	红			

种质编号VT177

序号	描述项目	描述内容	序号	描述项目	描述内容	序号	描述项目	描述内容
1	种质编号	VT177	22	花柱茸毛	无	43	胎座胶状物质颜色	红
2	种质类型	品系	23	花色	黄	44	果肉厚	7.0 mm
3	下胚轴颜色	紫	24	花梗离层	有	45	心室数	2个
4	生长习性	无限生长	25	单花序花数	8朵	46	果皮色	黄
5	株型	半蔓性	26	果柄长度	1.5 cm	47	单花序果数	7个
6	株高	2.2～2.5 m	27	成熟前果色	浅绿	48	单果重	80.7 g
7	茎叶茸毛	短稀	28	成熟果色	红	49	熟性	极晚≥125 d
8	叶片类型	普通叶型	29	果面棱沟	轻	50	形态一致性	连续变异
9	叶片形状	羽状复叶	30	果面茸毛	无	51	种皮颜色	灰黄
10	叶片着生状态	下垂	31	果顶形状	圆平	52	播种至开花天数	69 d
11	叶色	深绿	32	果肩	有	53	播种至始收天数	130 d
12	叶脉色	无色	33	果肩形状	深凹	54	裂果性	中
13	叶裂刻	中	34	果肩色	—	55	畸形果	无
14	叶片长	46.0 cm	35	绿果肩大小	—	56	肉质	沙
15	叶片宽	48.0 cm	36	商品果纵径	50.9 mm	57	风味	酸甜
16	首花序节位	11节	37	商品果横径	53.8 mm	58	清香味	无
17	第二花序节位	14节	38	果形	高圆形	59	综合品质	中
18	花序类型	单式花序	39	果梗洼大小	6.8 mm	60	可溶性固形物含量	4.60%
19	簇生花	无	40	果洼木栓化大小	3.2 mm	61	田间成株耐寒性	强
20	花柱长度	与雄蕊近等长	41	果实横切面形状	圆形	62	用途	鲜食或加工
21	花柱形状	单圆花柱	42	果肉色	粉红			

种质编号VT178

序号	描述项目	描述内容	序号	描述项目	描述内容	序号	描述项目	描述内容
1	种质编号	VT178	22	花柱茸毛	无	43	胎座胶状物质颜色	粉红
2	种质类型	品系	23	花色	浅黄	44	果肉厚	6.9 mm
3	下胚轴颜色	紫	24	花梗离层	有	45	心室数	3个
4	生长习性	无限生长	25	单花序花数	6朵	46	果皮色	黄
5	株型	半蔓性	26	果柄长度	1.8 cm	47	单花序果数	3个
6	株高	1.7～2.0 m	27	成熟前果色	浅绿	48	单果重	56.0 g
7	茎叶茸毛	长稀	28	成熟果色	红	49	熟性	极晚≥125 d
8	叶片类型	普通叶型	29	果面棱沟	中	50	形态一致性	连续变异
9	叶片形状	羽状复叶	30	果面茸毛	无	51	种皮颜色	深棕
10	叶片着生状态	下垂	31	果顶形状	圆平	52	播种至开花天数	85 d
11	叶色	深绿	32	果肩	有	53	播种至始收天数	151 d
12	叶脉色	无色	33	果肩形状	深凹	54	裂果性	不易裂
13	叶裂刻	深	34	果肩色	—	55	畸形果	少
14	叶片长	45.0 cm	35	绿果肩大小	—	56	肉质	沙
15	叶片宽	48.0 cm	36	商品果纵径	47.9 mm	57	风味	酸甜
16	首花序节位	6节	37	商品果横径	52.7 mm	58	清香味	有
17	第二花序节位	11节	38	果形	圆形	59	综合品质	中
18	花序类型	单式花序	39	果梗洼大小	7.2 mm	60	可溶性固形物含量	4.17%
19	簇生花	无	40	果洼木栓化大小	3.4 mm	61	田间成株耐寒性	弱
20	花柱长度	与雄蕊近等长	41	果实横切面形状	不规则形状	62	用途	鲜食或加工
21	花柱形状	单圆花柱	42	果肉色	红			

种质编号VT179

序号	描述项目	描述内容	序号	描述项目	描述内容	序号	描述项目	描述内容
1	种质编号	VT179	22	花柱茸毛	无	43	胎座胶状物质颜色	黄
2	种质类型	品系	23	花色	黄	44	果肉厚	5.8 mm
3	下胚轴颜色	紫	24	花梗离层	有	45	心室数	3个
4	生长习性	无限生长	25	单花序花数	6朵	46	果皮色	黄
5	株型	半蔓性	26	果柄长度	1.5 cm	47	单花序果数	5个
6	株高	1.6~1.8 m	27	成熟前果色	浅绿	48	单果重	65.3 g
7	茎叶茸毛	长稀	28	成熟果色	红	49	熟性	极晚≥125 d
8	叶片类型	普通叶型	29	果面棱沟	中	50	形态一致性	一致
9	叶片形状	羽状复叶	30	果面茸毛	无	51	种皮颜色	灰黄
10	叶片着生状态	下垂	31	果顶形状	圆平	52	播种至开花天数	72 d
11	叶色	绿	32	果肩	有	53	播种至始收天数	136 d
12	叶脉色	无色	33	果肩形状	微凹	54	裂果性	不易裂
13	叶裂刻	深	34	果肩色	—	55	畸形果	少
14	叶片长	38.0 cm	35	绿果肩大小	—	56	肉质	面
15	叶片宽	32.0 cm	36	商品果纵径	46.4 mm	57	风味	酸甜
16	首花序节位	8节	37	商品果横径	50.1 mm	58	清香味	无
17	第二花序节位	13节	38	果形	圆形	59	综合品质	中
18	花序类型	单式花序或双歧花序	39	果梗洼大小	6.5 mm	60	可溶性固形物含量	6.00%
19	簇生花	无	40	果洼木栓化大小	3.1 mm	61	田间成株耐寒性	中
20	花柱长度	与雄蕊近等长	41	果实横切面形状	等边多边形	62	用途	鲜食
21	花柱形状	单圆花柱	42	果肉色	红			

种质编号VT183

序号	描述项目	描述内容	序号	描述项目	描述内容	序号	描述项目	描述内容
1	种质编号	VT183	22	花柱茸毛	无	43	胎座胶状物质颜色	黄
2	种质类型	品系	23	花色	橘黄	44	果肉厚	5.9 mm
3	下胚轴颜色	紫	24	花梗离层	有	45	心室数	2个
4	生长习性	无限生长	25	单花序花数	7朵	46	果皮色	黄
5	株型	半蔓性	26	果柄长度	1.1 cm	47	单花序果数	5个
6	株高	1.3~1.6 m	27	成熟前果色	浅绿	48	单果重	51.8 g
7	茎叶茸毛	短稀	28	成熟果色	红	49	熟性	极晚≥125 d
8	叶片类型	普通叶型	29	果面棱沟	轻	50	形态一致性	一致
9	叶片形状	羽状复叶	30	果面茸毛	无	51	种皮颜色	灰黄
10	叶片着生状态	水平	31	果顶形状	微凹	52	播种至开花天数	67 d
11	叶色	浅绿	32	果肩	有	53	播种至始收天数	132 d
12	叶脉色	绿	33	果肩形状	深凹	54	裂果性	不易裂
13	叶裂刻	深	34	果肩色	—	55	畸形果	有
14	叶片长	39.0 cm	35	绿果肩大小	—	56	肉质	面
15	叶片宽	33.0 cm	36	商品果纵径	38.8 mm	57	风味	甜酸
16	首花序节位	12节	37	商品果横径	50.0 mm	58	清香味	无
17	第二花序节位	15节	38	果形	扁圆形	59	综合品质	中
18	花序类型	多歧花序	39	果梗洼大小	3.7 mm	60	可溶性固形物含量	5.60%
19	簇生花	无	40	果洼木栓化大小	1.1 mm	61	田间成株耐寒性	差
20	花柱长度	与雄蕊近等长	41	果实横切面形状	圆形	62	用途	鲜食
21	花柱形状	单圆花柱	42	果肉色	红			

种质编号VT216

序号	描述项目	描述内容	序号	描述项目	描述内容	序号	描述项目	描述内容
1	种质编号	VT216	22	花柱茸毛	无	43	胎座胶状物质颜色	红
2	种质类型	品系	23	花色	黄	44	果肉厚	6.2 mm
3	下胚轴颜色	紫	24	花梗离层	有	45	心室数	2个
4	生长习性	7序花封顶	25	单花序花数	7朵	46	果皮色	黄
5	株型	半蔓性	26	果柄长度	0.6 cm	47	单花序果数	5个
6	株高	0.8～1.1 m	27	成熟前果色	浅绿	48	单果重	90.6 g
7	茎叶茸毛	长稀	28	成熟果色	红	49	熟性	极晚≥125 d
8	叶片类型	复宽叶型	29	果面棱沟	重	50	形态一致性	连续变异
9	叶片形状	二回羽状复叶	30	果面茸毛	无	51	种皮颜色	灰黄
10	叶片着生状态	下垂	31	果顶形状	凸尖	52	播种至开花天数	69 d
11	叶色	绿	32	果肩	有	53	播种至始收天数	132 d
12	叶脉色	绿	33	果肩形状	微凹	54	裂果性	不易裂
13	叶裂刻	深	34	果肩色	—	55	畸形果	少
14	叶片长	42.0 cm	35	绿果肩大小	—	56	肉质	沙
15	叶片宽	40.0 cm	36	商品果纵径	65.0 mm	57	风味	甜酸
16	首花序节位	13节	37	商品果横径	56.0 mm	58	清香味	无
17	第二花序节位	15节	38	果形	长圆形	59	综合品质	下
18	花序类型	单式花序	39	果梗洼大小	4.5 mm	60	可溶性固形物含量	4.97%
19	簇生花	无	40	果洼木栓化大小	1.2 mm	61	田间成株耐寒性	弱
20	花柱长度	短于雄蕊	41	果实横切面形状	等边多边形	62	用途	鲜食或加工
21	花柱形状	单圆花柱	42	果肉色	红			

种质编号VT217

序号	描述项目	描述内容	序号	描述项目	描述内容	序号	描述项目	描述内容
1	种质编号	VT217	22	花柱茸毛	无	43	胎座胶状物质颜色	粉红
2	种质类型	品系	23	花色	浅黄	44	果肉厚	4.6 mm
3	下胚轴颜色	紫	24	花梗离层	有	45	心室数	3个
4	生长习性	3序花封顶	25	单花序花数	12朵	46	果皮色	黄
5	株型	半蔓性	26	果柄长度	0.7 cm	47	单花序果数	9个
6	株高	0.8~1.2 m	27	成熟前果色	绿白	48	单果重	87.9 g
7	茎叶茸毛	长稀	28	成熟果色	红	49	熟性	早100~105 d
8	叶片类型	普通叶型	29	果面棱沟	中	50	形态一致性	连续变异
9	叶片形状	羽状复叶	30	果面茸毛	无	51	种皮颜色	浅棕
10	叶片着生状态	下垂	31	果顶形状	圆平	52	播种至开花天数	53 d
11	叶色	浅绿	32	果肩	有	53	播种至始收天数	105 d
12	叶脉色	绿	33	果肩形状	微凹	54	裂果性	不易裂
13	叶裂刻	中	34	果肩色	—	55	畸形果	少
14	叶片长	36.0 cm	35	绿果肩大小	—	56	肉质	软
15	叶片宽	36.0 cm	36	商品果纵径	59.0 mm	57	风味	甜酸
16	首花序节位	8节	37	商品果横径	54.0 mm	58	清香味	有
17	第二花序节位	11节	38	果形	长圆形	59	综合品质	下
18	花序类型	单式花序	39	果洼大小	4.8 mm	60	可溶性固形物含量	3.67%
19	簇生花	无	40	果洼木栓化大小	1.5 mm	61	田间成株耐寒性	中
20	花柱长度	短于雄蕊	41	果实横切面形状	不规则形状	62	用途	鲜食或加工
21	花柱形状	单圆花柱或分裂花柱	42	果肉色	红			

种质编号VT219

序号	描述项目	描述内容	序号	描述项目	描述内容	序号	描述项目	描述内容
1	种质编号	VT219	22	花柱茸毛	无	43	胎座胶状物质颜色	黄绿
2	种质类型	品系	23	花色	黄	44	果肉厚	5.6 mm
3	下胚轴颜色	紫	24	花梗离层	有	45	心室数	3个
4	生长习性	4序花封顶	25	单花序花数	6朵	46	果皮色	黄
5	株型	半蔓性	26	果柄长度	0.6 cm	47	单花序果数	5个
6	株高	1.4~1.7 m	27	成熟前果色	绿白	48	单果重	71.4 g
7	茎叶茸毛	长稀	28	成熟果色	红	49	熟性	极晚≥125 d
8	叶片类型	普通叶型	29	果面棱沟	中	50	形态一致性	连续变异
9	叶片形状	羽状复叶	30	果面茸毛	无	51	种皮颜色	灰黄
10	叶片着生状态	水平	31	果顶形状	圆平	52	播种至开花天数	69 d
11	叶色	绿	32	果肩	有	53	播种至始收天数	136 d
12	叶脉色	绿	33	果肩形状	深凹	54	裂果性	不易裂
13	叶裂刻	中	34	果肩色	—	55	畸形果	少
14	叶片长	38.0 cm	35	绿果肩大小	—	56	肉质	沙
15	叶片宽	38.0 cm	36	商品果纵径	54.8 mm	57	风味	甜酸
16	首花序节位	10节	37	商品果横径	49.9 mm	58	清香味	有
17	第二花序节位	12节	38	果形	高圆形	59	综合品质	中
18	花序类型	单式花序或多歧花序	39	果梗洼大小	4.8 mm	60	可溶性固形物含量	4.37%
19	簇生花	无	40	果洼木栓化大小	1.6 mm	61	田间成株耐寒性	中
20	花柱长度	与雄蕊近等长	41	果实横切面形状	不规则形状	62	用途	鲜食或加工
21	花柱形状	单圆花柱	42	果肉色	红			

种质编号VT230

序号	描述项目	描述内容	序号	描述项目	描述内容	序号	描述项目	描述内容
1	种质编号	VT230	22	花柱茸毛	无	43	胎座胶状物质颜色	黄
2	种质类型	遗传材料	23	花色	黄	44	果肉厚	5.1 mm
3	下胚轴颜色	紫	24	花梗离层	有	45	心室数	2个
4	生长习性	7序花封顶	25	单花序花数	8朵	46	果皮色	黄
5	株型	半蔓性	26	果柄长度	0.8 cm	47	单花序果数	8个
6	株高	1.3~1.8 m	27	成熟前果色	绿白	48	单果重	81.9 g
7	茎叶茸毛	短稀	28	成熟果色	红	49	熟性	极晚≥125 d
8	叶片类型	薯叶型	29	果面棱沟	中	50	形态一致性	不连续变异
9	叶片形状	羽状复叶	30	果面茸毛	无	51	种皮颜色	灰黄
10	叶片着生状态	下垂	31	果顶形状	圆平	52	播种至开花天数	75 d
11	叶色	黄绿	32	果肩	有	53	播种至始收天数	138 d
12	叶脉色	无色	33	果肩形状	平	54	裂果性	不易裂
13	叶裂刻	浅	34	果肩色	—	55	畸形果	无
14	叶片长	38.0 cm	35	绿果肩大小	—	56	肉质	沙
15	叶片宽	44.0 cm	36	商品果纵径	58.8 mm	57	风味	甜酸
16	首花序节位	7节	37	商品果横径	52.0 mm	58	清香味	有
17	第二花序节位	9节	38	果形	卵圆或梨形	59	综合品质	中
18	花序类型	单式花序	39	果梗洼大小	6.5 mm	60	可溶性固形物含量	5.40%
19	簇生花	无	40	果洼木栓化大小	2.5 mm	61	田间成株耐寒性	中
20	花柱长度	与雄蕊近等长	41	果实横切面形状	圆形	62	用途	鲜食或加工
21	花柱形状	单圆花柱	42	果肉色	红			

种质编号VT242

序号	描述项目	描述内容	序号	描述项目	描述内容	序号	描述项目	描述内容
1	种质编号	VT242	22	花柱茸毛	无	43	胎座胶状物质颜色	红
2	种质类型	品系	23	花色	黄	44	果肉厚	5.6 mm
3	下胚轴颜色	紫	24	花梗离层	有	45	心室数	2个
4	生长习性	8序花封顶	25	单花序花数	6朵	46	果皮色	黄
5	株型	半蔓性	26	果柄长度	0.5 cm	47	单花序果数	6个
6	株高	1.3~1.8 m	27	成熟前果色	浅绿	48	单果重	68.8 g
7	茎叶茸毛	长稀	28	成熟果色	红	49	熟性	早100~105 d
8	叶片类型	薯叶型	29	果面棱沟	中	50	形态一致性	一致
9	叶片形状	羽状复叶	30	果面茸毛	无	51	种皮颜色	灰黄
10	叶片着生状态	水平	31	果顶形状	圆平	52	播种至开花天数	45 d
11	叶色	绿（带紫）	32	果肩	有	53	播种至始收天数	102 d
12	叶脉色	无色	33	果肩形状	微凹	54	裂果性	不易裂
13	叶裂刻	中	34	果肩色	—	55	畸形果	无
14	叶片长	38.0 cm	35	绿果肩大小	—	56	肉质	沙
15	叶片宽	40.0 cm	36	商品果纵径	49.5 mm	57	风味	甜酸（淡）
16	首花序节位	8节	37	商品果横径	50.2 mm	58	清香味	无
17	第二花序节位	9节	38	果形	高圆形	59	综合品质	下
18	花序类型	单式花序	39	果梗洼大小	4.5 mm	60	可溶性固形物含量	3.93%
19	簇生花	无	40	果洼木栓化大小	1.6 mm	61	田间成株耐寒性	弱
20	花柱长度	短于雄蕊	41	果实横切面形状	圆形	62	用途	鲜食或加工
21	花柱形状	单圆花柱	42	果肉色	红			

种质编号VT243

序号	描述项目	描述内容	序号	描述项目	描述内容	序号	描述项目	描述内容
1	种质编号	VT243	22	花柱茸毛	无	43	胎座胶状物质颜色	红
2	种质类型	品系	23	花色	黄	44	果肉厚	6.7 mm
3	下胚轴颜色	紫	24	花梗离层	有	45	心室数	2个
4	生长习性	9序花封顶	25	单花序花数	8朵	46	果皮色	黄
5	株型	半蔓性	26	果柄长度	0.5 cm	47	单花序果数	8个
6	株高	1.2～1.6 m	27	成熟前果色	绿白	48	单果重	71.8 g
7	茎叶茸毛	长稀	28	成熟果色	红	49	熟性	早100～105 d
8	叶片类型	薯叶型	29	果面棱沟	中	50	形态一致性	一致
9	叶片形状	羽状复叶	30	果面茸毛	无	51	种皮颜色	灰黄
10	叶片着生状态	水平	31	果顶形状	圆平	52	播种至开花天数	45 d
11	叶色	浅绿	32	果肩	有	53	播种至始收天数	102 d
12	叶脉色	无色	33	果肩形状	微凹	54	裂果性	不易裂
13	叶裂刻	中	34	果肩色	—	55	畸形果	无
14	叶片长	40.0 cm	35	绿果肩大小	—	56	肉质	软
15	叶片宽	35.0 cm	36	商品果纵径	49.6 mm	57	风味	酸甜
16	首花序节位	9节	37	商品果横径	50.7 mm	58	清香味	无
17	第二花序节位	10节	38	果形	高圆形	59	综合品质	下
18	花序类型	单式花序	39	果梗洼大小	3.6 mm	60	可溶性固形物含量	3.73%
19	簇生花	无	40	果洼木栓化大小	1.5 mm	61	田间成株耐寒性	弱
20	花柱长度	与雄蕊近等长	41	果实横切面形状	圆形	62	用途	鲜食或加工
21	花柱形状	单圆花柱	42	果肉色	红			

种质编号VT245

序号	描述项目	描述内容	序号	描述项目	描述内容	序号	描述项目	描述内容
1	种质编号	VT245	22	花柱茸毛	无	43	胎座胶状物质颜色	红
2	种质类型	遗传材料	23	花色	黄	44	果肉厚	6.6 mm
3	下胚轴颜色	紫	24	花梗离层	有	45	心室数	2个
4	生长习性	7序花封顶	25	单花序花数	6朵	46	果皮色	黄
5	株型	半蔓性	26	果柄长度	0.8 cm	47	单花序果数	5个
6	株高	1.5～1.9 m	27	成熟前果色	绿白	48	单果重	96.7 g
7	茎叶茸毛	短稀	28	成熟果色	红	49	熟性	极晚≥125 d
8	叶片类型	复细叶型	29	果面棱沟	轻	50	形态一致性	连续变异
9	叶片形状	二回羽状复叶	30	果面茸毛	无	51	种皮颜色	深黄
10	叶片着生状态	水平	31	果顶形状	圆平	52	播种至开花天数	77 d
11	叶色	绿	32	果肩	有	53	播种至始收天数	136 d
12	叶脉色	无色	33	果肩形状	微凹	54	裂果性	不易裂
13	叶裂刻	深	34	果肩色	—	55	畸形果	无
14	叶片长	46.0 cm	35	绿果肩大小	—	56	肉质	沙
15	叶片宽	46.0 cm	36	商品果纵径	58.7 mm	57	风味	甜酸（淡）
16	首花序节位	9节	37	商品果横径	49.8 mm	58	清香味	无
17	第二花序节位	10节	38	果形	圆或高圆形	59	综合品质	中
18	花序类型	单式花序	39	果梗洼大小	5.2 mm	60	可溶性固形物含量	4.70%
19	簇生花	无	40	果洼木栓化大小	3.0 mm	61	田间成株耐寒性	弱
20	花柱长度	与雄蕊近等长	41	果实横切面形状	圆形	62	用途	鲜食或加工
21	花柱形状	单圆花柱	42	果肉色	红			

种质编号VT249

序号	描述项目	描述内容	序号	描述项目	描述内容	序号	描述项目	描述内容
1	种质编号	VT249	22	花柱茸毛	无	43	胎座胶状物质颜色	红
2	种质类型	遗传材料	23	花色	浅黄	44	果肉厚	6.3 mm
3	下胚轴颜色	绿	24	花梗离层	有	45	心室数	4~7个
4	生长习性	5序花封顶	25	单花序花数	5朵	46	果皮色	红
5	株型	半蔓性	26	果柄长度	0.6 cm	47	单花序果数	5个
6	株高	1.2~1.5 m	27	成熟前果色	浅绿	48	单果重	82.9 g
7	茎叶茸毛	长稀	28	成熟果色	深红	49	熟性	早100~105 d
8	叶片类型	普通叶型	29	果面棱沟	轻	50	形态一致性	连续变异
9	叶片形状	羽状复叶	30	果面茸毛	无	51	种皮颜色	灰黄
10	叶片着生状态	下垂	31	果顶形状	圆	52	播种至开花天数	44 d
11	叶色	绿	32	果肩	有	53	播种至始收天数	103 d
12	叶脉色	无色	33	果肩形状	微凹	54	裂果性	不易裂
13	叶裂刻	中	34	果肩色	—	55	畸形果	无
14	叶片长	40.0 cm	35	绿果肩大小	—	56	肉质	软
15	叶片宽	40.0 cm	36	商品果纵径	46.5 mm	57	风味	甜酸
16	首花序节位	11节	37	商品果横径	57.0 mm	58	清香味	有
17	第二花序节位	12节	38	果形	圆形	59	综合品质	下
18	花序类型	单式花序	39	果梗洼大小	3.8 mm	60	可溶性固形物含量	3.27%
19	簇生花	无	40	果洼木栓化大小	1.5 mm	61	田间成株耐寒性	中
20	花柱长度	与雄蕊近等长	41	果实横切面形状	不规则形状	62	用途	鲜食或加工
21	花柱形状	单圆花柱	42	果肉色	红			

种质编号VT253

序号	描述项目	描述内容	序号	描述项目	描述内容	序号	描述项目	描述内容
1	种质编号	VT253	22	花柱茸毛	无	43	胎座胶状物质颜色	黄
2	种质类型	品系	23	花色	黄	44	果肉厚	4.4 mm
3	下胚轴颜色	紫	24	花梗离层	有	45	心室数	2个
4	生长习性	5序花封顶	25	单花序花数	8朵	46	果皮色	黄
5	株型	半蔓性	26	果柄长度	0.6 cm	47	单花序果数	7个
6	株高	1.1~1.5 m	27	成熟前果色	浅绿	48	单果重	59.3 g
7	茎叶茸毛	长稀	28	成熟果色	红	49	熟性	极晚≥125 d
8	叶片类型	薯叶型	29	果面棱沟	中	50	形态一致性	一致
9	叶片形状	羽状复叶	30	果面茸毛	无	51	种皮颜色	灰黄
10	叶片着生状态	水平	31	果顶形状	圆平	52	播种至开花天数	66 d
11	叶色	浅绿	32	果肩	有	53	播种至始收天数	133 d
12	叶脉色	无色	33	果肩形状	平	54	裂果性	不易裂
13	叶裂刻	中	34	果肩色	—	55	畸形果	无
14	叶片长	35.0 cm	35	绿果肩大小	—	56	肉质	沙
15	叶片宽	35.0 cm	36	商品果纵径	46.7 mm	57	风味	甜酸
16	首花序节位	12节	37	商品果横径	47.3 mm	58	清香味	有
17	第二花序节位	13节	38	果形	圆形	59	综合品质	下
18	花序类型	单式花序	39	果梗洼大小	2.7 mm	60	可溶性固形物含量	3.67%
19	簇生花	无	40	果洼木栓化大小	0.8 mm	61	田间成株耐寒性	弱
20	花柱长度	与雄蕊近等长	41	果实横切面形状	圆形	62	用途	鲜食或加工
21	花柱形状	单圆花柱	42	果肉色	粉红			

种质编号VT254

序号	描述项目	描述内容	序号	描述项目	描述内容	序号	描述项目	描述内容
1	种质编号	VT254	22	花柱茸毛	无	43	胎座胶状物质颜色	黄
2	种质类型	遗传材料	23	花色	黄	44	果肉厚	6.2 mm
3	下胚轴颜色	紫	24	花梗离层	有	45	心室数	2~3个
4	生长习性	6序花封顶	25	单花序花数	7朵	46	果皮色	黄
5	株型	半蔓性	26	果柄长度	0.5 cm	47	单花序果数	3个
6	株高	1.2~1.6 m	27	成熟前果色	浅绿	48	单果重	69.2 g
7	茎叶茸毛	长稀	28	成熟果色	红	49	熟性	极晚≥125 d
8	叶片类型	普通叶型	29	果面棱沟	中	50	形态一致性	连续变异
9	叶片形状	羽状复叶	30	果面茸毛	无	51	种皮颜色	灰黄
10	叶片着生状态	下垂	31	果顶形状	圆平	52	播种至开花天数	66 d
11	叶色	黄绿	32	果肩	有	53	播种至始收天数	133 d
12	叶脉色	无色	33	果肩形状	微凹	54	裂果性	不易裂
13	叶裂刻	深	34	果肩色	—	55	畸形果	无
14	叶片长	38.0 cm	35	绿果肩大小	—	56	肉质	沙
15	叶片宽	40.0 cm	36	商品果纵径	48.5 mm	57	风味	甜酸
16	首花序节位	11节	37	商品果横径	49.6 mm	58	清香味	有（淡）
17	第二花序节位	12节	38	果形	高圆形	59	综合品质	中
18	花序类型	单式花序	39	果梗洼大小	2.8 mm	60	可溶性固形物含量	3.90%
19	簇生花	无	40	果洼木栓化大小	0.8 mm	61	田间成株耐寒性	弱
20	花柱长度	与雄蕊近等长	41	果实横切面形状	圆形	62	用途	鲜食或加工
21	花柱形状	单圆花柱	42	果肉色	粉红			

种质编号VT255

序号	描述项目	描述内容	序号	描述项目	描述内容	序号	描述项目	描述内容
1	种质编号	VT255	22	花柱茸毛	无	43	胎座胶状物质颜色	黄
2	种质类型	遗传材料	23	花色	黄	44	果肉厚	5.4 mm
3	下胚轴颜色	紫	24	花梗离层	有	45	心室数	3~4个
4	生长习性	3序花封顶	25	单花序花数	7朵	46	果皮色	黄
5	株型	半蔓性	26	果柄长度	1.0 cm	47	单花序果数	6个
6	株高	1.6~2.0 m	27	成熟前果色	绿	48	单果重	72.9 g
7	茎叶茸毛	长稀	28	成熟果色	红	49	熟性	极晚≥125 d
8	叶片类型	普通叶型	29	果面棱沟	中	50	形态一致性	连续变异
9	叶片形状	二回羽状复叶	30	果面茸毛	无	51	种皮颜色	灰黄
10	叶片着生状态	水平	31	果顶形状	圆平	52	播种至开花天数	74 d
11	叶色	绿	32	果肩	有	53	播种至始收天数	133 d
12	叶脉色	无色	33	果肩形状	微凹	54	裂果性	不易裂
13	叶裂刻	中	34	果肩色	—	55	畸形果	无
14	叶片长	37.0 cm	35	绿果肩大小	—	56	肉质	沙
15	叶片宽	50.0 cm	36	商品果纵径	49.1 mm	57	风味	甜酸（淡）
16	首花序节位	8节	37	商品果横径	51.3 mm	58	清香味	有
17	第二花序节位	10节	38	果形	圆形	59	综合品质	下
18	花序类型	单式花序	39	果梗洼大小	4.8 mm	60	可溶性固形物含量	3.63%
19	簇生花	无	40	果洼木栓化大小	2.5 mm	61	田间成株耐寒性	弱
20	花柱长度	与雄蕊近等长	41	果实横切面形状	不规则形状	62	用途	鲜食或加工
21	花柱形状	单圆花柱	42	果肉色	红			

种质编号VT256

序号	描述项目	描述内容	序号	描述项目	描述内容	序号	描述项目	描述内容
1	种质编号	VT256	22	花柱茸毛	无	43	胎座胶状物质颜色	黄
2	种质类型	遗传材料	23	花色	黄	44	果肉厚	4.7 mm
3	下胚轴颜色	紫	24	花梗离层	有	45	心室数	3个
4	生长习性	4序花封顶	25	单花序花数	6朵	46	果皮色	黄
5	株型	半蔓性	26	果柄长度	0.6 cm	47	单花序果数	6个
6	株高	1.2～1.6 m	27	成熟前果色	浅绿	48	单果重	55.6 g
7	茎叶茸毛	短稀	28	成熟果色	红	49	熟性	极晚≥125 d
8	叶片类型	薯叶型	29	果面棱沟	中	50	形态一致性	连续变异
9	叶片形状	羽状复叶	30	果面茸毛	无	51	种皮颜色	灰黄
10	叶片着生状态	水平	31	果顶形状	圆平	52	播种至开花天数	72 d
11	叶色	绿	32	果肩	有	53	播种至始收天数	133 d
12	叶脉色	无色	33	果肩形状	微凹	54	裂果性	不易裂
13	叶裂刻	中	34	果肩色	—	55	畸形果	无
14	叶片长	45.0 cm	35	绿果肩大小	—	56	肉质	沙
15	叶片宽	35.0 cm	36	商品果纵径	45.1 mm	57	风味	甜酸
16	首花序节位	9节	37	商品果横径	48.3 mm	58	清香味	有
17	第二花序节位	11节	38	果形	圆形	59	综合品质	中
18	花序类型	单式花序	39	果梗洼大小	4.2 mm	60	可溶性固形物含量	3.90%
19	簇生花	无	40	果洼木栓化大小	1.5 mm	61	田间成株耐寒性	弱
20	花柱长度	与雄蕊近等长	41	果实横切面形状	不规则形状	62	用途	鲜食或加工
21	花柱形状	单圆花柱	42	果肉色	红			

种质编号VT257

序号	描述项目	描述内容	序号	描述项目	描述内容	序号	描述项目	描述内容
1	种质编号	VT257	22	花柱茸毛	无	43	胎座胶状物质颜色	红
2	种质类型	品系	23	花色	黄	44	果肉厚	5 mm
3	下胚轴颜色	紫	24	花梗离层	有	45	心室数	2个
4	生长习性	5序花封顶	25	单花序花数	8朵	46	果皮色	黄
5	株型	半蔓性	26	果柄长度	0.5 cm	47	单花序果数	7个
6	株高	1.1~1.5 m	27	成熟前果色	绿	48	单果重	60.0 g
7	茎叶茸毛	长稀	28	成熟果色	红	49	熟性	极晚≥125 d
8	叶片类型	普通叶型	29	果面棱沟	中	50	形态一致性	一致
9	叶片形状	羽状复叶	30	果面茸毛	无	51	种皮颜色	浅棕
10	叶片着生状态	水平	31	果顶形状	圆平	52	播种至开花天数	66 d
11	叶色	绿	32	果肩	有	53	播种至始收天数	129 d
12	叶脉色	无色	33	果肩形状	平	54	裂果性	不易裂
13	叶裂刻	深	34	果肩色	—	55	畸形果	无
14	叶片长	30.0 cm	35	绿果肩大小	—	56	肉质	软
15	叶片宽	30.0 cm	36	商品果纵径	46.6 mm	57	风味	甜酸
16	首花序节位	11节	37	商品果横径	47.6 mm	58	清香味	有
17	第二花序节位	12节	38	果形	圆形	59	综合品质	中
18	花序类型	单式花序	39	果梗洼大小	4.5 mm	60	可溶性固形物含量	3.70%
19	簇生花	无	40	果洼木栓化大小	1.6 mm	61	田间成株耐寒性	弱
20	花柱长度	与雄蕊近等长	41	果实横切面形状	圆形	62	用途	鲜食或加工
21	花柱形状	单圆花柱	42	果肉色	红			

种质编号VT266

序号	描述项目	描述内容	序号	描述项目	描述内容	序号	描述项目	描述内容
1	种质编号	VT266	22	花柱茸毛	无	43	胎座胶状物质颜色	黄
2	种质类型	遗传材料	23	花色	浅黄	44	果肉厚	4.2 mm
3	下胚轴颜色	紫	24	花梗离层	有	45	心室数	6个
4	生长习性	无限生长	25	单花序花数	4朵	46	果皮色	黄
5	株型	半蔓性	26	果柄长度	1.0 cm	47	单花序果数	2个
6	株高	1.7~2.1 m	27	成熟前果色	绿	48	单果重	88.6 g
7	茎叶茸毛	短稀	28	成熟果色	黄	49	熟性	极晚≥125 d
8	叶片类型	薯叶型	29	果面棱沟	中	50	形态一致性	连续变异
9	叶片形状	二回羽状复叶	30	果面茸毛	稀	51	种皮颜色	浅棕
10	叶片着生状态	下垂	31	果顶形状	圆平	52	播种至开花天数	83 d
11	叶色	绿	32	果肩	有	53	播种至始收天数	146 d
12	叶脉色	无色或绿	33	果肩形状	深凹	54	裂果性	不易裂
13	叶裂刻	深	34	果肩色	—	55	畸形果	少
14	叶片长	42.0 cm	35	绿果肩大小	—	56	肉质	软
15	叶片宽	36.0 cm	36	商品果纵径	47.3 mm	57	风味	酸甜
16	首花序节位	10节	37	商品果横径	56.0 mm	58	清香味	有
17	第二花序节位	13节	38	果形	扁圆形	59	综合品质	中
18	花序类型	单式花序	39	果梗洼大小	5.3 mm	60	可溶性固形物含量	4.47%
19	簇生花	无	40	果洼木栓化大小	2.2 mm	61	田间成株耐寒性	中
20	花柱长度	与雄蕊近等长	41	果实横切面形状	不规则形状	62	用途	鲜食或加工
21	花柱形状	单圆花柱	42	果肉色	浅黄			

种质编号VT273

序号	描述项目	描述内容	序号	描述项目	描述内容	序号	描述项目	描述内容
1	种质编号	VT273	22	花柱茸毛	无	43	胎座胶状物质颜色	红
2	种质类型	遗传材料	23	花色	黄	44	果肉厚	7.6 mm
3	下胚轴颜色	紫	24	花梗离层	有	45	心室数	2个
4	生长习性	8序花封顶	25	单花序花数	5朵	46	果皮色	黄
5	株型	半蔓性	26	果柄长度	0.8 cm	47	单花序果数	5个
6	株高	1.1~1.5 m	27	成熟前果色	绿白	48	单果重	67.4 g
7	茎叶茸毛	长稀	28	成熟果色	红	49	熟性	极晚≥125 d
8	叶片类型	普通叶型	29	果面棱沟	轻	50	形态一致性	连续变异
9	叶片形状	羽状复	30	果面茸毛	稀	51	种皮颜色	浅棕
10	叶片着生状态	下垂	31	果顶形状	圆平	52	播种至开花天数	66 d
11	叶色	浅绿	32	果肩	有	53	播种至始收天数	129 d
12	叶脉色	绿	33	果肩形状	微凹	54	裂果性	不易裂
13	叶裂刻	中	34	果肩色	—	55	畸形果	无
14	叶片长	38.0 cm	35	绿果肩大小	—	56	肉质	沙
15	叶片宽	50.0 cm	36	商品果纵径	57.6 mm	57	风味	甜酸
16	首花序节位	8节	37	商品果横径	46.9 mm	58	清香味	有
17	第二花序节位	9节	38	果形	卵圆形	59	综合品质	下
18	花序类型	单式花序	39	果梗洼大小	5.3 mm	60	可溶性固形物含量	4.47%
19	簇生花	无	40	果洼木栓化大小	1.7 mm	61	田间成株耐寒性	中
20	花柱长度	与雄蕊近等长	41	果实横切面形状	圆形	62	用途	鲜食或加工
21	花柱形状	单圆花柱	42	果肉色	红			

种质编号VT274

序号	描述项目	描述内容	序号	描述项目	描述内容	序号	描述项目	描述内容
1	种质编号	VT274	22	花柱茸毛	无	43	胎座胶状物质颜色	红
2	种质类型	遗传材料	23	花色	黄	44	果肉厚	7.6 mm
3	下胚轴颜色	紫	24	花梗离层	有	45	心室数	2个
4	生长习性	5序花封顶	25	单花序花数	6朵	46	果皮色	黄
5	株型	半蔓性	26	果柄长度	1.2 cm	47	单花序果数	5个
6	株高	0.9~1.2 m	27	成熟前果色	绿白	48	单果重	85.4 g
7	茎叶茸毛	长稀	28	成熟果色	粉红	49	熟性	极晚≥125 d
8	叶片类型	普通叶型	29	果面棱沟	中	50	形态一致性	连续变异
9	叶片形状	羽状复叶	30	果面茸毛	无	51	种皮颜色	灰黄
10	叶片着生状态	下垂	31	果顶形状	微凸	52	播种至开花天数	74 d
11	叶色	绿	32	果肩	有	53	播种至始收天数	133 d
12	叶脉色	无色	33	果肩形状	微凹	54	裂果性	中
13	叶裂刻	中	34	果肩色	—	55	畸形果	少
14	叶片长	50.0 cm	35	绿果肩大小	—	56	肉质	沙
15	叶片宽	60.0 cm	36	商品果纵径	62.8 mm	57	风味	甜酸
16	首花序节位	8节	37	商品果横径	51.6 mm	58	清香味	有
17	第二花序节位	11节	38	果形	桃形或梨形	59	综合品质	下
18	花序类型	单式花序	39	果梗洼大小	6.8 mm	60	可溶性固形物含量	3.4%
19	簇生花	无	40	果洼木栓化大小	2.7 mm	61	田间成株耐寒性	中
20	花柱长度	短于雄蕊	41	果实横切面形状	圆形	62	用途	鲜食或加工
21	花柱形状	单圆花柱	42	果肉色	红			

种质编号VT276

序号	描述项目	描述内容	序号	描述项目	描述内容	序号	描述项目	描述内容
1	种质编号	VT276	22	花柱茸毛	无	43	胎座胶状物质颜色	红
2	种质类型	遗传材料	23	花色	黄	44	果肉厚	8.0 mm
3	下胚轴颜色	紫	24	花梗离层	有	45	心室数	2个
4	生长习性	8序花封顶	25	单花序花数	7朵	46	果皮色	黄
5	株型	半蔓性	26	果柄长度	1.2 cm	47	单花序果数	6个
6	株高	1.1～1.5 m	27	成熟前果色	绿白	48	单果重	95.2 g
7	茎叶茸毛	短稀	28	成熟果色	红	49	熟性	极晚≥125 d
8	叶片类型	普通叶型	29	果面棱沟	中	50	形态一致性	连续变异
9	叶片形状	羽状复叶	30	果面茸毛	无	51	种皮颜色	灰黄
10	叶片着生状态	下垂	31	果顶形状	微凸	52	播种至开花天数	74 d
11	叶色	绿	32	果肩	有	53	播种至始收天数	133 d
12	叶脉色	无色	33	果肩形状	平	54	裂果性	不易裂
13	叶裂刻	深	34	果肩色	—	55	畸形果	无
14	叶片长	45.0 cm	35	绿果肩大小	—	56	肉质	沙
15	叶片宽	52.0 cm	36	商品果纵径	68.5 mm	57	风味	甜酸
16	首花序节位	7节	37	商品果横径	54.3 mm	58	清香味	无
17	第二花序节位	9节	38	果形	长圆形	59	综合品质	中
18	花序类型	单花	39	果梗洼大小	4.2 mm	60	可溶性固形物含量	4.63%
19	簇生花	无	40	果洼木栓化大小	1.6 mm	61	田间成株耐寒性	中
20	花柱长度	短于雄蕊	41	果实横切面形状	圆形	62	用途	鲜食或加工
21	花柱形状	单圆花柱	42	果肉色	红			

种质编号VT277

序号	描述项目	描述内容	序号	描述项目	描述内容	序号	描述项目	描述内容
1	种质编号	VT277	22	花柱茸毛	无	43	胎座胶状物质颜色	红
2	种质类型	遗传材料	23	花色	浅黄	44	果肉厚	5.8 mm
3	下胚轴颜色	紫	24	花梗离层	有	45	心室数	2个
4	生长习性	5序花封顶	25	单花序花数	6朵	46	果皮色	黄
5	株型	半蔓性	26	果柄长度	0.7 cm	47	单花序果数	6个
6	株高	1.5~1.8 m	27	成熟前果色	绿	48	单果重	71.9 g
7	茎叶茸毛	长稀	28	成熟果色	红	49	熟性	晚121~125 d
8	叶片类型	普通叶型	29	果面棱沟	轻	50	形态一致性	连续变异
9	叶片形状	羽状复叶	30	果面茸毛	无	51	种皮颜色	灰黄
10	叶片着生状态	下垂	31	果顶形状	微凸	52	播种至开花天数	66 d
11	叶色	绿	32	果肩	有	53	播种至始收天数	125 d
12	叶脉色	绿	33	果肩形状	微凹	54	裂果性	不易裂
13	叶裂刻	深	34	果肩色	—	55	畸形果	无
14	叶片长	40.0 cm	35	绿果肩大小	—	56	肉质	沙
15	叶片宽	50.0 cm	36	商品果纵径	62.8 mm	57	风味	酸甜
16	首花序节位	6节	37	商品果横径	48.2 mm	58	清香味	无
17	第二花序节位	8节	38	果形	长圆或长梨形	59	综合品质	中
18	花序类型	单式花序	39	果梗洼大小	4.5 mm	60	可溶性固形物含量	4.27%
19	簇生花	无	40	果洼木栓化大小	2.2 mm	61	田间成株耐寒性	中
20	花柱长度	短于雄蕊	41	果实横切面形状	圆形	62	用途	鲜食或加工
21	花柱形状	单圆花柱	42	果肉色	红			

种质编号VT279

序号	描述项目	描述内容	序号	描述项目	描述内容	序号	描述项目	描述内容
1	种质编号	VT279	22	花柱茸毛	无	43	胎座胶状物质颜色	红
2	种质类型	品系	23	花色	浅黄	44	果肉厚	6.3 mm
3	下胚轴颜色	紫	24	花梗离层	有	45	心室数	2个
4	生长习性	6序花封顶	25	单花序花数	7朵	46	果皮色	黄
5	株型	半蔓性	26	果柄长度	1.0 cm	47	单花序果数	6个
6	株高	1.1~1.5 m	27	成熟前果色	绿	48	单果重	75.3 g
7	茎叶茸毛	短稀	28	成熟果色	红	49	熟性	极晚≥125 d
8	叶片类型	普通叶型	29	果面棱沟	中	50	形态一致性	一致
9	叶片形状	羽状复叶	30	果面茸毛	无	51	种皮颜色	浅棕
10	叶片着生状态	下垂	31	果顶形状	圆平	52	播种至开花天数	68 d
11	叶色	绿	32	果肩	有	53	播种至始收天数	133 d
12	叶脉色	无色	33	果肩形状	平	54	裂果性	中
13	叶裂刻	深	34	果肩色	—	55	畸形果	无
14	叶片长	46.0 cm	35	绿果肩大小	—	56	肉质	面
15	叶片宽	46.0 cm	36	商品果纵径	74.3 mm	57	风味	甜酸
16	首花序节位	8节	37	商品果横径	45.0 mm	58	清香味	有
17	第二花序节位	9节	38	果形	花生形	59	综合品质	中
18	花序类型	单式花序	39	果梗洼大小	4.6 mm	60	可溶性固形物含量	3.87%
19	簇生花	无	40	果洼木栓化大小	2.3 mm	61	田间成株耐寒性	弱
20	花柱长度	短于雄蕊	41	果实横切面形状	圆形	62	用途	鲜食或加工
21	花柱形状	单圆花柱	42	果肉色	红			

种质编号VT294

序号	描述项目	描述内容	序号	描述项目	描述内容	序号	描述项目	描述内容
1	种质编号	VT294	22	花柱茸毛	无	43	胎座胶状物质颜色	黄绿
2	种质类型	遗传材料	23	花色	黄	44	果肉厚	6.2 mm
3	下胚轴颜色	紫	24	花梗离层	有	45	心室数	2~3个
4	生长习性	无限生长	25	单花序花数	12朵	46	果皮色	黄
5	株型	半蔓性	26	果柄长度	2.0 cm	47	单花序果数	8个
6	株高	1.7~2.2 m	27	成熟前果色	绿白或浅绿	48	单果重	58.1 g
7	茎叶茸毛	长稀	28	成熟果色	红	49	熟性	极晚≥125 d
8	叶片类型	普通叶型	29	果面棱沟	中	50	形态一致性	不连续变异
9	叶片形状	羽状复叶	30	果面茸毛	无	51	种皮颜色	灰黄
10	叶片着生状态	下垂	31	果顶形状	圆平或凸尖	52	播种至开花天数	74 d
11	叶色	绿	32	果肩	有	53	播种至始收天数	139 d
12	叶脉色	无色	33	果肩形状	平	54	裂果性	不易裂
13	叶裂刻	深	34	果肩色	浅绿	55	畸形果	少
14	叶片长	40.0 cm	35	绿果肩大小	中	56	肉质	沙
15	叶片宽	25.0 cm	36	商品果纵径	63.9 mm	57	风味	甜酸
16	首花序节位	10节	37	商品果横径	40.4 mm	58	清香味	无
17	第二花序节位	14节	38	果形	长圆或桃形或长梨形	59	综合品质	下
18	花序类型	单式花序或多歧花序	39	果梗洼大小	3.3 mm	60	可溶性固形物含量	4.67%
19	簇生花	无	40	果洼木栓化大小	1.8 mm	61	田间成株耐寒性	弱
20	花柱长度	与雄蕊近等长	41	果实横切面形状	圆形或不规则	62	用途	鲜食或加工
21	花柱形状	单圆花柱	42	果肉色	粉红			

种质编号VT296

序号	描述项目	描述内容	序号	描述项目	描述内容	序号	描述项目	描述内容
1	种质编号	VT296	22	花柱茸毛	无	43	胎座胶状物质颜色	黄绿
2	种质类型	遗传材料	23	花色	浅黄	44	果肉厚	3.5 mm
3	下胚轴颜色	紫	24	花梗离层	有	45	心室数	8个
4	生长习性	无限生长	25	单花序花数	6朵	46	果皮色	黄
5	株型	半蔓性	26	果柄长度	1.0 cm	47	单花序果数	3个
6	株高	1.8～2.2 m	27	成熟前果色	绿白	48	单果重	76.4 g
7	茎叶茸毛	短稀	28	成熟果色	红	49	熟性	极晚≥125 d
8	叶片类型	薯叶型	29	果面棱沟	重	50	形态一致性	连续变异
9	叶片形状	羽状复叶	30	果面茸毛	稀	51	种皮颜色	灰黄
10	叶片着生状态	下垂	31	果顶形状	深凹	52	播种至开花天数	68 d
11	叶色	黄绿	32	果肩	有	53	播种至始收天数	129 d
12	叶脉色	无色	33	果肩形状	深凹	54	裂果性	易裂
13	叶裂刻	深	34	果肩色	—	55	畸形果	少
14	叶片长	38.0 cm	35	绿果肩大小	—	56	肉质	软
15	叶片宽	32.0 cm	36	商品果纵径	41.5 mm	57	风味	酸甜
16	首花序节位	10节	37	商品果横径	59.3 mm	58	清香味	有
17	第二花序节位	14节	38	果形	扁平形	59	综合品质	下
18	花序类型	多歧花序	39	果梗洼大小	3.7 mm	60	可溶性固形物含量	4.63%
19	簇生花	有	40	果洼木栓化大小	2.0 mm	61	田间成株耐寒性	弱
20	花柱长度	长于雄蕊	41	果实横切面形状	等边多边形	62	用途	鲜食或加工
21	花柱形状	单圆花柱或分裂花柱	42	果肉色	红			

种质编号VT299

序号	描述项目	描述内容	序号	描述项目	描述内容	序号	描述项目	描述内容
1	种质编号	VT299	22	花柱茸毛	无	43	胎座胶状物质颜色	红
2	种质类型	遗传材料	23	花色	浅黄	44	果肉厚	2.7 mm
3	下胚轴颜色	紫	24	花梗离层	有	45	心室数	4~9个
4	生长习性	无限生长	25	单花序花数	8朵	46	果皮色	黄
5	株型	半蔓性	26	果柄长度	1.2 cm	47	单花序果数	3个
6	株高	2.0~2.3 m	27	成熟前果色	绿	48	单果重	75.0 g
7	茎叶茸毛	长稀	28	成熟果色	红	49	熟性	极晚≥125 d
8	叶片类型	复宽叶型	29	果面棱沟	轻	50	形态一致性	连续变异
9	叶片形状	二回羽状复叶	30	果面茸毛	稀	51	种皮颜色	灰黄
10	叶片着生状态	下垂	31	果顶形状	微凹	52	播种至开花天数	68 d
11	叶色	浅绿	32	果肩	有	53	播种至始收天数	133 d
12	叶脉色	无色	33	果肩形状	深凹	54	裂果性	不易裂
13	叶裂刻	深	34	果肩色	—	55	畸形果	多
14	叶片长	41.0 cm	35	绿果肩大小	—	56	肉质	软
15	叶片宽	36.0 cm	36	商品果纵径	41.2 mm	57	风味	甜酸
16	首花序节位	10节	37	商品果横径	59.7 mm	58	清香味	有
17	第二花序节位	16节	38	果形	扁平形	59	综合品质	中
18	花序类型	多歧花序	39	果梗洼大小	4.0 mm	60	可溶性固形物含量	4.20%
19	簇生花	有	40	果洼木栓化大小	1.5 mm	61	田间成株耐寒性	中
20	花柱长度	与雄蕊近等长	41	果实横切面形状	不规则形状	62	用途	鲜食或加工
21	花柱形状	单圆花柱或分裂花柱	42	果肉色	红			

种质编号VT300

序号	描述项目	描述内容	序号	描述项目	描述内容	序号	描述项目	描述内容
1	种质编号	VT300	22	花柱茸毛	无	43	胎座胶状物质颜色	红
2	种质类型	遗传材料	23	花色	黄	44	果肉厚	4.9 mm
3	下胚轴颜色	紫	24	花梗离层	有	45	心室数	4～5个
4	生长习性	无限生长	25	单花序花数	7朵	46	果皮色	黄
5	株型	半蔓性	26	果柄长度	1.0 cm	47	单花序果数	4个
6	株高	2.0～2.5 m	27	成熟前果色	绿	48	单果重	70.5 g
7	茎叶茸毛	长稀	28	成熟果色	红	49	熟性	极晚≥125 d
8	叶片类型	薯叶型	29	果面棱沟	重	50	形态一致性	连续变异
9	叶片形状	羽状复叶	30	果面茸毛	无	51	种皮颜色	灰黄
10	叶片着生状态	下垂	31	果顶形状	深凹	52	播种至开花天数	68 d
11	叶色	黄绿	32	果肩	有	53	播种至始收天数	133 d
12	叶脉色	绿	33	果肩形状	微凹	54	裂果性	中
13	叶裂刻	浅	34	果肩色	—	55	畸形果	多
14	叶片长	44.0 cm	35	绿果肩大小	—	56	肉质	软
15	叶片宽	35.0 cm	36	商品果纵径	44.5 mm	57	风味	酸甜
16	首花序节位	9节	37	商品果横径	54.1 mm	58	清香味	有
17	第二花序节位	15节	38	果形	扁圆形	59	综合品质	中
18	花序类型	单式花序或多歧花序	39	果梗洼大小	3.0 mm	60	可溶性固形物含量	5.40%
19	簇生花	无	40	果洼木栓化大小	1.2 mm	61	田间成株耐寒性	弱
20	花柱长度	与雄蕊近等长	41	果实横切面形状	不规则形状	62	用途	鲜食或加工
21	花柱形状	单圆花柱	42	果肉色	红			

种质编号VT313

序号	描述项目	描述内容	序号	描述项目	描述内容	序号	描述项目	描述内容
1	种质编号	VT313	22	花柱茸毛	无	43	胎座胶状物质颜色	红
2	种质类型	遗传材料	23	花色	橘黄	44	果肉厚	4.3 mm
3	下胚轴颜色	紫	24	花梗离层	有	45	心室数	3个
4	生长习性	8序花封顶	25	单花序花数	9朵	46	果皮色	黄
5	株型	半蔓性	26	果柄长度	0.6 cm	47	单花序果数	7个
6	株高	0.8~1.2 m	27	成熟前果色	绿白	48	单果重	67.7 g
7	茎叶茸毛	短稀	28	成熟果色	红	49	熟性	极晚≥125 d
8	叶片类型	普通叶型	29	果面棱沟	中	50	形态一致性	连续变异
9	叶片形状	羽状复叶	30	果面茸毛	稀	51	种皮颜色	浅棕
10	叶片着生状态	水平	31	果顶形状	微凹	52	播种至开花天数	70 d
11	叶色	绿	32	果肩	有	53	播种至始收天数	129 d
12	叶脉色	无色	33	果肩形状	微凹	54	裂果性	不易裂
13	叶裂刻	中	34	果肩色	—	55	畸形果	无
14	叶片长	28.0 cm	35	绿果肩大小	—	56	肉质	软
15	叶片宽	20.0 cm	36	商品果纵径	48.1 mm	57	风味	酸甜
16	首花序节位	8节	37	商品果横径	42.7 mm	58	清香味	有
17	第二花序节位	11节	38	果形	圆或高圆形	59	综合品质	中
18	花序类型	单式花序	39	果梗洼大小	3.8 mm	60	可溶性固形物含量	4.03%
19	簇生花	无	40	果洼木栓化大小	5.6 mm	61	田间成株耐寒性	弱
20	花柱长度	短于雄蕊	41	果实横切面形状	不规则形状	62	用途	鲜食或加工
21	花柱形状	单圆花柱	42	果肉色	红			

种质编号VT314

序号	描述项目	描述内容	序号	描述项目	描述内容	序号	描述项目	描述内容
1	种质编号	VT314	22	花柱茸毛	无	43	胎座胶状物质颜色	黄绿
2	种质类型	品系	23	花色	黄	44	果肉厚	3.5 mm
3	下胚轴颜色	紫	24	花梗离层	有	45	心室数	3个
4	生长习性	6序花封顶	25	单花序花数	8朵	46	果皮色	黄
5	株型	半蔓性	26	果柄长度	0.6 cm	47	单花序果数	5个
6	株高	1.1～1.5 m	27	成熟前果色	绿白	48	单果重	55.1 g
7	茎叶茸毛	短稀	28	成熟果色	红	49	熟性	极晚≥125 d
8	叶片类型	薯叶型	29	果面棱沟	中	50	形态一致性	一致
9	叶片形状	羽状复叶	30	果面茸毛	稀	51	种皮颜色	灰黄
10	叶片着生状态	水平	31	果顶形状	圆平	52	播种至开花天数	66 d
11	叶色	黄绿	32	果肩	有	53	播种至始收天数	129 d
12	叶脉色	无色	33	果肩形状	微凹	54	裂果性	不易裂
13	叶裂刻	深	34	果肩色	—	55	畸形果	无
14	叶片长	33.0 cm	35	绿果肩大小	—	56	肉质	软
15	叶片宽	28.0 cm	36	商品果纵径	44.9 mm	57	风味	甜酸
16	首花序节位	9节	37	商品果横径	46.6 mm	58	清香味	有
17	第二花序节位	11节	38	果形	圆形	59	综合品质	下
18	花序类型	单式花序或多歧花序	39	果梗洼大小	4.0 mm	60	可溶性固形物含量	4.07%
19	簇生花	无	40	果洼木栓化大小	1.2 mm	61	田间成株耐寒性	弱
20	花柱长度	短于雄蕊	41	果实横切面形状	不规则形状	62	用途	鲜食或加工
21	花柱形状	单圆花柱	42	果肉色	红			

种质编号VT315

序号	描述项目	描述内容	序号	描述项目	描述内容	序号	描述项目	描述内容
1	种质编号	VT315	22	花柱茸毛	无	43	胎座胶状物质颜色	红
2	种质类型	品系	23	花色	黄	44	果肉厚	4.6 mm
3	下胚轴颜色	紫	24	花梗离层	有	45	心室数	2个
4	生长习性	5花序封顶	25	单花序花数	10朵	46	果皮色	黄
5	株型	半蔓性	26	果柄长度	0.7 cm	47	单花序果数	7个
6	株高	1.0～1.4 m	27	成熟前果色	绿白	48	单果重	57.7 g
7	茎叶茸毛	短稀	28	成熟果色	红	49	熟性	极晚≥125 d
8	叶片类型	薯叶型	29	果面棱沟	中	50	形态一致性	一致
9	叶片形状	羽状复叶	30	果面茸毛	无	51	种皮颜色	深黄
10	叶片着生状态	水平	31	果顶形状	圆平	52	播种至开花天数	68 d
11	叶色	黄绿	32	果肩	有	53	播种至始收天数	133 d
12	叶脉色	无色	33	果肩形状	微凹	54	裂果性	不易裂
13	叶裂刻	中	34	果肩色	—	55	畸形果	无
14	叶片长	30.0 cm	35	绿果肩大小	—	56	肉质	面
15	叶片宽	22.0 cm	36	商品果纵径	46.6 mm	57	风味	甜酸
16	首花序节位	8节	37	商品果横径	46.2 mm	58	清香味	有
17	第二花序节位	11节	38	果形	高圆形	59	综合品质	中
18	花序类型	单式花序	39	果梗洼大小	3.0 mm	60	可溶性固形物含量	4.23%
19	簇生花	无	40	果洼木栓化大小	1.2 mm	61	田间成株耐寒性	弱
20	花柱长度	短于雄蕊	41	果实横切面形状	圆形	62	用途	鲜食或加工
21	花柱形状	单圆花柱	42	果肉色	红			

种质编号VT321

序号	描述项目	描述内容	序号	描述项目	描述内容	序号	描述项目	描述内容
1	种质编号	VT321	22	花柱茸毛	无	43	胎座胶状物质颜色	红
2	种质类型	遗传材料	23	花色	黄	44	果肉厚	4.8 mm
3	下胚轴颜色	紫	24	化梗离层	有	45	心室数	2~3个
4	生长习性	6序花封顶	25	单花序花数	6朵	46	果皮色	黄
5	株型	半蔓性	26	果柄长度	1.0 cm	47	单花序果数	5个
6	株高	1.0~1.3 m	27	成熟前果色	绿	48	单果重	86.7 g
7	茎叶茸毛	短稀	28	成熟果色	红	49	熟性	极晚≥125 d
8	叶片类型	薯叶型	29	果面棱沟	轻	50	形态一致性	连续变异
9	叶片形状	羽状复叶	30	果面茸毛	无	51	种皮颜色	灰黄
10	叶片着生状态	水平	31	果顶形状	凸尖	52	播种至开花天数	66 d
11	叶色	绿	32	果肩	有	53	播种至始收天数	129 d
12	叶脉色	绿	33	果肩形状	平	54	裂果性	不易裂
13	叶裂刻	中	34	果肩色	—	55	畸形果	无
14	叶片长	34.0 cm	35	绿果肩大小	—	56	肉质	沙
15	叶片宽	34.0 cm	36	商品果纵径	54.0 mm	57	风味	酸甜
16	首花序节位	9节	37	商品果横径	54.0 mm	58	清香味	无
17	第二花序节位	10节	38	果形	高圆或桃形	59	综合品质	下
18	花序类型	单式花序	39	果梗洼大小	5.8 mm	60	可溶性固形物含量	4.57%
19	簇生花	无	40	果洼木栓化大小	2.2 mm	61	田间成株耐寒性	弱
20	花柱长度	短于雄蕊	41	果实横切面形状	圆形或等边多边形	62	用途	鲜食或加工
21	花柱形状	单圆花柱	42	果肉色	红			

种质编号VT322

序号	描述项目	描述内容	序号	描述项目	描述内容	序号	描述项目	描述内容
1	种质编号	VT322	22	花柱茸毛	无	43	胎座胶状物质颜色	红
2	种质类型	品系	23	花色	橘黄	44	果肉厚	6.0 mm
3	下胚轴颜色	紫	24	花梗离层	有	45	心室数	3个
4	生长习性	6序花封顶	25	单花序花数	11朵	46	果皮色	黄
5	株型	半蔓性	26	果柄长度	0.7 cm	47	单花序果数	6个
6	株高	1.2～1.5 m	27	成熟前果色	绿	48	单果重	97.1 g
7	茎叶茸毛	长稀	28	成熟果色	红	49	熟性	晚121～125 d
8	叶片类型	薯叶型	29	果面棱沟	中	50	形态一致性	连续变异
9	叶片形状	羽状复叶	30	果面茸毛	稀	51	种皮颜色	深棕
10	叶片着生状态	水平	31	果顶形状	圆平	52	播种至开花天数	58 d
11	叶色	绿	32	果肩	有	53	播种至始收天数	121 d
12	叶脉色	绿	33	果肩形状	微凹	54	裂果性	不易裂
13	叶裂刻	中	34	果肩色	—	55	畸形果	少
14	叶片长	48.0 cm	35	绿果肩大小	—	56	肉质	沙
15	叶片宽	51.0 cm	36	商品果纵径	55.4 mm	57	风味	酸甜
16	首花序节位	7节	37	商品果横径	56.6 mm	58	清香味	有
17	第二花序节位	10节	38	果形	圆形	59	综合品质	中
18	花序类型	单式花序	39	果梗洼大小	7.2 mm	60	可溶性固形物含量	4.20%
19	簇生花	无	40	果洼木栓化大小	2.0 mm	61	田间成株耐寒性	弱
20	花柱长度	短于雄蕊	41	果实横切面形状	不规则形状	62	用途	鲜食或加工
21	花柱形状	单圆花柱	42	果肉色	红			

种质编号VT446

序号	描述项目	描述内容	序号	描述项目	描述内容	序号	描述项目	描述内容
1	种质编号	VT446	22	花柱茸毛	无	43	胎座胶状物质颜色	黄
2	种质类型	遗传材料	23	花色	浅黄	44	果肉厚	4.8 mm
3	下胚轴颜色	紫	24	花梗离层	无	45	心室数	2个
4	生长习性	6序花封顶	25	单花序花数	7朵	46	果皮色	无色
5	株型	半蔓性	26	果柄长度	1.2 cm	47	单花序果数	6个
6	株高	1.2~1.4 m	27	成熟前果色	绿白	48	单果重	63.2 g
7	茎叶茸毛	短稀	28	成熟果色	浅黄	49	熟性	极晚≥125 d
8	叶片类型	普通叶型	29	果面棱沟	轻	50	形态一致性	连续变异
9	叶片形状	羽状复叶	30	果面茸毛	无	51	种皮颜色	浅棕
10	叶片着生状态	下垂	31	果顶形状	凸尖	52	播种至开花天数	72 d
11	叶色	黄绿	32	果肩	有	53	播种至始收天数	129 d
12	叶脉色	无色	33	果肩形状	微凹	54	裂果性	不易裂
13	叶裂刻	深	34	果肩色	—	55	畸形果	无
14	叶片长	44.0 cm	35	绿果肩大小	—	56	肉质	软
15	叶片宽	37.0 cm	36	商品果纵径	69.7 mm	57	风味	酸甜
16	首花序节位	7节	37	商品果横径	40.5 mm	58	清香味	无
17	第二花序节位	10节	38	果形	长圆或长梨形	59	综合品质	中
18	花序类型	单式花序	39	果梗洼大小	3.0 mm	60	可溶性固形物含量	5.30%
19	簇生花	无	40	果洼木栓化大小	1.4 mm	61	田间成株耐寒性	弱
20	花柱长度	短于雄蕊	41	果实横切面形状	圆形	62	用途	鲜食或加工
21	花柱形状	单圆花柱	42	果肉色	黄			

种质编号VT325

序号	描述项目	描述内容	序号	描述项目	描述内容	序号	描述项目	描述内容
1	种质编号	VT325	22	花柱茸毛	有	43	胎座胶状物质颜色	红
2	种质类型	遗传材料	23	花色	黄	44	果肉厚	7.4 mm
3	下胚轴颜色	紫	24	花梗离层	有	45	心室数	3个
4	生长习性	5序花封顶	25	单花序花数	9朵	46	果皮色	黄
5	株型	半蔓性	26	果柄长度	0.7 cm	47	单花序果数	4个
6	株高	1.0~1.2 m	27	成熟前果色	绿白	48	单果重	79.9 g
7	茎叶茸毛	短稀	28	成熟果色	深红	49	熟性	极晚≥125 d
8	叶片类型	普通叶型	29	果面棱沟	中	50	形态一致性	连续变异
9	叶片形状	羽状复叶	30	果面茸毛	无	51	种皮颜色	浅棕
10	叶片着生状态	下垂	31	果顶形状	圆平	52	播种至开花天数	66 d
11	叶色	浅绿	32	果肩	有	53	播种至始收天数	129 d
12	叶脉色	绿	33	果肩形状	微凹	54	裂果性	不易裂
13	叶裂刻	深	34	果肩色	—	55	畸形果	无
14	叶片长	34.0 cm	35	绿果肩大小	—	56	肉质	沙
15	叶片宽	36.0 cm	36	商品果纵径	55.6 mm	57	风味	酸甜
16	首花序节位	9节	37	商品果横径	51.9 mm	58	清香味	无
17	第二花序节位	10节	38	果形	高圆形	59	综合品质	中
18	花序类型	单式花序	39	果梗洼大小	4.8 mm	60	可溶性固形物含量	4.73%
19	簇生花	无	40	果洼木栓化大小	1.6 mm	61	田间成株耐寒性	弱
20	花柱长度	与雄蕊近等长	41	果实横切面形状	等边多边形	62	用途	鲜食或加工
21	花柱形状	单圆花柱	42	果肉色	红			

种质编号VT326

序号	描述项目	描述内容	序号	描述项目	描述内容	序号	描述项目	描述内容
1	种质编号	VT326	22	花柱茸毛	无	43	胎座胶状物质颜色	红
2	种质类型	遗传材料	23	花色	浅黄	44	果肉厚	7.4 mm
3	下胚轴颜色	紫	24	花梗离层	有	45	心室数	2个
4	生长习性	5序花封顶	25	单花序花数	8朵	46	果皮色	黄
5	株型	半蔓性	26	果柄长度	0.5 cm	47	单花序果数	7个
6	株高	1.8～2.1 m	27	成熟前果色	绿白或绿	48	单果重	91.0 g
7	茎叶茸毛	短稀	28	成熟果色	红	49	熟性	极晚≥125 d
8	叶片类型	普通叶型或复细叶型	29	果面棱沟	中	50	形态一致性	连续变异
9	叶片形状	羽状复叶	30	果面茸毛	稀	51	种皮颜色	灰黄
10	叶片着生状态	下垂	31	果顶形状	微凸	52	播种至开花天数	66 d
11	叶色	深绿	32	果肩	有	53	播种至始收天数	129 d
12	叶脉色	无色	33	果肩形状	微凹	54	裂果性	不易裂
13	叶裂刻	深	34	果肩色	—	55	畸形果	无
14	叶片长	36.0～42.0 cm	35	绿果肩大小	—	56	肉质	沙
15	叶片宽	33.0～40.0 cm	36	商品果纵径	57.5 mm	57	风味	酸甜
16	首花序节位	8节	37	商品果横径	54.9 mm	58	清香味	有
17	第二花序节位	10～11节	38	果形	高圆形	59	综合品质	中
18	花序类型	单式花序	39	果梗洼大小	4.0 mm	60	可溶性固形物含量	4.60%
19	簇生花	无	40	果洼木栓化大小	1.2 mm	61	田间成株耐寒性	弱
20	花柱长度	短于雄蕊	41	果实横切面形状	圆形	62	用途	鲜食或加工
21	花柱形状	单圆花柱	42	果肉色	红			

种质编号VT327

序号	描述项目	描述内容	序号	描述项目	描述内容	序号	描述项目	描述内容
1	种质编号	VT327	22	花柱茸毛	无	43	胎座胶状物质颜色	红
2	种质类型	遗传材料	23	花色	黄	44	果肉厚	8.4 mm
3	下胚轴颜色	紫	24	花梗离层	有	45	心室数	3个
4	生长习性	4序花封顶	25	单花序花数	8朵	46	果皮色	黄
5	株型	半蔓性	26	果柄长度	0.8 cm	47	单花序果数	7个
6	株高	1.2～1.6 m	27	成熟前果色	绿白	48	单果重	90.1 g
7	茎叶茸毛	短稀	28	成熟果色	红	49	熟性	极晚≥125 d
8	叶片类型	薯叶型	29	果面棱沟	中	50	形态一致性	连续变异
9	叶片形状	羽状复叶	30	果面茸毛	稀	51	种皮颜色	灰黄
10	叶片着生状态	下垂	31	果顶形状	圆平	52	播种至开花天数	83 d
11	叶色	浅绿	32	果肩	有	53	播种至始收天数	149 d
12	叶脉色	绿	33	果肩形状	微凹	54	裂果性	不易裂
13	叶裂刻	中	34	果肩色	—	55	畸形果率	无
14	叶片长	35.0 cm	35	绿果肩大小	—	56	肉质	沙
15	叶片宽	39.0 cm	36	商品果纵径	54.0 mm	57	风味	甜酸
16	首花序节位	6节	37	商品果横径	55.4 mm	58	清香味	无
17	第二花序节位	9节	38	果形	圆形	59	综合品质	中
18	花序类型	单式花序	39	果梗洼大小	4.3 mm	60	可溶性固形物含量	4.1%
19	簇生花	无	40	果洼木栓化大小	1.3 mm	61	田间成株耐寒性	弱
20	花柱长度	短于雄蕊	41	果实横切面形状	不规则形状	62	用途	鲜食或加工
21	花柱形状	单圆花柱	42	果肉色	红			

种质编号VT400

序号	描述项目	描述内容	序号	描述项目	描述内容	序号	描述项目	描述内容
1	种质编号	VT400	22	花柱茸毛	无	43	胎座胶状物质颜色	红
2	种质类型	品系	23	花色	黄	44	果肉厚	3.2 mm
3	下胚轴颜色	紫	24	花梗离层	有	45	心室数	2个
4	生长习性	无限生长	25	单花序花数	8朵	46	果皮色	黄
5	株型	半蔓性	26	果柄长度	0.6 cm	47	单花序果数	8个
6	株高	1.6~1.8 m	27	成熟前果色	绿或绿斑	48	单果重	54.8 g
7	茎叶茸毛	短稀	28	成熟果色	粉红	49	熟性	早100~105 d
8	叶片类型	复宽叶型	29	果面棱沟	重	50	形态一致性	一致
9	叶片形状	二回羽状复叶	30	果面茸毛	无	51	种皮颜色	灰黄
10	叶片着生状态	下垂	31	果顶形状	圆平	52	播种至开花天数	48 d
11	叶色	绿	32	果肩	有	53	播种至始收天数	102 d
12	叶脉色	绿	33	果肩形状	微凹	54	裂果性	不易裂
13	叶裂刻	深	34	果肩色	—	55	畸形果	无
14	叶片长	55.0 cm	35	绿果肩大小	—	56	肉质	软
15	叶片宽	46.0 cm	36	商品果纵径	43.8 mm	57	风味	酸甜
16	首花序节位	6节	37	商品果横径	47.3 mm	58	清香味	有
17	第二花序节位	10节	38	果形	圆形	59	综合品质	中
18	花序类型	单式花序	39	果梗洼大小	4.1 mm	60	可溶性固形物含量	5.67%
19	簇生花	无	40	果洼木栓化大小	1.7 mm	61	田间成株耐寒性	差
20	花柱长度	与雄蕊近等长	41	果实横切面形状	圆形	62	用途	鲜食
21	花柱形状	单圆花柱	42	果肉色	红			

种质编号VT428

序号	描述项目	描述内容	序号	描述项目	描述内容	序号	描述项目	描述内容
1	种质编号	VT428	22	花柱茸毛	无	43	胎座胶状物质颜色	红
2	种质类型	遗传材料	23	花色	黄	44	果肉厚	3.5 mm
3	下胚轴颜色	紫	24	花梗离层	有	45	心室数	3个
4	生长习性	无限生长	25	单花序花数	7朵	46	果皮色	黄
5	株型	半蔓性	26	果柄长度	1.2 cm	47	单花序果数	5个
6	株高	1.3~1.6 m	27	成熟前果色	绿白	48	单果重	76.8 g
7	茎叶茸毛	短稀	28	成熟果色	红	49	熟性	极晚≥125 d
8	叶片类型	复细叶型	29	果面棱沟	重	50	形态一致性	连续变异
9	叶片形状	二回羽状复叶	30	果面茸毛	无	51	种皮颜色	灰黄
10	叶片着生状态	下垂	31	果顶形状	深凹	52	播种至开花天数	84 d
11	叶色	黄绿	32	果肩	有	53	播种至始收天数	147 d
12	叶脉色	无色	33	果肩形状	微凹	54	裂果性	不易裂
13	叶裂刻	深	34	果肩色	—	55	畸形果	无
14	叶片长	35.0 cm	35	绿果肩大小	—	56	肉质	软
15	叶片宽	32.0 cm	36	商品果纵径	46.9 mm	57	风味	甜酸
16	首花序节位	10节	37	商品果横径	53.7 mm	58	清香味	无
17	第二花序节位	13节	38	果形	圆形或高圆形	59	综合品质	中
18	花序类型	单式花序	39	果梗洼大小	5.6 mm	60	可溶性固形物含量	4.20%
19	簇生花	无	40	果洼木栓化大小	2.0 mm	61	田间成株耐寒性	弱
20	花柱长度	短于雄蕊	41	果实横切面形状	等边多边形	62	用途	鲜食或加工
21	花柱形状	单圆花柱	42	果肉色	红			

种质编号VT429

序号	描述项目	描述内容	序号	描述项目	描述内容	序号	描述项目	描述内容
1	种质编号	VT429	22	花柱茸毛	无	43	胎座胶状物质颜色	红
2	种质类型	品系	23	花色	黄	44	果肉厚	4.4 mm
3	下胚轴颜色	紫	24	花梗离层	有	45	心室数	2个
4	生长习性	无限生长	25	单花序花数	7朵	46	果皮色	黄
5	株型	半蔓性	26	果柄长度	0.8 cm	47	单花序果数	5个
6	株高	1.5~1.8 m	27	成熟前果色	浅绿	48	单果重	93.3 g
7	茎叶茸毛	短稀	28	成熟果色	红	49	熟性	晚121~125 d
8	叶片类型	普通叶型	29	果面棱沟	中	50	形态一致性	连续变异
9	叶片形状	羽状复叶	30	果面茸毛	无	51	种皮颜色	灰黄
10	叶片着生状态	水平	31	果顶形状	微凹	52	播种至开花天数	68 d
11	叶色	绿	32	果肩	有	53	播种至始收天数	125 d
12	叶脉色	无色	33	果肩形状	微凹	54	裂果性	不易裂
13	叶裂刻	深	34	果肩色	—	55	畸形果	少
14	叶片长	40.0 cm	35	绿果肩大小	—	56	肉质	软
15	叶片宽	29.0 cm	36	商品果纵径	50.1 mm	57	风味	甜酸
16	首花序节位	11节	37	商品果横径	57.7 mm	58	清香味	有
17	第二花序节位	15节	38	果形	圆形	59	综合品质	中
18	花序类型	单式花序	39	果梗洼大小	4.3 mm	60	可溶性固形物含量	4.52%
19	簇生花	无	40	果洼木栓化大小	1.6 mm	61	田间成株耐寒性	中
20	花柱长度	与雄蕊近等长	41	果实横切面形状	圆形	62	用途	鲜食或加工
21	花柱形状	单圆花柱	42	果肉色	红			

种质编号VT442

序号	描述项目	描述内容	序号	描述项目	描述内容	序号	描述项目	描述内容
1	种质编号	VT442	22	花柱茸毛	无	43	胎座胶状物质颜色	黄绿
2	种质类型	遗传材料	23	花色	浅黄	44	果肉厚	4.4 mm
3	下胚轴颜色	紫	24	花梗离层	有	45	心室数	2个
4	生长习性	无限生长	25	单花序花数	7朵	46	果皮色	无色
5	株型	半蔓性	26	果柄长度	0.7 cm	47	单花序果数	7个
6	株高	2.5～3.3 m	27	成熟前果色	浅绿	48	单果重	52.0 g
7	茎叶茸毛	长稀	28	成熟果色	黄底绿条	49	熟性	中106～120 d
8	叶片类型	普通叶型	29	果面棱沟	中	50	形态一致性	连续变异
9	叶片形状	羽状复叶	30	果面茸毛	稀	51	种皮颜色	浅棕
10	叶片着生状态	水平	31	果顶形状	微凹	52	播种至开花天数	57 d
11	叶色	浅绿	32	果肩	有	53	播种至始收天数	118 d
12	叶脉色	无色	33	果肩形状	微凹	54	裂果性	不易裂
13	叶裂刻	深	34	果肩色	绿	55	畸形果	无
14	叶片长	40.0 cm	35	绿果肩大小	中	56	肉质	软
15	叶片宽	34.0 cm	36	商品果纵径	42.2 mm	57	风味	酸甜
16	首花序节位	7节	37	商品果横径	45.4 mm	58	清香味	无
17	第二花序节位	8节	38	果形	圆形	59	综合品质	下
18	花序类型	单式花序	39	果梗洼大小	4.0 mm	60	可溶性固形物含量	5.13%
19	簇生花	无	40	果洼木栓化大小	1.5 mm	61	田间成株耐寒性	中
20	花柱长度	与雄蕊近等长	41	果实横切面形状	圆形	62	用途	加工
21	花柱形状	单圆花柱	42	果肉色	绿			

种质编号VT445

序号	描述项目	描述内容	序号	描述项目	描述内容	序号	描述项目	描述内容
1	种质编号	VT445	22	花柱茸毛	无	43	胎座胶状物质颜色	黄
2	种质类型	遗传材料	23	花色	黄	44	果肉厚	4.6 mm
3	下胚轴颜色	紫	24	花梗离层	有	45	心室数	2个
4	生长习性	无限生长	25	单花序花数	10朵	46	果皮色	无色
5	株型	半蔓性	26	果柄长度	1.5 cm	47	单花序果数	3个
6	株高	1.2~1.6 m	27	成熟前果色	绿白	48	单果重	54.6 g
7	茎叶茸毛	短稀	28	成熟果色	黄白	49	熟性	极晚≥125 d
8	叶片类型	普通叶型	29	果面棱沟	中	50	形态一致性	连续变异
9	叶片形状	羽状复叶	30	果面茸毛	稀	51	种皮颜色	浅棕
10	叶片着生状态	水平	31	果顶形状	凸尖	52	播种至开花天数	71 d
11	叶色	绿	32	果肩	有	53	播种至始收天数	128 d
12	叶脉色	无色	33	果肩形状	微凹	54	裂果性	不易裂
13	叶裂刻	深	34	果肩色	—	55	畸形果	无
14	叶片长	38.0 cm	35	绿果肩大小	—	56	肉质	软
15	叶片宽	30.0 cm	36	商品果纵径	68.4 mm	57	风味	酸甜
16	首花序节位	8节	37	商品果横径	38.5 mm	58	清香味	有
17	第二花序节位	12节	38	果形	长梨形或长圆	59	综合品质	下
18	花序类型	单式花序	39	果梗洼大小	3.5 mm	60	可溶性固形物含量	5.10%
19	簇生花	无	40	果洼木栓化大小	0.8 mm	61	田间成株耐寒性	弱
20	花柱长度	短于雄蕊	41	果实横切面形状	圆形	62	用途	鲜食或加工
21	花柱形状	单圆花柱	42	果肉色	黄白			

种质编号VT551

序号	描述项目	描述内容	序号	描述项目	描述内容	序号	描述项目	描述内容
1	种质编号	VT551	22	花柱茸毛	无	43	胎座胶状物质颜色	红
2	种质类型	品系	23	花色	黄	44	果肉厚	3.5 mm
3	下胚轴颜色	紫	24	花梗离层	有	45	心室数	5个
4	生长习性	无限生长	25	单花序花数	5朵	46	果皮色	黄
5	株型	半蔓性	26	果柄长度	0.5 cm	47	单花序果数	4个
6	株高	1.4~1.8 m	27	成熟前果色	浅绿	48	单果重	53.4 g
7	茎叶茸毛	长稀	28	成熟果色	红	49	熟性	极晚≥125 d
8	叶片类型	普通叶型	29	果面棱沟	中	50	形态一致性	连续变异
9	叶片形状	羽状复叶	30	果面茸毛	无	51	种皮颜色	灰黄
10	叶片着生状态	下垂	31	果顶形状	微凹	52	播种至开花天数	84 d
11	叶色	深绿	32	果肩	有	53	播种至始收天数	147 d
12	叶脉色	无色	33	果肩形状	微凹	54	裂果性	中
13	叶裂刻	深绿	34	果肩色	—	55	畸形果	少
14	叶片长	44.0 cm	35	绿果肩大小	—	56	肉质	面
15	叶片宽	42.0 cm	36	商品果纵径	42.0 mm	57	风味	有（淡）
16	首花序节位	10节	37	商品果横径	47.5 mm	58	清香味	有淡番茄味
17	第二花序节位	15节	38	果形	圆形	59	综合品质	中
18	花序类型	单式花序	39	果梗洼大小	6.6 mm	60	可溶性固形物含量	4.20%
19	簇生花	无	40	果洼木栓化大小	3.0 mm	61	田间成株耐寒性	中
20	花柱长度	短于雄蕊	41	果实横切面形状	不规则形状	62	用途	鲜食或加工
21	花柱形状	单圆花柱	42	果肉色	红			

种质编号VT554

序号	描述项目	描述内容	序号	描述项目	描述内容	序号	描述项目	描述内容
1	种质编号	VT554	22	花柱茸毛	无	43	胎座胶状物质颜色	黄
2	种质类型	品系	23	花色	黄	44	果肉厚	5.5 mm
3	下胚轴颜色	紫	24	花梗离层	有	45	心室数	2个
4	生长习性	4序花封顶	25	单花序花数	6朵	46	果皮色	黄
5	株型	半蔓性	26	果柄长度	1.4 cm	47	单花序果数	5个
6	株高	0.6~1.0 m	27	成熟前果色	浅绿	48	单果重	72.9 g
7	茎叶茸毛	短稀	28	成熟果色	红	49	熟性	极晚≥125 d
8	叶片类型	普通叶型	29	果面棱沟	轻	50	形态一致性	连续变异
9	叶片形状	羽状复叶	30	果面茸毛	稀	51	种皮颜色	浅棕
10	叶片着生状态	水平	31	果顶形状	微凸	52	播种至开花天数	75 d
11	叶色	深绿	32	果肩	有	53	播种至始收天数	130 d
12	叶脉色	绿	33	果肩形状	微凹	54	裂果性	不易裂
13	叶裂刻	深	34	果肩色	—	55	畸形果	少
14	叶片长	40.0 cm	35	绿果肩大小	—	56	肉质	沙
15	叶片宽	40.0 cm	36	商品果纵径	58.9 mm	57	风味	有（淡）
16	首花序节位	9节	37	商品果横径	50.2 mm	58	清香味	有淡番茄味
17	第二花序节位	12节	38	果形	高圆形	59	综合品质	中
18	花序类型	单式花序	39	果梗洼大小	6.5 mm	60	可溶性固形物含量	4.30%
19	簇生花	无	40	果洼木栓化大小	2.0 mm	61	田间成株耐寒性	中
20	花柱长度	短于雄蕊	41	果实横切面形状	圆形	62	用途	鲜食或加工
21	花柱形状	单圆花柱	42	果肉色	红			

种质编号VT557

序号	描述项目	描述内容	序号	描述项目	描述内容	序号	描述项目	描述内容
1	种质编号	VT557	22	花柱茸毛	无	43	胎座胶状物质颜色	红
2	种质类型	遗传材料	23	花色	浅黄	44	果肉厚	6.3 mm
3	下胚轴颜色	紫	24	花梗离层	有	45	心室数	2个
4	生长习性	6序花封顶	25	单花序花数	7朵	46	果皮色	黄
5	株型	半蔓性	26	果柄长度	0.9 cm	47	单花序果数	5个
6	株高	0.9～1.2 m	27	成熟前果色	绿白	48	单果重	94.1 g
7	茎叶茸毛	短稀	28	成熟果色	红	49	熟性	极晚≥125 d
8	叶片类型	薯叶型	29	果面棱沟	轻	50	形态一致性	连续变异
9	叶片形状	羽状复叶	30	果面茸毛	稀	51	种皮颜色	灰黄
10	叶片着生状态	下垂	31	果顶形状	圆平	52	播种至开花天数	75 d
11	叶色	深绿	32	果肩	有	53	播种至始收天数	130 d
12	叶脉色	无色	33	果肩形状	微凹	54	裂果性	不易裂
13	叶裂刻	深	34	果肩色	—	55	畸形果	无
14	叶片长	43.0 cm	35	绿果肩大小	—	56	肉质	沙
15	叶片宽	40.0 cm	36	商品果纵径	61.9 mm	57	风味	酸甜
16	首花序节位	8节	37	商品果横径	52.9 mm	58	清香味	有（淡）
17	第二花序节位	9节	38	果形	高圆	59	综合品质	中
18	花序类型	单式花序	39	果梗洼大小	5.1 mm	60	可溶性固形物含量	3.80%
19	簇生花	无	40	果洼木栓化大小	1.8 mm	61	田间成株耐寒性	弱
20	花柱长度	短于雄蕊	41	果实横切面形状	圆形	62	用途	鲜食或加工
21	花柱形状	单圆花柱	42	果肉色	红			

种质编号VT559

序号	描述项目	描述内容	序号	描述项目	描述内容	序号	描述项目	描述内容
1	种质编号	VT559	22	花柱茸毛	无	43	胎座胶状物质颜色	红
2	种质类型	遗传材料	23	花色	浅黄	44	果肉厚	2.6 mm
3	下胚轴颜色	紫	24	花梗离层	有	45	心室数	8个
4	生长习性	5序花封顶	25	单花序花数	6朵	46	果皮色	黄
5	株型	半蔓性	26	果柄长度	1.2 cm	47	单花序果数	3个
6	株高	1.2~1.5 m	27	成熟前果色	浅绿	48	单果重	93.6 g
7	茎叶茸毛	短稀	28	成熟果色	粉红	49	熟性	极晚≥125 d
8	叶片类型	普通叶型	29	果面棱沟	重	50	形态一致性	连续变异
9	叶片形状	羽状复叶	30	果面茸毛	无	51	种皮颜色	浅棕
10	叶片着生状态	下垂	31	果顶形状	微凹	52	播种至开花天数	84 d
11	叶色	绿	32	果肩	有	53	播种至始收天数	147 d
12	叶脉色	无色	33	果肩形状	微凹	54	裂果性	不易裂
13	叶裂刻	深	34	果肩色	—	55	畸形果	少
14	叶片长	51.0 cm	35	绿果肩大小	—	56	肉质	软
15	叶片宽	50.0 cm	36	商品果纵径	45.2 mm	57	风味	有（淡）
16	首花序节位	11节	37	商品果横径	62.2 mm	58	清香味	番茄味淡
17	第二花序节位	12节	38	果形	扁圆形	59	综合品质	下
18	花序类型	单式花序	39	果梗洼大小	5.4 mm	60	可溶性固形物含量	3.60%
19	簇生花	无	40	果洼木栓化大小	1.5 mm	61	田间成株耐寒性	弱
20	花柱长度	短于雄蕊	41	果实横切面形状	不规则形状	62	用途	鲜食或加工
21	花柱形状	扁生花柱	42	果肉色	红			

种质编号VT561

序号	描述项目	描述内容	序号	描述项目	描述内容	序号	描述项目	描述内容
1	种质编号	VT561	22	花柱茸毛	无	43	胎座胶状物质颜色	红
2	种质类型	品系	23	花色	浅黄	44	果肉厚	6.7 mm
3	下胚轴颜色	紫	24	花梗离层	有	45	心室数	3个
4	生长习性	6序花封顶	25	单花序花数	5朵	46	果皮色	黄
5	株型	半蔓性	26	果柄长度	1.2 cm	47	单花序果数	4个
6	株高	1.2～1.4 m	27	成熟前果色	浅绿	48	单果重	76.1 g
7	茎叶茸毛	短稀	28	成熟果色	红	49	熟性	极晚≥125 d
8	叶片类型	薯叶型	29	果面棱沟	轻	50	形态一致性	连续变异
9	叶片形状	羽状复叶	30	果面茸毛	无	51	种皮颜色	灰黄
10	叶片着生状态	下垂	31	果顶形状	圆平	52	播种至开花天数	84 d
11	叶色	深绿	32	果肩	有	53	播种至始收天数	144 d
12	叶脉色	无色	33	果肩形状	微凹	54	裂果性	不易裂
13	叶裂刻	中	34	果肩色	—	55	畸形果	无
14	叶片长	46.0 cm	35	绿果肩大小	—	56	肉质	面
15	叶片宽	42.0 cm	36	商品果纵径	60.9 mm	57	风味	酸甜
16	首花序节位	12节	37	商品果横径	47.4 mm	58	清香味	无
17	第二花序节位	13节	38	果形	长圆形	59	综合品质	中
18	花序类型	单式花序	39	果梗洼大小	5.3 mm	60	可溶性固形物含量	3.70%
19	簇生花	无	40	果洼木栓化大小	1.8 mm	61	田间成株耐寒性	弱
20	花柱长度	与雄蕊近等长	41	果实横切面形状	不规则形状	62	用途	加工
21	花柱形状	单圆花柱	42	果肉色	红			

种质编号VT562

序号	描述项目	描述内容	序号	描述项目	描述内容	序号	描述项目	描述内容
1	种质编号	VT562	22	花柱茸毛	无	43	胎座胶状物质颜色	红
2	种质类型	遗传材料	23	花色	黄	44	果肉厚	6.3 mm
3	下胚轴颜色	紫	24	花梗离层	有	45	心室数	3个
4	生长习性	7序花封顶	25	单花序花数	8朵	46	果皮色	黄
5	株型	半蔓性	26	果柄长度	0.5 cm	47	单花序果数	6个
6	株高	1.2～1.4 m	27	成熟前果色	绿白或浅绿	48	单果重	93.5 g
7	茎叶茸毛	短稀	28	成熟果色	红	49	熟性	极晚≥125 d
8	叶片类型	普通叶型或薯叶型	29	果面棱沟	中	50	形态一致性	连续变异
9	叶片形状	羽状复叶	30	果面茸毛	无	51	种皮颜色	灰黄
10	叶片着生状态	下垂	31	果顶形状	圆平	52	播种至开花天数	84 d
11	叶色	黄绿	32	果肩	有	53	播种至始收天数	147 d
12	叶脉色	无色或绿色	33	果肩形状	微凹	54	裂果性	不易裂
13	叶裂刻	中	34	果肩色	—	55	畸形果	无
14	叶片长	40.0 cm	35	绿果肩大小	—	56	肉质	面
15	叶片宽	48.0 cm	36	商品果纵径	64.2 mm	57	风味	酸甜
16	首花序节位	11节	37	商品果横径	52.1 mm	58	清香味	无
17	第二花序节位	13节	38	果形	长圆或长梨形	59	综合品质	下
18	花序类型	单式花序	39	果梗洼大小	5.4 mm	60	可溶性固形物含量	3.50%
19	簇生花	无	40	果洼木栓化大小	1.4 mm	61	田间成株耐寒性	弱
20	花柱长度	与雄蕊近等长	41	果实横切面形状	不规则形状	62	用途	加工
21	花柱形状	单圆花柱	42	果肉色	红			

第五章 小果类番茄种质资源

种质编号VT563

序号	描述项目	描述内容	序号	描述项目	描述内容	序号	描述项目	描述内容
1	种质编号	VT563	22	花柱茸毛	无	43	胎座胶状物质颜色	红
2	种质类型	品系	23	花色	黄	44	果肉厚	6.9 mm
3	下胚轴颜色	紫	24	花梗离层	有	45	心室数	2个
4	生长习性	无限生长	25	单花序花数	7朵	46	果皮色	黄
5	株型	半蔓性	26	果柄长度	0.8 cm	47	单花序果数	4个
6	株高	1.3～1.7 m	27	成熟前果色	浅绿	48	单果重	86.9 g
7	茎叶茸毛	短稀	28	成熟果色	红	49	熟性	极晚≥125 d
8	叶片类型	薯叶型	29	果面棱沟	轻	50	形态一致性	连续变异
9	叶片形状	羽状复叶	30	果面茸毛	无	51	种皮颜色	深棕
10	叶片着生状态	下垂	31	果顶形状	圆平	52	播种至开花天数	69 d
11	叶色	浅绿	32	果肩	有	53	播种至始收天数	130 d
12	叶脉色	绿	33	果肩形状	微凹	54	裂果性	不易裂
13	叶裂刻	深	34	果肩色	—	55	畸形果	无
14	叶片长	43.0 cm	35	绿果肩大小	—	56	肉质	沙
15	叶片宽	48.0 cm	36	商品果纵径	61.2 mm	57	风味	酸甜
16	首花序节位	10节	37	商品果横径	50.6 mm	58	清香味	无
17	第二花序节位	12节	38	果形	长圆形	59	综合品质	下
18	花序类型	单式花序	39	果梗洼大小	3.8 mm	60	可溶性固形物含量	4.30%
19	簇生花	无	40	果洼木栓化大小	1.8 mm	61	田间成株耐寒性	弱
20	花柱长度	短于雄蕊	41	果实横切面形状	圆形	62	用途	鲜食或加工
21	花柱形状	单圆花柱	42	果肉色	红			

· 489 ·

种质编号VT564

序号	描述项目	描述内容	序号	描述项目	描述内容	序号	描述项目	描述内容
1	种质编号	VT564	22	花柱茸毛	无	43	胎座胶状物质颜色	红
2	种质类型	遗传材料	23	花色	浅黄	44	果肉厚	6.1 mm
3	下胚轴颜色	紫	24	花梗离层	有	45	心室数	2个
4	生长习性	5序花封顶	25	单花序花数	10朵	46	果皮色	黄
5	株型	半蔓性	26	果柄长度	1.3 cm	47	单花序果数	8个
6	株高	1.0~1.2 m	27	成熟前果色	浅绿	48	单果重	81.8 g
7	茎叶茸毛	长稀	28	成熟果色	红	49	熟性	极晚≥125 d
8	叶片类型	普通叶型	29	果面棱沟	中	50	形态一致性	连续变异
9	叶片形状	羽状复叶	30	果面茸毛	稀	51	种皮颜色	浅棕
10	叶片着生状态	下垂	31	果顶形状	圆平	52	播种至开花天数	73 d
11	叶色	黄绿	32	果肩	有	53	播种至始收天数	134 d
12	叶脉色	无色	33	果肩形状	微凹	54	裂果性	不易裂
13	叶裂刻	中	34	果肩色	—	55	畸形果	无
14	叶片长	48.0 cm	35	绿果肩大小	—	56	肉质	沙
15	叶片宽	53.0 cm	36	商品果纵径	83.8 mm	57	风味	酸甜
16	首花序节位	9节	37	商品果横径	44.1 mm	58	清香味	有（淡）
17	第二花序节位	10节	38	果形	梨形或长梨形	59	综合品质	下
18	花序类型	单式花序	39	果梗洼大小	4.2 mm	60	可溶性固形物含量	3.50%
19	簇生花	无	40	果洼木栓化大小	1.5 mm	61	田间成株耐寒性	弱
20	花柱长度	短于雄蕊	41	果实横切面形状	圆形	62	用途	鲜食或加工
21	花柱形状	单圆花柱	42	果肉色	红			

种质编号VT565

序号	描述项目	描述内容	序号	描述项目	描述内容	序号	描述项目	描述内容
1	种质编号	VT565	22	花柱茸毛	无	43	胎座胶状物质颜色	红
2	种质类型	遗传材料	23	花色	浅黄	44	果肉厚	6.0 mm
3	下胚轴颜色	紫（淡）	24	花梗离层	有	45	心室数	2个
4	生长习性	8序花封顶	25	单花序花数	9朵	46	果皮色	黄
5	株型	半蔓性	26	果柄长度	1.1 cm	47	单花序果数	8个
6	株高	1.1～1.4 m	27	成熟前果色	浅绿	48	单果重	61.7 g
7	茎叶茸毛	长稀	28	成熟果色	红	49	熟性	极晚≥125 d
8	叶片类型	薯叶型	29	果面棱沟	轻	50	形态一致性	连续变异
9	叶片形状	羽状复叶	30	果面茸毛	无	51	种皮颜色	浅棕
10	叶片着生状态	下垂	31	果顶形状	圆平	52	播种至开花天数	69 d
11	叶色	浅绿	32	果肩	有	53	播种至始收天数	134 d
12	叶脉色	无色	33	果肩形状	平	54	裂果性	不易裂
13	叶裂刻	中	34	果肩色	—	55	畸形果	无
14	叶片长	48.0 cm	35	绿果肩大小	—	56	肉质	面
15	叶片宽	43.0 cm	36	商品果纵径	71.4 mm	57	风味	有（淡）
16	首花序节位	11节	37	商品果横径	40.5 mm	58	清香味	番茄味淡
17	第二花序节位	13节	38	果形	梨形或长梨形	59	综合品质	中
18	花序类型	单式花序	39	果梗洼大小	5.7 mm	60	可溶性固形物含量	4.40%
19	簇生花	无	40	果洼木栓化大小	1.8 mm	61	田间成株耐寒性	弱
20	花柱长度	短于雄蕊	41	果实横切面形状	圆形	62	用途	加工
21	花柱形状	单圆花柱	42	果肉色	红			

种质编号VT569

序号	描述项目	描述内容	序号	描述项目	描述内容	序号	描述项目	描述内容
1	种质编号	VT569	22	花柱茸毛	无	43	胎座胶状物质颜色	红
2	种质类型	品系	23	花色	浅黄	44	果肉厚	8.6 mm
3	下胚轴颜色	紫	24	花梗离层	有	45	心室数	2个
4	生长习性	无限生长	25	单花序花数	7朵	46	果皮色	黄
5	株型	半蔓性	26	果柄长度	1.4 cm	47	单花序果数	6个
6	株高	2.3~3.2 m	27	成熟前果色	浅绿	48	单果重	83.2 g
7	茎叶茸毛	长稀	28	成熟果色	红	49	熟性	极晚≥125 d
8	叶片类型	普通叶型	29	果面棱沟	无	50	形态一致性	一致
9	叶片形状	羽状复叶	30	果面茸毛	无	51	种皮颜色	浅棕
10	叶片着生状态	下垂	31	果顶形状	圆平	52	播种至开花天数	69 d
11	叶色	深绿	32	果肩	有	53	播种至始收天数	134 d
12	叶脉色	无色	33	果肩形状	微凹	54	裂果性	不易裂
13	叶裂刻	深	34	果肩色	—	55	畸形果	无
14	叶片长	46.0 cm	35	绿果肩大小	—	56	肉质	沙
15	叶片宽	32.0 cm	36	商品果纵径	53.0 mm	57	风味	酸甜
16	首花序节位	8节	37	商品果横径	52.1 mm	58	清香味	有(淡)
17	第二花序节位	11节	38	果形	高圆形	59	综合品质	中
18	花序类型	单式花序	39	果梗洼大小	4.2 mm	60	可溶性固形物含量	4.10%
19	簇生花	无	40	果洼木栓化大小	1.4 mm	61	田间成株耐寒性	强
20	花柱长度	与雄蕊近等长	41	果实横切面形状	圆形	62	用途	鲜食或加工
21	花柱形状	单圆花柱	42	果肉色	粉红			

种质编号VT576

序号	描述项目	描述内容	序号	描述项目	描述内容	序号	描述项目	描述内容
1	种质编号	VT576	22	花柱茸毛	无	43	胎座胶状物质颜色	红
2	种质类型	遗传材料	23	花色	浅黄	44	果肉厚	6.7 mm
3	下胚轴颜色	紫	24	花梗离层	有	45	心室数	2个
4	生长习性	7序花封顶	25	单花序花数	8朵	46	果皮色	红
5	株型	半蔓性	26	果柄长度	1.6 cm	47	单花序果数	7个
6	株高	1.3～1.5 m	27	成熟前果色	浅绿	48	单果重	80.7 g
7	茎叶茸毛	长稀	28	成熟果色	粉红	49	熟性	极晚≥125 d
8	叶片类型	普通叶型	29	果面棱沟	中	50	形态一致性	不连续变异
9	叶片形状	羽状复叶	30	果面茸毛	稀	51	种皮颜色	浅棕
10	叶片着生状态	下垂	31	果顶形状	凸尖	52	播种至开花天数	70 d
11	叶色	浅绿	32	果肩	有	53	播种至始收天数	134 d
12	叶脉色	无色	33	果肩形状	平	54	裂果性	不易裂
13	叶裂刻	深	34	果肩色	—	55	畸形果	少
14	叶片长	47.0 cm	35	绿果肩大小	—	56	肉质	面
15	叶片宽	34.0 cm	36	商品果纵径	95.8 mm	57	风味	酸甜
16	首花序节位	7节	37	商品果横径	42.8 mm	58	清香味	有（淡）
17	第二花序节位	10节	38	果形	长梨形	59	综合品质	中
18	花序类型	单式花序	39	果梗洼大小	5.9 mm	60	可溶性固形物含量	4.80%
19	簇生花	无	40	果洼木栓化大小	2.6 mm	61	田间成株耐寒性	中
20	花柱长度	短于雄蕊	41	果实横切面形状	圆形	62	用途	加工
21	花柱形状	单圆花柱	42	果肉色	红			

种质编号VT584

序号	描述项目	描述内容	序号	描述项目	描述内容	序号	描述项目	描述内容
1	种质编号	VT584	22	花柱茸毛	无	43	胎座胶状物质颜色	红
2	种质类型	品系	23	花色	黄	44	果肉厚	6.1 mm
3	下胚轴颜色	紫	24	花梗离层	有	45	心室数	3个
4	生长习性	无限生长	25	单花序花数	6朵	46	果皮色	黄
5	株型	半蔓性	26	果柄长度	1.8 cm	47	单花序果数	6个
6	株高	1.6~2.0 m	27	成熟前果色	浅绿	48	单果重	96.0 g
7	茎叶茸毛	短稀	28	成熟果色	红	49	熟性	极晚≥125 d
8	叶片类型	普通叶型	29	果面棱沟	轻	50	形态一致性	连续变异
9	叶片形状	羽状复叶	30	果面茸毛	无	51	种皮颜色	浅棕
10	叶片着生状态	下垂	31	果顶形状	圆平	52	播种至开花天数	71 d
11	叶色	绿	32	果肩	有	53	播种至始收天数	134 d
12	叶脉色	无色	33	果肩形状	微凹	54	裂果性	不易裂
13	叶裂刻	深	34	果肩色	—	55	畸形果	无
14	叶片长	45.0 cm	35	绿果肩大小	—	56	肉质	沙
15	叶片宽	38.0 cm	36	商品果纵径	53.3 mm	57	风味	酸甜
16	首花序节位	8节	37	商品果横径	56.8 mm	58	清香味	有（淡）
17	第二花序节位	12节	38	果形	高圆形	59	综合品质	中
18	花序类型	单式花序	39	果梗洼大小	7.7 mm	60	可溶性固形物含量	4.80%
19	簇生花	无	40	果洼木栓化大小	3.0 mm	61	田间成株耐寒性	中
20	花柱长度	短于雄蕊	41	果实横切面形状	不规则形状	62	用途	鲜食或加工
21	花柱形状	单圆花柱	42	果肉色	红			

种质编号VT587

序号	描述项目	描述内容	序号	描述项目	描述内容	序号	描述项目	描述内容
1	种质编号	VT587	22	花柱茸毛	无	43	胎座胶状物质颜色	红
2	种质类型	遗传材料	23	花色	浅黄	44	果肉厚	7.3 mm
3	下胚轴颜色	紫	24	花梗离层	有	45	心室数	3个
4	生长习性	6序花封顶	25	单花序花数	6朵	46	果皮色	黄
5	株型	半蔓性	26	果柄长度	0.4 cm	47	单花序果数	5个
6	株高	1.2～1.5 m	27	成熟前果色	浅绿	48	单果重	81.6 g
7	茎叶茸毛	长稀	28	成熟果色	红	49	熟性	极晚≥125 d
8	叶片类型	普通或薯叶型	29	果面棱沟	轻	50	形态一致性	连续变异
9	叶片形状	羽状复叶	30	果面茸毛	无	51	种皮颜色	灰黄
10	叶片着生状态	下垂	31	果顶形状	圆平	52	播种至开花天数	71 d
11	叶色	深绿	32	果肩	有	53	播种至始收天数	134 d
12	叶脉色	无色	33	果肩形状	微凹	54	裂果性	中
13	叶裂刻	中	34	果肩色	—	55	畸形果	无
14	叶片长	40.0 cm	35	绿果肩大小	—	56	肉质	沙
15	叶片宽	40.0 cm	36	商品果纵径	55.0 mm	57	风味	酸甜
16	首花序节位	11节	37	商品果横径	53.7 mm	58	清香味	无
17	第二花序节位	12节	38	果形	高圆形	59	综合品质	下
18	花序类型	单式花序或双歧花序	39	果梗洼大小	5.1 mm	60	可溶性固形物含量	4.80%
19	簇生花	无	40	果洼木栓化大小	1.6 mm	61	田间成株耐寒性	中
20	花柱长度	短于雄蕊	41	果实横切面形状	不规则形状	62	用途	鲜食或加工
21	花柱形状	单圆花柱	42	果肉色	红			

种质编号VT588

序号	描述项目	描述内容	序号	描述项目	描述内容	序号	描述项目	描述内容
1	种质编号	VT588	22	花柱茸毛	无	43	胎座胶状物质颜色	红
2	种质类型	品系	23	花色	黄	44	果肉厚	5.5 mm
3	下胚轴颜色	紫	24	花梗离层	有	45	心室数	4个
4	生长习性	6序花封顶	25	单花序花数	6朵	46	果皮色	红
5	株型	半蔓性	26	果柄长度	0.5 cm	47	单花序果数	6个
6	株高	1.1~1.5 m	27	成熟前果色	浅绿	48	单果重	55.6 g
7	茎叶茸毛	长稀	28	成熟果色	红	49	熟性	极晚≥125 d
8	叶片类型	普通叶型	29	果面棱沟	轻	50	形态一致性	连续变异
9	叶片形状	羽状复叶	30	果面茸毛	无	51	种皮颜色	浅棕
10	叶片着生状态	下垂	31	果顶形状	微凹	52	播种至开花天数	73 d
11	叶色	浅绿	32	果肩	有	53	播种至始收天数	130 d
12	叶脉色	无色	33	果肩形状	微凹	54	裂果性	不易裂
13	叶裂刻	中	34	果肩色	—	55	畸形果	无
14	叶片长	38.0 cm	35	绿果肩大小	—	56	肉质	软
15	叶片宽	40.0 cm	36	商品果纵径	48.5 mm	57	风味	酸甜
16	首花序节位	11节	37	商品果横径	49.0 mm	58	清香味	有（淡）
17	第二花序节位	13节	38	果形	圆形	59	综合品质	中
18	花序类型	单式花序	39	果梗洼大小	5.7 mm	60	可溶性固形物含量	4.90%
19	簇生花	无	40	果洼木栓化大小	2.3 mm	61	田间成株耐寒性	中
20	花柱长度	与雄蕊近等长	41	果实横切面形状	不规则形状	62	用途	鲜食或加工
21	花柱形状	单圆花柱	42	果肉色	红			

种质编号VT589

序号	描述项目	描述内容	序号	描述项目	描述内容	序号	描述项目	描述内容
1	种质编号	VT589	22	花柱茸毛	无	43	胎座胶状物质颜色	红
2	种质类型	遗传材料	23	花色	浅黄	44	果肉厚	5.4 mm
3	下胚轴颜色	紫	24	花梗离层	有	45	心室数	2个
4	生长习性	6序花封顶	25	单花序花数	6朵	46	果皮色	黄
5	株型	半蔓性	26	果柄长度	0.7 cm	47	单花序果数	4个
6	株高	1.0～1.3 m	27	成熟前果色	浅绿	48	单果重	58.3 g
7	茎叶茸毛	长稀	28	成熟果色	红	49	熟性	极晚≥125 d
8	叶片类型	普通叶型	29	果面棱沟	中	50	形态一致性	连续变异
9	叶片形状	羽状复叶	30	果面茸毛	无	51	种皮颜色	灰黄
10	叶片着生状态	下垂	31	果顶形状	圆平	52	播种至开花天数	73 d
11	叶色	黄绿	32	果肩	有	53	播种至始收天数	130 d
12	叶脉色	绿	33	果肩形状	微凹	54	裂果性	不易裂
13	叶裂刻	中	34	果肩色	—	55	畸形果	中
14	叶片长	35.0 cm	35	绿果肩大小	—	56	肉质	面
15	叶片宽	38.0 cm	36	商品果纵径	51.1 mm	57	风味	甜酸
16	首花序节位	10节	37	商品果横径	46.1 mm	58	清香味	无
17	第二花序节位	13节	38	果形	高圆形或长圆形	59	综合品质	中
18	花序类型	单式花序	39	果梗洼大小	5.5 mm	60	可溶性固形物含量	5.30%
19	簇生花	无	40	果洼木栓化大小	2.4 mm	61	田间成株耐寒性	中
20	花柱长度	短于雄蕊	41	果实横切面形状	圆形	62	用途	鲜食
21	花柱形状	单圆花柱	42	果肉色	红			

种质编号VT592

序号	描述项目	描述内容	序号	描述项目	描述内容	序号	描述项目	描述内容
1	种质编号	VT592	22	花柱茸毛	无	43	胎座胶状物质颜色	黄
2	种质类型	遗传材料	23	花色	黄	44	果肉厚	6.1 mm
3	下胚轴颜色	紫	24	花梗离层	有	45	心室数	3~6个
4	生长习性	5序花封顶	25	单花序花数	10朵	46	果皮色	黄
5	株型	半蔓性	26	果柄长度	0.8 cm	47	单花序果数	8个
6	株高	1.3~1.7 m	27	成熟前果色	绿白	48	单果重	81.4 g
7	茎叶茸毛	短稀	28	成熟果色	红	49	熟性	极晚≥125 d
8	叶片类型	普通叶型	29	果面棱沟	重	50	形态一致性	不连续变异
9	叶片形状	羽状复叶	30	果面茸毛	无	51	种皮颜色	深棕
10	叶片着生状态	下垂	31	果顶形状	圆平	52	播种至开花天数	48 d
11	叶色	绿	32	果肩	有	53	播种至始收天数	126 d
12	叶脉色	无色	33	果肩形状	微凹	54	裂果性	不易裂
13	叶裂刻	中	34	果肩色	—	55	畸形果	无
14	叶片长	50.0 cm	35	绿果肩大小	—	56	肉质	面
15	叶片宽	35.0 cm	36	商品果纵径	57.9 mm	57	风味	酸甜
16	首花序节位	12节	37	商品果横径	52.2 mm	58	清香味	有(淡)
17	第二花序节位	14节	38	果形	高圆形	59	综合品质	下
18	花序类型	单式花序	39	果梗洼大小	3.3 mm	60	可溶性固形物含量	3.40%
19	簇生花	无	40	果洼木栓化大小	1.0 mm	61	田间成株耐寒性	中
20	花柱长度	与雄蕊近等长	41	果实横切面形状	不规则形状	62	用途	鲜食
21	花柱形状	单圆花柱	42	果肉色	红			

种质编号VT595

序号	描述项目	描述内容	序号	描述项目	描述内容	序号	描述项目	描述内容
1	种质编号	VT595	22	花柱茸毛	无	43	胎座胶状物质颜色	黄绿
2	种质类型	遗传材料	23	花色	浅黄	44	果肉厚	3.4 mm
3	下胚轴颜色	紫	24	花梗离层	有	45	心室数	10个
4	生长习性	5序花封顶	25	单花序花数	4朵	46	果皮色	黄
5	株型	半蔓性	26	果柄长度	1.0 cm	47	单花序果数	3个
6	株高	1.5~2.0 m	27	成熟前果色	绿白	48	单果重	71.0 g
7	茎叶茸毛	长稀	28	成熟果色	红	49	熟性	早100~105 d
8	叶片类型	薯叶型	29	果面棱沟	轻	50	形态一致性	连续变异
9	叶片形状	羽状复叶	30	果面茸毛	无	51	种皮颜色	浅棕
10	叶片着生状态	水平	31	果顶形状	圆平	52	播种至开花天数	45 d
11	叶色	深绿	32	果肩	有	53	播种至始收天数	104 d
12	叶脉色	无色	33	果肩形状	微凹	54	裂果性	不易裂
13	叶裂刻	中	34	果肩色	—	55	畸形果	无
14	叶片长	28.0 cm	35	绿果肩大小	—	56	肉质	沙
15	叶片宽	26.0 cm	36	商品果纵径	40.9 mm	57	风味	酸甜
16	首花序节位	11节	37	商品果横径	54.9 mm	58	清香味	有（浓）
17	第二花序节位	12节	38	果形	扁圆形或圆形	59	综合品质	下
18	花序类型	单式花序	39	果梗洼大小	4.1 mm	60	可溶性固形物含量	4.80%
19	簇生花	无	40	果洼木栓化大小	1.6 mm	61	田间成株耐寒性	中
20	花柱长度	与雄蕊近等长	41	果实横切面形状	不规则形状	62	用途	鲜食或加工
21	花柱形状	单圆花柱	42	果肉色	红			

种质编号VT597

序号	描述项目	描述内容	序号	描述项目	描述内容	序号	描述项目	描述内容
1	种质编号	VT597	22	花柱茸毛	无	43	胎座胶状物质颜色	红
2	种质类型	遗传材料	23	花色	浅黄	44	果肉厚	5.8 mm
3	下胚轴颜色	紫	24	花梗离层	有	45	心室数	3个
4	生长习性	无限生长	25	单花序花数	10朵	46	果皮色	红
5	株型	半蔓性	26	果柄长度	1.1 cm	47	单花序果数	8个
6	株高	2.0～2.5 m	27	成熟前果色	绿	48	单果重	61.3 g
7	茎叶茸毛	短稀	28	成熟果色	红	49	熟性	极晚≥125 d
8	叶片类型	普通叶型	29	果面棱沟	中	50	形态一致性	连续变异
9	叶片形状	羽状复叶	30	果面茸毛	无	51	种皮颜色	浅棕
10	叶片着生状态	下垂	31	果顶形状	深凹	52	播种至开花天数	69 d
11	叶色	黄绿	32	果肩	有	53	播种至始收天数	136 d
12	叶脉色	无色	33	果肩形状	平	54	裂果性	不易裂
13	叶裂刻	深	34	果肩色	—	55	畸形果	无
14	叶片长	40.0 cm	35	绿果肩大小	—	56	肉质	沙
15	叶片宽	35.0 cm	36	商品果纵径	79.5 mm	57	风味	酸甜
16	首花序节位	8节	37	商品果横径	37.1 mm	58	清香味	有（淡）
17	第二花序节位	13节	38	果形	长条形	59	综合品质	中
18	花序类型	单式花序或多歧花序	39	果梗洼大小	2.7 mm	60	可溶性固形物含量	5.50%
19	簇生花	无	40	果洼木栓化大小	1.0 mm	61	田间成株耐寒性	中
20	花柱长度	短于雄蕊	41	果实横切面形状	不规则形状	62	用途	加工
21	花柱形状	单圆花柱	42	果肉色	红			

种质编号VT602

序号	描述项目	描述内容	序号	描述项目	描述内容	序号	描述项目	描述内容
1	种质编号	VT602	22	花柱茸毛	无	43	胎座胶状物质颜色	黄
2	种质类型	品系	23	花色	浅黄	44	果肉厚	6.4 mm
3	下胚轴颜色	紫	24	花梗离层	有	45	心室数	2个
4	生长习性	无限生长	25	单花序花数	22朵	46	果皮色	黄
5	株型	半蔓性	26	果柄长度	1.2 cm	47	单花序果数	12个
6	株高	1.8~2.1 m	27	成熟前果色	绿	48	单果重	77.3 g
7	茎叶茸毛	短稀	28	成熟果色	黄	49	熟性	极晚≥125 d
8	叶片类型	普通叶型	29	果面棱沟	中	50	形态一致性	一致
9	叶片形状	羽状复叶	30	果面茸毛	无	51	种皮颜色	灰黄
10	叶片着生状态	水平	31	果顶形状	凸尖	52	播种至开花天数	84 d
11	叶色	浅绿	32	果肩	有	53	播种至始收天数	147 d
12	叶脉色	无色	33	果肩形状	微凹	54	裂果性	不易裂
13	叶裂刻	深	34	果肩色	—	55	畸形果	无
14	叶片长	50.0 cm	35	绿果肩大小	—	56	肉质	沙
15	叶片宽	46.0 cm	36	商品果纵径	69.4 mm	57	风味	甜酸
16	首花序节位	15节	37	商品果横径	49.4 mm	58	清香味	无
17	第二花序节位	19节	38	果形	桃形	59	综合品质	中
18	花序类型	多歧花序	39	果梗洼大小	3.5 mm	60	可溶性固形物含量	4.37%
19	簇生花	无	40	果洼木栓化大小	1.2 mm	61	田间成株耐寒性	中
20	花柱长度	短于雄蕊	41	果实横切面形状	圆形	62	用途	鲜食
21	花柱形状	单圆花柱	42	果肉色	黄白			

种质编号VT606

序号	描述项目	描述内容	序号	描述项目	描述内容	序号	描述项目	描述内容
1	种质编号	VT606	22	花柱茸毛	无	43	胎座胶状物质颜色	黄
2	种质类型	遗传材料	23	花色	浅黄	44	果肉厚	4.3 mm
3	下胚轴颜色	紫	24	花梗离层	有	45	心室数	2个
4	生长习性	无限生长	25	单花序花数	9朵	46	果皮色	黄
5	株型	半蔓性	26	果柄长度	0.8 cm	47	单花序果数	7个
6	株高	1.7~2.0 m	27	成熟前果色	绿	48	单果重	54.6 g
7	茎叶茸毛	短稀	28	成熟果色	黄	49	熟性	极晚≥125 d
8	叶片类型	普通叶型	29	果面棱沟	中	50	形态一致性	连续变异
9	叶片形状	羽状复叶	30	果面茸毛	无	51	种皮颜色	灰黄
10	叶片着生状态	下垂	31	果顶形状	圆平	52	播种至开花天数	69 d
11	叶色	黄绿	32	果肩	有	53	播种至始收天数	134 d
12	叶脉色	无色	33	果肩形状	微凹	54	裂果性	中
13	叶裂刻	深	34	果肩色	—	55	畸形果	无
14	叶片长	38.0 cm	35	绿果肩大小	—	56	肉质	软
15	叶片宽	24.0 cm	36	商品果纵径	39.9 mm	57	风味	酸甜
16	首花序节位	7节	37	商品果横径	51.2 mm	58	清香味	有
17	第二花序节位	12节	38	果形	圆形	59	综合品质	下
18	花序类型	单式花序	39	果梗洼大小	5.8 mm	60	可溶性固形物含量	4.80%
19	簇生花	无	40	果洼木栓化大小	2.3 mm	61	田间成株耐寒性	中
20	花柱长度	短于雄蕊	41	果实横切面形状	圆形	62	用途	鲜食或加工
21	花柱形状	单圆花柱或扁生花柱	42	果肉色	黄			

种质编号VT613

序号	描述项目	描述内容	序号	描述项目	描述内容	序号	描述项目	描述内容
1	种质编号	VT613	22	花柱茸毛	无	43	胎座胶状物质颜色	红
2	种质类型	遗传材料	23	花色	黄	44	果肉厚	5.6 mm
3	下胚轴颜色	紫	24	花梗离层	有	45	心室数	2个
4	生长习性	有限生长	25	单花序花数	6朵	46	果皮色	黄
5	株型	半蔓性	26	果柄长度	1.1 cm	47	单花序果数	4个
6	株高	0.9~1.2 m	27	成熟前果色	绿白或浅绿	48	单果重	86.0 g
7	茎叶茸毛	长稀	28	成熟果色	红	49	熟性	极晚≥125 d
8	叶片类型	普通叶型	29	果面棱沟	轻	50	形态一致性	连续变异
9	叶片形状	羽状复叶	30	果面茸毛	无	51	种皮颜色	灰黄
10	叶片着生状态	下垂	31	果顶形状	圆平	52	播种至开花天数	73 d
11	叶色	绿	32	果肩	有	53	播种至始收天数	130 d
12	叶脉色	无色或绿	33	果肩形状	微凹	54	裂果性	不易裂
13	叶裂刻	深	34	果肩色	—	55	畸形果	无
14	叶片长	46.0 cm	35	绿果肩大小	—	56	肉质	面
15	叶片宽	41.0 cm	36	商品果纵径	56.2 mm	57	风味	甜酸
16	首花序节位	8节	37	商品果横径	53.1 mm	58	清香味	有（淡）
17	第二花序节位	11节	38	果形	高圆形	59	综合品质	中
18	花序类型	单式花序	39	果梗洼大小	7.6 mm	60	可溶性固形物含量	4.60%
19	簇生花	无	40	果洼木栓化大小	3.0 mm	61	田间成株耐寒性	弱
20	花柱长度	与雄蕊近等长	41	果实横切面形状	圆形	62	用途	鲜食或加工
21	花柱形状	单圆花柱	42	果肉色	红			

种质编号VT626

序号	描述项目	描述内容	序号	描述项目	描述内容	序号	描述项目	描述内容
1	种质编号	VT626	22	花柱茸毛	无	43	胎座胶状物质颜色	红
2	种质类型	品系	23	花色	黄	44	果肉厚	9.0 mm
3	下胚轴颜色	紫	24	花梗离层	有	45	心室数	2个
4	生长习性	无限生长	25	单花序花数	10朵	46	果皮色	黄
5	株型	半蔓性	26	果柄长度	0.9 cm	47	单花序果数	8个
6	株高	1.9～2.4 m	27	成熟前果色	深绿	48	单果重	86.1 g
7	茎叶茸毛	长稀	28	成熟果色	红	49	熟性	极晚≥125 d
8	叶片类型	薯叶型	29	果面棱沟	无	50	形态一致性	连续变异
9	叶片形状	羽状复叶	30	果面茸毛	无	51	种皮颜色	灰黄
10	叶片着生状态	水平	31	果顶形状	圆平	52	播种至开花天数	77 d
11	叶色	深绿	32	果肩	有	53	播种至始收天数	145 d
12	叶脉色	无色	33	果肩形状	平	54	裂果性	不易裂
13	叶裂刻	深	34	果肩色	—	55	畸形果	无
14	叶片长	41.0 cm	35	绿果肩大小	—	56	肉质	沙
15	叶片宽	41.0 cm	36	商品果纵径	48.7 mm	57	风味	酸甜
16	首花序节位	13节	37	商品果横径	55.6 mm	58	清香味	有（淡）
17	第二花序节位	17节	38	果形	圆形	59	综合品质	中
18	花序类型	单式花序	39	果梗洼大小	5.3 mm	60	可溶性固形物含量	4.40%
19	簇生花	无	40	果洼木栓化大小	3.0 mm	61	田间成株耐寒性	中
20	花柱长度	短于雄蕊	41	果实横切面形状	圆形	62	用途	鲜食或加工
21	花柱形状	单圆花柱	42	果肉色	粉红			

种质编号VT630

序号	描述项目	描述内容	序号	描述项目	描述内容	序号	描述项目	描述内容
1	种质编号	VT630	22	花柱茸毛	无	43	胎座胶状物质颜色	黄绿
2	种质类型	品系	23	花色	黄	44	果肉厚	5.8 mm
3	下胚轴颜色	紫	24	花梗离层	有	45	心室数	3个
4	生长习性	无限生长	25	单花序花数	10朵	46	果皮色	黄
5	株型	半蔓性	26	果柄长度	1.0 cm	47	单花序果数	8个
6	株高	1.7~2.0 m	27	成熟前果色	浅绿	48	单果重	53.6 g
7	茎叶茸毛	短稀	28	成熟果色	橘黄	49	熟性	极晚≥125 d
8	叶片类型	普通叶型	29	果面棱沟	无	50	形态一致性	一致
9	叶片形状	二回羽状复叶	30	果面茸毛	无	51	种皮颜色	浅棕
10	叶片着生状态	下垂	31	果顶形状	圆平	52	播种至开花天数	84 d
11	叶色	深绿	32	果肩	有	53	播种至始收天数	147 d
12	叶脉色	无色	33	果肩形状	微凹	54	裂果性	不易裂
13	叶裂刻	深	34	果肩色	—	55	畸形果	无
14	叶片长	44.0 cm	35	绿果肩大小	—	56	肉质	面
15	叶片宽	33.0 cm	36	商品果纵径	43.1 mm	57	风味	甜酸
16	首花序节位	9节	37	商品果横径	47.8 mm	58	清香味	有（淡）
17	第二花序节位	16节	38	果形	圆形	59	综合品质	中
18	花序类型	单式花序	39	果梗洼大小	7.1 mm	60	可溶性固形物含量	4.90%
19	簇生花	无	40	果洼木栓化大小	2.3 mm	61	田间成株耐寒性	中
20	花柱长度	与雄蕊近等长	41	果实横切面形状	不规则形状	62	用途	加工
21	花柱形状	单圆花柱	42	果肉色	黄			

种质编号VT641

序号	描述项目	描述内容	序号	描述项目	描述内容	序号	描述项目	描述内容
1	种质编号	VT641	22	花柱茸毛	无	43	胎座胶状物质颜色	黄
2	种质类型	品系	23	花色	黄	44	果肉厚	5.5 mm
3	下胚轴颜色	紫	24	花梗离层	有	45	心室数	2个
4	生长习性	3序花封顶	25	单花序花数	7朵	46	果皮色	黄
5	株型	半蔓性	26	果柄长度	1.6 cm	47	单花序果数	3个
6	株高	0.9～1.2 m	27	成熟前果色	浅绿	48	单果重	60.3 g
7	茎叶茸毛	短稀	28	成熟果色	橘黄	49	熟性	极晚≥125 d
8	叶片类型	普通叶型	29	果面棱沟	轻	50	形态一致性	连续变异
9	叶片形状	羽状复叶	30	果面茸毛	无	51	种皮颜色	浅棕
10	叶片着生状态	水平	31	果顶形状	圆平	52	播种至开花天数	73 d
11	叶色	绿	32	果肩	有	53	播种至始收天数	136 d
12	叶脉色	绿	33	果肩形状	微凹	54	裂果性	不易裂
13	叶裂刻	中	34	果肩色	—	55	畸形果	无
14	叶片长	36.0 cm	35	绿果肩大小	—	56	肉质	面
15	叶片宽	29.0 cm	36	商品果纵径	45.8 mm	57	风味	酸甜
16	首花序节位	7节	37	商品果横径	49.6 mm	58	清香味	无
17	第二花序节位	9节	38	果形	圆形	59	综合品质	中
18	花序类型	单式花序	39	果梗洼大小	5.4 mm	60	可溶性固形物含量	3.80%
19	簇生花	无	40	果洼木栓化大小	2.3 mm	61	田间成株耐寒性	弱
20	花柱长度	与雄蕊近等长	41	果实横切面形状	圆形	62	用途	鲜食或加工
21	花柱形状	单圆花柱	42	果肉色	黄			

种质编号VT646

序号	描述项目	描述内容	序号	描述项目	描述内容	序号	描述项目	描述内容
1	种质编号	VT646	22	花柱茸毛	无	43	胎座胶状物质颜色	红
2	种质类型	品系	23	花色	黄	44	果肉厚	4.3 mm
3	下胚轴颜色	紫	24	花梗离层	有	45	心室数	5个
4	生长习性	无限生长	25	单花序花数	4朵	46	果皮色	红
5	株型	半蔓性	26	果柄长度	1.0 cm	47	单花序果数	4个
6	株高	2.0～2.3 m	27	成熟前果色	深绿	48	单果重	98.4 g
7	茎叶茸毛	长稀	28	成熟果色	深红	49	熟性	极晚≥125 d
8	叶片类型	普通叶型	29	果面棱沟	中	50	形态一致性	一致
9	叶片形状	羽状复叶	30	果面茸毛	无	51	种皮颜色	深棕
10	叶片着生状态	下垂	31	果顶形状	圆平	52	播种至开花天数	73 d
11	叶色	绿	32	果肩	有	53	播种至始收天数	130 d
12	叶脉色	无色	33	果肩形状	微凹	54	裂果性	不易裂
13	叶裂刻	深	34	果肩色	—	55	畸形果	无
14	叶片长	47.0 cm	35	绿果肩大小	—	56	肉质	软
15	叶片宽	42.0 cm	36	商品果纵径	51.0 mm	57	风味	甜酸
16	首花序节位	11节	37	商品果横径	58.5 mm	58	清香味	有（浓）
17	第二花序节位	14节	38	果形	圆形	59	综合品质	中
18	花序类型	单式花序	39	果梗洼大小	8.7 mm	60	可溶性固形物含量	5.70%
19	簇生花	无	40	果洼木栓化大小	2.0 mm	61	田间成株耐寒性	强
20	花柱长度	与雄蕊近等长	41	果实横切面形状	不规则形状	62	用途	鲜食或加工
21	花柱形状	单圆花柱	42	果肉色	红			

种质编号VT672

序号	描述项目	描述内容	序号	描述项目	描述内容	序号	描述项目	描述内容
1	种质编号	VT672	22	花柱茸毛	无	43	胎座胶状物质颜色	红
2	种质类型	选育品种	23	花色	黄	44	果肉厚	6.5 mm
3	下胚轴颜色	紫	24	花梗离层	有	45	心室数	3个
4	生长习性	8序花封顶	25	单花序花数	5朵	46	果皮色	黄
5	株型	半蔓性	26	果柄长度	0.8 cm	47	单花序果数	5个
6	株高	1.2～1.5 m	27	成熟前果色	浅绿	48	单果重	92.5 g
7	茎叶茸毛	长稀	28	成熟果色	红	49	熟性	极晚≥125 d
8	叶片类型	薯叶型	29	果面棱沟	轻	50	形态一致性	连续变异
9	叶片形状	羽状复叶	30	果面茸毛	无	51	种皮颜色	灰黄
10	叶片着生状态	下垂	31	果顶形状	微凸	52	播种至开花天数	78 d
11	叶色	黄绿	32	果肩	有	53	播种至始收天数	145 d
12	叶脉色	无色	33	果肩形状	微凹	54	裂果性	不易裂
13	叶裂刻	中	34	果肩色	—	55	畸形果	无
14	叶片长	52.0 cm	35	绿果肩大小	—	56	肉质	面
15	叶片宽	54.0 cm	36	商品果纵径	61.1 mm	57	风味	甜酸
16	首花序节位	9节	37	商品果横径	52.3 mm	58	清香味	无
17	第二花序节位	11节	38	果形	桃形	59	综合品质	中
18	花序类型	单式花序	39	果梗洼大小	6.5 mm	60	可溶性固形物含量	4.10%
19	簇生花	无	40	果洼木栓化大小	2.5 mm	61	田间成株耐寒性	强
20	花柱长度	与雄蕊近等长	41	果实横切面形状	不规则形状	62	用途	鲜食或加工
21	花柱形状	单圆花柱	42	果肉色	红			

种质编号VT682

序号	描述项目	描述内容	序号	描述项目	描述内容	序号	描述项目	描述内容
1	种质编号	VT682	22	花柱茸毛	无	43	胎座胶状物质颜色	黄
2	种质类型	选育品种	23	花色	浅黄	44	果肉厚	4.9 mm
3	下胚轴颜色	绿或紫	24	花梗离层	无	45	心室数	6个
4	生长习性	无限生长	25	单花序花数	5朵	46	果皮色	黄
5	株型	半蔓性	26	果柄长度	1.3 cm	47	单花序果数	4个
6	株高	1.5~2.0 m	27	成熟前果色	红	48	单果重	80.6 g
7	茎叶茸毛	长稀	28	成熟果色	粉红	49	熟性	极晚≥125 d
8	叶片类型	普通叶型	29	果面棱沟	轻	50	形态一致性	一致
9	叶片形状	羽状复叶	30	果面茸毛	无	51	种皮颜色	灰黄
10	叶片着生状态	下垂	31	果顶形状	圆平	52	播种至开花天数	72 d
11	叶色	浅绿	32	果肩	有	53	播种至始收天数	134 d
12	叶脉色	绿	33	果肩形状	微凹	54	裂果性	不易裂
13	叶裂刻	深	34	果肩色	—	55	畸形果	无
14	叶片长	43.0 cm	35	绿果肩大小	—	56	肉质	面
15	叶片宽	30.0 cm	36	商品果纵径	45.0 mm	57	风味	甜酸
16	首花序节位	9节	37	商品果横径	56.6 mm	58	清香味	有
17	第二花序节位	13节	38	果形	圆形	59	综合品质	下
18	花序类型	单式花序	39	果梗洼大小	6.8 mm	60	可溶性固形物含量	6.50%
19	簇生花	无	40	果洼木栓化大小	1.8 mm	61	田间成株耐寒性	弱
20	花柱长度	短于雄蕊	41	果实横切面形状	不规则形状	62	用途	鲜食或加工
21	花柱形状	单圆花柱	42	果肉色	粉红			

种质编号VT693

序号	描述项目	描述内容	序号	描述项目	描述内容	序号	描述项目	描述内容
1	种质编号	VT693	22	花柱茸毛	无	43	胎座胶状物质颜色	黄
2	种质类型	品系	23	花色	浅黄	44	果肉厚	6.02 mm
3	下胚轴颜色	紫	24	花梗离层	有	45	心室数	2个
4	生长习性	无限生长	25	单花序花数	9朵	46	果皮色	黄
5	株型	半蔓性	26	果柄长度	0.6 cm	47	单花序果数	8个
6	株高	2.0~2.2 m	27	成熟前果色	深绿	48	单果重	56.5 g
7	茎叶茸毛	长稀	28	成熟果色	黄	49	熟性	早100~105 d
8	叶片类型	薯叶型	29	果面棱沟	轻	50	形态一致性	一致
9	叶片形状	羽状复叶	30	果面茸毛	无	51	种皮颜色	灰黄
10	叶片着生状态	水平	31	果顶形状	圆平	52	播种至开花天数	50 d
11	叶色	深绿	32	果肩	有	53	播种至始收天数	105 d
12	叶脉色	无色	33	果肩形状	微凹	54	裂果性	不易裂
13	叶裂刻	中	34	果肩色	—	55	畸形果	无
14	叶片长	45.0 cm	35	绿果肩大小	—	56	肉质	沙
15	叶片宽	34.0 cm	36	商品果纵径	18.3 mm	57	风味	酸甜
16	首花序节位	12节	37	商品果横径	18.0 mm	58	清香味	有
17	第二花序节位	16节	38	果形	桃形	59	综合品质	中
18	花序类型	单式花序	39	果梗洼大小	3.7 mm	60	可溶性固形物含量	5.70%
19	簇生花	无	40	果洼木栓化大小	2.2 mm	61	田间成株耐寒性	强
20	花柱长度	与雄蕊近等长	41	果实横切面形状	圆形	62	用途	鲜食或加工
21	花柱形状	单圆花柱	42	果肉色	黄			

种质编号VT708

序号	描述项目	描述内容	序号	描述项目	描述内容	序号	描述项目	描述内容
1	种质编号	VT708	22	花柱茸毛	无	43	胎座胶状物质颜色	黄
2	种质类型	品系	23	花色	黄	44	果肉厚	3.3 mm
3	下胚轴颜色	紫	24	花梗离层	有	45	心室数	4个
4	生长习性	5序花封顶	25	单花序花数	7朵	46	果皮色	黄
5	株型	半蔓性	26	果柄长度	0.9 cm	47	单花序果数	7个
6	株高	1.2~1.8 m	27	成熟前果色	浅绿	48	单果重	64.4 g
7	茎叶茸毛	短稀	28	成熟果色	深红	49	熟性	极晚≥125 d
8	叶片类型	普通叶型	29	果面棱沟	中	50	形态一致性	一致
9	叶片形状	羽状复叶	30	果面茸毛	无	51	种皮颜色	浅黄
10	叶片着生状态	水平	31	果顶形状	深凹	52	播种至开花天数	82 d
11	叶色	黄绿	32	果肩	有	53	播种至始收天数	146 d
12	叶脉色	绿	33	果肩形状	微凹	54	裂果性	不易裂
13	叶裂刻	深	34	果肩色	—	55	畸形果	无
14	叶片长	52.0 cm	35	绿果肩大小	—	56	肉质	软
15	叶片宽	48.0 cm	36	商品果纵径	45.4 mm	57	风味	甜酸
16	首花序节位	13节	37	商品果横径	49.8 mm	58	清香味	有
17	第二花序节位	15节	38	果形	圆形	59	综合品质	中
18	花序类型	单式花序	39	果梗洼大小	7.7 mm	60	可溶性固形物含量	4.10%
19	簇生花	无	40	果洼木栓化大小	3.7 mm	61	田间成株耐寒性	中
20	花柱长度	短于雄蕊	41	果实横切面形状	不规则形状	62	用途	鲜食或加工
21	花柱形状	单圆花柱	42	果肉色	红			

种质编号VT713

序号	描述项目	描述内容	序号	描述项目	描述内容	序号	描述项目	描述内容
1	种质编号	VT713	22	花柱茸毛	无	43	胎座胶状物质颜色	黄
2	种质类型	品系	23	花色	浅黄	44	果肉厚	6.0 mm
3	下胚轴颜色	紫	24	花梗离层	有	45	心室数	2个
4	生长习性	无限生长	25	单花序花数	7朵	46	果皮色	黄
5	株型	半蔓性	26	果柄长度	1.4 cm	47	单花序果数	7个
6	株高	1.8～2.5 m	27	成熟前果色	浅绿	48	单果重	95.5 g
7	茎叶茸毛	长稀	28	成熟果色	红	49	熟性	极晚≥125 d
8	叶片类型	普通叶型	29	果面棱沟	中	50	形态一致性	连续变异
9	叶片形状	羽状复叶	30	果面茸毛	无	51	种皮颜色	浅棕
10	叶片着生状态	水平	31	果顶形状	圆平	52	播种至开花天数	69 d
11	叶色	黄绿	32	果肩	有	53	播种至始收天数	134 d
12	叶脉色	无色	33	果肩形状	微凹	54	裂果性	中
13	叶裂刻	浅	34	果肩色	—	55	畸形果	无
14	叶片长	41.0 cm	35	绿果肩大小	—	56	肉质	沙
15	叶片宽	45.0 cm	36	商品果纵径	47.4 mm	57	风味	酸甜
16	首花序节位	10节	37	商品果横径	58.3 mm	58	清香味	有
17	第二花序节位	13节	38	果形	圆形	59	综合品质	下
18	花序类型	单式花序	39	果梗洼大小	6.8 mm	60	可溶性固形物含量	3.30%
19	簇生花	无	40	果洼木栓化大小	2.5 mm	61	田间成株耐寒性	中
20	花柱长度	与雄蕊近等长	41	果实横切面形状	圆形	62	用途	鲜食或加工
21	花柱形状	单圆花柱	42	果肉色	红			

种质编号VT724

序号	描述项目	描述内容	序号	描述项目	描述内容	序号	描述项目	描述内容
1	种质编号	VT724	22	花柱茸毛	无	43	胎座胶状物质颜色	绿
2	种质类型	遗传材料	23	花色	黄	44	果肉厚	5.3 mm
3	下胚轴颜色	紫	24	花梗离层	有	45	心室数	2个
4	生长习性	无限生长	25	单花序花数	9朵	46	果皮色	黄
5	株型	半蔓性	26	果柄长度	1.1 cm	47	单花序果数	9个
6	株高	1.6～2.2 m	27	成熟前果色	深绿	48	单果重	51.4 g
7	茎茸毛	短稀	28	成熟果色	浅紫	49	熟性	极晚≥125 d
8	叶片类型	普通叶型	29	果面棱沟	中	50	形态一致性	不连续变异
9	叶片形状	羽状复叶	30	果面茸毛	稀	51	种皮颜色	灰黄
10	叶片着生状态	水平	31	果顶形状	圆平	52	播种至开花天数	71 d
11	叶色	深绿	32	果肩	有	53	播种至始收天数	138 d
12	叶脉色	无色	33	果肩形状	微凹	54	裂果性	不易裂
13	叶裂刻	深	34	果肩色	深绿	55	畸形果	无
14	叶片长	44.0 cm	35	绿果肩大小	中	56	肉质	面或沙
15	叶片宽	35.0 cm	36	商品果纵径	44.0 mm	57	风味	甜酸
16	首花序节位	9节	37	商品果横径	46.3 mm	58	清香味	有
17	第二花序节位	14节	38	果形	圆形	59	综合品质	下
18	花序类型	单式花序	39	果梗洼大小	6.0 mm	60	可溶性固形物含量	5.10%
19	簇生花	无	40	果洼木栓化大小	2.2 mm	61	田间成株耐寒性	弱
20	花柱长度	与雄蕊近等长	41	果实横切面形状	圆形	62	用途	鲜食或加工
21	花柱形状	单圆花柱	42	果肉色	黄或红带绿			

第六章

中果类番茄种质资源

本章收录单果重为100.1~150.0 g，各种颜色的中果类番茄种质。共收录73份种质。

种质编号VT30

序号	描述项目	描述内容	序号	描述项目	描述内容	序号	描述项目	描述内容
1	种质编号	VT30	22	花柱茸毛	无	43	胎座胶状物质颜色	红
2	种质类型	品系	23	花色	橘黄	44	果肉厚	5.1 mm
3	下胚轴颜色	紫	24	花梗离层	有	45	心室数	5个
4	生长习性	5序花封顶	25	单花序花数	5朵	46	果皮色	黄
5	株型	半蔓性	26	果柄长度	1 cm	47	单花序果数	3个
6	株高	1.1~1.3 m	27	成熟前果色	绿	48	单果重	123.3 g
7	茎叶茸毛	长稀	28	成熟果色	红	49	熟性	极晚≥125 d
8	叶片类型	普通叶型	29	果面棱沟	中	50	形态一致性	连续变异
9	叶片形状	羽状复叶	30	果面茸毛	无	51	种皮颜色	浅棕
10	叶片着生状态	水平	31	果顶形状	圆平	52	播种至开花天数	72 d
11	叶色	绿	32	果肩	有	53	播种至始收天数	131 d
12	叶脉色	绿	33	果肩形状	深凹	54	裂果性	不易裂
13	叶裂刻	中	34	果肩色	—	55	畸形果	少
14	叶片长	43.0 cm	35	绿果肩大小	—	56	肉质	沙
15	叶片宽	31.0 cm	36	商品果纵径	51.9 mm	57	风味	甜酸
16	首花序节位	9节	37	商品果横径	67.0 mm	58	清香味	有
17	第二花序节位	10节	38	果形	扁圆形	59	综合品质	中
18	花序类型	单式花序	39	果梗洼大小	6.7 mm	60	可溶性固形物含量	3.80%
19	簇生花	无	40	果洼木栓化大小	2.4 mm	61	田间成株耐寒性	一般
20	花柱长度	短于雄蕊	41	果实横切面形状	圆形	62	用途	鲜食
21	花柱形状	单圆花柱	42	果肉色	粉红			

种质编号VT31

序号	描述项目	描述内容	序号	描述项目	描述内容	序号	描述项目	描述内容
1	种质编号	VT31	22	花柱茸毛	无	43	胎座胶状物质颜色	红
2	种质类型	遗传材料	23	花色	黄	44	果肉厚	8.5 mm
3	下胚轴颜色	紫	24	花梗离层	有	45	心室数	2个
4	生长习性	无限生长	25	单花序花数	6朵	46	果皮色	黄
5	株型	半蔓性	26	果柄长度	0.9 cm	47	单花序果数	4个
6	株高	1.5~1.8 m	27	成熟前果色	浅绿	48	单果重	101.5 g
7	茎叶茸毛	短稀	28	成熟果色	红	49	熟性	极晚≥125 d
8	叶片类型	普通叶型	29	果面棱沟	无	50	形态一致性	连续变异
9	叶片形状	羽状复叶	30	果面茸毛	无	51	种皮颜色	灰黄
10	叶片着生状态	水平	31	果顶形状	圆平	52	播种至开花天数	71 d
11	叶色	绿	32	果肩	有	53	播种至始收天数	138 d
12	叶脉色	无色	33	果肩形状	微凹	54	裂果性	不易裂
13	叶裂刻	中	34	果肩色	—	55	畸形果	无
14	叶片长	44.0 cm	35	绿果肩大小	—	56	肉质	沙
15	叶片宽	36.0 cm	36	商品果纵径	50.9 mm	57	风味	甜酸
16	首花序节位	10节	37	商品果横径	59.9 mm	58	清香味	有
17	第二花序节位	4节	38	果形	圆形	59	综合品质	下
18	花序类型	单式花序	39	果梗洼大小	5.1 mm	60	可溶性固形物含量	4.90%
19	簇生花	无	40	果洼木栓化大小	2.0 mm	61	田间成株耐寒性	弱
20	花柱长度	与雄蕊近等长	41	果实横切面形状	圆形	62	用途	鲜食或加工
21	花柱形状	单圆花柱	42	果肉色	红			

种质编号VT33

序号	描述项目	描述内容	序号	描述项目	描述内容	序号	描述项目	描述内容
1	种质编号	VT33	22	花柱茸毛	无	43	胎座胶状物质颜色	黄
2	种质类型	品系	23	花色	黄	44	果肉厚	3.3 mm
3	下胚轴颜色	紫	24	花梗离层	有	45	心室数	4个
4	生长习性	7序花封顶	25	单花序花数	6朵	46	果皮色	黄
5	株型	半蔓性	26	果柄长度	0.8 cm	47	单花序果数	2个
6	株高	1.05～1.2 m	27	成熟前果色	浅绿	48	单果重	102.2 g
7	茎叶茸毛	长稀	28	成熟果色	红	49	熟性	极晚≥125 d
8	叶片类型	普通叶型	29	果面棱沟	重	50	形态一致性	连续变异
9	叶片形状	羽状复叶	30	果面茸毛	无	51	种皮颜色	灰黄
10	叶片着生状态	水平	31	果顶形状	圆平	52	播种至开花天数	54 d
11	叶色	深绿	32	果肩	有	53	播种至始收天数	131 d
12	叶脉色	无色	33	果肩形状	深凹	54	裂果性	不易裂
13	叶裂刻	深	34	果肩色	—	55	畸形果	中
14	叶片长	40.0 cm	35	绿果肩大小	—	56	肉质	沙
15	叶片宽	32.0 cm	36	商品果纵径	58.7 mm	57	风味	甜酸
16	首花序节位	12节	37	商品果横径	57.0 mm	58	清香味	有
17	第二花序节位	14节	38	果形	高圆形	59	综合品质	中
18	花序类型	单式花序	39	果梗洼大小	7.0 mm	60	可溶性固形物含量	4.05%
19	簇生花	无	40	果洼木栓化大小	3.5 mm	61	田间成株耐寒性	中
20	花柱长度	与雄蕊近等长	41	果实横切面形状	圆形	62	用途	鲜食或加工
21	花柱形状	单圆花柱	42	果肉色	红			

种质编号VT36

序号	描述项目	描述内容	序号	描述项目	描述内容	序号	描述项目	描述内容
1	种质编号	VT36	22	花柱茸毛	无	43	胎座胶状物质颜色	黄
2	种质类型	品系	23	花色	黄	44	果肉厚	3.5 mm
3	下胚轴颜色	紫	24	花梗离层	有	45	心室数	3个
4	生长习性	无限生长	25	单花序花数	5个	46	果皮色	黄
5	株型	半蔓性	26	果柄长度	1.1 cm	47	单花序果数	3个
6	株高	1.8~2.2 m	27	成熟前果色	浅绿	48	单果重	110.2 g
7	茎叶茸毛	长稀	28	成熟果色	红	49	熟性	极晚≥125 d
8	叶片类型	普通叶型	29	果面棱沟	中	50	形态一致性	连续变异
9	叶片形状	羽状复叶	30	果面茸毛	无	51	种皮颜色	浅棕
10	叶片着生状态	下垂	31	果顶形状	深凹	52	播种至开花天数	87 d
11	叶色	深绿	32	果肩	有	53	播种至始收天数	152 d
12	叶脉色	无色或绿	33	果肩形状	深凹	54	裂果性	不易裂
13	叶裂刻	深	34	果肩色	—	55	畸形果	少
14	叶片长	48.0 cm	35	绿果肩大小	—	56	肉质	沙
15	叶片宽	40.0 cm	36	商品果纵径	56.7 mm	57	风味	甜酸
16	首花序节位	13节	37	商品果横径	61.4 mm	58	清香味	有
17	第二花序节位	16节	38	果形	扁圆形或高圆形	59	综合品质	中
18	花序类型	单式花序	39	果梗洼大小	5.0 mm	60	可溶性固形物含量	3.90%
19	簇生花	无	40	果洼木栓化大小	3.2 mm	61	田间成株耐寒性	强
20	花柱长度	与雄蕊近等长	41	果实横切面形状	等边多边形	62	用途	鲜食或加工
21	花柱形状	单圆花柱	42	果肉色	红			

种质编号VT39

序号	描述项目	描述内容	序号	描述项目	描述内容	序号	描述项目	描述内容
1	种质编号	VT39	22	花柱茸毛	无	43	胎座胶状物质颜色	红
2	种质类型	遗传材料	23	花色	黄	44	果肉厚	7.1 mm
3	下胚轴颜色	紫	24	花梗离层	有	45	心室数	4个
4	生长习性	无限生长	25	单花序花数	4朵	46	果皮色	红
5	株型	半蔓性	26	果柄长度	0.8 cm	47	单花序果数	4个
6	株高	1.7~2.2 m	27	成熟前果色	绿或深绿	48	单果重	112.1 g
7	茎叶茸毛	短稀	28	成熟果色	粉红或红	49	熟性	极晚≥125 d
8	叶片类型	普通叶型	29	果面棱沟	中或重	50	形态一致性	连续变异
9	叶片形状	羽状复叶	30	果面茸毛	无	51	种皮颜色	浅黄
10	叶片着生状态	下垂	31	果顶形状	圆平	52	播种至开花天数	71 d
11	叶色	黄绿	32	果肩	有	53	播种至始收天数	138 d
12	叶脉色	无色或绿	33	果肩形状	深凹	54	裂果性	不易裂
13	叶裂刻	深	34	果肩色	—	55	畸形果	少
14	叶片长	42.0 cm	35	绿果肩大小	—	56	肉质	沙
15	叶片宽	46.0 cm	36	商品果纵径	60.0 mm	57	风味	甜酸
16	首花序节位	9节	37	商品果横径	77.1 mm	58	清香味	有
17	第二花序节位	11节	38	果形	扁圆形或圆形或长圆形	59	综合品质	中
18	花序类型	单式花序	39	果梗洼大小	5.4 mm	60	可溶性固形物含量	6.65%
19	簇生花	无	40	果洼木栓化大小	2.3 mm	61	田间成株耐寒性	中
20	花柱长度	短于雄蕊	41	果实横切面形状	等边多边形或不规则	62	用途	鲜食或加工
21	花柱形状	单圆花柱	42	果肉色	粉红或红			

种质编号VT48

序号	描述项目	描述内容	序号	描述项目	描述内容	序号	描述项目	描述内容
1	种质编号	VT48	22	花柱茸毛	无	43	胎座胶状物质颜色	黄
2	种质类型	遗传材料	23	花色	黄	44	果肉厚	7.9 mm
3	下胚轴颜色	紫	24	花梗离层	有	45	心室数	2~4个
4	生长习性	无限生长	25	单花序花数	4朵	46	果皮色	黄
5	株型	半蔓性	26	果柄长度	1.1 cm	47	单花序果数	4个
6	株高	1.6~1.8 m	27	成熟前果色	浅绿	48	单果重	112.2 g
7	茎叶茸毛	短稀	28	成熟果色	红	49	熟性	极晚≥125 d
8	叶片类型	普通叶型	29	果面棱沟	中	50	形态一致性	连续变异
9	叶片形状	羽状复叶	30	果面茸毛	无	51	种皮颜色	灰黄
10	叶片着生状态	水平	31	果顶形状	圆平	52	播种至开花天数	71 d
11	叶色	绿	32	果肩	有	53	播种至始收天数	137 d
12	叶脉色	无色	33	果肩形状	深凹	54	裂果性	不易裂
13	叶裂刻	深	34	果肩色	—	55	畸形果	无
14	叶片长	40.0 cm	35	绿果肩大小	—	56	肉质	沙
15	叶片宽	36.0 cm	36	商品果纵径	57.0 mm	57	风味	酸甜
16	首花序节位	12节	37	商品果横径	58.6 mm	58	清香味	有
17	第二花序节位	15节	38	果形	圆形或高圆形	59	综合品质	中
18	花序类型	单式花序	39	果梗洼大小	6.7 mm	60	可溶性固形物含量	4.70%
19	簇生花	无	40	果洼木栓化大小	2.0 mm	61	田间成株耐寒性	强
20	花柱长度	短于雄蕊	41	果实横切面形状	不规则形状	62	用途	鲜食
21	花柱形状	单圆花柱	42	果肉色	红			

种质编号VT49

序号	描述项目	描述内容	序号	描述项目	描述内容	序号	描述项目	描述内容
1	种质编号	VT49	22	花柱茸毛	无	43	胎座胶状物质颜色	黄
2	种质类型	遗传材料	23	花色	黄	44	果肉厚	6.6 mm
3	下胚轴颜色	紫	24	花梗离层	有	45	心室数	3~5个
4	生长习性	无限生长	25	单花序花数	6朵	46	果皮色	黄
5	株型	蔓性	26	果柄长度	1.3 cm	47	单花序果数	5个
6	株高	2.3~2.5 m	27	成熟前果色	浅绿	48	单果重	124.8 g
7	茎叶茸毛	短稀	28	成熟果色	红	49	熟性	极晚≥125 d
8	叶片类型	普通叶型	29	果面棱沟	轻	50	形态一致性	连续变异
9	叶片形状	羽状复叶	30	果面茸毛	无	51	种皮颜色	灰黄
10	叶片着生状态	水平	31	果顶形状	圆平	52	播种至开花天数	71 d
11	叶色	浅绿	32	果肩	有	53	播种至始收天数	138 d
12	叶脉色	无色	33	果肩形状	圆平	54	裂果性	中
13	叶裂刻	深	34	果肩色	绿	55	畸形果	无
14	叶片长	49.0 cm	35	绿果肩大小	小	56	肉质	沙
15	叶片宽	42.0 cm	36	商品果纵径	60.2 mm	57	风味	甜酸
16	首花序节位	12节	37	商品果横径	61.4 mm	58	清香味	有（淡）
17	第二花序节位	16节	38	果形	高圆形	59	综合品质	中
18	花序类型	单式花序	39	果梗洼大小	4.8 mm	60	可溶性固形物含量	4.20%
19	簇生花	无	40	果洼木栓化大小	2.3 mm	61	田间成株耐寒性	中
20	花柱长度	与雄蕊近等长	41	果实横切面形状	不规则形状	62	用途	鲜食
21	花柱形状	单圆花柱	42	果肉色	红			

种质编号VT50

序号	描述项目	描述内容	序号	描述项目	描述内容	序号	描述项目	描述内容
1	种质编号	VT50	22	花柱茸毛	无	43	胎座胶状物质颜色	红
2	种质类型	品系	23	花色	浅黄	44	果肉厚	6.0 mm
3	下胚轴颜色	紫	24	花梗离层	有	45	心室数	5个
4	生长习性	无限生长	25	单花序花数	5朵	46	果皮色	黄
5	株型	半蔓性	26	果柄长度	1.0 cm	47	单花序果数	4个
6	株高	2.0~2.5 m	27	成熟前果色	绿白	48	单果重	129.8 g
7	茎叶茸毛	长稀	28	成熟果色	红	49	熟性	极晚≥125 d
8	叶片类型	普通叶型	29	果面棱沟	中	50	形态一致性	连续变异
9	叶片形状	羽状复叶	30	果面茸毛	无	51	种皮颜色	灰黄
10	叶片着生状态	水平	31	果顶形状	圆平	52	播种至开花天数	84 d
11	叶色	黄绿	32	果肩	有	53	播种至始收天数	151 d
12	叶脉色	无色	33	果肩形状	深凹	54	裂果性	中
13	叶裂刻	深	34	果肩色	—	55	畸形果	少
14	叶片长	50.0 cm	35	绿果肩大小	—	56	肉质	沙
15	叶片宽	41.0 cm	36	商品果纵径	62.6 cm	57	风味	甜酸
16	首花序节位	12节	37	商品果横径	59.8 cm	58	清香味	有
17	第二花序节位	15节	38	果形	高圆形	59	综合品质	中
18	花序类型	单式花序	39	果梗洼大小	9.5 mm	60	可溶性固形物含量	4.27%
19	簇生花	无	40	果洼木栓化大小	3.6 mm	61	田间成株耐寒性	强
20	花柱长度	与雄蕊近等长	41	果实横切面形状	不规则形状	62	用途	鲜食
21	花柱形状	单圆花柱	42	果肉色	红			

种质编号VT52

序号	描述项目	描述内容	序号	描述项目	描述内容	序号	描述项目	描述内容
1	种质编号	VT52	22	花柱茸毛	无	43	胎座胶状物质颜色	红
2	种质类型	品系	23	花色	黄	44	果肉厚	8.0 mm
3	下胚轴颜色	紫	24	花梗离层	有	45	心室数	4~5个
4	生长习性	5序花封顶	25	单花序花数	5朵	46	果皮色	黄色
5	株型	半蔓性	26	果柄长度	0.6 cm	47	单花序果数	3个
6	株高	1.0~1.3 m	27	成熟前果色	浅绿	48	单果重	131.5 g
7	茎叶茸毛	长稀	28	成熟果色	红色	49	熟性	极晚≥125 d
8	叶片类型	普通叶型	29	果面棱沟	中	50	形态一致性	连续变异
9	叶片形状	羽状复叶	30	果面茸毛	无	51	种皮颜色	灰黄
10	叶片着生状态	水平	31	果顶形状	微凸	52	播种至开花天数	75 d
11	叶色	绿	32	果肩	有	53	播种至始收天数	132 d
12	叶脉色	绿	33	果肩形状	深凹	54	裂果性	不易裂
13	叶裂刻	中	34	果肩色	—	55	畸形果	无
14	叶片长	40.0 cm	35	绿果肩大小	—	56	肉质	沙
15	叶片宽	35.0 cm	36	商品果纵径	57.9 cm	57	风味	甜酸
16	首花序节位	9节	37	商品果横径	67.0 cm	58	清香味	有（浓）
17	第二花序节位	11节	38	果形	圆形或桃形	59	综合品质	中
18	花序类型	多歧花序	39	果梗洼大小	7.8 mm	60	可溶性固形物含量	4.50%
19	簇生花	无	40	果洼木栓化大小	3.5 mm	61	田间成株耐寒性	弱
20	花柱长度	与雄蕊近等长	41	果实横切面形状	不规则形状	62	用途	鲜食
21	花柱形状	单圆花柱	42	果肉色	粉红			

种质编号VT54

序号	描述项目	描述内容	序号	描述项目	描述内容	序号	描述项目	描述内容
1	种质编号	VT54	22	花柱茸毛	无	43	胎座胶状物质颜色	黄
2	种质类型	品系	23	花色	黄	44	果肉厚	4.8 mm
3	下胚轴颜色	绿	24	花梗离层	有	45	心室数	6个
4	生长习性	无限生长	25	单花序花数	5朵	46	果皮色	黄
5	株型	半蔓性	26	果柄长度	0.7 cm	47	单花序果数	3个
6	株高	1.9~2.3 m	27	成熟前果色	深绿	48	单果重	143.6 g
7	茎叶茸毛	长稀	28	成熟果色	橘黄	49	熟性	极晚≥125 d
8	叶片类型	普通叶型	29	果面棱沟	轻	50	形态一致性	一致
9	叶片形状	羽状复叶	30	果面茸毛	无	51	种皮颜色	浅棕
10	叶片着生状态	水平	31	果顶形状	微凹	52	播种至开花天数	83 d
11	叶色	深绿	32	果肩	有	53	播种至始收天数	149 d
12	叶脉色	无色	33	果肩形状	深凹	54	裂果性	中
13	叶裂刻	深	34	果肩色	—	55	畸形果	少
14	叶片长	42.0 cm	35	绿果肩大小	—	56	肉质	面
15	叶片宽	35.0 cm	36	商品果纵径	55.1 mm	57	风味	酸甜
16	首花序节位	16节	37	商品果横径	67.9 mm	58	清香味	无
17	第二花序节位	18节	38	果形	扁圆形	59	综合品质	中
18	花序类型	多歧花序	39	果梗洼大小	8.0 mm	60	可溶性固形物含量	3.90%
19	簇生花	无	40	果洼木栓化大小	1.5 mm	61	田间成株耐寒性	中
20	花柱长度	与雄蕊近等长	41	果实横切面形状	不规则形状	62	用途	鲜食
21	花柱形状	扁生花柱	42	果肉色	黄			

种质编号VT66

序号	描述项目	描述内容	序号	描述项目	描述内容	序号	描述项目	描述内容
1	种质编号	VT66	22	花柱茸毛	无	43	胎座胶状物质颜色	红
2	种质类型	遗传材料	23	花色	黄	44	果肉厚	7.7 mm
3	下胚轴颜色	紫	24	花梗离层	有	45	心室数	3~4个
4	生长习性	6序花封顶	25	单花序花数	7朵	46	果皮色	黄
5	株型	半蔓性	26	果柄长度	1.2 cm	47	单花序果数	7个
6	株高	0.9~1.2 m	27	成熟前果色	绿白	48	单果重	121.0 g
7	茎叶茸毛	短稀	28	成熟果色	红	49	熟性	106~120 d
8	叶片类型	普通叶型	29	果面棱沟	轻	50	形态一致性	连续变异
9	叶片形状	羽状复叶	30	果面茸毛	无	51	种皮颜色	灰黄
10	叶片着生状态	水平	31	果顶形状	圆平	52	播种至开花天数	71 d
11	叶色	绿	32	果肩	有	53	播种至始收天数	106 d
12	叶脉色	无色	33	果肩形状	微凹	54	裂果性	不易裂
13	叶裂刻	深	34	果肩色	—	55	畸形果	无
14	叶片长	33.0 cm	35	绿果肩大小	—	56	肉质	沙
15	叶片宽	33.0 cm	36	商品果纵径	57.6 mm	57	风味	酸甜
16	首花序节位	11节	37	商品果横径	61.1 mm	58	清香味	有
17	第二花序节位	15节	38	果形	高圆形	59	综合品质	下
18	花序类型	双歧花序	39	果梗洼大小	6.5 mm	60	可溶性固形物含量	4.00%
19	簇生花	无	40	果洼木栓化大小	2.8 mm	61	田间成株耐寒性	弱
20	花柱长度	与雄蕊近等长	41	果实横切面形状	不规则形状	62	用途	鲜食或加工
21	花柱形状	单圆花柱	42	果肉色	红			

种质编号VT71

序号	描述项目	描述内容	序号	描述项目	描述内容	序号	描述项目	描述内容
1	种质编号	VT71	22	花柱茸毛	无	43	胎座胶状物质颜色	红
2	种质类型	遗传材料	23	花色	黄	44	果肉厚	6.3 mm
3	下胚轴颜色	紫	24	花梗离层	有	45	心室数	10个
4	生长习性	无限或有限生长	25	单花序花数	7朵	46	果皮色	黄
5	株型	半蔓性	26	果柄长度	1.3 cm	47	单花序果数	4个
6	株高	1.1~1.2 m	27	成熟前果色	浅绿	48	单果重	105.9 g
7	茎叶茸毛	短稀	28	成熟果色	红	49	熟性	极晚≥125 d
8	叶片类型	普通叶型	29	果面棱沟	重	50	形态一致性	连续变异
9	叶片形状	羽状复叶	30	果面茸毛	稀	51	种皮颜色	灰黄
10	叶片着生状态	下垂	31	果顶形状	圆平	52	播种至开花天数	71 d
11	叶色	浅绿	32	果肩	有	53	播种至始收天数	136 d
12	叶脉色	无色	33	果肩形状	深凹	54	裂果性	中
13	叶裂刻	中	34	果肩色	—	55	畸形果	中
14	叶片长	48.0 cm	35	绿果肩大小	—	56	肉质	沙
15	叶片宽	36.0 cm	36	商品果纵径	45.2 mm	57	风味	甜酸
16	首花序节位	12节	37	商品果横径	65.0 mm	58	清香味	有（浓）
17	第二花序节位	5节	38	果形	扁圆形	59	综合品质	中
18	花序类型	多歧花序	39	果梗洼大小	6.0 mm	60	可溶性固形物含量	3.50%
19	簇生花	无	40	果洼木栓化大小	2.8 mm	61	田间成株耐寒性	中
20	花柱长度	短于雄蕊	41	果实横切面形状	不规则形状	62	用途	鲜食或加工
21	花柱形状	单圆花柱	42	果肉色	红			

种质编号VT86

序号	描述项目	描述内容	序号	描述项目	描述内容	序号	描述项目	描述内容
1	种质编号	VT86	22	花柱茸毛	无	43	胎座胶状物质颜色	红
2	种质类型	品系	23	花色	黄	44	果肉厚	6.6 mm
3	下胚轴颜色	紫	24	花梗离层	有	45	心室数	6个
4	生长习性	6序花封顶	25	单花序花数	7朵	46	果皮色	黄
5	株型	半蔓性	26	果柄长度	1.1 cm	47	单花序果数	5个
6	株高	1.3~1.5 m	27	成熟前果色	浅绿	48	单果重	130.3 g
7	茎叶茸毛	短稀	28	成熟果色	红	49	熟性	极晚≥125 d
8	叶片类型	普通叶型	29	果面棱沟	中	50	形态一致性	一致
9	叶片形状	羽状复叶	30	果面茸毛	无	51	种皮颜色	灰黄
10	叶片着生状态	水平	31	果顶形状	圆平	52	播种至开花天数	71 d
11	叶色	绿	32	果肩	有	53	播种至始收天数	132 d
12	叶脉色	绿	33	果肩形状	深凹	54	裂果性	中
13	叶裂刻	深	34	果肩色	—	55	畸形果	少
14	叶片长	41.0 cm	35	绿果肩大小	—	56	肉质	沙
15	叶片宽	40.0 cm	36	商品果纵径	63.6 mm	57	风味	甜酸
16	首花序节位	12节	37	商品果横径	65.9 mm	58	清香味	无
17	第二花序节位	14节	38	果形	长圆或桃形	59	综合品质	中
18	花序类型	单式花序	39	果梗洼大小	4.6 mm	60	可溶性固形物含量	4.10%
19	簇生花	无	40	果洼木栓化大小	2.3 mm	61	田间成株耐寒性	中
20	花柱长度	短于雄蕊	41	果实横切面形状	不规则形状	62	用途	鲜食或加工
21	花柱形状	单圆花柱	42	果肉色	红			

种质编号VT87

序号	描述项目	描述内容	序号	描述项目	描述内容	序号	描述项目	描述内容
1	种质编号	VT87	22	花柱茸毛	无	43	胎座胶状物质颜色	红
2	种质类型	品系	23	花色	黄	44	果肉厚	6.9 mm
3	下胚轴颜色	绿或紫	24	花梗离层	有	45	心室数	3~6个
4	生长习性	无限生长	25	单花序花数	7朵	46	果皮色	黄
5	株型	蔓性	26	果柄长度	1.2 cm	47	单花序果数	6个
6	株高	2.0~2.5 m	27	成熟前果色	浅绿	48	单果重	117.9 g
7	茎叶茸毛	长稀	28	成熟果色	红	49	熟性	极晚≥125 d
8	叶片类型	普通叶型	29	果面棱沟	中	50	形态一致性	连续变异
9	叶片形状	羽状复叶	30	果面茸毛	无	51	种皮颜色	灰黄
10	叶片着生状态	水平	31	果顶形状	圆平	52	播种至开花天数	71 d
11	叶色	绿	32	果肩	有	53	播种至始收天数	136 d
12	叶脉色	无色	33	果肩形状	深凹	54	裂果性	不易裂
13	叶裂刻	深	34	果肩色	—	55	畸形果	少
14	叶片长	50.0 cm	35	绿果肩大小	—	56	肉质	沙
15	叶片宽	42.0 cm	36	商品果纵径	56.4 mm	57	风味	甜酸
16	首花序节位	8节	37	商品果横径	61.4 mm	58	清香味	无
17	第二花序节位	13节	38	果形	圆形	59	综合品质	中
18	花序类型	单式花序	39	果梗洼大小	6.0 mm	60	可溶性固形物含量	4.20%
19	簇生花	无	40	果洼木栓化大小	2.8 mm	61	田间成株耐寒性	强
20	花柱长度	短于雄蕊	41	果实横切面形状	不规则形状	62	用途	鲜食或加工
21	花柱形状	单圆花柱	42	果肉色	粉红			

种质编号VT97

序号	描述项目	描述内容	序号	描述项目	描述内容	序号	描述项目	描述内容
1	种质编号	VT97	22	花柱茸毛	无	43	胎座胶状物质颜色	红
2	种质类型	品系	23	花色	橘黄	44	果肉厚	5.3 mm
3	下胚轴颜色	紫	24	花梗离层	有	45	心室数	4~8个
4	生长习性	无限生长	25	单花序花数	6朵	46	果皮色	红
5	株型	半蔓性	26	果柄长度	1.1 cm	47	单花序果数	3个
6	株高	1.0~1.2 m	27	成熟前果色	浅绿	48	单果重	131.7 g
7	茎叶茸毛	短稀	28	成熟果色	粉红	49	熟性	极晚≥125 d
8	叶片类型	普通叶型	29	果面棱沟	中	50	形态一致性	连续变异
9	叶片形状	羽状复叶	30	果面茸毛	无	51	种皮颜色	灰黄
10	叶片着生状态	下垂	31	果顶形状	圆平	52	播种至开花天数	71 d
11	叶色	深绿	32	果肩	有	53	播种至始收天数	136 d
12	叶脉色	无色	33	果肩形状	微凹	54	裂果性	不易裂
13	叶裂刻	深	34	果肩色	—	55	畸形果	无
14	叶片长	45.0 cm	35	绿果肩大小	—	56	肉质	沙
15	叶片宽	34.0 cm	36	商品果纵径	53.6 mm	57	风味	甜酸
16	首花序节位	9节	37	商品果横径	65.4 mm	58	清香味	有
17	第二花序节位	11节	38	果形	圆或高圆形	59	综合品质	下
18	花序类型	单式花序	39	果梗洼大小	3.5 mm	60	可溶性固形物含量	3.90%
19	簇生花	无	40	果洼木栓化大小	2.0 mm	61	田间成株耐寒性	弱
20	花柱长度	短于雄蕊	41	果实横切面形状	不规则或等边多边形	62	用途	鲜食
21	花柱形状	单圆花柱	42	果肉色	粉红			

种质编号VT104

序号	描述项目	描述内容	序号	描述项目	描述内容	序号	描述项目	描述内容
1	种质编号	VT104	22	花柱茸毛	无	43	胎座胶状物质颜色	红
2	种质类型	品系	23	花色	黄	44	果肉厚	6.3 mm
3	下胚轴颜色	绿	24	花梗离层	有	45	心室数	4~6个
4	生长习性	5序花封顶	25	单花序花数	10朵	46	果皮色	黄
5	株型	半蔓性	26	果柄长度	0.6 cm	47	单花序果数	5个
6	株高	1.08~1.2 m	27	成熟前果色	浅绿	48	单果重	101.6 g
7	茎叶茸毛	长稀	28	成熟果色	红	49	熟性	极晚≥125 d
8	叶片类型	普通叶型	29	果面棱沟	中或重	50	形态一致性	连续变异
9	叶片形状	羽状复叶	30	果面茸毛	无	51	种皮颜色	灰黄
10	叶片着生状态	水平	31	果顶形状	圆平	52	播种至开花天数	71 d
11	叶色	浅绿	32	果肩	有	53	播种至始收天数	136 d
12	叶脉色	无色	33	果肩形状	平	54	裂果性	不易裂
13	叶裂刻	浅	34	果肩色	—	55	畸形果	少
14	叶片长	38.0 cm	35	绿果肩大小	—	56	肉质	面
15	叶片宽	36.0 cm	36	商品果纵径	51.7 mm	57	风味	酸甜
16	首花序节位	11节	37	商品果横径	56.1 mm	58	清香味	有
17	第二花序节位	12节	38	果形	圆形	59	综合品质	下
18	花序类型	单式花序	39	果梗洼大小	4.5 mm	60	可溶性固形物含量	3.40%
19	簇生花	无	40	果洼木栓化大小	2.0 mm	61	田间成株耐寒性	弱
20	花柱长度	与雄蕊近等长	41	果实横切面形状	不规则形状	62	用途	鲜食或加工
21	花柱形状	单圆花柱	42	果肉色	粉红			

种质编号VT115

序号	描述项目	描述内容	序号	描述项目	描述内容	序号	描述项目	描述内容
1	种质编号	VT115	22	花柱茸毛	无	43	胎座胶状物质颜色	黄
2	种质类型	遗传材料	23	花色	橘黄	44	果肉厚	8.7 mm
3	下胚轴颜色	紫	24	花梗离层	有	45	心室数	8个
4	生长习性	无限生长	25	单花序花数	8朵	46	果皮色	黄
5	株型	半蔓性	26	果柄长度	1.5 cm	47	单花序果数	5个
6	株高	2.0~2.5 m	27	成熟前果色	浅绿	48	单果重	124.6 g
7	茎叶茸毛	短稀	28	成熟果色	粉红	49	熟性	极晚≥125 d
8	叶片类型	普通叶型	29	果面棱沟	重	50	形态一致性	连续变异
9	叶片形状	羽状复叶	30	果面茸毛	稀	51	种皮颜色	灰黄
10	叶片着生状态	下垂	31	果顶形状	微凹	52	播种至开花天数	72 d
11	叶色	绿	32	果肩	有	53	播种至始收天数	136 d
12	叶脉色	无色	33	果肩形状	微凹	54	裂果性	易裂
13	叶裂刻	中	34	果肩色	—	55	畸形果	少
14	叶片长	46.0 cm	35	绿果肩大小	—	56	肉质	沙
15	叶片宽	36.0 cm	36	商品果纵径	54.0 mm	57	风味	甜酸
16	首花序节位	11节	37	商品果横径	62.5 mm	58	清香味	有
17	第二花序节位	13节	38	果形	扁圆或圆形	59	综合品质	中
18	花序类型	单式花序或多歧花序	39	果梗洼大小	4.1 mm	60	可溶性固形物含量	4.40%
19	簇生花	无	40	果洼木栓化大小	2.2 mm	61	田间成株耐寒性	强
20	花柱长度	与雄蕊近等长	41	果实横切面形状	不规则形状	62	用途	鲜食或加工
21	花柱形状	单圆花柱	42	果肉色	粉红			

种质编号VT116

序号	描述项目	描述内容	序号	描述项目	描述内容	序号	描述项目	描述内容
1	种质编号	VT116	22	花柱茸毛	无	43	胎座胶状物质颜色	粉红
2	种质类型	遗传材料	23	花色	橘黄	44	果肉厚	6.2 mm
3	下胚轴颜色	绿	24	花梗离层	有	45	心室数	3个
4	生长习性	无限生长	25	单花序花数	9朵	46	果皮色	黄
5	株型	半蔓性	26	果柄长度	0.6 cm	47	单花序果数	7个
6	株高	1.6~2.0 m	27	成熟前果色	绿	48	单果重	130.9 g
7	茎叶茸毛	长稀	28	成熟果色	红	49	熟性	极晚≥125 d
8	叶片类型	普通叶型	29	果面棱沟	轻或重	50	形态一致性	连续变异
9	叶片形状	羽状复叶	30	果面茸毛	无	51	种皮颜色	灰黄
10	叶片着生状态	下垂	31	果顶形状	深凹	52	播种至开花天数	72 d
11	叶色	绿	32	果肩	有	53	播种至始收天数	138 d
12	叶脉色	无色	33	果肩形状	深凹	54	裂果性	不易裂
13	叶裂刻	中	34	果肩色	—	55	畸形果	少
14	叶片长	52.0 cm	35	绿果肩大小	—	56	肉质	面
15	叶片宽	42.0 cm	36	商品果纵径	59.6 mm	57	风味	酸甜
16	首花序节位	13节	37	商品果横径	61.9 mm	58	清香味	有
17	第二花序节位	14节	38	果形	扁圆或高圆形	59	综合品质	中
18	花序类型	多歧花序	39	果梗洼大小	6.2 mm	60	可溶性固形物含量	4.90%
19	簇生花	无	40	果洼木栓化大小	3.5 mm	61	田间成株耐寒性	中
20	花柱长度	短于雄蕊	41	果实横切面形状	不规则形状	62	用途	鲜食或加工
21	花柱形状	单圆花柱	42	果肉色	粉红			

种质编号VT120

序号	描述项目	描述内容	序号	描述项目	描述内容	序号	描述项目	描述内容
1	种质编号	VT120	22	花柱茸毛	无	43	胎座胶状物质颜色	红
2	种质类型	遗传材料	23	花色	浅黄	44	果肉厚	5.8 mm
3	下胚轴颜色	紫	24	花梗离层	有	45	心室数	5～10个
4	生长习性	无限生长或6序花封顶	25	单花序花数	10朵	46	果皮色	黄
5	株型	半蔓性	26	果柄长度	1.0 cm	47	单花序果数	5个
6	株高	1.0～1.2 m	27	成熟前果色	浅绿	48	单果重	117.8 g
7	茎叶茸毛	短稀	28	成熟果色	红	49	熟性	极晚≥125 d
8	叶片类型	普通叶型	29	果面棱沟	中	50	形态一致性	连续变异
9	叶片形状	羽状复叶	30	果面茸毛	无	51	种皮颜色	灰黄
10	叶片着生状态	水平	31	果顶形状	圆平	52	播种至开花天数	72 d
11	叶色	深绿	32	果肩	有	53	播种至始收天数	136 d
12	叶脉色	绿	33	果肩形状	微凹	54	裂果性	中
13	叶裂刻	中	34	果肩色	—	55	畸形果	无
14	叶片长	39.0 cm	35	绿果肩大小	—	56	肉质	沙
15	叶片宽	42.0 cm	36	商品果纵径	55.9 mm	57	风味	甜酸
16	首花序节位	9节	37	商品果横径	66.0 mm	58	清香味	无
17	第二花序节位	12节	38	果形	圆或高圆形	59	综合品质	中
18	花序类型	单式花序	39	果梗洼大小	5.3 mm	60	可溶性固形物含量	4.20%
19	簇生花	无	40	果洼木栓化大小	2.0 mm	61	田间成株耐寒性	中
20	花柱长度	与雄蕊近等长	41	果实横切面形状	不规则形状	62	用途	鲜食或加工
21	花柱形状	单圆花柱	42	果肉色	红			

种质编号VT121

序号	描述项目	描述内容	序号	描述项目	描述内容	序号	描述项目	描述内容
1	种质编号	VT121	22	花柱茸毛	无	43	胎座胶状物质颜色	红
2	种质类型	遗传材料	23	花色	黄	44	果肉厚	6.1 mm
3	下胚轴颜色	绿或紫	24	花梗离层	有	45	心室数	5个
4	生长习性	无限生长或5序花封顶	25	单花序花数	7朵	46	果皮色	黄
5	株型	半蔓性	26	果柄长度	0.6 cm	47	单花序果数	4个
6	株高	2.0～2.5 m	27	成熟前果色	浅绿	48	单果重	121.8 g
7	茎叶茸毛	长稀	28	成熟果色	红	49	熟性	极晚≥125 d
8	叶片类型	普通叶型	29	果面棱沟	重	50	形态一致性	连续变异
9	叶片形状	羽状复叶	30	果面茸毛	无	51	种皮颜色	浅黄
10	叶片着生状态	水平	31	果顶形状	圆平	52	播种至开花天数	71 d
11	叶色	绿	32	果肩	有	53	播种至始收天数	135 d
12	叶脉色	绿色	33	果肩形状	深凹	54	裂果性	不易裂
13	叶裂刻	深	34	果肩色	—	55	畸形果	无
14	叶片长	52 cm	35	绿果肩大小	—	56	肉质	沙
15	叶片宽	33 cm	36	商品果纵径	56.54 mm	57	风味	酸甜
16	首花序节位	11节	37	商品果横径	82.42 mm	58	清香味	无
17	第二花序节位	12节	38	果形	圆或高圆形	59	综合品质	中
18	花序类型	单式花序	39	果梗洼大小	5.0 mm	60	可溶性固形物含量	3.90%
19	簇生花	无	40	果洼木栓化大小	2.0 mm	61	田间成株耐寒性	中
20	花柱长度	与雄蕊近等长	41	果实横切面形状	不规则形状	62	用途	鲜食或加工
21	花柱形状	单圆花柱	42	果肉色	红			

种质编号VT128

序号	描述项目	描述内容	序号	描述项目	描述内容	序号	描述项目	描述内容
1	种质编号	VT128	22	花柱茸毛	无	43	胎座胶状物质颜色	黄
2	种质类型	品系	23	花色	黄	44	果肉厚	6.3 mm
3	下胚轴颜色	紫	24	花梗离层	有	45	心室数	7个
4	生长习性	5序花封顶	25	单花序花数	4朵	46	果皮色	黄
5	株型	半蔓性	26	果柄长度	1.2 cm	47	单花序果数	3个
6	株高	0.7~1.0 m	27	成熟前果色	浅绿	48	单果重	131.6 g
7	茎叶茸毛	长稀	28	成熟果色	红	49	熟性	早100~105 d
8	叶片类型	普通叶型	29	果面棱沟	轻	50	形态一致性	连续变异
9	叶片形状	羽状复叶	30	果面茸毛	稀	51	种皮颜色	灰黄
10	叶片着生状态	水平	31	果顶形状	深凹	52	播种至开花天数	52 d
11	叶色	绿	32	果肩	有	53	播种至始收天数	105 d
12	叶脉色	无色	33	果肩形状	深凹	54	裂果性	中
13	叶裂刻	中	34	果肩色	—	55	畸形果	少
14	叶片长	43.0 cm	35	绿果肩大小	—	56	肉质	沙
15	叶片宽	34.0 cm	36	商品果纵径	52.6 mm	57	风味	甜酸
16	首花序节位	8节	37	商品果横径	65.9 mm	58	清香味	无
17	第二花序节位	11节	38	果形	扁圆形	59	综合品质	中
18	花序类型	单式花序	39	果梗洼大小	5.2 mm	60	可溶性固形物含量	4.30%
19	簇生花	无	40	果洼木栓化大小	3.0 mm	61	田间成株耐寒性	弱
20	花柱长度	长于雄蕊	41	果实横切面形状	不规则形状	62	用途	鲜食或加工
21	花柱形状	单圆花柱	42	果肉色	红			

种质编号VT130

序号	描述项目	描述内容	序号	描述项目	描述内容	序号	描述项目	描述内容
1	种质编号	VT130	22	花柱茸毛	无	43	胎座胶状物质颜色	红
2	种质类型	遗传材料	23	花色	浅黄	44	果肉厚	9.4 mm
3	下胚轴颜色	紫	24	花梗离层	有	45	心室数	2个
4	生长习性	6序花封顶	25	单花序花数	8朵	46	果皮色	黄
5	株型	半蔓性	26	果柄长度	1.2 cm	47	单花序果数	5个
6	株高	0.9～1.3 m	27	成熟前果色	绿白	48	单果重	137.1 g
7	茎叶茸毛	短稀	28	成熟果色	橘黄或红	49	熟性	早100～105 d
8	叶片类型	普通叶型	29	果面棱沟	中	50	形态一致性	连续变异
9	叶片形状	羽状复叶	30	果面茸毛	无	51	种皮颜色	浅黄
10	叶片着生状态	水平	31	果顶形状	微凹	52	播种至开花天数	55 d
11	叶色	绿	32	果肩	有	53	播种至始收天数	102 d
12	叶脉色	绿	33	果肩形状	平	54	裂果性	不易裂
13	叶裂刻	中	34	果肩色	—	55	畸形果	无
14	叶片长	38.0 cm	35	绿果肩大小	—	56	肉质	沙
15	叶片宽	35.0 cm	36	商品果纵径	74.0 mm	57	风味	甜酸
16	首花序节位	9节	37	商品果横径	63.3 mm	58	清香味	无
17	第二花序节位	10节	38	果形	卵圆形	59	综合品质	下
18	花序类型	单式花序	39	果梗洼大小	5.2 mm	60	可溶性固形物含量	5.00%
19	簇生花	无	40	果洼木栓化大小	1.8 mm	61	田间成株耐寒性	弱
20	花柱长度	短于雄蕊	41	果实横切面形状	圆形	62	用途	鲜食或加工
21	花柱形状	单圆花柱	42	果肉色	黄或粉红			

种质编号VT132

序号	描述项目	描述内容	序号	描述项目	描述内容	序号	描述项目	描述内容
1	种质编号	VT132	22	花柱茸毛	有	43	胎座胶状物质颜色	红
2	种质类型	遗传材料	23	花色	浅黄	44	果肉厚	6.9～8.1 mm
3	下胚轴颜色	紫	24	花梗离层	有	45	心室数	2～4个
4	生长习性	无限生长	25	单花序花数	6朵	46	果皮色	黄
5	株型	蔓性	26	果柄长度	0.5 cm	47	单花序果数	4个
6	株高	1.25～1.6 m	27	成熟前果色	浅绿	48	单果重	129.0 g
7	茎叶茸毛	短稀	28	成熟果色	红	49	熟性	极晚≥125 d
8	叶片类型	普通叶型	29	果面棱沟	轻	50	形态一致性	不连续变异
9	叶片形状	羽状复叶	30	果面茸毛	无	51	种皮颜色	浅棕
10	叶片着生状态	下垂	31	果顶形状	圆平	52	播种至开花天数	73 d
11	叶色	绿	32	果肩	有	53	播种至始收天数	130 d
12	叶脉色	无色	33	果肩形状	平	54	裂果性	不易裂
13	叶裂刻	中	34	果肩色	—	55	畸形果	无
14	叶片长	32.0 cm	35	绿果肩大小	—	56	肉质	沙
15	叶片宽	26.0 cm	36	商品果纵径	51.5～60.6 mm	57	风味	甜酸
16	首花序节位	6节	37	商品果横径	40.1～62.6 mm	58	清香味	有
17	第二花序节位	13节	38	果形	梨形	59	综合品质	下
18	花序类型	单式花序	39	果梗洼大小	5.2 mm	60	可溶性固形物含量	5.0%～5.7%
19	簇生花	无	40	果洼木栓化大小	1.8 mm	61	田间成株耐寒性	弱
20	花柱长度	与雄蕊近等长	41	果实横切面形状	不规则形状	62	用途	鲜食或加工
21	花柱形状	单圆花柱	42	果肉色	红			

种质编号VT135

序号	描述项目	描述内容	序号	描述项目	描述内容	序号	描述项目	描述内容
1	种质编号	VT135	22	花柱茸毛	无	43	胎座胶状物质颜色	红
2	种质类型	遗传材料	23	花色	黄	44	果肉厚	6.6 mm
3	下胚轴颜色	紫	24	花梗离层	有	45	心室数	2个
4	生长习性	5序花封顶	25	单花序花数	6朵	46	果皮色	红
5	株型	半蔓性	26	果柄长度	0.6 cm	47	单花序果数	5个
6	株高	1.8～2.0 m	27	成熟前果色	浅绿	48	单果重	102.1 g
7	茎叶茸毛	短稀	28	成熟果色	红	49	熟性	极晚≥125 d
8	叶片类型	普通叶型	29	果面棱沟	中	50	形态一致性	连续变异
9	叶片形状	羽状复叶	30	果面茸毛	无	51	种皮颜色	浅黄
10	叶片着生状态	下垂	31	果顶形状	圆平	52	播种至开花天数	72 d
11	叶色	深绿	32	果肩	有	53	播种至始收天数	138 d
12	叶脉色	无色	33	果肩形状	微凹	54	裂果性	不易裂
13	叶裂刻	中	34	果肩色	—	55	畸形果	无
14	叶片长	50.0 cm	35	绿果肩大小	—	56	肉质	软
15	叶片宽	45.0 cm	36	商品果纵径	58.2 mm	57	风味	甜酸
16	首花序节位	10节	37	商品果横径	57.6 mm	58	清香味	无
17	第二花序节位	12节	38	果形	高圆形	59	综合品质	中
18	花序类型	单式花序	39	果梗洼大小	4.8 mm	60	可溶性固形物含量	4.90%
19	簇生花	无	40	果洼木栓化大小	2.2 mm	61	田间成株耐寒性	中
20	花柱长度	与雄蕊近等长	41	果实横切面形状	圆形	62	用途	鲜食或加工
21	花柱形状	单圆花柱	42	果肉色	红			

种质编号VT149

序号	描述项目	描述内容	序号	描述项目	描述内容	序号	描述项目	描述内容
1	种质编号	VT149	22	花柱茸毛	无	43	胎座胶状物质颜色	黄
2	种质类型	遗传材料	23	花色	浅黄	44	果肉厚	4.5 mm
3	下胚轴颜色	紫	24	花梗离层	有	45	心室数	5～9个
4	生长习性	6序花封顶	25	单花序花数	6朵	46	果皮色	无色
5	株型	半蔓性	26	果柄长度	1.2 cm	47	单花序果数	3个
6	株高	1.5～1.8 m	27	成熟前果色	绿白	48	单果重	147.9 g
7	茎叶茸毛	长稀	28	成熟果色	粉红	49	熟性	极晚≥125 d
8	叶片类型	普通叶型	29	果面棱沟	中	50	形态一致性	连续变异
9	叶片形状	羽状复叶	30	果面茸毛	无	51	种皮颜色	浅黄
10	叶片着生状态	下垂	31	果顶形状	圆平	52	播种至开花天数	72 d
11	叶色	绿	32	果肩	有	53	播种至始收天数	136 d
12	叶脉色	无色	33	果肩形状	深凹	54	裂果性	易裂
13	叶裂刻	中	34	果肩色	—	55	畸形果	少
14	叶片长	42.0 cm	35	绿果肩大小	—	56	肉质	沙
15	叶片宽	40.0 cm	36	商品果纵径	58.2 mm	57	风味	酸甜
16	首花序节位	10节	37	商品果横径	65.6 mm	58	清香味	有
17	第二花序节位	11节	38	果形	扁平形或圆形	59	综合品质	中
18	花序类型	单式花序	39	果梗洼大小	8.8 mm	60	可溶性固形物含量	4.30%
19	簇生花	无	40	果洼木栓化大小	3.5 mm	61	田间成株耐寒性	中
20	花柱长度	与雄蕊近等长	41	果实横切面形状	不规则形状	62	用途	鲜食或加工
21	花柱形状	单圆花柱	42	果肉色	红			

种质编号VT150

序号	描述项目	描述内容	序号	描述项目	描述内容	序号	描述项目	描述内容
1	种质编号	VT150	22	花柱茸毛	无	43	胎座胶状物质颜色	黄
2	种质类型	遗传材料	23	花色	黄	44	果肉厚	4.0 mm
3	下胚轴颜色	淡紫	24	花梗离层	有	45	心室数	6个
4	生长习性	6序花封顶	25	单花序花数	7朵	46	果皮色	无色
5	株型	半蔓性	26	果柄长度	1.6 cm	47	单花序果数	5个
6	株高	1.5~1.8 m	27	成熟前果色	浅绿	48	单果重	109.8 g
7	茎叶茸毛	长稀	28	成熟果色	粉红	49	熟性	极晚≥125 d
8	叶片类型	普通叶型	29	果面棱沟	中	50	形态一致性	连续变异
9	叶片形状	羽状复叶	30	果面茸毛	无	51	种皮颜色	浅棕
10	叶片着生状态	下垂	31	果顶形状	圆平	52	播种至开花天数	70 d
11	叶色	黄绿	32	果肩	有	53	播种至始收天数	134 d
12	叶脉色	无色	33	果肩形状	深凹	54	裂果性	中
13	叶裂刻	深	34	果肩色	—	55	畸形果	少
14	叶片长	50.0 cm	35	绿果肩大小	—	56	肉质	软
15	叶片宽	50.0 cm	36	商品果纵径	54.5 mm	57	风味	甜酸
16	首花序节位	10节	37	商品果横径	60.0 mm	58	清香味	有
17	第二花序节位	12节	38	果形	圆形	59	综合品质	中
18	花序类型	单式花序	39	果梗洼大小	5.5 mm	60	可溶性固形物含量	3.93%
19	簇生花	无	40	果洼木栓化大小	2.2 mm	61	田间成株耐寒性	中
20	花柱长度	长于雄蕊	41	果实横切面形状	不规则形状	62	用途	鲜食或加工
21	花柱形状	单圆花柱	42	果肉色	粉红			

种质编号VT170

序号	描述项目	描述内容	序号	描述项目	描述内容	序号	描述项目	描述内容
1	种质编号	VT170	22	花柱茸毛	无	43	胎座胶状物质颜色	粉红
2	种质类型	遗传材料	23	花色	黄	44	果肉厚	8.9 mm
3	下胚轴颜色	紫	24	花梗离层	有	45	心室数	3个
4	生长习性	无限生长	25	单花序花数	6朵	46	果皮色	黄
5	株型	蔓性	26	果柄长度	1.3 cm	47	单花序果数	5个
6	株高	2.0～2.2 m	27	成熟前果色	绿	48	单果重	126.1 g
7	茎叶茸毛	长稀	28	成熟果色	红	49	熟性	极晚≥125 d
8	叶片类型	普通叶型	29	果面棱沟	无	50	形态一致性	连续变异
9	叶片形状	二回羽状复叶	30	果面茸毛	无	51	种皮颜色	灰黄
10	叶片着生状态	下垂	31	果顶形状	圆平	52	播种至开花天数	53 d
11	叶色	深绿	32	果肩	有	53	播种至始收天数	151 d
12	叶脉色	无色	33	果肩形状	微凹	54	裂果性	不易裂
13	叶裂刻	深	34	果肩色	—	55	畸形果	无
14	叶片长	45.0 cm	35	绿果肩大小	—	56	肉质	沙
15	叶片宽	43.0 cm	36	商品果纵径	60.7 mm	57	风味	酸甜
16	首花序节位	8节	37	商品果横径	62.8 mm	58	清香味	有
17	第二花序节位	13节	38	果形	高圆形	59	综合品质	中
18	花序类型	单式花序或多歧花序	39	果梗洼大小	5.0 mm	60	可溶性固形物含量	4.27%
19	簇生花	无	40	果洼木栓化大小	3.2 mm	61	田间成株耐寒性	中
20	花柱长度	与雄蕊近等长	41	果实横切面形状	不规则形状	62	用途	鲜食或加工
21	花柱形状	单圆花柱	42	果肉色	红			

种质编号VT176

序号	描述项目	描述内容	序号	描述项目	描述内容	序号	描述项目	描述内容
1	种质编号	VT176	22	花柱茸毛	无	43	胎座胶状物质颜色	粉红
2	种质类型	品系	23	花色	黄	44	果肉厚	7.2 mm
3	下胚轴颜色	绿	24	花梗离层	有	45	心室数	2个
4	生长习性	3序花封顶	25	单花序花数	6朵	46	果皮色	黄
5	株型	半蔓性	26	果柄长度	1.2 cm	47	单花序果数	6个
6	株高	1.2~1.5 m	27	成熟前果色	绿	48	单果重	115.3 g
7	茎叶茸毛	短稀	28	成熟果色	红	49	熟性	极晚≥125 d
8	叶片类型	普通叶型	29	果面棱沟	轻	50	形态一致性	一致
9	叶片形状	羽状复叶	30	果面茸毛	无	51	种皮颜色	灰黄
10	叶片着生状态	水平	31	果顶形状	圆平	52	播种至开花天数	69 d
11	叶色	浅绿	32	果肩	有	53	播种至始收天数	132 d
12	叶脉色	无色	33	果肩形状	平	54	裂果性	不易裂
13	叶裂刻	浅	34	果肩色	—	55	畸形果	无
14	叶片长	40.0 cm	35	绿果肩大小	—	56	肉质	面
15	叶片宽	46.0 cm	36	商品果纵径	62.2 mm	57	风味	甜酸
16	首花序节位	14节	37	商品果横径	58.0 mm	58	清香味	无
17	第二花序节位	15节	38	果形	高圆形	59	综合品质	中
18	花序类型	单式花序	39	果梗洼大小	5.5 mm	60	可溶性固形物含量	4.10%
19	簇生花	无	40	果洼木栓化大小	2.3 mm	61	田间成株耐寒性	弱
20	花柱长度	与雄蕊近等长	41	果实横切面形状	不规则形状	62	用途	鲜食或加工
21	花柱形状	单圆花柱	42	果肉色	红			

种质编号VT184

序号	描述项目	描述内容	序号	描述项目	描述内容	序号	描述项目	描述内容
1	种质编号	VT184	22	花柱茸毛	无	43	胎座胶状物质颜色	红
2	种质类型	品系	23	花色	橘黄	44	果肉厚	6.2 mm
3	下胚轴颜色	黄绿	24	花梗离层	有	45	心室数	4个
4	生长习性	3序花封顶	25	单花序花数	6朵	46	果皮色	黄
5	株型	半蔓性	26	果柄长度	1.5 cm	47	单花序果数	4个
6	株高	0.6～1.0 m	27	成熟前果色	绿	48	单果重	136.0 g
7	茎叶茸毛	长稀	28	成熟果色	红	49	熟性	极晚≥125 d
8	叶片类型	普通叶型	29	果面棱沟	重	50	形态一致性	连续变异
9	叶片形状	羽状复叶	30	果面茸毛	无	51	种皮颜色	灰黄
10	叶片着生状态	水平或下垂	31	果顶形状	圆平	52	播种至开花天数	69 d
11	叶色	绿	32	果肩	有	53	播种至始收天数	132 d
12	叶脉色	无色	33	果肩形状	微凹	54	裂果性	不易裂
13	叶裂刻	深	34	果肩色	—	55	畸形果	无
14	叶片长	43.0 cm	35	绿果肩大小	—	56	肉质	软
15	叶片宽	36.0 cm	36	商品果纵径	56.0 mm	57	风味	甜酸
16	首花序节位	10节	37	商品果横径	66.8 mm	58	清香味	无
17	第二花序节位	12节	38	果形	圆形	59	综合品质	中
18	花序类型	单式花序	39	果梗洼大小	7.0 mm	60	可溶性固形物含量	3.87%
19	簇生花	无	40	果洼木栓化大小	2.8 mm	61	田间成株耐寒性	中
20	花柱长度	与雄蕊近等长	41	果实横切面形状	不规则形状	62	用途	鲜食或加工
21	花柱形状	单圆花柱或扁生花柱	42	果肉色	红			

种质编号VT185

序号	描述项目	描述内容	序号	描述项目	描述内容	序号	描述项目	描述内容
1	种质编号	VT185	22	花柱茸毛	无	43	胎座胶状物质颜色	黄
2	种质类型	品系	23	花色	橘黄	44	果肉厚	5.9 mm
3	下胚轴颜色	紫	24	花梗离层	有	45	心室数	5个
4	生长习性	无限生长	25	单花序花数	6朵	46	果皮色	无色
5	株型	半蔓性	26	果柄长度	0.5 cm	47	单花序果数	6个
6	株高	1.6～1.8 m	27	成熟前果色	绿	48	单果重	128.8 g
7	茎叶茸毛	长稀	28	成熟果色	粉红	49	熟性	极晚≥125 d
8	叶片类型	普通叶型	29	果面棱沟	中	50	形态一致性	连续变异
9	叶片形状	二回羽状复叶	30	果面茸毛	无	51	种皮颜色	灰黄
10	叶片着生状态	水平	31	果顶形状	圆平	52	播种至开花天数	73 d
11	叶色	绿	32	果肩	有	53	播种至始收天数	138 d
12	叶脉色	无色	33	果肩形状	深凹	54	裂果性	不易裂
13	叶裂刻	深	34	果肩色	—	55	畸形果	少
14	叶片长	42.0 cm	35	绿果肩大小	—	56	肉质	沙
15	叶片宽	40.0 cm	36	商品果纵径	54.7 mm	57	风味	酸甜
16	首花序节位	11节	37	商品果横径	66.2 mm	58	清香味	有
17	第二花序节位	14节	38	果形	圆形	59	综合品质	中
18	花序类型	双歧花序	39	果梗洼大小	8.2 mm	60	可溶性固形物含量	5.77%
19	簇生花	无	40	果洼木栓化大小	3.6 mm	61	田间成株耐寒性	弱
20	花柱长度	短于雄蕊	41	果实横切面形状	不规则形状	62	用途	鲜食或加工
21	花柱形状	单圆花柱	42	果肉色	粉红			

第六章 中果类番茄种质资源

种质编号VT186

序号	描述项目	描述内容	序号	描述项目	描述内容	序号	描述项目	描述内容
1	种质编号	VT186	22	花柱茸毛	无	43	胎座胶状物质颜色	红
2	种质类型	品系	23	花色	浅黄	44	果肉厚	7.0 mm
3	下胚轴颜色	紫	24	花梗离层	有	45	心室数	3~7个
4	生长习性	4序花封顶	25	单花序花数	8朵	46	果皮色	黄
5	株型	半蔓性	26	果柄长度	0.8 cm	47	单花序果数	5个
6	株高	0.7~1.0 m	27	成熟前果色	绿	48	单果重	139.2 g
7	茎叶茸毛	长稀	28	成熟果色	红	49	熟性	极晚≥125 d
8	叶片类型	薯叶型	29	果面棱沟	重	50	形态一致性	连续变异
9	叶片形状	羽状复叶	30	果面茸毛	无	51	种皮颜色	灰黄
10	叶片着生状态	下垂	31	果顶形状	微凹	52	播种至开花天数	72 d
11	叶色	黄绿	32	果肩	有	53	播种至始收天数	130 d
12	叶脉色	绿	33	果肩形状	深凹	54	裂果性	易裂
13	叶裂刻	深	34	果肩色	—	55	畸形果	少
14	叶片长	45.0 cm	35	绿果肩大小	—	56	肉质	面
15	叶片宽	45.0 cm	36	商品果纵径	72.3 mm	57	风味	酸甜
16	首花序节位	10节	37	商品果横径	66.3 mm	58	清香味	无
17	第二花序节位	12节	38	果形	长圆形或卵圆形	59	综合品质	下
18	花序类型	单式花序或多歧花序	39	果梗洼大小	5.2 mm	60	可溶性固形物含量	3.63%
19	簇生花	无	40	果洼木栓化大小	2.0 mm	61	田间成株耐寒性	弱
20	花柱长度	短于雄蕊	41	果实横切面形状	不规则形状	62	用途	鲜食或加工
21	花柱形状	单圆花柱	42	果肉色	红			

种质编号VT187

序号	描述项目	描述内容	序号	描述项目	描述内容	序号	描述项目	描述内容
1	种质编号	VT187	22	花柱茸毛	无	43	胎座胶状物质颜色	黄
2	种质类型	遗传材料	23	花色	浅黄	44	果肉厚	6.5 mm
3	下胚轴颜色	紫	24	花梗离层	有	45	心室数	3~6个
4	生长习性	无限生长	25	单花序花数	7朵	46	果皮色	黄
5	株型	半蔓性	26	果柄长度	0.8 cm	47	单花序果数	3个
6	株高	1.2~1.5 m	27	成熟前果色	绿	48	单果重	110.5 g
7	茎叶茸毛	长稀	28	成熟果色	红	49	熟性	极晚≥125 d
8	叶片类型	普通叶型	29	果面棱沟	中	50	形态一致性	连续变异
9	叶片形状	羽状复叶	30	果面茸毛	无	51	种皮颜色	灰黄
10	叶片着生状态	下垂	31	果顶形状	圆平	52	播种至开花天数	69 d
11	叶色	浅绿	32	果肩	有	53	播种至始收天数	136 d
12	叶脉色	无色	33	果肩形状	平	54	裂果性	不易裂
13	叶裂刻	深	34	果肩色	—	55	畸形果	少
14	叶片长	40.0 cm	35	绿果肩大小	—	56	肉质	软
15	叶片宽	35.0 cm	36	商品果纵径	55.3 mm	57	风味	酸甜
16	首花序节位	11节	37	商品果横径	58.7 mm	58	清香味	无
17	第二花序节位	14节	38	果形	梨形	59	综合品质	下
18	花序类型	单式花序	39	果梗洼大小	3.8 mm	60	可溶性固形物含量	4.70%
19	簇生花	无	40	果洼木栓化大小	1.6 mm	61	田间成株耐寒性	弱
20	花柱长度	短于雄蕊	41	果实横切面形状	不规则形状	62	用途	鲜食或加工
21	花柱形状	单圆花柱	42	果肉色	红			

第六章 中果类番茄种质资源

种质编号VT198

序号	描述项目	描述内容	序号	描述项目	描述内容	序号	描述项目	描述内容
1	种质编号	VT198	22	花柱茸毛	无	43	胎座胶状物质颜色	红
2	种质类型	遗传材料	23	花色	黄	44	果肉厚	6.6 mm
3	下胚轴颜色	紫	24	花梗离层	有	45	心室数	3~8个
4	生长习性	3序花封顶	25	单花序花数	9朵	46	果皮色	黄
5	株型	半蔓性	26	果柄长度	1.3 cm	47	单花序果数	3个
6	株高	1.3~1.5 m	27	成熟前果色	深绿	48	单果重	143.3 g
7	茎叶茸毛	长稀	28	成熟果色	红	49	熟性	极晚≥125 d
8	叶片类型	普通叶型	29	果面棱沟	重	50	形态一致性	连续变异
9	叶片形状	羽状复叶	30	果面茸毛	稀	51	种皮颜色	浅黄
10	叶片着生状态	下垂	31	果顶形状	圆平	52	播种至开花天数	69 d
11	叶色	深绿	32	果肩	有	53	播种至始收天数	136 d
12	叶脉色	无色	33	果肩形状	微凹	54	裂果性	中
13	叶裂刻	深	34	果肩色	—	55	畸形果	无
14	叶片长	50.0 cm	35	绿果肩大小	—	56	肉质	沙
15	叶片宽	40.0 cm	36	商品果纵径	57.9 mm	57	风味	酸甜
16	首花序节位	9节	37	商品果横径	67.0 mm	58	清香味	有
17	第二花序节位	12节	38	果形	圆形	59	综合品质	中
18	花序类型	单式花序	39	果梗洼大小	5.6 mm	60	可溶性固形物含量	5.43%
19	簇生花	无	40	果洼木栓化大小	2.4 mm	61	田间成株耐寒性	弱
20	花柱长度	短于雄蕊	41	果实横切面形状	不规则形状	62	用途	鲜食或加工
21	花柱形状	单圆花柱	42	果肉色	粉红			

种质编号VT244

序号	描述项目	描述内容	序号	描述项目	描述内容	序号	描述项目	描述内容
1	种质编号	VT244	22	花柱茸毛	无	43	胎座胶状物质颜色	红
2	种质类型	品系	23	花色	黄	44	果肉厚	6.8 mm
3	下胚轴颜色	紫	24	花梗离层	有	45	心室数	2个
4	生长习性	5序花封顶	25	单花序花数	4朵	46	果皮色	黄
5	株型	半蔓性	26	果柄长度	0.8 cm	47	单花序果数	4个
6	株高	1.3~1.8 m	27	成熟前果色	浅绿	48	单果重	120.1 g
7	茎叶茸毛	短稀	28	成熟果色	红	49	熟性	极晚≥125 d
8	叶片类型	薯叶型	29	果面棱沟	中	50	形态一致性	一致
9	叶片形状	羽状复叶	30	果面茸毛	无	51	种皮颜色	浅棕
10	叶片着生状态	下垂	31	果顶形状	圆平	52	播种至开花天数	75 d
11	叶色	深绿	32	果肩	有	53	播种至始收天数	136 d
12	叶脉色	绿	33	果肩形状	微凹	54	裂果性	不易裂
13	叶裂刻	深	34	果肩色	—	55	畸形果	少
14	叶片长	36.0 cm	35	绿果肩大小	—	56	肉质	沙
15	叶片宽	52.0 cm	36	商品果纵径	63.0 mm	57	风味	甜酸（淡）
16	首花序节位	9节	37	商品果横径	58.8 mm	58	清香味	无
17	第二花序节位	11节	38	果形	长圆形	59	综合品质	中
18	花序类型	单式花序	39	果梗洼大小	4.5 mm	60	可溶性固形物含量	4.40%
19	簇生花	无	40	果洼木栓化大小	2.5 mm	61	田间成株耐寒性	弱
20	花柱长度	与雄蕊近等长	41	果实横切面形状	圆形	62	用途	鲜食或加工
21	花柱形状	单圆花柱	42	果肉色	红			

种质编号VT246

序号	描述项目	描述内容	序号	描述项目	描述内容	序号	描述项目	描述内容
1	种质编号	VT246	22	花柱茸毛	无	43	胎座胶状物质颜色	红
2	种质类型	遗传材料	23	花色	黄	44	果肉厚	6.1 mm
3	下胚轴颜色	紫	24	花梗离层	有	45	心室数	3~4个
4	生长习性	无限生长	25	单花序花数	8朵	46	果皮色	黄
5	株型	半蔓性	26	果柄长度	1.2 cm	47	单花序果数	6个
6	株高	1.7~2.2 m	27	成熟前果色	浅绿	48	单果重	107.9 g
7	茎叶茸毛	长稀	28	成熟果色	红色	49	熟性	极晚≥125 d
8	叶片类型	薯叶型	29	果面棱沟	中	50	形态一致性	连续变异
9	叶片形状	羽状复叶	30	果面茸毛	无	51	种皮颜色	浅棕
10	叶片着生状态	下垂	31	果顶形状	圆平	52	播种至开花天数	71 d
11	叶色	绿	32	果肩	有	53	播种至始收天数	136 d
12	叶脉色	无色	33	果肩形状	微凹	54	裂果性	中
13	叶裂刻	深	34	果肩色	—	55	畸形果	无
14	叶片长	50.0 cm	35	绿果肩大小	—	56	肉质	沙
15	叶片宽	45.0 cm	36	商品果纵径	61.1 mm	57	风味	甜酸
16	首花序节位	9节	37	商品果横径	56.5 mm	58	清香味	有
17	第二花序节位	10节	38	果形	卵圆形	59	综合品质	中
18	花序类型	单式花序	39	果梗洼大小	6.0 mm	60	可溶性固形物含量	3.93%
19	簇生花	无	40	果洼木栓化大小	3.7 mm	61	田间成株耐寒性	中
20	花柱长度	与雄蕊近等长	41	果实横切面形状	不规则形状	62	用途	鲜食或加工
21	花柱形状	分裂花柱	42	果肉色	粉红			

种质编号VT269

序号	描述项目	描述内容	序号	描述项目	描述内容	序号	描述项目	描述内容
1	种质编号	VT269	22	花柱茸毛	无	43	胎座胶状物质颜色	红
2	种质类型	遗传材料	23	花色	黄	44	果肉厚	8.9 mm
3	下胚轴颜色	紫	24	花梗离层	有	45	心室数	2~3个
4	生长习性	无限生长	25	单花序花数	5朵	46	果皮色	黄
5	株型	半蔓性	26	果柄长度	1.0 cm	47	单花序果数	4个
6	株高	2.2~2.8 m	27	成熟前果色	绿	48	单果重	112.8 g
7	茎叶茸毛	短稀	28	成熟果色	红	49	熟性	极晚≥125 d
8	叶片类型	普通叶型	29	果面棱沟	中	50	形态一致性	连续变异
9	叶片形状	二回羽状复叶	30	果面茸毛	无	51	种皮颜色	灰黄
10	叶片着生状态	水平	31	果顶形状	圆平	52	播种至开花天数	66 d
11	叶色	深绿	32	果肩	有	53	播种至始收天数	129 d
12	叶脉色	无色	33	果肩形状	微凹	54	裂果性	不易裂
13	叶裂刻	深	34	果肩色	—	55	畸形果	无
14	叶片长	36.0 cm	35	绿果肩大小	—	56	肉质	沙
15	叶片宽	40.0 cm	36	商品果纵径	54.5 mm	57	风味	甜酸
16	首花序节位	8节	37	商品果横径	60.7 mm	58	清香味	有
17	第二花序节位	12节	38	果形	圆形	59	综合品质	中
18	花序类型	单式花序	39	果梗洼大小	7.0 mm	60	可溶性固形物含量	4.45%
19	簇生花	无	40	果洼木栓化大小	2.8 mm	61	田间成株耐寒性	中
20	花柱长度	与雄蕊近等长	41	果实横切面形状	圆形	62	用途	鲜食或加工
21	花柱形状	单圆花柱	42	果肉色	粉红			

种质编号VT271

序号	描述项目	描述内容	序号	描述项目	描述内容	序号	描述项目	描述内容
1	种质编号	VT271	22	花柱茸毛	无	43	胎座胶状物质颜色	红
2	种质类型	遗传材料	23	花色	浅黄	44	果肉厚	7.6 mm
3	下胚轴颜色	紫	24	花梗离层	有	45	心室数	2~3个
4	生长习性	6序花封顶	25	单花序花数	4朵	46	果皮色	黄
5	株型	半蔓性	26	果柄长度	1.0 cm	47	单花序果数	3个
6	株高	1.6~1.8 m	27	成熟前果色	绿白	48	单果重	111.2 g
7	茎叶茸毛	长稀	28	成熟果色	红	49	熟性	极晚≥125 d
8	叶片类型	薯叶型	29	果面棱沟	中	50	形态一致性	连续变异
9	叶片形状	羽状复叶	30	果面茸毛	无	51	种皮颜色	浅棕
10	叶片着生状态	下垂	31	果顶形状	深凹	52	播种至开花天数	66 d
11	叶色	浅绿	32	果肩	无或有	53	播种至始收天数	129 d
12	叶脉色	无色或绿	33	果肩形状	微凹	54	裂果性	不易裂
13	叶裂刻	深	34	果肩色	—	55	畸形果	少
14	叶片长	40.0 cm	35	绿果肩大小	—	56	肉质	沙
15	叶片宽	45.0 cm	36	商品果纵径	65.3 mm	57	风味	甜酸
16	首花序节位	9节	37	商品果横径	60.1 mm	58	清香味	有
17	第二花序节位	11节	38	果形	卵圆形	59	综合品质	中
18	花序类型	单式花序	39	果梗洼大小	5.2 mm	60	可溶性固形物含量	4.10%
19	簇生花	无	40	果洼木栓化大小	1.3 mm	61	田间成株耐寒性	弱
20	花柱长度	短于雄蕊	41	果实横切面形状	圆形或不规则形	62	用途	鲜食或加工
21	花柱形状	单圆花柱	42	果肉色	红			

种质编号VT272

序号	描述项目	描述内容	序号	描述项目	描述内容	序号	描述项目	描述内容
1	种质编号	VT272	22	花柱茸毛	无	43	胎座胶状物质颜色	黄或红
2	种质类型	遗传材料	23	花色	黄	44	果肉厚	2.4~7.8 mm
3	下胚轴颜色	紫	24	花梗离层	有	45	心室数	2~3个
4	生长习性	无限生长或7序花封顶	25	单花序花数	14朵	46	果皮色	黄
5	株型	半蔓性	26	果柄长度	1.2 cm	47	单花序果数	6个
6	株高	2.0~2.2 m	27	成熟前果色	绿白	48	单果重	16.0~108.9 g
7	茎叶茸毛	短稀	28	成熟果色	红	49	熟性	极晚≥125 d
8	叶片类型	普通叶型或薯叶型	29	果面棱沟	无或中	50	形态一致性	连续变异
9	叶片形状	羽状复叶	30	果面茸毛	无	51	种皮颜色	浅棕
10	叶片着生状态	下垂	31	果顶形状	微凹或圆平	52	播种至开花天数	66 d
11	叶色	浅绿或绿	32	果肩	有	53	播种至始收天数	129 d
12	叶脉色	无	33	果肩形状	微凹	54	裂果性	不易裂
13	叶裂刻	深	34	果肩色	—	55	畸形果	无
14	叶片长	38.0 cm	35	绿果肩大小	—	56	肉质	沙
15	叶片宽	35.0 cm	36	商品果纵径	33.0~62.3 mm	57	风味	甜酸
16	首花序节位	11节	37	商品果横径	34.7~60.8 mm	58	清香味	有
17	第二花序节位	14~15节	38	果形	高圆或桃形	59	综合品质	中
18	花序类型	单式花序	39	果梗洼大小	2.2~4.8 mm	60	可溶性固形物含量	4.10%~6.85%
19	簇生花	无	40	果洼木栓化大小	1.3~1.7 mm	61	田间成株耐寒性	强
20	花柱长度	与雄蕊近等长	41	果实横切面形状	圆形	62	用途	鲜食或加工
21	花柱形状	单圆花柱	42	果肉色	红			

种质编号VT275

序号	描述项目	描述内容	序号	描述项目	描述内容	序号	描述项目	描述内容
1	种质编号	VT275	22	花柱茸毛	无	43	胎座胶状物质颜色	红
2	种质类型	品系	23	花色	黄	44	果肉厚	7.1 mm
3	下胚轴颜色	紫	24	花梗离层	有	45	心室数	8个
4	生长习性	无限生长	25	单花序花数	3朵	46	果皮色	黄
5	株型	半蔓性	26	果柄长度	1.2 cm	47	单花序果数	2个
6	株高	2.0～2.3 m	27	成熟前果色	深绿	48	单果重	130.8 g
7	茎叶茸毛	短稀	28	成熟果色	红	49	熟性	极晚≥125 d
8	叶片类型	普通叶型	29	果面棱沟	重	50	形态一致性	一致
9	叶片形状	羽状复叶	30	果面茸毛	无	51	种皮颜色	浅棕
10	叶片着生状态	下垂	31	果顶形状	微凹	52	播种至开花天数	74 d
11	叶色	浅绿	32	果肩	有	53	播种至始收天数	154 d
12	叶脉色	无色	33	果肩形状	深凹	54	裂果性	易裂
13	叶裂刻	深	34	果肩色	—	55	畸形果	少
14	叶片长	50.0 cm	35	绿果肩大小	—	56	肉质	沙
15	叶片宽	40.0 cm	36	商品果纵径	50.3 mm	57	风味	酸甜
16	首花序节位	9节	37	商品果横径	70.6 mm	58	清香味	有
17	第二花序节位	15节	38	果形	扁圆形	59	综合品质	中
18	花序类型	单式花序	39	果梗洼大小	4.5 mm	60	可溶性固形物含量	3.73%
19	簇生花	无	40	果洼木栓化大小	1.8 mm	61	田间成株耐寒性	中
20	花柱长度	与雄蕊近等长	41	果实横切面形状	不规则形状	62	用途	鲜食或加工
21	花柱形状	单圆花柱	42	果肉色	粉红			

种质编号VT278

序号	描述项目	描述内容	序号	描述项目	描述内容	序号	描述项目	描述内容
1	种质编号	VT278	22	花柱茸毛	无	43	胎座胶状物质颜色	黄绿
2	种质类型	遗传材料	23	花色	黄	44	果肉厚	3.6 mm
3	下胚轴颜色	紫	24	花梗离层	有	45	心室数	9个
4	生长习性	无限生长	25	单花序花数	5朵	46	果皮色	黄
5	株型	半蔓性	26	果柄长度	0.6 cm	47	单花序果数	2个
6	株高	2.0～2.3 m	27	成熟前果色	浅绿	48	单果重	131.1 g
7	茎叶茸毛	短稀	28	成熟果色	红	49	熟性	极晚≥125 d
8	叶片类型	普通叶型	29	果面棱沟	重	50	形态一致性	连续变异
9	叶片形状	二回羽状复叶	30	果面茸毛	无	51	种皮颜色	深棕
10	叶片着生状态	下垂	31	果顶形状	深凹	52	播种至开花天数	66 d
11	叶色	浅绿	32	果肩	有	53	播种至始收天数	129 d
12	叶脉色	无色	33	果肩形状	深凹	54	裂果性	不易裂
13	叶裂刻	深	34	果肩色	—	55	畸形果	少
14	叶片长	35.0 cm	35	绿果肩大小	—	56	肉质	软
15	叶片宽	33.0 cm	36	商品果纵径	43.8 mm	57	风味	酸甜
16	首花序节位	9节	37	商品果横径	75.0 mm	58	清香味	有
17	第二花序节位	11节	38	果形	扁平形	59	综合品质	中
18	花序类型	单式花序或双歧花序	39	果梗洼大小	6.1 mm	60	可溶性固形物含量	3.90%
19	簇生花	有	40	果洼木栓化大小	2.0 mm	61	田间成株耐寒性	中
20	花柱长度	与雄蕊近等长	41	果实横切面形状	不规则形状	62	用途	鲜食或加工
21	花柱形状	单圆或扁生或分裂花柱	42	果肉色	红			

种质编号VT281

序号	描述项目	描述内容	序号	描述项目	描述内容	序号	描述项目	描述内容
1	种质编号	VT281	22	花柱茸毛	无	43	胎座胶状物质颜色	红
2	种质类型	遗传材料	23	花色	浅黄	44	果肉厚	6.7 mm
3	下胚轴颜色	紫	24	花梗离层	有	45	心室数	2个
4	生长习性	6序花封顶	25	单花序花数	7朵	46	果皮色	黄
5	株型	半蔓性	26	果柄长度	1.0 cm	47	单花序果数	6个
6	株高	0.8~1.3 m	27	成熟前果色	绿	48	单果重	104.8 g
7	茎叶茸毛	短稀	28	成熟果色	红	49	熟性	极晚≥125 d
8	叶片类型	普通叶型	29	果面棱沟	中	50	形态一致性	连续变异
9	叶片形状	羽状复叶	30	果面茸毛	无	51	种皮颜色	灰黄
10	叶片着生状态	下垂	31	果顶形状	凸尖	52	播种至开花天数	66 d
11	叶色	黄绿	32	果肩	有	53	播种至始收天数	129 d
12	叶脉色	绿	33	果肩形状	微凹	54	裂果性	不易裂
13	叶裂刻	中	34	果肩色	—	55	畸形果	少
14	叶片长	40.0 cm	35	绿果肩大小	—	56	肉质	沙
15	叶片宽	42.0 cm	36	商品果纵径	81.9 mm	57	风味	酸甜
16	首花序节位	8节	37	商品果横径	49.7 mm	58	清香味	有
17	第二花序节位	11节	38	果形	高圆或长梨形	59	综合品质	下
18	花序类型	单式花序	39	果梗洼大小	4.5 mm	60	可溶性固形物含量	4.07%
19	簇生花	无	40	果洼木栓化大小	1.3 mm	61	田间成株耐寒性	弱
20	花柱长度	短于雄蕊	41	果实横切面形状	圆形	62	用途	鲜食或加工
21	花柱形状	单圆花柱	42	果肉色	红			

种质编号VT298

序号	描述项目	描述内容	序号	描述项目	描述内容	序号	描述项目	描述内容
1	种质编号	VT298	22	花柱茸毛	无	43	胎座胶状物质颜色	红
2	种质类型	遗传材料	23	花色	黄	44	果肉厚	4.6 mm
3	下胚轴颜色	紫	24	花梗离层	有	45	心室数	7个
4	生长习性	无限生长	25	单花序花数	7朵	46	果皮色	黄
5	株型	半蔓性	26	果柄长度	1.0 cm	47	单花序果数	4个
6	株高	2.1～2.5 m	27	成熟前果色	绿白	48	单果重	125.5 g
7	茎叶茸毛	短稀	28	成熟果色	红	49	熟性	极晚≥125 d
8	叶片类型	薯叶型	29	果面棱沟	重	50	形态一致性	连续变异
9	叶片形状	羽状复叶	30	果面茸毛	稀	51	种皮颜色	灰黄
10	叶片着生状态	水平	31	果顶形状	微凹	52	播种至开花天数	68 d
11	叶色	黄绿	32	果肩	有	53	播种至始收天数	133 d
12	叶脉色	无色	33	果肩形状	深凹	54	裂果性	中
13	叶裂刻	中	34	果肩色	—	55	畸形果	多
14	叶片长	36.0 cm	35	绿果肩大小	—	56	肉质	软
15	叶片宽	28.0 cm	36	商品果纵径	47.7 mm	57	风味	甜酸
16	首花序节位	12节	37	商品果横径	76.0 mm	58	清香味	无
17	第二花序节位	16节	38	果形	扁平形	59	综合品质	下
18	花序类型	多歧花序	39	果梗洼大小	3.5 mm	60	可溶性固形物含量	4.35%
19	簇生花	有	40	果洼木栓化大小	1.3 mm	61	田间成株耐寒性	中
20	花柱长度	短于雄蕊	41	果实横切面形状	不规则形状	62	用途	鲜食或加工
21	花柱形状	单圆或分裂花柱	42	果肉色	红			

种质编号VT318

序号	描述项目	描述内容	序号	描述项目	描述内容	序号	描述项目	描述内容
1	种质编号	VT318	22	花柱茸毛	无	43	胎座胶状物质颜色	红
2	种质类型	遗传材料	23	花色	橘黄	44	果肉厚	7.3 mm
3	下胚轴颜色	紫	24	花梗离层	有	45	心室数	2个
4	生长习性	5序花封顶	25	单花序花数	9朵	46	果皮色	黄
5	株型	半蔓性	26	果柄长度	1.0 cm	47	单花序果数	5个
6	株高	1.0～1.3 m	27	成熟前果色	绿白	48	单果重	113.3 g
7	茎叶茸毛	短稀	28	成熟果色	红	49	熟性	极晚≥125 d
8	叶片类型	普通叶型	29	果面棱沟	中	50	形态一致性	连续变异
9	叶片形状	羽状复叶	30	果面茸毛	无	51	种皮颜色	浅棕
10	叶片着生状态	水平	31	果顶形状	微凸	52	播种至开花天数	66 d
11	叶色	深绿	32	果肩	有	53	播种至始收天数	129 d
12	叶脉色	绿	33	果肩形状	微凹	54	裂果性	不易裂
13	叶裂刻	中	34	果肩色	—	55	畸形果	无
14	叶片长	42.0 cm	35	绿果肩大小	—	56	肉质	沙
15	叶片宽	45.0 cm	36	商品果纵径	61.0 mm	57	风味	酸甜
16	首花序节位	8节	37	商品果横径	58.4 mm	58	清香味	无
17	第二花序节位	11节	38	果形	高圆或桃形	59	综合品质	中
18	花序类型	单式花序	39	果梗洼大小	6.2 mm	60	可溶性固形物含量	4.33%
19	簇生花	无	40	果洼木栓化大小	2.5 mm	61	田间成株耐寒性	弱
20	花柱长度	短于雄蕊	41	果实横切面形状	圆形	62	用途	鲜食或加工
21	花柱形状	单圆花柱	42	果肉色	红			

种质编号VT319

序号	描述项目	描述内容	序号	描述项目	描述内容	序号	描述项目	描述内容
1	种质编号	VT319	22	花柱茸毛	无	43	胎座胶状物质颜色	红
2	种质类型	品系	23	花色	黄	44	果肉厚	8.0 mm
3	下胚轴颜色	紫	24	花梗离层	有	45	心室数	2个
4	生长习性	5序花封顶	25	单花序花数	7朵	46	果皮色	黄
5	株型	半蔓性	26	果柄长度	0.5 cm	47	单花序果数	6个
6	株高	1.0~1.2 m	27	成熟前果色	绿白	48	单果重	100.2 g
7	茎叶茸毛	短稀	28	成熟果色	红	49	熟性	极晚≥125 d
8	叶片类型	薯叶型	29	果面棱沟	中	50	形态一致性	一致
9	叶片形状	羽状复叶	30	果面茸毛	无	51	种皮颜色	浅棕
10	叶片着生状态	下垂	31	果顶形状	微凸	52	播种至开花天数	66 d
11	叶色	浅绿	32	果肩	有	53	播种至始收天数	129 d
12	叶脉色	绿	33	果肩形状	微凹	54	裂果性	不易裂
13	叶裂刻	深	34	果肩色	—	55	畸形果	无
14	叶片长	36.0 cm	35	绿果肩大小	—	56	肉质	面
15	叶片宽	32.0 cm	36	商品果纵径	56.7 mm	57	风味	酸甜
16	首花序节位	6节	37	商品果横径	56.8 mm	58	清香味	有
17	第二花序节位	9节	38	果形	高圆形	59	综合品质	中
18	花序类型	单式花序	39	果梗洼大小	6.1 mm	60	可溶性固形物含量	4.53%
19	簇生花	无	40	果洼木栓化大小	2.3 mm	61	田间成株耐寒性	中
20	花柱长度	短于雄蕊	41	果实横切面形状	圆形	62	用途	鲜食或加工
21	花柱形状	单圆花柱	42	果肉色	红			

种质编号VT324

序号	描述项目	描述内容	序号	描述项目	描述内容	序号	描述项目	描述内容
1	种质编号	VT324	22	花柱茸毛	无	43	胎座胶状物质颜色	红
2	种质类型	遗传材料	23	花色	橘黄	44	果肉厚	7.8 mm
3	下胚轴颜色	紫	24	花梗离层	有	45	心室数	2个
4	生长习性	5序花封顶	25	单花序花数	5朵	46	果皮色	黄
5	株型	半蔓性	26	果柄长度	0.6 cm	47	单花序果数	4个
6	株高	0.8～1.1 m	27	成熟前果色	浅绿	48	单果重	101.9 g
7	茎叶茸毛	短稀	28	成熟果色	红	49	熟性	极晚≥125 d
8	叶片类型	薯叶型	29	果面棱沟	轻	50	形态一致性	连续变异
9	叶片形状	羽状复叶	30	果面茸毛	稀	51	种皮颜色	深黄
10	叶片着生状态	水平	31	果顶形状	圆平或微凸	52	播种至开花天数	72 d
11	叶色	黄绿	32	果肩	有	53	播种至始收天数	135 d
12	叶脉色	绿	33	果肩形状	微凹	54	裂果性	不易裂
13	叶裂刻	中	34	果肩色	—	55	畸形果	无
14	叶片长	35.0 cm	35	绿果肩大小	—	56	肉质	沙
15	叶片宽	40.0 cm	36	商品果纵径	59.2 mm	57	风味	酸甜
16	首花序节位	8节	37	商品果横径	56.0 mm	58	清香味	无
17	第二花序节位	10节	38	果形	高圆或桃形	59	综合品质	中
18	花序类型	单式花序	39	果梗洼大小	6.5 mm	60	可溶性固形物含量	4.33%
19	簇生花	无	40	果洼木栓化大小	2.6 mm	61	田间成株耐寒性	弱
20	花柱长度	短于雄蕊	41	果实横切面形状	圆形	62	用途	鲜食或加工
21	花柱形状	单圆花柱	42	果肉色	红			

种质编号VT410

序号	描述项目	描述内容	序号	描述项目	描述内容	序号	描述项目	描述内容
1	种质编号	VT410	22	花柱茸毛	无	43	胎座胶状物质颜色	黄
2	种质类型	品系	23	花色	浅黄	44	果肉厚	7.2 mm
3	下胚轴颜色	紫	24	花梗离层	有	45	心室数	4个
4	生长习性	无限生长	25	单花序花数	6朵	46	果皮色	黄
5	株型	半蔓性	26	果柄长度	1.3 cm	47	单花序果数	5个
6	株高	1.8~2.1 m	27	成熟前果色	绿白	48	单果重	116.6 g
7	茎叶茸毛	长稀	28	成熟果色	黄	49	熟性	极晚≥125 d
8	叶片类型	普通叶型	29	果面棱沟	中	50	形态一致性	连续变异
9	叶片形状	羽状复叶	30	果面茸毛	稀	51	种皮颜色	灰黄
10	叶片着生状态	下垂	31	果顶形状	圆平	52	播种至开花天数	65 d
11	叶色	深绿	32	果肩	有	53	播种至始收天数	132 d
12	叶脉色	无色	33	果肩形状	微凹	54	裂果性	中
13	叶裂刻	深	34	果肩色	—	55	畸形果	无
14	叶片长	44.0 cm	35	绿果肩大小	—	56	肉质	沙
15	叶片宽	40.0 cm	36	商品果纵径	55.5 mm	57	风味	酸甜
16	首花序节位	8节	37	商品果横径	60.1 mm	58	清香味	有
17	第二花序节位	12节	38	果形	圆形	59	综合品质	下
18	花序类型	单式花序	39	果梗洼大小	8.0 mm	60	可溶性固形物含量	5.20%
19	簇生花	无	40	果洼木栓化大小	3.5 mm	61	田间成株耐寒性	中
20	花柱长度	与雄蕊近等长	41	果实横切面形状	不规则形状	62	用途	鲜食或加工
21	花柱形状	单圆花柱	42	果肉色	浅黄			

第六章 中果类番茄种质资源

种质编号VT417

序号	描述项目	描述内容	序号	描述项目	描述内容	序号	描述项目	描述内容
1	种质编号	VT417	22	花柱茸毛	无	43	胎座胶状物质颜色	黄
2	种质类型	品系	23	花色	黄	44	果肉厚	6.1 mm
3	下胚轴颜色	紫	24	花梗离层	有	45	心室数	6个
4	生长习性	无限生长	25	单花序花数	6朵	46	果皮色	黄
5	株型	半蔓性	26	果柄长度	1.0 cm	47	单花序果数	5个
6	株高	2.2~2.8 m	27	成熟前果色	浅绿	48	单果重	117.3 g
7	茎叶茸毛	短稀	28	成熟果色	红	49	熟性	极晚≥125 d
8	叶片类型	普通叶型	29	果面棱沟	中	50	形态一致性	连续变异
9	叶片形状	羽状复叶	30	果面茸毛	无	51	种皮颜色	浅棕
10	叶片着生状态	下垂	31	果顶形状	圆平	52	播种至开花天数	68 d
11	叶色	深绿	32	果肩	有	53	播种至始收天数	132 d
12	叶脉色	无色	33	果肩形状	微凹	54	裂果性	中
13	叶裂刻	深	34	果肩色	—	55	畸形果	无
14	叶片长	38.0 cm	35	绿果肩大小	—	56	肉质	沙
15	叶片宽	32.0 cm	36	商品果纵径	56.4 mm	57	风味	酸甜
16	首花序节位	11节	37	商品果横径	60.6 mm	58	清香味	有（淡）
17	第二花序节位	14节	38	果形	圆形	59	综合品质	
18	花序类型	单式花序	39	果梗洼大小	7.2 mm	60	可溶性固形物含量	4.40%
19	簇生花	无	40	果洼木栓化大小	2.5 mm	61	田间成株耐寒性	中
20	花柱长度	与雄蕊近等长	41	果实横切面形状	不规则形状	62	用途	鲜食或加工
21	花柱形状	单圆花柱	42	果肉色	红			

种质编号VT418

序号	描述项目	描述内容	序号	描述项目	描述内容	序号	描述项目	描述内容
1	种质编号	VT418	22	花柱茸毛	无	43	胎座胶状物质颜色	红
2	种质类型	遗传材料	23	花色	黄	44	果肉厚	6.8 mm
3	下胚轴颜色	紫	24	花梗离层	有	45	心室数	3~4个
4	生长习性	无限生长	25	单花序花数	6朵	46	果皮色	黄
5	株型	半蔓性	26	果柄长度	1.2 cm	47	单花序果数	5个
6	株高	2.3~2.8 m	27	成熟前果色	浅绿	48	单果重	107.8 g
7	茎叶茸毛	短稀	28	成熟果色	红	49	熟性	极晚≥125 d
8	叶片类型	普通叶型	29	果面棱沟	轻	50	形态一致性	连续变异
9	叶片形状	二回羽状复叶	30	果面茸毛	稀	51	种皮颜色	浅棕
10	叶片着生状态	下垂	31	果顶形状	微凹或圆平	52	播种至开花天数	68 d
11	叶色	深绿	32	果肩	有	53	播种至始收天数	132 d
12	叶脉色	无色	33	果肩形状	微凹	54	裂果性	不易裂
13	叶裂刻	深	34	果肩色	—	55	畸形果	无
14	叶片长	43.0 cm	35	绿果肩大小	—	56	肉质	沙
15	叶片宽	40.0 cm	36	商品果纵径	54.6 mm	57	风味	酸甜
16	首花序节位	9节	37	商品果横径	59.8 mm	58	清香味	有（浓）
17	第二花序节位	13节	38	果形	圆形或高圆形	59	综合品质	中
18	花序类型	单式花序	39	果梗洼大小	7.5 mm	60	可溶性固形物含量	4.40%
19	簇生花	无	40	果洼木栓化大小	2.0 mm	61	田间成株耐寒性	强
20	花柱长度	短于雄蕊	41	果实横切面形状	不规则形状	62	用途	鲜食或加工
21	花柱形状	单圆花柱	42	果肉色	红			

种质编号VT438

序号	描述项目	描述内容	序号	描述项目	描述内容	序号	描述项目	描述内容
1	种质编号	VT438	22	花柱茸毛	无	43	胎座胶状物质颜色	黄
2	种质类型	品系	23	花色	黄	44	果肉厚	6.5 mm
3	下胚轴颜色	紫	24	花梗离层	有	45	心室数	3个
4	生长习性	无限生长	25	单花序花数	6朵	46	果皮色	黄
5	株型	半蔓性	26	果柄长度	0.8 cm	47	单花序果数	3个
6	株高	1.3~1.5 m	27	成熟前果色	浅绿	48	单果重	104.4 g
7	茎叶茸毛	短稀	28	成熟果色	红	49	熟性	极晚≥125 d
8	叶片类型	薯叶型	29	果面棱沟	重	50	形态一致性	连续变异
9	叶片形状	羽状复叶	30	果面茸毛	无	51	种皮颜色	浅棕
10	叶片着生状态	下垂	31	果顶形状	微凹	52	播种至开花天数	67 d
11	叶色	深绿	32	果肩	有	53	播种至始收天数	132 d
12	叶脉色	无色	33	果肩形状	微凹	54	裂果性	不易裂
13	叶裂刻	深	34	果肩色	—	55	畸形果	无
14	叶片长	46.0 cm	35	绿果肩大小	—	56	肉质	沙
15	叶片宽	40.0 cm	36	商品果纵径	53.2 mm	57	风味	酸甜
16	首花序节位	9节	37	商品果横径	61.5 mm	58	清香味	有
17	第二花序节位	10节	38	果形	圆形	59	综合品质	下
18	花序类型	双歧花序	39	果梗洼大小	5.6 mm	60	可溶性固形物含量	3.43%
19	簇生花	无	40	果洼木栓化大小	3.0 mm	61	田间成株耐寒性	中
20	花柱长度	与雄蕊近等长	41	果实横切面形状	不规则形状	62	用途	鲜食或加工
21	花柱形状	单圆花柱	42	果肉色	红			

种质编号VT451

序号	描述项目	描述内容	序号	描述项目	描述内容	序号	描述项目	描述内容
1	种质编号	VT451	22	花柱茸毛	无	43	胎座胶状物质颜色	黄
2	种质类型	品系	23	花色	黄	44	果肉厚	7.0 mm
3	下胚轴颜色	紫	24	花梗离层	有	45	心室数	3个
4	生长习性	无限生长	25	单花序花数	5朵	46	果皮色	黄
5	株型	半蔓性	26	果柄长度	1.5 cm	47	单花序果数	5个
6	株高	2.1～2.5 m	27	成熟前果色	深绿	48	单果重	134.9 g
7	茎叶茸毛	短稀	28	成熟果色	红	49	熟性	极晚≥125 d
8	叶片类型	普通叶型	29	果面棱沟	轻	50	形态一致性	连续变异
9	叶片形状	羽状复叶	30	果面茸毛	稀	51	种皮颜色	深棕
10	叶片着生状态	下垂	31	果顶形状	微凹	52	播种至开花天数	85 d
11	叶色	深绿	32	果肩	有	53	播种至始收天数	148 d
12	叶脉色	无色	33	果肩形状	微凹	54	裂果性	不易裂
13	叶裂刻	深	34	果肩色	绿	55	畸形果	无
14	叶片长	57.0 cm	35	绿果肩大小	小	56	肉质	面
15	叶片宽	31.0 cm	36	商品果纵径	64.4 mm	57	风味	酸甜
16	首花序节位	7节	37	商品果横径	63.4 mm	58	清香味	无
17	第二花序节位	12节	38	果形	高圆形	59	综合品质	中
18	花序类型	单式花序	39	果梗洼大小	8.6 mm	60	可溶性固形物含量	3.60%
19	簇生花	无	40	果洼木栓化大小	3.0 mm	61	田间成株耐寒性	强
20	花柱长度	与雄蕊近等长	41	果实横切面形状	不规则形状	62	用途	鲜食或加工
21	花柱形状	单圆花柱	42	果肉色	粉红			

种质编号VT452

序号	描述项目	描述内容	序号	描述项目	描述内容	序号	描述项目	描述内容
1	种质编号	VT452	22	花柱茸毛	有	43	胎座胶状物质颜色	红
2	种质类型	遗传材料	23	花色	黄	44	果肉厚	4.8～5.7 mm
3	下胚轴颜色	紫	24	花梗离层	有	45	心室数	2～5个
4	生长习性	无限生长	25	单花序花数	7朵	46	果皮色	无色
5	株型	半蔓性	26	果柄长度	0.8 cm	47	单花序果数	6个
6	株高	1.7～2.1 m	27	成熟前果色	浅绿	48	单果重	100.0 g
7	茎叶茸毛	短稀	28	成熟果色	粉红	49	熟性	极晚≥125 d
8	叶片类型	普通叶型	29	果面棱沟	中	50	形态一致性	连续变异
9	叶片形状	羽状复叶	30	果面茸毛	无	51	种皮颜色	深棕
10	叶片着生状态	下垂	31	果顶形状	微凹或圆平	52	播种至开花天数	66 d
11	叶色	深绿	32	果肩	有	53	播种至始收天数	129 d
12	叶脉色	绿	33	果肩形状	微凹	54	裂果性	不易裂
13	叶裂刻	深	34	果肩色	—	55	畸形果	无
14	叶片长	46.0～54.0 cm	35	绿果肩大小	—	56	肉质	沙
15	叶片宽	40.0～47.0 cm	36	商品果纵径	54.4 mm	57	风味	有（淡）
16	首花序节位	9～10节	37	商品果横径	56.7 mm	58	清香味	番茄味淡
17	第二花序节位	14节	38	果形	圆形或梨形	59	综合品质	下
18	花序类型	单式花序	39	果梗洼大小	8.0 mm	60	可溶性固形物含量	4.70%
19	簇生花	无	40	果洼木栓化大小	3.0 mm	61	田间成株耐寒性	强
20	花柱长度	短于或与雄蕊近等长	41	果实横切面形状	圆形或不规则形状	62	用途	鲜食或加工
21	花柱形状	单圆花柱	42	果肉色	粉红			

种质编号VT506

序号	描述项目	描述内容	序号	描述项目	描述内容	序号	描述项目	描述内容
1	种质编号	VT506	22	花柱茸毛	无	43	胎座胶状物质颜色	红
2	种质类型	遗传材料	23	花色	浅黄	44	果肉厚	9.5 mm
3	下胚轴颜色	紫	24	花梗离层	有	45	心室数	3~4个
4	生长习性	无限生长	25	单花序花数	8朵	46	果皮色	黄
5	株型	半蔓性	26	果柄长度	0.9 cm	47	单花序果数	6个
6	株高	2.3~2.5 m	27	成熟前果色	浅绿	48	单果重	117.9 g
7	茎叶茸毛	长稀	28	成熟果色	红	49	熟性	极晚≥125 d
8	叶片类型	普通叶型	29	果面棱沟	轻	50	形态一致性	连续变异
9	叶片形状	二回羽状复叶	30	果面茸毛	无	51	种皮颜色	深棕
10	叶片着生状态	下垂	31	果顶形状	圆平	52	播种至开花天数	72 d
11	叶色	黄绿	32	果肩	有	53	播种至始收天数	137 d
12	叶脉色	无色	33	果肩形状	微凹	54	裂果性	不易裂
13	叶裂刻	深	34	果肩色	—	55	畸形果	无
14	叶片长	52.0 cm	35	绿果肩大小	—	56	肉质	沙
15	叶片宽	40.0 cm	36	商品果纵径	56.8 mm	57	风味	酸甜
16	首花序节位	11节	37	商品果横径	62.3 mm	58	清香味	无
17	第二花序节位	15节	38	果形	圆形	59	综合品质	中
18	花序类型	单式花序	39	果梗洼大小	4.8 mm	60	可溶性固形物含量	4.60%
19	簇生花	无	40	果洼木栓化大小	2.3 mm	61	田间成株耐寒性	中
20	花柱长度	与雄蕊近等长	41	果实横切面形状	等边多边形或不规则形	62	用途	鲜食或加工
21	花柱形状	单圆花柱	42	果肉色	红			

种质编号VT542

序号	描述项目	描述内容	序号	描述项目	描述内容	序号	描述项目	描述内容
1	种质编号	VT542	22	花柱茸毛	无	43	胎座胶状物质颜色	红
2	种质类型	品系	23	花色	黄	44	果肉厚	5.3 mm
3	下胚轴颜色	紫	24	花梗离层	有	45	心室数	5个
4	生长习性	无限生长	25	单花序花数	5朵	46	果皮色	黄
5	株型	半蔓性	26	果柄长度	1.2 cm	47	单花序果数	4个
6	株高	1.6～2.0 m	27	成熟前果色	绿白	48	单果重	103.9 g
7	茎叶茸毛	短稀	28	成熟果色	粉红	49	熟性	极晚≥125 d
8	叶片类型	普通叶型	29	果面棱沟	轻	50	形态一致性	连续变异
9	叶片形状	羽状复叶	30	果面茸毛	无	51	种皮颜色	灰黄
10	叶片着生状态	下垂	31	果顶形状	圆平	52	播种至开花天数	73 d
11	叶色	浅绿	32	果肩	有	53	播种至始收天数	130 d
12	叶脉色	无色	33	果肩形状	平	54	裂果性	易裂
13	叶裂刻	深	34	果肩色	—	55	畸形果	少
14	叶片长	35.0 cm	35	绿果肩大小	—	56	肉质	沙
15	叶片宽	35.0 cm	36	商品果纵径	47.5 mm	57	风味	酸甜
16	首花序节位	8节	37	商品果横径	58.5 mm	58	清香味	无
17	第二花序节位	13节	38	果形	圆形	59	综合品质	下
18	花序类型	单式花序	39	果梗洼大小	7.6 mm	60	可溶性固形物含量	4.20%
19	簇生花	无	40	果洼木栓化大小	3.8 mm	61	田间成株耐寒性	中
20	花柱长度	短于雄蕊	41	果实横切面形状	不规则形状	62	用途	鲜食
21	花柱形状	扁生花柱	42	果肉色	红			

种质编号VT544

序号	描述项目	描述内容	序号	描述项目	描述内容	序号	描述项目	描述内容
1	种质编号	VT544	22	花柱茸毛	有	43	胎座胶状物质颜色	黄
2	种质类型	遗传材料	23	花色	黄	44	果肉厚	6.2 mm
3	下胚轴颜色	绿	24	花梗离层	有	45	心室数	4个
4	生长习性	无限生长	25	单花序花数	6朵	46	果皮色	黄
5	株型	半蔓性	26	果柄长度	1.6 cm	47	单花序果数	5个
6	株高	1.4~1.7 m	27	成熟前果色	浅绿	48	单果重	106.7 g
7	茎叶茸毛	短稀	28	成熟果色	红	49	熟性	极晚≥125 d
8	叶片类型	普通叶型	29	果面棱沟	重	50	形态一致性	连续变异
9	叶片形状	羽状复叶	30	果面茸毛	无	51	种皮颜色	灰黄
10	叶片着生状态	水平	31	果顶形状	微凹	52	播种至开花天数	84 d
11	叶色	浅绿	32	果肩	有	53	播种至始收天数	147 d
12	叶脉色	无色	33	果肩形状	微凹	54	裂果性	中
13	叶裂刻	深	34	果肩色	—	55	畸形果	无
14	叶片长	43.0 cm	35	绿果肩大小	—	56	肉质	沙
15	叶片宽	41.0 cm	36	商品果纵径	51.1 mm	57	风味	甜酸
16	首花序节位	12节	37	商品果横径	60.4 mm	58	清香味	有
17	第二花序节位	14节	38	果形	扁圆或圆形	59	综合品质	中
18	花序类型	单式花序	39	果梗洼大小	8.4 mm	60	可溶性固形物含量	3.90%
19	簇生花	无	40	果洼木栓化大小	4.8 mm	61	田间成株耐寒性	强
20	花柱长度	短于雄蕊	41	果实横切面形状	不规则形状	62	用途	鲜食
21	花柱形状	单圆花柱	42	果肉色	红			

种质编号VT545

序号	描述项目	描述内容	序号	描述项目	描述内容	序号	描述项目	描述内容
1	种质编号	VT545	22	花柱茸毛	无	43	胎座胶状物质颜色	黄
2	种质类型	品系	23	花色	浅黄	44	果肉厚	4.1 mm
3	下胚轴颜色	紫	24	花梗离层	有	45	心室数	7个
4	生长习性	5序花封顶	25	单花序花数	5朵	46	果皮色	黄
5	株型	半蔓性	26	果柄长度	0.8 cm	47	单花序果数	3个
6	株高	1.1~1.4 m	27	成熟前果色	浅绿	48	单果重	124.9 g
7	茎叶茸毛	短稀	28	成熟果色	黄	49	熟性	极晚≥125 d
8	叶片类型	薯叶型	29	果面棱沟	重	50	形态一致性	连续变异
9	叶片形状	羽状复叶	30	果面茸毛	无	51	种皮颜色	浅棕
10	叶片着生状态	下垂	31	果顶形状	圆平	52	播种至开花天数	84 d
11	叶色	绿	32	果肩	有	53	播种至始收天数	147 d
12	叶脉色	无色	33	果肩形状	微凹	54	裂果性	中
13	叶裂刻	中	34	果肩色	—	55	畸形果	低
14	叶片长	40.0 cm	35	绿果肩大小	—	56	肉质	沙
15	叶片宽	31.0 cm	36	商品果纵径	53.7 mm	57	风味	酸甜
16	首花序节位	9节	37	商品果横径	63.5 mm	58	清香味	有（淡）
17	第二花序节位	11节	38	果形	圆形	59	综合品质	中
18	花序类型	单式花序	39	果梗洼大小	7.2 mm	60	可溶性固形物含量	4.10%
19	簇生花	无	40	果洼木栓化大小	1.8 mm	61	田间成株耐寒性	中
20	花柱长度	短于雄蕊	41	果实横切面形状	不规则形状	62	用途	鲜食或加工
21	花柱形状	单圆花柱	42	果肉色	黄白			

种质编号VT566

序号	描述项目	描述内容	序号	描述项目	描述内容	序号	描述项目	描述内容
1	种质编号	VT566	22	花柱茸毛	无	43	胎座胶状物质颜色	红
2	种质类型	品系	23	花色	浅黄	44	果肉厚	7.1 mm
3	下胚轴颜色	紫	24	花梗离层	有	45	心室数	2个
4	生长习性	4序花封顶	25	单花序花数	6朵	46	果皮色	黄
5	株型	半蔓性	26	果柄长度	1.5 cm	47	单花序果数	3个
6	株高	1.2~1.4 m	27	成熟前果色	浅绿	48	单果重	106.6 g
7	茎叶茸毛	长稀	28	成熟果色	红	49	熟性	极晚≥125 d
8	叶片类型	普通叶型	29	果面棱沟	轻	50	形态一致性	连续变异
9	叶片形状	羽状复叶	30	果面茸毛	微凹	51	种皮颜色	浅棕
10	叶片着生状态	下垂	31	果顶形状	圆平	52	播种至开花天数	69 d
11	叶色	浅绿	32	果肩	有	53	播种至始收天数	134 d
12	叶脉色	无色	33	果肩形状	微凹	54	裂果性	不易裂
13	叶裂刻	中	34	果肩色	—	55	畸形果	无
14	叶片长	40.0 cm	35	绿果肩大小	—	56	肉质	沙
15	叶片宽	38.0 cm	36	商品果纵径	70.9 mm	57	风味	甜酸
16	首花序节位	11节	37	商品果横径	54.5 mm	58	清香味	无
17	第二花序节位	12节	38	果形	长圆形	59	综合品质	下
18	花序类型	单式花序	39	果梗洼大小	7.2 mm	60	可溶性固形物含量	3.50%
19	簇生花	无	40	果洼木栓化大小	2.5 mm	61	田间成株耐寒性	弱
20	花柱长度	与雄蕊近等长	41	果实横切面形状	圆形	62	用途	鲜食
21	花柱形状	单圆花柱	42	果肉色	红			

种质编号VT570

序号	描述项目	描述内容	序号	描述项目	描述内容	序号	描述项目	描述内容
1	种质编号	VT570	22	花柱茸毛	无	43	胎座胶状物质颜色	红
2	种质类型	品系	23	花色	黄	44	果肉厚	7.5 mm
3	下胚轴颜色	紫	24	花梗离层	有	45	心室数	3~4个
4	生长习性	无限生长	25	单花序花数	8朵	46	果皮色	黄
5	株型	半蔓性	26	果柄长度	1.3 cm	47	单花序果数	7个
6	株高	2.0~2.3 m	27	成熟前果色	浅绿	48	单果重	104.5 g
7	茎叶茸毛	短稀	28	成熟果色	红	49	熟性	极晚≥125 d
8	叶片类型	普通叶型	29	果面棱沟	轻	50	形态一致性	一致
9	叶片形状	羽状复叶	30	果面茸毛	无	51	种皮颜色	浅棕
10	叶片着生状态	下垂	31	果顶形状	微凹	52	播种至开花天数	69 d
11	叶色	绿	32	果肩	有	53	播种至始收天数	130 d
12	叶脉色	无色	33	果肩形状	微凹	54	裂果性	不易裂
13	叶裂刻	深	34	果肩色	—	55	畸形果	无
14	叶片长	47.0 cm	35	绿果肩大小	—	56	肉质	沙
15	叶片宽	44.0 cm	36	商品果纵径	52.0 mm	57	风味	有（淡）
16	首花序节位	12节	37	商品果横径	62.1 mm	58	清香味	番茄味淡
17	第二花序节位	16节	38	果形	圆形	59	综合品质	中
18	花序类型	单式花序或双歧花序	39	果梗洼大小	3.8 mm	60	可溶性固形物含量	4.10%
19	簇生花	无	40	果洼木栓化大小	1.5 mm	61	田间成株耐寒性	中
20	花柱长度	与雄蕊近等长	41	果实横切面形状	不规则形状	62	用途	鲜食或加工
21	花柱形状	单圆花柱	42	果肉色	粉红			

种质编号VT573

序号	描述项目	描述内容	序号	描述项目	描述内容	序号	描述项目	描述内容
1	种质编号	VT573	22	花柱茸毛	无	43	胎座胶状物质颜色	黄
2	种质类型	遗传材料	23	花色	黄	44	果肉厚	8 mm
3	下胚轴颜色	紫	24	花梗离层	有	45	心室数	2~7个
4	生长习性	无限生长	25	单花序花数	6朵	46	果皮色	红
5	株型	半蔓性	26	果柄长度	0.8 cm	47	单花序果数	4个
6	株高	1.8~2.2 m	27	成熟前果色	浅绿	48	单果重	117.4 g
7	茎叶茸毛	短稀	28	成熟果色	红	49	熟性	极晚≥125 d
8	叶片类型	普通叶型	29	果面棱沟	中	50	形态一致性	连续变异
9	叶片形状	羽状复叶	30	果面茸毛	稀	51	种皮颜色	浅棕
10	叶片着生状态	下垂	31	果顶形状	圆平	52	播种至开花天数	71 d
11	叶色	绿	32	果肩	有	53	播种至始收天数	130 d
12	叶脉色	无色	33	果肩形状	微凹	54	裂果性	中
13	叶裂刻	深	34	果肩色	—	55	畸形果	少
14	叶片长	46.0 cm	35	绿果肩大小	—	56	肉质	沙
15	叶片宽	42.0 cm	36	商品果纵径	56.1 mm	57	风味	酸甜
16	首花序节位	10节	37	商品果横径	62.8 mm	58	清香味	有
17	第二花序节位	13节	38	果形	圆形	59	综合品质	中
18	花序类型	单式花序	39	果梗洼大小	7.9 mm	60	可溶性固形物含量	5.40%
19	簇生花	无	40	果洼木栓化大小	2.1 mm	61	田间成株耐寒性	中
20	花柱长度	短于雄蕊	41	果实横切面形状	圆形或不规则	62	用途	鲜食或加工
21	花柱形状	单圆花柱	42	果肉色	红			

种质编号VT585

序号	描述项目	描述内容	序号	描述项目	描述内容	序号	描述项目	描述内容
1	种质编号	VT585	22	花柱茸毛	无	43	胎座胶状物质颜色	黄
2	种质类型	遗传材料	23	花色	浅黄	44	果肉厚	6.6 mm
3	下胚轴颜色	紫	24	花梗离层	有	45	心室数	2~7个
4	生长习性	9序花封顶	25	单花序花数	7朵	46	果皮色	红或无色
5	株型	半蔓性	26	果柄长度	0.9 cm	47	单花序果数	5个
6	株高	1.4~1.8 m	27	成熟前果色	浅绿	48	单果重	140.0 g
7	茎叶茸毛	长稀	28	成熟果色	粉红或红	49	熟性	极晚≥125 d
8	叶片类型	普通叶型	29	果面棱沟	轻	50	形态一致性	连续变异
9	叶片形状	羽状复叶	30	果面茸毛	无	51	种皮颜色	浅棕
10	叶片着生状态	水平	31	果顶形状	微凹	52	播种至开花天数	71 d
11	叶色	绿	32	果肩	有	53	播种至始收天数	134 d
12	叶脉色	无色	33	果肩形状	微凹	54	裂果性	不易裂
13	叶裂刻	深	34	果肩色	—	55	畸形果	无
14	叶片长	47.0 cm	35	绿果肩大小	—	56	肉质	沙
15	叶片宽	50.0 cm	36	商品果纵径	56.0 mm	57	风味	有（淡）
16	首花序节位	10节	37	商品果横径	67.9 mm	58	清香味	番茄味淡
17	第二花序节位	13节	38	果形	圆形	59	综合品质	中
18	花序类型	单式花序	39	果梗洼大小	9.5 mm	60	可溶性固形物含量	4.50%
19	簇生花	无	40	果洼木栓化大小	4.4 mm	61	田间成株耐寒性	中
20	花柱长度	与雄蕊近等长	41	果实横切面形状	圆形或不规则形状	62	用途	鲜食或加工
21	花柱形状	单圆花柱	42	果肉色	红			

种质编号VT604

序号	描述项目	描述内容	序号	描述项目	描述内容	序号	描述项目	描述内容
1	种质编号	VT604	22	花柱茸毛	无	43	胎座胶状物质颜色	红
2	种质类型	品系	23	花色	浅黄	44	果肉厚	5.8 mm
3	下胚轴颜色	紫	24	花梗离层	有	45	心室数	3~5个
4	生长习性	无限生长	25	单花序花数	9朵	46	果皮色	黄
5	株型	半蔓性	26	果柄长度	2 cm	47	单花序果数	5个
6	株高	1.5~1.8 m	27	成熟前果色	绿	48	单果重	123.1 g
7	茎叶茸毛	长稀	28	成熟果色	红	49	熟性	极晚≥125 d
8	叶片类型	普通叶型	29	果面棱沟	中	50	形态一致性	连续变异
9	叶片形状	羽状复叶	30	果面茸毛	无	51	种皮颜色	浅棕
10	叶片着生状态	水平	31	果顶形状	微凹	52	播种至开花天数	69 d
11	叶色	深绿	32	果肩	有	53	播种至始收天数	134 d
12	叶脉色	无色	33	果肩形状	微凹	54	裂果性	不易裂
13	叶裂刻	深	34	果肩色	—	55	畸形果	无
14	叶片长	40.0 cm	35	绿果肩大小	—	56	肉质	软
15	叶片宽	41.0 cm	36	商品果纵径	56.5 mm	57	风味	甜酸
16	首花序节位	12节	37	商品果横径	64.3 mm	58	清香味	有（淡）
17	第二花序节位	14节	38	果形	圆形	59	综合品质	中
18	花序类型	单式花序	39	果梗洼大小	6.1 mm	60	可溶性固形物含量	5.70%
19	簇生花	无	40	果洼木栓化大小	3.6 mm	61	田间成株耐寒性	中
20	花柱长度	与雄蕊近等长	41	果实横切面形状	不规则形状	62	用途	鲜食或加工
21	花柱形状	单圆花柱	42	果肉色	红			

种质编号VT607

序号	描述项目	描述内容	序号	描述项目	描述内容	序号	描述项目	描述内容
1	种质编号	VT607	22	花柱茸毛	无	43	胎座胶状物质颜色	黄
2	种质类型	品系	23	花色	浅黄	44	果肉厚	5.6 mm
3	下胚轴颜色	紫	24	花梗离层	有	45	心室数	10个
4	生长习性	无限生长	25	单花序花数	5朵	46	果皮色	黄
5	株型	半蔓性	26	果柄长度	1.2 cm	47	单花序果数	3个
6	株高	1.1~1.3 m	27	成熟前果色	绿	48	单果重	142.2 g
7	茎叶茸毛	长稀	28	成熟果色	红	49	熟性	极晚≥125 d
8	叶片类型	普通叶型	29	果面棱沟	重	50	形态一致性	连续变异
9	叶片形状	羽状复叶	30	果面茸毛	无	51	种皮颜色	浅棕
10	叶片着生状态	下垂	31	果顶形状	深凹	52	播种至开花天数	75 d
11	叶色	浅绿	32	果肩	有	53	播种至始收天数	134 d
12	叶脉色	无色	33	果肩形状	微凹	54	裂果性	不易裂
13	叶裂刻	深	34	果肩色	—	55	畸形果	少
14	叶片长	42.0 cm	35	绿果肩大小	—	56	肉质	沙
15	叶片宽	31.0 cm	36	商品果纵径	49.0 mm	57	风味	酸甜
16	首花序节位	9节	37	商品果横径	72.6 mm	58	清香味	有（淡）
17	第二花序节位	14节	38	果形	扁圆形	59	综合品质	中
18	花序类型	多歧花序	39	果梗洼大小	5.7 mm	60	可溶性固形物含量	4.40%
19	簇生花	无	40	果洼木栓化大小	2.8 mm	61	田间成株耐寒性	中
20	花柱长度	与雄蕊近等长	41	果实横切面形状	不规则形状	62	用途	鲜食或加工
21	花柱形状	单圆花柱	42	果肉色	红			

种质编号VT616

序号	描述项目	描述内容	序号	描述项目	描述内容	序号	描述项目	描述内容
1	种质编号	VT616	22	花柱茸毛	无	43	胎座胶状物质颜色	黄
2	种质类型	遗传材料	23	花色	黄	44	果肉厚	8.2 mm
3	下胚轴颜色	紫	24	花梗离层	有	45	心室数	3个
4	生长习性	无限生长	25	单花序花数	12朵	46	果皮色	黄
5	株型	半蔓性	26	果柄长度	1.1 cm	47	单花序果数	7个
6	株高	1.8~2.1 m	27	成熟前果色	浅绿	48	单果重	115.9 g
7	茎叶茸毛	长稀	28	成熟果色	红	49	熟性	极晚≥125 d
8	叶片类型	普通叶型	29	果面棱沟	中	50	形态一致性	连续变异
9	叶片形状	羽状复叶	30	果面茸毛	无	51	种皮颜色	浅棕
10	叶片着生状态	下垂	31	果顶形状	圆平或凸尖	52	播种至开花天数	71 d
11	叶色	绿	32	果肩	有	53	播种至始收天数	134 d
12	叶脉色	无色	33	果肩形状	微凹	54	裂果性	中
13	叶裂刻	深	34	果肩色	—	55	畸形果	无
14	叶片长	46.0 cm	35	绿果肩大小	—	56	肉质	沙
15	叶片宽	42.0 cm	36	商品果纵径	56.5 mm	57	风味	酸甜
16	首花序节位	11节	37	商品果横径	61.7 mm	58	清香味	无
17	第二花序节位	15节	38	果形	圆形或桃形	59	综合品质	下
18	花序类型	单式花序	39	果梗洼大小	6.8 mm	60	可溶性固形物含量	4.60%
19	簇生花	无	40	果洼木栓化大小	3.4 mm	61	田间成株耐寒性	中
20	花柱长度	与雄蕊近等长	41	果实横切面形状	等边多边形	62	用途	鲜食或加工
21	花柱形状	单圆花柱	42	果肉色	红			

种质编号VT620

序号	描述项目	描述内容	序号	描述项目	描述内容	序号	描述项目	描述内容
1	种质编号	VT620	22	花柱茸毛	无	43	胎座胶状物质颜色	红
2	种质类型	品系	23	花色	黄	44	果肉厚	6.9 mm
3	下胚轴颜色	紫	24	花梗离层	有	45	心室数	3~4个
4	生长习性	无限生长	25	单花序花数	9朵	46	果皮色	黄
5	株型	半蔓性	26	果柄长度	0.9 cm	47	单花序果数	5个
6	株高	1.5~1.8 m	27	成熟前果色	浅绿	48	单果重	126.7 g
7	茎叶茸毛	长稀	28	成熟果色	红	49	熟性	极晚≥125 d
8	叶片类型	普通叶型	29	果面棱沟	中	50	形态一致性	连续变异
9	叶片形状	羽状复叶	30	果面茸毛	无	51	种皮颜色	浅棕
10	叶片着生状态	下垂	31	果顶形状	微凹	52	播种至开花天数	84 d
11	叶色	绿	32	果肩	有	53	播种至始收天数	145 d
12	叶脉色	无色	33	果肩形状	微凹	54	裂果性	不易裂
13	叶裂刻	深	34	果肩色	—	55	畸形果	无
14	叶片长	44.0 cm	35	绿果肩大小	—	56	肉质	沙
15	叶片宽	38.0 cm	36	商品果纵径	60.9 mm	57	风味	酸甜
16	首花序节位	13节	37	商品果横径	60.6 mm	58	清香味	有（淡）
17	第二花序节位	15节	38	果形	高圆形	59	综合品质	中
18	花序类型	单式花序	39	果梗洼大小	5.4 mm	60	可溶性固形物含量	5.80%
19	簇生花	无	40	果洼木栓化大小	2.1 mm	61	田间成株耐寒性	弱
20	花柱长度	短于雄蕊	41	果实横切面形状	等边多边形	62	用途	鲜食或加工
21	花柱形状	单圆花柱	42	果肉色	红			

种质编号VT645

序号	描述项目	描述内容	序号	描述项目	描述内容	序号	描述项目	描述内容
1	种质编号	VT645	22	花柱茸毛	无	43	胎座胶状物质颜色	红
2	种质类型	品系	23	花色	黄	44	果肉厚	6.8 mm
3	下胚轴颜色	紫	24	花梗离层	有	45	心室数	3个
4	生长习性	无限生长	25	单花序花数	9朵	46	果皮色	黄
5	株型	半蔓性	26	果柄长度	1.1 cm	47	单花序果数	6个
6	株高	1.8～2.2 m	27	成熟前果色	绿	48	单果重	126.3 g
7	茎叶茸毛	长稀	28	成熟果色	红	49	熟性	极晚≥125 d
8	叶片类型	普通叶型	29	果面棱沟	中	50	形态一致性	连续变异
9	叶片形状	羽状复叶	30	果面茸毛	无	51	种皮颜色	浅棕
10	叶片着生状态	下垂	31	果顶形状	圆平	52	播种至开花天数	69 d
11	叶色	黄绿	32	果肩	有	53	播种至始收天数	134 d
12	叶脉色	无色	33	果肩形状	微凹	54	裂果性	不易裂
13	叶裂刻	深	34	果肩色	—	55	畸形果	无
14	叶片长	45.0 cm	35	绿果肩大小	—	56	肉质	沙
15	叶片宽	39.0 cm	36	商品果纵径	65.0 mm	57	风味	酸甜
16	首花序节位	8节	37	商品果横径	59.5 mm	58	清香味	无
17	第二花序节位	11节	38	果形	高圆形	59	综合品质	下
18	花序类型	单式花序	39	果梗洼大小	4.5 mm	60	可溶性固形物含量	3.90%
19	簇生花	无	40	果洼木栓化大小	2.3 mm	61	田间成株耐寒性	中
20	花柱长度	与雄蕊近等长	41	果实横切面形状	不规则形状	62	用途	鲜食或加工
21	花柱形状	单圆花柱	42	果肉色	红			

种质编号VT648

序号	描述项目	描述内容	序号	描述项目	描述内容	序号	描述项目	描述内容
1	种质编号	VT648	22	花柱茸毛	无	43	胎座胶状物质颜色	红
2	种质类型	品系	23	花色	黄	44	果肉厚	5.3 mm
3	下胚轴颜色	紫	24	花梗离层	有	45	心室数	2个
4	生长习性	无限生长	25	单花序花数	7朵	46	果皮色	红
5	株型	半蔓性	26	果柄长度	0.8 cm	47	单花序果数	7个
6	株高	2.0~2.3 m	27	成熟前果色	浅绿	48	单果重	111.7 g
7	茎叶茸毛	长稀	28	成熟果色	红	49	熟性	极晚≥125 d
8	叶片类型	普通叶型	29	果面棱沟	中	50	形态一致性	连续变异
9	叶片形状	羽状复叶	30	果面茸毛	无	51	种皮颜色	灰黄
10	叶片着生状态	下垂	31	果顶形状	圆平	52	播种至开花天数	69 d
11	叶色	浅绿	32	果肩	有	53	播种至始收天数	134 d
12	叶脉色	无色	33	果肩形状	微凹	54	裂果性	不易裂
13	叶裂刻	深	34	果肩色	—	55	畸形果	无
14	叶片长	51.0 cm	35	绿果肩大小	—	56	肉质	软
15	叶片宽	42.0 cm	36	商品果纵径	58.2 mm	57	风味	酸甜
16	首花序节位	12节	37	商品果横径	58.8 mm	58	清香味	无
17	第二花序节位	15节	38	果形	高圆形	59	综合品质	中
18	花序类型	单式花序	39	果梗洼大小	6.5 mm	60	可溶性固形物含量	5.10%
19	簇生花	无	40	果洼木栓化大小	1.8 mm	61	田间成株耐寒性	强
20	花柱长度	与雄蕊近等长	41	果实横切面形状	圆形	62	用途	鲜食或加工
21	花柱形状	单圆花柱	42	果肉色	红			

种质编号VT649

序号	描述项目	描述内容	序号	描述项目	描述内容	序号	描述项目	描述内容
1	种质编号	VT649	22	花柱茸毛	无	43	胎座胶状物质颜色	红
2	种质类型	品系	23	花色	浅黄	44	果肉厚	5.7 mm
3	下胚轴颜色	紫	24	花梗离层	有	45	心室数	2个
4	生长习性	无限生长	25	单花序花数	6朵	46	果皮色	红
5	株型	半蔓性	26	果柄长度	0.9 cm	47	单花序果数	6个
6	株高	1.7~2.0 m	27	成熟前果色	浅绿	48	单果重	103.0 g
7	茎叶茸毛	短稀	28	成熟果色	红	49	熟性	极晚≥125 d
8	叶片类型	薯叶型	29	果面棱沟	轻	50	形态一致性	连续变异
9	叶片形状	羽状复叶	30	果面茸毛	无	51	种皮颜色	浅棕
10	叶片着生状态	下垂	31	果顶形状	圆平	52	播种至开花天数	69 d
11	叶色	浅绿	32	果肩	有	53	播种至始收天数	134 d
12	叶脉色	无色	33	果肩形状	微凹	54	裂果性	不易裂
13	叶裂刻	深	34	果肩色	—	55	畸形果	无
14	叶片长	52.0 cm	35	绿果肩大小	—	56	肉质	软
15	叶片宽	50.0 cm	36	商品果纵径	55.9 mm	57	风味	酸甜
16	首花序节位	9节	37	商品果横径	57.4 mm	58	清香味	有（淡）
17	第二花序节位	11节	38	果形	高圆形	59	综合品质	中
18	花序类型	单式花序	39	果梗洼大小	6.2 mm	60	可溶性固形物含量	4.40%
19	簇生花	无	40	果洼木栓化大小	1.7 mm	61	田间成株耐寒性	强
20	花柱长度	与雄蕊近等长	41	果实横切面形状	圆形	62	用途	鲜食或加工
21	花柱形状	单圆花柱	42	果肉色	红			

种质编号VT666

序号	描述项目	描述内容	序号	描述项目	描述内容	序号	描述项目	描述内容
1	种质编号	VT666	22	花柱茸毛	无	43	胎座胶状物质颜色	红
2	种质类型	遗传材料	23	花色	浅黄	44	果肉厚	6.1 mm
3	下胚轴颜色	紫	24	花梗离层	有	45	心室数	3个
4	生长习性	无限生长	25	单花序花数	6朵	46	果皮色	黄
5	株型	半蔓性	26	果柄长度	1.4 cm	47	单花序果数	4个
6	株高	2.0～2.5 m	27	成熟前果色	浅绿带深绿条纹	48	单果重	129.4 g
7	茎叶茸毛	短稀	28	成熟果色	红底带黄条纹	49	熟性	中106～120 d
8	叶片类型	普通叶型	29	果面棱沟	重	50	形态一致性	连续变异
9	叶片形状	羽状复叶	30	果面茸毛	无	51	种皮颜色	浅棕
10	叶片着生状态	水平	31	果顶形状	微凹	52	播种至开花天数	50 d
11	叶色	黄绿	32	果肩	有	53	播种至始收天数	109 d
12	叶脉色	绿	33	果肩形状	深凹	54	裂果性	易裂
13	叶裂刻	深	34	果肩色	—	55	畸形果	无
14	叶片长	40.0 cm	35	绿果肩大小	—	56	肉质	软
15	叶片宽	34.0 cm	36	商品果纵径	53.7 mm	57	风味	酸
16	首花序节位	13节	37	商品果横径	64.6 mm	58	清香味	有
17	第二花序节位	16节	38	果形	圆形	59	综合品质	下
18	花序类型	单式花序	39	果梗洼大小	5.5 mm	60	可溶性固形物含量	5.10%
19	簇生花	无	40	果洼木栓化大小	2.5 mm	61	田间成株耐寒性	中
20	花柱长度	与雄蕊近等长	41	果实横切面形状	不规则形状	62	用途	鲜食或加工
21	花柱形状	单圆花柱	42	果肉色	红			

种质编号VT675

序号	描述项目	描述内容	序号	描述项目	描述内容	序号	描述项目	描述内容
1	种质编号	VT675	22	花柱茸毛	无	43	胎座胶状物质颜色	粉红
2	种质类型	选育品种	23	花色	浅黄	44	果肉厚	6.8 mm
3	下胚轴颜色	紫	24	花梗离层	有	45	心室数	3个
4	生长习性	7序花封顶	25	单花序花数	8朵	46	果皮色	黄
5	株型	半蔓性	26	果柄长度	1.3 cm	47	单花序果数	6个
6	株高	1.7～2.0 m	27	成熟前果色	绿白	48	单果重	121.5 g
7	茎叶茸毛	短稀	28	成熟果色	红	49	熟性	极晚≥125 d
8	叶片类型	薯叶型	29	果面棱沟	中	50	形态一致性	连续变异
9	叶片形状	羽状复叶	30	果面茸毛	无	51	种皮颜色	浅棕
10	叶片着生状态	下垂	31	果顶形状	圆平	52	播种至开花天数	78 d
11	叶色	浅绿	32	果肩	有	53	播种至始收天数	145 d
12	叶脉色	无色	33	果肩形状	微凹	54	裂果性	不易裂
13	叶裂刻	深	34	果肩色	—	55	畸形果	无
14	叶片长	45.0 cm	35	绿果肩大小	—	56	肉质	沙
15	叶片宽	44.0 cm	36	商品果纵径	68.8 mm	57	风味	酸甜
16	首花序节位	10节	37	商品果横径	56.8 mm	58	清香味	有（淡）
17	第二花序节位	13节	38	果形	长圆形或桃形	59	综合品质	中
18	花序类型	单式花序	39	果梗洼大小	4.5 mm	60	可溶性固形物含量	3.70%
19	簇生花	无	40	果洼木栓化大小	1.8 mm	61	田间成株耐寒性	强
20	花柱长度	短于雄蕊	41	果实横切面形状	等边多边形	62	用途	鲜食或加工
21	花柱形状	单圆花柱	42	果肉色	红			

第六章 中果类番茄种质资源

种质编号VT679

序号	描述项目	描述内容	序号	描述项目	描述内容	序号	描述项目	描述内容
1	种质编号	VT679	22	花柱茸毛	无	43	胎座胶状物质颜色	红
2	种质类型	选育品种	23	花色	黄	44	果肉厚	6.7 mm
3	下胚轴颜色	紫	24	花梗离层	有	45	心室数	3~4个
4	生长习性	3序花封顶	25	单花序花数	7朵	46	果皮色	黄
5	株型	半蔓性	26	果柄长度	1.2 cm	47	单花序果数	5个
6	株高	1.4~1.7 m	27	成熟前果色	绿白	48	单果重	135.1 g
7	茎叶茸毛	短稀	28	成熟果色	红	49	熟性	极晚≥125 d
8	叶片类型	普通叶型	29	果面棱沟	轻	50	形态一致性	连续变异
9	叶片形状	羽状复叶	30	果面茸毛	无	51	种皮颜色	浅棕
10	叶片着生状态	水平	31	果顶形状	圆平	52	播种至开花天数	78 d
11	叶色	绿	32	果肩	有	53	播种至始收天数	145 d
12	叶脉色	无色	33	果肩形状	微凹	54	裂果性	不易裂
13	叶裂刻	中	34	果肩色	—	55	畸形果	无
14	叶片长	35.0 cm	35	绿果肩大小	—	56	肉质	沙
15	叶片宽	30.0 cm	36	商品果纵径	62.4 mm	57	风味	甜酸
16	首花序节位	9节	37	商品果横径	63.6 mm	58	清香味	有（淡）
17	第二花序节位	11节	38	果形	高圆形	59	综合品质	中
18	花序类型	单式花序	39	果梗洼大小	5.7 mm	60	可溶性固形物含量	5.40%
19	簇生花	无	40	果洼木栓化大小	1.8 mm	61	田间成株耐寒性	中
20	花柱长度	短于雄蕊	41	果实横切面形状	等边多边形	62	用途	鲜食或加工
21	花柱形状	单圆花柱	42	果肉色	红			

种质编号VT705

序号	描述项目	描述内容	序号	描述项目	描述内容	序号	描述项目	描述内容
1	种质编号	VT705	22	花柱茸毛	无	43	胎座胶状物质颜色	红
2	种质类型	品系	23	花色	黄	44	果肉厚	9.1 mm
3	下胚轴颜色	紫	24	花梗离层	有	45	心室数	4个
4	生长习性	无限生长	25	单花序花数	6朵	46	果皮色	黄
5	株型	半蔓性	26	果柄长度	1.2 cm	47	单花序果数	5个
6	株高	1.7~2.1 m	27	成熟前果色	浅绿	48	单果重	142.6 g
7	茎叶茸毛	短稀	28	成熟果色	红	49	熟性	极晚≥125 d
8	叶片类型	普通叶型	29	果面棱沟	中	50	形态一致性	连续变异
9	叶片形状	羽状复叶	30	果面茸毛	无	51	种皮颜色	浅棕
10	叶片着生状态	水平	31	果顶形状	微凹	52	播种至开花天数	70 d
11	叶色	绿	32	果肩	有	53	播种至始收天数	138 d
12	叶脉色	无色	33	果肩形状	深凹	54	裂果性	不易裂
13	叶裂刻	中	34	果肩色	—	55	畸形果	少
14	叶片长	53.0 cm	35	绿果肩大小	—	56	肉质	沙
15	叶片宽	30.0 cm	36	商品果纵径	58.0 mm	57	风味	甜酸
16	首花序节位	10节	37	商品果横径	65.4 mm	58	清香味	有
17	第二花序节位	13节	38	果形	圆形	59	综合品质	中
18	花序类型	单式花序	39	果梗洼大小	6.5 mm	60	可溶性固形物含量	4.30%
19	簇生花	无	40	果洼木栓化大小	3.3 mm	61	田间成株耐寒性	中
20	花柱长度	与雄蕊近等长	41	果实横切面形状	等边多边形	62	用途	鲜食或加工
21	花柱形状	单圆花柱	42	果肉色	粉红			

种质编号VT710

序号	描述项目	描述内容	序号	描述项目	描述内容	序号	描述项目	描述内容
1	种质编号	VT710	22	花柱茸毛	无	43	胎座胶状物质颜色	黄
2	种质类型	品系	23	花色	浅黄	44	果肉厚	3.7 mm
3	下胚轴颜色	紫	24	花梗离层	有	45	心室数	9个
4	生长习性	无限生长	25	单花序花数	6朵	46	果皮色	黄
5	株型	半蔓性	26	果柄长度	1.1 cm	47	单花序果数	4个
6	株高	1.8~2.0 m	27	成熟前果色	浅绿	48	单果重	143.3 g
7	茎叶茸毛	短密	28	成熟果色	红	49	熟性	极晚≥125 d
8	叶片类型	普通叶型	29	果面棱沟	重	50	形态一致性	一致
9	叶片形状	羽状复叶	30	果面茸毛	无	51	种皮颜色	浅棕
10	叶片着生状态	下垂	31	果顶形状	微凹	52	播种至开花天数	85 d
11	叶色	浅绿	32	果肩	有	53	播种至始收天数	146 d
12	叶脉色	无色	33	果肩形状	微凹	54	裂果性	中
13	叶裂刻	深	34	果肩色	—	55	畸形果	少
14	叶片长	51.0 cm	35	绿果肩大小	—	56	肉质	沙
15	叶片宽	40.0 cm	36	商品果纵径	52.6 mm	57	风味	甜酸
16	首花序节位	11节	37	商品果横径	71.4 mm	58	清香味	有
17	第二花序节位	14节	38	果形	扁圆形	59	综合品质	中
18	花序类型	单式花序	39	果梗洼大小	6.8 mm	60	可溶性固形物含量	3.90%
19	簇生花	无	40	果洼木栓化大小	3.5 mm	61	田间成株耐寒性	强
20	花柱长度	短于雄蕊	41	果实横切面形状	不规则形状	62	用途	鲜食或加工
21	花柱形状	单圆花柱	42	果肉色	红			

种质编号VT715

序号	描述项目	描述内容	序号	描述项目	描述内容	序号	描述项目	描述内容
1	种质编号	VT715	22	花柱茸毛	无	43	胎座胶状物质颜色	红
2	种质类型	遗传材料	23	花色	黄	44	果肉厚	8.7 mm
3	下胚轴颜色	紫	24	花梗离层	有	45	心室数	2个
4	生长习性	无限生长	25	单花序花数	8朵	46	果皮色	黄
5	株型	半蔓性	26	果柄长度	1.0 cm	47	单花序果数	4个
6	株高	1.7~2.2 m	27	成熟前果色	浅绿	48	单果重	101.5 g
7	茎叶茸毛	短稀	28	成熟果色	红	49	熟性	极晚≥125 d
8	叶片类型	普通叶型	29	果面棱沟	中	50	形态一致性	连续变异
9	叶片形状	羽状复叶	30	果面茸毛	无	51	种皮颜色	灰黄
10	叶片着生状态	水平	31	果顶形状	圆平	52	播种至开花天数	69 d
11	叶色	深绿	32	果肩	有	53	播种至始收天数	138 d
12	叶脉色	无色	33	果肩形状	微凹	54	裂果性	不易裂
13	叶裂刻	深	34	果肩色	—	55	畸形果	少
14	叶片长	40.0 cm	35	绿果肩大小	—	56	肉质	沙
15	叶片宽	33.0 cm	36	商品果纵径	56.8 mm	57	风味	酸甜
16	首花序节位	9节	37	商品果横径	62.7 mm	58	清香味	有
17	第二花序节位	12节	38	果形	圆形	59	综合品质	下
18	花序类型	单式花序	39	果梗洼大小	6.0 mm	60	可溶性固形物含量	3.80%
19	簇生花	无	40	果洼木栓化大小	3.0 mm	61	田间成株耐寒性	中
20	花柱长度	短于雄蕊	41	果实横切面形状	圆形	62	用途	鲜食或加工
21	花柱形状	单圆花柱	42	果肉色	红			

种质编号VT720

序号	描述项目	描述内容	序号	描述项目	描述内容	序号	描述项目	描述内容
1	种质编号	VT720	22	花柱茸毛	无	43	胎座胶状物质颜色	黄
2	种质类型	遗传材料	23	花色	橘黄	44	果肉厚	5.0 mm
3	下胚轴颜色	紫	24	花梗离层	有	45	心室数	5~7个
4	生长习性	无限生长	25	单花序花数	5朵	46	果皮色	黄
5	株型	半蔓性	26	果柄长度	1.0 cm	47	单花序果数	5个
6	株高	1.4~1.8 m	27	成熟前果色	绿	48	单果重	117.3 g
7	茎叶茸毛	短密	28	成熟果色	橘黄	49	熟性	极晚≥125 d
8	叶片类型	普通叶型	29	果面棱沟	轻	50	形态一致性	连续变异
9	叶片形状	羽状复叶	30	果面茸毛	无	51	种皮颜色	浅棕
10	叶片着生状态	水平	31	果顶形状	微凹	52	播种至开花天数	78 d
11	叶色	浅绿	32	果肩	有	53	播种至始收天数	135 d
12	叶脉色	无色	33	果肩形状	微凹	54	裂果性	不易裂
13	叶裂刻	深	34	果肩色	—	55	畸形果	无
14	叶片长	39.0 cm	35	绿果肩大小	—	56	肉质	沙
15	叶片宽	34.0 cm	36	商品果纵径	72.1 mm	57	风味	酸
16	首花序节位	10节	37	商品果横径	57.1 mm	58	清香味	有
17	第二花序节位	13节	38	果形	桃形或长桃形	59	综合品质	中
18	花序类型	双歧花序	39	果梗洼大小	6.3 mm	60	可溶性固形物含量	4.10%
19	簇生花	无	40	果洼木栓化大小	2.0 mm	61	田间成株耐寒性	弱
20	花柱长度	短于雄蕊	41	果实横切面形状	不规则形状	62	用途	鲜食或加工
21	花柱形状	单圆花柱	42	果肉色	黄			

第七章

大果类番茄种质资源

本章收录单果重为150.1~200.0 g，各种颜色的大果类番茄种质。共收录22份种质。

种质编号VT543

序号	描述项目	描述内容	序号	描述项目	描述内容	序号	描述项目	描述内容
1	种质编号	VT543	22	花柱茸毛	无	43	胎座胶状物质颜色	黄
2	种质类型	品系	23	花色	浅黄	44	果肉厚	4.1 mm
3	下胚轴颜色	紫	24	花梗离层	有	45	心室数	4个
4	生长习性	5序花封顶	25	单花序花数	5朵	46	果皮色	黄
5	株型	半蔓性	26	果柄长度	1.1 cm	47	单花序果数	3个
6	株高	1.2～1.5 m	27	成熟前果色	绿白	48	单果重	159.4 g
7	茎叶茸毛	长稀	28	成熟果色	浅黄	49	熟性	极晚≥125 d
8	叶片类型	薯叶型	29	果面棱沟	重	50	形态一致性	连续变异
9	叶片形状	羽状复叶	30	果面茸毛	稀	51	种皮颜色	浅棕
10	叶片着生状态	下垂	31	果顶形状	圆平	52	播种至开花天数	84 d
11	叶色	绿	32	果肩	有	53	播种至始收天数	147 d
12	叶脉色	无色	33	果肩形状	微凹	54	裂果性	中
13	叶裂刻	深	34	果肩色	—	55	畸形果	无
14	叶片长	40.0 cm	35	绿果肩大小	—	56	肉质	软
15	叶片宽	37.0 cm	36	商品果纵径	58.9 mm	57	风味	甜酸
16	首花序节位	7节	37	商品果横径	68.9 mm	58	清香味	有
17	第二花序节位	10节	38	果形	圆形	59	综合品质	中
18	花序类型	单式花序	39	果梗洼大小	8.4 mm	60	可溶性固形物含量	4.20%
19	簇生花	无	40	果洼木栓化大小	4.8 mm	61	田间成株耐寒性	中
20	花柱长度	短于雄蕊	41	果实横切面形状	不规则形状	62	用途	鲜食或加工
21	花柱形状	单圆花柱	42	果肉色	浅黄			

种质编号VT51

序号	描述项目	描述内容	序号	描述项目	描述内容	序号	描述项目	描述内容
1	种质编号	VT51	22	花柱茸毛	无	43	胎座胶状物质颜色	红
2	种质类型	品系	23	花色	黄	44	果肉厚	6.7 mm
3	下胚轴颜色	紫	24	花梗离层	有	45	心室数	6个
4	生长习性	6序花封顶	25	单花序花数	4朵	46	果皮色	红
5	株型	直立	26	果柄长度	0.8 cm	47	单花序果数	2个
6	株高	0.6～0.8 m	27	成熟前果色	浅绿	48	单果重	190.4 g
7	茎叶茸毛	长稀	28	成熟果色	红	49	熟性	106～120 d
8	叶片类型	普通叶型	29	果面棱沟	中	50	形态一致性	连续变异
9	叶片形状	羽状复叶	30	果面茸毛	无	51	种皮颜色	灰黄
10	叶片着生状态	水平	31	果顶形状	圆平	52	播种至开花天数	75 d
11	叶色	深绿	32	果肩	有	53	播种至始收天数	132 d
12	叶脉色	绿	33	果肩形状	微凹	54	裂果性	不易裂
13	叶裂刻	中	34	果肩色	—	55	畸形果	少
14	叶片长	40.0 cm	35	绿果肩大小	—	56	肉质	沙
15	叶片宽	35.0 cm	36	商品果纵径	62.0 mm	57	风味	酸甜
16	首花序节位	8节	37	商品果横径	76.6 mm	58	清香味	有（浓）
17	第二花序节位	2节	38	果形	圆形	59	综合品质	中
18	花序类型	单式花序	39	果梗洼大小	6.1 mm	60	可溶性固形物含量	3.80%
19	簇生花	无	40	果洼木栓化大小	1.8 mm	61	田间成株耐寒性	弱
20	花柱长度	与雄蕊近等长	41	果实横切面形状	不规则形状	62	用途	鲜食
21	花柱形状	单圆花柱	42	果肉色	粉红			

种质编号VT70

序号	描述项目	描述内容	序号	描述项目	描述内容	序号	描述项目	描述内容
1	种质编号	VT70	22	花柱茸毛	无	43	胎座胶状物质颜色	黄
2	种质类型	遗传材料	23	花色	黄	44	果肉厚	5.0 mm
3	下胚轴颜色	紫	24	花梗离层	有	45	心室数	6个
4	生长习性	5序花封顶	25	单花序花数	5朵	46	果皮色	黄
5	株型	半蔓性	26	果柄长度	0.6 cm	47	单花序果数	3个
6	株高	0.75～1.0 m	27	成熟前果色	浅绿	48	单果重	167.6 g
7	茎叶茸毛	短稀	28	成熟果色	红	49	熟性	极晚≥125 d
8	叶片类型	普通叶型	29	果面棱沟	重	50	形态一致性	连续变异
9	叶片形状	羽状复叶	30	果面茸毛	无	51	种皮颜色	浅棕
10	叶片着生状态	下垂	31	果顶形状	圆平	52	播种至开花天数	83 d
11	叶色	深绿	32	果肩	无或有	53	播种至始收天数	149 d
12	叶脉色	无色	33	果肩形状	深凹	54	裂果性	不易裂
13	叶裂刻	中	34	果肩色	—	55	畸形果	少
14	叶片长	62.0 cm	35	绿果肩大小	—	56	肉质	沙
15	叶片宽	66.0 cm	36	商品果纵径	57.8 mm	57	风味	甜酸
16	首花序节位	11节	37	商品果横径	72.5 mm	58	清香味	有
17	第二花序节位	13节	38	果形	扁圆形	59	综合品质	中
18	花序类型	单式花序	39	果梗洼大小	9.0 mm	60	可溶性固形物含量	3.90%
19	簇生花	无	40	果洼木栓化大小	3.5 mm	61	田间成株耐寒性	中
20	花柱长度	短于雄蕊	41	果实横切面形状	不规则形状	62	用途	鲜食或加工
21	花柱形状	单圆花柱	42	果肉色	红			

种质编号VT112

序号	描述项目	描述内容	序号	描述项目	描述内容	序号	描述项目	描述内容
1	种质编号	VT112	22	花柱茸毛	无	43	胎座胶状物质颜色	红
2	种质类型	品系	23	花色	黄	44	果肉厚	5.6 mm
3	下胚轴颜色	紫	24	花梗离层	有	45	心室数	8个
4	生长习性	无限生长	25	单花序花数	5朵	46	果皮色	黄
5	株型	半蔓性	26	果柄长度	1.3 cm	47	单花序果数	5个
6	株高	1.2~1.5 m	27	成熟前果色	浅绿	48	单果重	154.5 g
7	茎叶茸毛	短稀	28	成熟果色	红	49	熟性	极晚≥125 d
8	叶片类型	普通叶型	29	果面棱沟	中	50	形态一致性	不连续变异
9	叶片形状	羽状复叶	30	果面茸毛	无	51	种皮颜色	灰黄
10	叶片着生状态	下垂	31	果顶形状	深凹	52	播种至开花天数	70 d
11	叶色	浅绿	32	果肩	有	53	播种至始收天数	136 d
12	叶脉色	无或绿	33	果肩形状	平	54	裂果性	易裂
13	叶裂刻	中	34	果肩色	—	55	畸形果	中
14	叶片长	40.0 cm	35	绿果肩大小	—	56	肉质	沙
15	叶片宽	42.0 cm	36	商品果纵径	57.1 mm	57	风味	甜酸
16	首花序节位	11节	37	商品果横径	71.7 mm	58	清香味	有
17	第二花序节位	14节	38	果形	扁圆形	59	综合品质	下
18	花序类型	单式花序	39	果梗洼大小	5.7 mm	60	可溶性固形物含量	4.60%
19	簇生花	无	40	果洼木栓化大小	1.8 mm	61	田间成株耐寒性	弱
20	花柱长度	与雄蕊近等长	41	果实横切面形状	不规则形状	62	用途	鲜食或加工
21	花柱形状	单圆花柱	42	果肉色	粉红			

种质编号VT114

序号	描述项目	描述内容	序号	描述项目	描述内容	序号	描述项目	描述内容
1	种质编号	VT114	22	花柱茸毛	无	43	胎座胶状物质颜色	红
2	种质类型	遗传材料	23	花色	黄	44	果肉厚	7.3 mm
3	下胚轴颜色	紫	24	花梗离层	有	45	心室数	3个
4	生长习性	无限生长	25	单花序花数	6朵	46	果皮色	黄
5	株型	半蔓性	26	果柄长度	1.0 cm	47	单花序果数	3个
6	株高	2.3～2.8 m	27	成熟前果色	深绿	48	单果重	154.1 g
7	茎叶茸毛	短稀	28	成熟果色	紫红	49	熟性	极晚≥125 d
8	叶片类型	普通叶型	29	果面棱沟	轻或中	50	形态一致性	连续变异
9	叶片形状	羽状复叶	30	果面茸毛	无	51	种皮颜色	灰黄
10	叶片着生状态	下垂	31	果顶形状	微凹	52	播种至开花天数	72 d
11	叶色	绿	32	果肩	有	53	播种至始收天数	136 d
12	叶脉色	无色	33	果肩形状	深凹	54	裂果性	不易裂
13	叶裂刻	深	34	果肩色	绿	55	畸形果	无
14	叶片长	56.0 cm	35	绿果肩大小	小	56	肉质	沙
15	叶片宽	30.0 cm	36	商品果纵径	61.7 mm	57	风味	甜酸
16	首花序节位	10节	37	商品果横径	66.7 mm	58	清香味	无
17	第二花序节位	13节	38	果形	扁圆形或圆形	59	综合品质	中
18	花序类型	单式花序或多歧花序	39	果梗洼大小	4.5 mm	60	可溶性固形物含量	5.10%
19	簇生花	无	40	果洼木栓化大小	2.0 mm	61	田间成株耐寒性	中
20	花柱长度	与雄蕊近等长	41	果实横切面形状	不规则形状	62	用途	鲜食或加工
21	花柱形状	单圆花柱	42	果肉色	粉红			

种质编号VT118

序号	描述项目	描述内容	序号	描述项目	描述内容	序号	描述项目	描述内容
1	种质编号	VT118	22	花柱茸毛	无	43	胎座胶状物质颜色	粉红
2	种质类型	遗传材料	23	花色	黄	44	果肉厚	8.2 mm
3	下胚轴颜色	紫	24	花梗离层	有	45	心室数	4个
4	生长习性	无限生长	25	单花序花数	7朵	46	果皮色	黄
5	株型	半蔓性	26	果柄长度	1.2 cm	47	单花序果数	5个
6	株高	1.7~2.2 m	27	成熟前果色	绿	48	单果重	196.3 g
7	茎叶茸毛	长稀	28	成熟果色	红	49	熟性	极晚≥125 d
8	叶片类型	普通叶型	29	果面棱沟	重	50	形态一致性	连续变异
9	叶片形状	羽状复叶	30	果面茸毛	无	51	种皮颜色	灰黄
10	叶片着生状态	下垂	31	果顶形状	微凹或圆平	52	播种至开花天数	72 d
11	叶色	绿	32	果肩	有	53	播种至始收天数	132 d
12	叶脉色	无色	33	果肩形状	微凹	54	裂果性	中
13	叶裂刻	深	34	果肩色	绿	55	畸形果	少
14	叶片长	62.0 cm	35	绿果肩大小	小	56	肉质	沙
15	叶片宽	56.0 cm	36	商品果纵径	61.1 mm	57	风味	甜酸
16	首花序节位	13节	37	商品果横径	75.8 mm	58	清香味	有
17	第二花序节位	16节	38	果形	扁圆形或圆形	59	综合品质	中
18	花序类型	单式花序或双歧花序	39	果梗洼大小	8.5 mm	60	可溶性固形物含量	4.60%
19	簇生花	无	40	果洼木栓化大小	3.4 mm	61	田间成株耐寒性	中
20	花柱长度	短于雄蕊	41	果实横切面形状	不规则形状	62	用途	鲜食或加工
21	花柱形状	单圆花柱	42	果肉色	粉红			

种质编号VT119

序号	描述项目	描述内容	序号	描述项目	描述内容	序号	描述项目	描述内容
1	种质编号	VT119	22	花柱茸毛	无	43	胎座胶状物质颜色	粉红
2	种质类型	遗传材料	23	花色	黄	44	果肉厚	6.1 mm
3	下胚轴颜色	绿或紫	24	花梗离层	有	45	心室数	5个
4	生长习性	无限生长	25	单花序花数	7朵	46	果皮色	黄
5	株型	半蔓性	26	果柄长度	0.8 cm	47	单花序果数	6个
6	株高	2.0～2.5 m	27	成熟前果色	绿	48	单果重	189.1 g
7	茎叶茸毛	短稀	28	成熟果色	红	49	熟性	极晚≥125 d
8	叶片类型	普通叶型	29	果面棱沟	重	50	形态一致性	连续变异
9	叶片形状	羽状复叶	30	果面茸毛	无	51	种皮颜色	灰黄
10	叶片着生状态	水平	31	果顶形状	微凹	52	播种至开花天数	72 d
11	叶色	绿	32	果肩	有	53	播种至始收天数	138 d
12	叶脉色	无色	33	果肩形状	深凹	54	裂果性	不易裂
13	叶裂刻	中	34	果肩色	—	55	畸形果	少
14	叶片长	48.0 cm	35	绿果肩大小	—	56	肉质	沙
15	叶片宽	33.0 cm	36	商品果纵径	62.4 mm	57	风味	甜酸
16	首花序节位	12节	37	商品果横径	75.2 mm	58	清香味	有
17	第二花序节位	15节	38	果形	扁圆形或高圆形	59	综合品质	中
18	花序类型	单式花序或双歧花序	39	果梗洼大小	7.0 mm	60	可溶性固形物含量	5.10%
19	簇生花	无	40	果洼木栓化大小	2.5 mm	61	田间成株耐寒性	强
20	花柱长度	与雄蕊近等长	41	果实横切面形状	不规则形状	62	用途	鲜食或加工
21	花柱形状	单圆花柱	42	果肉色	粉红			

种质编号VT151

序号	描述项目	描述内容	序号	描述项目	描述内容	序号	描述项目	描述内容
1	种质编号	VT151	22	花柱茸毛	无	43	胎座胶状物质颜色	黄
2	种质类型	品系	23	花色	黄	44	果肉厚	7.8 mm
3	下胚轴颜色	紫	24	花梗离层	有	45	心室数	4~6个
4	生长习性	4序花封顶	25	单花序花数	7朵	46	果皮色	无色
5	株型	半蔓性	26	果柄长度	1.6 cm	47	单花序果数	2个
6	株高	1.0~1.2 m	27	成熟前果色	浅绿	48	单果重	159.4 g
7	茎叶茸毛	长稀	28	成熟果色	粉红	49	熟性	早100~105 d
8	叶片类型	普通叶型	29	果面棱沟	中	50	形态一致性	一致
9	叶片形状	羽状复叶	30	果面茸毛	无	51	种皮颜色	灰黄
10	叶片着生状态	下垂	31	果顶形状	深凹	52	播种至开花天数	73 d
11	叶色	黄绿	32	果肩	有	53	播种至始收天数	102 d
12	叶脉色	无色	33	果肩形状	深凹	54	裂果性	易裂
13	叶裂刻	深	34	果肩色	—	55	畸形果	少
14	叶片长	43.0 cm	35	绿果肩大小	—	56	肉质	软
15	叶片宽	41.0 cm	36	商品果纵径	58.5 mm	57	风味	甜酸
16	首花序节位	7节	37	商品果横径	68.7 mm	58	清香味	无
17	第二花序节位	10节	38	果形	圆形	59	综合品质	下
18	花序类型	单式花序	39	果梗洼大小	4.0 mm	60	可溶性固形物含量	4.13%
19	簇生花	无	40	果洼木栓化大小	1.8 mm	61	田间成株耐寒性	弱
20	花柱长度	短于雄蕊	41	果实横切面形状	不规则形状	62	用途	鲜食或加工
21	花柱形状	单圆花柱	42	果肉色	粉红			

种质编号VT182

序号	描述项目	描述内容	序号	描述项目	描述内容	序号	描述项目	描述内容
1	种质编号	VT182	22	花柱茸毛	无	43	胎座胶状物质颜色	黄
2	种质类型	品系	23	花色	橘黄	44	果肉厚	7.5 m
3	下胚轴颜色	紫	24	花梗离层	有	45	心室数	4~7个
4	生长习性	8序花封顶	25	单花序花数	7朵	46	果皮色	黄
5	株型	半蔓性	26	果柄长度	1.2 cm	47	单花序果数	6个
6	株高	0.9~1.2 m	27	成熟前果色	绿	48	单果重	177.1 g
7	茎叶茸毛	短稀	28	成熟果色	红	49	熟性	极晚≥125 d
8	叶片类型	普通叶型	29	果面棱沟	重	50	形态一致性	连续变异
9	叶片形状	羽状复叶	30	果面茸毛	无	51	种皮颜色	灰黄
10	叶片着生状态	下垂	31	果顶形状	微凹	52	播种至开花天数	67 d
11	叶色	绿	32	果肩	有	53	播种至始收天数	132 d
12	叶脉色	绿	33	果肩形状	微凹	54	裂果性	中
13	叶裂刻	深	34	果肩色	—	55	畸形果	无
14	叶片长	41.0 cm	35	绿果肩大小	—	56	肉质	软
15	叶片宽	46.0 cm	36	商品果纵径	64.1 mm	57	风味	甜酸
16	首花序节位	9节	37	商品果横径	74.1 mm	58	清香味	无
17	第二花序节位	11节	38	果形	扁圆形	59	综合品质	中
18	花序类型	单式花序	39	果梗洼大小	4.1 mm	60	可溶性固形物含量	4.13%
19	簇生花	无	40	果洼木栓化大小	1.2 mm	61	田间成株耐寒性	一般
20	花柱长度	与雄蕊近等长	41	果实横切面形状	等边多边形	62	用途	鲜食或加工
21	花柱形状	单圆花柱	42	果肉色	粉红			

种质编号VT191

序号	描述项目	描述内容	序号	描述项目	描述内容	序号	描述项目	描述内容
1	种质编号	VT191	22	花柱茸毛	无	43	胎座胶状物质颜色	黄
2	种质类型	遗传材料	23	花色	浅黄	44	果肉厚	5.3 mm
3	下胚轴颜色	紫	24	花梗离层	有	45	心室数	5个
4	生长习性	4序花封顶	25	单花序花数	4朵	46	果皮色	无色
5	株型	半蔓性	26	果柄长度	0.6 cm	47	单花序果数	3个
6	株高	1.6~2.0 m	27	成熟前果色	绿白	48	单果重	161.9 g
7	茎叶茸毛	长稀	28	成熟果色	粉红	49	熟性	极晚≥125 d
8	叶片类型	普通叶型	29	果面棱沟	中	50	形态一致性	连续变异
9	叶片形状	羽状复叶	30	果面茸毛	无	51	种皮颜色	灰黄
10	叶片着生状态	水平	31	果顶形状	微凹	52	播种至开花天数	69 d
11	叶色	深绿	32	果肩	有	53	播种至始收天数	136 d
12	叶脉色	无色	33	果肩形状	深凹	54	裂果性	不易裂
13	叶裂刻	深	34	果肩色	—	55	畸形果	少
14	叶片长	40.0 cm	35	绿果肩大小	—	56	肉质	沙
15	叶片宽	45.0 cm	36	商品果纵径	60.7 mm	57	风味	酸甜
16	首花序节位	10节	37	商品果横径	65.7 mm	58	清香味	有
17	第二花序节位	12节	38	果形	扁圆形或圆形	59	综合品质	中
18	花序类型	单式花序	39	果梗洼大小	6.5 mm	60	可溶性固形物含量	3.27%
19	簇生花	有	40	果洼木栓化大小	2.3 mm	61	田间成株耐寒性	中
20	花柱长度	与雄蕊近等长	41	果实横切面形状	不规则形状	62	用途	鲜食或加工
21	花柱形状	单圆或分裂花序	42	果肉色	粉红			

第七章 大果类番茄种质资源

种质编号VT247

序号	描述项目	描述内容	序号	描述项目	描述内容	序号	描述项目	描述内容
1	种质编号	VT247	22	花柱茸毛	无	43	胎座胶状物质颜色	红
2	种质类型	品系	23	花色	黄	44	果肉厚	6.3 mm
3	下胚轴颜色	紫	24	花梗离层	有	45	心室数	4~8个
4	生长习性	6序花封顶	25	单花序花数	6朵	46	果皮色	黄
5	株型	半蔓性	26	果柄长度	1.2 cm	47	单花序果数	2个
6	株高	1.5~1.8 m	27	成熟前果色	绿	48	单果重	155.4 g
7	茎叶茸毛	长稀	28	成熟果色	红	49	熟性	极晚≥125 d
8	叶片类型	薯叶型	29	果面棱沟	重	50	形态一致性	一致
9	叶片形状	羽状复叶	30	果面茸毛	无	51	种皮颜色	灰黄
10	叶片着生状态	水平	31	果顶形状	深凹	52	播种至开花天数	71 d
11	叶色	绿	32	果肩	有	53	播种至始收天数	136 d
12	叶脉色	无色	33	果肩形状	深凹	54	裂果性	中
13	叶裂刻	中	34	果肩色	—	55	畸形果	多
14	叶片长	45.0 cm	35	绿果肩大小	—	56	肉质	沙
15	叶片宽	42.0 cm	36	商品果纵径	52.4 mm	57	风味	酸甜
16	首花序节位	8节	37	商品果横径	72.8 mm	58	清香味	无
17	第二花序节位	10节	38	果形	扁圆形	59	综合品质	中
18	花序类型	单式花序	39	果梗洼大小	6.7 mm	60	可溶性固形物含量	3.50%
19	簇生花	无	40	果洼木栓化大小	3.6 mm	61	田间成株耐寒性	弱
20	花柱长度	与雄蕊近等长	41	果实横切面形状	不规则形状	62	用途	鲜食或加工
21	花柱形状	分裂花柱	42	果肉色	红			

种质编号VT282

序号	描述项目	描述内容	序号	描述项目	描述内容	序号	描述项目	描述内容
1	种质编号	VT282	22	花柱茸毛	无	43	胎座胶状物质颜色	红
2	种质类型	遗传材料	23	花色	浅黄	44	果肉厚	9.4 mm
3	下胚轴颜色	紫	24	花梗离层	有	45	心室数	3~4个
4	生长习性	8序花封顶	25	单花序花数	6朵	46	果皮色	黄
5	株型	半蔓性	26	果柄长度	1.2 cm	47	单花序果数	6个
6	株高	1.3~1.6 m	27	成熟前果色	绿	48	单果重	157.2 g
7	茎叶茸毛	短稀	28	成熟果色	红	49	熟性	极晚≥125 d
8	叶片类型	普通叶型	29	果面棱沟	中	50	形态一致性	连续变异
9	叶片形状	羽状复叶	30	果面茸毛	无	51	种皮颜色	浅棕
10	叶片着生状态	下垂	31	果顶形状	圆平	52	播种至开花天数	65 d
11	叶色	浅绿	32	果肩	有	53	播种至始收天数	131 d
12	叶脉色	绿	33	果肩形状	平	54	裂果性	中
13	叶裂刻	深	34	果肩色	—	55	畸形果	无
14	叶片长	45.0 cm	35	绿果肩大小	—	56	肉质	沙
15	叶片宽	45.0 cm	36	商品果纵径	96.1 mm	57	风味	甜酸
16	首花序节位	11节	37	商品果横径	56.0 mm	58	清香味	无
17	第二花序节位	14节	38	果形	长梨形	59	综合品质	中
18	花序类型	单式花序	39	果梗洼大小	6.2 mm	60	可溶性固形物含量	3.93%
19	簇生花	有	40	果洼木栓化大小	3.0 mm	61	田间成株耐寒性	弱
20	花柱长度	短于雄蕊	41	果实横切面形状	不规则形	62	用途	鲜食或加工
21	花柱形状	单圆花柱	42	果肉色	粉			

第七章 大果类番茄种质资源

种质编号VT413

序号	描述项目	描述内容	序号	描述项目	描述内容	序号	描述项目	描述内容
1	种质编号	VT413	22	花柱茸毛	无	43	胎座胶状物质颜色	红
2	种质类型	品系	23	花色	浅黄	44	果肉厚	5.5 mm
3	下胚轴颜色	紫	24	花梗离层	有	45	心室数	7个
4	生长习性	7序花封顶	25	单花序花数	5朵	46	果皮色	黄
5	株型	半蔓性	26	果柄长度	2.0 cm	47	单花序果数	5个
6	株高	0.9～1.2 m	27	成熟前果色	浅绿	48	单果重	159.6 g
7	茎茸毛	短稀	28	成熟果色	红	49	熟性	极晚≥125 d
8	叶片类型	普通叶型	29	果面棱沟	轻	50	形态一致性	连续变异
9	叶片形状	羽状复叶	30	果面茸毛	无	51	种皮颜色	灰黄
10	叶片着生状态	下垂	31	果顶形状	圆平	52	播种至开花天数	84 d
11	叶色	绿	32	果肩	有	53	播种至始收天数	147 d
12	叶脉色	无色	33	果肩形状	微凹	54	裂果性	不易裂
13	叶裂刻	深	34	果肩色	—	55	畸形果	无
14	叶片长	42.0 cm	35	绿果肩大小	—	56	肉质	沙
15	叶片宽	49.0 cm	36	商品果纵径	65.5 mm	57	风味	酸甜
16	首花序节位	11节	37	商品果横径	65.9 mm	58	清香味	有
17	第二花序节位	13节	38	果形	高圆形	59	综合品质	中
18	花序类型	单式花序	39	果梗洼大小	7.0 mm	60	可溶性固形物含量	3.10%
19	簇生花	无	40	果洼木栓化大小	3.1 mm	61	田间成株耐寒性	一般
20	花柱长度	短于雄蕊	41	果实横切面形状	不规则形状	62	用途	鲜食
21	花柱形状	单圆花柱	42	果肉色	红			

种质编号VT550

序号	描述项目	描述内容	序号	描述项目	描述内容	序号	描述项目	描述内容
1	种质编号	VT550	22	花柱茸毛	无	43	胎座胶状物质颜色	红
2	种质类型	遗传材料	23	花色	浅黄	44	果肉厚	8.0 mm
3	下胚轴颜色	紫	24	花梗离层	有	45	心室数	8个
4	生长习性	无限生长	25	单花序花数	5朵	46	果皮色	无色或黄或红
5	株型	半蔓性	26	果柄长度	1.2 cm	47	单花序果数	2个
6	株高	1.4~1.8 m	27	成熟前果色	绿白	48	单果重	163.5 g
7	茎叶茸毛	短稀	28	成熟果色	红	49	熟性	极晚≥125 d
8	叶片类型	薯叶型	29	果面棱沟	中	50	形态一致性	连续变异
9	叶片形状	羽状复叶	30	果面茸毛	无	51	种皮颜色	浅棕
10	叶片着生状态	下垂	31	果顶形状	圆平	52	播种至开花天数	73 d
11	叶色	绿	32	果肩	有	53	播种至始收天数	136 d
12	叶脉色	无色	33	果肩形状	微凹	54	裂果性	中
13	叶裂刻	中	34	果肩色	—	55	畸形果	中
14	叶片长	52.0 cm	35	绿果肩大小	—	56	肉质	沙
15	叶片宽	40.0 cm	36	商品果纵径	57.8 mm	57	风味	酸甜
16	首花序节位	11节	37	商品果横径	69.5 mm	58	清香味	有（淡）
17	第二花序节位	14节	38	果形	圆形或桃形	59	综合品质	下
18	花序类型	单式花序	39	果梗洼大小	8.8 mm	60	可溶性固形物含量	5.50%
19	簇生花	无	40	果洼木栓化大小	2.3 mm	61	田间成株耐寒性	中
20	花柱长度	短于雄蕊	41	果实横切面形状	不规则形状	62	用途	鲜食或加工
21	花柱形状	单圆花柱	42	果肉色	粉红			

第七章 大果类番茄种质资源

种质编号VT552

序号	描述项目	描述内容	序号	描述项目	描述内容	序号	描述项目	描述内容
1	种质编号	VT552	22	花柱茸毛	无	43	胎座胶状物质颜色	红
2	种质类型	品系	23	花色	黄	44	果肉厚	4.8 mm
3	下胚轴颜色	紫	24	花梗离层	有	45	心室数	6个
4	生长习性	无限生长	25	单花序花数	7朵	46	果皮色	黄
5	株型	半蔓性	26	果柄长度	0.8 cm	47	单花序果数	4个
6	株高	1.5～1.9 m	27	成熟前果色	浅绿	48	单果重	169.6 g
7	茎叶茸毛	长稀	28	成熟果色	红	49	熟性	极晚≥125 d
8	叶片类型	普通叶型	29	果面棱沟	轻	50	形态一致性	连续变异
9	叶片形状	羽状复叶	30	果面茸毛	无	51	种皮颜色	灰黄
10	叶片着生状态	下垂	31	果顶形状	深凹	52	播种至开花天数	84 d
11	叶色	绿	32	果肩	有	53	播种至始收天数	147 d
12	叶脉色	无色	33	果肩形状	微凹	54	裂果性	易裂
13	叶裂刻	深	34	果肩色	—	55	畸形果	少
14	叶片长	47.0 cm	35	绿果肩大小	—	56	肉质	软
15	叶片宽	42.0 cm	36	商品果纵径	61.6 mm	57	风味	甜酸
16	首花序节位	10节	37	商品果横径	73.2 mm	58	清香味	无
17	第二花序节位	14节	38	果形	圆形	59	综合品质	下
18	花序类型	单式花序	39	果梗洼大小	7.7 mm	60	可溶性固形物含量	4.60%
19	簇生花	无	40	果洼木栓化大小	3.6 mm	61	田间成株耐寒性	中
20	花柱长度	短于雄蕊	41	果实横切面形状	不规则形状	62	用途	鲜食或加工
21	花柱形状	单圆花柱	42	果肉色	红			

种质编号VT558

序号	描述项目	描述内容	序号	描述项目	描述内容	序号	描述项目	描述内容
1	种质编号	VT558	22	花柱茸毛	无	43	胎座胶状物质颜色	红
2	种质类型	品系	23	花色	浅黄	44	果肉厚	4.5 mm
3	下胚轴颜色	紫	24	花梗离层	有	45	心室数	9个
4	生长习性	无限生长	25	单花序花数	5朵	46	果皮色	红
5	株型	半蔓性	26	果柄长度	1.0 cm	47	单花序果数	3个
6	株高	1.4～1.6 m	27	成熟前果色	绿	48	单果重	188.9 g
7	茎叶茸毛	短稀	28	成熟果色	红	49	熟性	极晚≥125 d
8	叶片类型	普通叶型	29	果面棱沟	重	50	形态一致性	连续变异
9	叶片形状	羽状复叶	30	果面茸毛	无	51	种皮颜色	浅棕
10	叶片着生状态	水平	31	果顶形状	深凹	52	播种至开花天数	69 d
11	叶色	黄绿	32	果肩	有	53	播种至始收天数	134 d
12	叶脉色	无色	33	果肩形状	深凹	54	裂果性	易裂
13	叶裂刻	深	34	果肩色	—	55	畸形果	中
14	叶片长	43.0 cm	35	绿果肩大小	—	56	肉质	沙
15	叶片宽	53.0 cm	36	商品果纵径	54.8 mm	57	风味	酸甜
16	首花序节位	11节	37	商品果横径	80.9 mm	58	清香味	有（淡）
17	第二花序节位	14节	38	果形	扁平形	59	综合品质	下
18	花序类型	单式花序	39	果梗洼大小	7.0 mm	60	可溶性固形物含量	4.3%
19	簇生花	无	40	果洼木栓化大小	2.4 mm	61	田间成株耐寒性	弱
20	花柱长度	与雄蕊近等长	41	果实横切面形状	不规则形状	62	用途	鲜食或加工
21	花柱形状	扁生花柱	42	果肉色	红			

种质编号VT560

序号	描述项目	描述内容	序号	描述项目	描述内容	序号	描述项目	描述内容
1	种质编号	VT560	22	花柱茸毛	无	43	胎座胶状物质颜色	黄绿
2	种质类型	品系	23	花色	黄	44	果肉厚	4.0 mm
3	下胚轴颜色	紫	24	花梗离层	有	45	心室数	9个
4	生长习性	无限生长	25	单花序花数	3朵	46	果皮色	黄
5	株型	半蔓性	26	果柄长度	1.0 cm	47	单花序果数	2个
6	株高	2.1~2.6 m	27	成熟前果色	绿	48	单果重	163.2 g
7	茎叶茸毛	长稀	28	成熟果色	红	49	熟性	极晚≥125 d
8	叶片类型	普通叶型	29	果面棱沟	重	50	形态一致性	一致
9	叶片形状	羽状复叶	30	果面茸毛	稀	51	种皮颜色	浅棕
10	叶片着生状态	下垂	31	果顶形状	圆平	52	播种至开花天数	69 d
11	叶色	浅绿	32	果肩	有	53	播种至始收天数	134 d
12	叶脉色	无色	33	果肩形状	深凹	54	裂果性	不易裂
13	叶裂刻	中	34	果肩色	—	55	畸形果	少
14	叶片长	44.0 cm	35	绿果肩大小	—	56	肉质	软
15	叶片宽	34.0 cm	36	商品果纵径	52.3 mm	57	风味	酸甜
16	首花序节位	11节	37	商品果横径	76.0 mm	58	清香味	有（淡）
17	第二花序节位	13节	38	果形	扁平形	59	综合品质	中
18	花序类型	单式花序	39	果梗洼大小	10.3 mm	60	可溶性固形物含量	3.80%
19	簇生花	无	40	果洼木栓化大小	7.4 mm	61	田间成株耐寒性	弱
20	花柱长度	短于雄蕊	41	果实横切面形状	不规则形状	62	用途	鲜食或加工
21	花柱形状	单圆花柱或分裂花柱	42	果肉色	红			

种质编号VT574

序号	描述项目	描述内容	序号	描述项目	描述内容	序号	描述项目	描述内容
1	种质编号	VT574	22	花柱茸毛	无	43	胎座胶状物质颜色	黄
2	种质类型	遗传材料	23	花色	浅黄	44	果肉厚	7.7 mm
3	下胚轴颜色	紫	24	花梗离层	有	45	心室数	2~4个
4	生长习性	无限生长	25	单花序花数	5朵	46	果皮色	黄
5	株型	半蔓性	26	果柄长度	1.0 cm	47	单花序果数	3个
6	株高	2.2~2.5 m	27	成熟前果色	浅绿	48	单果重	160.9 g
7	茎叶茸毛	长稀	28	成熟果色	红	49	熟性	极晚≥125 d
8	叶片类型	普通叶型	29	果面棱沟	中	50	形态一致性	不连续变异
9	叶片形状	羽状复叶	30	果面茸毛	无	51	种皮颜色	浅棕
10	叶片着生状态	下垂	31	果顶形状	圆平	52	播种至开花天数	71 d
11	叶色	浅绿	32	果肩	有	53	播种至始收天数	134 d
12	叶脉色	无色	33	果肩形状	深凹	54	裂果性	不易裂
13	叶裂刻	深	34	果肩色	—	55	畸形果	少
14	叶片长	45.0 cm	35	绿果肩大小	—	56	肉质	沙
15	叶片宽	38.0 cm	36	商品果纵径	58.0 mm	57	风味	酸甜
16	首花序节位	12节	37	商品果横径	72.6 mm	58	清香味	有(淡)
17	第二花序节位	15节	38	果形	圆形	59	综合品质	中
18	花序类型	单式花序	39	果梗洼大小	6.5 mm	60	可溶性固形物含量	4.60%
19	簇生花	无	40	果洼木栓化大小	2.8 mm	61	田间成株耐寒性	强
20	花柱长度	短于雄蕊	41	果实横切面形状	不规则形状	62	用途	鲜食
21	花柱形状	单圆花柱	42	果肉色	红			

种质编号VT586

序号	描述项目	描述内容	序号	描述项目	描述内容	序号	描述项目	描述内容
1	种质编号	VT586	22	花柱茸毛	无	43	胎座胶状物质颜色	红
2	种质类型	遗传材料	23	花色	黄	44	果肉厚	6.2 mm
3	下胚轴颜色	紫	24	花梗离层	有	45	心室数	5个
4	生长习性	无限生长	25	单花序花数	7朵	46	果皮色	红
5	株型	半蔓性	26	果柄长度	1.6 cm	47	单花序果数	5个
6	株高	1.8~2.3 m	27	成熟前果色	浅绿	48	单果重	170.4 g
7	茎叶茸毛	短稀	28	成熟果色	红	49	熟性	极晚≥125 d
8	叶片类型	普通叶型	29	果面棱沟	轻	50	形态一致性	连续变异
9	叶片形状	二回羽状复叶	30	果面茸毛	无	51	种皮颜色	灰黄
10	叶片着生状态	下垂	31	果顶形状	圆平	52	播种至开花天数	71 d
11	叶色	深绿	32	果肩	有	53	播种至始收天数	130 d
12	叶脉色	无色或绿	33	果肩形状	微凹	54	裂果性	不易裂
13	叶裂刻	深	34	果肩色	—	55	畸形果	无
14	叶片长	45.0 cm	35	绿果肩大小	—	56	肉质	沙
15	叶片宽	50.0 cm	36	商品果纵径	65.9 mm	57	风味	酸甜
16	首花序节位	13节	37	商品果横径	68.2 mm	58	清香味	无
17	第二花序节位	16节	38	果形	圆形	59	综合品质	中
18	花序类型	单式花序	39	果梗洼大小	5.5 mm	60	可溶性固形物含量	5.20%
19	簇生花	无	40	果洼木栓化大小	2.6 mm	61	田间成株耐寒性	中
20	花柱长度	与雄蕊近等长	41	果实横切面形状	不规则形状	62	用途	鲜食或加工
21	花柱形状	单圆花柱	42	果肉色	红			

种质编号VT618

序号	描述项目	描述内容	序号	描述项目	描述内容	序号	描述项目	描述内容
1	种质编号	VT618	22	花柱茸毛	无	43	胎座胶状物质颜色	红
2	种质类型	遗传材料	23	花色	黄	44	果肉厚	8.0 mm
3	下胚轴颜色	紫	24	花梗离层	有	45	心室数	2~5个
4	生长习性	无限生长	25	单花序花数	4朵	46	果皮色	黄
5	株型	半蔓性	26	果柄长度	0.7 cm	47	单花序果数	3个
6	株高	1.2~1.5 m	27	成熟前果色	浅绿	48	单果重	164.0 g
7	茎叶茸毛	长稀	28	成熟果色	红	49	熟性	极晚≥125 d
8	叶片类型	普通叶型	29	果面棱沟	中	50	形态一致性	连续变异
9	叶片形状	羽状复叶	30	果面茸毛	稀	51	种皮颜色	浅棕
10	叶片着生状态	下垂	31	果顶形状	圆平	52	播种至开花天数	84 d
11	叶色	绿	32	果肩	有	53	播种至始收天数	143 d
12	叶脉色	无色	33	果肩形状	微凹	54	裂果性	中
13	叶裂刻	深	34	果肩色	—	55	畸形果	无
14	叶片长	32.0 cm	35	绿果肩大小	—	56	肉质	沙
15	叶片宽	27.0 cm	36	商品果纵径	60.5 mm	57	风味	酸甜
16	首花序节位	6节	37	商品果横径	70.8 mm	58	清香味	有（淡）
17	第二花序节位	13节	38	果形	圆形	59	综合品质	中
18	花序类型	单式花序	39	果梗洼大小	5.7 mm	60	可溶性固形物含量	5.40%
19	簇生花	无	40	果洼木栓化大小	3.1 mm	61	田间成株耐寒性	弱
20	花柱长度	短于雄蕊	41	果实横切面形状	圆形或不规则形	62	用途	鲜食或加工
21	花柱形状	单圆花柱	42	果肉色	红			

种质编号VT619

序号	描述项目	描述内容	序号	描述项目	描述内容	序号	描述项目	描述内容
1	种质编号	VT619	22	花柱茸毛	无	43	胎座胶状物质颜色	红
2	种质类型	品系	23	花色	黄	44	果肉厚	8.0 mm
3	下胚轴颜色	紫	24	花梗离层	有	45	心室数	4个
4	生长习性	无限生长	25	单花序花数	4朵	46	果皮色	红
5	株型	半蔓性	26	果柄长度	1.1 cm	47	单花序果数	3个
6	株高	1.4~1.8 m	27	成熟前果色	浅绿	48	单果重	176.4 g
7	茎叶茸毛	短稀	28	成熟果色	红	49	熟性	极晚≥125 d
8	叶片类型	普通叶型	29	果面棱沟	中	50	形态一致性	连续变异
9	叶片形状	羽状复叶	30	果面茸毛	无	51	种皮颜色	灰黄
10	叶片着生状态	下垂	31	果顶形状	微凹	52	播种至开花天数	84 d
11	叶色	深绿	32	果肩	有	53	播种至始收天数	145 d
12	叶脉色	无色	33	果肩形状	微凹	54	裂果性	不易裂
13	叶裂刻	深	34	果肩色	—	55	畸形果	少
14	叶片长	42.0 cm	35	绿果肩大小	—	56	肉质	沙
15	叶片宽	44.0 cm	36	商品果纵径	57.0 mm	57	风味	酸甜
16	首花序节位	6节	37	商品果横径	70.1 mm	58	清香味	有（淡）
17	第二花序节位	9节	38	果形	圆形	59	综合品质	中
18	花序类型	单式花序	39	果梗洼大小	6.0 mm	60	可溶性固形物含量	4.90%
19	簇生花	无	40	果洼木栓化大小	3.5 mm	61	田间成株耐寒性	弱
20	花柱长度	短于雄蕊	41	果实横切面形状	不规则形状	62	用途	鲜食或加工
21	花柱形状	单圆花柱	42	果肉色	红			

种质编号VT725

序号	描述项目	描述内容	序号	描述项目	描述内容	序号	描述项目	描述内容
1	种质编号	VT725	22	花柱茸毛	无	43	胎座胶状物质颜色	黄
2	种质类型	品系	23	花色	黄	44	果肉厚	6.9 mm
3	下胚轴颜色	紫	24	花梗离层	有	45	心室数	4个
4	生长习性	无限生长	25	单花序花数	6朵	46	果皮色	粉
5	株型	半蔓性	26	果柄长度	1.3 cm	47	单花序果数	4个
6	株高	1.6～2.0 m	27	成熟前果色	绿白	48	单果重	181.0 g
7	茎叶茸毛	短稀	28	成熟果色	粉红	49	熟性	极晚≥125 d
8	叶片类型	普通叶型	29	果面棱沟	中	50	形态一致性	连续变异
9	叶片形状	羽状复叶	30	果面茸毛	无	51	种皮颜色	灰黄
10	叶片着生状态	水平	31	果顶形状	圆平	52	播种至开花天数	71 d
11	叶色	绿	32	果肩	有	53	播种至始收天数	138 d
12	叶脉色	无色	33	果肩形状	微凹	54	裂果性	易裂
13	叶裂刻	深	34	果肩色	—	55	畸形果	少
14	叶片长	63.0 cm	35	绿果肩大小	—	56	肉质	沙
15	叶片宽	60.0 cm	36	商品果纵径	62.5 mm	57	风味	甜
16	首花序节位	11节	37	商品果横径	73.8 mm	58	清香味	有
17	第二花序节位	13节	38	果形	圆形	59	综合品质	中
18	花序类型	单式花序	39	果梗洼大小	7.1 mm	60	可溶性固形物含量	3.40%
19	簇生花	无	40	果洼木栓化大小	3.2 mm	61	田间成株耐寒性	弱
20	花柱长度	短于雄蕊	41	果实横切面形状	不规则形状	62	用途	鲜食或加工
21	花柱形状	单圆花柱	42	果肉色	粉红			

第八章

特大果类番茄种质资源

本章收录单果重大于201.0 g，各种颜色的特大果类番茄种质。共收录30份种质。

种质编号VT40

序号	描述项目	描述内容	序号	描述项目	描述内容	序号	描述项目	描述内容
1	种质编号	VT40	22	花柱茸毛	无	43	胎座胶状物质颜色	黄
2	种质类型	品系	23	花色	浅黄	44	果肉厚	7.4 mm
3	下胚轴颜色	紫	24	花梗离层	有	45	心室数	6个
4	生长习性	7序花封顶	25	单花序花数	5朵	46	果皮色	无色
5	株型	半蔓性	26	果柄长度	1.0 cm	47	单花序果数	4个
6	株高	0.9~1.2 m	27	成熟前果色	浅绿	48	单果重	286.9 g
7	茎叶茸毛	长稀	28	成熟果色	粉红	49	熟性	极晚≥125 d
8	叶片类型	普通叶型	29	果面棱沟	中	50	形态一致性	连续变异
9	叶片形状	羽状复叶	30	果面茸毛	有	51	种皮颜色	灰黄
10	叶片着生状态	水平	31	果顶形状	深凹	52	播种至开花天数	71 d
11	叶色	绿	32	果肩	有	53	播种至始收天数	138 d
12	叶脉色	无色	33	果肩形状	深凹	54	裂果性	易裂
13	叶裂刻	浅	34	果肩色	—	55	畸形果	少
14	叶片长	46.0 cm	35	绿果肩大小	—	56	肉质	沙
15	叶片宽	44.0 cm	36	商品果纵径	69.2 mm	57	风味	酸甜（淡）
16	首花序节位	11节	37	商品果横径	86.8 mm	58	清香味	无
17	第二花序节位	13节	38	果形	圆形	59	综合品质	中
18	花序类型	单式花序	39	果梗洼大小	6.7 mm	60	可溶性固形物含量	4.60%
19	簇生花	无	40	果洼木栓化大小	3.8 mm	61	田间成株耐寒性	弱
20	花柱长度	与雄蕊近等长	41	果实横切面形状	圆形	62	用途	鲜食
21	花柱形状	单圆花柱	42	果肉色	粉红			

种质编号VT29

序号	描述项目	描述内容	序号	描述项目	描述内容	序号	描述项目	描述内容
1	种质编号	VT29	22	花柱茸毛	无	43	胎座胶状物质颜色	红
2	种质类型	品系	23	花色	橘黄	44	果肉厚	6.7 mm
3	下胚轴颜色	紫	24	花梗离层	有	45	心室数	5个
4	生长习性	4序花封顶	25	单花序花数	4朵	46	果皮色	黄
5	株型	半蔓性	26	果柄长度	0.8 cm	47	单花序果数	3个
6	株高	1.0~1.2 m	27	成熟前果色	浅绿	48	单果重	212.2 g
7	茎叶茸毛	短稀	28	成熟果色	红	49	熟性	极晚≥125 d
8	叶片类型	普通叶型	29	果面棱沟	中	50	形态一致性	连续变异
9	叶片形状	羽状复叶	30	果面茸毛	无	51	种皮颜色	浅棕
10	叶片着生状态	水平	31	果顶形状	圆平	52	播种至开花天数	71 d
11	叶色	深绿	32	果肩	有	53	播种至始收天数	138 d
12	叶脉色	无色	33	果肩形状	深凹	54	裂果性	不易裂
13	叶裂刻	中	34	果肩色	—	55	畸形果	少
14	叶片长	42.0 cm	35	绿果肩大小	—	56	肉质	沙
15	叶片宽	32.0 cm	36	商品果纵径	63.8 mm	57	风味	甜酸
16	首花序节位	8节	37	商品果横径	81.2 mm	58	清香味	有
17	第二花序节位	11节	38	果形	圆形	59	综合品质	下
18	花序类型	单式花序	39	果梗洼大小	6.9 mm	60	可溶性固形物含量	4.80%
19	簇生花	无	40	果洼木栓化大小	2.3 mm	61	田间成株耐寒性	弱
20	花柱长度	短于雄蕊	41	果实横切面形状	圆形	62	用途	鲜食或加工
21	花柱形状	单圆花柱	42	果肉色	粉红			

种质编号VT41

序号	描述项目	描述内容	序号	描述项目	描述内容	序号	描述项目	描述内容
1	种质编号	VT41	22	花柱茸毛	无	43	胎座胶状物质颜色	黄
2	种质类型	品系	23	花色	浅黄	44	果肉厚	6.7 mm
3	下胚轴颜色	紫	24	花梗离层	有	45	心室数	5个
4	生长习性	6序花封顶	25	单花序花数	5朵	46	果皮色	无或红
5	株型	半蔓性	26	果柄长度	1.3 cm	47	单花序果数	2个
6	株高	1.5~1.8 m	27	成熟前果色	浅绿	48	单果重	234.0 g
7	茎叶茸毛	短稀	28	成熟果色	粉红或红	49	熟性	极晚≥125 d
8	叶片类型	薯叶型	29	果面棱沟	中	50	形态一致性	连续变异
9	叶片形状	羽状复叶	30	果面茸毛	无	51	种皮颜色	灰黄
10	叶片着生状态	水平	31	果顶形状	深凹	52	播种至开花天数	71 d
11	叶色	绿	32	果肩	有	53	播种至始收天数	138 d
12	叶脉色	无色	33	果肩形状	深凹	54	裂果性	不易裂
13	叶裂刻	中	34	果肩色	—	55	畸形果	少
14	叶片长	46.0 cm	35	绿果肩大小	—	56	肉质	沙
15	叶片宽	36.0 cm	36	商品果纵径	65.6 mm	57	风味	甜酸
16	首花序节位	11节	37	商品果横径	82.9 mm	58	清香味	有
17	第二花序节位	13节	38	果形	扁圆或圆形	59	综合品质	中
18	花序类型	单式花序	39	果梗洼大小	8.0 mm	60	可溶性固形物含量	4.30%
19	簇生花	无	40	果洼木栓化大小	1.8 mm	61	田间成株耐寒性	弱
20	花柱长度	长于雄蕊	41	果实横切面形状	不规则形状	62	用途	鲜食
21	花柱形状	单圆花柱	42	果肉色	粉红			

种质编号VT43

序号	描述项目	描述内容	序号	描述项目	描述内容	序号	描述项目	描述内容
1	种质编号	VT43	22	花柱茸毛	无	43	胎座胶状物质颜色	黄
2	种质类型	遗传材料	23	花色	黄	44	果肉厚	7.5 mm
3	下胚轴颜色	紫	24	花梗离层	有	45	心室数	5个
4	生长习性	有限	25	单花序花数	5~9朵	46	果皮色	黄
5	株型	半蔓性	26	果柄长度	0.6~1.4 cm	47	单花序果数	5个
6	株高	0.6~1.0 m	27	成熟前果色	绿白	48	单果重	219.6 g
7	茎叶茸毛	短稀	28	成熟果色	粉红	49	熟性	中106~120 d
8	叶片类型	普通叶型	29	果面棱沟	无或中	50	形态一致性	连续变异
9	叶片形状	羽状复叶	30	果面茸毛	无	51	种皮颜色	浅黄
10	叶片着生状态	水平	31	果顶形状	圆平	52	播种至开花天数	70 d
11	叶色	浅绿	32	果肩	有	53	播种至始收天数	120 d
12	叶脉色	无色	33	果肩形状	深凹	54	裂果性	不易裂
13	叶裂刻	中	34	果肩色	—	55	畸形果	无
14	叶片长	43 cm	35	绿果肩大小	—	56	肉质	沙
15	叶片宽	38 cm	36	商品果纵径	67.7 mm	57	风味	酸甜
16	首花序节位	10节	37	商品果横径	77.1 mm	58	清香味	有
17	第二花序节位	11节	38	果形	圆形	59	综合品质	中
18	花序类型	单式花序	39	果梗洼大小	4.5 mm	60	可溶性固形物含量	3.7%
19	簇生花	无	40	果洼木栓化大小	1.8 mm	61	田间成株耐寒性	强或弱
20	花柱长度	与雄蕊近等长	41	果实横切面形状	圆形	62	用途	鲜食
21	花柱形状	单圆花柱	42	果肉色	红			

种质编号VT45

序号	描述项目	描述内容	序号	描述项目	描述内容	序号	描述项目	描述内容
1	种质编号	VT45	22	花柱茸毛	无	43	胎座胶状物质颜色	红
2	种质类型	品系	23	花色	黄	44	果肉厚	9.0 mm
3	下胚轴颜色	紫	24	花梗离层	有	45	心室数	5～7个
4	生长习性	5序花封顶	25	单花序花数	4朵	46	果皮色	黄
5	株型	半蔓性	26	果柄长度	1.1 cm	47	单花序果数	2个
6	株高	0.8～1.0 m	27	成熟前果色	浅绿	48	单果重	256.7 g
7	茎叶茸毛	长稀	28	成熟果色	红	49	熟性	极晚≥125 d
8	叶片类型	普通叶型	29	果面棱沟	中	50	形态一致性	连续变异
9	叶片形状	羽状复叶	30	果面茸毛	无	51	种皮颜色	灰黄
10	叶片着生状态	水平	31	果顶形状	圆平	52	播种至开花天数	71 d
11	叶色	深绿	32	果肩	有	53	播种至始收天数	135 d
12	叶脉色	无色	33	果肩形状	深凹	54	裂果性	不易裂
13	叶裂刻	中	34	果肩色	—	55	畸形果	少
14	叶片长	41.0 cm	35	绿果肩大小	—	56	肉质	沙
15	叶片宽	41.0 cm	36	商品果纵径	70.0 mm	57	风味	酸甜
16	首花序节位	8节	37	商品果横径	82.9 mm	58	清香味	有
17	第二花序节位	11节	38	果形	圆形	59	综合品质	中
18	花序类型	单式花序	39	果梗洼大小	8.7 mm	60	可溶性固形物含量	4.10%
19	簇生花	无	40	果洼木栓化大小	2.5 mm	61	田间成株耐寒性	弱
20	花柱长度	短于雄蕊	41	果实横切面形状	不规则形状	62	用途	鲜食
21	花柱形状	单圆花柱	42	果肉色	粉红			

种质编号VT46

序号	描述项目	描述内容	序号	描述项目	描述内容	序号	描述项目	描述内容
1	种质编号	VT46	22	花柱茸毛	无	43	胎座胶状物质颜色	黄
2	种质类型	品系	23	花色	浅黄	44	果肉厚	6.0 mm
3	下胚轴颜色	紫	24	花梗离层	有	45	心室数	5~7个
4	生长习性	6序花封顶	25	单花序花数	6朵	46	果皮色	红
5	株型	半蔓性	26	果柄长度	1.1 cm	47	单花序果数	3个
6	株高	1.1~1.3 m	27	成熟前果色	浅绿	48	单果重	248.7 g
7	茎叶茸毛	短稀	28	成熟果色	粉红	49	熟性	极晚≥125 d
8	叶片类型	普通叶型	29	果面棱沟	中	50	形态一致性	连续变异
9	叶片形状	羽状复叶	30	果面茸毛	无	51	种皮颜色	浅黄
10	叶片着生状态	水平	31	果顶形状	微凹	52	播种至开花天数	71 d
11	叶色	绿	32	果肩	有	53	播种至始收天数	138 d
12	叶脉色	无色	33	果肩形状	深凹	54	裂果性	中
13	叶裂刻	中	34	果肩色	—	55	畸形果	少
14	叶片长	43.0 cm	35	绿果肩大小	—	56	肉质	沙
15	叶片宽	38.0 cm	36	商品果纵径	63.7 mm	57	风味	酸甜
16	首花序节位	12节	37	商品果横径	81.1 mm	58	清香味	有
17	第二花序节位	14节	38	果形	扁圆形	59	综合品质	中
18	花序类型	单式花序	39	果梗洼大小	6.5 mm	60	可溶性固形物含量	3.90%
19	簇生花	无	40	果洼木栓化大小	2.2 mm	61	田间成株耐寒性	弱
20	花柱长度	与雄蕊近等长	41	果实横切面形状	不规则形状	62	用途	鲜食
21	花柱形状	单圆花柱	42	果肉色	粉红			

种质编号VT111

序号	描述项目	描述内容	序号	描述项目	描述内容	序号	描述项目	描述内容
1	种质编号	VT111	22	花柱茸毛	无	43	胎座胶状物质颜色	粉红
2	种质类型	遗传材料	23	花色	橘黄	44	果肉厚	6.5 mm
3	下胚轴颜色	紫	24	花梗离层	有	45	心室数	7~10个
4	生长习性	5序花封顶	25	单花序花数	5朵	46	果皮色	黄
5	株型	半蔓性	26	果柄长度	1.2 cm	47	单花序果数	3个
6	株高	0.7~1.0 m	27	成熟前果色	浅绿	48	单果重	213.6 g
7	茎叶茸毛	短稀	28	成熟果色	红	49	熟性	极晚≥125 d
8	叶片类型	普通叶型	29	果面棱沟	轻	50	形态一致性	连续变异
9	叶片形状	羽状复叶	30	果面茸毛	无	51	种皮颜色	浅黄
10	叶片着生状态	水平	31	果顶形状	圆平	52	播种至开花天数	72 d
11	叶色	深绿	32	果肩	有	53	播种至始收天数	138 d
12	叶脉色	无色或绿	33	果肩形状	平	54	裂果性	不易裂
13	叶裂刻	中	34	果肩色	—	55	畸形果	无
14	叶片长	45.0 cm	35	绿果肩大小	—	56	肉质	沙
15	叶片宽	38.0 cm	36	商品果纵径	63.5 mm	57	风味	甜酸
16	首花序节位	8节	37	商品果横径	77.0 mm	58	清香味	有
17	第二花序节位	9节	38	果形	圆形	59	综合品质	中
18	花序类型	单式花序	39	果梗洼大小	5.8 mm	60	可溶性固形物含量	5.00%
19	簇生花	无	40	果洼木栓化大小	2.7 mm	61	田间成株耐寒性	弱
20	花柱长度	与雄蕊近等长	41	果实横切面形状	不规则形状	62	用途	鲜食或加工
21	花柱形状	单圆花柱	42	果肉色	粉红			

第八章 特大果类番茄种质资源

种质编号VT133

序号	描述项目	描述内容	序号	描述项目	描述内容	序号	描述项目	描述内容
1	种质编号	VT133	22	花柱茸毛	无	43	胎座胶状物质颜色	粉红
2	种质类型	品系	23	花色	黄	44	果肉厚	7.3 mm
3	下胚轴颜色	紫	24	花梗离层	有	45	心室数	6~10个
4	生长习性	5序花封顶	25	单花序花数	4朵	46	果皮色	黄
5	株型	半蔓性	26	果柄长度	1.6 cm	47	单花序果数	4个
6	株高	1.0~1.3 m	27	成熟前果色	浅绿	48	单果重	243.7 g
7	茎叶茸毛	短密	28	成熟果色	红	49	熟性	极晚≥125 d
8	叶片类型	普通叶型	29	果面棱沟	重	50	形态一致性	一致
9	叶片形状	羽状复叶	30	果面茸毛	无	51	种皮颜色	浅黄
10	叶片着生状态	下垂	31	果顶形状	圆平	52	播种至开花天数	72 d
11	叶色	浅绿	32	果肩	有	53	播种至始收天数	136 d
12	叶脉色	无色	33	果肩形状	微凹	54	裂果性	不易裂
13	叶裂刻	中	34	果肩色	—	55	畸形果	少
14	叶片长	58.0 cm	35	绿果肩大小	—	56	肉质	沙
15	叶片宽	52.0 cm	36	商品果纵径	66.1 mm	57	风味	甜酸
16	首花序节位	8节	37	商品果横径	86.3 mm	58	清香味	有
17	第二花序节位	9节	38	果形	圆形	59	综合品质	中
18	花序类型	单式花序	39	果梗洼大小	6.8 mm	60	可溶性固形物含量	4.10%
19	簇生花	无	40	果洼木栓化大小	3.3 mm	61	田间成株耐寒性	弱
20	花柱长度	与雄蕊近等长	41	果实横切面形状	不规则形状	62	用途	鲜食或加工
21	花柱形状	单圆花柱	42	果肉色	粉红			

种质编号VT157

序号	描述项目	描述内容	序号	描述项目	描述内容	序号	描述项目	描述内容
1	种质编号	VT157	22	花柱茸毛	无	43	胎座胶状物质颜色	黄
2	种质类型	品系	23	花色	浅黄	44	果肉厚	8.4 mm
3	下胚轴颜色	紫	24	花梗离层	有	45	心室数	6个
4	生长习性	4序花封顶	25	单花序花数	3朵	46	果皮色	无色
5	株型	半蔓性	26	果柄长度	1.1 cm	47	单花序果数	2个
6	株高	1.3～1.8 m	27	成熟前果色	浅绿	48	单果重	329.9 g
7	茎叶茸毛	长稀	28	成熟果色	粉红	49	熟性	极晚≥125 d
8	叶片类型	普通叶型	29	果面棱沟	中	50	形态一致性	连续变异
9	叶片形状	羽状复叶	30	果面茸毛	无	51	种皮颜色	深黄
10	叶片着生状态	水平	31	果顶形状	圆平	52	播种至开花天数	72 d
11	叶色	深绿	32	果肩	有	53	播种至始收天数	136 d
12	叶脉色	无色	33	果肩形状	深凹	54	裂果性	易裂
13	叶裂刻	中	34	果肩色	—	55	畸形果	少
14	叶片长	37.0 cm	35	绿果肩大小	—	56	肉质	沙
15	叶片宽	24.0 cm	36	商品果纵径	69.0 mm	57	风味	酸甜
16	首花序节位	11节	37	商品果横径	96.3 mm	58	清香味	有
17	第二花序节位	12节	38	果形	圆形	59	综合品质	中
18	花序类型	单式花序	39	果梗洼大小	6.3 mm	60	可溶性固形物含量	3.80%
19	簇生花	无	40	果洼木栓化大小	2.5 mm	61	田间成株耐寒性	弱
20	花柱长度	与雄蕊近等长	41	果实横切面形状	不规则形状	62	用途	鲜食或加工
21	花柱形状	分裂花柱	42	果肉色	粉红			

第八章 特大果类番茄种质资源

种质编号VT159

序号	描述项目	描述内容	序号	描述项目	描述内容	序号	描述项目	描述内容
1	种质编号	VT159	22	花柱茸毛	无	43	胎座胶状物质颜色	红
2	种质类型	品系	23	花色	浅黄	44	果肉厚	7.8 mm
3	下胚轴颜色	紫(淡)	24	花梗离层	有	45	心室数	4~7个
4	生长习性	6序花封顶	25	单花序花数	7朵	46	果皮色	无色
5	株型	半蔓性	26	果柄长度	1.2 cm	47	单花序果数	3个
6	株高	1.0~1.3 m	27	成熟前果色	浅绿	48	单果重	241.4 g
7	茎叶茸毛	长稀	28	成熟果色	粉红	49	熟性	极晚≥125 d
8	叶片类型	普通叶型	29	果面棱沟	重	50	形态一致性	一致
9	叶片形状	羽状复叶	30	果面茸毛	无	51	种皮颜色	灰黄
10	叶片着生状态	下垂	31	果顶形状	深凹	52	播种至开花天数	53 d
11	叶色	黄绿	32	果肩	有	53	播种至始收天数	136 d
12	叶脉色	无色	33	果肩形状	深凹	54	裂果性	易裂
13	叶裂刻	深	34	果肩色	—	55	畸形果	少
14	叶片长	40.0 cm	35	绿果肩大小	—	56	肉质	沙
15	叶片宽	30.0 cm	36	商品果纵径	62.9 mm	57	风味	甜酸
16	首花序节位	10节	37	商品果横径	81.6 mm	58	清香味	无
17	第二花序节位	13节	38	果形	圆形	59	综合品质	下
18	花序类型	单式花序	39	果梗洼大小	5.8 mm	60	可溶性固形物含量	4.53%
19	簇生花	无	40	果洼木栓化大小	1.5 mm	61	田间成株耐寒性	弱
20	花柱长度	与雄蕊近等长	41	果实横切面形状	不规则形状	62	用途	鲜食或加工
21	花柱形状	单圆花柱	42	果肉色	粉红			

种质编号VT164

序号	描述项目	描述内容	序号	描述项目	描述内容	序号	描述项目	描述内容
1	种质编号	VT164	22	花柱茸毛	无	43	胎座胶状物质颜色	黄绿
2	种质类型	品系	23	花色	黄	44	果肉厚	6.5 mm
3	下胚轴颜色	紫	24	花梗离层	有	45	心室数	10个
4	生长习性	5序花封顶	25	单花序花数	5朵	46	果皮色	无色
5	株型	半蔓性	26	果柄长度	1.2 cm	47	单花序果数	3个
6	株高	0.8~1.2 m	27	成熟前果色	绿白	48	单果重	276.8 g
7	茎叶茸毛	长稀	28	成熟果色	粉红	49	熟性	极晚≥125 d
8	叶片类型	普通叶型	29	果面棱沟	重	50	形态一致性	连续变异
9	叶片形状	羽状复叶	30	果面茸毛	无	51	种皮颜色	浅黄
10	叶片着生状态	水平	31	果顶形状	微凹	52	播种至开花天数	72 d
11	叶色	浅绿	32	果肩	有	53	播种至始收天数	132 d
12	叶脉色	无色	33	果肩形状	深凹	54	裂果性	易裂
13	叶裂刻	中	34	果肩色	—	55	畸形果	少
14	叶片长	43.0 cm	35	绿果肩大小	—	56	肉质	沙
15	叶片宽	34.0 cm	36	商品果纵径	69.5 mm	57	风味	甜酸（淡）
16	首花序节位	9节	37	商品果横径	89.6 mm	58	清香味	有
17	第二花序节位	10节	38	果形	扁圆形	59	综合品质	中
18	花序类型	单式花序	39	果梗洼大小	6.8 mm	60	可溶性固形物含量	4.13%
19	簇生花	无	40	果洼木栓化大小	2.2 mm	61	田间成株耐寒性	弱
20	花柱长度	与雄蕊近等长	41	果实横切面形状	不规则形状	62	用途	鲜食或加工
21	花柱形状	单圆花柱	42	果肉色	粉红			

种质编号VT167

序号	描述项目	描述内容	序号	描述项目	描述内容	序号	描述项目	描述内容
1	种质编号	VT167	22	花柱茸毛	无	43	胎座胶状物质颜色	黄绿
2	种质类型	品系	23	花色	黄	44	果肉厚	6.1 mm
3	下胚轴颜色	紫（淡）	24	花梗离层	有	45	心室数	5个
4	生长习性	7序花封顶	25	单花序花数	3朵	46	果皮色	无色
5	株型	半蔓性	26	果柄长度	0.8 cm	47	单花序果数	2个
6	株高	1.8～2.0 m	27	成熟前果色	绿	48	单果重	255.3 g
7	茎叶茸毛	长稀	28	成熟果色	粉红	49	熟性	极晚≥125 d
8	叶片类型	普通叶型	29	果面棱沟	中	50	形态一致性	连续变异
9	叶片形状	羽状复叶	30	果面茸毛	无	51	种皮颜色	灰黄
10	叶片着生状态	下垂	31	果顶形状	深凹	52	播种至开花天数	71 d
11	叶色	绿	32	果肩	有	53	播种至始收天数	132 d
12	叶脉色	无色	33	果肩形状	深凹	54	裂果性	易裂
13	叶裂刻	中	34	果肩色	—	55	畸形果	少
14	叶片长	40.0 cm	35	绿果肩大小	—	56	肉质	沙
15	叶片宽	35.0 cm	36	商品果纵径	57.4 mm	57	风味	甜酸
16	首花序节位	11节	37	商品果横径	73.8 mm	58	清香味	有
17	第二花序节位	12节	38	果形	扁圆形或圆形	59	综合品质	中
18	花序类型	单式花序	39	果梗洼大小	5.5 mm	60	可溶性固形物含量	4.35%
19	簇生花	无	40	果洼木栓化大小	2.5 mm	61	田间成株耐寒性	中
20	花柱长度	长于雄蕊	41	果实横切面形状	不规则形状	62	用途	鲜食或加工
21	花柱形状	单圆花柱	42	果肉色	粉红或红			

种质编号VT181

序号	描述项目	描述内容	序号	描述项目	描述内容	序号	描述项目	描述内容
1	种质编号	VT181	22	花柱茸毛	无	43	胎座胶状物质颜色	黄
2	种质类型	品系	23	花色	黄	44	果肉厚	6.2 mm
3	下胚轴颜色	紫	24	花梗离层	有	45	心室数	7个
4	生长习性	4序花封顶	25	单花序花数	5朵	46	果皮色	黄
5	株型	半蔓性	26	果柄长度	1.2 cm	47	单花序果数	3个
6	株高	1.0～1.3 m	27	成熟前果色	绿	48	单果重	272.4 g
7	茎叶茸毛	短稀	28	成熟果色	红	49	熟性	极晚≥125 d
8	叶片类型	普通叶型	29	果面棱沟	中	50	形态一致性	连续变异
9	叶片形状	羽状复叶	30	果面茸毛	无	51	种皮颜色	灰黄
10	叶片着生状态	水平	31	果顶形状	圆平	52	播种至开花天数	69 d
11	叶色	深绿	32	果肩	有	53	播种至始收天数	132 d
12	叶脉色	无色	33	果肩形状	微凹	54	裂果性	易裂
13	叶裂刻	中	34	果肩色	—	55	畸形果	无
14	叶片长	42.0 cm	35	绿果肩大小	—	56	肉质	软
15	叶片宽	36.0 cm	36	商品果纵径	70.1 mm	57	风味	甜酸（淡）
16	首花序节位	10节	37	商品果横径	83.5 mm	58	清香味	无
17	第二花序节位	11节	38	果形	扁圆形	59	综合品质	下
18	花序类型	单式花序	39	果梗洼大小	4.5 mm	60	可溶性固形物含量	3.47%
19	簇生花	无	40	果洼木栓化大小	1.6 mm	61	田间成株耐寒性	弱
20	花柱长度	与雄蕊近等长	41	果实横切面形状	不规则形状	62	用途	鲜食或加工
21	花柱形状	单圆花柱	42	果肉色	粉红			

种质编号VT189

序号	描述项目	描述内容	序号	描述项目	描述内容	序号	描述项目	描述内容
1	种质编号	VT189	22	花柱茸毛	无	43	胎座胶状物质颜色	粉红
2	种质类型	品系	23	花色	黄	44	果肉厚	8.2 mm
3	下胚轴颜色	紫	24	花梗离层	有	45	心室数	6个
4	生长习性	4序花封顶	25	单花序花数	6朵	46	果皮色	无色
5	株型	半蔓性	26	果柄长度	0.5 cm	47	单花序果数	5个
6	株高	0.8～1.0 m	27	成熟前果色	绿	48	单果重	207.6 g
7	茎叶茸毛	长稀	28	成熟果色	粉红	49	熟性	极晚≥125 d
8	叶片类型	普通叶型	29	果面棱沟	中	50	形态一致性	一致
9	叶片形状	羽状复叶	30	果面茸毛	无	51	种皮颜色	灰黄
10	叶片着生状态	水平	31	果顶形状	微凹	52	播种至开花天数	73 d
11	叶色	浅绿	32	果肩	有	53	播种至始收天数	136 d
12	叶脉色	无色	33	果肩形状	微凹	54	裂果性	不易裂
13	叶裂刻	浅	34	果肩色	—	55	畸形果	少
14	叶片长	46.2 cm	35	绿果肩大小	—	56	肉质	软
15	叶片宽	43.3 cm	36	商品果纵径	61.9 mm	57	风味	甜酸
16	首花序节位	10节	37	商品果横径	78.9 mm	58	清香味	无
17	第二花序节位	11节	38	果形	扁圆形	59	综合品质	中
18	花序类型	单式花序	39	果梗洼大小	4.7 mm	60	可溶性固形物含量	3.70%
19	簇生花	无	40	果洼木栓化大小	1.8 mm	61	田间成株耐寒性	弱
20	花柱长度	与雄蕊近等长	41	果实横切面形状	不规则形状	62	用途	鲜食或加工
21	花柱形状	单圆花柱	42	果肉色	粉红			

种质编号VT270

序号	描述项目	描述内容	序号	描述项目	描述内容	序号	描述项目	描述内容
1	种质编号	VT270	22	花柱茸毛	无	43	胎座胶状物质颜色	粉红
2	种质类型	遗传材料	23	花色	黄	44	果肉厚	5.3 mm
3	下胚轴颜色	紫	24	花梗离层	有	45	心室数	8~10个
4	生长习性	无限生长	25	单花序花数	5朵	46	果皮色	红
5	株型	半蔓性	26	果柄长度	1.0 cm	47	单花序果数	4个
6	株高	2.0~2.2 m	27	成熟前果色	绿	48	单果重	274.6 g
7	茎叶茸毛	长稀	28	成熟果色	粉红	49	熟性	早100~105 d
8	叶片类型	普通或复细叶型	29	果面棱沟	重	50	形态一致性	连续变异
9	叶片形状	羽状复	30	果面茸毛	无	51	种皮颜色	灰黄
10	叶片着生状态	下垂	31	果顶形状	微凹	52	播种至开花天数	42 d
11	叶色	浅绿	32	果肩	有	53	播种至始收天数	103 d
12	叶脉色	无色	33	果肩形状	深凹	54	裂果性	不易裂
13	叶裂刻	深	34	果肩色	—	55	畸形果	少
14	叶片长	50.0 cm	35	绿果肩大小	—	56	肉质	沙
15	叶片宽	38.0 cm	36	商品果纵径	67.2 mm	57	风味	甜酸（淡）
16	首花序节位	10节	37	商品果横径	85.3 mm	58	清香味	有（淡）
17	第二花序节位	12节	38	果形	扁圆形或桃形	59	综合品质	中
18	花序类型	单式花序	39	果梗洼大小	7.8 mm	60	可溶性固形物含量	4.1%
19	簇生花	有	40	果洼木栓化大小	3.1 mm	61	田间成株耐寒性	中
20	花柱长度	与雄蕊近等长	41	果实横切面形状	不规则形状	62	用途	鲜食或加工
21	花柱形状	单圆花柱	42	果肉色	粉红			

种质编号VT305

序号	描述项目	描述内容	序号	描述项目	描述内容	序号	描述项目	描述内容
1	种质编号	VT305	22	花柱茸毛	无	43	胎座胶状物质颜色	粉红
2	种质类型	品系	23	花色	黄	44	果肉厚	6.5 mm
3	下胚轴颜色	紫	24	花梗离层	有	45	心室数	6个
4	生长习性	6序花封顶	25	单花序花数	5朵	46	果皮色	无色
5	株型	半蔓性	26	果柄长度	1.0 cm	47	单花序果数	3个
6	株高	0.9~1.2 m	27	成熟前果色	绿白	48	单果重	222.5 g
7	茎叶茸毛	长密	28	成熟果色	粉红	49	熟性	极晚≥125 d
8	叶片类型	薯叶型	29	果面棱沟	中	50	形态一致性	连续变异
9	叶片形状	羽状复叶	30	果面茸毛	无	51	种皮颜色	浅棕
10	叶片着生状态	水平	31	果顶形状	微凹	52	播种至开花天数	72 d
11	叶色	绿	32	果肩	有	53	播种至始收天数	133 d
12	叶脉色	无色	33	果肩形状	深凹	54	裂果性	易裂
13	叶裂刻	中	34	果肩色	—	55	畸形果	少
14	叶片长	44.0 cm	35	绿果肩大小	—	56	肉质	沙
15	叶片宽	40.0 cm	36	商品果纵径	63.3 mm	57	风味	酸甜
16	首花序节位	11节	37	商品果横径	79.8 mm	58	清香味	有
17	第二花序节位	12节	38	果形	扁平形	59	综合品质	下
18	花序类型	单式花序	39	果洼大小	3.0 mm	60	可溶性固形物含量	3.70%
19	簇生花	无	40	果洼木栓化大小	1.2 mm	61	田间成株耐寒性	弱
20	花柱长度	与雄蕊近等长	41	果实横切面形状	不规则形状	62	用途	鲜食或加工
21	花柱形状	单圆花柱	42	果肉色	粉红			

种质编号VT306

序号	描述项目	描述内容	序号	描述项目	描述内容	序号	描述项目	描述内容
1	种质编号	VT306	22	花柱茸毛	无	43	胎座胶状物质颜色	红
2	种质类型	品系	23	花色	橘黄	44	果肉厚	4.8 mm
3	下胚轴颜色	紫	24	花梗离层	有	45	心室数	8个
4	生长习性	6序花封顶	25	单花序花数	6朵	46	果皮色	无色
5	株型	半蔓性	26	果柄长度	1.2 cm	47	单花序果数	4个
6	株高	0.9～1.2 m	27	成熟前果色	绿	48	单果重	226.1 g
7	茎叶茸毛	短稀	28	成熟果色	粉红	49	熟性	极晚≥125 d
8	叶片类型	薯叶型	29	果面棱沟	中	50	形态一致性	一致
9	叶片形状	羽状复叶	30	果面茸毛	稀	51	种皮颜色	灰黄
10	叶片着生状态	水平	31	果顶形状	微凹	52	播种至开花天数	70 d
11	叶色	绿	32	果肩	有	53	播种至始收天数	133 d
12	叶脉色	无色或绿	33	果肩形状	微凹	54	裂果性	中
13	叶裂刻	中	34	果肩色	—	55	畸形果	无
14	叶片长	44.0 cm	35	绿果肩大小	—	56	肉质	软
15	叶片宽	34.0 cm	36	商品果纵径	63.1 mm	57	风味	酸甜
16	首花序节位	10节	37	商品果横径	79.9 mm	58	清香味	无
17	第二花序节位	11节	38	果形	扁平形	59	综合品质	下
18	花序类型	单式花序	39	果梗洼大小	5.6 mm	60	可溶性固形物含量	3.67%
19	簇生花	有	40	果洼木栓化大小	1.8 mm	61	田间成株耐寒性	弱
20	花柱长度	与雄蕊近等长	41	果实横切面形状	不规则形状	62	用途	鲜食或加工
21	花柱形状	单圆花柱	42	果肉色	粉红			

种质编号VT307

序号	描述项目	描述内容	序号	描述项目	描述内容	序号	描述项目	描述内容
1	种质编号	VT307	22	花柱茸毛	无	43	胎座胶状物质颜色	红
2	种质类型	遗传材料	23	花色	黄	44	果肉厚	5.7 mm
3	下胚轴颜色	紫	24	花梗离层	有	45	心室数	7个
4	生长习性	6序花封顶	25	单花序花数	4朵	46	果皮色	无色
5	株型	半蔓性	26	果柄长度	1.2 cm	47	单花序果数	2个
6	株高	1.6～2.0 m	27	成熟前果色	绿	48	单果重	238.3 g
7	茎叶茸毛	长稀	28	成熟果色	粉红	49	熟性	极晚≥125 d
8	叶片类型	普通叶型	29	果面棱沟	中	50	形态一致性	不连续变异
9	叶片形状	羽状复叶	30	果面茸毛	中	51	种皮颜色	灰黄
10	叶片着生状态	下垂	31	果顶形状	微凹或圆平	52	播种至开花天数	74 d
11	叶色	绿	32	果肩	有	53	播种至始收天数	133 d
12	叶脉色	无色	33	果肩形状	微凹	54	裂果性	中
13	叶裂刻	深	34	果肩色	—	55	畸形果	无
14	叶片长	44.0～46.0 cm	35	绿果肩大小	—	56	肉质	软
15	叶片宽	30.0～38.0 cm	36	商品果纵径	65.3 mm	57	风味	酸甜
16	首花序节位	11～12节	37	商品果横径	84.5 mm	58	清香味	无
17	第二花序节位	13～14节	38	果形	圆形	59	综合品质	下
18	花序类型	单式花序或多歧花序	39	果梗洼大小	4.0 mm	60	可溶性固形物含量	3.50%
19	簇生花	无	40	果洼木栓化大小	1.8 mm	61	田间成株耐寒性	中
20	花柱长度	短于雄蕊或与雄蕊近等长	41	果实横切面形状	不规则形状	62	用途	鲜食或加工
21	花柱形状	单圆花柱或分裂花柱	42	果肉色	红			

种质编号VT308

序号	描述项目	描述内容	序号	描述项目	描述内容	序号	描述项目	描述内容
1	种质编号	VT308	22	花柱茸毛	无	43	胎座胶状物质颜色	黄
2	种质类型	遗传材料	23	花色	橘黄	44	果肉厚	7.3 mm
3	下胚轴颜色	紫	24	花梗离层	有	45	心室数	7个
4	生长习性	3序花封顶	25	单花序花数	5朵	46	果皮色	无色
5	株型	半蔓性	26	果柄长度	1.3 cm	47	单花序果数	3个
6	株高	1.0～1.3 m	27	成熟前果色	绿白	48	单果重	219.1 g
7	茎叶茸毛	长稀	28	成熟果色	粉红	49	熟性	极晚≥125 d
8	叶片类型	薯叶型	29	果面棱沟	中	50	形态一致性	连续变异
9	叶片形状	羽状复叶	30	果面茸毛	无	51	种皮颜色	浅棕
10	叶片着生状态	水平	31	果顶形状	圆平	52	播种至开花天数	72 d
11	叶色	深绿	32	果肩	有	53	播种至始收天数	133 d
12	叶脉色	无色	33	果肩形状	深凹	54	裂果性	中
13	叶裂刻	深	34	果肩色	—	55	畸形果	少
14	叶片长	43.0 cm	35	绿果肩大小	—	56	肉质	沙
15	叶片宽	38.0 cm	36	商品果纵径	63.7 mm	57	风味	酸甜
16	首花序节位	11节	37	商品果横径	77.9 mm	58	清香味	无
17	第二花序节位	12节	38	果形	圆形	59	综合品质	下
18	花序类型	单式花序	39	果梗洼大小	6.5 mm	60	可溶性固形物含量	3.63%
19	簇生花	有	40	果洼木栓化大小	2.3 mm	61	田间成株耐寒性	弱
20	花柱长度	与雄蕊近等长	41	果实横切面形状	不规则形状	62	用途	鲜食或加工
21	花柱形状	单圆花柱或分裂花柱	42	果肉色	粉红			

第八章 特大果类番茄种质资源

种质编号VT309

序号	描述项目	描述内容	序号	描述项目	描述内容	序号	描述项目	描述内容
1	种质编号	VT309	22	花柱茸毛	无	43	胎座胶状物质颜色	黄绿
2	种质类型	遗传材料	23	花色	橘黄	44	果肉厚	6.1 mm
3	下胚轴颜色	紫	24	花梗离层	有	45	心室数	5个
4	生长习性	5序花封顶	25	单花序花数	5朵	46	果皮色	无色
5	株型	半蔓性	26	果柄长度	0.8 cm	47	单花序果数	3个
6	株高	1.0～1.3 m	27	成熟前果色	绿	48	单果重	243.0 g
7	茎叶茸毛	短稀	28	成熟果色	粉红	49	熟性	极晚≥125 d
8	叶片类型	薯叶型	29	果面棱沟	轻	50	形态一致性	连续变异
9	叶片形状	羽状复叶	30	果面茸毛	无	51	种皮颜色	灰黄
10	叶片着生状态	水平	31	果顶形状	微凹	52	播种至开花天数	68 d
11	叶色	深绿	32	果肩	有	53	播种至始收天数	133 d
12	叶脉色	无色	33	果肩形状	微凹	54	裂果性	易裂
13	叶裂刻	中	34	果肩色	—	55	畸形果	少
14	叶片长	45.0 cm	35	绿果肩大小	—	56	肉质	沙
15	叶片宽	36.0 cm	36	商品果纵径	65.9 mm	57	风味	酸甜
16	首花序节位	10节	37	商品果横径	80.9 mm	58	清香味	无
17	第二花序节位	12节	38	果形	圆形	59	综合品质	下
18	花序类型	单式花序	39	果梗洼大小	6.6 mm	60	可溶性固形物含量	3.63%
19	簇生花	有	40	果洼木栓化大小	2.0 mm	61	田间成株耐寒性	中
20	花柱长度	与雄蕊近等长	41	果实横切面形状	不规则形状	62	用途	鲜食或加工
21	花柱形状	单圆或分裂花柱	42	果肉色	粉红			

· 631 ·

种质编号VT310

序号	描述项目	描述内容	序号	描述项目	描述内容	序号	描述项目	描述内容
1	种质编号	VT310	22	花柱茸毛	无	43	胎座胶状物质颜色	黄
2	种质类型	遗传材料	23	花色	橘黄	44	果肉厚	5.0~7.5 mm
3	下胚轴颜色	紫	24	花梗离层	有	45	心室数	3~6个
4	生长习性	5序花封顶	25	单花序花数	5朵	46	果皮色	无色或黄
5	株型	半蔓性	26	果柄长度	0.9 cm	47	单花序果数	3个
6	株高	1.3~1.6 m	27	成熟前果色	绿	48	单果重	277.0 g
7	茎叶茸毛	短稀	28	成熟果色	粉红或红	49	熟性	极晚≥125 d
8	叶片类型	普通叶型	29	果面棱沟	轻	50	形态一致性	不连续变异
9	叶片形状	羽状复叶	30	果面茸毛	无	51	种皮颜色	灰黄
10	叶片着生状态	水平	31	果顶形状	微凹或圆平	52	播种至开花天数	73 d
11	叶色	深绿	32	果肩	有	53	播种至始收天数	138 d
12	叶脉色	无	33	果肩形状	微凹	54	裂果性	易裂
13	叶裂刻	深	34	果肩色	—	55	畸形果	无
14	叶片长	38.0 cm	35	绿果肩大小	—	56	肉质	沙
15	叶片宽	26.0 cm	36	商品果纵径	37.1~67.6 mm	57	风味	酸甜
16	首花序节位	9节	37	商品果横径	33.8~80.9 mm	58	清香味	有
17	第二花序节位	11节	38	果形	圆或高圆形	59	综合品质	下
18	花序类型	单式花序	39	果梗洼大小	5.0 mm	60	可溶性固形物含量	3.20%~4.00%
19	簇生花	无	40	果洼木栓化大小	2.2 mm	61	田间成株耐寒性	中
20	花柱长度	与雄蕊近等长	41	果实横切面形状	不规则形状	62	用途	鲜食或加工
21	花柱形状	单圆花柱	42	果肉色	红			

种质编号VT311

序号	描述项目	描述内容	序号	描述项目	描述内容	序号	描述项目	描述内容
1	种质编号	VT311	22	花柱茸毛	无	43	胎座胶状物质颜色	黄
2	种质类型	品系	23	花色	黄	44	果肉厚	5.6 mm
3	下胚轴颜色	紫	24	花梗离层	有	45	心室数	6个
4	生长习性	5序花封顶	25	单花序花数	5朵	46	果皮色	无色
5	株型	半蔓性	26	果柄长度	0.7 cm	47	单花序果数	4个
6	株高	1.1~1.5 m	27	成熟前果色	绿	48	单果重	253.6 g
7	茎叶茸毛	短稀	28	成熟果色	粉红	49	熟性	极晚≥125 d
8	叶片类型	普通叶型	29	果面棱沟	轻	50	形态一致性	连续变异
9	叶片形状	羽状复叶	30	果面茸毛	无	51	种皮颜色	深黄
10	叶片着生状态	下垂	31	果顶形状	微凹	52	播种至开花天数	74 d
11	叶色	深绿	32	果肩	有	53	播种至始收天数	135 d
12	叶脉色	无色	33	果肩形状	微凹	54	裂果性	不易裂
13	叶裂刻	中	34	果肩色	—	55	畸形果	少
14	叶片长	45.0 cm	35	绿果肩大小	—	56	肉质	沙
15	叶片宽	31.0 cm	36	商品果纵径	65.9 mm	57	风味	酸甜
16	首花序节位	8节	37	商品果横径	84.3 mm	58	清香味	有
17	第二花序节位	9节	38	果形	圆形	59	综合品质	下
18	花序类型	单式花序	39	果梗洼大小	8.0 mm	60	可溶性固形物含量	3.55%
19	簇生花	无	40	果洼木栓化大小	3.0 mm	61	田间成株耐寒性	弱
20	花柱长度	与雄蕊近等长	41	果实横切面形状	不规则形状	62	用途	鲜食或加工
21	花柱形状	单圆花柱	42	果肉色	粉红			

种质编号VT329

序号	描述项目	描述内容	序号	描述项目	描述内容	序号	描述项目	描述内容
1	种质编号	VT329	22	花柱茸毛	无	43	胎座胶状物质颜色	红
2	种质类型	遗传材料	23	花色	黄	44	果肉厚	4.1 mm
3	下胚轴颜色	紫	24	花梗离层	有	45	心室数	7个
4	生长习性	5序花封顶	25	单花序花数	5朵	46	果皮色	无色
5	株型	半蔓性	26	果柄长度	1.0 cm	47	单花序果数	3个
6	株高	0.8～1.2 m	27	成熟前果色	绿白	48	单果重	218.0 g
7	茎叶茸毛	短稀	28	成熟果色	粉红	49	熟性	极晚≥125 d
8	叶片类型	普通叶型	29	果面棱沟	中	50	形态一致性	不连续变异
9	叶片形状	羽状复叶	30	果面茸毛	无	51	种皮颜色	灰黄
10	叶片着生状态	下垂	31	果顶形状	微凹	52	播种至开花天数	74 d
11	叶色	浅绿	32	果肩	有	53	播种至始收天数	133 d
12	叶脉色	无色	33	果肩形状	微凹	54	裂果性	不易裂
13	叶裂刻	深	34	果肩色	—	55	畸形果	少
14	叶片长	48.0 cm	35	绿果肩大小	—	56	肉质	沙
15	叶片宽	37.0 cm	36	商品果纵径	65.5 mm	57	风味	酸甜
16	首花序节位	10节	37	商品果横径	78.7 mm	58	清香味	有
17	第二花序节位	12节	38	果形	圆形	59	综合品质	下
18	花序类型	单式花序	39	果梗洼大小	4.8 mm	60	可溶性固形物含量	3.23%
19	簇生花	有	40	果洼木栓化大小	2.0 mm	61	田间成株耐寒性	弱
20	花柱长度	与雄蕊近等长	41	果实横切面形状	不规则形状	62	用途	鲜食或加工
21	花柱形状	单圆或分裂花柱	42	果肉色	粉红			

第八章 特大果类番茄种质资源

种质编号VT330

序号	描述项目	描述内容	序号	描述项目	描述内容	序号	描述项目	描述内容
1	种质编号	VT330	22	花柱茸毛	无	43	胎座胶状物质颜色	黄
2	种质类型	品系	23	花色	浅黄	44	果肉厚	5.3 mm
3	下胚轴颜色	紫	24	花梗离层	有	45	心室数	6个
4	生长习性	5序花封顶	25	单花序花数	6朵	46	果皮色	无色
5	株型	半蔓性	26	果柄长度	1.0 cm	47	单花序果数	4个
6	株高	0.9~1.3 m	27	成熟前果色	绿	48	单果重	214.9 g
7	茎叶茸毛	短稀	28	成熟果色	粉红	49	熟性	极晚≥125 d
8	叶片类型	普通叶型	29	果面棱沟	中	50	形态一致性	连续变异
9	叶片形状	羽状复叶	30	果面茸毛	无	51	种皮颜色	灰黄
10	叶片着生状态	垂	31	果顶形状	微凹	52	播种至开花天数	74 d
11	叶色	绿	32	果肩	有	53	播种至始收天数	133 d
12	叶脉色	无色	33	果肩形状	微凹	54	裂果性	中
13	叶裂刻	中	34	果肩色	—	55	畸形果	少
14	叶片长	42.0 cm	35	绿果肩大小	—	56	肉质	沙
15	叶片宽	33.0 cm	36	商品果纵径	65.6 mm	57	风味	甜酸
16	首花序节位	10节	37	商品果横径	77.4 mm	58	清香味	无
17	第二花序节位	12节	38	果形	圆形	59	综合品质	下
18	花序类型	单式花序	39	果梗洼大小	6.5 mm	60	可溶性固形物含量	3.37%
19	簇生花	有	40	果洼木栓化大小	2.0 mm	61	田间成株耐寒性	弱
20	花柱长度	与雄蕊近等长	41	果实横切面形状	不规则形状	62	用途	鲜食或加工
21	花柱形状	单圆花柱	42	果肉色	粉红			

种质编号VT414

序号	描述项目	描述内容	序号	描述项目	描述内容	序号	描述项目	描述内容
1	种质编号	VT414	22	花柱茸毛	无	43	胎座胶状物质颜色	红
2	种质类型	品系	23	花色	黄	44	果肉厚	6.2 mm
3	下胚轴颜色	紫	24	花梗离层	有	45	心室数	5个
4	生长习性	4序花封顶	25	单花序花数	5朵	46	果皮色	黄
5	株型	半蔓性	26	果柄长度	1.5 cm	47	单花序果数	4个
6	株高	0.9~1.3 m	27	成熟前果色	浅绿	48	单果重	230.9 g
7	茎叶茸毛	短稀	28	成熟果色	红	49	熟性	中106~120 d
8	叶片类型	普通叶型	29	果面棱沟	轻	50	形态一致性	连续变异
9	叶片形状	羽状复叶	30	果面茸毛	无	51	种皮颜色	灰黄
10	叶片着生状态	下垂	31	果顶形状	圆平	52	播种至开花天数	65 d
11	叶色	绿	32	果肩	有	53	播种至始收天数	120 d
12	叶脉色	无色	33	果肩形状	微凹	54	裂果性	易裂
13	叶裂刻	深	34	果肩色	—	55	畸形果	无
14	叶片长	43.0 cm	35	绿果肩大小	—	56	肉质	沙
15	叶片宽	46.0 cm	36	商品果纵径	68.7 mm	57	风味	酸甜
16	首花序节位	11节	37	商品果横径	77.6 mm	58	清香味	无
17	第二花序节位	15节	38	果形	圆形	59	综合品质	中
18	花序类型	单式花序	39	果梗洼大小	5.2 mm	60	可溶性固形物含量	3.93%
19	簇生花	无	40	果洼木栓化大小	3.6 mm	61	田间成株耐寒性	中
20	花柱长度	短于雄蕊	41	果实横切面形状	不规则形状	62	用途	鲜食或加工
21	花柱形状	单圆花柱	42	果肉色	红			

种质编号VT571

序号	描述项目	描述内容	序号	描述项目	描述内容	序号	描述项目	描述内容
1	种质编号	VT571	22	花柱茸毛	无	43	胎座胶状物质颜色	红
2	种质类型	遗传材料	23	花色	黄	44	果肉厚	7.4 mm
3	下胚轴颜色	紫	24	花梗离层	有	45	心室数	5个
4	生长习性	无限生长	25	单花序花数	3朵	46	果皮色	无色
5	株型	半蔓性	26	果柄长度	1.3 cm	47	单花序果数	3个
6	株高	1.8～2.3 m	27	成熟前果色	浅绿	48	单果重	295.5 g
7	茎叶茸毛	长稀	28	成熟果色	粉红	49	熟性	极晚≥125 d
8	叶片类型	普通叶型	29	果面棱沟	中	50	形态一致性	连续变异
9	叶片形状	二回羽状复叶	30	果面茸毛	稀	51	种皮颜色	灰黄
10	叶片着生状态	下垂	31	果顶形状	微凹	52	播种至开花天数	69 d
11	叶色	浅绿	32	果肩	有	53	播种至始收天数	130 d
12	叶脉色	无色	33	果肩形状	深凹	54	裂果性	易裂
13	叶裂刻	深	34	果肩色	—	55	畸形果	少
14	叶片长	52.0 cm	35	绿果肩大小	—	56	肉质	沙
15	叶片宽	40.0 cm	36	商品果纵径	75.7 mm	57	风味	酸甜
16	首花序节位	11节	37	商品果横径	84.7 mm	58	清香味	有（淡）
17	第二花序节位	14节	38	果形	高圆形	59	综合品质	中
18	花序类型	单式花序	39	果梗洼大小	8.4 mm	60	可溶性固形物含量	3.4%
19	簇生花	无	40	果洼木栓化大小	4.4 mm	61	田间成株耐寒性	强
20	花柱长度	与雄蕊近等长	41	果实横切面形状	不规则形状	62	用途	鲜食或加工
21	花柱形状	单圆或扁生花柱	42	果肉色	粉红			

种质编号VT572

序号	描述项目	描述内容	序号	描述项目	描述内容	序号	描述项目	描述内容
1	种质编号	VT572	22	花柱茸毛	无	43	胎座胶状物质颜色	粉红
2	种质类型	遗传材料	23	花色	黄	44	果肉厚	8.9 mm
3	下胚轴颜色	紫	24	花梗离层	有	45	心室数	5个
4	生长习性	无限生长	25	单花序花数	3朵	46	果皮色	无色
5	株型	半蔓性	26	果柄长度	1.0 cm	47	单花序果数	3个
6	株高	1.5~1.8 m	27	成熟前果色	浅绿	48	单果重	205.0 g
7	茎叶茸毛	长稀	28	成熟果色	粉红	49	熟性	极晚≥125 d
8	叶片类型	薯叶型	29	果面棱沟	轻	50	形态一致性	连续变异
9	叶片形状	羽状复叶	30	果面茸毛	无	51	种皮颜色	浅棕
10	叶片着生状态	下垂	31	果顶形状	微凹	52	播种至开花天数	71 d
11	叶色	浅绿	32	果肩	有	53	播种至始收天数	130 d
12	叶脉色	无色	33	果肩形状	深凹	54	裂果性	中
13	叶裂刻	深	34	果肩色	—	55	畸形果	少
14	叶片长	54.0 cm	35	绿果肩大小	—	56	肉质	沙
15	叶片宽	37.0 cm	36	商品果纵径	64.5 mm	57	风味	酸甜
16	首花序节位	10节	37	商品果横径	77.3 mm	58	清香味	有
17	第二花序节位	12节	38	果形	圆形	59	综合品质	中
18	花序类型	单式花序	39	果梗洼大小	8.7 mm	60	可溶性固形物含量	3.70%
19	簇生花	无	40	果洼木栓化大小	3.3 mm	61	田间成株耐寒性	强
20	花柱长度	与雄蕊近等长	41	果实横切面形状	不规则形状	62	用途	鲜食或加工
21	花柱形状	单圆花柱或扁生花柱	42	果肉色	粉红			

种质编号VT603

序号	描述项目	描述内容	序号	描述项目	描述内容	序号	描述项目	描述内容
1	种质编号	VT603	22	花柱茸毛	无	43	胎座胶状物质颜色	黄
2	种质类型	遗传材料	23	花色	浅黄	44	果肉厚	7.5 mm
3	下胚轴颜色	紫	24	花梗离层	有	45	心室数	6个
4	生长习性	4序花封顶	25	单花序花数	6朵	46	果皮色	无色
5	株型	半蔓性	26	果柄长度	1.1 cm	47	单花序果数	4个
6	株高	0.7~1.0 m	27	成熟前果色	浅绿	48	单果重	235.9 g
7	茎叶茸毛	短稀	28	成熟果色	粉红	49	熟性	极晚≥125 d
8	叶片类型	薯叶型	29	果面棱沟	中	50	形态一致性	连续变异
9	叶片形状	羽状复叶	30	果面茸毛	无	51	种皮颜色	浅棕
10	叶片着生状态	下垂	31	果顶形状	微凹或圆平	52	播种至开花天数	71 d
11	叶色	黄绿	32	果肩	有	53	播种至始收天数	130 d
12	叶脉色	无色	33	果肩形状	微凹	54	裂果性	中
13	叶裂刻	深	34	果肩色	—	55	畸形果	无
14	叶片长	40.0~50.0 cm	35	绿果肩大小	—	56	肉质	沙
15	叶片宽	33.0~46.0 cm	36	商品果纵径	64.3 mm	57	风味	甜酸
16	首花序节位	12~13节	37	商品果横径	82.6 mm	58	清香味	有
17	第二花序节位	14~16节	38	果形	圆形	59	综合品质	中
18	花序类型	单式花序	39	果梗洼大小	9.8 mm	60	可溶性固形物含量	4.40%
19	簇生花	无	40	果洼木栓化大小	3.5 mm	61	田间成株耐寒性	中
20	花柱长度	短于雄蕊	41	果实横切面形状	不规则形状	62	用途	鲜食或加工
21	花柱形状	单圆花柱	42	果肉色	粉红			

种质编号VT655

序号	描述项目	描述内容	序号	描述项目	描述内容	序号	描述项目	描述内容
1	种质编号	VT655	22	花柱茸毛	无	43	胎座胶状物质颜色	黄
2	种质类型	选育品种	23	花色	黄	44	果肉厚	7.5 mm
3	下胚轴颜色	紫	24	花梗离层	有	45	心室数	7个
4	生长习性	无限生长	25	单花序花数	6朵	46	果皮色	无色
5	株型	半蔓性	26	果柄长度	1.2 cm	47	单花序果数	3个
6	株高	1.1~1.3 m	27	成熟前果色	浅绿	48	单果重	221.2 g
7	茎叶茸毛	短稀	28	成熟果色	粉红	49	熟性	极晚≥125 d
8	叶片类型	普通叶型	29	果面棱沟	中	50	形态一致性	连续变异
9	叶片形状	羽状复叶	30	果面茸毛	无	51	种皮颜色	浅黄
10	叶片着生状态	水平	31	果顶形状	微凹	52	播种至开花天数	71 d
11	叶色	绿	32	果肩	有	53	播种至始收天数	138 d
12	叶脉色	无色	33	果肩形状	微凹	54	裂果性	中
13	叶裂刻	中	34	果肩色	—	55	畸形果	少
14	叶片长	45.0 cm	35	绿果肩大小	—	56	肉质	沙
15	叶片宽	30.0 cm	36	商品果纵径	65.1 mm	57	风味	甜酸
16	首花序节位	8节	37	商品果横径	78.6 mm	58	清香味	有
17	第二花序节位	3节	38	果形	圆形	59	综合品质	中
18	花序类型	单式花序	39	果梗洼大小	7.8 mm	60	可溶性固形物含量	4.40%
19	簇生花	无	40	果洼木栓化大小	2.5 mm	61	田间成株耐寒性	中
20	花柱长度	短于雄蕊	41	果实横切面形状	不规则形状	62	用途	鲜食或加工
21	花柱形状	单圆花柱	42	果肉色	粉红			

第八章 特大果类番茄种质资源

种质编号VT697

序号	描述项目	描述内容	序号	描述项目	描述内容	序号	描述项目	描述内容
1	种质编号	VT697	22	花柱茸毛	无	43	胎座胶状物质颜色	黄
2	种质类型	遗传材料	23	花色	黄	44	果肉厚	3.0 mm
3	下胚轴颜色	紫	24	花梗离层	有	45	心室数	10个
4	生长习性	无限生长	25	单花序花数	5朵	46	果皮色	无色
5	株型	半蔓性	26	果柄长度	1.3 cm	47	单花序果数	3个
6	株高	1.7~2.0 m	27	成熟前果色	绿白	48	单果重	215.6 g
7	茎叶茸毛	短稀	28	成熟果色	黄白	49	熟性	极晚≥125 d
8	叶片类型	普通叶型	29	果面棱沟	重	50	形态一致性	连续变异
9	叶片形状	羽状复叶	30	果面茸毛	无	51	种皮颜色	灰黄
10	叶片着生状态	水平	31	果顶形状	圆平	52	播种至开花天数	87 d
11	叶色	深绿	32	果肩	有	53	播种至始收天数	152 d
12	叶脉色	绿	33	果肩形状	微凹	54	裂果性	不易裂
13	叶裂刻	深	34	果肩色	—	55	畸形果	多
14	叶片长	47.0 cm	35	绿果肩大小	—	56	肉质	沙
15	叶片宽	41.0 cm	36	商品果纵径	59.8 mm	57	风味	甜酸
16	首花序节位	10节	37	商品果横径	81.8 mm	58	清香味	有
17	第二花序节位	14节	38	果形	扁圆形	59	综合品质	中
18	花序类型	多歧花序	39	果梗洼大小	4.8 mm	60	可溶性固形物含量	4.70%
19	簇生花	无	40	果洼木栓化大小	1.8 mm	61	田间成株耐寒性	中
20	花柱长度	与雄蕊近等长	41	果实横切面形状	不规则形	62	用途	鲜食或加工
21	花柱形状	单圆花柱	42	果肉色	黄白			